bahá'í

中国社会科学院世界宗教研究所巴哈伊研究中心
北京大学巴哈伊原典文献翻译与研究项目
山东大学巴哈伊研究所
广州大学巴哈伊研究中心

**联 袂 推 出**

# 巴哈伊文献集成

蔡德贵
卓新平
宗树人
于维雅
雷雨田

主编

Chinese Studies on the Bahá'í Faith: A Comprehensive Collection

第

3

卷

山东大学出版社

# 目录

# 世纪之交的文化思索*

吴晓群

自去年 5 月《中国人可以说不》一书推出不久，“说不”系列很快风靡全国，一时间掀起了一股“说不”热潮，有人认为这是高扬爱国主义旗帜，也有人将其视为狭隘民族主义的表现。孰是孰非，姑且不论。引人深思的是，这种民族情绪的高涨并非中国独有，自“冷战”结束以来，随着敌对的政治堡垒的瓦解，以民族主义为旗帜引发的矛盾和冲突非但没有缓和，反而在不同国家和地区渐显剧烈。而与此同时，现代科技的高速发展与传播又使人们的联系越来越紧密，国家与国家之间、人与人之间的相互依存性已使世界缩小为一个地球村。在这种全球化与本土化的发展趋势中，在这个世纪交合的时期，该如何自我调适，既保持民族自尊、把握民族腾飞的机遇，又能在与各民族平等的交流中，共同参与未来人类文明的建设，这是一个值得探索的问题。

## 一、摆脱“文化部落主义”的心态

就文化研究而言，研究者对自己研究的对象首先就有一个如何定位的问题。如完全以西方文化为坐标来参照、衡量于东方社会，必然导致一种新的西方中心论；而以为祖宗的东西总是好的，以此来抵制、排斥西方文化，则将陷入一种不合时宜的妄自尊大的夜郎心态之中。

如今“全盘西化”的论调早已为大多数人所摒弃。值得引起警觉的却是近年来打着弘扬“民族精神”、“传统文化”的旗号，以各种面目出现的带有封闭排外及简单自保的文化部落主义。这是狭隘民族主义在新时期的翻版。“这种心态的深层往往是一种观念体系失散、失落后的虚弱和简单保护的抗拒。”①对于狭隘民族主义所能带来的危害，印度著名诗人泰戈尔早有深刻的认识。如果我们将泰戈尔称为“伟大的爱国主义者”，相信无人会提出异议。然而正是这样一位爱国主义者清醒地指出：民族主义的概念往往被人利用来推行利己主义，于是“冲突和征服的精神是西方民族主义的根源和核心”②。而在东方的印度，同样的，“民族主义是一个巨大的威胁，它是多年来印度各种产生麻烦原因中最特殊的情况”③。

* 原载《文艺争鸣》1998 年第 1 期。

① 郝建：《义和团病的呻吟》，载《读书》1996 年第 3 期。

② 泰戈尔：《民族主义》，商务印书馆 1986 年版，第 11 页。

③ 泰戈尔：《民族主义》，第 59 页。

显然，爱国与狭隘民族主义心态之间并不能划等号，然民族主义的观念总是被人有意识或无意识地利用，并在不同时期以不同的话语或丑陋或迷人地表现出来。在当今中国的文化界就有这么一些奇怪的现实：要么是怀着为自己国家摆功的强烈愿望，竭力证明本国施予他国更多的影响；要么是在每一件引进的外来事物上，都要加上一个“我们古已有之”的标签；要么则是当有人使用了几个外来的名词或术语、为几部外国电影叫好时，就另有人痛心地疾呼：我们的文化受到强势文化的侵略，已被迫充当了宣扬“殖民文化”（或“后殖民文化”）的角色。

这种种对自身文化立场的异常敏感度有其历史及现实的背景。1840 年以来，由于西方资本主义的强力入侵，我们这个曾是世界上最辉煌的文明古国，一直饱经内忧外患的种种磨难和艰辛，民族生存的危机感与焦虑情绪笼罩着文化界，国人仇恨外来侵略，产生了强烈的排外情绪，这是可以理解的。然而，单纯的排外毕竟无力使民族自救自强，忌食并非良策，只会积弱不振。严格说来，“五四”以前的文化讨论都是传统文化在外来文化强大压力下所作出的一种本能性反应，并非是一种自觉的文化改造行为。①

第二次世界大战以后，由于哲学成为斗争的工具和武器，导致了人类半个世纪意识形态的对抗和“冷战”的局面。而在许多不发达国家，这种斗争往往还夹杂着民族主义的情感，这使人们很难对其长处和不足作出理性的判断。然而文化与政治，这是两个领域，彼此虽有联系，但更各有其特点和规律。今天，我们更没有必要因政治、经济上曾饱受欺凌而丧失民族文化的自信心，以至杯弓蛇影。

进入 20 世纪 80 年代，在“寻根”的热潮中，向传统“寻根”是与向西方“求异”紧密交织在一起的。与此同时，国门顿开，良莠齐进，鱼目混珠，一时难分真伪优劣，对此，有欣喜若狂的，有愤懑不平的，有忧心忡忡的……而层出不穷的新术语、新理论，又为急于“行动”的学者们提供了文化参预的武器（如后现代主义、结构主义、后结构主义、女权主义、后女权主义、后马克思主义、后殖民主义等等）。特别是“后殖民主义”批评的提出，使敏感的东方学者以为：西方以武力征服、经济掠夺开始的殖民地半殖民地侵略，经过一个世纪左右的演变，似乎已变成一场文化上的殖民侵略。而由于“后殖民主义”批评所具有的“标语效应”，使人们未能看出“后殖民主义”这一概念事实上是将西方殖民主义提升至历史的正统地位，使之成为历史进程中决定性的标志，而非西方的第三世界或东方的传统被排挤到了边缘地带，仅扮演着一种相对于西方的“他者”角色。“换言之，世界上多种多样的文化样式的标志不是它们实在的独特性，而是它们与线性的欧洲时间的从属性的、回溯性的关系。”②这种结论的得出正好与持“后殖民主义”理论的批评家的初衷相悖。事实上，仅以一个“后”字是很难形成积极的概念去表达一种具体的、建设性的意见的，这姑且不论。我们想强调的不单是以什么样的词语可以准确地替换“后殖民主义”的问题，而是要提倡文化研究的开放度量。须知任何凭借强权政治或经济实力以建立文化中心的做法，都是挟外物以自重，与文化的理念是不相符合的。

## 二、“和而不同”的启示

观厨师烧菜、乐师演奏，油、盐、酱、醋虽然不同，合在一起才成其为美味佳肴；音乐正因为有清

① 参见张文建：《学衡派的中西文化融贯说》，载《探索与争鸣》1995 年第 11 期。

② 安·麦克林托夫：《进步之天使：“后殖民主义”的迷误》，载《文艺理论研究》1995 年第 5 期。

浊、短长、疾徐、哀乐、刚柔之差异，方能相济。于是“不同”成为事物组成、发展的根本条件，但“不同”并非是互不相关，在各种不同因素之间，还必须要有“和”，唯有“和”，才能产生出新事物、才能发展。完全的“同”或相互隔绝的“不同”都是不可能发展的。——这正是《春秋·昭公二十年》中那一则“和而不同”的故事给予我们的文化启示。①

在中国历史上，这种“和而不同”的精神也成为文化交融、碰撞中的一种准则。这不仅体现在汉唐时期的文化交流中，也贯穿于两千年来的中华文化之中。在其漫长的历史中，汉民族有过无数次与匈奴、契丹、女真、蒙古、满族以及南方边远部族的冲突与融合的历史记录，如被许多人引以为“国粹”的“京味”文化就有许多满族文化的成分融会其中。正是有了这种存异而致和的博大胸怀，中华文化才能延续至今，仍充满生机；否则，也早已像有些古老的文明一样成为历史的遗迹了。今天，中华文化虽然不再是单一的汉文化，然而，却无人能否认它是真正的中华民族的“民族文化”。

在此就还涉及一个如何理解民族文化的问题。从线性的历史发展来看，民族文化可分为传统文化和现代文化；从文化生成的横切面来看，又可分为本土文化和外来文化。传统文化与本土文化中，不断有需要抛弃的糟粕，也有已在我们的民族文化中扎根、与之融为一体的部分；现代文化有进步的一面，也有消极的一面。总之，民族文化并不是一个抽象的、一成不变的概念，而是一个有机的生命体，一个复杂的混合体，它本身也在不断的变化发展之中。因为文化毕竟不像汪洋中的一个个孤岛那样相互之间封闭隔离，各民族文化中，既有本民族独特的东西，也有全人类共通的东西；不同文化之间，并非只是敌对与歧视，也能互相取长补短。接受外来影响，是历史的必然，是进步的途径，也是民族气魄的表现。过去不同文化之间的交流已被无数次证明是人类文明发展的里程碑。

同样，欧洲文化也在其自身发展过程中，吸收了各种各样外来文化的因素。1922 年，罗素曾在《中西文化比较》中写道：“希腊学习埃及，罗马借鉴希腊，阿拉伯参照罗马帝国，中世纪的欧洲则模仿阿拉伯，而文艺复兴时期的欧洲则仿效拜占庭帝国。”尽管如此，欧洲文化不仅未失去其文化传统，而且还大大丰富了自身文化的内涵。

让我们再来看一个文化交融的现代实例：自从甲壳虫乐队将印度西塔弦琴的音乐和节奏与摇滚乐结合以来，世界流行音乐就逐渐增添了来自西方以外的乐器和风格。目前，一支美国的爵士乐队——杜阿乐队（Doah)正极好地体现了这种趋势。在演奏会上，这个五人乐队经常轮流使用 70 种以上来自世界各民族的乐器。除了传统的爵士乐器，如吉他，钢琴、萨克斯和鼓以外，还有中国的月琴、印度的班西里短笛、玻利维亚的沙兰戈、喀麦隆的摇荡器、西非的巴洛丰等等。其音乐虽是以现代美国爵士乐为基础，却与来自非洲、加勒比海、南美洲以及东方的旋律融洽共鸣。一位评论家称这是一种“肯定生命”的风格。在他们 1990 年的唱片《世界之舞》(World Dance)中收录了 6 首歌曲，其中 3 首取自《大同世界交响曲》中的乐章。这张唱片表明这种“世界音乐”经过 15 年的稳步发展已臻成熟。在谈到灵感的来源时，乐队领队阿姆斯朗(Mr. Armstrong)先生说：“……我们了解到我们是与极为不同的文化和民族共同生存在一个星球上。而当我们学会怎样放弃自己的无知和偏见时，就会发觉被带进了人类所创造的千百种乐器所演奏出的多彩声音的美妙世界里。”②

考察东西方文明发展的轨迹，这种“并育而不相害”、“并行而不相悖”的文化发展规律恰好都体

① 洪业等编纂：《春秋经传引得》，上海古籍出版社 1983 年版，第 403 页。“公曰：唯据与我和夫。晏子对曰：据亦同也，焉得为和。公曰：和与同异乎？对曰：异。”由此引出晏婴关于“和”与“同”的一大篇议论。

② 《引人反省的世界音乐节奏与音乐融合为一》，载《天下一家》(*One Country*)，New York，No 12. 1990.

现了“和而不同”的原则。

时代的发展，使我们确信：中国已经打开的国门不会再关上。那么在面对异质文化时，除了采取排外的狭隘民族主义立场或对西方价值体系简单认同之外，是否还存在着另外一种立场呢？回答是肯定的。特别在当今这个多元文化共生的文化语境中，在思想文化方面，任何国家、民族都无法完全地“自力更生”。由于文化研究涉及各民族文化间的关系、异同及规律，如果研究者的眼界不高，受其乡土感情的支配，带有狭隘的文化部落主义情绪，势必不能客观地面对现实，更会影响到其理论的归纳及结论的偏颇。因此在文化研究中，要力图避免单一实体的特殊性被绝对化的倾向和传统的静态实体研究所暗含的排他性，摆脱纠缠于“我们在使用谁的话来讨论东方问题”的不平，以一种开放的姿态，走出东西方对抗的模式，将亚洲和西方纳入同一个研究框架之中，所研究的对象也不要仅仅局限于某种固有文化的特质，而更多地关注于多种异质文化相互交流、融合或抵触时所形成的系统。事实上，“人类历史自始便具有一种不容忽视，必须承认的基本的统一性。……只有运用全球性观点，才能了解各民族在各时代中相互影响的程度，以及这种相互影响对决定人类历史进程所起的重大作用”①。

## 三、“地球一村、人类一家”

如果说正是对“和而不同”准则的实践，曾使中国人“几千年来，比世界任何民族都成功地把几亿民众，从政治文化上团结起来，他们显示出这种在政治、文化上统一的本领，具有无与伦比的成功经验”②；然在这个东西方空前接触的时代，这种“和而不同”的原则却因其自身的局限，难以推而广之。其最大的症结在于这一准则中所包含的差别心：“和而不同”历来被视为是一种君子的行为准则，故而有“君子和而不同，小人同而不和”之说，由此这种“和”势必带有在君临他者时所表现出的优越感，而这种“泱泱大国”的“汉唐心态”，今天势必影响到国家间及民族间的交流与往来，面对异质文化时，难以“承认他们的文化也具有与本文化同等的重要意义”③。

而在世纪之交，我们所面临的局面是：一方面，由于交通、通讯等科技的高速发展，使各民族、各国家彼此贴近；另一方面，民族间频繁的互动，也强化了各民族的自我意识与文化自尊。而民族文化意识的自我强化，亦会强化彼此间的差异性，由此，世界性的文化冲突日益成为人类面临的主要问题之一。塞缪尔·亨廷顿的《文明的冲突》虽是一种夸大的文化冲突论，但也起到了警示人们的作用。因而，达成各民族、各文化之间的真正对话与理解，找出一条多元文化共存共繁共同发展的途径就显得越发重要。

因此，作为文化人、作为研究文化的当今中国学者，我们既不能再重复过去的论调，固守“文化部落主义”的保守心态，也“应当超越中国历史上的那种‘汉唐心态’，拥有一种比汉唐时代的人们更为宽广的博大胸怀”④。面对一个互补互适的未来，我们需要一个全新的视角，一种超越二元对立的思

---

① [美]斯塔夫里阿诺斯：《全球通史》(上)，上海社会科学院出版社 1993 年版，第 55 页。
② [美]汤因比、[日]池田大作：《展望二十一世纪——汤因比与池田大作对话录》，国际文化出版公司 1985 年版，第 294 页。
③ [美]露丝·本尼迪克特：《文化模式》，三联书店 1992 年版，第 39 页
④ 张广智：《超越时空的对话：我国新时期引进西方学术文化的若干断想》，载《天津社会科学》1996 年第 3 期。

维模式,真正从人类的角度出发来探求共同的文化建构。这种话语应是既非东方的也不是西方的,而是在新的环境中面对新的共同的问题去共同摆脱困难、共同提出希望。

20世纪是一个剧变、动荡的时代。一方面是科学技术的多方面突破、物质文明得以前所未有的重大发展;另一方面则是核恐怖的巨大威胁及人们越来越感觉到的精神空虚与贫乏。"可以断定,这是一个有着重大问题和重大机会的时代,也是一个有着巨大危险和巨大潜力的时代。"[①]"人类的前途取决于人们的觉悟程度。"[②]在时代的脚步正迈向21世纪的今天,终于有越来越多的人开始意识到:"世界所面对的真正的重大问题并非是哪一个政体可以生存下去的问题。真正的挑战是指向人类整体的。我们是否适应生存?我们是否适应在地球上生存?我们是否能团结合力来辖制那因我们自己的愚昧而导致的迫在眉睫的毁灭性狂潮?对这些问题的回答将会确定我们族类——人类——的未来。"[③]

以往由于境遇不同、历史不同、发展的方向及步伐不同,产生了东西方文明的差异,但人类作为一个整体,东西方人本是同一的,"我们都是单一人类家族的一员"[④],在根本上彼此应当有相通、相一致的地方。而当今世界也不再允许西方文明的单独发展或东方文明的孤立存在,不管人们愿意与否,东西方文明都必将走向调和。

人类文明史的发展已经证明:文化从地区化走向世界化,这是人类精神发展的基本走向。当然,"世界化"并非意味着平板化、单一化,而是一种"多样性之统一"。未来的世界应是一个多姿多彩又相互联系的有机整体,各民族都将分别扮演他们各自的角色,在保持自身文化特色的同时,对人类共有的价值原则共同负责、共同做出贡献。"多样性之统一"的思想可看作是对过去"和而不同"传统的一个现代阐释与发展。"和"是在对"人类一体"认识上的统一,"不同"则是对自身文化的自信。这种"和"应是超时空、超事物的,它真正超越不同地域、不同时代,同时也超越了政治、经济、民族意识等各种事物,而对人类所面临的那些共同及永恒问题作出一致应对。这种关于"统一"的概念,并不是要求大家千篇一律、一模一样,而是差异性包含在其中。我们欢迎多样化,并深信多样化能够提供新思想、新契机,推动文明的进步。在此可将民族和文化背景的不同,喻为同一个花园里千姿百态的花朵。只有当花儿呈现出不同的形状和色彩时,花园才是最美丽的。

"多样性之统一"的思想怀抱着对人类共同命运的关切,一方面接受多元,另一方面坚持通过磋商来取得共识。它既没有忽视、也没有试图隐瞒那些使世界上各民族彼此相异的在种族起源、地理气候、历史传统、艺术语言、思想习俗等方面的多样性。它呼唤更广泛的忠诚、更博大的抱负——超越于任何曾经激励人类的忠诚和抱负。它既否认过度的集权,又排斥一律化的企图。这是一种对立统一,而非简单的同一,正是其内在的多元性才使得团结一体性有别于同样性或单一性。恰如五味不同,才能组成一桌丰盛的宴席;五音相异,方可构成一篇美妙的乐章。

我们切不可将这种"多样性之统一"的思想仅看作是一种幼稚的激情主义的抒发,或是对一种虔诚希望的模糊表达,甚至也不只是对一种理想的阐述。它意味着一场前所未有的变化,它包含着一种巨大的挑战,它是人类在经过自身存在的无数次反省而达到的一种精神上的自觉,是对人类未来

① [美]斯塔夫里阿诺斯:《全球通史》(下),第899页。

② [美]斯塔夫里阿诺斯:《全球通史》(下),中文版序言,第3页。

③ [美]圣巴布·贝克:《树木人》(Richard St. Barbe Baker,*Man of the Trees*,California,June,1991,p.1)。

④ 汤因比、池田大作《展望二十一世纪——汤因比与池田大作对话录》,第303页。

文明图景的总体设想，它将在人类逐渐成熟的过程中得到充分发挥。

若以个体生命的成长规律来比拟人类社会的发展规律，人类作为一个有机的整体，处于不断进化的过程中。如同一个人必然经过其幼年、童年、少年、青年时期而进入成熟期一样。人类社会组织也从最初的血缘家庭，逐步经历了氏族部落、各种形式的城邦直至民族国家的崛起，未来将以地球为单位形成宇宙间的一个基本构成。在这部伟大的演进史中，今日人类正在从它的青春期向其集体成熟期过渡，而人类文明成熟期的标志即是人们有史以来第一次或多或少地意识到：人类本一家，地球是我们共同的家园。

# 孙中山与大同教[*]

雷雨田

大同教是最年轻的世界性宗教，它于 19 世纪中期产生于伊朗，原属伊斯兰教的一个支派——巴布教派。经过百余年的传播、发展，它已经成为一种独立的世界宗教，信徒遍及 205 个国家和地区。

大同教于 20 世纪初传播至远东，20 年代初最早在中国上海宣扬。1924 年，美国新闻记者、大同教传教士玛莎・路特女士来到广州，特地晋谒孙中山大元帅，在香港、广州等地的广播电台、学校多次演讲，介绍大同教义，鼓吹国际教育和世界和平。30 年代上海成立了一个"大同教社"，专门翻译、出版大同教典籍，清华大学校长曹云祥等知识界和政界名流积极参与了这项活动。1949 年以后，大同教在中国内地已销声匿迹，而在港、澳、台和东南亚地区仍在传播。

大同教音译为"巴哈教"或"巴哈伊教"。该教认为"上帝独一、宗教同源、人类一体"，"天下一家"，主张打破信仰、偏见、种族、阶级、性别、语言、地域的界限，消除纷争，实现"人类统一，世界大同"。这些教义同中国传统文化中的"四海之内皆兄弟"的大同理想和孙中山先生"天下为公"的主张颇多近似之处，故其 20 世纪 20 年代后传入中国时较易为国人理解和接受。

路特女士曾是大同教最著名的国际传教士和新闻记者。1930 年 9 月，她再次访问广州，在中山大学礼堂演讲时提及六年前孙中山先生接见她时，"对世界兄弟情谊与合作的国际原则极感兴趣，表示'愿用吾之生命换取全球之和平'"，并要求路特女士赠给他两部有关大同教创始人——巴哈欧拉论国际和解的书。1931 年路特女士在其回忆录《中国文化与大同教》一文中又这样写道："1924 年当我在广州拜见孙逸仙博士时，这位共和国的不朽之父，'中国的华盛顿'带着极大的兴趣聆听了大同教教义。这是一位伟大的理想主义者，他的雄才伟略不是基于竞争，而是以合作为基础，其最终目的便是世界和平。"又据《澳洲大同教简报》(创刊号)记载："1924 年美国新闻从业玛莎・路特女士到达广东，向国父孙中山先生介绍大同教，并赠与他一些大同教之典籍。"

大同教之译名与中国传统文化，特别是孙中山先生向往的"大同"理想有直接联系。《礼记・礼运》篇有如下文字："大道之行也，天下为公，选贤与能，讲信修睦。故人不独亲其亲，不独子其子。……货恶其弃于地也，不必藏于己；力恶其不出于身也，不必为己。是故谋闭而不兴，盗窃乱贼而不作，故外户而不闭。是谓大同。"康有为在其洋洋数十万言的《大同书》中进一步设计、阐述了他的乌托邦。孙中山则将其作为以革命手段实施之的远景目标，此可视为中国传统"大同"理想发展的一个

* 原载《世界宗教文化》1998 年第 1 期。

崭新阶段，黄埔军校校训中有其亲笔题词曰："三民主义，吾党所宗，以建民国，以进大同。"

大同教，在20世纪20年代初传入中国时，本译为"巴哈的主义"。1931年，著名学者和外交家曹云祥在其所译《新时代之大同教》一书序言中明确指出："世界大同为总理遗训所昭示，尤为智识阶级所应提倡者也……大同教独能承认各宗教真理，出自一源，虽有时代环境之不同，而其根本真理，则未有不同者也。故不同宗教之信徒不惟不轻视他教，且愿研究各教之真理，以收集思广益之效。中国儒教曰：'攻乎异端，斯害也已'，而大同教则令人信仰天下各教之真理，故称之为大同教宜也。"《澳洲大同简报》(创刊号)亦明确指出，"'大同教'之译名是取孔子描述的'大同世界'之理想，与该教教义相符之意，这与孙中山先生的'天下为公'学说亦不谋而合。"

中国传统文化和孙中山先生之"大同"理想不仅为大同教之译名提供了一个较为贴切的术语，而且为中国人接受大同教的某些主张提供了认同的心理基础。故其初入中国，就受到孙中山先生等知识界和政界人物的嘉许和褒扬。1930年路特女士来华时，广州市广播电台台长对她说，中国人民对大同教的普遍原则表示极大兴趣。政府法律顾问保罗·林白格在南京告诉玛莎·路特女士："你们大同教徒在中国最受欢迎，我们很高兴看到你们把大同教教义介绍进来。"

路特女士再次造访广州时，陈铭枢主席百事缠身还多次接见倾谈。广州市广播电台三次播放路特女士有关大同教及其主张的讲座。《广州每日新闻报》曾用整整两个版面的专页副刊登载了大同教第二任领袖——阿博杜·巴哈的照片和介绍，其中涉及(1)访问广州纪事；(2)"新式大学教育"讲座；(3)"作为世界辅助语的世界语"讲座；(4)大同教运动有关知识。在香港电台播出的玛莎·路特的演讲，次日便被六家报纸全文刊载。20世纪30年代，曹云祥等在上海成立"大同教社"，专门翻译、出版大同教的典籍，其译序中屡次将"大同教道"与中国传统文化及孙中山先生的"大同理想"加以对照，以扩大该教的影响。

事实证明，正是因为有孙中山先生的嘉许和榜样在先，国民政府的高级官员、报纸、电台等，均为路特等大同教活动家大开绿灯，提供方便，特别是在广州、上海、北京等大都市。仅在1924年一年时间，路特就在中国沿海和内地作了广泛的旅行，在近百所学校发表演讲，举办讲座，结识了不少政府高级官员、社会名流和知识界人士。她还在一些中国的英文报纸上发表文章，并将其中一些文章用中英文汇编出版。

孙中山先生曾受儒教熏陶，后来皈依了基督教。但他的世界主义大同理想使其对一切优秀文明采取了开放态度。以他为首的中国政界人物和知识分子对大同教的豁达与宽容精神，使路特女士对中国及其传统文化的博大精深极为崇敬，也对大同教在华人中的传播充满了信心。1930年9月她在广州的一次演讲中对中国公众说，她向其他国家介绍中国时常引证美国著名学者约翰·海伊赞扬中国的这句话："谁了解中国的社会、政治、民族与精神，谁就掌握了理解未来五百年的钥匙。"路特还说，大同教的第二任领袖阿博杜·巴哈如此敬仰中国及其人民，在一封信中热切地呼吁其信徒"到中国去！到中国去！中国有最大的潜力。中国人追求真理也最为诚挚……中国是未来的国家。"路特女士坦率地承认："当我们西方还处于蛮荒状态时，你们中国这个杰出的民族就已经孕育和创造了许多文明。中国人有着敏锐的智力……我走了许多国家，还未发现比你们中国人更为文明、更有礼貌的民族。你们热爱自己的文化，发扬其精华；又研究西方文明，用于自己的国家……如果西方认为中国仍在沉睡，那么沉睡的便不是中国，而是西方！”在列强肆意宰割中国的 20 世纪 30 年代，如此同情中国人民、盛赞中国文明，并且预见到中国未来前途的西方人士，可谓凤毛麟角。没有对中国人民的深厚友情和对中华文明的深切了解，是不会持这种友好态度和宏达胸怀的。所以，孙中山先生同玛莎·路特的会见，在大同教的传播以及中西文化交流史上，具有深远的影响。

# 儒学现代化应向巴哈伊汲取什么?*

蔡德贵　牟宗艳

思想文化和物质生活在社会发展过程中是相互依存和相互渗透的。马克思在《德意志意识形态》中说过:"那些发展着自己的物质生产和物质交往的人们,在改变自己的这个现实的同时也改变着自己的思维和思维的产物。"[①]雅斯贝斯、帕森斯等人认为,人类从历史的轴心时代(公元前800~前200年)经历了哲学的突破以后,就有了进行自我理解的普遍框架。这个框架包括中国孔子开创的儒学体系,希腊苏格拉底、柏拉图的理性主义,以色列的"先知运动"以及印度的佛教等。而且他们认为,从这一时期以后,人类社会每一次新的飞跃,"轴心潜力的苏醒"和"轴心期潜力的回归"总是成为物质发展的精神总动力。

应该说,历史发展的史实也的确在某种程度的范围内印证了这种观点。随着物质文明向现代化的进展,精神文化和物质生活的互动性,要求人文学科为人类提供一个新的动力支持。儒学和产生于东方、生长于东方的宗教(如伊斯兰教等)由于其生成的社会物质水平的落后,而一度被排斥在现代化的大门之外。自20世纪80年代起,人类在日益发达的科技的包围中,开始意识到自己正逐渐成为其所创造的严密社会组织中的一个部件,正在丧失其活生生的、富于情感理智的主宰者的地位。而带来高科技文明的西方哲学思维传统,面对人们的精神焦虑,则越来越陷于工具理性之中,似乎也显得无计可施。因此,西方的有识之士开始呼唤价值理性的回归。于是,生长在东方社会的儒学和宗教,重新成为人们关注的热点。

对此,可以通过近年来世界人文思想领域内的两个亮点:儒学和新兴的巴哈伊教的比较分析来说明。巴哈伊教1844年形成于波斯(今伊朗),是在伊斯兰教支派巴布教的基础上生长起来的。150多年来,它已成为分布范围仅次于基督教的世界性宗教,发展速度惊人。它的崛起,一方面说明了宗教现代化中的某些问题;另一方面,在一定程度上为传统文化的现代化转换,也提供了一些有价值的借鉴。这里将通过对儒学和巴哈伊在其相似层面上现代化程度的不同表现,来说明儒学的现代化问题。

* 原载《海南大学学报(社会科学版)》1998年第3期。

① 马克思:《德意志意识形态》,载《马克思恩格斯选集》(第1卷),人民出版社1972年版,第31页。

# 一

史华兹在《共产主义与中国》中说过：现代化是合理的社会行为日积月累的努力，这种努力所追求的，就是寻找一种有效率而且合理的手段，会达到越来越大的，对社会环境和自然环境的控制，以造福于人类这个目的。[①] 在这种努力的进程中，技术理性主义曾一度将儒学代表的人本精神排除在外。但随着努力的积累，人们对“合理”的理解，有了更深的认识。这种“合理”，更多地包含着由文明的进步带来的对人的文化生命的认证。儒学及宗教在这种背景之下发挥的“轴心期潜力”，就为新价值体系提供了一个人本主义精神的坐标系。

道森也指出：“当今世界混乱之原因，或在于否定精神实在的存在，或在于想把精神秩序与日常生活事务当做互不相干的两个独立领域。”[②]前者指的是宗教面临的问题，后者指的是西方哲学中的理性主义框架中产生的问题。与之相对应，儒学自孔孟创立学说之日起，强调的就是正在被现代生活所淡化的对人内在生命的深刻透视。这种特殊的生命文化，不能由西方的传统思维开拓出来。虽然康德认识到“头上的星空”和“心中的道德律”同样重要，但他始终未能在这两者之间架起沟通的桥梁。而儒学和巴哈伊，正是在这一点上显示出它们的优势，也正是在这一点上，形成它们的共通之处和现代化进程中的可比性。

在东西方文化碰撞交融的时期，备受关注的儒学思想本该迅速获得处于精神饥渴中的人们的认同，但现实却是：尽管现代新儒家对儒学理论的发展越来越精深，体系也越来越精巧，但儒学始终未能在现实中发挥它应有的理论引导能力，未能对其发源地中国的新价值观的形成产生深刻的影响。在西方社会，它只是学者在书斋中才谈论的话题。它的热度仅局限在理论圈子中。

在儒学的“轴心时代”，孔孟的著书立说不是为了建构一种脱离人伦世界的超世哲学。它的立足点、关注点，是人们此世踏踏实实的生活，其目的是为人的社会确立一部规范的大法典。同时，它又有一种超越现状的理想主义色彩，将伦理规范定位为高于现实的、无处不适用的最高规范。因而儒学具有双重的潜在功能，这种双重性又是矛盾的。在情感上对古圣先贤的上古之礼的依恋，对现实社会政治制度理智主义的认同，以及在实际行为上的参与。在这种双重性中，孔子和孟子保持了微妙的平衡：一方面致力于理想主义的伦理理论的建构，另一方面积极参政、授学。这种平衡，在后来的儒家那里被破坏了。从汉代开始，已有了这种端倪，后来的宋明理学，又将情感上的理想主义过分发展了，使之距离现实越来越远，清代的训诂学、考据学又彻底抛弃了理想主义。这就必然使儒学在刚与现代化遭遇时，便被拒斥在现代化的大门之外，似乎儒学只能成为学者书斋中的玩偶。正如黄秉泰所言：“当儒学关于现存社会制度的矛盾减少时，儒学就丧失其社会效用和社会的参与。”[③]后来的儒家又把它神圣化，成为一种超越时空的、泛世的、永恒的文化，将孔子的构想绝对化，忽视了社会现实的相对性。如果中国后来的儒学绝对化的习惯得以清除，古代儒家意识形态的灵活性又得以恢复并进行新的变革，那么儒学在当今与现实社会生活或许会结合得紧密些。

① 史华兹：《共产主义与中国：变化中的意识形态》，纽约雅典能公司1970年版，第167～169页。
② 道林：《论秩序》，纽约1939年版，第6页。
③ 黄秉泰：《儒学与现代化》，社会科学文献出版社1995年版，第483页。

但事实与期望的相反。儒学的现代化问题，虽然自20世纪80年代起就已开始成为学界谈论的焦点，关于儒家思想将“整个政治构造，纳入理论关系中”[①]，将“延续变成一种保护性的防御性的概念”[②]等，关于它的等级观和男女地位观等，与现代进程不合拍的思想内容，在学理上讨论得可谓多矣。但是，能将儒学中的内容结合于现实生活，却少之又少。儒家传统，甚至包括极有价值的内容，复而不兴，这是现代新儒家面临的难题。

就此而言，前所述及的宗教领域中的巴哈伊教，倒是作了较成功的尝试。巴哈伊教的人本主义精神，家国天下的社会理想，都与儒家思想有些许相通之处。但是，在现代化的进程中，它却取得了较儒学更为显著的成功。同时，这种成功也正说明了宗教传统现代化的一些趋向。

汤因比说过，现存的各高级宗教，目前都面临一场情感与理智的冲突，而它们的前途，也在相当大程度上取决于如何认识、解决这场冲突。而且，在他看来，“这场冲突原因在宗教内部”[③]，宗教与现代化之间的冲突，主要表现为对先知启示的情感依恋与科技理性的冲突，其尖锐性甚至使其丧失了妥协解决的可能性。为此，汤因比提出：“除非人们认识到，同一个字眼真理，在哲学家、科学家的用法中和先知们的用法中并不是指相同的实在，而是一个用来表述两种不同经验形式的同形异义词。”[④]这要求宗教作出的让步就是：不要再把先知启示放在高居不下的位置上，应在神的领域中为人的精神争得更大的地盘。同时，要求宗教关注人的现实生活，从中汲取探讨人类意识深层的驱动力。

巴哈伊教可视为传统宗教向现代化迈进的成功一例。对其母体宗教伊斯兰来说，从本世纪中期，伊斯兰世界出现了种种社会、宗教改革，但无论是霍梅尼、凯末尔等政治家，还是阿富汗尼、阿布杜、艾敏等伊斯兰学者，他们都只提出或实行了种种理论的、形式上的改变。政治改革家改变的是宗教的仪式、制度，对宗教的根本精神未有触动；宗教学家对宗教与科学和现代生活的关系有新的认识，但具体化到宗教教义中却不多。在解决这种脱节的矛盾中，巴哈伊做了有益的尝试。

巴哈伊教认为，传统与现代化之间的动力性相互作用，是一个相关领域，其中察觉潜藏的道德价值能力，起着至关重要的作用。现代化的变革过程要求人们能够自觉地正视自己的文化和传统信念。在该教教义中，有多处对传统宗教教义与现代人类文明要求不相符合的内容作了明显的修改。它取消了圣战的教义，呼吁和平，主张人类一体；明确反对一夫多妻制，主张男女平等；它并不反对现代商业的营利行为，而是鼓励人们积极从事造福人类的事业；尤为重要的是，它放弃传统高级宗教间对立纷争的敌视态度，极力主张各宗教在平等、认同、磋商的基础上进行沟通，在求同存异的多样化形式中实现各宗教的统一。这对传统教义来说，是最重要的一项革命。巴哈伊认为宗教的真理就像人类共同拥有的一个太阳，只是破晓的地方不一样，体现的形式不一样，但真理就是那一个，所以各宗教教义根本上是相通的。该教奠基人之一阿布杜巴哈说：“在宗教方面，人类自己炮制的教义及伦理习俗已过时并毫无生命力，不仅如此，确实它已成为人间敌对的原因……所以我们的责任是在这个灿烂的世纪里，探索神圣宗教的本质，寻找人类世界大同的根本实质。”[⑤]这种宗教宽容精神是解

---

① 梁漱溟：《梁漱溟文选·儒学复兴之路》，上海远东出版社1994年版，第175页。

② 狄百瑞：《东亚文明·五个阶段的对话》，江苏人民出版社1996年版，第100页。

③ 张志刚：《宗教文化学导论》，东方出版杜1996年版，第188页。

④ 汤因比：《历史研究》英文版，第97页。

⑤ 阿布杜巴哈：《世界团结之基础》，马来西亚巴哈伊总灵体会1993年版，第16页。

决目前宗教前途的两种矛盾冲突之一的有效途径。对解决汤因比所言的另一种冲突:先知启示情感与人类科技文明及其创造物的冲突,巴哈伊教义中亦有明确的态度。阿布杜巴哈说:"宗教必须符合科学与理性,否则它就是迷信。上帝已创造了人,使它能察觉存在之真谛,并赋予他思维,或称理性,以实现真理。"[①]而且该教创始人巴哈欧拉亦曾将宗教和科学比喻为人类前进中的两只翅膀。当然他们所讲的相互协调作用,并不是要以生硬的态度科学地解释宗教,或让宗教干扰科学发展的轨道,而是力图寻求社会功能的互补。正如汤因比所说,现代科学和高级宗教齐心合力理解上帝的造物:变幻莫测的人类精神。

巴哈伊在教义中实施的深层革新,触及到宗教精神的根本,这就为它取得成功奠定了基础。它对教义中提到的一些传统宗教概念的新诠释,也使它更易为现代人所接受。如它对上帝、天国、地狱、灵魂、复活等的理解是:上帝既不是拟人的实体高踞于天堂的宝座操纵着世间事务,也不是泛神意义上的精魂包含在一切事物之中,上帝是不可知之本质;天国是人之精神的圆满状况,摆脱了愚昧之黑暗;地狱是人的精神的堕落状态,沉湎于情欲;灵魂是指人类一切精神与意识特质的总和;复活的观念是与肉体无关的,指精神上的永存。[②] 这些新的诠释和深层的变革,使巴哈伊教符合现代社会的逻辑和需要。

前面已经谈到,自宋明理学后,儒家思想中情感理想主义与平衡被破坏,至清代更向极端发展。在现代新儒家那里,关于"大伦理学"、"小伦理学",关于"改变社会规范的内在价值之源",关于"良知坎陷"等理论对传统的说明和阐释可谓多矣。但平民百姓和西方社会对最一般、最浅层的儒学思想仍是所闻不多。不过"东亚四小龙"经济的腾飞,使人们从儒学看到了希望。

当1853年西方现代化浪潮冲击岛国时,日本爱国志士的现代化行动的精神支柱和思想依据,都是从日本儒学中寻找的。日本儒学之所以能成功地适应现代化的挑战,其原因在于内部具有转换新机制的活力。当中国儒学传入日本的时候,它只不过为德川幕府的统治提供了一个可利用的理论工具,但日本学者保存了其原始的实用意识形态特色。藤原惺窝把程朱和陆王折中地调和到一起,建立了德川的新伦理体系;林罗山则把儒学和神道教调和起来。"日本儒学家为了实际利益对儒学做的手脚成日本儒学的共同模式。"[③]这种模式被沿袭下来,当日本面临现代化冲击的时候,一系列的移植转化,使来自西方的民族主义、科学运动、功利主义及民主平等观念,被较好地吸收到以儒家思想为支柱的日本文化意识中,并在教育制度、管理模式等具体层面上,得到较好的融会贯通,形成日本特殊的现代化文明。

在日本模式中,古典儒学的实用倾向得以保存。它未堕入儒家永恒主义和泛世主义,而是摆脱了宋明理学中高度抽象化和玄理化的学风,为日本人探求现代化发展道路提供了内在动力。日本模式为儒学现代化提供的另一启示是:必须吸收儒学中积极的有价值的因素,并将之推进到具体而又可操作的层面,这才是对它的真正发展。

---

① 阿布杜巴哈:《世界和平之宣扬》,美国伊利诺伊州出版社1982年版,第287页。

② 李绍白:《人类新曙光——巴哈伊信仰》,澳门巴哈伊出版社1995年版,第72~80页。

③ 黄秉泰:《儒学与现代化》,社会科学文献出版社1995年版,第483页。

# 二

前已述及，儒学和巴哈伊教在人文主义精神、国家天下的社会理想等方面具有相通之处。由此而决定了它们在具体的内容、对人的伦理品格设计、对现代生活方式的观念等方面都具有很多相似之处。

儒学和巴哈伊都强调精神至上，重义轻利，同时也认识到物质的发达是精神超升的基础。只是，原始儒家那里，有轻视、蔑视工商行为的倾向。理论上，儒学认为人类社会应建立一定的物质基础，而现实中，又否定或不鼓励有才之士从事工商活动，因而就使精神与物质潜在着分离的倾向。这就使儒学，尤其是中国理学，不会以积极的态度参与到现代社会的工商活动之中去。巴哈伊则在现代社会中坚持对工商业及科技文明活动的参与。其教义及其对教义的阐释均涉及现代社会生活的内容，如关于法律应维护劳动大众利益，关于劳资关系的论述以及发达国家与不发达国家的经济平衡等方面。巴哈伊信徒在很多地方还建立了新型的巴哈伊商业社团，正在实施的"东欧服务工程"，目的就是为发达国家以及发展中国家，尤其是为刚解体不久的前苏联和东欧其他国家的商业经济的发展提供更合理的、有利于良好价值观形成的意识引导，力图建立一种以精神价值观为基础的新型商品经济观念。依照这种观念，虽然短期内获利不丰，但其长期利益却要远远超出现在流行的商品观。巴哈伊教以积极、肯定的方式从事现代商业活动，一方面是对伊斯兰传统中否定利息行为观念的改革，更重要的是凸显了以实际行动实施教义改革的意义。

对社会未来发展的路径和实现大同世界的方式，儒学和巴哈伊教都认为和平、求同存异是一种最可取的途径。但是儒学这种精神在现代新儒家那里只是理论上的分析，未见有更多的发挥和形而下层次的推广，更谈不到对现代国际社会生活有什么重大的影响。但这些作为巴哈伊创教之初就已有之的思想，巴哈欧拉和阿布杜巴哈都为贯彻这种精神而四处演讲、呼吁，为推进和平运动，甚至不惜忍受牢狱之苦。更有甚者，提供"与其杀人，不如被人杀"这种纯和平主义的口号。现代巴哈伊信徒则积极参与联合国非政府组织的和平运动，如积极参与诸如《地球宪章》等文件的制定，并发表《世界和平之承诺》、《人类的繁荣》、《所有国家的转折点》等文件，以实际行动和言论表明他们对人类和平事业的关心，以期对世界和平进程有所贡献。也正是由于这一系列积极的行动，使该教在150多年的时间内就成长为分布范围仅次于基督教的世界性宗教。作为一种宗教，它不单是要求一般意义上的人类和平，而是更注重以积极开放的态度去寻求与其他宗教的和解与交融。巴哈伊着力于组织讨论世界环保、人权等问题的会议，通过此类活动拉近与其他宗教的关系。同时，本着求同存异的原则，巴哈伊在其现行的组织机构体系（以世界正义院为核心的各级灵体会）内，着重提倡并推行磋商等原则，使之逐步健全，希望能为未来社会提供一项行之有效的政治原则，不管这种磋商制度适应范围如何，巴哈伊此举的意义是使求同存异在现代社会中有一种可见可行的方式。

目前，在对传统思想的挖掘中，人们谈得最多的是天人关系与环境保护的问题。儒学中说的天人合一，与西方哲学中将天、人视为两个对立的主客体的思维传统相反，讲求的是天人之间的和谐。现代新儒家将其发展为与环境保护相一致的理论，对此论述颇多。但这些论述往往只是在学术讨论会的范围内提出，而在解决实际问题的国际国内环保大会上，却很少甚至几乎没有儒家学者的呼吁或提议。而在这类会议上，却时常能听到巴哈伊的声音，有些是非常切合实际的建议，这也正是它备受现代人注意的原因之一。1990年8月，巴哈伊国际社团向联合国环境发展大会筹备会提交了国际环境立法必要的声明。该教还参与组织了1995年世界九大宗教与环保会议，参与了“圣文基金会”的环保运动，并且曾在里约热内卢环保会议等国际会议上提交了建设性的建议和章程，建立了和平纪念碑，杂志等媒介亦被巴哈伊用来宣传报道世界环保信息。凡此种种活动，都可以让人们切切实实地看到巴哈伊的环保意识和它对现实生活所起的作用。

巴哈伊社团最着力从事的另一事业，是对改善教育和妇女的状况所做的努力。在世界各地，尤其是发展中国家的落后偏远山区，办教育已成为巴哈伊信仰传播的重要方式。他们在印度的村庄创办学校，在南美的穷乡僻壤设立电台，在帮助人们传播信息的同时，对落后部族进行精神启蒙。在澳门办巴哈伊小学，在玻利维亚、哥伦比亚等地办大学，通过这些学校传播巴哈伊的精神。他们以“教育抗衡仇恨”的宗旨得到世人认可，因此在巴哈伊教徒中，既有大量高级知识分子，也有落后部族的土著居民，他们把巴哈伊精神普及到尽可能广泛的层面。而儒学，虽然孔子本人就是大教育家，儒学本身也提倡“己欲立而立人”的言传身教，可是教育并没有被后来的新儒家很好地利用，作为对世界产生积极影响的途径。

除此而外，一些束缚社会向现代化迈进的儒学传统，也未能得到彻底而有效的改造，一些积极的思想也未能进行成功的现代化转换，于是未能对人们产生更深刻的影响；而巴哈伊恰恰却在呼吁平等、人权及保护妇女儿童权益的实际行动中，使其形象在发展中国家的人们眼中更加光亮，使教义更能吸引人们。

通过比较可以看出，儒家思想，含有诸多与现代化一致并可对现代化发展提供强有力精神支持的内涵。尽管韦伯断言精神与工业文明占上风的现代社会相排斥，但东亚特殊经济模式的成功，新兴的巴哈伊教与儒家思想的诸多相似之处，都使我们有理由相信儒学含着与现代合拍的特质：人文主义精神及由此精神而衍生的一系列社会观。

儒学虽是一种学术思想，但它自创说之日起，其目的就是为了经世致用，这也应该是儒学在现代发展中的一个根本目的。实用儒学和其他实用科学一样，尤其注重对现代社会的发展和人类精神家园的重建。应该说明的是，实用儒学与明清时兴起的实学并非一个概念。实学是17世纪以来，受西方科技知识冲击后出现的实用之学，它是为了摆脱宋明理学的樊篱而走向经验科学，是一个历史概念。实用儒学则是一个现实概念。实用儒学与新儒学亦有区别，它不是为了理论上的重建，而是为了能使儒学中有价值的内容能为现代社会利用。① 在实用儒学的发展模式上，巴哈伊同样是注重教化，通过在印度乡村的技术学校、南美的培训中心和澳门的语言学校，来传扬其精神。

从上文与巴哈伊的比较中可以看出，儒学面临的问题，就是它还没有能够从现代生活范式中汲取足够的动力，以促进儒学现代化转换内部活力的形成。而巴哈伊则走了一条将理想付诸现实化的道路，它力图将上帝天国建立在人间。因而，它着力做的是将其触角伸到现代社会，以汲取其宗教发展的营养和动力。同时使其在现实操作中，不断使教义与现实磨合发展。这正是儒学所缺少的，也是它未能成功地与现代化接轨的症结所在，因此儒家应该从巴哈伊汲取一些现代化思想，并学习其发展模式。

① 蔡德贵：《实用儒学刍议》，载《鲁文化与儒学》，山东友谊出版社1996年版，第282页。

# 三

从巴哈伊和儒学面对的问题来说，就是如何将传统与现代接轨的问题，具体地说就是如何将观念的东西转化到可操作层面的问题。在这一过程中，不论是宗教，还是一般人文学科，都应相互沟通和借鉴，即采取一种开放的态势，这是一个根本的大前提。正如学者所指出的："传统社会的真正危机，不在于西潮的冲击与入侵，而在于……权威性格阻碍了政治的现代化与民主化。"[①]若儒学抱住其内向、保守的态度，不能形成由内部深层的开放而辐射到外部的开放态势，便不能真正汲取到有价值的养分，以促成内部生机的形成，不能创新。从前面述及的巴哈伊对科学、宗教的态度中，可以看到它既有宽容的精神，也有开放的品格。儒学作为一个历史悠久、体系庞大的学说，要适应现代化的要求就必须面向现实的层面，并从社会生活各个层面汲取其营养，充实到体系中，增强与现代社会的磨合力。从体系上来说，对由西方涌来的功利主义、专业分工的伦理秩序和情感的中性化，以及国家民族观，若能采取一种开放的态度，则有利于在传统精神的根基上，确立一种多维的价值观，形成一个有大容量的多面体系，恰如巴哈伊的九面灵曦堂所表征着的一种开放精神一样。

这种真正的拿来主义，是立足于儒学体系本身，在保持其基本精神的基础上的革故鼎新，积极主动地实施从内到外的开放，向巴哈伊等汲取有益的东西以为己用。这对在现代社会条件下，将儒学真正发展成为具有世界意义的文化体系，这对群体意识失落、环境问题、资源问题等，都有重要意义。

儒学的劳动、节俭、勤奋、谦逊等品质，对现代社会发展都有着极高的价值，但也潜在着被深化论述或泛化推广的可能性。但不论如何，现代新儒家都应将百姓日用而不知或不知又不用的传统文化在与现代生活模式的磨合中，推而广之，以负起儒学应担当的新的历史重任。

---

① 郑志明：《中国意识与宗教》，台北学生书局1993年版，第76～77页。

# 试析巴哈伊信仰的上帝观*

吴晓群

巴哈伊信仰(Bahá'í Faith)作为一个年轻的世界性宗教,其发展史不过150余年,“但它不仅是当代最活跃的一个新型宗教,而且也是一个独立的、世界性的宗教”①。特别是在这几十年里,其发展势头颇令世人瞩目。据1992年《大英百科全书年鉴》(1992 Britannica Book of the Year)统计,到1991年全球有540万巴哈伊信徒,其信众几乎涵盖了世界上的所有种族,在205个国家与地区有巴哈伊社团,就地理分布的广度而言,仅次于基督教。它拥有一个全球性的教务机构——世界正义院(Universal House of Justice),在150个国家与地区设有国家级的管理机构巴哈伊总灵体会,下属2万多个地方灵体会。1948年总部设在纽约的巴哈伊国际社团(Bahá'í International Community)被联合国委任为“经济与社会委员会”和“儿童基金会”的咨询机构,参与和制定了社会与经济、儿童、环保等多项发展计划。② 近年来,世界各地的巴哈伊社团及其个人更是以一种积极的姿态参与到广泛的社会活动之中,特别在文化、教育、卫生、妇幼、环保以及消除种族歧视、保卫世界和平、促进经济发展等领域投入了极大的热情和人力物力,其影响逐年扩大。

这样一个年轻而充满活力的新兴宗教,已越来越引起了国内学者的关注,近年来在相关的学术刊物上已发表有关巴哈伊信仰的文章近十篇。但目前国内学界对于该教仍处在简单介绍的阶段,深入研究尚属起步。本文试图对巴哈伊信仰中的上帝观作一些尝试性的探索,以期加深对这一新兴宗教的认识。

## 一、何谓上帝

何谓上帝?这是大多数宗教都必须回答的核心问题。并由此引出与之紧密相连的一系列问题,如上帝与人的关系是怎样的?上帝是如何显示并实现其意志的?人如何才能感知并接近上帝?先知在人与上帝的关系中处于何种地位?等等。

在巴哈伊信仰中,对于上帝的理解,我们可将其要点归纳为四个方面的内容。首先,巴哈伊信仰认为,上帝是全知、全能的造物主,他是无所不知、无所不能的。巴哈伊信仰的创始者巴哈欧拉

* 原载《当代宗教研究》1998年第4期。

① 宗教研究中心编:《世界宗教总览》,东方出版社1993年版,第76页。

② 宗教研究中心编:《世界宗教总览》,第79页。

(Bahá'u'lláh,1817～1892 年)说:"他由全然虚无中创造了万物……"[①]而人类则是上帝所有创造物中最完美的。巴哈欧拉进一步写道:"他创造了世界及其中所有的生物后,经由他无拘无束之最高旨意的运行,他选择人类,并赋予人类独特的优越性和能力来认识他和爱慕他。"[②]其次,巴哈伊信仰认为上帝是唯一的、独尊无二的,除了上帝之外,别无神明。巴哈欧拉在他所启示的若干书简中反复提及:"除你之外别无上帝、你是艰苦中的救难者,自有永有者。"[③]我自行见证你的一致性,你是上帝,除你之外别无上帝。"[④]再次,巴哈伊信仰认为上帝是至高无上的、不朽的、自足的。作为无形体的最高存在,上帝是非物质的,他超越于物质世界的一切限制之外,是亘古不变的、永存不灭的。作为终极实体的上帝是自足永足的、自在永在的,他不会因其创造物的承认与否、赞美与否而有所毁损。巴哈欧拉说:"诚然,他是不朽的,永远无人能与他并驾齐驱,没有任何名号能与他的圣名相比,没有笔墨能描绘他的本性,也没有任何语言能叙述他的荣耀。他将永远高超于万物之上。"[⑤]最后,巴哈伊信仰认为上帝既是隐秘的,又是显现的。上帝作为"隐秘中之最为隐秘者"(the Most Hidden of the Hidden)[⑥],"他那神圣的存在,一直隐藏在他崇高本体之不可言喻的尊严里,并将永久地继续深藏于他那不可知的本质之看不透的奥秘里。"[⑦]同时,上帝又是"显现中之最为显现者"(the Most Manifest of the Manifest)。[⑧] 作为宇宙的创造者,上帝也通过万物万象来显示出其自身的美质与品性。巴哈欧拉说:"每一个创造物的内在真性都被他用某个圣名之光照耀,成为他的某种光荣属性的承受者。而他却将他的全部圣名及属性之光辉聚集到人类的内在真性中,使其成为反映他的一面明镜。"[⑨]

从以上的这一系列描述中,我们认为,在巴哈伊信仰中,上帝的概念可以说是"全部人类词语中含意最深远的"[⑩]。但是他并没有成为如卡尔·巴特所说的那个"绝对的他者"。的确,作为有限的存在,人类永远无法凭自身的力量企及他,甚至无法凭想象去形容他。上帝无限地超越于任何被人类所理解或描述的东西之外。"当我们说上帝是全能的、至爱的和永远公正的,这些措词只不过出自于人类对权力、爱和正义有限的经历而言。"[⑪]由此可以推论,就连"上帝"这个名称,也只不过是出自

① *Gleanings from the Writing of Bahá'u'lláh*, translated by Shoghi Effendi, Bahá'í Publishing Trust, U. S. A, 1983, p. 64.

② *Gleanings form the Writing of Bahá'u'lláh*, translated by Shoghi Effendi, Bahá'í Publishing Trust, U. S. A, 1983, p. 65.

③ 《巴哈伊祷文》,台湾大同教出版社 1983 年版,第 117 页。

④ Bahá'í Prayers, *A Selection of Prayers Revealed by Bahá'u'lláh, The Báb, and 'Abdu'l-Bahá*, Bahá'í Publishing Trust, U. S. A, 1982, p. 7.

⑤ *Gleanings from the Writings of Bahá'u'lláh*, translated by Shoghi Effendi, Bahá'í Publishing Trust, U. S. A, 1983, p. 51.

⑥ Bahá'í Prayers, *A Selection of Prayers Revealed by Bahá'u'lláh, The Báb, and 'Abdu'l-Bahá*, Bahá'í Publishing Trust, U. S. A, 1982, p. 143.

⑦ 转引自守基·阿芬第:《巴哈欧拉之天启示·新世界体制之目的》,澳门巴哈伊出版社 1995 年版,第 22～23 页。

⑧ Bahá'í Prayers, *A Selection of Prayers Revealed by Bahá'u'lláh, The Báb, and 'Abdu'l-Bahá*, Bahá'í Publishing Trust, U. S. A, 1982, p. 143.

⑨ *Gleanings from the Writings of Bahá'u'lláh*, translated by Shoghi Effendi, Bahá'í Publishing Trust, U. S. A, 1983, p. 65.

⑩ 参见汉斯·昆:《论基督徒》(上),杨德友译,三联书店 1995 年版,第 75 页。

⑪ 威廉·汉彻尔、道格拉斯·马丁:《巴哈伊教——一个新崛起的世界宗教》,新加坡巴哈伊总灵会 1993 年版,第 121 页。

对上帝无限完美性的比喻而已。因此,“所谓知晓上帝,是指明白其属性而言,不是指其本体”[①]。上帝的本体是永远超然存在的。巴哈伊教对上帝的这种认识,表明它拒绝将神圣世俗化,也决不允许把世俗的东西神圣化。这使得上帝作为一种最高的存在,永远地与人类保持着一段无法跨越的距离。然而,上帝的本体虽然永远是未知的、隐藏的,但是其属性却是可被认识的。他透过宇宙万物来显示其自身,人类则通过认识万物及自身来认识上帝。“所以说,人不能认识神的本质。不过,他能够凭借其理性思维的力量,通过观察、直觉以及其信仰的发人深省的能动力去相信上帝,发现其仁慈的恩泽。”[②]

## 二、作为神人中介的先知

作为“隐秘“的上帝,他是不可认识、无法描述并远离他的创造物的,人类永远也无法直接面对他,只能对他超越的本质遥表敬意。而作为“显现”的上帝,他又是可以并且愿意被人类所认识的,那么人类是如何与上帝相遇的?上帝又是怎样显示其恩威,实现其意志的?巴哈伊教认为,必须要有一个能沟通人类与上帝的中介者,这便是先知。

先知被认为是上帝意志的显示者,他们使人类与那不可知者、那神圣的本体产生联系,他把上帝的指引与光辉送给人类。可以说,先知即是上帝在这个世界上的化身和体现,是将人类引向上帝的唯一途径。巴哈欧拉说:“由于上帝与其创造物之间没有直接联系,而且短暂与永恒、偶然与绝对之间也不存在相似之处,因此,他在每一个时代里,任命一位纯洁无垢的灵魂显现于天地之间,并赋予这位卓越微妙的生灵双重性能:一种性能属于物性的,与物质世界的事物有关;另一种性能是属于灵性的,是由上帝本身的性质所产生的。同时他又授予这崇高的生灵以双重的身份。第一种身份与他内在的本质有关,象征他的声音就是上帝的声音……第二种身份代表凡人的本性。”[③]

从上面这一段引言中,我们可以得出两个结论:首先,巴哈伊教认为,上帝会不断地派遣使者来到人间传播其真理。事实上,在巴哈伊教看来,所有世界性宗教的创始者,如犹太教的摩西、佛教的释迦牟尼、基督教的耶稣基督、伊斯兰教的穆罕默德等都是来自同一个上帝的先知,是上帝在不同的历史时期派往人间的使者,而巴哈欧拉则是我们这个时代的上帝的使者。在巴哈伊教看来,这些先知们的本质都是一样的,他们反映的是同一个上帝的光辉,启示的是同样的真理。“认知了他们就如同认知了上帝,倾听他的召唤就如同倾听上帝的声音,验证了他们的启示的就如同验证了上帝的真理。”[④]当然,每一个先知又都是独特的,他们有着不同的名称、各自的任务和一段时间的限制。然而,对于各先知及其教义之间所存在的种种差异,巴哈伊教并不认为,这表示了其重要性的不同或他

① 'Abdu'l-Bahá, *Some Answered Questions*, collected and translated by Laura Clifford Barney, Bahá'i Publishing Trust, U. S. A, 1981, p. 220.

② 阿博都·巴哈:《阿博都巴哈致福雷尔书简》,摘自江绍发主编《毁灭或新世界秩序?》,澳门新纪元出版社 1997 年版,第 64 页。

③ *Gleanings from the Writings of Bahá'u'lláh*, translated by Shoghi Effendi, Bahá'i Publishing Trust, U. S. A, 1983, pp. 66-67.

④ *Gleanings from the Writings of Bahá'u'lláh*, translated by Shoghi Effendi, Bahá'i Publishing Trust, U. S. A, 1983, p. 50.

们的启示有什么本质上的不同,各先知只是分别启示了同一个真理的不同方面,反映了同一个上帝的不同侧面,并且适应了不同时代人类的不同需求而已。实际上,“这些宗教原则和法规,都出自同一神圣的本原,同一光源所发射的光芒。所不同的是由于它们所传播的时代有各不相同的环境与需要而形成的”。① 因此,巴哈伊教反对在各大宗教创始人之间肆意评判,巴哈欧拉警告说:“当心啊,信仰上帝唯一性的人们！谨慎留意,切勿企图在他圣道的显示者之间妄加区分,或者对他们启示所附带和宣扬的征象妄加排斥。”②

其次,从那一段引言中,我们还可以看出巴哈伊教是如何确认先知的身份的。作为介于上帝与人类之间的一种存在,先知必须兼备双方面的特性方能完成其使命。因此,凡先知须具有两重属性,一方面他们与普通人一样拥有一个物质的身体,他们的话语能为人们所理解并接受。实际上,各大宗教的先知也都是真实而具体的历史人物,他们为当时的人们所亲见,并同样经历了生老病死的人生旅程。然而,另一方面,他们又被赋予了某种特殊的灵性与品质,使之能与上帝相沟通,并代表上帝向人类启示其真理。因此,先知是超越于凡人的,他们的灵魂在有其物质生命之前便已存在于灵性的世界之中,他们的知识是直接承自于上帝,是与生俱来而非后天习得的。

巴哈欧拉对先知身份的这种描述,使他们从根本上区别于人类历史上那些伟大的思想家与哲学家。巴哈欧拉的长子,其教义的权威诠释者阿博都·巴哈进一步把先知分为两种,他将各大宗教的创始者称为“独立的先知”,而将历史上的一些伟大的先哲(包括中国的孔子)称为“非独立的先知”。他说:“独立的先知是律法的制定者与新周期的创立者。经由他们的出现,世界焕然一新,宗教的基础得以奠定,新的圣典启示于世人眼前……另一种先知则是追随者、促进者,他们犹如树之枝节,本身并不独立;他们受恩于独立先知、受惠于全球性先知的指引之光。”③因此,没有人能够自行“成为”上帝的显圣者。先知都是上帝所特选的,上帝的旨意通过他们而转达给人类,人们通过先知才得以与上帝沟通,并感受到上帝的慈爱。于是,只有从先知身上,人类才能找到上帝与人的联结点。可以这样理解,在巴哈伊信仰看来,上帝与人的相遇与对话,都只有通过先知及其话语——即是在信仰中才可能实现,除此别无他途。而先知们微妙的双重身份既是他们作为神人中介所必不可少的特征,更表明先知的灵魂是与整个宇宙之源相沟通、相感应的,这保证了他们教义的绝对正确性。巴哈伊信仰中这种关于先知的独特地位以及各先知本质上同一的认识,进一步导出了宗教同源的重要概念,这为当今各大宗教寻求彼此之间的团结提供了理论上的依据。

而上帝之所以不断派遣他的使者——各大宗教的先知来到人间,说明了人类所以能够认识上帝,乃是出于上帝的意愿和恩典。正如尼古拉·库萨所说:“上帝不会以其他方式被把握,除非他显示自己。上帝愿意被寻觅,他也愿意赐给寻觅者们以光;没有这光,寻觅者们就不能寻觅他。他愿意被寻觅,也愿意被把握,因为他愿意向寻觅者们显示和启示自己。”④

---

① *Gleanings from the Writings of Bahá'u'lláh*, translated by Shoghi Effendi, Bahá'í Publishing Trust, U. S. A, 1983, pp. 287-288.

② *Gleanings from the Writings of Bahá'u'lláh*, translated by Shoghi Effendi, Bahá'í Publishing Trust, U. S. A, 1983, p. 59.

③ 参见 *Some Answered Questions*, pp. 164-165.

④ 尼古拉·库萨:《论隐秘的上帝》,李秋零译,三联书店 1996 年版,第 25～26 页。

# 三、人与上帝

阿博都·巴哈('Abdu'l-Bahá,1844～1921年)在解释巴哈欧拉关于人与上帝的关系时明确指出:"上帝与众生的关系,即是造物主与造物的关系。"[①]而在这种关系中,爱是其本质所在。阿博都·巴哈引用《圣经》里的话说:"上帝就是爱。"[②]巴哈欧拉说:"人子啊! 隐蔽于我远古的存在里,于我本质的亘古永恒里,我知道我对你的爱;因此我创造了你,把我的形象镌印于你,并把我的圣美启示于你"[③]。正是在有了上帝对于人类的爱之后,再经由他的"创造"行为才最终使人类与上帝联系在一起了。

同时,巴哈伊信仰认为,在人与上帝之间还存在着一个"永恒的圣约"(The Eternal Covenant),而建立圣约的基础就是上帝的爱。在此盟约中,上帝所负的责任是给予个人生命,为人提供生存在这个世界上的一切物质需要;进而,因着上帝对人类的爱,他承诺永远不会让人类孤独或迷失方向。因此,上帝总是不断地派遣他的使者来指引人类,巴哈欧拉说:"上帝派遣先知降世的目的有二,一是将人类从无知的黑暗中解放出来,并指引他们迈向真知的光明;二是要确保人类的和平与安宁,并为人类提供一切建立和平的方法。"[④]

巴哈欧拉认为,在这个永恒的圣约中,上帝的部分总是完成的,而人类在此契约中所应负的责任则是承认上帝的先知并遵循其教义。他说:"上帝指令给其仆役们的首要责任是认知他——他乃是上帝天启的始源,律法的泉源,他代表上帝的神性……每个人都应该遵守他的诫令。"[⑤]然而事实上,在每一个世界性宗教启示的初期,都遭受到大多数人的反对,从摩西、耶稣、穆罕默德直至巴哈伊信仰的创始人巴哈欧拉都曾遭受当时宗教领袖及大多数民众的拒绝和迫害。只有当这些宗教取得决定性胜利时,大多数人才会归向它。这是一个神学的悖论,同时也是一个历史事实。事实使某些人灰心失望,然而从神学的角度看,这一悖论不仅提醒信徒人类已有负于上帝,应立刻警醒;更表明了上帝是充满爱的,是永恒的宽恕者和赐福者。这种认识使得巴哈伊相信,唯有爱才是人与上帝之间最重要也是最基本的关系。

在人与上帝之间确立了爱这种基本关系之后,巴哈伊信仰也讨论了人是否生而有罪的问题。巴哈伊信仰中并不接受"原罪"的观念,反之,其以为,"上帝的造物中是没有邪恶的"[⑥]。因此,人的内在本性中并不与生俱来地存在着"恶"的因素。在巴哈伊信仰看来,罪恶是缺乏善良,正如黑暗是缺乏光明,寒冷是缺乏热量一样。

---

① 'Abdu'l-Bahá, *Some Answered Questions*, Collected and translated by Laura Clifford Barney, Bahá'í Publishing Trust, U. S. A, 1981, p. 202.

② 'Abdu'l-Bahá, *Paris Talks*, London, 1972, p. 179.

③ 巴哈欧拉:《隐言经》,澳门巴哈伊出版社1994年,第3页。

④ *Gleanings from the Writings of Bahá'u'lláh*, translated by Shoghi Effendi, Bahá'í Publishing Trust, U. S. A, 1983, pp. 79-80.

⑤ *Gleanings from the Writings of Bahá'u'lláh*, translated by Shoghi Effendi, Bahá'í Publishing Trust, U. S. A, 1983, p. 330.

⑥ *Gleanings from the Writings of Bahá'u'lláh*, translated by Shoghi Effendi, Bahá'í Publishing Trust, U. S. A, 1981, p. 214.

但是，巴哈伊信仰同时又承认人有自由意志。如果一个人滥用其精神及肉体的能力，而背离了上帝的指引，傲慢自私或为凶作恶，这对其灵性的发展与进步无疑是十分有害的。然而，这并非是由于先天性恶所致，却是后天逐渐养成的。[①] 只有上帝的先知所带来的宗教才能消除这种“恶”。因为先知作为上帝的使者，只有他们才能引领人类走向灵性发展的道路，因此，唯有跟从他们的教义，人类才能摆脱恶的影响，而趋向于完美。这便是宗教所带来的拯救。在巴哈伊信仰中，这种所谓“拯救”，并不是要免除“原罪”的沾污，也不能使人免受罪恶的影响，而是要帮助人们从低级天性的束缚中解放出来，获取灵性上的进步，使之努力趋于完美，从而达到与上帝的结合。同时，这种拯救并非仅来自上帝单方面的行动便能奏效的，根据巴哈伊教的看法，上帝的拯救事业必须得到人类积极主动的参与，只有人类与上帝的共同努力才能使人类获得拯救。故巴哈欧拉提醒世人说：“爱我，使我能爱你。如果你不爱我，我的爱便无法达到你。”[②]

从以上巴哈伊信仰关乎圣约、爱和原罪的观念中，我们发现，在人与上帝的关系中，“上帝不是一个对我们冷漠又令我们冷漠的最终的实体，而是无条件地关注我们、解救我们并向我们提出要求的终极实体”[③]。这种双向的契约式的关系，使人并非处于绝对被动的地位，而是让人类对自身的获救负有了一定的责任。

总之，巴哈伊教的上帝观是其信仰的根本所在，要进一步理解这一在当代迅速发展的新兴宗教，还有待于我们更为深入的研究。

---

① 从巴哈伊关于善恶关系的这一看法中，我们同时也发现了理解巴哈伊伦理道德的关键。简单说，凡有助于灵性发展与进步的便是“善”的，凡有碍于灵性发展与进步的便是“恶”的。

② 巴哈欧拉：《隐言经》，澳门巴哈伊出版社 1994 年版，第 4 页。

③ 汉斯·昆：《论基督徒》(下)，杨德友译，第 451 页。

# 纳伊姆*

王逢振等

纳伊姆 Ná'im（1856～1916），伊朗诗人。原名穆罕默德（Muḥammad），号称密尔扎・纳伊姆・萨达希（Mírzá Ná'im Sadahi）。生于伊斯法罕近郊。自幼喜好文学，1881 年皈依巴哈教派，传教时被打伤，逃往德黑兰。后出任英国驻伊朗使馆波斯语教员，直至去世。他的诗集在印度孟买出版，多为古典格律诗，代表作为《论证》。诗中引用大量伊斯兰教经文、圣训和宗教传说，证明巴哈教派教义的正确性。他的诗作受前辈诗人加阿尼的影响较大。

* 原载王逢振等主编：《新编二十世纪外国文学大词典》，译林出版社 1998 年版。

# 巴哈伊信仰一瞥*

黄培炤　苏丽雅

在迦密山高高的山坡上，距海法雕塑公园不远，一座庄严宏伟的金色圆顶建筑在太阳光的照射下熠熠生辉。建筑呈圆柱形，通体洁白，顶部覆盖着盔状金色大穹顶，上面粘贴着由荷兰制造并上釉的12000块金色鱼鳞状瓦片，显得流光溢彩，金碧辉煌。整座建筑结构对称严谨，布局和谐，堪称宗教建筑艺术之杰作。这就是巴孛陵殿，巴哈伊信仰的主要建筑和象征。

巴哈伊信仰是一种新兴的宗教，创立于19世纪中叶。它的先驱者和殉道者是巴孛。巴孛1819年生于波斯的夕拉兹市。1844年，他宣布世界万民所盼望的圣使即将出现，而他的目标是准备为人类迎接一位新圣使的到来。巴孛这一举动触怒了当政者，他因此被捕入狱，遭到迫害，最后于1850年7月在大布里士城被处决。当时波斯境内因追随巴孛而被牵连处死的信徒达2万之多。

巴哈欧拉是巴哈伊信仰的创启者，1817年生于波斯一个有名的大贵族家庭，拥有世袭财富和大片土地。殷实富庶的家境并未使巴哈欧拉成为纨绔子弟，相反，他乐善好施，安良济贫，深受人们爱戴。然而，当巴哈欧拉宣布支持巴孛后，他的命运发生了180度的大转弯，厄运接踵而至：家产被全部查抄，自已锒铛入狱，遭受严刑拷打，并先后被放逐到巴格达、君士坦丁堡、亚德里安堡。1868年，巴哈欧拉以囚徒身份来到阿卡，在这里度过了24年的囹圄时光。

1863年，巴哈欧拉在巴格达宣布自己是巴孛所预示的圣使。后来又在阿卡城创建巴哈伊信仰，写出了该教的经典《至圣书》。1892年，巴哈欧拉在阿卡城以北约2公里处的巴基逝世，当时，他名义上仍是土耳其奥斯曼帝国的一名囚犯。

巴哈欧拉的长子阿巴斯·阿芬弟从小就跟随父亲过着流放生活，他自称为"阿博都巴哈"（意为"巴哈之仆"）。巴哈欧拉过世后，阿博都巴哈成为巴哈伊信仰的教长。1908年，阿博都巴哈获释，到欧洲和美洲广为传播教义，为巴哈伊信仰奠定了巩固的基础，并于1909年将巴孛的遗体从波斯移葬于当时初步建成的海法寝陵。

阿博都巴哈于1921年辞世。他的后人继续扩大巴哈伊信仰的影响，目前已有信徒400万，分布在100多个国家和地区的10万多个巴哈伊信仰中心，该教的经典也被译成数百种文字。

与巴孛陵殿一街之隔，是巴哈伊信仰的最高行政机构——世界正义院。该机构成立于1963年，由9名成员组成，每5年选举一次，负责协调教内的一切活动。世界正义院的大楼是一座由白色大理石建成的豪华建筑，外围环绕着58根石柱，正面朝向海法湾对岸位于巴基的巴哈欧拉陵殿。

---

* 原载《世界博览》1998年第11期。

正义院旁边，是国际巴哈伊历史文物馆，它采用古希腊式建筑风格，用意大利的钦波石建造。这是收藏巴哈伊历史文物的私人博物馆。巴基的巴哈欧拉陵殿和海法的巴孛陵殿四周，是大片雅致清幽的花园。园里长满了奇花异草，从几十米高的葳蕤林木，到地上密不透风的花草，在大自然面前把旺盛的生命力宣泄得淋漓尽致。芳草茸茸，鲜花簇簇，树木花草显然经过精细的修剪和整饰，一排排，一行行，极其整齐有序，不少地方还呈现出造型美观的各种几何图案。据介绍，花园的管理人员都是来自世界各地的巴哈伊志愿工作者。也许，他们把对宗教的虔诚，都倾注在这些红绿辉映的花园里了。

巴哈伊国际文物馆

# 宗　教*

孟学文

澳门开埠几百年，四方杂处，宗教历史悠久。居民信仰的宗教有佛教、天主教、基督教、伊斯兰教和巴哈伊教等。居民信仰佛教的最多，因为按一般性的调查，是将澳门烧香拜神的善男信女，都视作佛教徒，实际上却包括了佛教、道教、孔教等教徒，甚至有的土庙烧香的并非教徒。澳门有庙宇40多间（未包括几十间土地庙神舍），其中妈祖阁、观音堂、莲峰庙三大古刹，历史四五百年。澳门庙宇“满天神佛”，尤以供奉观音、天后、关公的最为普遍。天主教在澳门有400多年历史。澳门教区成立于1576年1月23日，为最早的远东地区传教中心。发展到今天，澳门的天主教教友，居澳的约有2万多人，葡人占35%，华人占60%多。全澳的神职人员共有360多人。澳门天主教教区现有六个本堂区，两个传教区，各堂区的行政管理和财政均独立。较大规模的教堂有20多间。望德堂、风顺堂和花王堂这三大古老教堂，是澳门最早开设的教堂，历史有300多年。澳门天主教积极参与政府实施的各项教育、救济医疗社会福利事业，尤以教育事业最为特殊，全澳教会学校学生有3万人左右，教师1000多人（其中传教士100多人）。教区还开办了9间托儿所、7间诊所、9间老弱伤残院和2间老人中心。基督教在澳门传教180多年，1807年英国伦敦会马礼逊传教士率先来澳传教，并译出第一本中文圣经。澳门印刷工人蔡高，是马礼逊在中国传教的第一个信徒。另一位印刷工人梁发，在澳门成为中国第一位华人牧师。近几年基督教在澳门发展较快，现在华人教会40多个，有3000多教友。各教会的行政经济独立。目前基督教在澳门设福利机构、学校、诊所，积极参与社会服务。伊斯兰教在澳门已有几百年历史，最近几十年来发展缓慢，目前教徒逾百人。巴哈伊教（旧译巴海大同教）在澳门的历史仅30多年，近年发展较快。现有教徒200多人。

* 原载孟学文主编：《世纪盛典——跨世纪领导干部国情读本》（1～3部），当代中国出版社1998年版。

# 山东大学巴哈伊研究中心成立*

王佃利

巴哈伊教是世界新兴宗教中发展最快、影响最大的宗教之一。山东大学哲学系于 1996 年 3 月成立了山东大学巴哈伊研究中心，对巴哈伊教的状况开展系统的学术研究。该研究中心主任为蔡德贵教授。

巴哈伊研究中心的成立得到了学校和各界人士的大力支持，季羡林，黄心川、朱威烈，仲跻昆、李振中等学者欣然出任研究中心的学术顾问，并对研究中心的发展方向和具体工作进行了指导。现在研究中心成员有 9 人，由山东大学哲学系的教授、博士、讲师和研究生组成。同时聘请了山东社会科学院、武汉大学等单位的有关学者作兼职研究员。

巴哈伊教是世界新兴宗教之一，它虽渊源于伊斯兰教十叶派之巴布教派，但能广收博采众教之长，在 150 多年的时间内发展神速，成为一种完全独立的新兴宗教。巴哈伊教主张消除宗教偏见和宗教纷争，对各种宗教采取极大的宽容、认同的态度，又以争取世界和平、大同为己任，提倡用对话代替战争，在世界上有很大影响。巴哈伊教推行宗教世俗化，关注人类的未来发展，对全球性的发展问题、环境问题、妇女问题都有自己的见解和主张，对世界和平作出过贡献，与其他世界性宗教相比，巴哈伊教具有很大的发展余地。

山东大学巴哈伊研究中心的基本理念是，对巴哈伊教进行客观的学术研究，认真分析其思想主张，客观评价其宗教活动，以有助于国内对该教的充分认识。由于巴哈伊教在中国的港、澳、台地区都颇有影响，并且在大陆也开始传播。因此山东大学巴哈伊研究中心以专门机构，投入一定的力量，进行巴哈伊教的专门研究，具有重要的学术意义和现实意义。

山东大学巴哈伊研究中心成立以后，先后两次与国外的巴哈伊教代表举行座谈，进行学术交流，使巴哈伊友人对中国的学术研究有了正确的认识；发表了《巴哈伊教的家庭妇女观》、《实用儒学初探》、《伊斯兰社会基质初探》等文章，对巴哈伊教的基本主张进行介绍和剖析；同时开展巴哈伊教与中国儒学的比较研究。现在研究中心已承担国家教委社会科学"九五"规划项目"外部的宗教渗透和我国的对策——以巴哈伊为例"，将全面展开对巴哈伊教的研究工作。该项目的研究成果力求在三个方面有所突破：一是巴哈伊教的现代化、世界化趋势研究；二是巴哈伊教的基本教义及在中国的传播发展史；三是中国对巴哈伊教应采取的对策。

山东大学巴哈伊研究中心的成立将会推动中国马克思主义宗教学研究事业的发展。

---

* 原载中国社会科学院哲学研究所编：《中国哲学年鉴 1997》，哲学研究杂志社 1998 年版。

# 巴哈伊花园*

彭龄　章谊

也算是我们孤陋寡闻吧，来以色列之前，我们只知道国际性的宗教有基督教、伊斯兰教、犹太教、佛教。来以色列之后，方知还需加上一个巴哈伊教。巴哈伊教以它的创教人巴哈欧拉提出的，“地球乃一国，万众皆其民”的宗旨，又被称为“大同教”。

我们对宗教不感兴趣。来以色列，以旅游者的眼光，观赏了耶路撒冷的三大宗教圣地，似已足矣。但主人说：今天安排你们去北部沿海黎巴嫩边境，途经海法和阿卡时，不看看巴哈伊教的花园实在遗憾，特别是阿卡的花园，漂亮极了。据说，在世界上除了巴黎近郊的拉·马尔迈逊花园之外，没有其他的花园可以同它媲美。我们知道，拉·马尔迈逊花园是当年拿破仑赠给他的妻子约瑟芬的。20 世纪五六十年代我们看过的一些有关拿破仑的影片就是在那里拍摄的，美园美眷，极尽虚华……主人的盛情，怎好不领。我们像前两天一样吃罢早饭，便登车上路，直奔海法。

海法是以色列北部著名的港口，它的历史可以追溯到公元前 14 世纪。由于卡尔梅勒山在海法斜插进地中海，为了与自然的地形相协调，海法城的建筑物，大体建在三条等高线上。巴哈伊教的花园就在濒临海法港和海法炼油厂的山顶上。这座花园实际上是一位名叫巴孛的巴哈伊教的先驱与殉道者的陵墓。巴孛由于公开宣扬巴哈伊教于 1850 年被处决，年方 31 岁。他的遗体后来被移到这里安葬。

我们在陵园门口下车，穿过一条林木葳蕤的走廊，便看到巴孛的陵殿和花园，陵殿分三层，底层呈正方形，外面有一个每边由六根意大利白色的钦波石立柱组成的回廊，立柱的上面是东方伊斯兰风格的拱形装饰；中间的一层呈六边形，每边有伊斯兰风格的拱形门窗；顶层是圆形，环以 12 根意大利白色钦波石柱，石柱上托着一个金碧辉煌的穹顶，它是由 1.2 万块镀金的鱼鳞形金叶组成的。可以说，整个建筑融会了东西方建筑艺术与风格，显得肃穆、端庄。陵殿的外面，便是绿草坪、花坛，修剪得方方正正的松墙和种着各种名贵花树的花园。花园里的条条小径都是用白色的碎石或是玫瑰色的碎瓦铺成的，十分别致。

我们走进巴孛的灵堂，灵堂很素净。使我们感兴趣的，是两个显然是中国制造的花瓶。不知道是这位巴哈伊教的先驱者生前的遗物，还是他的追随者的捐赠。在灵堂正中的一块灵幡上，我们看到一句用波斯文绣的巴哈伊教的教义，它和阿拉伯文在写法和意义上完全是一样的。这句教义是：“唯有被宽恕的尊贵的你，没有其他的神”。从句法结构上看，很像是套用伊斯兰教徒们每日五遍祈

* 原载彭龄、章谊：《受命打通“地狱之门”的人》，军事谊文出版社 1998 年版。

祷时，都必念的一句“唯有真主，没有其他的神”。我们不禁瞠目。巴哈伊开创人巴哈欧拉是伊朗人。我们从这句教义上也能悟到为什么巴哈欧拉在以伊斯兰教为国教的奥斯曼土耳其帝国统治下的波斯（伊朗）（此处与史实不符。波斯当时并未被奥斯曼帝国统治。——编者注）被视为异端，遭受监禁和驱逐，先后在巴格达、君士坦丁堡、阿德里安堡和阿卡过着被流放的生活。为什么他的追随者巴孛被处死，成了这“异端”学说的殉道者……

在我们步出陵殿时，一位学者模样的人问我们是否是中国人。当得到肯定问答后，他一边递给我们名片，一边笑着说，他叫纳比勒，伊朗人，是巴孛陵殿管理委员会的负责人。他的儿子曾在济南工程学院任教，并娶了一位中国姑娘。一个多月前，他的儿媳为他生了一对漂亮的孙女，他希望我们去他家坐坐，他的儿媳和孙女儿今天恰恰在家。

在往他家去的路上，我们踏着铺得平展展的白色碎石和玫瑰色的碎瓦，一边听纳比勒先生介绍巴哈伊教。他说巴哈伊教认为世上所有的宗教：基督教、伊斯兰教、犹太教、佛教乃至巴哈伊教源出一宗，而耶稣、穆罕默德、摩西、释迦牟尼以及巴哈欧拉，皆是受灵启的教育家。各种宗教不应互相排斥，而应“友爱和洽”，共同“探索真理”；主张宗教与科学“和谐调和”，主张不论男女，“都应享有同等权利、机会和权力”；不论从事哪一门工作，只要本着认真负责的精神去干，“就具有与崇拜一般高的地位”……巴哈伊教的教徒已遍布于100多个国家。巴孛陵殿及阿卡的巴哈欧拉陵殿的建筑、陈设都是教徒们捐助的。纳比勒先生以及这里的其他工作人员、花工，都是自愿来这里服务的教徒，没有薪俸，食宿则由捐款中开支。纳比勒先生已在这里工作了7年。

他的家在巴孛陵殿对面的一幢平房里。他的儿媳听说来了中国客人，笑着迎出来。这是一位白白净净的姑娘，绸衬衫、牛仔裤、旅游鞋，一双辫子盘在头顶，纤巧、文静，而又开朗，大方。她正在客厅和一位香港女记者闲谈。她告诉我们，她丈夫自英国到济南工程学院教授英语，与她相识、相爱，并结为连理。将来准备仍回中国工作。我们把刚才参观巴孛陵殿时索取的中文说明书递给她，请她写上她的名字。我们想，这位文静、开朗的姑娘，定然有个中国姑娘常用的名字，不料，她把说明书递回来时，那上面写的却是一个打上鲜明时代烙印的名字——孙红卫。她的父母为她取名字的时候，大概绝不会想到，他们的女儿将来会嫁给一个从来没听说过的巴哈伊教的洋教徒吧？

小家伙哭了，公公跑去抱起来，活脱脱一个小红卫，和母亲像极了。走时忘了问，他们给女儿起的是什么名字……

离开巴孛陵园，继续沿公路北上，巴哈伊教创建人巴哈欧拉陵殿和被称为“世界第二”的花园坐落在阿卡市北郊约两公里的一片幽静的树林里。我们赶到时，已经过了开放时间，不能参观陵殿，但仍可以游览花园。

花园占地六公顷，在花园中央有一幢白墙红瓦的楼房，便是巴哈欧拉的陵殿。他曾被监禁，流放达40年。他生命中最后的24年（1868～1892年）就是在这里度过的。他去世时，仍然是土耳其奥斯曼帝国的一名囚徒。花园以陵殿为圆心，向四方呈放射状延伸。绿草坪上，有各种图形的花圃，花圃里盛开着五颜六色的鲜花，四周用一种修剪得整整齐齐的银灰色的草本植物镶边，就像一方巨大的铺在蓝天下的花毯。和巴孛陵园一样，园中的路也都是用白碎石和玫瑰色的红碎瓦铺成的，踏在上面沙沙作响，更显得花园的清幽。各种树也修剪得整整齐齐，几乎找不出一星半点的零乱杂芜。这大概要归功于众多的来自世界各地的巴哈欧拉的追随者们，日复日，年复年，辛勤地整治与照料。我们在花园中散步时，处处都遇到志愿来这里义务工作的教徒，在剪枝、浇水和修整花园。他们中有伊朗人、加拿大人、新加坡人、瑞典人……前几年还有中国台湾地区的人。园中的石雕、铜雕、灯饰,以及各种名贵的观赏树种和花草,都是世界各地的教徒们捐赠的。其中一具荷花铜雕,据说是台湾教徒捐赠的。

花园中游人不多,我们沿着花园的小径,一路观赏各种奇花异卉。尽管这号称"世界第二"的花园,使我们大开了眼界,但我们却觉得它也确实像我们在有关拿破仑的电影中看到的拉·马尔迈逊花园一样,人工雕琢的痕迹太重了,像一个浓妆艳抹、充满脂粉气的贵妇。而我们却更喜观活活泼泼、天然去雕饰的村姑……

# 巴哈伊教[*]

吴永年　季平

巴哈伊教(亦有人称之为"巴哈伊信仰")是个新的世界性宗教。最初由巴孛在 1844 年创立。最后由巴哈欧拉和阿博都巴哈继承发扬光大,完成一整套巴哈伊教的理论体系,形成了今天的巴哈伊教。

巴哈伊教是一神教,信奉上帝是世界的主宰。倡导世界大同。全球各国各族人民团结在上帝的周围,过没有战争、互不歧视,和平、友爱、团结、幸福美满的生活。巴哈伊教的圣言:"不要为爱一己的国家而自豪,要为爱整个世界而骄傲。地球乃一国,万众皆其民。"巴哈欧拉有一句名言:"团结之光必定普照全球,而天地各界都是属于上帝的这个封缄,也将印上每个人的眉宇,这是上帝的意旨。"

## (一)印度的巴哈伊教

巴哈伊教初创时期就与印度次大陆发生了联系。这与印度是个宗教国家并有悠久而灿烂的文化相关联。如今印度已有 200 多万巴哈伊教信徒,成为印度宗教派别中的后起之秀。目前全印度有 28000 个巴哈伊中心,4000 个巴哈伊灵体会。印度"国家灵体会"也是全球 155 个国家灵体会的总会之一。印度新德里巴哈伊灵曦堂是全世界最为雄伟壮观的巴哈伊灵曦堂。它占地 26.6 公顷,高 34.27 米,整座建筑由 27 瓣象征着白色莲花瓣组成,似一朵怒放盛开的白色莲花,美不胜收。环绕着灵曦堂的 9 个大水池,不仅增添了灵曦堂的纯洁与娇媚,同时也成了一个有效的自然冷气系统,使灵曦堂终年舒适凉爽。灵曦堂周围还附属办公大楼、会议厅、图书馆和视听中心。

## (二)巴哈伊教的历代创始人

巴孛(1819～1850 年)出生在波斯境内。巴孛意为灵性之门。他于 1844 年 5 月 23 日当众宣布,他的使命是为预告一位新的精神领袖的到来,他是这个精神领袖的使者。他所倡导的教义和世界大同的主张,被广大劳动人民所接受。但是,却被当时保守的宗教人士视为异端邪说。1850 年他遭到迫害身亡。他未竟的事业由其忠诚的信徒巴哈欧拉继承。

---

* 原载吴永年、季平:《当代印度宗教研究》,上海外语教育出版社 1998 年版。

巴哈欧拉(1817～1892 年)。巴哈欧拉意为上帝的荣耀。他出生在波斯的一个贵族家庭里,从小就显示出超人的智慧和才能。他因为支持巴孛的主张,也同时遭到迫害和监禁。1853 年他在地牢时上天示意他就是巴孛所预告的应允者。1863 年,他被放逐到巴格达时宣布,他就是那位应允者。从此,他不断受到其他宗教组织的迫害。从巴格达又被放逐到君士坦丁堡,从君士坦丁堡到何德利堡,最后在 1868 年定居巴勒斯坦的阿卡。于 1892 年逝世。

在巴哈欧拉时代,巴哈伊教的信仰从波斯传播到土耳其、印度、埃及和苏丹等地。巴哈欧拉在被囚禁的过程中,完成了宣传巴哈伊教的无数经文。这些经文与巴孛和阿博都巴哈的著作,形成了今天巴哈伊教的圣典。

阿博都巴哈(1844～1921 年)。阿博都巴哈意为上帝的仆人,他是巴哈欧拉的长子,也是巴哈伊教的领袖和教义唯一的阐释者。他从 9 岁开始就随父亲过流浪生活。巴哈伊教在他的领导下发展迅速,已遍及美洲、加拿大,英国及欧洲大地。1921 年 11 月 28 日逝世。

在阿博都巴哈的圣约与遗嘱里,他委任了自己的曾孙——守基阿芬第为信仰的监护人。其目的是避免巴哈伊教分裂,永保团结,为巴哈伊教的信仰奋斗不息。

守基阿芬第不负众望。他组织了巴哈伊教的全球行政管理体系,并对巴哈伊教的圣典内涵作了进一步的阐释。在守基阿芬第 36 年的不懈努力下,巴哈伊教在全世界得到广泛的传播,信仰巴哈伊教的人数急剧增加。守基阿芬第于 1957 年 11 月逝世。

## (三)巴哈伊教的基本教义与原则目标

巴哈伊教的基本教义如下:

①人类一家:人类一家是巴哈伊教的核心教义。巴哈伊教认为,人类世界走向团结,是人类迈向成熟的最后阶段。当一个人把"人类一家"当作人生准则的时候,世界人类的大团结就到来了。

②独立探索真理:在人类历史上,人类要为自己的生存在实践中探求真理。一个人只有全身心地实事求是地为自己探索真理,比盲目地接受某个人的教导更为重要。

③一切宗教的基础是相同的:巴哈伊教认为世界上所有的宗教派别都是神圣的。这些宗教都是根据人类的需要在不同的时间与地点为人们启示的。

④科学与宗教必须和谐一致:巴哈欧拉认为科学与宗教彼此间应和谐一致。真正的宗教与科学从来不会发生冲突,这是真理相辅相成的两个方面。

⑤男女平等:巴哈伊教主张男女平等,它不只是一种理想,也不会是一种虔诚的愿望,而是将巴哈伊教最基本的因素纳入社会秩序的结构内。并以法律来支持这一原则,从而使所有的男女有同等的教育与权利。

⑥消除一切偏见:"人类一家"的观点觉悟,消除偏见是首要因素。当一个人心灵上觉悟到团结的需要,他便可以克服个人的种种偏见。

⑦普及义务教育:巴哈伊教认为,知识是上帝赐给人类最伟大的恩惠。失去获得知识机会的人们,将生活在比他人更为艰难的环境里。

⑧世界和平:巴哈伊教信仰的基本教义"人类一家"给世界带来和平。

## （四）巴哈伊教追求的目标和原则

①采用一种世界辅助语言。

②消除极端贫富差距。

③设立一个国际仲裁机构裁决各国纠纷。

④强调正义作为治理人类社会的根本原则。

⑤为服务人类去工作，这种工作的精神与崇拜上帝相同。

⑥宗教乃为保卫一切民族及国家的壁垒。

⑦以精神途径解决经济问题。

⑧个人必须忠于国家政府。

## （五）巴哈伊教创立的理论根据

巴哈伊教的创立者认为，当今世界谁也无法否认，人类正在寻找一条能以前所未有的魅力将世界多民族融合一体的道路。这条道路就是世界大同，人类一家。

除了世界大同，没有任何东西力量能容纳、吸收在现代观念支配下出现的巨大生产能量。也没有任何形式足以取代盛行一时的形形色色的种族理想主义，这些主义如今不是和谐的温床，而是成了冲突的根源。如今只有世界大同这个至高无上的愿望，才能制止无政府主义的时弊。无政府主义正在侵蚀着每一个管理有序的国家政体的核心。时代的变革似迅猛的大潮从根本上冲击无数由妥协筑成的堤坝，其势汹涌，不可阻挡。人类再也无法故步自封，高枕无忧了。那些靠竞争与合作的力量发展起来的各种各样的相互依存的关系，实际上是在寻求能否确立某一种统一，这个统一就是世界大同。它既能适应人外部生活的现实，又更符合人内心生活的需要。世界大同便是人类追求寻找的最终的目标。

## （六）巴哈伊教在世界的传播

巴哈伊教自问世至今已有140多年了，它在世界360个国家和地区建立了1820个组织团体。它的总部设在阿拉伯的海法市，并在1948年成为联合国总部非政府组织的合格代表。同时在联合国新闻中心设有办事处。巴哈伊教的经典著作已译成740种语言文字。并在美国的威尔迈、澳大利亚的悉尼、德国的法朗富特、印度的新德里、乌干达的坎柏拉、巴拿马市、西沙毛亚阿庇亚设有灵曦堂。（灵曦堂是巴哈伊教在全球设立的中心教堂。）

# 国际万有神教联盟*

王家福　刘海年

**国际万有神教联盟**(Bahá'í International Community)国际非政府组织,在联合国经济及社会理事会中享有乙级咨商地位。1844 年成立,在 149 个国家中有 4 万多个盟员。联盟是世界性的组织,代表 1600 多个民族。它的成员均是一种独立的世界宗教——万有神教的教徒,该教是由米尔札·胡萨古·阿里在波斯(现称伊朗)创立,联盟参加联合国所有与人权相关的活动,特别是消除偏见和歧视方面的活动,它的活动包括:促进万有神教教育,倡导男女平等,普遍的义务教育、国际通用语言、公平解决世界经济争端和世界大同。定期出版规划主要包括宗教和儿童出版物《万有神教世界》(期刊)、《万有神教信息》(月刊)等。

* 原载王家福、刘海年:《中国人权百科全书》,中国大百科全书出版社 1998 年版。

# 第四次世界妇女大会新闻概览*

## ——马来西亚巴哈伊团体强调环境是人类生存状态的一部分

吕　频

今天下午3时在怀柔一中科技楼内召开了由马来西亚巴哈伊团体主持的“青少年妇女与环境”研讨会。

此次研讨其实是一场别开生面的集体游戏。在每位参加者画出一种自己喜爱的植物之后，主持人告诉大家，自然是与人类的情感相通的，自然环境是人类生存状态的一部分。因此，为了发展而忽略环境将损害人类的切身利益。

巴哈伊团体发言人王英英告诉记者，该团体是马来西亚最大的环保组织，该组织致力于引导青少年多接触自然，在与自然的结合中体会怎样保护环境。

* **原载** 1995年9月2日《妇女之声》，中国妇女出版社1998年版。

# 巴哈伊教*

马桂琪　黎家勇

巴哈伊教:历史不足200年的新型宗教,但它不仅是当代最活跃的新宗教,而且也是独立的世界性宗教。巴哈伊教产生于19世纪中叶的伊朗,脱胎于巴布教派。主要宗教领袖是巴哈欧拉父子,他们的上百部著作及诠释成为经典。他们在世界各地广泛传播教义,现在已传播到世界200多个国家和地区,成为世界性的独立宗教。1963年在伦敦举行了第一届世界代表大会,选举组成该教第一届"世界正义院",即万国总灵体会,为巴哈伊教的中央教会。1971年时,全世界就有5万多个中心点,6000多个地方灵体会,100多个全国性总灵体会。该教的核心教旨有三条:上帝唯一,宗教同源,人类一家。此外,还主张积极入世,关心俗世生活,实现世界大同。该教无专职教士和人为礼仪,教徒自行祈祷。除崇奉巴布及巴哈欧拉等领袖的经典之外,还崇奉《圣经》、《古兰经》等其他宗教经典。目前全世界有教徒500多万,分布在205个国家和地区。

* 原载马桂琪、黎家勇:《新编国际知识手册》,河南人民出版社1998年版。

# 美国家书*

汪曾祺

(1987年10月23日)前天上午,六个中国留学生开车陪我和祖光去逛了逛。看了一个很奇怪的教堂。这个教叫Bahá'i,创始人是伊朗的Bahá。这个教不排斥任何教,以为他们所信的上帝高于一切,耶稣、释迦牟尼、穆罕默德都是上帝派出的使者。教义很简单,无经书,只有几句格言,如:"你们都是同一棵树上结的果子"……没有祈祷、礼拜。信教的人坐在椅子上,想你所想的。教徒也就叫Bahai,乐于助人。任何人遇到困难,只要说一声"Bahá'i",就会有教徒帮你。这个教可以入——入教也并无仪式。教堂是个很高的白色建筑,顶圆而微光,处处都是镂空的,很好看。

* 原载汪曾祺:《汪曾祺全集八　其它》,北京师范大学出版社1998年版。

# 托尔斯泰日记(下册)(节选)*

[俄]L. H. 托尔斯泰著,雷成德等译

(1910年)8月24日　我仍然觉得自己是健康的。早晨阅读了《关于巴比主义》,对我来说,十分有趣而新颖。后来收到一些信件。应当写成一篇童话故事,塔涅奇卡流畅美满地讲述了它。为什么没有写作兴致,可是必须有。一个人去亚历山大洛夫卡。晚间读完了巴比主义的书。躺下就寝。索菲亚·安德烈耶芙娜很好,要是不自扰、不猜疑的话。

要记的是:

[……](8)《大家全都平等》——性格随笔的标题。

(9)政府为了控制人民、欺骗人民而借助一种宗教,现在同一个政府为了这个事业逐渐学会科学,而科学非常心甘情愿地热衷于为这个事业效命。

(10)政府为了自身的利益,竭力从精神上、意识上、关系继承上不自觉地不使人民摆脱政府,把人民拖入无知和迷信的黑暗之中。

* 原载[俄]L. H. 托尔斯泰:《托尔斯泰日记》(下册),雷成德等译,陕西人民出版社1998年版。

# 宗教大辞典（节选）*

任继愈

## 巴哈教（阿拉伯文 Bahá'í Faith）

世界新兴宗教，亦译“巴哈伊”、“巴哈伊教”、“大同教”、“博爱社”、“巴哈社团”。Bahá'í 的原意为“光辉的”、“荣耀的”。系由伊斯兰教十叶派十二伊玛目派的一个“异端”派别——巴布教派分化而出。1863 年 4 月，巴哈乌拉宣称受命为使者，正式脱离巴布教派，形成巴哈教派。最初追随者仅限于波斯境内和受其影响的西亚地区（巴哈乌拉的流放地）的穆斯林，后随着教徒向欧美等国迁徙而在西方国家有一定影响。1891 年巴哈乌拉指定长子阿布杜·巴哈为其思想和著作的阐释者。1911～1913 年间阿布杜·巴哈应欧美各地巴哈社团之邀，赴各国传播巴哈教义，在欧美和澳大利亚发展大批信徒，经过他和他的长女之子沙基·爱芬迪的宣教活动，终而使巴哈教派演化为独立的世界性宗教，通称“巴哈教”。巴哈乌拉制订的 12 条原则系该教的基本教义和社会主张，包括信仰“上帝独一”、“宗教一源”、“人类一体”，世界各大宗教的使者均为上帝于不同时期派遣人间传播宗教使命的“圣显”，主张男女平等、消除一切偏见、普及教育、忠于政府、使用世界语言、独立研究真理、解决经济问题（消除贫富差别）、建立社会正义等，系“无教士的宗教”。教徒祈祷前举行洗沐仪式。基本宗教礼仪有义务祈祷、斋戒、朝圣和胡库古拉（即缴纳所得税）。主张视工作为崇拜，教徒应传播上帝事业，禁戒烟酒、偷盗、通奸、谋杀、多妻，不参与政治活动，并应遵循圣日的有关活动，仿效巴布教派的有关教历（每年分为 19 个月，每月 19 日的年历），并奉巴布的《默示录》为神圣经典；同时奉巴哈乌拉的有关著作（《隐言经》、《意纲经》、《亚达经》、《七谷经》等）为神圣经典。阿布杜·巴哈和沙基·爱芬迪的著作在该教中具有显要地位。20 世纪 20 年代，该教教义及有关著作，经由北洋政府驻伦敦总领事曹云祥介绍到中国。1931 年曹曾在上海译该教著作为汉文，并称该教为“大同教”，所译著作包括《新时代之大同教》、《亚卜图博爱之箴言》、《笃信之道》、《已答之问题》。1937 年，廖崇真译有《大同隐言经》；1973 年，曹开敏亦译有《大同教隐言经》并公开出版，另有梅寿鸿的《亚格达斯经律法纲要》的汉译本问世。1954 年苏洛曼夫妇于台南创立巴哈教中心，该教在台湾发展迅速，世界范围内信徒约有 600 万（1996）。地方灵体会 18000 多个（1991），总灵体会 150 多个，其中央教会——世界

---

* 原载任继愈主编：《宗教大辞典》，上海辞书出版社 1998 年版。

正义院院址在海法(Haifa,今以色列境内),其国际社团被联合国委任为经济与社会委员会咨询机构。

## 巴哈教派(阿拉伯文 Bahá'í)

伊斯兰教,十叶派的教派之一。近代波斯(今伊朗)巴布教派起义失败后分化出来的一个新教派。因创始人侯赛因·阿里(Mírzá Ḥusayn-'Alí,1817～1892)自称巴哈乌拉,故名。该派在社会问题上主张所有的人,不分种族、民族和社会地位,都是兄弟,应互相真诚相爱,互相信任。要求宽容异教,废除圣战,实现"世界和平",建立"正义王国";取消国界,用世界语组织统一政府;取消或简化宗教仪式,强调个人对安拉的忠诚。该派强调做"主的奴隶",绝对服从最高的宗教领导人和一切现存政权,在宗教礼仪上,沿袭巴布教派的改革主张,即规定每年分为 19 个月,每月分为 19 日;斋月仅为 19 天。在礼拜、净礼,天课等方面,亦有相应的简化。最初,该派成员仅在今伊朗境内活动;后该派创始人巴哈乌拉被逐出国,部分教徒随之迁出,即以海法(Haifa,今以色列境内)为活动中心。19 世纪末 20 世纪初已从波斯发展到世界各地并逐渐演变为独立的世界性宗教,通称"巴哈教"或"巴哈伊"。

## 巴哈乌拉(Bahá'u'lláh,1817～1892 年)

亦译"巴哈欧拉",意为"主的荣耀"或"主的光辉"。巴哈教奠基人。原名侯赛因·阿里(Mírzá Ḥusayn-'Alí)。生于波斯(今伊朗)德黑兰。出身贵族,为波斯萨珊王朝叶兹狄泽德三世(Yezdgerd III,? ～651)的后裔,其父是卡加王朝(1794～1925)朝臣。1844 年追随巴布,1850 年巴布被当局杀害和巴布教派起义失败后,成为巴布教派领袖之一。1852 年 8 月因涉嫌刺杀波斯国王而被囚禁于希查尔监狱地牢,获释后被流放出国。流亡巴格达期间,他在巴布派信徒中影响日增。1863 年 4 月离开巴格达前,在雷兹万花园宣示:他已受命为使者,一种新的信仰和新的教派巴哈教从此奠定基础。1863～1868 年间,先后流亡于伊斯坦布尔、阿得里亚堡(Adrianople)和阿卡('Akká,今以色列境内海法附近)。1877 年 6 月离开阿卡监禁地,迁入城北玛兹洛伊庄园。两年后,又迁居"巴基"(Bahjí)宅第,并卒于该地。生前指定长子阿布杜·巴哈为他的继承人及其思想和著作的阐释人,著述颇多,被巴哈教徒奉为启示和神圣经典。主要有《亚达经》、《隐言经》、《意纲经》、《七谷经》,以及写给西方各主要国家的国王、教会领袖和知名人士的书信和劝诫等。

## 巴哈伊

阿拉伯文 Bahá'í 的音译,原意为"光辉的"、"荣耀的"。转意为巴哈教的信徒或巴哈乌拉的追随者,有时也指称"巴哈教"。见"巴哈教"。

## 沙基·爱芬迪(Shoghi Effendi,1897～1957)

亦译"守基·阿芬迪"。巴哈教"圣护"。阿布杜·巴哈长女迪娅仪娅(Ḍíáyyih)之长子。生于阿卡('Akká,今以色列境内海湾附近),就读于黎巴嫩贝鲁特美国大学和英国牛津巴里奥学院。阿布杜·巴哈临终前被指定为巴哈教"圣护",以领导巴哈社团。他奠定巴哈教的行政管理制度,译巴哈乌拉的波斯文和阿拉伯文著作为英文并进一步阐释巴哈教义,向全球传播巴哈教信仰,筹建以海法—阿卡为中心的巴哈教圣地,完成巴布圣陵建设和巴哈教其他有关建设,卒于伦敦,葬于当地新南门公墓。在他逝世后,巴哈教不再设立实现"上帝使命"的"圣护"这一圣职。

## 圣辅(Hands of the Cause of God)

巴哈教圣职。协助巴哈社团领袖工作者的称谓。最早由巴哈乌拉指定 4 人任此职。阿布杜·巴哈未指定专人,沙基·爱芬迪曾先后指定 27 名"圣辅",作为"真理的总执行人",其职责是捍卫巴哈教信仰。沙基·爱芬迪逝世后,这些"圣辅"推选 9 人主持巴哈社团中心,其余散居世界各地协助完成圣护的 10 年计划,直至 1963 年建立巴哈社团的中央教会世界正义院。

## 阿布杜·巴哈('Abdu'l-Bahá,1844～1921)

巴哈教派实际创始人,巴哈乌拉的儿子,其名意为"巴哈的仆人"。在巴哈社团外,以阿巴斯·爱芬迪('Abbás Effendi)著称,生于波斯(今伊朗)德黑兰。8 岁起随父流亡巴格达、伊斯坦布尔、阿德里亚堡 (Adrianople)和阿卡('Akká,今以色列海法附近)等地。1901 年奥斯曼帝国苏丹哈米德二世限定其在阿卡活动。1908 年在青年土耳其革命后获得自由。1909 年遵父遗嘱于卡尔梅勒(Carmel)山麓为巴布圣陵奠基。后应各地巴哈社团之邀,赴欧美各国传播巴哈教义,使巴哈教派影响日增,逐渐演变为世界性新兴宗教。曾创建第一座灵曦堂于俄国阿斯卡堡('Ishqábád),并为美洲的母堂——美国芝加哥维尔梅特(Wilmette)灵曦堂奠基。卒于海法,葬于巴布陵墓。临终前,指定长女之子沙基·芬迪为该教"圣护",以继承其事业。著作有《神圣文明的秘密》、《虔诚信徒大事记》、《旅行者日志》、《已答之问题》等。

## 圣　日

巴哈教节日。巴哈教以太阳年为据,以春分(阳历 3 月 21 日)为元始,一年分 19 个月,每月分 19 日,余者为闰日(共 4 天,闰年为 5 天)。闰日介于第 18 月与 19 月之间,第 19 月为斋戒月,圣日共 9

个:包括诺露兹节(3 月 21 日)、雷兹万节第 1 日(4 月 21 日)、第 9 日(4 月 29 日)和第 12 日(5 月 2 日)、巴布宣示日(5 月 23 日)、巴哈乌拉忌日(5 月 29 日)、巴布殉难日(7 月 9 日),巴布诞辰(10 月 20 日),巴哈乌拉诞辰(11 月 12 日),上述"圣日"教徒应休息、不工作,迎宾送礼,欢庆佳节。此外的节日(如"圣约日"和阿布杜·巴哈的忌日)可不休息,照常工作。

## 圣护(Guardian)

巴哈教圣职。由阿布杜·巴哈根据《亚达经》设立。其职责在于阐释巴哈教信仰,保护巴哈社团的利益。该圣职应由巴哈乌拉家族直系后裔世袭。沙基·爱芬迪系由阿布杜·巴哈临终前指定的第一位"圣护"。后因沙基·爱芬迪没有留下子女而逝,该圣职失传,无人袭位。

## 《默示录》

阿拉伯文 Bayán 的意译,原意为"阐释"。巴哈教的基本经典。作者赛义德·阿里·穆罕默德(即"巴布。)。有两种文本。(1)波斯文默示录。1844 年作者被囚禁于德黑兰马哈库(Máh-Kú)要塞时写作。分 9 个部分(Vaḥíd),每部分有 19 章,最后一部分为 10 章,共 8000 余段经文。以颂诗形式表现对上苍的颂扬并阐明其教义主张。(2)阿拉伯文默示录。完成于 1850 年临刑前数月的契赫里格(Chihriq)要塞。其篇幅较波斯文本少,内容类似。

# 巴哈依教*

江亦丽　罗照晖

巴哈依是一种新兴的宗教，1863 年创立于波斯(伊朗)。创始人巴哈欧拉是波斯一位宫廷大臣的儿子。他向世人宣告：上苍赋予他一种神圣使命——消除人们在种族、宗教、阶级、贫富、性别上的歧视和偏见，达到人类大同的境界。因而，巴哈依教也被称为“大同教”。

巴哈欧拉主张人人平等、四海一家。他还提倡妇女解放，认为“妇女的解放和男女平等的实现，是和平的最重要前提之一”。

巴哈依教传入印度的时间不长，信徒人数也不多，但却有一定的影响，原因在于该派教徒在首都德里建了一座美丽的寺庙。寺庙坐落在德里市区一片如茵的草地上，由白色的大理石建造而成，造型是七瓣莲花，周围围绕着一池碧水和造型美观的小桥，从远处望去，宛如一朵巨大的白莲盛开在一泓碧波荡漾的池水中，因而人们都称它为“莲花庙”。参观的人流络绎不绝，寺外有印度士兵维持秩序，寺内有来自各国的志愿者耐心热情地为参观者讲解巴哈依教的教义，并赠送宣传资料。

印度的巴哈伊灵曦堂每年有超过 350 万的访客

* 原载江亦丽、罗照晖：《印度》，世界知识出版社 1998 年版。

# 精神心理学*

[瑞士]H. B. 丹尼什著，陈一筠译

## 寻找人生的意义
### ——读丹尼什博士的《精神心理学》

叶　朗

最近几年，我思考的最多的问题是当代社会中普遍出现的人的精神世界的危机，这种危机使人的存在失去目的和意义。我在各种场合谈到我的忧虑。

人类要想求得自身的生存和发展，当然不能脱离物质性和功利性的活动。但是，另一方面，人作为人，又不能只满足于物质利益和物质享受，除了物质的、功利的需求之外，人还有精神的需求，包括道德的需求，奉献的需求，审美的需求，等等。这种精神的需求不同于物质功利的需求，它是对于物质功利需求的超越，是对于个体生命的感性存在的超越。《淮南子·泰族训》上有一段话就是谈这个道理：

凡人之所以生者，衣与食也。今囚之冥室之中，虽养之以刍豢，衣之以绮绣，不能乐也：以目之无见，耳之无闻。穿隙穴，见雨零，则快然而叹之，况开户发牖，从冥冥见炤炤乎？从冥冥见炤炤，犹尚肆然而喜，又况出室坐堂，见日月光乎？见日月光，旷然而乐，又况登泰山，履石封，以望八荒，视天都若盖，江河若带，又况万物在其间乎？其为乐岂不大哉？

这是一段很深刻的议论。人的个体生命靠衣与食维持。但是如果把人囚禁在冥室之中，那么吃得再好，穿得再好，人也不会感到快乐，因为"目之无见，耳之无闻"。"目"与"耳"是人身上的两个精神性器官，目之无见，耳之无闻，人的精神就被束缚住了，人就不能超越自己个体生命的有限存在。一日开户发牖，从冥冥见炤炤，就开始了对于自己个体生命有限存在的超越。继之以出室坐堂，见日月光，再继之以登泰山，履石封，以望八荒，人的精神逐步获得解放，人所得到的快乐也就越来越大。所以中国古代美学很重视"望"。"望"是一种精神性的活动。"望"使人兴发，使人超越，使人从实在中升华而感受和领悟人生的真味，从而获得一种精神性的愉悦。

人生在世，总是要有精神需求和精神生活，总是要寻求人生的目的、意义和价值。但是，令人忧

* 社会科学文献出版社 1998 年版。

虑的是，这种精神需求和精神生活，这种人生意义的追求，在当今世界，越来越被人们忽视。

当今世界的一个严重问题是人的物质生活与精神生活的失衡。在世界的各个地区，似乎都有一个共同的倾向：重物质，轻精神；重经济，轻文化。发达国家已经实现了经济的现代化，人们的物质生活比较富裕，但是人们的精神生活却越来越空虚。与此相联系的社会问题，如吸毒、犯罪、艾滋病、环境污染等问题日益严重。发展中国家把现代化作为自己的目标，正在致力于科技振兴和经济振兴，人们重视技术、经济、贸易、利润、金钱，而不重视文化、道德、审美，不重视人的精神生活。总之，无论是已经实现现代化的国家（发达国家）或是正在实现现代化的国家（发展中国家），都面临着一种危机和隐患：物质的、技术的、功利的追求在社会生活中占据了压倒一切的统治的地位，而精神的活动和精神的追求则被忽视，被冷漠，被挤压，被驱赶。这样发展下去，人就有可能成为马尔库塞所说的单面人，或者没有精神生活和情感生活的单纯的技术性的动物和功利性的动物。因此，从物质的、技术的、功利的统治下拯救精神，就成了时代的要求、时代的呼声。

今年春节，我到瑞士作了一次短期的学术访问。在访问期间，我几乎每天都有机会和丹尼什博士见面、交谈。我们的交谈都围绕着拯救精神这个主题。我发现，在这个问题上，我们的很多看法是相同的。我还发现，丹尼什博士对于当今世界由于物质生活和精神生活的失衡而引起的危机，特别是对发达国家社会与民众的精神危机，有许多极其精辟的分析和评论。当时我想，如果把丹尼什博士的这些见解介绍到中国来，那将是一件很有意义的事。

现在丹尼什博士《精神心理学》的中译本出版了，可以说是实现了我的这个愿望。这是一本讲述如何寻求人生意义的著作。同丹尼什博士的谈话一样，这本书也充满了人生的智慧。我相信中国读者会以很大的兴趣来读这本书。因为寻求人生的意义，这是当今世界摆在每个人面前的最基本的问题。正如丹尼什博士在本书一开头通过卡罗尔的故事所说明的，“生活若没有意义和目的，那就将是极其痛苦的，令人沮丧的，有时甚至是不堪忍受的重负”。这本书引导读者去思考精神生活的重要性，去思考人生的目的、意义和价值，去追求人的完美。

丹尼什博士是抱着对人类的无限的信心和爱心来写这本书的。我相信读者读完这本书，都会受到丹尼什博士这种对于人类的信心和爱心的感染，并且都会像丹尼什博士在本书《序》中所希望的那样，认识到人生确实可以是美好、幸福和硕果累累的，认识到我们人类的确是高贵的存在物。

最后，我想我们还应该感谢本书的译者陈一筠女士。她的译文十分明白通畅。我想说一件我自己在20世纪50年代的小故事。当时我正在大学读书。有一天我买了一本莫泊桑的短篇小说集，薄薄的一本。我一口气读完了，觉得莫泊桑写得太好了。当时下决心把已经译成中文的所有莫泊桑的小说都找来读一读。巧得很，过了两天，我就在书店发现厚厚两册的莫泊桑中文短篇小说集。大喜之下，立即买回家坐下阅读。但是读了第一篇就感觉不对，不但毫无味道，而且不知它说了些什么。我想，莫泊桑那些小说写得那么生动、有味，这一篇怎么写成这个样子？接下去读第二篇、第三篇，依然读不下去。于是我意识到是翻译的问题。我从这件事体会到，在跨文化交流中，翻译是多么重要。一部优秀的作品，可能毁在一位蹩脚的译者手里。莫泊桑碰上我前面说的第一位译者，是他的幸运，但他碰上我前面说的第二位译者，就很不幸了。丹尼什博士碰上了陈一筠这位译者，我想实在是丹尼什博士的幸运了。不知丹尼什博士是否赞成我的说法？当然，译者对作品思想内容的理解和把握，是比翻译技巧更重要的。

# 第一章　导言

## 一、基本问题

40 年前，我接受医学训练的头一天，就被指派到急诊室。我们医学院有 6 年的课程，包括医学预科和医学本科的训练。学生们都刚刚从高中毕业，许多人还相当幼稚。我当时只有 16 岁。

我刚到急诊室一会儿，就见一辆救护车送来一家 5 口人，其年龄从 14 岁到 81 岁，均为煤气中毒者。在急诊室的紧张气氛中，每个人都被分派一份职责。我负责输氧，还要嘴对嘴地给患者做人工呼吸，又要听候我身旁正在抢救另一位患者的医生吩咐我去做可能需要做的其他事情。3 小时之后，经过一番看来是生命最后的紧急抢救，我们才停息下来。那 5 位患者无一生还。我当时完全懵了，不能也不愿去想这件事，去想我这第一次做医生的经历。不过，我的惊愕状态未能延续多久，另外几位患者接着被抬进来。我被指派去配合一位护士做清洗工作，去为一个因骑自行车出事故而严重受伤的青年人清洗那血迹斑斑的脸部，好让医生给他做检查。当我轻轻地、仔细地把他脸上的血污揩擦干净后，我才惊讶地发现，原来他是我的一位朋友。恐惧与心疼擒住了我，但我还必须继续履行我的职责。当他开口出声表明他可能得救时，我才深深地舒了一口气。

那天下午的工作结束后，我们几个医学系的学生聚在一起交谈第一天的经历。我们的许多经历都是那样地富有戏剧性，或者至少在我们自己看来是如此。我的一位同学的经历尤其不平凡。他被指派去给几位病人做检查(量脉搏、呼吸及体温)。其中一位病人来自游牧部族，从未上过医院。我的朋友把一支体温表放在他嘴里后，离开了一会儿去护理另一位病人。当他回来时，发现体温表不见了，原来是那位游牧部族的病人将它吞下了肚里。护士和医生们立即开始处置这个病人以防汞中毒。他们给我这位惊惶失措的同学一个任务，让他把许多鸡蛋的蛋白分离出来，给那位吞了温度计的病人吃下去作为一种救疗措施。

当我回顾上述事件时，我觉出它们并不是纯粹的医疗事件。那几位死于煤气中毒的病人也是贫困与愚昧的受害者。他们的死亡所表明的生与死的现实就在我眼前。我意识到死亡是多么容易，而怎样又可能防止他们死亡。所有不公正的事和明明不该发生的死亡，都使我非常懊丧。然而，那位自行车事故的受害者的情况却引起我另一番感受，即害怕失去亲人的感受。我开始想我的亲人和那些可能轻易受伤、生病或死亡的人们。最后，那位游牧部族的患者的故事使我产生了某种难堪的感觉。这件小事足以表明，人与人之间可能存在多么巨大的鸿沟。这种鸿沟首先是出于人们在教育和生活经历方面的差异，它使我那位初来实习的朋友简直意识不到有必要与另一种人沟通；他还以为，那些对他说来是不言而喻的事，对每个人都是如此。如果我遇到那种情形，可能也会像我的朋友一样做出那种蠢事来。尽管我总是相信，我们大家在本质上是一样的，但在实际生活中我们可能仍是大不相同的。

从那以后的许多年间，在我作为一个医生和心理治疗者的实践中，我处理过一些我们大家都很关心的棘手问题，其中不乏上述提到的那类事件。在我处理的问题中，最根本的乃是生与死的问题，其次便是关于幸福、爱情、接纳问题，对痛苦、疾病、失败和被抛弃的担忧，还有对生活目的的追寻，对人际关系本质的关注以及对痛苦是怎么回事感到神秘等等，诸如此类，不一而足。我由此而得出这样的结论，即人活着，忧虑是非常多的，而且是无穷无尽的。

然而，所有这些忧虑，可以分成两类，一类涉及人的肉体存在，另一类则涉及存在的目的。前者驱使人们去寻求衣食住行，而后者则激励我们去发现自己所作所为的目的和意义。前者把我们与动物世界联系在一起，标志着我们的生物继承性；后者则揭示出我们的精神本质及其在我们生活中的作用。实际上，生活若没有意义和目的，那就将是极其痛苦的、令人沮丧的，有时甚至是不堪忍受的重负。从事心理治疗工作的专业人员早就知道，许多人的自杀或者行凶杀人，正是在其生活缺乏意义和目的的情况下发生的。请看下面这个例子。

几年前的某天清晨，我被叫到神经外科病房去处置一桩心理咨询个案。在那里我面对的是一位中年男子，他坐在床上，精神恍惚，目光呆滞。他对我说，他这辈子活得像个孤家寡人。他从未结过婚，因为他找不到任何一个愿意嫁给他的女人。他在中学时功课不好，高中毕业后没有继续他的学业。他凑合找了个职业谋生（他这样描述），过着一种平平淡淡的、乏味的、毫无意思的生活。在他 55 岁这年，他认定再无理由继续活下去了。自从他这样认为之后，他的生活就变成了一种令人痛苦的、毫无意义的沉重负担，于是他决定自杀。

这一自杀的念头倒给他带来了些许激情和他所希望的那种感觉。他始终认为自己是一个彻底的失败者。但这一次，他计划做一个成功者。他设计了一种自杀方式，其实是愚蠢的方式。经过一番思考与探究，他认为，万无一失的自杀方法是把枪头放进嘴里，然后扣动扳机。于是，他找来一支枪，照其设计的方法做了。然而，令他十分惊讶的是，他不仅没有死，甚至脑部都未受伤。子弹从他脑子的两半球之间穿过，未造成任何明显的后遗症或严重的创伤。当他回忆这段荒唐往事时，他笑了笑说："一旦成为失败者，样样事都是不成功的。"

在我后来对这位男士进行治疗的过程中，我发现他是个非常善良的人。其实，他也认为善良是他最重要的品质。面对过死亡之后，他丢掉了他的羞耻心理而敢于承认他实际上是一个替别人着想的、善良的和富有爱心的人。不过，他一直以为，他的这些品质与他所不具备的咄咄逼人、进取心、力量、成功等等相比，只具有次要价值。从许多方面来看，这位男士的情况反映了我们社会的价值观体系，反映了这个社会认为什么是价值、声望和成功的标志。经过 55 年仅为生存而奔波的岁月和一次不成功的自杀尝试之后，他决定在医院做志愿者的工作，以便使他的生活有某种目的。他从此找到了他自己的精神世界。

我们大家都拥有精神世界。人与动物在本质上的不同，正是在于人有其特别的精神本质这一天赋。虽然人在肉体上与动物相似，但我们之所以成为真正的人，是因为我们的生物本能不过是我们借以生存的工具。我们利用这种工具去过一种完全不同于动物的生活，包括学习知识、懂得爱情、进行思考、寻求目的。当我们开始寻找许多带有挑战性的问题的答案时，我们就发现了自己的人性。这些挑战性的问题包括：我们为什么在此地？我们是怎样到这里来的？我们要从这里走向何处？我们的精神、感觉和思维的本质何在？人类爱的本质是什么？它与人际关系有何相干？有造物主存在吗？人死后的生活是怎样的？我们生活中所发生的一切有无目的？

我治疗的一位患者叫卡罗尔，她径直地把我引向了对上述那一系列问题的关注。

## 二、寻找生活的意义：卡罗尔的故事

卡罗尔，一位 35 岁的已婚母亲，养育着一个 4 岁的儿子。她要求帮助她解除因严重的疾病而导致的深深的痛苦。4年前，当她正在给儿子哺乳时，她的医生用电话通知她，说她被诊断出患了乳腺癌。这一诊断给她带来的震惊和医生通知她的方式，都使她感到非常恼怒、恐慌和忧郁。她恼怒的原因不仅在于她患了癌症，而且因为她认为医生向她报告诊断结果的那种方式是不人道的。她感到自己不仅被上帝弃绝了，而且被自己的同类背叛了。她从各方面都觉得无助与孤独。她确信她的存在本身已面临危机，而她对自己的处境又无能为力。她的医生和外科手术专家劝告她说，通过切除乳房和使用某种抗癌药物，她的病是可以治愈的。这使她的畏惧感有所减轻，因为这就意味着她将能够以“几乎正常”的方式继续她的生活。作为一个受过高等教育因而很看重“科学”的女性，卡罗尔对她的未来、对切除乳房的手术及后来的化疗都觉得恢复了信心。在治疗过程中，她头发掉了、常有剧烈呕吐、精疲力竭。这一切使她很是受苦，但她觉得这种痛苦是值得忍受的，因为她相信治疗的结果将意味着她摆脱癌症。

在此期间，卡罗尔几度想到上帝、死亡和死后的生活，但她没有花费多少时间去深思这类问题。直到她真的关注起这些问题时，也许已经死亡临头了，那时一切就都将化为乌有。再说，如果真有上帝存在的话，关心生死又有什么意义呢？所以，卡罗尔继续专心于她的治疗，避免去想死亡或其他有关的问题。

经过两年的治疗，她的癌症却加重了。医生们所许诺的“治愈”并没有实现；相反，她的癌症扩散了。事情的这一转折，将卡罗尔置于一种极其痛苦的境地。她觉得自己彻底被抛弃了，科学对她失灵了。她认为，医学专家们也对她撒了谎，于是她感到完全孤立了。不过，她还是回到了她的医生那里去寻求可能补救的新办法。医生告诉她，治疗办法将多半是相似的，只是治疗强度更大，用的药更易引起身体的虚弱。医生还说，当她感到疼痛时，将给她服用止痛药、镇静剂，必要时将辅之以心理治疗。

卡罗尔对此的反应是不遗余力地去查阅所有关于癌症的资料，竭力弄清其原因和治疗办法。她几乎知道了与癌症有关的一切问题，研究了癌症与心情、饮食、维生素尤其是维生素C的关系。她研究了在医学治疗无效时有无其他治疗方法。她就自己的情况向各种各样的医生和治疗机构咨询。她开始服用大剂量的维生素C和其他维生素补充剂。她改变了饮食习惯，停止接受化疗和放射治疗，并决定向心理医生咨询与疾病有关的情绪问题。

正是在这个时候，卡罗尔预约到我这里来看病。我发现她极其沮丧，精神涣散，异常失望和恼怒。首先，我们必须解决她对医务人员的恼怒问题。我告诉她，医生们就像她本人一样，在死亡面前也基本上是无能为力的。医生也竭力避免让患者死亡，这就是为什么他们大多数人都全力以赴地去治疗疾病；当治疗失败后他们则用药物给患者以肉体上的安抚。遗憾的是，医生经常回避处理与疾病相伴随的其他问题，例如生活的目的、痛苦的原因、死亡的实质等等。许多专职医生都认为，医生不应当谈及疾病的社会心理或精神层面上的问题。

就大多数现实情况而言，现代医学已成为机械化的、非人化的操作实践了。它多半专注于肉体上的疾病，而很少注意到疾病的心理后果，更不去关注疾病的精神层面了。当患者来寻求心理和精神上的帮助时，医生总是把他们推到精神病专家、心理学家那里去获得心理和情绪上的支持，推到牧师那里去获得精神支持。这种对待病人的办法是很不令人满意的，尤其是当患者自身或亲属面对死亡的威胁时。

我对卡罗尔的治疗过程开始时，她和家人都处在极度的紧张状态。她想知道：什么样的医学办法能够施用于她？她自己能做些什么来控制疾病？她怎样为将来的事做好准备？她过去生活中的什么因素使她罹患了癌症？有无尚未得到科学证明但事实上已经被采纳的有效治疗方法？如果医生们和她自己都竭尽了全力而她的病仍不能治愈的话，她需要知道她在死亡之前应为儿子、丈夫、父母做些什么准备？

有人也许会提出异议，认为上述那些问题大多不属于"法定"的医学和精神病学的领域。没有一个医学工作者应当具备资格去回答这类问题，因为它们超出了医学的范畴，而涉及心理学、社会学和宗教的领域了。这种异议在某种程度上是有道理的，但是我们在完全回绝这位病人和其他像她这样的病人的问题，认为它们不适宜回答或不相干之前，值得更加全面地考察一下她的情况。

卡罗尔的个案可以围绕某些线索去探究。我开始同时考察这些线索。在后来的治疗过程中，我得知卡罗尔出身于一个保守的中产阶级家庭，她的父亲基本上是一个沉默寡言和性情孤僻的人，而她的母亲则是一个过度保护孩子和过分挑剔的女性。在这样的感情环境中长大，她的幼年时代的发展是不平衡的。她身体健康并富于魅力，善于社交，举止得体，智慧不凡并追求成功。她尝试做的所有事情都如愿以偿。她也去教堂，但从宗教上未得到什么令她满意的东西。她不能把宗教的教义同她的逻辑理性与思维统一起来，因而逐渐失去了对宗教思想的兴趣；但她还保持着对教堂音乐、建筑和宗教仪式的爱好。她的青春期不那么复杂。在那些年里，她逐渐能够选择自己的方向，并且变得越来越不依赖其父母，特别是在生活方式上日趋独立。她成为了一个有社会觉悟的人，表现出对社会和个人的不公正现象十分关注。她曾在医院和政府部门从事过几种社会服务性职业。

在她的癌症被诊断出来之前，她和丈夫在婚姻中尚能成功地应对生活的挑战。癌症的出现（特别是两年后的恶化）给他们的生活造成了严重的挫折，他们对自己和对世界的看法再也不足以用来解释和应对眼前的危机了。

对卡罗尔自己来说，这一危机的打击甚至更加沉重。她突然意识到，不仅是她自己的生命受到威胁，而且她有失去亲人的危险，有失去丈夫、儿子、父母、亲戚、朋友的危险。令她恐惧的是，她不能够明白这些事情的意义。面对死神，她昔日所学到的关于生活的挑战与威胁的知识及其应对方法都显得不足了。她开始读更多关于癌症及其治疗的书，也读关于死亡和丧失亲人的书。她提出许多问题并积极地试图去构拟一种新的理论，从而使她的生命、疾病及死亡变得有意义和可以理解。她的这种努力遇到若干障碍，主要是找不到答案或充分的答案。她完全懂得她所患疾病的肉体方面及医学方面的知识，因而她开始寻找某些医生，看他们是否能采用某种她觉得更适宜的治疗方法。她毫不犹豫地向她的医生们咨询，要求解释和提供新的治疗方法。

然而，在控制情绪方面她做得更好。她能够理解和应对她的恼怒、害怕和伤心感。她完全明白了心理学对她这些情绪状态的解释，也能够识别在她自己的治疗中起作用的动力。但是，尽管她有这些认识，她仍然感到不满足。医学和心理学上详尽的、复杂的、看起来头头是道的解释，并未令人满意地向她说明生与死的奥秘，也未能回答她关于生活目的、人受痛苦的意义和目的、人为什么最终要死去之类的问题。

当然，这些问题属于精神领域，最终还得她自己去回答。回答这类问题的任务是无比艰巨的。一个处在危机中的个人需要帮助和鼓励，以应对这些问题。在定期地经常进行面谈的情况下，可以提供帮助和鼓励；但医生或治疗者要有讨论这类问题的意愿，要认识这些问题的实质，承认其重要性，要与患者交流能够说明这些问题的信息和经验。

卡罗尔后来全心全意地和满腔热情地投入了治疗过程。她开始放松，并着手解决她最终要面对的重要任务，即她自己的死亡。她渐渐能够理解和表达她关于自己要走向死亡的感受。她并未从已经接触到的现实中退缩回去，也不回避她将在何种情形下死去的问题。

诚然，她何尝不希望活得长些。起初她预料还有几年的活头，后来是几个月，最后是几周。然后一种可以察觉出来的变化发生了。她开始谈论自己的死亡，仿佛它并不是一件可怕的事。她感觉到她的生命是有目的的，并且将持续这种目的。她对自己的情形感觉轻松多了。不过她仍想知道得更多，特别是关于人死亡之后是怎样的情形。她继续沿着自己的途径去探索这一问题，并开始阅读更多关于死亡问题的书。有一天，她觉得呼吸都困难了，全身精疲力竭。她说，仿佛身体成了一种沉重的负担，她很奇怪为什么有这样的感觉。她从来没有想到过她终于能够相信生命有其精神的层面和肉体的层面。

随着癌症扩散和健康状况恶化，她对自己生命的认识日渐加深了。有一天，她对我说，她已留心到她有一颗灵魂，它是与肉体不同并从肉体中分离出来的。可是她非常害怕对任何人提及这一点。她最害怕的是她的亲朋好友贬低她对自己精神世界的认识。她担心他们会用心理学原理来分析一切现象，从而否定她的观点，认为那不过是她对其疾病和日益逼近的死亡所作出的异想天开的反应。尽管情况很可能如此，她仍旧决定对她的亲友谈出她的想法和看法，甚至把这些看法和想法变成她葬礼计划的一部分。令她宽慰的是，她的亲友们的反应是积极的，他们对她表示了令人鼓舞的肯定态度。

卡罗尔的案例向我们提出了许多问题，使我们对人的本质的通常理解和对生活目的所抱的态度受到怀疑。它提出了如何看待自爱、人与人的关系、人的恐惧感与恼怒心理，以及人对生与死的感受。卡罗尔的案例，也对我们关于焦虑与抑郁的概念提出了挑战，它使我们无法仅仅通过生物学和心理学来解释清楚丰富多彩的生命现象。它呼吁我们去回答关于知识、爱情、自由、公正、幸福、存在与不存在等等人们永远关心的问题。

这些问题属于精神的范畴。在下面的章节里，我们将要阐述这些问题。

## 三、关于精神心理学

在我们上面的个案追述中，有几个基本的问题被提了出来。其中包括：什么是人的本质？人的肉体与精神是怎样相互作用的？有灵魂存在吗？如果有的话，灵魂的性质和特征何在？人死了之后还有某种存在吗？如果有的话，是一种什么样的存在？最后，精神有其存在的真实性吗？什么是真正的精神？

在整个人类的历史长河中，这些问题始终在困扰着人们。早在千百年前，我们的祖先就有了葬礼仪式，制作护身符，害怕死亡、邪恶的妖怪和超越常人理解的魔力。这是在语言发明之前的6万年间的情形。在远古时期，尚无肉体、心理、精神体验之分。肉体、心理和精神问题统统被解释为魔鬼的把戏或神的指使，被归因于魔法、巫术、耻辱、惩罚和报应。

在人类文明的蒙昧时代，在各种古文化中，对精神及其影响的信仰在人们心目中是很普遍的。在圣经中谈到，癫狂症是由于未遵奉上帝的告诫而受到的惩罚所致。例如，传说扫罗有过异乎寻常的童年经历，后来患了精神分裂症，最后寻了短见。在古希腊、罗马、波斯、埃及和中国的文化中，芸芸众生们相信精神失常有超自然的原因，这种信仰非常普遍。

把灵魂从肉体的属性中分离出来的观点，第一次在赫拉克利特(Heraclitus)的哲学术语中得到表达，他生活在公元前540～前475年间。此后不久，另一位哲人希波克拉底(Hippocrates，前460～前355年)又指出，人的懊悔与伤感、幻想与知识以及各种感悟均来自大脑。他进一步指出，当我们的大脑不甚健康时，我们就会出现"懊悔、伤心、沮丧、叹息"和其他不正常的心态。[①] 后来，柏拉图(Plato)说明，灵魂有三个组成部分，即激情、欲望、理性，这一说法非常接近弗洛伊德的"本我、自我和超我"之说。

我们对情绪或心理状态与精神状态有某种关系的确信，贯穿于整个历史长河中，并影响到所有文化类型的个人和社会的生活。关于人的心理学本质的观点，从很早的时候就有所萌芽，尽管当时的看法是很有局限的。不过，当时芸芸众生、牧师及政治当局所持有的观点和实践都是极其有害的。15世纪，巫术狂热席卷了欧洲，造成了德国和法国境内20多万无辜的妇女和儿童(也有男人)死亡。在英国、西班牙和欧洲的其他地方，受害者的人数略少些。[②]

牧师们醉心于取缔巫术，主要是认为妇女与魔鬼之间有性关系。在1484年，教皇埃纳森特八世起草了一道法令，清除了指控巫师的一切障碍。那本臭名昭著的书《巫婆们的诡计》在15世纪末出版。这本书充斥着淋漓尽致的性描述和宗教迷信，它表达了病态心理和对妇女的恐惧与仇视。

在16世纪上半叶，有几位知名人物也开始反驳巫术的胡言，奋起维护妇女的权利。其中就有J. L. 比维斯(Juan Luis Vives，1492～1540年)。他在1524年写了关于教育妇女的论文，获得了近代经验心理学之父的誉称。[③] C. 阿格里帕(Cornelius Agrippa，1486～1535年)也为妇女的权利进行了辩护。他写了《女性的高贵与卓越》一书，在反对厌女癖的斗争中是非常有意义的。那个时代的另一位杰出人物是J. 韦耶(Johann Weyer，1515～1588年)。他是一位医生，在精神病学方面有极其独到的见解。他通过自己的临床实践指出了巫术宣传的谬误，第一次概括出心理治疗中患者与医生的基本关系。有些人认为，韦耶是世界上第一位精神科医生。[④]

上述那几位人物的贡献，逐渐澄清了把宗教教义与临床治疗中的观点混为一谈的不健康现象。于是，对人的心理状态的科学探讨开始发展起来。人的行为越来越多地成为临床医生和行为科学家们共同关注的领域。治疗方法变得越来越富有人性。德国哲学家戈克尔(Gockel，1547～1628年)创造了"心理学"一词并指出了肉体——精神的动态关系具有何等重要性。

1793年，现代心理学之父P. 比奈(Philippe Pinel，1745～1826年)成为彼瑟特研究所和后来的塞尔皮特里研究所的督导，这两间研究所都是当时分别治疗男性癫狂症和女性癫狂症的机构。正是比奈把精神病患者从其桎梏中解救出来的。

不过，现代心理学最重大的进步还是出现于本世纪初，即弗洛伊德1900年发表了《释梦》一书。后来，他的其他许多著作又陆续发表出来。弗洛伊德谈到了他为获得更多自我意识而进行的奋斗。用芝加哥大学既是心理学家又是精神病学家的B. 贝特尔海姆(Bruno Bettelheim)教授的话来说："弗洛伊德著作的英文版大大损坏了其原文中贯穿的重要人文主义精神。"这种损坏尤其明显地表现在

---

① 参见A. M. 弗雷德曼(Alfred M. Freedman)等人主编:《现代心理学综合教程大纲》第Ⅱ卷，巴尔的摩，1976年版，第4～5页。

② 参见A. M. 弗雷德曼(Alfred M. Freedman)等人主编:《现代心理学综合教程大纲》第Ⅱ卷，第13～18页。

③ 参见A. M. 弗雷德曼(Alfred M. Freedman)等人主编:《现代心理学综合教程大纲》第Ⅱ卷，第13～18页。

④ 参见A. M. 弗雷德曼(Alfred M. Freedman)等人主编:《现代心理学综合教程大纲》第Ⅱ卷，第13～18页。

对原文中精神分析概念表述风格的扭曲，那种风格表达出“人对我们共同人性的深切呼唤”。而英文版的精神分析概念是用一种非个人的、非人化的“科学”语言来表述的。贝特尔海姆指出，在德文原版中，“精神分析”一词的重点是放在第一部分的，即“精神就是灵魂，是一个具有丰富含义的术语”。而在英文翻译中，重点却被移到了“分析”二字上，我们与人的灵魂打交道这一事实的无比重要性就被整个地忽视了。贝特尔海姆又指出，弗洛伊德经常谈到灵魂，谈到灵魂的本质与结构，发展与归宿，谈到灵魂是怎样在我们的所作所为和梦中显露出来的。①

心理分析的本来目的是鼓励人们用内省的方式去反映他们的内心世界和灵性世界。然而，西方社会，尤其是北美社会变得越来越追求物质世界的生活，它改变了精神分析的性质与初衷，从而创造出一些新的精神学派，它们“或以行为导向，或以认知导向，或以心理学导向，但几乎统统专注于那些可从外部测量出来或观察出来的东西”②。

在本世纪（编者按：20 世纪）里，心理学成为一个法定的、重要的研究领域。心理治疗学派五花八门。教育心理学、工业心理学、制度心理学、个人心理学和群体心理学，已经渗透到我们生活的各个层面。心理学的术语名词已充斥在西方社会的公众语言和民间意识之中。现在，人的行为，尤其是性行为和进犯行为，在很多时候都是用心理学的术语去讨论，并用心理学的方法去处理。在北美社会中，与心理学概念的盛行相伴随的是，主流派宗教教义的影响和实用性大大衰退，生活的精神方面根本得不到或很少得到重视。

与精神分析学派并行的是行为学派、认知学派、存在主义学派、发展学派、人文主义学派和其他重要心理学派，它们都对认识影响我们人格与生活方式的那些本能的、生物学的和心理学的因素作出了贡献。我们现在更加充分地意识到童年经历对于我们人格的形成具有的重要性；我们知道了某些重要的精神疾病的遗传根源；我们也开始认识到情感失调、精神分裂症和其他主要精神疾病的生物化学成因。我们已经发展出心理治疗、婚姻与家庭治疗、群体治疗等新的和有效的方法；我们开始把心理学的观点应用到人类生活的社会经济和政治领域中去，并获得了某种程度的成效。

然而，在取得这些成就的同时，现代心理学在其导向和方法上正在走向机械化和丧失生命力。人们越来越多地、狭隘地把着重点置于发明化学药剂来平抑人的焦虑感、治疗抑郁和减轻迷茫感；越来越多的新技术和新疗法被用来对付吸毒、饮食失调、工作和人际关系问题、对上帝的信仰问题等等。总之，化学药剂包治百病。我们常被肯定地告知说，我们是受害者，必须采取报复手段，把我们的气愤泄向那些对我们做了错事的人，他们或是我们的父母，或是家人、朋友，或是陌生人。心理学家和精神病医生在试图分析和解释诸如暴力、虐待、不平等、偏见、贪婪、自私、战争等等破坏行为的根源时，不惜求助于本能论、遗传论、生物生理论、个体生态论（一种研究动物行为的理论）的观点。

许多人对主流心理学派感到失望和不信任了，便转而去求助于荒诞神奇的异端邪说。在许多情况下，理性让位于非理性，本来需要以爱心去对待患者的心理治疗方法被鼓励放纵和自我满足的处方取代了。

之所以存在这种情况，是因为人的本质的重要层面即精神层面要么被忽略了，要么被误解了。在目前的心理治疗学派中，由于缺乏精神层面，造成了道德和伦理的崩溃。其结果是，治疗圣地变成

① B. 贝特尔海姆：《弗洛伊德与人的灵魂》，纽约，1984 年版，第 4、5、11～12 页。

② B. 贝特尔海姆：《弗洛伊德与人的灵魂》，第 19 页。

了互相防范的地方。在治疗中，无条件的、纯洁的和不容置疑的爱心与信任本是基本的先决条件；没有这种条件，就会让恼怒和疑心占上风，治疗者和患者双方都会存有戒心，前者担心受责备，后者担心受虐待，于是双方进入一种别扭的和互相猜疑的关系，任何治疗都谈不上了。

如今，现代心理学已挣脱了避难所的桎梏与锁链，已用科学分析的观点取代了巫术，已经优化了过去的那种拙劣的炼丹术，真正认识了人脑的化学成分，因而它已经能够去关注人的存在的精神层面了。

精神心理学的一个中心主题是把人的存在的生物、心理和精神层面统一起来，使我们对人的本质和人的需求有一个更为充分、更为全面的认识。在此之前，我们已经为认识人类个体的健康与疾病奠定了基础。我们现在已经知道，把人的生理与心理、肉体与精神分割开来是荒唐的。人的每一种状态都既是生理状态又是心理状态。肉体反映着精神，精神影响着肉体。在某些情况下，肉体表现出一种形式的征候，而精神却表现出另一种形式的征候，人的所有状态都是两者的结合。然而，这并不是说，所有的状态都可以用同样的理论去解释。

现在，有这么三种办法都在施行。一个极端是，有人主张人的一切状态，无论健康或疾病，都是肉体的，因此应当采用对肉体的治疗，通过化学治疗、外科手术的干预、饮食疗法、运动及其他的方法和形式去改变肉体的功能和状态。另一个极端是，有人认为人的一切状态，无论是健康或疾病，在本质上都是精神的，因此应当通过精神手段，如心理干预、对心理产生作用的物质治疗、心理训练、宗教仪式、魔术等方法去处置。这两个极端的代表者，其观点都太刻板。有时他们显得执迷不悟，哪怕意味着进一步伤害当事人也在所不惜。在这两个极端之间的还有许多人，包括医生和普通人，自觉自愿地把这两种极端的观点都应用起来。

上述派别的一个有趣而又有着明显后果的方面，便是他们所采用的二元论方法。二元论认为，人的实体包含两个相反而且同等重要的成分，即物质与精神、肉体与灵魂，或者说物性与灵性。这种说法是有问题的，因为它把一个实体分割开来。实际上，人的存在是一个整体。为了解决这个棘手的问题，当代的科学家们选择了把精神降低为用人脑的化学作用和电能作用结合起来解释的一个极其复杂的综合体，从而把物质放在了核心地位。他们同样用否定灵魂存在和否定精神确实存在的办法来解决肉体与灵魂和物质与精神的问题。无独有偶，那些把所有的存在都归结为精神的人犯了与物质主义科学家同样的错误，他们试图用心理学术语来解释一切客观存在，从而也犯了物理科学家那样的错误。第三种人几乎放弃了解决这一困难的任何希望。

我们在精神心理学中将会谈到，在活生生地存在着的人这一层次上，二元论是不适用的。活生生的人是一个整体，其存在的两方面表现即物质和精神是完全一致和整合在一起的。因此，精神心理学认为，人在本质上是一种完整的和协调一致的现实存在，它具有三种能力，即认知能力、爱的能力和意志力。

人的一切状态，无论是健康状态或疾病状态，无论是生还是死，都可以用我们的知识、爱心和意志去体验和理解。我们生活、经历和存在的方式，我们认识和把握机会与挑战的方式，都取决于我们这三种能力。精神心理学就是根据这一理论框架去解释人的存在及其生活经验的。因此，我们讨论的焦点就将放在知识、爱心和意志方面。这是我们的精神财富。我们将首先谈到人的本质和关于自我与灵魂的概念。

# 第二章　自我与灵魂

## 一、关于人的本质

在当代世界上，许多人都认为人的本质基本上是物质的，完全是生命的生理过程和进化过程的产物。在这本书里，我们要讨论的第一个课题便是如何定义人的精神本质，以便说明，在我们个人和集体生活的大多数基本问题上，人的现实存在的一个重要方面是怎样地被否定和忽视了。第二个同样重要的课题是阐明精神心理学的诸项原理。

我前面提到的在急诊室的第一天所经历的事件，是我在心理学领域认真学习的开端。这种学习的结果，使我感觉到一种有益的新学派的存在，我们姑且把它称为"第四学派"吧，它与前面提到的三个学派，即前科学学派、分析学派和生物学派不同。我把这一学派称为"精神心理学"派，它把人的本质中生物的、心理的和精神的层面结合起来研究，从而提供对人的行为和心理问题的全面的、综合性的认识。

我们首先来看一看物质主义观点和关于精神存在的观点是怎样解释人的本质，并且看看物质主义的生活方式和崇尚精神的生活方式的不同后果。然后我们来观察一些生活经验，看看我们从对人的本质的这些观察中可以学习到什么。

我将根据我们对人的意识的理解来阐明二元性问题。意识是精神存在的核心，就像能量是物质存在的精华那样。因此，意识对于我们认识人的本质起着核心作用。

在讨论意识之后，我们要讨论自我的概念和我们生活中的感觉与情绪有何作用。正是在感觉的层次上，肉体和心灵以一种整合而完全的方式发挥其功能。这也许就是为什么发现我们的感觉和认识这种感觉对于创造完善而幸福的人生是如此重要、起着如此关键的作用的一个重要的原因。这本书的其余章节概括地说明精神心理学的原理，以及当我们在生活中遇到挑战和机会时怎样应用这些原理。

### (一)关于人的本质的唯物主义观点

关于人的本质的唯物主义观点，其基本概念是说存在与生命都出于偶然；人是进化过程的偶然产物；物质是构成宇宙的基础；因此，人的思维和感觉是人的生物活动的副产品。这种唯物主义哲学观在苏格拉底时代之前就已存在。E. 弗洛姆(Erich Fromm)在谈到这一哲学观时指出："唯物主义声称，一切心理和精神现象的原委都可以从物质和物质过程中找到。这种唯物主义观，以其最粗俗和肤浅的形式告诉人们，用体内化学作用过程的结果来解释感觉和思维就足够了。"①

此外，对人的本质的唯物主义观点认为，我们基本上像动物一样受本能的支配，我们在生活中不惜一切代价地追求快乐和躲避痛苦。换句话说，人的行为是受贪欲和自私驱使的，是通过进犯和性的欲求而增强力量的。另一方面，唯物主义又把人视为机器。P. 戴维斯(Paul Davies)和 J. 格里宾

① E. 弗洛姆：《马克思关于人的概念》，纽约，1981年版，第9页。

(John Gribbin)在其《物质的奥秘》一书中指出，生物机器论的一位积极倡导者R.道金斯(Richard Dawkins)把包括人在内的所有生命实体都描述为"遗传的机器"[①]。他们然后又对这种唯物主义和决定论的世界观加以否定说，"一架机器是没有'自由意志的，它的未来从开始的时候就一成不变地被决定了。"其实，在此情景中，时间不再具有重要性，因为将来已经被包含在现实之中了(因此，将来也是过去)。犹如I.普利高津(Ilya Prigogine)雄辩地表述的那样："上帝被贬低为不过是个档案员，他在一页一页地翻动着一本宇宙历史书，而这本书是早已写就的。"[②]

唯物主义观点否认灵魂与精神的存在。灵魂之所以不存在，是因为我们不能像证明星球的存在那样去证明它的存在；我们也不能看见、听见、品尝、闻见或触摸灵魂与精神；我们又不能用某种工具去测量它的存在或测定它的能量。然而，我们确实有五官，通过五官我们可以体验这一世界。我们每个人都有思维，通过它我们可以认识世界。这个思维是大脑的产物，当大脑死亡之后，思维也就不存在了。唯物主义学派进一步认为，人的存在仅止于此生此世。由于没有关于死后生活的科学证据，所以我们死后就不再继续存在了。生活的目的就是活着，寻求幸福快乐，要做我们能做的一切，要成功。这样一来，生活就基本上成了一种力量的拼搏，一个为过最好的生活而拼搏的舞台。

精神分析学派、存在主义学派、行为学派、人种学派和达尔文学派都是在上述唯物主义框架中去定义人的本质的。这些学派的哲学观，极大地影响了20世纪里人们的思想，形成了我们关于自我、世界和生活的看法。

弗洛伊德是一位对我们造成深远影响的人物，他的观点影响着我们用什么方式去思考我们自己。弗洛伊德认为，我们的思维、感觉和行动是由两种强有力的本能决定的，一是求生的本能，二是死亡的本能。[按照这种观点，就根本没有自由意志之说。我们的一切行为都可以通过分析我们心理结构中的意识，首先是无意识的动力去解释(和辩解)。

这种不重视个人责任感的理论现在非常盛行。许多治疗者帮助他们的患者去解除对自身行为的内疚感和耻辱感，许多破坏性的和暴虐的行为方式得到辩护，并根据弗洛伊德对人的本性的解释得到宽容。要准确地比较柏拉图、弗洛伊德、萨特、斯金纳、罗伦兹和基督等的观点，请看L.斯特温森所著《关于人性的七种理论》一书，牛津大学出版社1974年出版。

另一种不同的，但却同样是广为传播的关于人的本质的看法和关于我们生活出问题的原因的解释，来自存在主义学派。存在主义学派的首要代表者J-P.萨特(Jean-Paul Sartre)，他也像弗洛伊德一样，不相信灵魂的存在或人的精神本质的存在。萨特在其著作中得出结论说，因为灵魂不存在，任何事情都可以做。实际上，如果没有灵魂与精神，符合逻辑的结论便是没有超然的客观的价值存在。按照萨特的观点，根本就没有人的本质这回事。我们不是因为上帝或因为进化或因为任何其他原因而存在，我们仅仅是存在而已。我们无缘无故来到人间，因此我们有决定我们生命本质的自由。萨特认为，人的痛苦在很大程度上归咎于我们是自由的这一事实；我们的自由是痛苦的，我们竭力避免这种痛苦。简言之，他认为我们无法避免自由带来的痛苦，因为我们是自由的。

萨特的观点几乎遭到各个方面的反对，但是在唯物主义理论派别中，仍有人对萨特的思想推波助澜，例如行为学派的主要代表人物之一B.F.斯金纳(Skinner)。行为学派以一种非常呆板和狭隘

---

① P.戴维斯、J.格里宾：《物质的奥秘》，纽约，1992年版，第13页。
② P.戴维斯、J.格里宾：《物质的奥秘》，纽约，1992年版，第31页。

的手段冒昧地应用“科学方法”(一种在研究物质世界方面被认为是如此有用的方法)来研究人的本质。斯金纳武断地声称,信仰精神毫无科学的根据,因此,任何关于人的欲念、打算和决定也都是不存在的;只有我们的行为是真实的东西,因为只有行为才能得到经验上的研究和控制。他认为,人的一切行为基本上都是对环境的反应和试图逃避痛苦和获得快乐的表现。当萨特把我们的自由视为人性的主要特征,同时又是存在痛苦的基本根源的时候,斯金纳却指出我们是由天性决定的,我们的问题的主要根源在于我们喜欢思考和我们是自由的。按照斯金纳的说法,我们对一切问题的答案就是抛弃对自由的幻想,改变我们的环境,从而矫正我们的行为。

另一位现代思想家 K. 罗伦兹(Konrad Lorenz)也主要是用唯物主义的术语来说明人的本质。罗伦兹是一位人种学家,他研究了动物的行为,他把达尔文的许多观点结合起来建立关于人的本质的概念。罗伦兹的主要结论是:人们天生是富于进犯性的,自由意志和善德均是幻想;人的行为和动物行为并无二致,人与动物的区别仅仅在等级上和功能方面。罗伦兹竟然相信,对人种灭绝的最大威胁是我们进行概念化思维和通过语言进行交流的结果。他对改善人的状态不抱希望,因为在我们的环境中,人的天生进犯性很容易被许多环境因素激发出来。①

虽然上述几个唯物主义派别在许多方面是相互冲突的,但他们却有一个重要观点是一致的。在他们看来,人类,无论个人或社会,都只具备非常有限的发展潜力和范围;人类是受生物的、进化的、历史的和社会的许多力量支配的,他们无法控制这些力量。这种观点对现代人认识他们自己和处理他们的问题有着深远的影响。

### (二)人的精神存在

讨论人的精神存在不是件容易的事。首先要说明,精神这一概念本身是容易引起怀疑的。在我们生活的这个时代,许多科学家否定或怀疑诸如灵魂、灵性、精神之类的概念的正当性。许多宗教也失去了他们的声望,因为它们依赖盲目的信仰,因为它们的许多实践是带有(或看起来有)迷信或偏见的。再说,宗教关于精神的定义并非总是一致的,并且通常是含混不清的。除此之外,。当今的人们失去了自信,或埋葬了希望,他们不再能够让自己确信有仁慈公正的上帝存在,或者相信有爱心和有精神的人类种族存在。在我们生活的这个世纪里,人们已经目睹了两次世界大战和几次重大的地区性战争,千百万人在战争中被杀害或饿死,或招致本可以防止的死亡。在这个世纪里,科学向我们提供了破坏性武器,它们不断地被左派和右派的意识形态代表者、世俗的和有宗教信仰的人们所利用。在这个世纪里,有人竭尽努力(并在继续努力)去证明人就是动物,动物有进犯性,因此人在天性上就具有侵略性。在这个时代,人们将其道德伦理标准降低到如此程度,以致几乎任何行为,只要表面上看起来无害于他人(如果有害的话,只要害处不明显),都可得到应允。这个时代,在安全与民主、秩序与自由、国权与人权等种种名义下,实际上所有形式的异常行为和不公正行为都可以得到认可与宽恕。

这种发展趋势与我们的精神本质是如此脱节,以致研究精神已成为一件非常困难的事。这种研究被认为好像是带有嘲弄和敌视的意味。

我这本书的主要宗旨就是发展一种理论框架,使我们能够用清晰易懂而又符合逻辑的方式,恰

① 要准确地比较柏拉图、弗洛伊德、萨特、斯金纳、罗伦兹和基督等的观点,请看 L. 斯特温森所著《关于人性的七种理论》一书,牛津大学出版社 1974 年版。

当地运用科学的方法去研究人的存在的精神方面。

作为具有自我意识的人，我们研究我们自己。在这种研究中，我们必然既是主体又是客体。我作为一个心理治疗医生，在自己的著作中有条件提供证据，提供许多人富有深刻内容的经历、思想和感觉，这些人来自不同的文化，处于不同的环境。研究这些人的生活，给我们提供了难以估价的关于人的本质的特征、内涵和作用的资料。把我在过去30年所从事的临床研究和跨文化的工作中得到的知识结合起来，加上在数年研究中和科学与宗教实践中得出的看法，就形成了我在此阐明的关于人的本质这一概念的核心。

现在，让我们转到关于人的本质的两种主要观点的讨论上来，即唯物的观点和崇尚精神的观点，并看一看这两种观点对我们日常生活的实际影响。

### （三）物质主义的生活方式

物质主义哲学认为，人类不过是高级动物，寻求自我发展与自我变革的潜力是很小的。这一哲学观对人们生活方式带来了直接的影响。它不主张有任何生活目的，鼓励人们按照其欲望、感觉和本能生活。这一理论主张利用人的一切能力来为自己的快乐和自己的扩张服务。其结果是，贪婪、非正义、财富与贫困的两极分化、侵犯、战争等等都被视为不可避免，也许甚至是必要的。

物质主义哲学观鼓励人们竞相消费世界上有限的资源，而不考虑将来后代的需要。在这种物质主义观的指导下，人际关系有着许多问题。人对于爱、关怀和善良的自然追求被误解，或被滥用。爱情关系通常受到困扰，因为人们是以自我为中心而不愿意给予和关怀他人。

在个人的生活中，剧烈的内心冲突得以滋生蔓延。从本质上说，人类总是追求更高层次和更完善的知识、爱、同情、公正和美好的。然而，物质主义对生活和人的本性的看法却纵容我们利用自己的知识去获取财富和权力，把爱自己放在首位，达到无以复加的地步，而把公正和美好视为个人利益和快乐之后的次要东西。这种观点造成了极其深刻的内心冲突。许多人接受了物质主义的生活方式，在生活中无休止地追求快乐、舒适、爱和平静，但他们却又从未得到过这些。另一些人试图既享有物质主义的生活方式，又得到精神上的满足。这些人似乎既想保有他们的蛋糕又想把它吃掉。他们在生活中一方面追求快乐、财富和权力，另一方面又试图通过某种施舍和服务去补偿其缺憾。但是在他们内心所体验到的却是一种对立和分裂。在这种生活方式中也并无满意可言。

物质主义哲学的另一个同样有害但却不那么明显的后果，则是生活中的创造性、艺术性和敏感性等因素远远不像科学、逻辑和技术等等那样受到重视，部分原因在于后者给我们更多的机会去积蓄财富和权力。由此而造成的内心冲突和心灵空虚可能通过酗酒和其他麻醉大脑的药物或刺激情绪的音乐以及寻求各种极端的生活体验来暂时地弥补。然而，从长远来说，这类办法是无济于事的，因为生命的存续期有限，它不会让你浑浑噩噩地永远活下去。因此，物质主义的生活方式必然带来恐惧与焦虑。在这种情况下，人们最大的恐惧当然就是怕死。所以一个信奉物质主义的社会变成了一个死气沉沉的社会。它的科学、政治、工业、艺术、文学、音乐以及娱乐，统统都以死亡为导向。在那里，炸弹被制造出来，军火工业发达，文学艺术和娱乐活动都以死亡为中心内容：一方面死亡是不可避免的，另一方面它又是琢磨不透的，仿佛死亡是一个什么也看不见的黑洞，我们大家都在往里钻，于是某种玩世不恭和虚无主义态度就蔓延开来。

由于没有能力接受死亡这一事实，于是就引起了进犯和暴力；一些人在为了安全、自由、公正、民

主或法律与秩序的名义下,有组织地杀害千百万人的行动得到认可。最终,物质主义扼杀了生活中的快乐、希望和创造力。它把生活变成斗争,把爱变成重负,把知识变成商品,把美丽变成奢侈,把和平变成望尘莫及的幻想。

**(四)崇尚精神的生活方式**

要对崇尚精神的生活方式下一个定义是很困难的,因为对此问题有各种各样的看法。我应当说明的是,宗教所说的精神与精神生活方式不可同日而语。有着许多信奉宗教的人,尽管他们也相信上帝的存在,相信人的灵魂,相信死后的生活,但是他们所过的生活仍旧是物质主义的。对他们来说,上帝决定着是否给予你天赋,上帝通过神圣的爱心赏赐你,通过神圣的愤怒惩罚你。那些把自己与上帝联系起来的人们,仿佛对待任何其他的上级那样,竭力去讨好上帝,以求得到宠爱,并且竭力避免暴露其内心的想法与企图。他们的生活目的是拯救个人并且得以进入他们用想象制造出来的那个天堂。他们的主要目标就是得到什么东西,希望在上帝高兴的情况下让他们进入一个永久的天堂,比那些不信上帝的人生活得好些。即使不从实际上看,只从形式上看,这种态度与物质主义的人生观也有异曲同工之妙,因为它同样专注于积累财富,追求永久的快乐,获得与众不同的权力。

另一些人以精神概念来为个人的缺点与失败以及个人面对社会生活挑战时缺乏意志力进行辩护。在与世无争的借口下,这些人可能将自己隔离于社会的主流生活之外,很少承担或根本不承担应对人的生存所受挑战的责任。他们基本上过着以自我为中心的、寄生性的生活。他们当中有些人懒惰或自我放纵,但更多的人不过是误解了精神生活方式,以为它意味着避开人类社会的日常生活事务,仿佛所有的人间事务都是由物质主义决定的。

然而,精神并不是简单地反对或抑制物质主义,完全不是这样。精神生活是一种永远有目标感的积极过程。它的目标是成长、发展和超越。我们通过自己的精神追求获得更高尚的自我修养,去创造一种协调一致的和先进的人类文明。

我们人类处在物质世界与精神世界的交叉路口。在这里,物质与精神相会合。我们一只脚站在动物的世界里,而另一只脚则站在精神世界中;我们既可以过一种完全是物质性的、动物式的生活,又可以超越动物本性而进入一个精神的王国。能够进行这种选择,正是人类自由的核心要义。作为人,我们被赋予了求知、爱和意志的力量。我们必须决定要学习什么和怎样利用我们的知识。我们可以用我们的知识去发动战争或缔造和平。如果我们选择和平并让自己去致力于这一目标,我们也就选择了精神生活方式。其他选择也是这样,例如选择真诚、信任、公正、同情、合作、完善、谦让、服务和所有的精神品质。如果我们确定的生活目的是要用我们的心智去学习这些精神品质,是在此基础上去积累爱和吸引的力量,并利用我们的意志去从事与这些精神品质相一致的活动,我们就将进入一种精神生活方式。

但这还不是全部。精神生活是能够成长和超越的生活,是有目的和反应的生活,是有纪律和创造性的生活,是既观眼前又有远见的生活,是既要祈祷又要参与社会行动的生活,是既有决心又有妥协的生活,尽管这些相反的东西表面看来是不能调和的。最终,精神生活是能够超越时间、空间和人的界限的。精神生活方式要求重新审视我们对自身生活经验和观念的思考,它不仅评价着我们个人内在的发展过程,而且评价着我们的人际关系和我们与上苍的关系。这一过程必然会帮助我们去为自己的生存寻求和建立一种超越意义。

## 二、关于“自我”的经验

关于人的本质的理论必然是能够在日常生活中应用的。我们怎样领悟我们的本质？我们的生活经验告诉我们肉体和精神是什么？我们为实现自身潜能而进行了哪些必要的奋斗？为什么我们有感觉？这些，便是我们需要阐明的问题。

### （一）人的经验与人的本质

认识我们真实本质的方法之一便是反省我们的日常生活经验，并思考我们面临的选择。以我们写作的经验为例。当我写下这些词汇时，我同时有好几种经验。我用我的手、眼睛和大脑写作，因此写作是一种肉体的经验；我同时又在用我的心思考我要写什么，因此写作也是一种心智经验；我写作的时候，我充分意识到我要与那些将阅读我的作品的人们发生关系，这就给我同时带来几种感觉，一种是因读者的重视而快乐的感觉，一种是怕读者不认可的担忧感，因此写作也是一种情感的经验；最后，我写作时要选择我写什么，我可以把我的灵魂和我的读者的灵魂集中到能够使我们联系在一起并且使我们更好地理解自己的主题上去，我也可以利用读者的低俗本能而把他们引向一味的恐惧、疑心和本能欲望；此外，我写出一些文字让读者阅读它们，我们就在共同超越时间、空间和人的界限而进行灵魂与灵魂之间的沟通。这就是写出作品这一简单行为的精神层面。在这样做的时候，我显然在利用我的心智与意识的力量，它远远大于我的本能的力量。正是这一精神层面需要我们更好地去认识，因为它赋予我们的生活以目的和意义，形成我们对自己和对相互关系的认识，对宇宙和最终对上帝的认识。

让我们来看看另一种人生经验。例如，由于折断了胳膊而疼痛的经验。这种疼痛通常剧烈得足以迫使我们去寻求及时的治疗。我们首先（也是应当）关心的是如何减轻疼痛，并避免任何可能造成更大程度的不适或伤害的活动。然而，如果我们是在地震中骨折，眼看其他人被活活埋葬或者受到比自己更严重的伤害，我们可能会作出几种不同的选择。我们可能抛开其他人不管而专顾自己的安危；或者我们可以借机谋求好处而损害别人的权利或财产；或者我们可以把自己的安危置之度外而去抢救别人的生命财产，甚或牺牲我们自己的生命财产。显然，所有这些不同的行为都不是基于人与动物相似的那种自我保护或逃避痛苦的本能。这是人类独有的反应。

我们因折断了胳膊而遭受的疼痛通常都伴随着各种心情。如果我们是在一次滑雪中出了事故而摔断了胳膊，我们可能觉得很可悲，因为受伤使我们不能继续滑雪；我们可能感到气恼，因为我们自己或别的哪个人粗心大意使我摔倒；我们可能感到害怕，因为这样的事故可能再次发生；我们可能感到幸运，因为没有发生更严重的伤害；我们可能感到放心，因为总有人及时来照顾我们。或者，我们内心有几种感觉交织在一起。

同样，如果我们是在一次地震中受伤，我们也可能经历各种各样的感觉，例如自我怜悯、害怕、生气、退缩、移情、亲近、兴奋、爱怜，如果我们能够爱别人和帮助别人的话，我们可能感到欣喜。这一切反应和感觉显然表明，对于人的行为，不能完全按照生物学的或心理学的概念去理解。须知，任何人的任何经验都有着它的完整的、综合性的意义，而不仅仅包含生物学的和心理学的层面，精神因素也应考虑进去。

### (二)从二元性到整体性

人的本质的最具挑战性的方面之一就是关于肉体与精神的关系的奥秘。我们经历的自我与他人都是既有二元性又有整体性的。我们观察我们的世界时既用局部观察法又用整体观察法。例如，我们知道有肉体与心灵。当身体处于睡眠状态时，我们仍能够移动、看、听和闻见气味。我们有能力通过数学计算发现遥远的星球而无须看见或触及这些星球。这是说明我们的经验具有二元性的几个例子。这些经验通过我们观察人们的死亡过程而得以进一步加强。

那些与面临死亡的人们打交道的人，非常清楚在死亡的时刻所发生的突出变化。在某一时刻我们尚在与一个存在着的人对话，而在下一个时刻我们却面对的是一具尸体，得知这个人已不在这里了。我们体验到一种知觉，即有一个人离开了，他的躯体就像一间空房子无人居住了或者像一个没有了鸟的空笼子。在死亡的瞬间发生了什么事导致了这种变化呢？这一经验是否说明肉体与精神是相互独立的呢？这能证明二元论的合理性吗？这个问题的部分答案在于我们用什么方法看待我们的世界。

我们通常是用多分法和二分法看世界的。我们说光明与黑暗、善与恶、爱与恨，仿佛确实存在两种现实，一种是光明、一种是黑暗，一种是善、一种是恶，一种是爱、一种是恨，等等。然而，以光明与黑暗为例，科学明确地告诉我们，只有光明是存在的现实，而我们所经历的黑暗，不过是光明不在的时候。同样，善与恶也是这样。其实，我们所经历的邪恶就是善不在的情况。当一个地方没有真诚时，就存在着谎言；没有仁慈时，就有残忍。

就价值观而言，决不存在既无善又无恶的中立状态。从这个意义上说，在人的价值观领域只有一种现实存在，那就是善。当善意部分地或完全缺乏时，那么邪恶就以其不同程度的破坏性而被我们经历到。爱与恨的情形也是这样。爱有着它本身的现实和存在，它带来生命与创造力；当缺乏爱的时候，就导致了破坏与恨。这些例子说明，我们用两分法的观察不足以证明二元的存在。事实上，存在着的现实永远是一种，而缺少这种现实时，我们所经历到的则是对那种现实的反面现象。

记住这一点之后，就让我们转而去看那个令人困惑的躯体与灵魂的问题。对大脑和意识的本质、对物质现实的本质的新认识，是与对灵魂的本质和对灵性概念的新观点结合在一起的。这些新认识现在使我们能够从整体的角度去了解人的本质了。按照这些新的认识，灵魂与肉体两分法的矛盾就解决了。

我们必须记住，现实只有一个，虽然表现形式有多种。这既是科学的真理，又是精神的真理。例如，能量是一种物质的存在，它可以用几种形式表现出来，包括力、光、固体、热等等。同样，意识是一种精神的存在，它也有几种表现形式，包括思维、感觉、希望、欲念等等。

现在，科学、哲学和宗教里有相当多的证据认为，人的存在就是人的灵魂，它使人们能够具有意识。理论物理学家 J. 惠勒(John Wheeler)的观点认为，“世界不可能是一部被任何尚未建立的物理法则链条控制的巨大机器。”他认为，信息是一切的基础，他提出了一个口号“从小中来”，以表明这样一种观点，即物质是从信息中来的，我们可以为一切意图和目的而把信息界定为意识。①

P. 戴维斯和 J. 格里宾提到上述观点和看法时说，从惠勒哲学的“参与宇宙”观来看，“观察者是

① 见戴维斯和格里宾所著《物质的奥秘》，第 307 页。

物质现实的中心，物质最终要归属于心智”①。

同样两位作者，在他们著作《物质的奥秘》的结语中指出：“狄斯卡特发现了人脑的想象力是一种朦胧的物质，它独立地存在于人体之中。后来，在本世纪 30 年代，G. 赖尔（Gilbert Ryle）以一个重要的观点嘲弄了头脑是‘机器中的幽灵’这种二分法。赖尔的批评适逢唯物主义和机械论获胜的阶段。他所指的‘机器’就是人的躯体和人的脑子，它们本身正是广大宇宙机器的组成部分。但是，当他提出这个重要论断时，新物理学已经确立了，这一物理学对赖尔用以观察世界的哲学基础是有害的。今天，当 21 世纪即将来临之时，我们可以看出，赖尔摈弃关于‘机器中的幽灵’这一观点是对的，这并不是说不是幽灵，而是说不是机器。”②

根据同样的精神，G. 伯特森（Gregory Bateson）说：“头脑是活着的根本。”③对于人的头脑来说，这一看法特别确实，因为人的头脑是人的灵魂力量所在。人的灵魂是人去理解和认识事物的能源。在这里，认识是从这个词的广泛意义上说的，它指意识、自我意识、感觉、欲念，还有我们的思维能力，使用符号的能力，创造语言和进行想象的能力。这些恰恰就是灵魂具有的素质。灵魂还被赋予其他的名称，例如精神、人的灵性、理性灵魂等等。但它们说的是一回事，即我们认识事物的能力，意识、经验和理解的能力。人的存在之所以是人的存在，就是因为他们能够认识，认识他们知道的东西，认识他们想知道得更多的东西。人对知识的渴望与兴趣是不受时间和空间限制的。人的灵魂处在不断发现和创造的旅途之中，在这一旅途中，灵魂把一切可资利用的资源都置于它的支配之下，去达到获得更多知识、觉悟和深刻见解的目的。

人的灵魂在其生命的整个旅程中，都得到人的躯体这一优良和重要工具的帮助。躯体的各种器官和部件都是工具，通过这些工具，一个人可以获得高度的知识、爱和创造性。例如，人的眼睛被灵魂用来观看亲爱者的美丽，用来领略大自然的风光，用来创造新型的艺术和技术。同样，人的耳朵也是灵魂的工具，用来帮助作曲、倾听爱的旋律，用来接受他人用言词传达的信息。这仅仅是两个例子，说明人的躯体是怎样被人的灵魂用来达到其目的，从而获得更高的知识、理解、觉悟和爱心。

人的灵魂不仅利用处于自然状态的躯体及其各个器官，而且还创造新的工具来大大加强躯体的能力，然后用这些新创造的工具来达到获得更多知识和被灵魂理解的目的。例如，我们创造了显微镜和望远镜来调节我们的视力，使我们的头脑能够想得更深更远，使我们更充分地去认识大自然的奥秘。同样，飞机是我们双腿的延伸，它使我们能够远行，增加我们对不同的地方、不同的人民和不同的文化的知识。事实上，大量的工具都是凭借人的灵魂的创造力制造出来的。在我们的灵魂迄今所创造出来的所有工具中，计算机是我们大脑的扩展，它具有最深远的后果。人的大脑是人的心智的载体，也是人的灵魂进行操作的器官。无疑，得当地使用计算机可以促进和加速人的学习效率，并向我们提供更大的能力去施展我们各方面的智慧。从这几个例子，我们应当清楚地了解到，人的灵魂与躯体的相互作用是持续不断的，它表现在一个人的所有知识、感受和所做所为之中。

在我们继续讨论二元性和人的灵魂与意识的本质之前，还应当解释一点。在本书中，我不时地变换着使用灵魂、精神、心智等名词，这几个词都是用来指称同一件事实，即人的存在，但每一个词又有一个特殊的含义。下面我要引述历史上最杰出的一位精神领袖阿杜・巴哈（'Abdu'l-Bahá，1844～

① P. 戴维斯、J. 格里宾所：《物质的奥秘》，第 307～308 页。
② P. 戴维斯、J. 格里宾所：《物质的奥秘》，第 309 页。
③ G. 伯特森引用的 F. 卡普拉（Fritjof Capra）的著作：《转折点：科学、社会与文化的兴盛》，伦敦，1983 年版，第 290 页。

1921年)的一段话，来解释这些名词的细微差别。阿杜·巴哈在谈到人的存在时指出："它(人的存在)是同一种现实，但却根据其表现出来的那种状态而被赋予不同的名称。因为当它控制着躯体的肉体功能时，它是附着于物质和现象世界的，所以被称做灵魂；当它以一个思想家和分析家的姿态表达自己的存在时，我们就叫它心智；当它翱翔到上帝的氛围之中，到灵性世界去遨游之时，它就被称为精神了。"①

除了灵魂、心智、精神这几个术语之外，至少还有三个其他名词需要在这里提及，就是心理、心和意识。这三个名词也是指人的存在，每个名词又有它特殊的含义。"心理"是一位希腊的女神普赛克(Psyche)的名字，是灵魂的化身，她深受希腊爱神厄洛斯(Eros)的钟爱。心理(Psyche)在其现代用法上也就是指灵魂(Soul)，在心理学上，它指心智，包括意识和无意识。

心是一个含义丰富的词。它包括生命的依托，生命的重要部分或统帅；感觉、认识和思维的载体；广义上的心智(Mind)；一个人存在的最深处；灵魂、精神和意念、意志、目的、爱好、欲望；爱心或好感之所在；勇气之所在；智慧、才能、理解力、智力、心智之所在；道德感、良心。(见牛津大词典)

对"心"的含义的这一探讨帮助我们认识二分法的荒谬性。许多人都在他们的思维、感觉、欲望之间制造这种二分法。人的这一切丰富多彩的经验和素质，都是人的存在的表现，其实质是一回事。

最后，意识指的是一种存在状态，在这种状态下，心智能够以其清醒的、理智的和周全的方式发挥功能。因此，意识表现出人的灵魂的最直接、最易达到的状态，所以值得仔细探究。

## 三、灵魂和意识的本质

认识灵魂的最佳方法就是指出它的特征与属性，因为认识灵魂的本质是我们力所不及的。从历史上看，有着两种关于灵魂和意识的本质的解释。唯物主义观点认为物质是首要的，而意识是各种类型物质的附属品，它出现于生物进化的某个阶段。而精神论则认为意识是首要的存在，是生命尤其是人的生命的实质。正是这种意识(灵魂)赋予组成人的躯体的物质以生机，使人的生命能够诞生。近年来大量科学的发展和概念的形成，使我们能够更好地去理解物质与意识的相互联系与相互作用。

P.戴维斯在他的《上帝与新精神》一书中谈到心智与灵魂时指出："概念是抽象的而非实际的这一事实并不会使它不真实和虚幻。"②后来他进一步谈到关于肉体与灵魂这一特殊问题，指出"二元主义的基本错误在于它把肉体与灵魂当做硬币的两面来对待，因而认为它们属于完全不同的两个范畴。……心智与肉体不是二元的两个组成部分，而是从一个描述等级的不同层次上得出来的两个完全不同的概念。"换句话说，人的肉体属于存在的一个层次，人的灵魂则属于另一个层次，它们在人的大脑中相互作用：这种相互作用的性质尚未被知晓，也许永远不能被全部认识到。但是量子物理学领域的新发现清楚地表明，在意识与物质之间存在着一种实实在在的、可以被说明的关系。这是在次原子微粒等级上观察到的最有意思的现象。"量子物理学理论说明，次原子微粒并不是物质的孤立颗粒，而是概率模式，是在不可分割的宇宙网络中的相互联系物，它把人的观察者及人的意识包容在一起。"③这样的看法和其他类似的看法逐渐把人们的注意力从关于肉体与灵魂的二元论概念引

---

① 阿杜·巴哈：《幸存与救世》，载于《西方之星》第7卷第19期，伦敦，1917年版，第190页。

② P.戴维斯：《上帝与新物理学》，伦敦，1983年版，第82页。

③ F.卡普拉：《转折点》，四川科学技术出版社1988年版，第91～92页。

向动态的整合概念。

这种整合的结果，便是“自我”的出现。人的“自我”既指肉体又指灵魂。这是没有二元性的。我们的二元感觉来自肉体与灵魂的进化有所不同这一事实。关于人的肉体是如何进化的这一点，已得到了相当广泛的研究，因而被认识得较为充分。“根据被普遍接受的人类学研究成果，人体的自然进化实际上在5万年前就已完成了。打那以后，人的肉体和大脑在结构与大小上就基本没有变。但另一方面，在这几万年间，人类的生活条件发生了巨大的变化并且还在以飞快的速度继续变化。为了适应这些变化，人类利用他们的意识官能、概念思维和语言符号实现了从遗传进化到社会的转变。社会进化要快速得多，并且表现出更多的差异性。”[①]

人类进化经历了两个阶段，即生物阶段及心理阶段，现在正处于第三个进化阶段，即精神进化阶段。这些进化阶段在大脑的结构中得到说明。脑干是大脑的最核心部分和进化过程的最原始部分，它关系到本能、生理欲望和各种各样的不自主行为。而在所有的哺乳动物中都很发达的边缘系统，分布于脑干周围，它负责情感体验和情感表达。大脑的第三部分，即大脑皮层是人类的大脑中最发达和最特殊的部分，它是与人的抽象思维和语言这类高级功能相联系的。大脑皮层的进化发展从5万年前就稳定地进行着了。

我们现在正朝着一个集体进化的新等级前进。在这一等级上，我们的本能、情感和思维都将统合为一个整体，一个完整的过程。这是可能的，因为我们能够学习如何扩展人的心智和怎样把人的心智与宇宙的灵性结合起来。这是一种精神过程。它使人们的选择自由发挥功用，同时又向我们的价值观与态度发出挑战。许多人以为，价值观是恒定不变的，这种看法不对。在宇宙间，任何事物，包括我们的价值观，都是在改变和进化的。进化是创造的源泉。例如，科学告诉我们，物质宇宙的进化可能是从大量的爆炸开始的，它们释放出巨大的能量，从此开始了我们物质世界的发展历程。人的肉体，特别是人的大脑，是物质进化的缩影。同样的原理也适用于形而上和精神的存在现实，例如意识、爱和创造力。简单地回顾一下关于意识和精神进化的观点与理论是很有必要的。

K. 威尔伯(Ken Wilber)指出了意识的四个层次，即自我层次(Ego)、生物社会层次(Biosocial)、存在层次(Existential)和超人层次(Transpersonal)。[②] 这里所说的“超人”层次类似于上面提到的“精神”概念。

格洛夫(Grof)指出了意识的三个主要范畴，即心理动力体验(过去和现在)、生前体验(即出生过程)和超人体验(超越个人界限)。[③] 这种观点与荣格(Jung)、马斯洛(Maslow)和其他人后来发展的那些理论的核心内容相近似。所有这些思想家都试图把精神概念引进我们关于人存在的本质的理论之中，并且试图找到在什么条件下人类能够以其更高程度的成熟性、深刻的见识、完善、创造力和全面性去发挥其功能。在各种宗教著作中，也能找到类似的探讨。以下是阿杜·巴哈关于肉体与灵魂的关系和关于精神发展过程的精辟而全面的见解。

> 在人性世界上存在着三个等级，一是肉体等级，二是灵魂等级，三是精神等级。肉体是人的物质等级或动物等级。从肉体的意义上说，人是动物王国的一部分。人和动物的肉体都有同样的组成部分，它们是按欲望的法则行事的。

---

① F. 卡普拉:《转折点》，第298页。

② K. 威尔伯:《心理恒常性:意识的光谱》，载《超人心理学》1975年第2期。

③ 对这些概念的充分阐述见于S. 格洛夫著《大脑以外:心理治疗中的生、死与超越》，纽约，1985年版。

就像动物那样，人类也有感官，用以感知冷暖、饥饱、口渴等等；但与动物不同的是，人有理性的灵魂，有人的智慧……

当人通过其灵魂让他的精神之光[这里的“精神”(Spirit)指神的精神，它通过一些主要宗教的创始人(如佛陀、摩西、基督、穆罕默德、巴哈欧拉)的教导影响人的灵魂。]照亮他的认识能力时，他就获得了全部的创造性。因为人作为一种存在，他积累了在他之前所产生的一切知识，因而高于过去的一切进化。人本身包含了所有较低层次的世界。借助于灵魂的工具性作用而被精神之光照耀的人的睿智使他达到了创造的顶峰。

但是，另一方面，当人不能向精神之窗敞开他的心智与良知，而把灵魂转向物质世界，转向他天生的肉体部分，那么他就从高处跌落下来，成为低层次的动物王国的臣民。在这种情况下，人陷入了令人遗憾的境地，因为如果他不能把灵魂的精神禀赋朝向神圣的灵性，不去利用这种精神禀赋，他就将萎靡不振、虚弱不堪，最后将变得无能。如果与此同时，灵魂的物质因素被调动起来，它们就将以可怕的力量使你变成一个不幸的、迷失方向的人，使人变得比低级动物更野蛮、更不公正、更卑鄙、更残忍、更恶毒。当这一切邪念与欲望被堕落的灵魂进一步纵容时，他就变得越来越具有兽性，直到他的整个存在跟野兽一样时，他就行将灭亡了。人到了这个地步，就处心积虑地作恶，专事伤害与破坏，他就完全失去圣洁的同情精神，因为灵魂的神圣本质已经被物欲控制了。如果是相反的情况，即灵魂的精神本质得到加强，它将物质方面置于从属地位，那么人就将走向神圣，他的人性就将发扬光大，圣灵就将在他身上表现出来，他就能转达上帝的仁慈，他就将促进人类的精神进步，因为他成为了一盏明灯，照亮了他所行进的那条道路。①

从上述关于人的意识与人的肉体之关系的讨论中，有一点是十分清楚了，即我们的存在至少有两种互不相同的经验，一是物质的，二是精神的。我们物质的经验来自肉体的五官感觉，即触觉、味觉、嗅觉、听觉、视觉；我们的精神经验却是灵魂与心智的财富。精神经验包括想象、思维、理解、记忆。此外，我们有能力将心智与肉体的力量统一起来，即我们有能力把五官感觉与心智的财富放到一起，使我们的经验成为一个整体。②

所以，一方面，从肉体与灵魂的角度看，我们认为自己有两种存在；另一方面，我们又体会到我们的“自我”是一个不可分割的完全的整体，我们竭力成为这样一个完全的、整体的自我。我们大家都想达到这种完整的境地。

### (一)关于自我的概念

自我经验是人类特有的。当我们说“自我”时，我们是在说我们的意识，即意识到我们现在存在着，过去就存在，将来还要存在；并且意识到这种经验已经存在，并将持续存在，它是一种完整的经验。这一概念包括自我的各个组成部分，如我们心理的意识和无意识部分；我们人格的物质部分、精神部分和情感部分；我们行为的利己部分和利他方面。

当我们使用“自我”一词时，我们是说我们的存在，因为我们体验到存在并且他人也体验到我们的存在。“自我”这一概念解决了肉体—灵魂二元论的矛盾，它使我们能够在其完全统一的整体上去

① 阿杜·巴哈：《巴黎讲话》，载《阿杜·巴哈1911～1912年在巴黎》，伦敦，1969年，第96～98页。

② 阿杜·巴哈：《问题解答》，威尔默特巴哈伊出版公司1969年版，第245～246页。

研究人本身。自我(ego)是意识的体验和自我的表达。它的进化一方面是由遗传和生物学因素决定的,另一方面又是由心理因素与精神因素决定的。

让我们用一种更为具体的方法来探讨"自我"。作为人,我们大家都有与动物相似的本能。这种本能对于生存下去和繁衍后代是很重要的。我们饿了就要找东西吃,我们感觉疼痛时就意识到有了什么疾病,因而设法去治疗;我们有感知危险的能力,因此我们或去应付这一危险或同危险作斗争,或逃避这一危险,寻求安全的环境;我们也有性的欲望,这种欲望在正常情况下会把我们吸引到一位异性身边,通常会导致怀孕和繁衍后代;此外,我们还有保护的本能,使我们与新生儿紧密联系在一起,使我们有照料、保护和抚养下一代的动力。

在本能的层次上,大多数高级动物都是一样的。然而,人与动物之间存在着根本的区别。动物不能脱离其本能法则,人却有明显的选择性。我们对饥饿、疼痛、危险、性欲等等作出的反应是与动物大不相同的。当我们饥饿时,我们可以决定禁食还是吃素,而不是简单地进食。有的人为了呼吁某种公正而决定绝食到死;有的人甚至不饿时也进食;另一些人即使饥饿时也不进食,虽然食物就在眼前(例如练某种气功时);还有些人,虽然自己有着超过其需要的食物,但却不与挨饿的百姓分享。这些都是人类独有的行为。

人对痛苦的反应也与动物不同。在此需要特别说明的是,并非所有的痛苦都源于疾病。例如,成长是痛苦的。我们在剧烈的体力活动之后也会感觉到身体的疼痛。受虐狂有意使自己遭受疼痛,施虐狂使别人遭受痛苦。从这几个例子可以清楚地看到,人对待痛苦的态度是很复杂的,并不简单地遵循本能法则。

抗拒与逃避反应也是人与动物不同的地方。在许多情况下,我们选择直面危险的局面,甚至我们明知不能保护自己。甘地的追随者面对英国军队的威胁就是这样。如今在南非,手无寸铁的或有很少武器的黑人儿童、青年和成年人敢于面对强大的、全副武装的警察,他们完全明白自己处于生命危险之中。

相反,也有些病态性恐惧的人,他们对无害的东西和风吹草动都感到害怕。有的人怕站在高处,有的人怕狗,有的人怕蜜蜂或怕苍蝇,有的人怕与众人在一起,另一些人则怕独处。在这个世界上,有各种各样的胆小鬼和许许多多胆小的人。

至于对于性欲反应,人也不是仅仅遵循本能法则。有人选择独身,有人选择性交但不生育,有人选择同性性交,还有些人把性与暴力和死亡联系起来。人的性行为是非常复杂的。有许多行为都围绕着性问题转,这不是我要阐述的内容,就不在此多讲了。

我们可能会问:为什么人对基本的本能做出如此不同的反应?答案当然基于这样一个事实,即人有意识和意志。我们有选择的能力,我们的选择不仅仅受本能的影响,并且受我们的意识、感觉和知识的影响。我们在孩童时代和青少年时代就有了各种经验,它们帮助我们发展起来一种世界观,使我们对自己、对世界和对我们与世界的关系有了某种特别的感受。人们的世界观是各不相同的。有人把世界看做一个危险的地方,有人觉得它安全;有人避免涉足世界,有人却积极地参与世界;有人面对这个世界感到孤立无援,另一些人认为这个世界充满了机会与挑战。

诸如此类的世界观,极大地影响着我们如何去生活,怎样认识和对待"自我"。我们也知悉了对自己和对世界的某种感觉。在我们成长的过程中,我们大大扩展了自身的能力,从而超越了我们存在的本能层次,使我们的动物性减少,而富有更多的人性。在此过程中,我们的头脑心智开始拥有越来越大的力量和主动性，从而形成了心灵与肉体之间的斗争。这正是许多人奋斗的焦点和造成许多痛苦的根源。这种斗争导致了唯物主义学派和唯心主义学派的发展和当代世界上各种互相冲突的生活方式。

为了认识这种情况产生的根源和为了找到一种统一完整的学说来认识我们自己，我们就应当了解感觉的本质和功能。这一点之所以必要，是因为我们的情绪在我们的行动中起着十分重要的作用。

### （二）感觉的目的性

我们大家都熟悉感觉与情绪，[①]因为我们都体验过。当我们谈“感觉”时，通常就会想到不良的感觉和良好的感觉。我们把悲伤、生气、害怕和焦虑视为不良的感觉，而把快乐、友善、平静视为良好的感觉。但是这种划分并不能帮助我们去认识感觉的本质及其在我们生活中的作用。需要一个关于感觉的定义。为此，让我们来考察一下感觉的特性与功能。

首先，感觉是人的一种意识体验。没有意识我们就不能感觉。当我们感觉到什么时，是因为我们意识到那种感觉。当我们昏迷或处于麻醉状态时，我们什么也感觉不到，因为我们没有了意识。要有感觉，就得有意识。

其次，感觉既被我们的肉体经历到，同时也被我们的心灵体验到。我们不仅知道我们在以某种方式感觉，而且肉体上也经历着那种感觉。例如，当我们害怕时，我们知道我们害怕，与此同时，我们经历着肉体上的某种变化，例如心跳加快，或者脸色发白，有时还会发抖。我们急着逃走，并且经历一系列的身体与心理变化。最后，感觉有一定目的并承担着一定功能。有些感觉在告诉我们关于我们所处的健康状态，例如病痛与衰弱；另一些感觉则警告我们危机将至，例如生气、害怕和焦虑感；还有些感觉告诉我们一切都好，如舒畅、快乐和平静的感觉。

我们研究感觉可以清楚地认识到，感觉实际上是人类的复杂体验。人的情绪（感觉）之所以复杂，是因为它是我们的本能与智慧力量之间的桥梁。感觉来自身体与心智之间的相互作用，它是“自我”的有机组成部分；它既有物质的特征，也有形而上的特征；它既影响到躯体又影响到心理。

有些感觉主要是肉体的，另一些感觉则主要是心理的，而第三类感觉则是肉体与心理感觉的混合。然而，应当指出的是，在人的生活中，肉体的感觉可以变成心理的感受，而心理的感受可以在肉体上体验到。这样的划分虽然不是严格不变的，但它有助于认识人的存在中非常重要的方面。

主要的肉体感觉是与自我保护、逃避痛苦、寻求快乐等本能相联系的。我们经历诸如饥饿、害怕、疼痛、快乐等感觉，我们就有心去寻找食物，避免争斗或危险，寻找治疗疼痛的办法和达到快乐，例如去寻求性快乐。如果生命局限于这一层次的功能，那么我们基本上就像动物那样生存着。无论这样的生活怎样舒适和轻松，它都不能满足我们作为人的重要需求，我们仍会感到不满足。在健康的条件下，我们终究要寻找更大程度的满足。然而，要改变动物式的生活方式我们就需要成长，而成长是有痛苦的。我们必须接受责任，推迟享受，勇敢地面对生活的挑战，约束我们的欲望，把我们的欲望转移到新的方向上去。

---

① 此处所用的“情绪”与“感觉”两个术语，就像心理分析中所用的“情感”一词那样。在精神病学著作中，这些术语并无明显的区分。要详细地解释心理分析中关于情感的论述，请见 D. 拉帕波特（David Rapaport）著《关于情感的心理分析理论》一文，载《拉帕波特文集》，纽约，1967 年版。

这些任务是非常艰巨的。在此过程中我们将经历人所特有的某些情绪。如果在我们寻求成长的道路上遇到障碍，我们就将感到焦虑、害怕或生气；我们会感到挫折或伤心，我们会对自己或对他人不满；我们甚至会变得妄想和多疑，以为别人跟自己过不去。然而，一旦我们开始成长和进步，不良的感觉就将被平静与信心所取代，我们就会变得富于创造性、充满勇气和感到幸福了。

要达到这种转变，我们必须消除不满意的根源。近年来，学习如何消除不良感觉的技术变得很热门。例如，许多人努力学习怎样对付紧张感。就像其他所有的感觉那样，紧张感也有其肉体的成分，因此，对付紧张感的方法就被集中在愉悦肉体的活动、生理上的调适以及放松技术等实践上了。这些技术确实能帮助身体摆脱紧张感，但这类技术的效果却是短暂的，除非紧张背后的心理因素和精神因素也能得到解决。重要的是找出造成紧张的首要原因。紧张可能由于人与人之间的冲突所致，也可能由于生命受到威胁例如生病而引起，抑或是精神危机使然，例如认识到自己过的生活毫无意义。因此，显而易见，仅仅把焦点集中在放松上是不够的。同样的道理，各种镇静药物都不能消除焦虑的根源，仅仅用抗抑郁药也不能带给我们持续的愉快感。这些不良的情绪都有其肉体的、心理的以及精神的原因。要解决我们情绪的问题，我们必须确信所有那些重要的成因都考虑到了。通过这样的调理过程，我们才能获得更大程度的自我认识，包括对我们生命的肉体方面、心理方面和精神方面的认识。

总而言之，人的本质的独特方面在于它的精神内涵。作为人类，我们有能力学习知识、获得爱和意志，这是我们灵魂的财富，它使我们与动物区别开来。尽管人的大脑与高级动物的大脑有相似之处，但只有人的大脑才具有对人的灵魂的要求作出特定反应的能力。正是人的肉体和灵魂之间的这种关系，成为“自我”的基础，成为独特的个人存在的基础。在自我层次上，心智的力量，如想象力、思维力、综合力和记忆力，与肉体的感觉如视觉、听觉、嗅觉、味觉和触觉整合在一起。在此层次上，感觉起着关键作用，它将我们的本能与思维统一起来。

我们已经看到，人的自我是灵魂与肉体相互联系、相互作用的独特结果。尽管这种原理是不言自明的，但这种整合并非一种关闭的和一成不变的公式。这种整合只是使个体成为一个人，至于这个人将成为哪种类型的人，则是我们的选择。这种选择通常要经过艰苦的历程。下一章要讨论的道恩的个案，就是“成为”某种人的过程的一个绝好的例子。

# 第三章　基本原理

## 一、存在与成为：道恩的个案

道恩(Dawn)，33 岁，是一位记者，有着高度的智慧和追求自由的精神。她嫁给了一个谨小慎微而有依赖性的男人。她有两个孩子，一个 5 岁，一个 8 岁。她相当成功，其朋友和同事都很喜欢她。从心理学上看，她是健康的，不曾有过因心理失常而寻求治疗的经历。

当她预约要见我的时候，谈到她的白血病，说她对治疗没有任何反应而且造成她对几个问题的担忧。她首先和最想知道的是她面对即将到来的死亡需要为孩子们做些什么准备；其次，她想知道她可以做些什么来帮助其他在无助与恐慌中受苦的癌症患者。她曾经把她的朋友组织起来加入了一个助人的网络,这些助人者照顾着许多她关怀的人,但并不是每个人都有这么多的帮手。后来她觉得应当做些什么事来发展助人的计划。她还为她的母亲操着心。她感到,失去子女是最惨痛的损失,因为她是唯一的一个希望母亲能够承受这一惨痛损失的孩子。

此外,她当然对自己的死亡十分关注。尽管她有很大的勇气应对她的疾病,但仍然怀着深深的担忧感。她也很生气,因为她觉得死亡对她来说是根本不公正的。她想说,"如果有上帝存在的话,那么上帝也是不公正、不善良的。如果没有上帝存在,那么一切都是可悲的。"她听说我有意帮助那些面对死亡的人,于是决定到我这里来治疗一两个疗程,同我讨论她关心的那些问题,看有没有什么办法解决。我给她看了9个月的病直到她死去。她死后好几年,我还继续与她的家人保持着联系。

我不去赘述这一个案的发展过程,只想说明在我与道恩打交道期间出现的几个最重要的问题,每一个问题都有它自己的完整性。我观察到,这些问题不断地在许多其他情形下出现。此处最重要的一点是,道恩并没有患精神疾病,我所治疗的其他一些病人在面对死亡时也没有精神上的疾病。他们是正常的、快乐的、有爱心的、成功的、乐观的人们,但是他们面对最终的挑战是死亡。

如果我们想明白人的本质,我们必须研究人,而不是研究老鼠或鹅。研究动物有助于我们认识人的生理但无助于认识人的精神。要了解人的精神,那就要研究心理健康的人们,使我们的结论不致过分受那些情绪与心理失常者的特殊情况影响。在考验人的具体环境中去研究人的本质是大有好处的,死亡就提供了这样的环境。

在正常情况下,我们有个人生活和社会生活。我们的个人生活充满了希望、抱负、思考和我们通常不暴露的感受。这些东西太具隐私性,太具个人性,宝贵得不能与别人分享。但是,当我们遭受痛苦和面对死亡时,我们则比较愿意在更深入和更有意义的层次上向别人倾诉。特别是如果我们与之打交道的人愿意努力理解我们,并且不怕面对他(她)自己的死亡问题的话,我们就更愿意敞开心扉了。在这种情况下,我们能够把自己最隐秘的想法、感受和希望向对方吐露,并且会更加贴切和深入地审视我们的内心世界。

疾病迫使我们去触及自己的肉体与灵魂。我们的知识、爱和意志的力量受到检验;我们关于生与死的观点受到审查;我们存在的目的和意义受到质问;在面对肉体的虚弱时,我们灵魂的强健与否被衡量出来;我们处理自己许多不同感受的能力受到了极度的压力。我们不得不在最深沉的和最痛苦的现实中去面对爱心。我们必须完全承认自己的无知,因此我们应该略知生命的奥秘。我们还得渐渐地放弃我们原有的意志并开始发展一种新的意志,这样才能超越我们的死亡而把我们与不死联系起来。人生的戏剧就是人的本质的说明,当我们面对死亡的时候,人的本质便最集中地展现出来。

正是由于上述原因,我认为,研究像道恩这样的个案最有助于我们去尝试理解人的本质。在这里,我强调道恩对获取更多知识的需求,特别是她对了解自我的需求,强化其爱的纽带的需求和利用其意志力的需求,以及发现其生命的目的及意义的需求。

### (一)人要求知

道恩在其去世前的三天,还在参与制作关于她的疾病、她的痛苦和死亡的一盘录像带。她希望告诉别的人,她学习了生活的这个方面。当时她非常虚弱,不得不开始输血。我们一起谈到生气、恐惧和焦虑。她想知道,这三者之间是否有关系。我告诉她,这三种感觉总是同时发生的。它们是我们经历威胁时的情绪反应,这种威胁或是对我们的生命,或是对身份、价值观及思想观点而言。我们在任何时候受到威胁时，都会自动地以这三种感觉作出反应，通常以其中的一种感觉为主。面对威胁时，根据威胁的性质、我们的人格和生活的境遇，我们作出反应或以生气为主，或以恐惧为主，或以焦虑为主。但是，在这一主要的感觉背后是另外两种感觉，它们埋藏在我们的意识的深处。道恩对于关于人对威胁作出反应的描述非常感兴趣。她说："等一等，让我把它记下来。我需要在以后回首它。"然后，她停了一下说："这不是发傻吗？我明知我几天之后就要死去，还作笔记有什么用呢？"但是，她终究还是作了笔记。

然后我们开始谈求知的需要。作为人，我们总是在寻求知识。但是，因为知识可能是令人不安和令人痛苦的，特别是关于自我的知识，所以我们会庸人自扰、大惊小怪、忧心忡忡。我将在关于知识一节中更充分地讨论这一问题。在这里，我只简要地说明道恩是怎样试图了解她自己的。

道恩最早想知道的一件事是她的病能不能治好。她接受不能被治好的回答并不困难。在我第一次面对她的时候，她已经在此事上斗争过了。她承认她已经度过了不接受的阶段。这意味着，知晓她的疾病不能治好这一点对于她来说曾是多么痛苦和无法接受，以致她的第一个反应是不相信。这种不接受并不是完全有意识的心理过程。我们作为人，有很大的能力去否认令人痛苦的、无法接受的和危险的事情。当然，因为人的灵魂在其本质上是趋于求知的，终究会变得明白，所以否认的努力终归会失败。

经过一段时间的否认之后，道恩开始面对她的实际情况，于是变得相当气恼、焦虑和恐惧。她感到恐惧和焦虑，不仅仅是为自己的病情，而且也为她的孩子和母亲。道恩想知道用什么办法来减轻她的死亡对其孩子可能造成的精神创伤。她说："我知道，我死后不会再生，但我怎能对孩子说这件事呢？如果我告诉他们最终他们自己也会完蛋的话，那么我又怎样能够帮助他们去懂得我们应当过一种体面而有道德的生活呢？"她被这些问题困扰着。她同医院里的工作人员交谈，向许多朋友吐露了她的心事，但却未能找到关于她死亡的满意解释。这种困惑帮助了她去钻研更深奥的问题，诸如生活的意义和什么是我们存在的真实本质。她曾经说她不觉得自己正在死亡，但是她"可怜的躯体不听使唤了"。

在录像带的同一段记录中，一个护士端着一盘食物进来，她吃了一点，然后抓起一包奶酪，费了半天劲也没能打开。她是不会让人帮忙的，她说她肯定能够打开这包奶酪。最后，她绝望地转向我说，这是她早些时候的意思。就是说，她意欲打开这个纸包，但是现在身体不听使唤了。她开始对她的自我与她的肉体加以区别：灵魂还有愿望，但肉体已经虚弱了；她的灵魂在继续获取知识，还在对新的发现感到激动，还在计划未来，但是她的肉体已不能履行这些行动了。

我曾指出过，我们认识自己本质的方式对我们怎样去生活有着重大的影响。如果我们认为我们自己只具有肉体，而心智不过是肉体的一部分，那么当然我们死后就什么也没有了，或者说得更准确些，死后构成我们肉体的成分就土崩瓦解了。然而，如果我们意识到，灵魂才是真正的自我，我们的肉体不过是在今世表达灵魂的物质。所以尽管肉体死亡了，我们的意识（灵魂）仍旧存在着，只是它已不再能够通过我们的肉体去观察罢了。

我给道恩举了两个例子说明肉体与灵魂的关系。灵魂对于肉体来说，好像电与电灯泡的关系。我们能够有光亮（生命），全靠电（灵魂）通过灯泡（肉体）发光。没有这种关系，电和灯泡就是两种互不相干的存在，而光亮就不存在了。另一个例子是电子计算机。计算机要发挥作用，必然有软件（灵魂）和硬件（肉体）。当软件和硬件共同发挥其功能的时候，计算机就能够大显身手了。同样，当灵魂与肉体结合到一起时，生命的奇迹才能出现。

过了一会儿，道恩承认我也许是对的。但是她又问：人死后意识或“灵魂”怎么样了？我说，没有人知道死后灵魂或意识是怎样的情形，但我们不知道的东西不等于不存在，这是事实。

尽管道恩为认识她是谁和她的真正本质是什么的问题费尽了苦心，但她是不屈不挠的，她寻求知识。如果我们总结一下道恩为了解自我而进行的探索并说明这种探索所具有的意义，那么可以这样来陈述：第一，探究关于疾病及其原因这种事实；第二，认识痛苦及其补救方法；第三，体察她的感觉并找出应对的办法；第四，考虑她的亲属关系并知晓如何面对分离与丧亲；最后，第五，反思生与死及不死（不朽），以便更好地认识生与死。前两个问题（疾病与痛苦）主要涉及人的肉体；后两个问题（感觉与关系）则主要涉及心理与社会心理范畴；最后一个问题（生与死，死亡与不死）涉及精神的本质。在道恩的治疗过程中，她全面地审视了这些问题。

道恩在死前两天说过，她已准备好离开，但不知到哪里去。然后她开始与一位关照她的朋友促膝谈心。在她死前的几个小时，她宣称她已经解决了她的问题，但她不想多说了。她只是神秘地笑了笑。

### （二）人有爱心

道恩有几种不同的爱。她爱孩子是无条件的、全心全意的、毫无保留的。她爱她的母亲是衷心的、深沉的，这种爱变得越来越强烈，主要是因为道恩通过非凡的努力才摆脱了她童年时代留下的内心冲突。她的父母关系不好，她被孝顺与苛求困扰着。在她生病之后，她立即开始改善与其母亲的关系，基本上把过去置之度外。她的父亲没有露面。道恩与其丈夫之间有某种程度的亲近，但不是“爱”。她未能习惯丈夫那种依赖性与缺乏热情的生活方式。他们之间以一种朋友关系和孩子的父母关系相处，如此而已。在许多年里，道恩有一个很使她亲近的情人，这种关系在很多方面令她感到满意，他们之间的互相支持一直继续到她死。此外，道恩有许多与她相互喜爱的朋友。在她整个生病期间，这些朋友对她都非常诚挚并给予她帮助。

道恩在应对她的疾病问题期间，对不同的爱采取了不同的表达方式。她不知应当怎样告诉其母亲关于她的病和即将到来的死亡。我告诉她，因为爱是人与人的关系中获得力量的源泉，因而也许又是最令人痛苦的源泉。爱要求我们真挚、诚实、坦率。我们大家都知道，完全诚实和坦率地面对真情不仅是困难的，而且是非常痛苦的。再说，我们越是爱的人，失去他们就越感到痛苦。这种特别的痛苦本不是与内疚、耻辱和怨恨相伴随的，然而，如果我们与之关系不好，在失去他们时除了痛苦之外也会体验到如生气、内疚等复杂的感觉。许多人都有这样的错觉，以为爱意味着轻松、快乐和无忧无虑。的确，爱给生活带来一些轻松和快乐，使我们减少些操心，但与此同时，爱又是令人痛苦和苛求于人的。之所以这样，是因为爱是生命中基本的需求。而生命需要成长，没有自我认识给我们造成的痛苦和真诚的强力推动，我们就不能成长。

在我们讨论过了上述问题及其相关的其他问题之后，道恩找到了与她母亲沟通的办法。她和她的母亲开始交流各自对疾病的想法与感受。逐渐地，她们之间的关系不仅变得更亲密并且变得更为坦诚和轻松了。道恩运用了同样的原则去处理与其他人的关系，包括与孩子的关系。

### （三）人有意志

道恩有很强的意志。她把反对不公正和抵制不正当要求、做自己想做的事和确信自由当做她生活的目的。她认为她患癌症是对她个人的最后一次不公正，所以顽强地与癌症作斗争。在她生病的最初几个月里，她绞尽脑汁去思考这一不公正的问题。当她的疾病使她越来越痛苦时，她的体力开始下降。她的意志力成为她内心冲突的根源。她不能接受既存的现实，但她又不能得到治愈，甚至找不到什么改善病情的办法。

正在这时候，我开始与她讨论关于人的意志和选择自由的问题。我对她说，当她不能在疾病与健康之间进行自由选择(因为她已经得了病)时，她可以自由地选择用什么性质的方法对待她的疾病。这种选择意味着，她必须从不同的角度去使用自己的意志。与其去尝试她想做的事，不如去努力做她在目前情况下能够做的事。更具体地说，她可以用她的意志去寻求对她的疾病最有好处的疗法，去增加对自我的认识，加强她与亲友之间的爱。这一过程要求有改变的意志、有自尊心，并接受一种新的观点。有时我们还不得不放弃意志，其目的在于强化意志。道恩的情形恰恰说明了这一点。如果即使她以顽强的意志都已经无法完成她想做的事情了，她就不如把她的意志集中到改变做法上去。换句话说，她要继续发展和成长，那就要正视她的疾病和对疾病作出反应。于是眼前的病痛成为她生活中一次重要的机会，她的意志在改变心境方面起了核心作用。

### (四)人要寻求生活的意义

道恩寻求她生活的意义这一尝试，其内容太广泛、太复杂了，无法在此一一道来，我只能简要地谈谈。她寻求生活意义的努力是与她想帮助孩子为她的死做好准备的愿望交织在一起的。寻求生活意义这一点，比任何其他事情都更加促使了她去探索“精神”问题。

在她死前几个月，有一天，她求我帮助她的孩子了解“死”的含义。我认为，类比法可能有助于她。她愿意考虑我的建议并想在作出决定之前与她的丈夫、母亲和朋友商量一下。最后，她同意用我建议的类比法来对孩子讲死亡问题。的确，她对此很感兴奋并且认为，类比法可能对她自己与死亡作斗争也很有帮助。有一天晚上，当道恩夫妇都在场时，我向她5岁的儿子琼和8岁的儿子罗伯特讲了下面的故事：

你们知道，生命是在母亲肚子里由母亲的卵子和父亲的精子相结合而成为受精卵的那一瞬间开始的。这个小小的受精卵后来开始成长，并分裂出许多细胞，一直到后来变成一个孩子。他有一个头、两只眼睛、两只耳朵、一个鼻子、一张嘴，还有手、脚和身体的其他部分。

现在我们来想一想，有一些小东西生活在妈妈肚子里。我们姑且叫这些东西为‘I. W. s’(即肚子里的居民)。这些I. W. S在肚子里生活得很好，他们游泳，在肚里捉迷藏，在一起玩耍和谈话。

有一天，那个大的I. W. S非常伤心。小的I. W. 问他为什么伤心，大的说，他为身边的那个小宝贝而伤心。其他的I. W. 们都很奇怪地问：‘为什么？’他们问道：‘她不是长得很好吗？我们数了她的指头，个数是对的；我们观察她的眼睛，长得也是地方；还有她的耳朵、鼻子、嘴巴什么问题都没有。你为什么为她感到伤心呢？’

大的I. W. 回答说：‘是的，我知道这个小宝贝一切都没错，我伤心是因为我知道她要死了。’其他的I. W. 问：‘什么意思，她要死了吗？大的回答说：‘我们以前就见过，小宝贝在这里长大，长得完全了，然后就死去，就离开了，我们再也见不到了。这就是为什么我伤心的原因。’

另一个I. W. 说：‘但是我听说，在肚子之外有另一个世界，在这里死去的宝贝们去到了一个更大的世界。他们说，在那个世界里有太阳、月亮和许多星星，还有树、有湖泊、有大海、有城市、有花、有人、有动物。他们说，那里美极了。'第三个 I. W. 说：'你能证明肚皮之外的另一个世界存在吗？你看见太阳、月亮和你描述的所有东西了吗？它们不是真的，它们是你想象出来的。'还有另外一个 I. W. 说：'这没什么意思。如果一个小宝贝到这儿来，成长了一阵，然后就死去，目的是什么呢？她为什么要长眼睛、长脚、长手和耳朵，还有她的身体的其他东西，她在这儿生活又不需要那些东西？是不是她长出那些东西来是为肚子以外的那个世界的生活用的呢？'

I. W. 们进行了热烈的讨论，讨论到底肚皮之外有没有另一个世界。正在他们争论不休的时候，那个小宝贝死了。她死了吗？她肯定从肚子里的世界出去了，她再也不会回来，I. W. 们再也听不见她的声音了。迄今他们所关心的，就是这个结果。

然而，那个小宝贝现在正在这个世界里，在这里成长着、生活着。她将继续在这个世界生活下去，直到她不可能再生活在这个世界的那一刻到来。然后，她又将从这个世界死去而在另一个世界诞生。你看，死同时又是生。因此，在这个世界我们也是 I. W. s，即'世界的居民'。我们问自己'这个世界之后还有生命吗？'就像肚子里的居民问'肚皮之外还有世界吗？'一样。"

然后，孩子们就用这样的类比方法讨论起他们的母亲的死来。小的一个孩子说："当妈妈死的时候，她就像那个小宝贝到了另一个世界一样，所以也需要有人照顾她。"他的哥哥想，死是"美好的"。他叹息道："唉，我也想死！"我对他说："首先你得长大，享受这里的生活，完成你能做的一切事情，并且要准备好你在下一个世界的生活所需要的东西。我们在肚子里就长了眼睛、耳朵、手、脚等等，因为我们在这个世界的生活需要它们。没有它们我们就做不成事。同样，我们生活在这个世界，享受它能向我们提供的一切时，也该在这个世界为下个世界的需要做准备，包括：发展爱心、知识、善良、幸福感、服务、耐性、公正、忠诚等等。"

孩子们几次让我重讲这个故事。他们的母亲去世两个月之后，他们还在讲这个故事，并且讲得非常清楚、非常明白。

从道恩这方面来说，她已开始思考生与死的奥秘了。她在琢磨我们在这个世界所知道的生活之后说："我们对死亡的认识就像当初我们对这个世界的认识一样；当我们在母亲肚子里时，什么也不知道。"看来，我们关于生活的知识都是关于过去和现在的；但是通过我们对生命规律的认识和观察，才使我们能够达到对未来的了解。

## 二、人的基本特征

当我们谈到"自我"时，我们谈的是我们存在的最本质的东西，即究竟是什么使我们成为现在这个样子。我们对这一事实的知晓在我们生命开始的时候是非常有限的。如果不是我们有意识地和有系统地去认识和发展自我，我们通常仍会忽视这样一个非常宝贵而重要的事实。我们已经知道，自我是肉体与灵魂相互作用的必然结果。一旦生命开始，自我就宣告其存在了。符合逻辑的是，生命与自我完全是相互依存的。没有生命，就不会有自我，没有自我，也就没有生命。

### (一)人的三种主要能力

人本身有三种主要能力，即求知、爱和意志。这三种能力在本质上是精神力量，也是灵魂的财富。但是，这些能力是借助于自我而发展和表现出来的。为了更好地了解自我是怎么回事，我们分别来考察这三种能力将是有帮助的。后面我要谈到它们三者是怎样相互联系和怎样结合在一起的。

1.求知

人的一个重要素质是有广泛而综合意义上的求知能力。求知指的是各种求知方式，如意识、潜意识、无意识等求知方式，还有直觉以及我们通过尚未得到足够理解的灵感和洞察力等方式获得知识。

我们通过生活经验获得知识，也通过认识上和智慧上的努力、自我反省、祈祷及静默等方式获得知识。我们知识的宝库是由理性、逻辑、直觉、创造、精神和神学等各种形式的知识组成的。理性与逻辑属于科学的范畴，它们对于认识主宰物质世界的那些法则特别重要，对于认识我们个人生活及社会生活的那些纯医学、法律、经济等方面的问题也很重要。直觉和创造性的知识特别适用于发展艺术和建设人际关系。精神与神学的知识给我们的生活带来目的和意义，并让我们去分辨善与恶。

虽然各种形式的知识都是从思想启蒙时代就被人类得到的，但我们对这些知识的理解却始终是朦胧的、不完整的和不平衡的。然而，我们现在正在到达一个新的阶段，对一般知识的理解是如此，对自我的认识更是如此。过去150多年里，科学有了长足的进展，但出于各种实用的目的，科学知识凌驾于一切关于人的知识之上，不是把关于人的知识贬低到次要地位，就是认为它无用。尽管如此，现在已有明显的迹象表明，这种不平衡的状况正在得到改变。例如，今天已没有人对人文科学如社会学、心理学、人类学的重要性和实用性提出异议了。虽然这些学科仍然处于其幼稚阶段，但是这些学科已对我们的自我认识做出了重大贡献。科学方法，甚至是非常机械和精密的方法，都被用来更好地认识人的本质。这一事实本身就是一个巨大的进步。

在道德、伦理和精神领域内，知识却是大大地落后了。这种情况非常可悲和危险。在我们这个时代，人们在很大程度上失去了对解决精神问题的信心与希望。当现代哲学家们宣布上帝已经死亡的时候，其实是人的神圣性死亡了。上帝其实是继续与人保持着一种爱的关系。遗憾的是，许多人不再让自己接受上帝的爱，因为他们不觉得自己配得上这种爱。在心理治疗中，我们常常遇到一些人，觉得自己不被爱。当我们考察其原因时，就发现这些人不觉得自己值得别人爱，因此就不让自己接受别人的爱。

人与上帝的关系也是同样的情况。随着科学的兴盛和宗教的衰败（这种兴盛与衰败在最近一百年间达到了极点），人与上帝的关系发生了变化。过去，上帝与人的关系是父母与孩子的关系。父母有无限的权力，他们什么都知道，并且动辄实施惩罚；而孩子是软弱、无知和屈从的。这是人类集体处于婴幼儿时代的情形。那时，我们的祖先对生活的挑战作出反应和对他们认为是上帝力量的东西作出反应的方式很像孩子，即充满敬畏、希望、恐惧、焦虑和惊慌。科学时代把人类从其许多恐惧与迷信中解放出来，宣告人类集体地进入了下一个时期——青春期。[①]

（1）青春期的人类

充满了巨大活力的青春期的人类，保持着青春期的独特性，开始出现各种各样的行为。他们在体验身体发育的自由时，变得热情奔放、骄傲无比，好像什么都不怕。青春期的人类开始经历并很快就发现了他们过去不曾发现的许多自然法则，于是过去从未想象过的权力意识也滋生出来。在到处都是科学发现和技术革新的环境中，又伴随着青春年龄特有的身体和心理的躁动；宗教与人类在精

① 关于人类现在集体地处于其青春期和准备向其集体成年期过渡的概念，是巴哈欧拉在19世纪后半叶首先提出的。要进一步研究这些概念，请看《巴哈欧拉著作选集》和S.阿芬第著《巴哈欧拉的世界秩序、书信选》（威尔默特，1974年第2版）。

神世界中建立起来的重要圣殿被忽视了甚至几乎被遗忘了，其结果便是这一圣殿的力量大大削弱。已建立起来的世界宗教，无论是犹太教、基督教、伊斯兰教、佛教、印度教或其他宗教，都未能认识这一崭新阶段在人类集体生活中的意义，因而它们在实际生活中变得无的放矢和缺乏效用了。

人在其青春期的时候，由于新发展起来许多能力，加之孩童时的各种限制被解除了，因此觉得自己无所不能。这是一种很可怕的情形。首先，上帝被逐出了人的头脑和心灵；然后，本能的、动物性的和以自我为中心的倾向占居了主导地位。科学的成果很快被滥用了，大规模的破坏性武器被制造出来。在为物质财富的积累和为消费而奋斗的过程中，爱、善良、仁义等等力量遭到了破坏。爱心常被武力取代，智慧被信息代替，财富成为幸福的同义语，地球被分裂为许多单个的利益中心。

其结果是，人的知识局限于对物质世界的认识，物质的法则被用于精神世界。这种有害的事情在我们面前比比皆是，因为我们把世界看做四分五裂的，没有精神内涵的，充满了不公正、不平等、不信任、战争、饥饿、疾病、不道德和死亡等等。目前，这个世界由于物质主义的泛滥而处在严重的病态之中。

(2)成熟的人类

上述矛盾的解决办法，不在于为人性而否定科学，而在于增加我们关于精神与神圣的知识。通过这种努力，我们就能以人类集体存在的成年阶段的思考与知识去取代盛行于人类青春期的偏激态度。在人类的成年期，将达到科学、艺术与精神等各种知识的平衡，我们的生活目标就将更加远大，我们就将能够抑制自我中心主义，能够运用人文知识去服务于人类和过一种积极的生活。为了达到成熟，就需要认识自己。

(3)自我认识

所有人求知的中心目的就是认识自己。从最完全和最深刻的形式上说，认识自己和认识上帝是一样的。这并不是说我们就是上帝或者上帝的一部分，而是说我们是富于神圣性的创造物。因此，我们若不认识自己，就不能认识上帝(虽然上帝的实质是未知的，但我们通过上帝的象征及其具体化如佛陀、基督、巴哈欧拉等获得关于上帝的某种认识。)；不认识上帝，也就不能认识自己。两者是缺一不可的。唯物论认为，人类的主要病态就是自我的异化和人与环境的异化。关于环境的知识使我们能够洞察物质世界；当我们把这种知识用于自身，则使我们获得了关于我们肉体的生理学、生物学、病理学、化学和物理方面的知识。然而，这种知识却丝毫没有揭示出人的存在的精神层面。对精神层面的认识需要联系精神的来源。由于排除了我们的精神层面，或者以非常狭隘和片面的方式去理解精神，我们就实际上成了自己的陌生者了。

一切认识都是要借助于心智(mind)的力量才能获得的。我们可以训练自己使用我们的心智，以便大大加强我们的想象力和完善我们的思维方式，改进我们认识和综合理解现实的方法，丰富我们储存和反馈信息的能力。但是，只有当我们获取知识的一切努力都与我们的爱心和意志达到和谐的统一时，这种努力才能取得最大的成就，从而创造出内在统一的条件。

2.爱

爱是把我们引向美好、团结和成长的积极力量。我们作为人类，不断地、有意无意地被吸引到那些我们认为美好的事物上去，以产生亲近、亲昵感和凝聚力，以培育我们成长与发展。但是，由于我们认为美的东西并不一定确实美好，所以我们常常也被吸引到那些不美的个人、环境和思想中去，造成了不团结并阻碍了我们的成长。因此，爱的质量总是与我们所爱对象的素质密切相关的。我举个例子，以便把这一点说得更清楚些。

(1)爱与战争

就我们迄今所知，在人类社会中总是发生着这样或那样的战争。有些战争是为了反对邪恶而不可避免的，就像邪恶的战争不可避免一样。我们通常要驱除邪恶和反对破坏性的行为。从这个角度去看，打仗是一种社会责任。当然，也总是有些人选择利用战争以获得个人的荣耀与快乐。这样的人选择战争作为他们爱的对象。他们之所以这样做，是因为他们认为战争有一种内在的美，战争是和谐的成因，战争可以加速进步。这种认识通常从战争场面的宏伟、战士们的壮烈、军服和军事装备的考究和军事战略的部署等描绘中表现出来。过去的许多文学作品都在描绘战争的宏伟和美好，也有许多是鼓吹战争的价值的，说它怎样捍卫了文化与文明，怎样团结了人民，带来了高度的和谐和凝聚了爱国精神等等。有战争癖好的人们还宣称，战争是进步与发展的动力，因为它带来了科学知识与技术的进步，加快了经济的增长，使善良战胜了邪恶等等。

确实有些事实说明，战争有其美好、团结和促进生活的一面，这就是那些有限的、正义的战争，例如历史上反对希特勒的战争。但即使是这样必要的战争，也会有许多丑陋的、不团结的和破坏性的方面。尽管这是事实，但由于人们对战争本质的曲解，今天的人类仍旧对战争有着某种偏爱。

对于一个思维健全的人来说，战争与爱是水火不相容的。至于说到战争的本质，谁能驳倒关于战争是死亡而爱是生命、战争是残忍而爱是善良、战争是分裂而爱是团结、战争是丑陋而爱是美丽、战争是停滞而爱是进步等等论断呢？

(2)爱的活力

在关于爱的所有定义中，我发现这样一个定义是最精辟的，即爱是一种积极的吸引力。我们也许会问：爱的活力是什么？爱的力量从何而来？爱的主要活力在于其创造性。爱创造了生命，哺育了生命，促进了成长与发展，创造了团结与和谐。爱的这种活力表现在人类生活的每个方面。是爱创造着家庭，哺育着孩子，使饥饿者得温饱，使病弱者得到关怀，使无家可归者得到栖息之所，为受伤者抚平创伤；爱消除陌生与偏见，带来团结与团聚。这些，仅仅是爱的活力的一部分，它们都反映出创造性。

许多人认为，爱是盲目的，它是无意中让你感觉到的。这种看法只有在爱的起始阶段才有道理。因为在那一阶段，欲望与诱惑力磨灭了理性的光辉，使我们在面对眼前的逻辑证据时，像一个没有头脑的狂人一样去行动，而这种逻辑证据又是那些未被爱的力量触动的人们提供的。然而，事实上，爱是人人都拥有的一种永恒的力量，我们必须促进它的增长与发展。爱是一种积极力量这一定义，是指它不能停滞、不能消极、不能没有方向。爱必须用活力与生活去充实，必须指导我们的行动，并且有启迪性和目的性。然而，爱并不止于一种积极的吸引力，最终决定爱的本质的不但是它的吸引力，而且还要看它吸引的对象是什么。

(3)爱与吸引力

仅仅被吸引是不够的，更重要的是我们被吸引到哪里去。健康的爱是被吸引到美好、团结和成长上去。我们确实不能充分理解美。我们想到美时，往往首先是着眼于一个人或一件事或一个思想的表面。但我们很快就开始领略美的另一面、更为深刻的一面，然后我们就看到美是所有创造物的一个内涵，这些创造物包括世界、生命和宇宙。我们意识到，无论是身外的宇宙还是我们内心的世界都是美好的、如意的、令人快乐和值得欣赏的、充实的。因为美存在于所有的创造物之中，我们必须会欣赏与领略。我们不能识别美、误以为是丑而拒绝美的例子并不鲜见。是爱帮助我们发现美和拥抱美。

在日常生活中，我们可以举出很多例子说明爱是怎样帮助我们识别美并珍惜它。我们有能力发现配偶、子女或朋友身上独特的、不为他人所具有的美。这种能力表明，美存在于观察者的眼睛里，只有我们自己才看得到。但是如果其他人也愿意站在我们的位置上来观察我们那病痛中的或其貌不扬的配偶、孩子或朋友，并且愿意了解我们的经历和我们共同的生活，了解我们同甘共苦、同舟共济的往事，了解我们怎样把彼此的生命变得有意义，那么他们就能够同我们一样看到这些亲友身上美好的东西了。因此，我们还应当记住，美不仅仅存在于观察者的眼睛里，而且也存在于观察者审美的能力之中。

团结是爱的吸引力的另一个目标。爱是通向团结的一种积极的吸引力，在所有人的身上都存在一种与他人亲昵与结合的天生欲望。生命就是从丈夫与妻子结合后的亲昵关系开始的，然后在父母与孩子的亲昵纽带中持续。当孩子长大了，有了独立意识之后，便要离开父母，要从一个团结的天堂去到一片分离的土地。从此，分离者就一直渴望再度回到亲密关系之中。于是我们就涉入爱河，创造婚姻，生育我们自己的孩子，建造城市和国家。而现在，我们正在向着创造一个团结的世界这一方向前进，这正是出自于我们内心深处对亲密与团结的渴求。

爱也是把人们吸引到成长中去的一股积极力量。爱是创造生命的一个要素，成长是生命的一个标志，并且两者是密切相关的。没有爱我们就不能成长，当我们去爱的时候，我们就成长了。成长是有痛苦的，就像爱有痛苦一样。两者都需要约束，需要抑制享受，需要摈弃自我中心意识，需要给予。在懈怠责任、一味追求享受、放纵和自私的情况下，就既不会有爱，也不会有成长。难怪，有许多人误解了爱，他们寻求那些能够让他们为所欲为和使他们纵情享受的人、思想观点和事物作为他们爱的对象。这种爱的关系一开始就是没有前途的，它并不是真正建立在爱的基础上的关系，而是建立在无知和自我中心意识基础上的关系，它们是与爱、光明磊落和胸怀宽广的本质背道而驰的。

3.意志

人类的意志是指我们在善与恶、对与错之间进行选择的自由，是决定我们生活方向与质量的自由。然而，我们的这种自由并不是绝对的。例如，我们生在什么样的家庭，或者需要睡眠，或者遇到事故与不幸，或者老之将至等等，就没有多少选择自由。我们对死亡也无法选择。我们可能行使的基本选择自由在于我们可以决定自己生活的方向和质量。

在心理治疗中，有一种否认意志作用的重要性的倾向。人们把本能、欲望、无意识、童年经历等等我们意志所不及的力量看得比意志重要得多。许多心理学派都持有这样一种观点，即人的行为是完全注定的，选择自由不过是一种愿望。另一个极端的观点则认为，人是完全自由的，从这一思想衍生出一个学派，它把行动自由看作无处不在。然而，真理存在于这两个极端之间。

举个例子也许可以帮助我们认识意志在生活中的作用。从许多方面看，生活都好像扬帆航海。要航海我们就需要船(即肉体)，要有水手(灵魂与其意志)。船必须是适于海上航行的，风给船提供动力，水手决定着航行的方向与目的地。不言而喻，有没有风不是水手决定的。同样，我们没法选择自己的出身，能获得或者不能获得什么遗传的天赋，生来具有哪些聪明才智，以及我们童年的经历等等。然而，一旦航行开始了，水手就处于控制地位，他既可以做出有根据的决定，又可能在方位不明的情况下航行。同样，我们可能以清醒和富有爱心的方式去使用我们的意志，也可能生活得愚昧、狭隘和自私。

我们的意志赋予我们行动的动机和勇气，也告诉我们怎样富有创造性。意志的征候在生命的早期就已表现出来。在人的婴幼儿时期我们就看到意志的许多表现。有的孩子拒绝吃奶；有的孩子在与他人交往中显得咄咄逼人，有的则显得消极退缩。父母们常常可以观察到孩子出生以后不同阶段在意志方面的差异。这些差异的一个重要方面是意志的表达方式不同。在早期阶段，意志在很大程度上是受本能影响和控制的；然而，随着孩子长大，做决定和做选择的能力都在增加。如果父母有意识地帮助孩子认识和发展他们的选择能力的话，情形就更是如此。

就像求知能力和爱的能力那样，人的意志既可能被滥用，又可能被创造性地用来提高我们的生活质量。我们可以选择做好事还是做坏事，我们可以选择战争或和平、爱或恨。

虽然我们有意志的自由，但我们害怕这种自由的情形并不罕见。我们可能滥用意志或放弃意志。当我们害怕作出选择时，通常都会责备别人，或是我们的邻居，或是我们所恨的人，甚至责怪上帝。我们有时以破坏性行为去滥用自己的意志，而有时又对意志弃而不用，就连该做的事也不去做了。其实，我们的大多数心理障碍都与滥用知识、爱和意志有关，或是由于它们三者不协调所致。要摆脱焦虑与紧张，其奥秘在于达到知识、爱和意志这三种能力的协调一致。只有当我们用创造性的、富有生机的、促进成长的和具有普遍意义的方式去利用三者的合力时，我们才能达到内心的宁静。这便是精神生活方式的一个要素。

总而言之，知识、爱和意志是灵魂的属性。这三种属性是密切相关的。三者和谐地发挥其功能，便是我们大家都寻求和渴望的内心安宁、恬静而又充满力量的基本前提。

知识、爱和意志有着独特的、非凡的、无限的力量。知识具有发现和表白事物的现实存在的力量。它就像太阳的作用一样。在太阳光的照耀下，每件事物的真实面目都被看得一清二楚。知识同样也给予我们发现真理的力量。爱则具有强烈的吸引力，正是这种吸引力把各种人、事物和思想凝聚到一起。其实，使物质世界发挥其功能的，也正是各部分的原子的吸引力。使家庭和社会凝聚在一起的也是吸引力。世界上的各种思想观点，也是靠吸引力而结合在一起的。吸引力是爱的力量，是使爱能够发挥其积极作用的力量。人类灵魂的第三种素质即意志，也有它自己的力量，即选择的力量、做决定的力量和行动的力量。总之，无论我们谈到求知、谈到爱还是谈到意志，都应当记住，如果它们都同时得到利用，那就终归会获得最佳的效果。

这种心理上的凝聚，在人类存在的精神王国里有着它的良好范例。人类在进化的超越过程中，达到了自觉求知的层次，学会了在善与恶之间进行选择。这时，上帝与人之间的最初关系就被一个新的阶段取代，在这个阶段中，我们的精神成长就变成了个人的责任感。这时，我们就觉悟与成熟到足以去履行对我们所作所为的责任。这种自由才是人类精神的天赋。可是，我们曾激烈地否认过这种天赋，恨不得回到无知的儿童时代，那时既无选择又无责任感可言，那时也没有人与动物的明显区别。现在，我们有了觉悟，有了知识，认识到我们是有选择的，于是我们就发现生活原本是困难的。

有人会反对说，如果有精神存在的话，为什么还有这么多人挨饿呢？但是我们还必须这样问：现在世界上有足够的食物和运送食物的办法，为什么我们还让那么多人饿死？我们也许还会问：为什么公正的上帝会允许这个世界上存在这么多疾病？但我们只能轻而易举地发问："为什么我们……？须知，是治疗还是预防疾病，力量在我们手中，因为疾病是传染所致，是工业中释放的化学物质所致，或是我们生活方式所致，营养不良和大众饥饿发生在人类的一些地方，而过分放纵和浪费的生活发生在另一些地方，这种不平衡已经不能再被人类容忍了。我们要问这样一个问题：难道我们欲求回到原始的团结状态吗？那当然是不可能的。我们不能再幼稚下去了。我们面对的挑战是进入人类的集体成熟期和创造一种精神上焕发和科学上进步的团结，这种团结是通过我们灵魂中的知识、爱和意志的力量而实现。

## 三、人关心的基本问题

人类的生活是反映独特文化的一种令人激动的画卷，它把不同的生活方式和关于人的本质及生活目的的互不相容的观点区别出来。虽然某些社区有机会获得较高水平的经济与技术发展，而另一些社区的人们具有同等的能力却不得不花费多得多的时间去从事满足生活的基本需求这一任务，但在这两种社区里，作为人而存在的个人，普遍关心的都是三个基本问题，即自我、关系和时间。

### （一）对自我的关心

自我意识是人的独特属性。正是借助于自我意识，我们才能自我完善、自我欣赏、自我觉悟、自我关注和自我否定。自我意识帮助我们根据我们关于人的本质的概念与认识去确定和强化自己是独特的存在并建立自己的生活方式。弗洛伊德的自恋理论，埃里克森的认同危机概念，以及弗兰克对生命意义的探索，都有关于人的自我意识的最初探索。

作为自我意识的表现，我们的关注总是围绕着一些关于自身的问题，例如，我累了或是休息好了，我饿了或是吃饱了，我的性欲不满足或是满足了，我的事业不成功或是成功了，我在经济上贫困或是富裕，我在智力上是弱或是强，我在艺术上是愚钝或是有天赋，等等。我们根据自己外表的吸引力，智力的聪颖，社会需求与权力，以及我们所持的道德、伦理与精神价值观来认定自己是什么人。总之，我们在与自己有关的问题上花费很多时间与精力，因为关心自我是一个基本的和普遍的现象。

### (二)对关系的关心

关注某些关系，其重要性和经常性仅次于关注自我。“人不能生活在孤岛上”，这句话是很中肯的。这是指每个人都有被他人认识、被他人欣赏和被他人理解的基本需求。我们不仅需要自我认识，而且需要被他人认识。只有当我们将自己与别人进行比较或与别人建立联系时，我们寻求身份和独特性才有意义。例如，一个已婚的妇女在某个地方介绍自己是柯里(她的儿子)的母亲；在另一个地方却是琼太太；在第三个地方则要把她自己的名字与丈夫的姓一道说出来；而在第四个地方则用她父母婚后的名字来介绍自己。她介绍时提到的所有姓名都是根据她的自我认识被用来定义她自己的，定义她生活中的主要关系，定义她的社会习俗与社会角色。

### (三)关系的类型

可以指出四种基本关系:包容、辅助、竞争、合作。

在包容型关系中，一个人的生活全部(或大部分)被包含在另一个人的生活之中。其结果是，被包容的那个人没有过独立生活或自我主导生活的自由与机会。在某些情况下，例如在婴儿时期，这种关系是非常宝贵且必需的；在另一些情况下，这种关系则被证明是不健康的，对包容和被包容的双方都是一种妨碍。

包容型关系的例子有母亲与婴儿的关系；某些婚姻关系，其中一个人(通常是妻子)的生活完全被包容在另一个人的生活之中；某些家庭关系，其中孩子的生活被包容在过分保护的父母或家庭之中，使孩子的生活受到过多照料同时也受到妨碍；还有些宗教团体或国家机构，将其成员的生活紧紧地限制在一种权威或权力范围中，也是包容型关系的例子。从这些例子中可以清楚地看到，包容型关系是一种非常原始的关系，它普遍存在，但只是在生物层次上是有用的(婴儿需要)。

辅助型关系的例子有父母与子女的关系，雇主与雇员之间的关系，师生之间的关系。在这种关系中，个人有自己特定的角色、需求和能力。在一种和谐的状态下，一个人的需求由另一个人的能力和行动来满足，其结果必然就形成一种辅助型关系。在此需要说明的是，就像包容型关系那样，辅助型关系既可能发展为一种健康的关系，也可能发展为一种不健康的关系。例如，父母、雇主或老师可能在这种关系中以他们的权力或能力优势获利；但也可能把权力和能力用于创造一种信任与成长的环境，使别人得到成熟与进步。在大多数情况下，这种成长过程都是主从型关系取代了其他关系的结果。

竞争型关系在今天是司空见惯的。这种关系的特点是双方或多方的持续斗争。在许多婚姻关系中，在工作单位和学校，在同胞兄弟姐妹之间、青少年中间、家庭内、国家、种族之间等等，都可观察到这种关系。竞争型关系是青春期的显著标志。这种关系在今天的流行，是人类朝着成熟阶段进化的证明，即人类已经度过了它的童年期而到达了青春期年龄。竞争关系是紧张的、苛求的、过分的和不能持久的。这种关系不能从始至终，它不能创造和谐与持久的效益，不能创造一种摆脱冲突的生活方式。竞争是当代的许多婚姻处于冲突与不和谐状态的主要原因之一，也是当代许多国家互相争斗，以及许多社会发生分裂与战争的根源之一。

自然而健康的相互关系发展过程包含着从竞争走向合作的进化。合作型的关系是成熟的标志，它以和谐、成熟、谦让和鼓励为特征。在这种关系中，各方都能超越自我中心意识和自我怀疑的心理，能够以自知之明和自我奉献的精神去对待对方。合作型与辅助型关系之间既有很多相似性，又有重大区别。

两者之间存在相似性，是因为它们都要求和谐、理解和各方合作的意愿。但是，处在辅助型关系中，平等对待并非总是必要的；而合作型关系中，平等则非常重要。在辅助型关系中，一方如老师、家长常常处于给予地位，而另一方（如学生、孩子）则处于索取或得到的地位；但在合作型关系中，双方必须能够并且愿意做到既给予又获得。回顾一下历史便可清楚地知道，人类总是渴望达到这种关系的。在当代世界上，许多人正在自觉地致力于达到这样的目标。

然而，现存的事实是，人类关系中仍旧充满严重问题。尽管我们尽了很大努力，我们仍然常常发现自己跟自己过不去或自己跟与之打交道的人格格不入。父母与子女各持己见，丈夫与妻子互不相让，工人与雇主不断斗争，种族与民族之间互不信任，甚至处于敌对与战争状态。不知何故，即使我们费了很多心思，也找到了动力，并尽了很大努力去运用我们所获得的知识，但仍旧不能改善我们的各种关系。失败的原因是多种多样的，但归根结底在于我们把这种关系与我们真正的自我割裂开了这一事实。一旦我们建立起了合作关系，我们就应当更多地把握自我，就应当要求具有成熟阶段的素质，就能够以合作和团结的姿态去对待彼此的关系。

### （四）对时间的关心

时间是形成我们对自我和对关系的关心的背景条件。随着时间的推移，我们走过了童年期，度过了青春期而开始了我们成年期的生活。我们意识到了自身的变化，首先是长大了，有力量了，更能干了，然后又会在体力上逐渐衰减，能力也不那么强了，但却比过去明智多了。时间赋予我们成长、学习相处、体验团结与失去亲友等等获得经验的机会。时间提醒着我们生命的起点和毕生旅程的方向。正是在时间的限度内，我们既庆贺生日又害怕过生日，同时又对死亡感到无奈与恐惧。

我们对自我的关心和对各种关系的关心通常是有意识的，而我们对时间的关心却经常是不知不觉的，从某种意义上说是深深地隐藏在无意识之中的。正因为这样，我们就往往低估了我们对时间的思考和感觉所起的作用以及这种思考和感觉对我们日常的行为和活动有何影响。时间是我们人生旅程中不可回避的因素，我们要经历婴幼儿期、青春期、成年期、老年期及死亡期几个阶段。时间总是与我们同在。

对时间的关心是我们生活中三种基本的关心。当我们处在冲突、焦虑或不满意的时候，情况就更为明显。最终我们得用最大的能力去解决这些关心的问题，这就需要我们回顾前面谈到的关于人的知识、爱和意志这三种基本素质了。人的这些素质在我们关心自我、关系和时间的情形下得到充分的表现。它们三者的统一创造着人的各种行为模式与生活方式，使我们有动力去继续人生旅程，即使这种旅程常常是困难的并且充满了痛苦。

知识、爱和意志在其范围、强度、深度和持续期限方面都是发展的，递增的和无限的。这些特征在我们生存期间一直存在，它们既可能以一种健康的、成长的、创造性的和对生活的肯定方式表现出来，也可能以一种不健康的、迟钝的、枯燥的和破坏性的方式表现出来。人的知识、爱、意志这三种重要能力的动向，无论是以积极的或消极的方式表现出来，在我们考察人对自我、关系和时间的关心时，都会最明显地观察到。这就是我们下一节要谈到的内容。

## (五)统一

你已经注意到了我对团结、和谐和统一的评价。简单地说,分裂与失调可以被理解为缺少团结、和谐或统一的最积极的价值。现在,让我们来看一看人的三种基本特征(知识、爱和意志)是怎样与人的三种关心即对自我、关系和时间的关心相统一或相结合的。

日常生活的动向往往是我们大多数人习以为常、不去认真观察的。其实,日常生活的简单过程是非常复杂和非常奥妙的。生活的每个瞬间都富有韵味和潜力;它是我们的知识、爱和意志的具体表现;它把我们的注意力引向自身、周围的世界和生活中经历的事实;它向我们提供着新的机会,又使我们为失去亲人而充满了遗憾。如果我们去认识生命的意义和追求其充实性的话,那么生命的每个瞬间都是神秘的和辉煌的。因为,为了更好地了解我们的生命是怎样进步的,我们怎样变成了现在这个样子,我们就必须考虑到生命的各个方面,包括生理、心理和精神方面。

我们的生理与心理表达了我们对安全与生存的需求,对快乐与幸福的欲望,以及为满足我们的基本需求和欲望而工作的动机。换句话说,生理和心理方面构成了前面已经谈到的人类关心的基本问题。

然而,人的精神层面,既包含了人的主要力量(MHP)即知识、爱和意志,又包含了人对主要问题的关心(PHC),即对自我、关系和时间的关心。现在,摆在我们面前的任务就是探究人的主要力量和主要关心之间的关系,看它们在健康与病态的条件下是怎样的情形,并且看它们是怎样发展的。下表对我们认识这些问题会有所帮助。

**表一**

| 人关心的主要问题 | 人的主要力量 | | |
|---|---|---|---|
| | 知识 | 爱 | 意志 |
| 自我 | 自我体验<br>自我发现<br>自我认识 | 自我专注<br>自我接纳<br>自我成长(发展) | 自我控制<br>自我信任<br>自我负责① |
| 关系 | 人们的相同性<br>人们的独特性<br>人们的一致性 | 接纳他人<br>同情他人<br>团结 | 竞争<br>合作与平等<br>Movasat② |
| 时间 | 现在<br>死亡<br>不灭 | 初级团结<br>分离<br>再度团结 | 欲望<br>抉择<br>行动 |

表一中所列出的各项都表明在三个发展阶段上的健康情况。例如,在健康条件下,人的认识能力和人对时间的关心在生活的三个主要阶段上是不相同的。在儿童时代和青春期时代,我们关于时间的知识几乎都是现在时,在后来的生活中我们才会敏锐地意识到我们的死亡,然后,在更成熟的阶段我们则开始认识灵魂不灭这一严肃问题。

---

① 每一个部分都标明有3个发展等级。例如,自我体验是认识自己的最基本等级,而自我认识则是认识过程的最高等级。

② Movasat是一个阿拉伯词,它描述的是人的关系成熟性的最高等级。在这种成熟条件下,个人将宁愿帮别人超过自己而毫无踌躇或不希望酬答。作为其存在的自然表现,Movazat与"无私"的含义相近,但又比后者含义更广些,它指对他人幸福的无私的关怀。

## 四、知识、爱、意志与关心自我的统一

### (一)知识与关心自我的统一

知识与关心自我的统一发生在自我体验、自我发现和自我认识三个阶段上。在儿童时期,我们完全是以自我为中心的;后来,我们认识的能力开始在我们自我意识的基础上发展起来。在儿童身上,自我意识起初是从自我体验开始的,它首先与我们的生理功能和对疼痛与快乐的体验相关。

后来,我们逐渐意识到我们的情绪和思想。这种逐渐增加的自我意识开始赋予孩子勇气,让他去试验和发现,进入自我发现过程。

**表二**

| 人关心的主要问题 | 人的主要力量 | | |
|---|---|---|---|
| | 知识 | 爱 | 意志 |
| 自我 | 自我体验<br>自我发现<br>自我认识 | 自我专注<br>自我接纳<br>自我成长(发展) | 自我控制<br>自我信任<br>自我负责 |

在儿童期和青春期,生理和心理层面起着非常重要的作用。但是为了让孩子有一个完善的、全面成长的人格,精神层面也需要考虑。这种统一才会达到第三阶段即最高阶段的成果,就是自我认识。正是通过自我认识,我们才会意识到作为一个人,其存在的高贵性,才开始确认我们存在的精神本质,才开始赋予我们的生活以目的和意义。如果没有自我认识,生活就会被焦躁所笼罩,就会充满了困惑、恐惧和痛苦。这就是为什么有些人没有机会去健康地和完整地发展自我认识,因而对自己、对自己存在的意义及其生活的目的都感到困惑不解。没有对这些重要问题的认识,我们就会感到焦虑不安、痛苦,心理上和身体上都不健康。知识的混乱和不健康状态之间的联系就是痛苦,它既是身体上的,又是心理和精神上的。因此,痛苦是一种症状,它说明我们需要增加自我认识。然而,自我认识并不是在真空里发生的,而是需要同别人打交道,并且愿意减少自我中心意识和多给予别人。所以,真正自我认识的发展只能是在与别人发生交往之中,而不是在闭塞和孤立的状态中进行。

### (二)爱与关心自我的统一

**表三**

| 人关心的主要问题 | 人的主要力量 | | |
|---|---|---|---|
| | 知识 | 爱 | 意志 |
| 自我 | 自我体验<br>自我发现<br>自我认识 | 自我专注<br>自我接纳<br>自我成长(发展) | 自我控制<br>自我信任<br>自我负责 |

爱与自我的关系，其最初阶段是自我专注，接着是自我接纳，最后是自我成长。自我专注是儿童期的天性。儿童开始其生活时，天生是自私的，只知道自己的利益。这种类型的爱基本上是与儿童认为自己软弱、依赖，认为自己既面临危险又无所不能这种幼稚本性密切相关的。但这种状态并不总是能够随着孩子长大而自动消失。我们发现，有些成年人自我专注和关心自我利益的程度更甚，他们对自我的认识与儿童相差无几。

在健康的情况下，大多数人会从自我专注向自我接纳层次进步，后者要求情绪和智慧的成熟性达到较高水平。在这个水平上，我们认识到自我既可被自己接纳，又可被他人接纳。我们学会更加现实地看待自己的能力、判断、责任，并学会认识别人身上的同样一些素质。正是在这一发展阶段，许多人决定接受一种常规和有组织的生活方式并开始创造一种较小型的、同源的和显得安全可靠的生活圈子，包括亲属、朋友和熟人。但在这种情况下，个人的创造性、好奇心和对新知识领域和新经验的热爱却有可能被牺牲掉，以便去满足他们所创造的这个小圈子的安全需求。许多人一辈子都生活在这种状态下，于是又借助于毒品、酒精饮料来麻醉自己，或者沉湎于一些小事，热衷于物质的东西，并不时地通过感官的和肉体的纵欲获得些微激情。

另一些人发现这种生活方式是没有意义的。他们感到痛苦，或是去寻求进一步的成长过程，或是变得郁郁寡欢和萎靡不振。一种健康的自爱要求以一种完整与全面的方式成长。一个人需要身体上的成长因而保持健康，需要智力上的成长因而获得知识与信息，需要情感上的成长因而有足够的能力去面对生活中的幸福与不幸，需要精神上的成长因而使生活变得富有意义、创造性和启迪性。这样一种成长过程是要求很高并伴随着痛苦的。当我们达到成熟阶段时，当我们踏上了这一旅程时，我们的自我成长过程就开始了。

### （三）意志与关心自我的统一

**表四**

| 人关心的主要问题 | 人的主要力量 | | |
|---|---|---|---|
| | 知识 | 爱 | 意志 |
| 自我 | 自我体验<br>自我发现<br>自我认识 | 自我专注<br>自我接纳<br>自我成长（发展） | 自我控制<br>自我信任<br>自我负责 |

人的意志首先表现在自我控制上，然后表现在自我信任上。随着人的成熟，意志最终以深刻的自我责任感表现出来。虽然这些素质从儿童时期就有某种程度的表现，但其最发达的时候是我们的意志达到发展与成长之后。

如果我们考察一下从儿童期开始意志是怎样发展的，就可以清楚地看出它的成长轨迹。儿童任性，拒绝别人的意见与帮助，有时对什么东西感兴趣，有时又对它不屑一顾，以此显示他们具有某种能力，而且这种能力是他们独有的。这种能力即人的意志，它必须经过几个成长阶段才能变为成熟与健康的工具，去满足人在生活中对成功这一目标的追求。在健康的条件下，儿童逐渐学会了使用其意志来进行自我控制。起初，这种自我控制是表现在儿童的生物——生理功能方面，例如大小便的控制，走路的控制，动作的协调等等。这种自我控制的初级形式逐渐扩展到情绪、交往和理智上的自我控制。正是通过这一过程，个人才学会成为一个“文明”即有教养的社会成员。

这一教养过程可能是相当令人痛苦的，尤其是在个人的欲望、需求和目的与社会的需求和目标发生矛盾的情况及环境中，教养过程就尤其令人痛苦。这种矛盾的局面经常导致愤怒、挫折感、生气，甚至导致暴力行为。但是，在健康的情况下，个人不仅能够达到某种程度的自我控制，并且能够开始获得自信心。健康的个人是以自信心来控制和指导其行动的，因此就能够发展这些独特的品性。这些品性使他们成为令人喜欢的、具有魅力的个人。而缺少自信心的人往往低估自己的能力和过高估计自己的缺点。这种人生活在屈辱、忧虑、孤立和不满的状态中。他们常去寻求心理咨询或治疗。其实，他们诉说的一大堆病症无非是表明他们缺乏自信心。另一方面，自信心也可能被人滥用，使人变得骄傲自大，不识时务。这是不成熟的品性，是幼稚的人格属性，对个人生活及人际关系均会造成危害。

自我与意志的健康结合要求自信最终带来自我负责的品质。达到这个层次的人，将以对个人和对他人的高度责任感和义务感去生活和行事，其核心是维护自己及他人的尊严和完美。在当今社会中，许多人逃避责任，寻找一切借口来为自己不应有的行为进行开脱。这一点在人的思想、感情和行为中表现得再突出不过了。逃避责任感的倾向，证明了人的动物性及仅仅受其生物本能支配的一面。很多人都研究了这种现象。最终，除了残疾的人之外，所有个人都必须接受这一事实，即个人要为自己的行动负责。

我们用两个例子来说明这一点。这两个例子表明，如果自我的发展不是在与人的知识、爱和意志完全统一的情况下进行的，那就将出现不健康的状态。

个案1：威廉的故事

威廉，一个26岁的男子，与比他大10岁的一位女士结了婚。他对妻子的恼怒与怨恨感到无所适从。妻子认为他是一个以自我为中心的、怯懦的和在生活中不负任何责任的人。威廉受过大学教育，从事计算机编程的工作。他在工作中和从事运动方面是自信而负责的。除了其职业之外，他的大部分时间都花在锻炼身体上了。他在体育活动及锻炼中结识了许多男男女女的朋友，这些朋友很赞赏他的体格和他“潇洒”的为人。当问到他与他妻子最不一致的方面是什么时，他陈述说，他希望过一种轻松的生活，他不想读书，也不喜欢去思考诸如什么是抚养孩子的正确方法之类的沉重问题。他说，他没看出他对待两个孩子的方法有什么不好。他晚上花费许多时间与孩子们玩耍，他觉得与孩子们玩游戏时孩子受点伤哭起来也没什么不正常。他不明白为什么他的妻子对他花费一些时间去锻炼身体感到那么生气。他觉得，身体健康是非常重要的。他还说，他认识的很多女人都赞赏他的体格。他补充说，他不接受妻子关于他不负责任的批评，因为他觉得，妻子应当承担照料孩子、操持家务和理财的责任，而他应当工作和从事体育活动。

他的妻子是一位专业记者，全日工作。她是以比丈夫更全面、更成熟的观点来看待这些问题的。在他们的分歧暴露不久，威廉就同一个21岁的姑娘有了“潇洒”的婚外情，因为这位姑娘“同意”威廉的人生哲学。

这是一个典型的事例，说明一个人关于自我的知识主要是建立在对身体发展的认识上的；他是以一种自我专注和及时行乐的方式来表现对自己的爱；他的责任意识只存在于其职业范围内，尚未得到充分发展。威廉的自我中心意识和对自己及其能力的狭隘看法归因于他对生活方式的选择，这妨碍了他进一步成长、成熟和发展较高层次的自我意识、自我认知，也妨碍了他去建立与别人的持久而亲密的关系。像威廉这样的个人，通常只追求短期的物质目标，这往往导致错误的幻想，因而总是不满足。这样的个人通常是以自我放纵的方式与他人相处，因而只能短时间地与他人一起生活。

个案 2：罗珊娜

罗珊娜是受过高等教育和有良好教养的人，但却非常不快乐，因她常对自己的智力感到迷茫和怀疑。她很难接受自己并且总是自责和自暴自弃。她非常缺乏自信心。

罗珊娜的问题，清楚地反映了自我认识、自爱和自我意志发展方面的严重失调。她在自我认识方面的困难非常大，以至她回避一切自我发现和增加自我意识的机会，包括在她的主要专业文学、诗歌与写作方面的机会。她还觉得自己不可爱，极其担心她与别人的关系。由于她总是持有自责的态度，她与别人的关系自然就不可能满意。虽然她工作非常努力和投入，但却无法发挥她的潜力，因为她缺少自信心。对她的治疗集中于帮助她培养自我认识、自爱和自我负责的素质。

经过一年的心理治疗后，罗珊娜在这些方面都表现出明显的变化。她逐渐提高了自我认识水平，开始以肯定的方式来评价自己，不再犹豫去表现自己是一个有知识和有能力的人。她开始写作、发表作品和在大学里任教。她的自我接纳能力也增加了，开始了痛苦的但却是有成效的自我成长过程。几年之后，她在生活中发生了如此巨大的变化，以致很难想象她在过去 40 年里曾过着一种狭隘的、无用武之地的和停滞不前的生活。

## 五、知识、爱、意志与关心关系的统一

### （一）知识与关心关系的统一

**表五**

| 人关心的主要问题 | 人的主要力量 | | |
|---|---|---|---|
| | 知识 | 爱 | 意志 |
| 关系 | 人们的相同性<br>人们的独特性<br>人们的一致性 | 接纳他人<br>同情他人<br>团结 | 竞争<br>合作与平等<br>关怀他人 |

在关心自我之后，便是人对与他人关系的关心。同样，这些关心更具体地在人的知识、爱、意志等属性范围内表现出来。我们的认识能力与我们对他人关系的关心决定了我们怎样看待他人。

我们在孩童时期，原本把他人看成是与我们自己一样的，因此我们竭力仿效别人。这种追求“一样”带来了安全感和归属感。符合逻辑的原因是，因为我们都一样，感觉一样，想的一样，愿望也一样，因此我们就能被别人接纳和喜欢。虽然这种对一样的兴趣是儿童和青春期的自然属性，但这种兴趣却不仅仅限于儿童和青春期的年龄。许多成年人也试图仿效别人，希望自己更多地被别人接纳。然而，盲目仿效不仅不能达到被别人接纳的目的，而且会在仿效过程中失去自己的独特性和个性。随着我们的成熟，我们就逐渐懂得欣赏每个人的独特性了。

事实上，所有的人生来都是独特的。没有任何两个人有完全相同的特征（当然，双胞胎在遗传上是一样的。然而，他们出生的时间、条件及他们日后的成长环境，不可能完全一样。），就像没有任何

两个雪片落下来是一样的。这种多样性是创造力的无限丰富性的证明。这是我们所创造出来的世界无限美好的源泉之一。不应当认为这币种独特性就是完善的。独特性最终应当以同他人的一致性来加以补充，这样，孤独与疏远感就没有立锥之地了。

在西方世界，如此普遍地过分强调个体主义，把每个人的独特性突出出来。但是这种独特性被置于竞争的环境之中，那种环境充满了互不信任与孤独感。与此不同的是，关于人的完整性概念指出这样一个事实，即人是独特的，又有一致性。他们在个性上是独特的，但在人性上是一致的。在不健康的环境中，人们不被视为独特的，而被视为低一等的、不好的或不正常的。这种态度就导致了恐惧与偏见的蔓延。这样的观点当然是不利于个人健康成长的。在这样一种环境中，要体验和承认所有人的一致性便成为不可能的事。

从上述简要的描述中可以清楚地知道，当前许多社会问题的根源就在于缺乏关于自己和关于他人的真正的知识，以及对相同性、独特性和一致性的演变动态无知。相同性、独特性与一致性，正是对人的关系进行思考的要点。在相同性的层次上，我们有着相互同情；而独特性使我们能够客观地、现实地对待每个人的具体情况；最后，通过认识所有人的一致性，我们就具有了团结与合作的能力。

### （二）爱与关心关系的统一

**表六**

| 人关心的主要问题 | 人的主要力量 | | |
|---|---|---|---|
| | 知识 | 爱 | 意志 |
| 关系 | 人们的相同性<br>人们的独特性<br>人们的一致性 | 接纳他人<br>同情他人<br>团结 | 竞争<br>合作与平等<br>关怀他人 |

我们爱别人是以接纳、同情和团结为特征的。每个孩子遇到的第一个挑战便是能不能以信任和信心去接纳他人。这是爱别人的开始。儿童是通过体验父母的接纳而学习这样做的。自我接纳的态度发展得非常缓慢，但肯定是通过被进入其生活的他人接纳而学到的。如我们所知，接纳他人显然不是一件容易做到的事，它在我们一生中都是一种挑战。不接纳与不宽容的例子在世界上所有的社会都屡见不鲜，它是人与人之间不信任和猜疑的根源，也是种族之间、各宗教团体之间、民族之间或其他形式的社会偏见的根源。

从一个层次上看，这种不信任和猜疑属于自我失调；从另一个层次上看，社会偏见是社会失调的表现。只有当个人发展到能同情他人时，接纳别人才有可能。这是爱的关系发展的第二个阶段。在这个阶段，一个人意识到别人与自己的相同性，又意识到别人的独特性，因此就能够对别人的喜怒哀乐产生同感。我们发现，许多人际关系问题的核心都是不能像看待我们自己那样看待别人，即不能认为别人也是高贵与善良的。

在健康与全面的成长中，我们对别人的爱不仅仅是接纳和同情，而且还有实现与欣赏人与人的团结一致。对团结一致的体验使我们能够完全理解别人，体察他们的希望与失望，对他们的需求和处境作出反应，并准备提供帮助和作出必要的自我牺牲。这种关系就好像人体的各个器官和局部之间的关系。人的身体只有在其各个组成部分处于完全和谐一致的情况下才能健康地发挥功能。一致性的情况也是如此。爱别人的最高层次是承认和无条件地接受所有人的一致性。

### (三)意志与关心关系的统一

表七

| 人关心的主要问题 | 人的主要力量 | | |
|---|---|---|---|
| | 知识 | 爱 | 意志 |
| 关系 | 人们的相同性<br>人们的独特性<br>人们的一致性 | 接纳他人<br>同情他人<br>团结 | 竞争<br>合作与平等<br>关怀他人 |

人的意志作用最明显地反映在与他人的关系之中。起初,人与人的关系在本性上是竞争型的。儿童通常在与他人的关系中以自己和他人的攀比并努力超过别人来显示他的意志。这种倾向当然是源于儿童缺乏自信和感到自己无能。竞争行为是儿童和青少年期的标记。而且,这种痕迹在成年人身上也常常可以看到。尤其是今天,当人类集体进入青春期的最后阶段时,情况就更是如此。

在健康的环境中,竞争会逐渐让位于合作与平等。正是人的意志力量帮助一个有合作精神的人以有效的方式与他人交流并服务于他人。当前许多婚姻问题和人际关系的困难,都是由于人们不愿意、有时是不能够用和谐与合作的方式去进行交流与沟通所致。对个体主义的鼓吹极大地削弱了人们建立合作关系的能力。为了发展我们合作的能力,我们必须从个体主义走向团结,摈弃竞争型的关系。

合作与平等虽然是成熟的标志,但它还不是在人际关系中健康地利用人的意志的最高阶段。人际关系的最高阶段是精神和谐的阶段。精神上和谐的个人不仅能以合作和平等的方式与人相处,而且能够并愿意让别人超过自己(即关怀他人)。这种甘为人梯或关怀他人的品质,在现代竞争的社会中乍看起来是不现实的;但是,人类发展的大方向是更高程度的成熟、平等与团结,这一切都是鼓励关怀他人的。

为了说明上述观点,我将介绍两个案例,它们可以清楚地表明,人际关系发展的关键问题是与人的知识、爱及意志密切相关的。

个案1:布鲁诺

布鲁诺诉说了他在驻扎日本的美国军队中服役时的恐惧与苦恼。那时他感到相当孤独与寂寞,想念家人和朋友。他回顾在日本的经历时说:“最让人心烦的事是在东京街上行走和看到所有那些陌生的外国人,那些日本人!”在此,布鲁诺说出了个人的观点,即他看到的是格格不入而不是相似,是陌生而不是独特,是分离而不是团结。在布鲁诺的个案中,我们遇到的是缺乏对人际关系的全面关心,缺少对人的高贵存在的理解与认识。并且,这种缺乏来源于他不能无条件地接纳别人,使他非常难以同情别人。其结果是他感到寂寞、孤独,当然也就不能团结别人了。为了帮助布鲁诺,我们不得不从了解他的儿童时代开始。他是一个意大利移民的儿子,他曾饱尝过被人排斥和被嘲笑的滋味。后来,他在一种与别人分离的环境中成长。他看到的别人对他来说都是陌生的。他没有学会信任别人。现在他在治疗中必须这么做。首先要接纳他自己，然后要接纳别人。这一过程整整用了好几年的时间才告完成。

个案 2:彼得与帕特丽莎

当我问及彼得和帕特丽莎，为什么他们如此突然地和粗暴地分居，造成他们自己和孩子这么多困惑、痛苦和不幸。他们作了如下回顾。

他们结婚 15 年了，在结婚的头三年，他们过的就是一种分离的生活，不过是住在一个屋顶下罢了。他们保有其职业，有分开的银行账户，平等分担家庭的开销，平均分配所有涉及他们共同生活的责任。

然后，彼得决定回到大学去读博士学位。在这一决定之后的好几年里，帕特丽莎都非常生气和怨恨，因为她要独自承担一切家务和照料在彼得读博士学位期间生的两个孩子。她觉得被欺骗、被忽视，得不到爱。而彼得却觉得极其为难，因为他既要读学位，还要“为家庭”而工作。当他读完了他的博士学位后，又轮到帕特丽莎回到学校去读硕士学位了。这时彼得对加在他肩上的额外负担感到愤怒。他们各自都默默地、也许是无意地在心中记录着谁做了什么、谁牺牲得多、谁给予得多、谁表现出的爱和关心多些，等等。

当帕特丽莎读完她的学位时，双方都同样觉得怨恨和被怠慢了。双方在其关系的各方面都处于竞争状态。他们看不到在婚姻中有什么真正的平等与合作，他们对关怀他人的观点完全陌生。他们的关系变得再不能维持了，因为他们的竞争日益加剧和矛盾越来越深，因为他们无意去认识真诚的合作和服务对彼此有什么好处。他们的解决办法是分居，而这种做法又将极大地减少他们达到高度合作的机会，妨碍家庭内的、并有孩子参与的团结。

其实，在家庭里，父母是能够逐渐超越彼此关系的竞争阶段而走向相互合作的。在这样的父母面前，孩子比较容易与兄弟姐妹相处和度过其青春躁动期。此外，善于合作的父母，不但能齐心养育与教育子女和加速其个人及婚姻的发展，并且有更多的机会获得关怀他人的品质，往往会更加注重彼此的和谐成长。但是对彼得和帕特丽莎来说，这是不可能的。他们知道怎样竞争和怎样合作，但是他们并不认为在相互关系中可能做到毫无怨言地把他人的需求放在自己的需求之上。在他们对生活和彼此关系的看法中，不存在关怀他人这回事。

## 六、知识、爱、意志与关心时间的统一

### (一)知识与关心时间的统一

表八

| 人关心的主要问题 | 人的主要力量 | | |
|---|---|---|---|
| | 知识 | 爱 | 意志 |
| 时间 | 现在(此时此地)<br>灭亡<br>不灭 | 初级团结<br>分离<br>再度团结 | 欲望<br>抉择<br>行动 |

在我们对生活及其目的的认识中，时间起着极其重要的作用。对时间的关心表现在三方面：一是关心现在，二是关心死亡，三是关心怎样不灭。在儿童时期，我们主要关心的是现在。由于儿童的自我中心意识、需求、软弱性，他们非常关心眼前的生活条件，通常不去想将来和过去，除非他们被迫这样做。第一次同母亲分离的经历才迫使儿童去回忆过去团聚的时光，又迫使他们去想象将来的再团聚。

正是这种对过去和对将来的意识，给儿童既带来忧虑，又带来希望。如果分离是突然的、坎坷的、长期的，则可能导致孩子的恐惧甚至惊慌，使孩子对后来所有的分离和丧失亲人都非常敏感。我们在许多心理失调的个案中都可以发现这种创伤的深层根源。

与爱的对象逐渐分离的自然而健康的情况是认识到所有的关系都是暂时性的。其实，生命也是暂时性的。换句话说，我们会逐渐意识到死亡。这种意识造成了许多焦虑。这种焦虑感深深地印入我们的无意识之中，而从我们的意识中隐去了。尽管我们尽力不去想到死，但我们仍不能回避人要死亡这一事实。我们别无选择，只能面对我们对死的恐惧。正是这种关于死亡的意识造成了当代唯物的人们最大的担忧。

在对精神生活方式的认识中，对现在的意识和对死亡的恐惧被“不灭”的意识取代，即认为精神的存在是不灭的。正是这种认识减少了我们对死的恐惧，并使我们更为现实地更为成熟地去对待分离和失去亲人。根据“不灭”的观点，过去、现在和将来结合为一种时间太少、机会难得与时间紧迫的意识。意识到其存在永不会死灭的人，才可能成为生活舞台上更积极的创造者和演员，并且能够以更充分的责任感和乐趣去安排他们的生命旅程。

### (二)爱与关心时间的统一

表九

| 人关心的主要问题 | 人的主要力量 | | |
|---|---|---|---|
| | 知识 | 爱 | 意志 |
| 时间 | 现在(此时此地)<br>灭亡<br>不灭 | 初级团结<br>分离<br>再度团结 | 欲望<br>抉择<br>行动 |

就像人生的其他方面一样，爱在其本质上也是发展的，因此与时间的流逝密切相关。在婴幼儿期，爱是孩子与母亲之间的纽带，是一种尚未面临分离的团结。它是初级的团结，是一个独立的时间段。由于时间在我们的生活中表现出来，这一初级的团结就会面临着生活的变化与机会，于是我们开始经历与我们爱的对象分离。这种分离是痛苦的甚至可能会带来创伤，但是这种分离是总在发生并且必不可免的。它给我们提供了自我发现、自我接纳、成长、获得同情、认识我们自己和他人的独特性的机会。

对许多人来说，分离阶段是非常可怕的，尤其是当分离是发生在被遗弃或死亡的情况下，恐惧感就特别强烈。通常，分离阶段是暂时的，爱在另一种团结的形式中再度得到表现，这另一种团结被我们分离的体验强化了，成为我们由于分裂而学习到的关于自我的一种知识。我们体验到再度团结的快乐，并且从更成熟的再度团结中受益，学会了各种形式的爱，例如我们自己与孩子之间的爱，与配偶之间的爱和与其他人之间的爱。

### （三）意志与关心时间的统一

为了认识意志的发展阶段，我们必须强调人的欲望、抉择和行动这三种属性。这三种属性是意志在我们生活中的作用发展的三个不同阶段。在儿童期，人是通过欲望和需求来表达意志的，这种欲望和需求是迫不及待和必须马上得到满足的。

**表十**

| 人关心的主要问题 | 人的主要力量 | | |
|---|---|---|---|
| | 知识 | 爱 | 意志 |
| 时间 | 现在（此时此地）<br>灭亡<br>不灭 | 初级团结<br>分离<br>再度团结 | 欲望<br>抉择<br>行动 |

社会上蔓延的及时行乐的欲望，就是许多人的意志未能达到成熟的成长阶段的明显例证。这种及时行乐的欲望也表明当前许多人对生活的目的和意义持有的态度。这种态度说明某些人的唯一目的就是自寻快乐，满足欲望，回避一切痛苦与不幸。尽管有这样的欲望，但随着时间的推移，在健康的情况下，人的意志终究会超越欲望。我们开始作出抉择，包括推迟享受，甚至完全忘记享乐。人对意志的成熟的使用是人进步与发展的核心。

最终必须做出抉择并付诸行动。正是人的行动，不仅满足人的欲望并且给其存在带来人类知识与爱的成果。欲望、抉择和行动的关系就是这样发展的。在人格发展的最早阶段，欲望是压倒一切的和不可遏止的，而个人抉择和行动的能力是有限的。然而，随着人的成熟，其抉择与行动能力增加了。随着时间推移，加之知识与爱的增加，成熟的个人是愿意并能够在欲望之中进行选择的，只把那些有助于增进生活与关系质量的欲望付诸行动。

人在时间方面的体验是不容易认识清楚的。下面的个案研究包含了死亡、爱、欲望、抉择、行动以及它们在人的生活中所起的作用。

个案 1：特莫斯

在过去两年里，特莫斯一直沉浸在对死亡的思虑之中。实际上，他非常害怕死亡。他现在 38 岁。直到 5 年之前，他甚至都没有想到过“令人压抑的和不能接受的死亡这回事”。他和他的妻子及 8 岁的独生孩子赫塞尔，无忧无虑地生活在现在这一时间段内。他们很少想到将来。他们在经济上是宽裕的，又有满意的职业。但是后来，他们的女儿患了白血病。这件事带给他们无限的恐惧与烦恼，其结果，使特莫斯变得极度恐惧、恼怒和伤心。

幸运的是，赫塞尔对治疗癌症的反应相当不错，于是病情开始好转。当他的女儿和妻子对情况的好转感到松了口气时，特莫斯仍旧感到担心，觉得非常恐惧和焦虑，以致都不再能思考他的日常生活问题了。他面对着死亡这一难题，对死的惧怕开始缠绕着他，使他无法摆脱。颇有意思的是，当他的女儿病情好转到已无须治疗的程度时，他本人的恐惧感却更加严重了。

特莫斯的情况说明了时间意识在一个人的生活中出现的过程及其作用。在他的孩子生病以前，特莫斯实际上对时间是漠不关心的。对他来说，时间就是现时不连贯的瞬间。他在生活中不大在意时间的流逝和将来的事情。这种对待时间的态度是轻松的，因为他的大多数基本需求如衣、食、住、安全、工作、闲暇和伴侣，都得到了满足。

在这种情况下，一个人忽视时间推移的冒险性就变得明显了。因此，需要意识到一个人在生命周期内的存在是有过去、现在及将来的。女儿的病迫使特莫斯去考虑死亡的问题。但是他未能超越他对死亡的最初恐惧心理，其结果是，他的强烈恐惧感未能唤起他的觉悟。正是在治疗过程中，关于人的存在是不灭的这个问题才被他探究和理解。这个过程的第一步是对她女儿即将死亡的可能性作出反应。

对他说来，要想象一个存在的人不存在了是难以置信的，而他又不得不回答女儿提出的关于死的问题。赫塞尔想知道死和死后怎样，特莫斯及其妻子并不知道怎样回答她的问题，于是开始搜寻答案。正是在这一过程中，他们体验了一种意识，很像前面关于卡罗尔和道恩的个案中所描述的那样。

个案 2：乔斯汀

说明初级团结与再度团结过程的一个戏剧性故事发生在乔斯汀身上。这是一个 5 岁的男孩。他曾努力寻找杀死自己的工具，为的是同他已断气的母亲再度团结。他的母亲到医院去生孩子，但在生产过程中死亡了，再也没有回家。这个孩子处于迷茫与震惊之中。他要找他的母亲。当他得知母亲“去到天堂”时，他渴望以自己的死去与母亲团聚。

乔斯汀总是与母亲在一起的，母亲是他最先爱和团结的对象，是他赖以去认识其他关系，包括自己与自己的关系的意义和重要性的第一个人。儿童在度过其童年期与青春期之后，逐渐地发展了独立地看待自己与父母之间关系的能力，并最终认识到自己与父母分离是可能的。不过，对乔斯汀来说，其独立与分离过程因母亲的突然去世和永远不再回来而打乱了。在他看来，要同“住在天堂”（他这样说）的母亲团聚的唯一办法就是死去。为了给这样一个小孩提供治疗，就需要强化一条爱的纽带，即在这个孩子与另一个或另几个成年人之间建立一种关系，让他能够度过因失去母亲而伤心的阶段，并让他较好地懂得死亡的意义和本质。

在我对那些面临自己的死亡或父母、同胞兄弟姐妹及其他亲人死亡的孩子们进行心理帮助的工作中，我采用了前面所谈到的胎儿出世前后的类比法来帮助孩子们理解死亡的概念及生与死的关系。这种类比法是非常有说服力的，因为每个人都可根据自己成长与成熟的水平去理解这样的概念。此外，关于胎儿出世前后的类比法还可以针对人的不同年龄、智力情况和感受能力去作或略或详的解释。

个案 3：苏珊和约翰

爱的发展在某个时间段内的失调，在婚姻关系中也很常见。在门诊治疗中，我们遇到许多夫妇，他们情绪激动地谈起其爱情关系的失败。他们谈到的一个突出问题就是一方或双方变得非常专注于自我，或过分专注于孩子，后来便越来越少地在婚姻关系中投入时间和精力。这种关系性质上的变化，常被认为是婚姻中的承诺感与爱情枯萎的征候。其实，这不过是爱情发展到中期阶段（即分离或独立阶段）的现象。同样的动态分析也适用于认识青春期少男少女与其家庭的分离过程。这时候，初级团结行将结束而要开辟一条新的途径去重新建立与父母之间的关系。这时正处在高一层次的成熟期，即再度团结期。苏珊和约翰在他们爱的关系发展过程中就几经周折。

他们来找我，是因为其婚姻遇到了严重的危机。约翰时不时地有婚外恋，他对其婚姻已失去信心。后来他决定离开苏珊去与他的女朋友生活在一起。这一搬出去的突然决定使苏珊非常愤怒和震惊，她似乎直到他们分开前的几个月都完全没有意识到发生了什么事。

这对夫妻在他们十几岁时就认识了。当时他们都离开了家，很没有安全感，因而需要有什么人来减轻他们的畏惧和迷惑。在这样的情况下，他们相互接近了。约翰实际上从来没有单独生活过，他害怕孤单。同样，苏珊当时很缺乏安全感，特别是因为她来自一个非常不稳定的家庭。于是他们双双“坠入爱河”。这种爱的意义主要是满足某种基本需求：依存、陪伴，最主要的是需要有一个人来帮助找到自我感觉，给予他们一种价值体验，并使他们意识到自己真的被别人喜欢和爱抚。而这种对情感的强烈需求和他们在某种程度上能够满足彼此的某种需求这一事实，成了婚姻的主要动机。

几年过去了，他们的婚姻陷入了平淡无奇的日常生活之中：上班，家务，为事业打基础，等等。他们没有孩子。进一步的考察发现，约翰很不能忍受挫折，他有很强的及时寻乐的欲望。苏珊的主要性格特征是她太需要安全感。于是她全神贯注于确保双方经济上和职业上的万无一失。她对丈夫很是不满，因为约翰不能够保有其职业。他经常失去工作，因为他不能够也不愿意正视其工作单位那种苛求的和问题复杂的环境。

进一步分析他们的婚姻可以看出，当初他们之间那种强烈的吸引力不过是出于双方对陪伴的需要和为了逃避对孤单的恐惧感而已。但是，一旦他们结了婚，他们对伴侣的需求和排遣孤单感的需求就告满足。此时各自又有了新的需求，这些需求就不再是共同的了。其实，他们即使住在一起的时候，仍然过的是两种不同的生活。在这些年里，他们竭力回避会使他们痛苦的事实。后来，当苏珊竭力寻求安全感时，约翰却在追求及时行乐。在对他们进行治疗的第一次谈话中，约翰就声称，迄今为止，他觉得最令人快乐的生活方式是一种“连续的一夫一妻”，意思是说他宁愿与一个能够满足他需要的女人建立一种短暂而热烈的关系；当这种关系变化之后，他又可以同另一个能够满足他需求的女人建立一种新的关系。

在这对夫妻几年的婚姻生活中，完全没有成长的概念。只是在治疗的过程中，随着他们爱情关系的发展过程的进步，他们才意识到他们缺少成长的概念。

个案 4：朱丽雅娜

朱丽雅娜是一个非常聪明的 19 岁的女士。她说：“我不能完成自己计划要做的事。”她接着说，尽管她非常希望并真心真意地决定继续她的学业，完成她在家里的计划，履行她尚未履行完的责任，但是当她进入行动时，就总是半途而废，一事无成。这样的情形持续了很久。她通常能够回避那放纵她的父母对她的批评。但是，她逐渐地意识到时光的流逝，看到她自己的所成与同龄人的成就之间的悬殊差距。这使她感到惊慌并促使她来寻求心理治疗。

朱丽雅娜不过是一个典型的例子。我们常常可以在自己和我们所接近的人身上看到严重程度不同的类似问题。这种矛盾的关键在于意志失调。它反映在这样一个事实上，即一个人希望成为积极而富有成果的人，也常常下决心去付诸行动，但却不能如愿以偿。朱丽雅娜在其治疗过程中也表现出了这种意志的失调。她在三次交谈之后中断了她的治疗，因为她决定去休假，并搬到离新交的一位男朋友近一些的地方去住。她还有些周密细致的学业计划，但没有一个不是停留在愿望上。

朱丽雅娜又一次未能完成任务。这次的任务是心理治疗，原本是为了帮助她克服不能以健康方式使用她的意志这一缺点的。有人也许会问：这样的人最终会有什么样的结局？尽管预言一个人的结局既是不可能的，也是不适当的，但评估一些临床个案的倾向性问题却是必要的和有认识价值的。我对这类个案的临床研究，表明了两种可能的结局。一些当事人的问题在于不能健康地使用其意志，持续地过着一种缺少目的或缺少创造性的生活，这样的人通常感到不满、无聊、依赖他人、害怕承担责任。另一些人则过着一种没有决心和无目的的生活，直到生活中遇到某种危机需要他们做出反应时，他们才猛然发现自己具有改变的潜力，于是开始使用他们的知识、爱和意志等力量去克服生活中的危机和面对生活的挑战。这种发现可能是得益于治疗也可能与治疗无关，但无论如何，这种发现能够使一个人发生相当大的改变，这种改变通常具有积极的性质。

在前面的章节中，我谈到了知识、爱、意志和对自己、他人及时间的关心之间存在某种关系。我们的生活是随着知识、爱和意志的增长而不断进步与进化的过程。许多心理失调现象都发生在这一过程遇到或即将遇到障碍之时。因此，对各种心理失调的诊断，不仅仅要通过其症状去看，而且要看表现出来和未表现出来的苗头，还要看是否在知识、爱和意志方面有一项或两项失调。

# 第四章 当事不遂心的时候

## 一、关于生活目的与心理治疗过程

生活有一个目的吗？这是普天下的问题。对此问题可以有一个或多个答案。人们所说的生活目的，可能是爱、自由、公正、幸福、权力、成功或任何其他的目的。许多人认为所有的生活目的都不外乎吃和住，爱家庭和朋友或被爱，一个又有意义又挣钱多的职业，日子过得好又没有疾病或死亡，等等。但也有的人选择某种特定目的，例如知识、服务、成长或创造。大多数人通常不花很多时间去思考他们的生活目的。甚至当这个问题被提出来时，他们不是张口结舌就是困惑不解，或者索性就认为这个问题与他们不相干。

无论我们对生活目的持什么态度，我们生活中都总是会遇到各种挑战、困难和机会。我们作为人类，一个基本的属性就是我们是有意识的。正是我们的自我意识迫使我们关心自己，关心自己的关系，关心生命的流逝。这是基本的关心。换句话说，因为我们活着并且有意识，我们除了思考生活目的这个问题之外别无选择。甚至当我们试图逃避这个问题的时候，这个问题还是来困扰我们，要我们注意它。

在许多年里，我观察到相当一部分人，他们来治精神病或寻求心理咨询，抑或是医学的帮助。他们之所以来，是因为他们对自己生活的某些重要方面感到不满或者迷茫。人们通常到一个专业保健人员那里去诉说诸如抑郁、焦虑、身体不适、家庭与婚姻问题，寂寞孤单、与人相处困难、性问题、法律问题、吸毒和酗酒问题，以及各种恐惧症、强迫症和某种怪癖。有些人对生活毫无兴趣，打不起精神来；另一些人则在不断地与其生活搏斗；还有些人厌烦他们的生活。

专业的保健人员一般倾向于针对这些患者的身体症状，分别对他们进行治疗。这种不令人满意的方法大概是现代医学的一个主要缺点。

在我们这样一个物质至上的时代，人被视为一件东西而不是一个人。因为这件东西是极其复杂的，现代医学就把它分解为许多器官和部位，于是就发展出各个专业分科，各个科只负责治疗人体的某个特定部位。专家们是如此强调他们的专业领域而不顾这样一个事实，即他们其实是在跟一个活生生的人打交道。对现代医学的许多批评中，最中肯的是批评它失去了医学的灵魂。

现代医学已发展为一个高度机械化的、非人化的体系。专业保健工作者已不再把自己视为治病救人者。他们是人的躯体和心理的技术修理工。要成为治病救人者，首先和最重要的是同我们所有人身上表现的人生接触。治疗者看到每个人的生命、目的、美、诗意和神圣性，他要给予患者力量、希望、对生活的热爱，并帮助患者利用一切现存的能力和机会去获得健康。对治疗者来说，疾病是非同小可的，因为它夺去人的健康；治疗者的目的便是使患者恢复健康并防止疾病。

作为治疗者，他必须接触到生命的力量，用积极的态度安抚患者的心灵，全心全意地探究造成疾病的原因。治疗过程要求爱——这是一种纯洁的、无条件的爱，它可以给患者带来深切的慰藉、平静、信心和内心的安详，带来治疗疾病所必需的一切条件。治疗者还需要增强患者的意志力和决心，使患者能够坚定地、乐观地面对身体疾病的挑战。

对这些问题的学习并未包括在医学院的课程表中。这些问题一般也不在大学和学院里讲授。它们是属于精神的范畴，在一个如此重视物质文明的大学殿堂里根本找不到一席之地。某些大学里开设的与这些问题最接近的课程是在伦理学、宗教或哲学系中讲授。但即使这类的教学，在内容上也是有局限的，因为它们用科学方法的机械定义来讲授。不言而喻，科学方法所使用的量度，起初是为研究物理、化学和其他物质科学而设定的，它们需要大大地修正和补充才能适应研究人的生命的精神层面的要求。

前面已经谈到，知识、爱和意志是人的最重要的精神力量。因此，人生的主要问题可被分类为知识失调、爱的失调和意志失调。灵魂（知识、爱、意志）的力量当然对肉体有着深远的影响，反之亦然。这就是为什么我们不能仅仅把人的问题视为肉体或心理问题。有时失调的主要征候出现在肉体上，但也同时反映出心理状态；另一些失调主要出现在心理上，但也多多少少反映出肉体的疾病。下面，我们只是谈谈知识、爱和意志三者失调造成的心理失调。

## 二、知识的失调

我们的知识可广义地分为三类，即关于自我的知识、关于世界（物质环境和其他人）的知识、关于存在的知识。关于自我的知识从出世的第一天就有了。作为儿童，他们与父母和周围环境相互作用，因而获得了某种反应。这些反应和生活经验对于成长中的儿童有着深远影响，并深深印入其记忆之中。随着我们长大成人，大多数记忆离开我们的自觉意识而成为我们对生活环境的习惯认识和无意识的一部分。除了从我们的环境中学得的知识以外，我们也从自己内心体验中学习。这些体验中，最初级的体验便是饥饿、疼痛、性欲等体验，它们都以某种特别方式赋予我们行动的意识和动机。我们还通过我们的心智去学习，即观察我们所处环境中不同的情形，并通过体验、探求逻辑结论等等方式学习。我们的情感也赋予我们另一种关于自我的知识。当我们觉得幸福、伤心、生气、平静或恐惧的时候，我们就获得了机会去表现这些感情并找出产生这些感情的原因，去发现应对这些感情的方法。在此过程中，我们就有了更多关于自我的知识。关于自我的知识也可能来自智慧的突然闪光，这就是灵感。我们还有直觉的知识。

我们的知识当然不限于关于自我的知识。随着我们的成长，我们发展了关于他人、大自然和宇宙的知识。我们关于自我的知识与关于世界的知识相结合，帮助我们形成我们的人生观。如果我们认为自己是软弱无力的，世界是个危险的地方，那就比我们感到自己充满勇气和认为世界是充满了机会的地方时生活起来大不一样。

这种不一样是非常重要的，因为它证明我们对现实有不同的认识。世界究竟是危险的还是安全的？在什么情况下它就安全呢？人类本质上是爱好和平的吗？人的本性是带有进犯性的吗？我们能相信别人吗？邪恶是怎么回事？邪恶真的存在吗？诸如此类的问题就是我们希望知道和理解的现实的核心问题，并且这些问题与我们的生活健康发展密切相关。但是如果我们关于自己和关于世界、关于现实的看法肤浅或有偏颇，那我们就将面临知识的失调，我们的生活就会变得沉重，充满了误解、恐惧和焦虑。

在心理治疗中，治疗者竭力帮助患者去认识他们对自己、对这个世界和对现实的想法与感受属于什么性质。这叫作“审视”。治疗者还帮助患者逐渐找到一种方法，使他们的认识与现实更贴近。例如，许多治疗者都旨在强调患者的自我约束，帮助他们使自己的行为与社会规范相一致。但是，如果社会本身是不健康的，情形又怎样呢？

有一天，一位赫赫有名的政治家的女儿被带到医院来，因为她企图自杀。对她的家庭的考察表明，她的家庭是非常权威型的和刻板的。她的父母极为关心的并不是他们的女儿本身，而是她的行为。他们要求女儿的行为必须是一丝不苟的，按规矩办事的，不许她与那些在种族和社会地位方面不相当的青年人交朋友。父母过分地关心外在的东西，为其女儿规定了非常狭隘的生活方式。

然而，女儿毕竟是年轻人，富有热情，满怀着远大的期待与理想。她喜欢与各种类型的人交朋友。对她来说，富人和穷人，黑人和白人，本国人和异国人，都无所谓，一样可以交朋友。但对她的父母来说，世界是分成两个阵营的，即好的和坏的。他们当然属于好的阵营，因而希望他们的女儿躲开另一个阵营。但对女儿来说，世界只有一个，这里有许多不同的民族和种族，但所有的人都是美好而有意思的。

在这里，父母和女儿对人类世界的现实有着截然矛盾的观点。所以，对现实的认识问题极其重要。我们对现实的认识直接关系到我们探索现实的努力。换句话说，随着我们的成熟和智慧与经历的增加，我们对存在的现实有更多认识，也就对新概念和新思想更加开放。

生活本身是一所学校，我们在其中学习许多东西。有些人上过了生活这所学校，全面地参与了其中的各个方面；另一些只是到这所学校的边缘走了走；还有些人停止了学习。这是我们自己的选择。但是如果我们不从生活中学习的话，我们就将活得痛苦、闭塞和无知。

现在，让我们来考察一下我们内在素质的发展与我们认识现实的关系。心理学的观察表明，在生命的最初几个月，儿童并不能判别他们自己和他们生活于其中的那个世界有什么不同。对他们来说，什么都是一回事。当然，最初的“一回事”概念很快就破灭了。儿童开始有体验，从而迫使他承认在自己和周围世界之间存在着距离。于是，面对现实，使人发生了多种多样的变化。地点和事件也在变化之中。在儿童的早期阶段，对自己和对世界的认识都是很局限和粗浅的。它可能类似于我们的祖先当初对自己和对宇宙的认识。如果我们回过头去看看那些认识。就发现它们是相当粗浅和迷信的。但是现在，人们对存在的现实的认识已达到很高的水平了。例如，我们现在已知地球不是平面的，但是我们的祖先认为它是平面的，那已是他们对宇宙中的地球形状所得出的最高水平的认识了。

同样的原理也适用于认识精神问题。爱就是一个很好的例子。爱是精神的现实存在。对儿童来说，爱就是受成年人关怀、重视和抚育。按照儿童的理解，爱的存在就是获得；但对父母来说，爱是给予；对丈夫和妻子来说，爱既是获得，又是给予；对于一个高度成熟和重精神的人来说，爱是无条件的。由此可见，我们对爱的认识是相对的，而不是绝对的。

我们对物质世界和精神世界的认识，也都是相对的而不是绝对的。随着我们的成长，也就有了更多的认识。我们的知识失调，主要出现在当我们认为自己所拥有的关于现实存在的知识是绝对的、终极的时候。如果在科学上存在这种知识的失调，科学的发展就会停滞，就不可能在知识领域有新发现和新突破。绝对化的认识方法显然是荒谬的。一个人怎能宣称他对任何事物都完全知晓呢？正是因为我们认识物质现实的相对性，才使我们要去寻求更多的知识。

在对精神世界的认识上，又何尝不是这样呢？对爱、意志、智慧的认识，以及对道德、对人的本质的精神层面、对宗教的现实等等的认识，不是也具有相对性吗？迄今，我们对人的精神存在的各个方面的认识，都不是绝对的。认识的相对性与我们认识的能力有关。我们把这些认识运用到我们个人和集体中去的能力也是相对的。在我们当今这个时代，许多宗教派别和意识形态学派都坚持认为只有自己掌握了绝对真理，这就造成了最大的社会失调。如果他们都宣称自己掌握了绝对真理，那么绝对真理到底有多少个？它们怎么会是五花八门和互不相容的呢？绝对真理怎能被我们有限的智慧去完全认识呢？如果绝对真理已经被揭示出来并成为各种宗教和意识形态派别相互仇视、互不团结和相互毁灭的源泉，那么人类又怎样能够在精神上继续进化呢？所有这些，就是今天的人类在认识现实方面遇到的最具挑战性的问题。

当科学正在突飞猛进，以求获得关于物质现实的更高水平的认识时，坚持认为自己握有绝对真理的宗教就大大地落后了，并对科学的进步造成危险的障碍。但是另一方面，科学如果不能使普遍存在的精神世界受益，那么科学就将成为破坏性的资源。其实，科学已经有过这种破坏性的倾向了。同样，如果宗教不能使理性和科学受益，那么它就将停滞不前，不过成为某种迷信而已。这种情况也已经出现过了。

因此，摆在我们面前的基本挑战，就是要把精神存在从绝对主义的链条上解放出来，这种绝对主义导致了分裂和冲突；就是要在一切知识(无论是关于物质存在还是关于精神存在的知识)都具有相对性的认识基础上去研究现实存在的本质。我们还必须认识到，真理是一个整体，是不能将其分割开来的。科学与宗教也基本上是一个整体，它们都是用来说明现存事物的本质联系的。①)学告诉我们物质世界的各种存在之间的内在关系；宗教则告诉我们头脑、心智与行动之间的精神联系。整个人性则是其思想、爱和行动的表现。

如果我们把上述观点用于考察一些实际例子，那么对问题的认识就会变得容易些。我将用一个案例来说明知识失调问题，这个案例是说一个人由于误认为自己天生就是“坏”的，因而造成，心理失调。

**“我是坏的吗?”:关于错误的自我认识的个案**

我第一次见到玛丽来做心理治疗时，她 33 岁。当时她对自己的生活感到心灰意冷，有强烈的自

① 我们对精神现实的认识是相对而非绝对的，这一概念非常重要。一切宗教的对抗与分歧的深层、根源都在于各自声称“握有绝对真理”，因而是“唯一正确的宗教”。欲进一步了解宗教真理的相对性这一概念，请看巴哈欧拉的《论确实性》，威尔默特，1950 年版。和 W. S. 哈彻、J. D. 马丁著:《巴哈伊信仰:全球宗教的兴起》，旧金山，1984 年版。

杀念头。她对其婚姻极不满意。虽然她与三个孩子的关系很亲近,但她并未从中得到什么慰藉。她被不断出现的噩梦所搅扰,使她许多天来感到惊吓和战栗。最主要的是,玛丽被一种“坏”的强烈意识困惑着。她认为自己是“邪恶”的。她因自己的想象、思维和感受而觉得如此恐惧和耻辱,以致她发现自己不能用连贯的方式来述说那些感觉。

后来与玛丽谈话的疗程进展很慢。她很长一段时间都不愿开口说话,常有恐惧、焦虑和哭泣的表现。她坚信她应为邪恶思想与感觉受到惩罚。经过两年时间的治疗,玛丽才有了足够的信心来同我谈话。但她只是简短地谈到她的儿童时代和青春期。那些年里,她感到自己在很大程度上受排斥,并被她的父母和寄宿学校里其他负责照料她的人们虐待。她在一个富有的上层阶级家庭里长大。她的父母都很苛求她,对她很冷漠,常批评她。最糟糕的是,父母很少与她在一起,把她交给保姆照看,后来又送她到一所有严格宗教教规的寄宿学校去。在她青春期的早年,父母就带她去做心理治疗。在她与我谈话时,她已经有12年接受心理治疗的历史了。她接受过心理分析,服用过不同剂量的镇静剂和抗抑郁药。在此期间,她的治疗专家们给她下过各种互相矛盾的诊断。

我把对她的治疗重点放在解决她对自己认识的偏误上,即她总认为自己是一个“坏的和邪恶的”人。起初,我的努力没有收到多少效果。后来我转而只谈她的正面素质,避免去谈她的问题、症状、恐惧及其他心理失常现象。

我决定着重让她去发现自己的正面素质,是基于精神心理学的观点,即每个人在生活中所具有的最根本、最重要的力量是创造力,是对生活的信念。这是人的正面素质。要使一个人的行为和生活方式发生健康的变化,就需要承认和丰富这些正面的素质和能力。事实上,如果我们注意去发展自己的潜力和自信心,那么生病过程对我们的破坏性影响就会减少。要做到这一点,我们就需要了解什么是自信心。在玛丽所经历的那种不健康的环境中,人们常常在其问题上钻牛角尖,而忽视了甚至否定了自己解决这些问题的实际能力。在玛丽的个案中,情形确实如此。在治疗过程中,改变她对自我认识的第一个方面就是增进她对自己正面素质和创造能力的认识。在她接受治疗几年后,她渐渐充分地意识到自己的“问题”所在,并完全信服地认识到这些问题就是她的现状。

通过集中讨论她的正面素质和自信心,玛丽逐渐显示出了她的长处。她是一个有高度艺术修养的、敏锐而有天赋的人。她的钢琴弹得好极了,她写的诗很有感染力,她有舞蹈的天赋。但她从来没有向别人展示过这些素质。她停止了弹琴,并退出了芭蕾舞训练;她写的诗不给任何人看,她因认为自己是“坏人”而感到羞耻。由于把治疗重点转向肯定她的正面素质,使玛丽的病情渐渐好转。她变得较愿意交谈了,较乐观和轻松了。她同丈夫和孩子的关系都有所改善,她在工作上也有了相当的成绩。她还没有停止做恶梦,这在很大程度上是因为她关于自己是“坏人”的感觉所致。

这种感觉虽然得到分析并且也被玛丽认识到了,但是仍旧消除不了。这不仅是因为她过去的经历,而且也因为她对自己本质的认识偏误还存在。在许多年的治疗中,玛丽终于认识到她儿童期的恐惧、忧虑和生气的深层根源。后来,她逐渐重建了与父母的关系,减少了与父母之间的冲突。她有敏锐的洞察力,在情感上也很深沉,她对自己思想感情都有了良好的认识。她有很强的动机要过一种充实的和富有成效的生活。她从家人那里获得了足够的支持。但尽管如此,由于她尚未完全改变自己是一个“坏人”的念头,她的生活仍旧有些不快和痛苦。这种对自我认识的偏误也造成了她不良的自我想象。这使她很难相信自己和别人,最终使她对未来感到悲观。她关心的主要问题是自己、他人和时间。

对玛丽的治疗计划是以上述事实为依据的。第一个目的是帮助她获得对自己正面品质的认识。治疗的过程中,她逐渐开始谈到自己矛盾的感觉和认为自己是"坏人"的强烈意识,她说,因为她曾经以性行为来使自己获得某种程度的快感。

她还开始谈到她的人生观。她给我看她写的诗,流露出她内心强烈的求知欲望和对光明的精神追求。正是在这时,她说很久以来她都不能祈祷,而现在能够了。这是一件很重要的事,因为她能够重新祈祷表明她重获了自我肯定,认为她是"好人"了,所以能够与上帝对话和被上帝接纳。她在宗教寄宿学校所受的过于苛求的教育,一方面使她成为虔诚的天主教徒,另一方面又使得她对上帝既恨又怕。由于她逐渐开始改变对自我的认识,能够认识到自己基本上是个"好人",她也能够分辨她过去的经历中哪些是受虐待,而哪些又是形成了她重要的高贵品性的因素。所以,她能够重新祈祷。由于放松的缘故,这时她的噩梦也开始消失了。到此,她已能够接受自己不是一个"坏人"而可能是一个"好人"的看法了,关于自己真正本质的误解逐渐得到了纠正。有了在新的水平上的自我认识,随之自我接受也出现了。这一重要发展的深层根源,在于逐渐纠正了她的自我认识的失调。

## 三、爱的失调

爱的失调通常发生在两个方面,一是爱的本质,二是爱的对象。爱的本质失调是指爱的强烈度和相爱者的成熟水平。

人的爱既可能是强烈而深沉的,又可能是半心半意的和肤浅的。强烈而深沉的爱有某些特性,例如它富有创造性、活力和生活的乐趣;而半心半意和肤浅的爱却带有虚伪、恐惧和懊悔的性质。在临床心理治疗中,我们常在一些儿童和成年人身上发现后一种爱的例子。他们本身缺少爱,尤其是在他们成长的时期。被拒绝、分离或失去亲人等等,造成对自己与他人之间爱的关系的怀疑和焦虑。当我们被所爱的人拒绝时,我们不仅感到非常气恼和伤心,而且也产生着一种深深的怀疑意识,即怀疑自己的爱。同样,当我们遭遇分离和丧亲之苦时,我们对自己爱和被爱的能力的认识也受到极大的挑战,并常常以不良的征候表现出来。所以说,爱的两种常见的失调形式,一是对自己施爱的能力不相信,二是对自己是否被爱不放心。这种怀疑的出现通常与丧失亲人、分离和被拒绝的经历有关。

另一类爱的失调是一个人不够完全成熟的结果,这样的人未能足够地发展其爱的能力。在健康的情况下,爱要经历几个成长阶段,从以自我为中心的阶段开始,经过竞争与合作的阶段,最后达到一种无条件爱的阶段。

上述阶段在本质上属于不同的层次,具有递增性与渐进性。换句话说,在每个层次上,我们既能够表现出该层次的爱,也能表现出较低层次的爱。一个人从成熟到合作的爱的阶段时,他既能给予爱,又能得到爱,并能与他人分享爱。但与此同时,在适当的条件下,这样的人又将以竞争的姿态去表示更多的爱(例如在生日、周年纪念日等)。这样的人也能够得到爱(例如生病和需要时)和给予爱(例如作为父母和老师)。爱的失调在那些给予爱但不能得到爱,或者得到爱但不能给予爱的人身上反映出来;或者,这种人通常在爱的关系中表现出一种竞争姿态,既想更多地给予又想更多地得到爱。爱的关系在其每个发展阶段上的特点如下表所示。

第三类和第四类爱的失调是与爱的对象有关的。人的爱要产生,必有一个爱的对象。换句话说,我们需要有一个人、一种观点或一种东西作为我们要求、希望、欲念或注意的对象,我们的爱才能表达出来。我们爱的性质和特点在很大程度上受到我们爱的对象的素质影响。人的爱是否纯洁、细腻、深沉和豁达，取决于所爱对象的情况。如果一个人选择名声、财富、权力作为爱的对象，那么他爱的经历就将带有这类爱的对象的那些特性。

因此，在心理治疗中，我们需要确定施爱者和被爱者的成熟水平。为此，治疗者要敢于提出一些尖锐的问题，例如为什么要爱他？你爱的是什么人？你爱他什么等等。患者和治疗者都要对这一切问题非常重视。下面的两个例子，一个是与爱的对象有关的爱的失调，另一个则是与对爱的本质的理解有关的爱的失调。

**表十一　　爱的发展阶段及其特点**

| 爱的发展阶段 | 特　点 |
|---|---|
| 以自我为中心的爱 | 专爱自我几乎与自私自利毫无区别。<br>个体的爱，目的在于向自己和向别人证明其施爱的能力。<br>单向的爱，或认给予为主，或认获得为主，没有能力做到既给予又获得。这种爱只有在儿童期才是健康的。 |
| 竞争型的爱 | 这种爱具有自相矛盾的性质，即个人既爱自己又恨自己。<br>爱别人是为了证明自己比别人有更多爱的能力，或者证明自己被爱得少了还是多了。<br>爱的关系是竞争型的。相爱者通常表现出一种易怒的、吵吵闹闹的和不稳定的关系。<br>这种爱在青春期的爱情关系中最常见。 |
| 合作型的爱 | 爱自己具有自我接纳的性质。<br>爱别人是为了满足对方同样感觉到和理解到的爱和被爱的需求。<br>爱的关系在本质上是合作型的，相爱者之间能够分享、给予、获得，使自己能够适当地施爱和被爱。<br>这是大多数成年人所需要的爱，特别是在婚姻和朋友关系中所需要的爱。 |
| 无条件的爱 | 爱具有无私的性质。<br>爱别人是无条件的，就像太阳无条件地照光心是普遍的，是博爱的。个人是人类的一个施爱者。<br>这是最先进的爱，如同在那些先知和圣贤以及那些摆脱了偏见和排斥性的人身上所表现出的爱。 |

**大卫："爱的对象"失调的个案**

39 岁的大卫来寻求帮助，是因为他没有能力完成他的博士论文。当时他是北美一所著名大学的教授，并被认为是他所从事的专业领域的世界级权威。更重要的是，他选择的论文题目是在他早就被视为专家的那个领域里的。他第一次同我谈话时，已经写了 4 年多的论文了，只剩 1/3 的内容尚未完成。论文评审委员会认为他已经写成的部分具有很高的水平，并告诉他说，只要他以同样的水平去完成其余部分，肯定会被顺利通过的。此外，大卫自己也很清楚他的专业水平，并不怀疑自己有能力完成这篇论文和得到通过。

大卫对自己能力的认识也好，完成论文的最后期限已逼近也好，以及如果得不到博士学位就会损害他在学术界的声誉和妨碍他的学术晋升也好，这些都不足以成为阻碍他完成论文的原由。现在他只要一开始写作，就感到焦虑和惊慌，因而得喝酒或服用镇静剂使自己平静下来。在喝醉了和麻痹的状态下，他仍不能继续写作，又放过一天时光。

为了解决这个问题，他去寻求心理治疗。4 年当中，心理分析治疗专家、行为治疗专家都给他治过病，他也服用过镇静剂和抗抑郁药。这些治疗的结果，是使他获得了关于行为动力的许多知识。他知道了自己害怕成功，自我认识有问题，有依赖他人的倾向(特别想依赖一个母亲似的人物)，内心积蓄着对父母(尤其是父亲)的不满，不想让父亲因看到自己成功而高兴。他后来告诉我说，在不同的治疗中他都被诊断为抑郁症，需服用抗抑郁药。医生说他的抑郁症属于焦虑型心理失调，因而需要放松和服用镇静剂。他又曾被诊断为病态性恐惧而接受行为治疗。他不得不听取某些这样的解释，同时也拒绝了另一些解释。他尝试了所有的心理调适方法来治他的病。进一步分析他的情况后发现，他有一个幸福的婚姻，有几个健康而出息的孩子，经济生活也不紧张。他的健康状况总的来说是好的，只是喝酒和抽烟太多了。

我在着手对大卫进行治疗时有三点看法。第一，完成博士论文不是主要问题；第二，他的基本困难的性质尚不清楚；第三，无论问题的性质是什么，都没有理由认为大卫没有能力解决。三个月之后，大卫的论文通过了，被授予了博士学位。那天下午他开始喝酒，表面上是为了庆祝他的成功，但以后他就变得更加嗜酒和抑郁。第二天他来治疗时，喝得半醉，流着眼泪，衣冠不整，一副狼狈不堪的样子。“现在该做什么呢?”他问。

然后，他告诉我了一个“秘密”。他说，他小时候是在一个欧洲国家的少数民族聚居区成长的。他的父母很穷，没有受过教育，属于下层阶级。他在计划未来方面并未得到父母的指导和鼓励。不过，他自己决定要选择他所能想到的最高的目标，就是要成为他所从事的专业领域中的世界名人，要在大学里当教授，要结婚，养育子女，要过较为富足而舒适的生活，最后是要获得博士学位。这可能是他生活中的最高成就。

在他处于危机之中时，他的所有生活目标和对博士学位的理想都已经实现了。当时他曾面临过两种选择，要么不完成他的论文，这样可以延长他对最终目标的期待和对其生活的爱；要么完成他的论文因而失去其主要目标和对生活的爱。进一步的治疗显示，害怕失去生活目标和失去爱，阻碍着他去完成论文。现在他已经获得了学位，这一最后的也是最重要的目标和他对自己生活的爱都已经完成了，于是他开始被空虚感、无目标感和缺少对生活的爱等等不良情绪所困扰。

在继续同他讨论问题时，他说，迄今为止，他认为生命只限于在这个阶段上的存在，最高成就水平也就是智力的发展；随着死亡的到来，一切智力上的成就都将化为乌有。而且，他逐渐意识到，智力上的成就也是暂时的，因为对新的事实不断发现将最终使他的大多数成果变得不重要或者不合时宜。

由此可见，在大卫面前的挑战是精神的挑战，是涉及生活的意义及目的的挑战，是不存在与不灭的挑战。如果我们考察一下人关心的主要问题(自我、关系、时间)和人的主要能力，那么对于大卫因如此看重博士学位，以致在他获得之后反而出现生活无目的、无意义的困惑感的病态心理就很能理解了。大卫首先关心的是自我和时间。获得博士学位早就被他视为做一个人的终极目标。现在这个目标已经实现了，他开始忧虑将来。他害怕将来会变得空虚，不再有奋斗和“爱”了。

奋斗是每一个人生活中的重要组成部分,这是一种爱的形式;它要求我们每时每刻都要有更高的目标。每个人都有奋斗或求索的品质,这是我们爱的能力的一个方面。当我们在爱的时候(所有人都总是在爱什么),我们就总是在希望、在奋斗、在求索,或是为了一个物,或为一个人,或为一种思想。人的爱既包含了强烈的奋斗精神、吸引力和知识,同时又包含了我们被一件特定的东西、一个人或一种思想所吸引的感觉。人的爱的质量取决于寻求的程度和寻求对象的性质。就大卫的情况而言,他寻求的最终对象是学位,达到之后他就担心生活中再无寻求、无奋斗、无爱了。

在心理治疗中,大卫首次注意到,论文不是主要问题。其次,我告诉他,他低估了自己应付生活挑战的能力,并且毫无理由认为自己不能成功地应付这些挑战。大卫由于写完论文而产生了某种反应。他开始评价自己的感觉和思维,并开始意识到自己因为"爱的失调"而痛苦。他选择了一个爱的目标是他的能力很容易达到的。因此,他的生活就被局限在一个具有狭隘性的爱的目标上,即学位。

对大卫进行治疗的主要功夫下在让他全面评价自己的生活计划上。他必须着眼未来,并决定他未来生活的本质和目的。这是精神的任务,是他过去不愿意考虑或没有正视的。一旦他充分认识到精神的参与过程和懂得需要过一种精神生活的道理,他就不难开始一种新的生活方式。大卫停止治疗的时候,他已处在增加自我认识和扩大他生活目标的努力过程中了,他并开始认识到他生活中所存在的智力的、情感的和精神的内涵。他已经能够靠自己去履行大多数任务,所以不必对他继续治疗了。

**简:"爱意味着无痛苦"**

24 岁的简是大学里的一位研究生。她来寻求心理咨询的主要原因是她对个人生活、人际关系和职业都不满意。在她的个人生活中,最困扰她的两件事是她没有能力承受不久前失去父亲的悲痛,并且不能确定自己生活的方向。其次,在人际关系方面,她感到困惑不解的是,尽管她全心全意地对待男朋友,但他们的关系通常都只能持续一个很短的时期。第三,她不满意自己工作的性质及其成就水平。当时她做秘书工作,但她觉得自己有着更大的潜力和能力未得到发挥。

简非常聪慧。她以优异的成绩取得了大学本科学位,从来没有在学业和艺术追求上遇到过任何困难。她从未刻意去追求过更高的目标,但机会总是自动地出现在她面前。简不仅智力聪慧,有天赋,而且外貌出众,具有吸引人的魅力。

愿意与简交朋友和亲近她的人很多。她完全知道这一点。她似乎对自己也抱有一个现实的态度。在她的职业中,曾有过几次提升的机会。但是她对这一切仍是不满意,觉得自己既未被爱也不可爱。

简出身于一个上层阶级的家庭,有几个同胞兄妹。她与父母,尤其是与父亲的关系很亲近。没有什么不幸的经历,或丧亲、或缺少什么等等因素足以用来说明她目前面临困难的原因。她的童年时代是很适意的。她有许多朋友,社会化的过程很顺利,在青春期也未遇到多大困难。她从未吸毒和酗酒,只是偶有应酬喝点酒,她也没有性滥交的往事。

虽然简完全知道她需要排遣因父亲的去世而产生的悲痛情绪,她也有过好几次机会去回忆父亲死亡的情形,但她就是哭不出来,也不能使自己去感觉失去父亲和与父亲分离的痛苦。这种无力体验痛苦和不幸的情况,也从她生活中的其他方面表现出来。简不惜代价地逃避痛苦与不幸。她有着身体健康的优越条件,在感情上又总是有人关心她,因此她过去很少有身体和情绪上的不良感觉。此外,她还认为不幸是绝对可以避免的。

进一步考察简的生活经历得知，她在整个儿童时代和少女时代，不仅需要什么有什么，而且想要什么就有什么。她受到很好的呵护，因而不会经历任何心理或身体的病痛，过着一种心满意足的生活。她打心眼里认为，痛苦和不幸是坏事。简为这种成长过程及生活方式所付的代价，便是她不能忍受成长的痛苦。她发现，在亲昵关系中的给予及获得，以及这种关系的种种要求，都是令人痛苦的。一旦这种关系达到了要求承诺和推迟享受的阶段，达到需要她对另一个人的要求作出反应的阶段，她就失去了对这种关系的兴趣并最终放弃了它。

她对待工作也是同样的情形。她作了两年的秘书，在此期间她很讨人喜欢，被人欣赏，受到关照，与她同一办公室的许多人都羡慕她。但她最终还是申请了另一份工作。那份工作给予了她高一些的地位，但也更需要她付出主动性和创造性。她在新的职位上必须独立行事，没有帮手。她干了几个月之后就很不开心了，于是决定辞职。她不开心的原因并不是她的能力不胜任这件新工作，她实际上对职责履行得很好；但这份新的职业不能使她得到过去的上司所给予的那种赞赏和重视；并且，这份工作对她太苛求了，要求她有计划、不满足现状、学习推迟享受、体验成长的痛苦，等等。

从根本上说，简对爱的本质和成长的动态一无所知，因而经受着“爱的失调”的痛苦。她说，迄今为止她都认为痛苦与不幸是坏事，生活的目的就是避免痛苦和只体验幸福。她非常难改变自己的观点，因而最终决定终止她的治疗。

大约4年前，她也寻求过心理治疗，但治疗进行到困难和对她有某种要求的阶段时，她就停下来了。我给她做治疗8个月之后也差不多是到了困难阶段，她又一次停了下来。

希望及时行乐，加上没有能力承受痛苦与不幸，是简对生活不满意的原因。这使她不能获得足够的和满意的成长，使她的生活缺少创造性、激情和充实感。此外，她的生活还缺少持久的目的和意义。这种种情况并不仅仅出现在简身上，她不过是二战后的年代里成长起来的许多青年人的代表。富有的物质条件和财富，加上在战后工业化社会中那种完全无视个人精神需求的现实，导致了一种特殊类型的家庭出现。这种家庭被称作“放纵型”毫不为过。“放纵型”家庭不断地追求快乐，特别是感官和肉体的快乐，以及物质生活的快乐，竭力避免痛苦和困难，即使为成长和发展所必需的痛苦和挑战也不愿经受。这类家庭的成员们形成了一种共识或默契，即对他们来说最重要的事就是安逸和欲望的满足。在这类家庭中长大的孩子，对他们的物质需求和欲望非常重视，这种欲望要及时得到满足。他们受到过度的保护，以避免现实的压力的挑战。他们很少有机会去讨论诸如生活的目的、死亡的意义甚或是发生死亡这一事实本身等等严肃问题。生活中的不幸事件、父母不和、经济上的困难、事业的变化与挫折、疾病或父母遇到的其他重大挑战等等，都未曾让孩子知道。这些孩子是在愚人的天堂里长大的，他们后来就去相信那些虚幻的东西，以为用以满足一切物质和肉体需求的资源是取之不尽的，以为世上根本就没有分离、丧失亲人或死亡之类的事情，以为幸福可以通过拥有物质的东西而获得。这些孩子一旦进入青春期或成熟的年龄，就突然面对着生活的现实、生活的要求，即需要他们付出努力。他们感觉到上当、生气和害怕。其结果便是对正常的挑战作出不健康的反应。

简的行为就是这种反应之一，还有其他类型的反应，全都是破坏性的和不健康的，通常具有进犯和暴力的性质。从精神心理学的观点来看，简不仅由于对生活、成长和痛苦的误解而致病，并且因为她把满足与爱混为一谈，以为没有痛苦才说明她被爱，以为一种轻率的关系就说明她在爱。这种对爱的误解造成了她的生活浮躁而空虚。她需要反思自己对这些问题的看法。首先要明白，使自己经受成长的痛苦是一种爱的行动。虽然简的治疗在此时停了下来，但她在理智上对成长和爱伴随着某种痛苦的经历这一点已有所认识。但愿这样的认识能使她在将来受益。几年之后，在对简的治疗效果进行跟踪调查时，她告诉我，她至少能排解因父亲去世而引起的悲伤了，开始改变她过去对成长和爱的痛苦的看法，能够去做一种要求很高的工作了；她说她将会建立一种严肃的爱情关系，结婚，养育子女。她又说，“爱是痛苦的”这一观念从未离开过她的脑海，她不能忘记这一点，她也不能无视她自己生活中经常遇到的这种事实，她最终不得不更认真地对待这些问题。这便是她生活改变的开始。

## 四、意志的失调

现在，我们来考察意志失调，以结束我们对主要心理失调现象的探讨。人的动机深深地植根于知识、爱以及意志之中。正是我们的意志给了我们去行动和成为创造者的力量。

当代许多心理治疗理论都往往否认意志在人的行为中的首要作用。他们把无意识的过程看得很重要。按他们的观点，无意识是人的意志所不及的。由于持这样的看法，这些理论就赋予治疗者很大的权力和权威，与此同时剥夺了患者或当事人进行选择、行动和创造的重要能力。这样做的结果便是使治疗过程变得含糊不清、神秘莫测和方向不明(这是指治疗者对患者而言)，甚至有时候缺乏理性。其实，所有的人，在其心理和理智上未受伤害时，对自己的抉择、行动和行为都是能够负责任的。

那种认为行为纯粹是或主要是出于遗传基因、本能和生物因素、儿童期经历和环境影响的观点，其问题是没有考虑到个人的创造能力。我们人类是富有创造性的。我们创造了自己独特的人格、个性及生活方式。我们是由造物主的想象力创造出来的，因此我们自身也是创造者。在我们所创造的一切事物之中，创造我们的生命是最富有戏剧性的和最重要的成就。

只要我们否定创造性，那么我们就变得如同机器和动物了，就失去了我们的人性，失去了我们做选择、决定、尝试的机会，体验不到做对事的快乐和做错事的痛苦。在当今世界上，许多人长大后不相信自己有创造能力和有选择其生活目标及生活质量的力量。这样的人发展下去，就会有不良的自我认识，就会恐惧和不自信，会谨小慎微，踌躇不前和消极悲观。

意志的失调通常是与知识和爱的失调相伴随的。下面的个案就清楚地说明了关于意志失调的主要问题及其与知识和爱失调的关系。

**追求权力与成功：约瑟夫的个案**

约瑟夫来接受治疗是因为他患抑郁症已经10年了，最近他迁移到城里来，需要重新找一个心理医生帮助他。他已经50多岁，是一个有声望的大型国际咨询机构的主任。他的同事们都很尊重他，他的著作和他的专业活动也是众所周知。他已结了婚，并有三个孩子。他的家庭境况和家庭关系都是健康而令人满意的。

他的抑郁症的症状是长期对生活失去兴趣，情绪沮丧、消极、恼怒，他很难接受批评特别是来自上司的批评，心情很烦躁而焦虑。过去20年间他不间断地接受各种各样的心理治疗，精神分析疗法、药物治疗以及牧师的治疗，这些治疗都有一定疗效。但实际上，约瑟夫并没有因为这些治疗而完全摆脱痛苦的心情，仍旧经常感到压抑和烦躁。为了缓解他的症状，早些时候他开始喝很多酒，因而又患上了因酒精中毒而引起的各种并发症。

约瑟夫出身于一个传教士家庭。他的父亲是一个权威型的、不苟言笑的和拘谨的男人。他的生活特征是在感情上和思想上都很呆板，过分控制别人，行为有高度竞争性，崇拜和惧怕权力。约瑟夫自己也表现出他父亲所有的这些特征。

这是一个权威型人格的典型特征。这种人通常在生活中是成功的，其成功又是由于个人的主动性、努力奋斗、个人在事业上的争强好胜的结果，但在其情感和人际关系方面却有欠缺。在这两方面，约瑟夫都是典型代表。权威型人格易患三种主要的心理失调症，即知识失调、爱的失调和意志失调。在一个权威型人格中，知识失调的最严重问题是对创造性的两极端看法。一个权威型的人看见到处都是两极端，无论是女人或男人，有权和无权，爱与恨，朋友和敌人，富人和穷人，等等，不胜枚举。对他们说来，生活不是白就是黑，没有协调的余地，没有灵活性、创造性和改变的余地。他们认为，解决问题的办法很少，要么是好，要么是坏，要么接受，要么不接受。总之，在这种人的眼里，是尊重别人还是轻视别人，完全取决于权威和权力。这种对待生活的狭隘态度，使他们的思想、观点和视野都受到局限，变得贫乏，使他们很难接受新观点和新方法；而这些新的东西又恰恰是人的成长、创造性的发展和实现自身价值所必需的。

知识失调有程度之分，约瑟夫的情况属中等程度。他是一个在智力上受过高度训练和同国内外的杰出人物都有过很多接触的非常聪明的人。他吸收过很多新的思想观点，也曾有机会了解不同文化与意识形态。由于这种情况，他一方面是一个思想开放和有国际意识的人；另一方面，他对个人生活及其目的意义的看法，基本上沿袭了他父亲的观点，只有微小的差异。对此的最明显例子是约瑟夫对人际关系中权力与竞争的看法。他认为权力是人际关系中最重要的力量，因此在对他的治疗中不得不把他的注意力引向此问题。我必须鼓励和帮助他渐渐改变他的错误观点，即认为权力斗争在人际关系中是不可避免的，是智慧和期望的体现等等。

权力导向的问题，不仅是知识失调的一个表征，而且更重要的是它表明了爱的失调。权威型个人是通过权力去爱的。换句话说，一个权威型的人很难用一种开放的、无条件的方式来表现他的爱、关怀和温情。权威型个人把爱与温情视为软弱性的表现。权威导向也是一种明显的意志失调，因为，在这种情况下意志被用来为权力服务，在很大程度上被滥用了。

权威型个人通过寻求权力而获得安全感，故步自封以提高自己的身份，生活在一种持续的胆怯与恼怒状态。他们害怕比自己更有权力的陌生人，也怕别人夺走权力。这种持续的恐惧状态伴随着一种怨恨、气恼，并且在很多情况下会当场向他认为是引起他恐惧的人发泄愤怒。所以，这种既恐惧又怨恨的个人就得不断地控制自己不要把内心那种一触即发的情绪暴露出来。既然对爱、热情、温情、亲近与善意的需求都被当作弱点看待，那么权威型的人是不能冒昧地表露弱点的，于是他们的感情生活中喜怒哀乐的正常表达统统受到了限制。同样，他们甚至不可能承认自己有恐惧感。权威型的人唯一能够允许自己流露的感情是气恼。他们感到，只有他们的家人、亲近者和拥有权威的人才是可信赖的，因此，不能公开对这些人表达他们的气恼。那么，他们能够找到的出气筒就是外人、陌生人或者软弱的人。在这里，我们就看到，权威型的个人不可避免地带有偏见。从家庭的层次上看温柔的感情（对发展婚姻关系、子女的感情成长都是很关键的）在权威型家庭中不是缺失就是恩赐，这种恩赐是以子女遵从父母的意愿为前提的。因此，在权威型家庭中，孩子渴望爱和温情，但又很难得到。渐渐地，有的孩子就步其父母的后尘，开始寻求权力，变得富于侵犯性和竞争性。此外，他们变得害怕与别人建立情感上的乃至亲昵的关系。

约瑟夫发现，他要表达自己的爱和让别人的爱触及自己都几乎是不可能的。一个生活呆板、既怕爱别人又怕被别人爱的人通常都会产生厌倦感、寂寞感、孤立无援感，觉得生活没意思，到一定时候，就成了抑郁症的患者。在约瑟夫身上的抑郁症状，无疑都是与知识及爱的失调有关系的。除了爱与知识的失调之外，有非常确凿的证据肯定他还患有意志的失调症。

权威型人格的心理动态是这样的：他们需要过度使用意志来对处于较低位置上的人施用权力，使其服从较高位置上的权威人士的意志。虽然这种性格事实上是所有努力获得成功的人的法宝，但当其表现过度或目的不正确时，也是无效的甚至是不健康的。

约瑟夫的个案就是这样。在他的人际关系中，他能对其表现出爱、友好和关怀的人有两类，一类是服从他意志的地位低下者，另一类是能够赏识他的、比他地位高的人。因此，无论是在家里，还是在工作单位（尤其是后者），他都常常陷入一种痛苦的权力争斗之中，体验到许多气恼，也不能与别人交流。其实，这种对意志和权力的过分和不健康的利用必然会导致他多次更换自己的职业，并常常使他感到不被别人接受。

心理治疗旨在帮助约瑟夫意识到他的知识失调、爱和意志失调的特点与动态。这些失调对他的生活产生了深远的影响，造成了他持续的失望、冲突和压抑感。治疗既要注意到他的过去，又要关注他的现状。用了相当长的时间去考察他的整个经历，然后一步一步地鼓励他矫正他对生活的两极端态度，改变他那种权力导向型的爱，他对意志的不适当和不健康的使用。此外，还鼓励他着眼于未来，以便让他正视他通常回避的死和其他精神问题。经过一年半的治疗，约瑟夫从抑郁症中摆脱出来，这是十年来的第一次见效。

## 五、自由与人的意志

为了更好地了解人的意志的本质及其失调现象，我们需要探讨自由问题。当人们谈论自由，他们通常指的是个人自由或者社会自由。个人自由涉及的是我们对行动的抉择。一般看法是，成年人应当自由地去做他们想做的任何事，只要所做所为不妨害别人就行了。因此，诸如选择食物、饮料、药物、穿戴或任何个人的事，都应当完全视为个人的喜好问题。

人们通常觉得，如果有人愿意饮酒或吸毒，应当随他的便，只要他这样做不给别人带来妨害就行了。然而，实际上，我们知道的情况并非如此简单。当一个人酗酒的时候，其饮酒行为就有着超出他个人生活之外的后果。如果饮酒非常厉害，其后果就很严重。他可能制造事端，可能酒精中毒，或发生某种慢性疾病。所有这些后果都不仅影响到那个饮酒的人本身的生活，而且殃及到家庭、工作单位和社区的许多人。其实，就算你有所节制的饮酒或少量饮酒，也会对你的自由意志造成影响。事实已经很清楚地说明，一旦饮酒，酒精很快就作用于脑细胞，在很大程度上影响到大脑的功能。其实，酒精剥夺着我们的自由，从酒精起作用的那一时刻起，我们就不同程度地受制于它的影响，我们的意志就开始不听使唤了。

另一个关于自由的普遍看法，涉及我们的社会权利与特权，例如言论自由、结社自由和参加民主活动的自由。联合国的权利宪章、美国的权利法案、加拿大的人权法案，都是人类为保护公民自由和权利而尝试制定规章的典范。然而，自由的范围很广，其意义很深远。就像人的其他状态一样，自由也是发展的。有着不同等级的自由。我曾在另一本书中谈到过自由问题，指出了其三个发展阶段。一是摆脱肉体需求的局限和环境的威胁，二是摆脱其他人的压迫，三是摆脱自私与私欲。（见 H. B. 丹尼什著《团结：缔造和平的基础》，多伦多，1986 年出版。）

我们当今的世界上，千百万人受到饥饿、疾病、干旱和严重的气候变化带来的苦难。也有大批的人遭受其同胞的暴虐和进犯。在有些国家里，即使经济和社会条件使人能够摆脱人类的这些痛苦，但许多人仍旧不得不一心一意为生存而奔波。纽约市的无家可归者，美国城市的流浪儿童、非法移民，欧洲国家和北美的难民，处于社会隔离和不良状态下的美国土著居民，因纽特人，黑人和拉美移民等等，就是例证。这些人享受不到进步与成长的自由，也无施展其潜力的自由和表现他们能力的自由。而这一切都发生在世界上最富有和号称最民主的国家里。遭受贫困、歧视和暴力的人们，同样也没有自由。这些人没有真正的自由，因为社会自由要以社会的平等、公正、团结与和平为前提。

缺乏平等与公正的社会条件，并不是因为我们不知其重要性，而是因为我们还没有第三种更高的自由，即摆脱自私和利己主义。这种自由既适用于个人又适用于社会。获得这种自由要求我们战胜动物性的本能，要求我们的生活具有精神内涵，要以他人导向而不是以自我为中心，要以慷慨大方和自我牺牲代替自私和利己主义，需要推迟自己对享受的需求，把自己看作人类整体的成员，要抑制我们社会中如此被看重的但其实是带有破坏性的竞争活动，宁愿让别人超过自己，至少就像我们自己所希望别人怎样对待我们的那样去对待别人。简而言之，精神自由要求我们摈弃对物质价值的追求，代之以普遍的精神价值，它是以每个人的高贵性、所有人的平等、人类的团结、生命的神圣性、人的精神存在以及人活着的目的等等为基础的。如果我们仅仅强调自私自利的心理学根源，就不可能真正摆脱自私自利，我们必须考察它们存在的精神原因。

自私自利的心理学根源与我们曾遭受过拒绝、排斥、剥夺和其他创伤性的生活经历有关。这些经历使我们不相信自己也不相信别人，过于我行我素。然而，因为我们自己毕竟不可能完全独立，我们总是在某种程度上依赖着他人，与他人互相依存是人的本质的一部分。我们在生活中所有重要的方面都需要别人，我们需要施爱和被爱，要交流观点和相互学习，要为别人做事和接受别人对我们所做好事之感激。我们想成为一个什么样的人，也需要别人承认。显然，一个他人导向的人比一个自我中心主义者在心理上更为健康。但是心理学，尤其是当代唯物主义心理学，是鼓励自我中心主义的。它主张对我们的本能需求持宽容态度，鼓励追求个人幸福、满足自我的利益。它还通过对自我中心主义行为的解释而对其进行辩护。常常见到有些人说："我自私是因为我小时候父母没有时间照顾我"，似乎把自私自利说成是一种健康的报复。

因此，运用精神原则来解决自私自利问题的重要性是很明显的。要成为一个精神上健康的人就是要成为一个有全局观念的人。精神价值使我们摆脱竞争的局限性和动物性生活的局限性，它把我们与一切人性、创造性联系在一起；把我们的过去、现在和将来联系在一起；它把我们置于生活、知识和爱的宇宙生态之中；它使我们从别人的幸福中发现我们自己的幸福。我们为大家的幸福而感到高兴，我们为别人的悲伤而感到痛心。一种有精神价值的生活方式，从根本上使我们摆脱狭隘的、以自我为中心的意识。当我们努力使自己从自私自利中解放出来的时候，我们就更加能够去维护我们中间那些穷人、被蹂躏者和弱者的权益。这就是我们大家都需要的更高一级的自由。

现在，人类的整体正在面临一些重大的变革。当前世界性的不公正和缺乏真正自由的状况再也不能继续下去了。对变革有两种可能的选择，一种是朝着混乱的方向变，一种是朝着精神文明的方向变。当我们利用我们的意志去追求自私自利而不是去追求更为普遍的目标时，意志的失凋就发生了。追求博爱的一个有意义的方面就是，这种追求本身就包含着个人的最高利益。

人的意志在其最高的成熟阶段是同灵魂的其他两个精神属性即爱与知识和谐一致地发挥作用

的。我们的知识、爱、意志的和谐程度越高，我们内心的平静程度也越高。当这些能力用于真诚、团结和服务时，一种有精神价值的生活就开始了。

在第五章里，我将探讨怎样才能够获得精神素质和注重精神的世界观。我将阐明，为此我们需要用生活的成熟阶段的思维方式和行为方式来取代当前青春期的思维方式和行为方式。

# 第五章　从青春期走向成熟

## 一、从青春期走向成年期

在此之前，我们已经说明，人有三种最重要的内在力量，即知识、爱和意志的力量。这是人的灵魂的力量。在一切文化背景下的所有的人，无论其习性、才能或条件如何，都具有这三种力量。我们还进一步说明了，人的知识、爱和意志需要以一种健康的方式培育和发展，否则，它们就会被滥用，对个人和人类的集体生活造成很大的破坏性。此外，我们还考察了知识、爱和意志失调的临床表现，说明这些失调怎样影响到我们个人的生活、人际关系和对社会的贡献。

现在，我们需要指出：促使人的知识、爱与意识获得理想而健康的发展的动态与过程是怎样的？人的知识的健康发展结果是什么？怎样能够达到这样的结果？我们能否开发利用我们爱的能力使人摆脱偏见、封闭、狂热和自我中心意识？珍爱自我是怎样转化为博爱的？这一过程的结果是什么？我们怎样能够以健康的方式利用我们的意志？又怎样能够防止在人类生活的方方面面司空见惯的大量滥用意志的现象？人的意志健康发展的结果是什么？简而言之，要回答怎样以健康的方式去发展我们的知识、爱和意志。

后面的章节就要阐述这些问题，特别要着重阐明个人和社会的精神文明升华的动力。通过这种升华过程，我们可以看到通向完整与充实的人生的发展道路。在这一章里，我将要解释，当我们集体度过儿童期和青春期时，至少有三种基本的发展将走向协调一致。第一，作为我们向成年期过渡和追求新的精神境界的结果，我们的知识、爱和意志将遵照真诚、团结和服务的精神原则去表现自己。第二，这些精神原则将创造高级的、范围广博的和具有强大影响力的意识，这种意识又将进而加速我们的进化速度并促使我们更充分地去运用自己的心智与情感的力量。第三，高级意识的出现和真诚、团结、服务等精神原则的引入，一旦与这些精神原则的实践充分结合起来，就将在个人和集体的两个层次上急剧地改变我们的生活方式，就将为创造精神文明和建立世界新秩序铺平道路。

成为一个完善的人的过程是非常令人振奋的，但并不一定是非常困难的。不过，我们需要在心理上和态度上来一番转变，这绝非轻而易举。这是 ·种最重要的生活模式的转变。在我们能够着手这一转变的任务之前，就需要把自己视为一种完整的有精神的存在物。本章就来谈谈要达到这种新境界即精神境界的条件与动力。

### (一)知识与真理

人的认识能力是一种包罗万象的能力。它包括知晓物质世界的能力(通过科学原理的应用而研究自然世界)和知晓意识与精神的抽象存在的能力(通过适用于不同年龄的人的伦理与精神教化而认识人的本质和人的关系)。

在所有这些认识形式中,人的灵魂总是在寻求真理。作为人类,我们希望并需要知道每一件事物的真理。可以说,人的本质和人生的目的都是在同样程度上与积极寻求真理的过程有着内在联系的。一个成熟的人既需要寻求真理又必须寻求真理;否则,人所独具的这种知晓能力就将无法越过其初级阶段,即与动物不相上下的阶段。在这一初级阶段,人和动物的知晓能力都局限于只知怎样生存、获得快乐、逃避痛苦。

其实,在某些方面,动物还比人强呢。有些动物的视觉、听觉、味觉、嗅觉、触觉、本能的知觉和体力都比人强。所有这些能力对于生存、享受和逃避痛苦都是至关重要的。但人性的标志却是能够超越生存和痛苦、快乐的本能而踏上意识、寻求真理和启蒙教化的征途。人的知晓能力对于达到这一目标是最关键的,其最终和最高级的结果便是揭示各种形式的真理及表达真理。不过,应当指出的是,我们对真理的认识永远只是相对的而不是绝对的。在任何一个特定时间,我们所发现的科学真理与精神真理都仅是一部分,是与我们个人成长与集体进化水平相符合的那一部分。因此,我们寻求真理的过程永远不会停顿。

在日常生活中,知识与真理突出地表现在一些看起来不相干的属性中,例如真诚、信任、忠实、依赖、效忠、诚实,还有科学真理、创造的完美性、精神的纯洁性等。所有这些属性都是基于对真理的追求。我们作为人类,本质上是渴望真理和需要真理的,其目的是为了相信并能够在生活中发挥作用。因此,我们需要知晓的不仅是这个世界是如何发挥功能的,而且要知道人们是怎样发挥功能的。一旦我们明白了自然法则和知道了某些自然状态如疾病、灾荒、地震等等产生的原因,我们就能够更好地应对,采取某些对策。对这种现实的认识增强了我们发现、创新和改变我们生活境遇的力量。

真理及其各种各样的表现形式如信任和忠诚,都是人的生活的重要方面。没有这些属性,我们就得消耗许多生活精力去与不诚实、猜疑和不忠诚进行斗争。这些属性不仅在本质上是属于道德伦理的范畴,而且也是健康、完美的生活方式的重要组成部分。之所以如此,是因为真理及其各种表现形式都是人性不可或缺的素质。人能够知晓、认识和发现真理。

以下的两例访谈说明知识与真理在我们个人生活及人际关系中的重要作用。

**访谈之一:简**

简是一位28岁的护士,她已经结婚并有一个3岁的儿子。

治疗者:你今天怎样?

简:我不知道,我想还是老样子。

治疗者:什么样子?

简:总是那个样子,你是知道的。

治疗者:不,我不知道。

简:我不知道我有什么感觉,我想什么,为什么我要做我做的事。我什么也不知道。再说,有什么要知道的呢?我每天去上班,每个人都说我是个好护士。我爱我的儿子,对他照顾得很好。作为一个妻子,我也做得再好不过了。

治疗者:你说话听起来不是失望就是抑郁。

简:是也不是。我失望是因为我按常规生活,但我不知道目的是什么。抑郁嘛,我没有。我已经抑郁过了。我睡觉、吃饭都不错,没有自杀的念头,也不想哭,也没有经济上、健康或职业方面的压力能够用来解释我的绝望感。我试过服用抗抑郁药,它只是使我感到麻木和发胖。我并不抑郁。我只是不知道这样活着是为了什么。你告诉我,你的生活目的是什么,告诉我该做些什么,我会去做的。治疗者:那么你就要过我的生活,而不是你的生活了。

简:所以我必须了解我自己。那是难办到的事。

**访谈之二**

被访谈者是一对30多岁的已婚夫妇。

治疗者:事情怎么样?

妻子:我觉得非常屈辱和气恼。我总是相信他,从未怀疑过他的忠诚。但哪知道他是这个样子。

丈夫:但我已经停止与她见面了。我已有4个星期没见到她。我一直在帮助孩子。你还要让我做什么?

妻子:所以现在我得因为你为孩子花费了几分钟而领你这份情。

丈夫:我并不是那个意思。我希望一切恢复原状。

妻子:那是不可能的。

丈夫:为什么?

妻子:一来我不再相信你。我不知道你什么时候说的是真话,什么时候在撒谎。在你欺骗了我以后,事情再也不可能恢复原状了。

### (二)爱与团结

如前面已经谈到的,爱是人与人之间相互吸引的力量。我们人类在本性上是被美好和快乐的目标所吸引的。这种吸引力正是我们人际关系的核心。我们爱上某人,是因为我们发现与他在一起有吸引力并感到快乐。事实上,当大多数人谈到爱的时候,都是讲的吸引力和快乐的满足这两种强烈的力量。人们通常陷入爱情是因为他们发现被爱者有吸引力并且能够满足最直接的和最重要的需求。在浪漫的爱情阶段(这是爱的第一阶段),我们通常是被另一个人的较为显而易见的特征所吸引。然后,我们发现那个吸引我们的人还能满足我们的某些愿望和需求,于是我们就更强烈地被吸引住了。当双方的相互吸引和相互满足都存在时,爱情关系就变得特别热烈。这时恋人是在消费彼此的爱情,他们无时无刻不在相互眷恋,渴望在一起,难熬分离的时刻。

这种狂热和激情洋溢的初始阶段通常不会长久。因为,当恋人在一起消磨的时间多了,彼此也就了解多了,他们都会发现对方身上某些并不吸引人的东西。此外,他们的意志也开始发生冲突,两人并不总是一致,并不是每件事对两人都同等重要。他们对事情的轻重缓急看法不一,他们的目标不一致,他们的需求开始变化,他们当初发现吸引彼此的东西,现在觉得厌倦了,当双方都感到扫兴、厌烦和失望的时候,爱情的危机就产生了。于是双方就开始想到其爱情将要走向终结。他们断言说,爱情已经死亡。他们可能开始寻求新的爱情。在这个阶段,通常有些恋人争吵不休,另一些恋人则互相回避,处于一种"冷战"状态。在此阶段,恋人也开始因自己的痛苦而相互指责,彼此的爱都有所保留和衰减。其中一方或双方开始寻找新朋友,希望开始一场新的浪漫爱情。这种情形并不鲜见。换句话说,他们抛弃了第二阶段也是最困难阶段的爱情而想回到第一阶段即浪漫阶段的爱情。

虽然第二阶段是最痛苦的,但也是对个人成长最有教育意义的。这个阶段不仅是对爱情的考验,也是对我们理解力与意志力的考验。你对另一个人的了解有多准确?你对自己是否真诚?是否可能存在这样的情况，即这种爱情关系的结果使我们发现自己是自私的，但却不愿承认这样的事实？又可不可能因为我们有不安全感，因而不能在平等的基础上相爱？是不是我们惯于隐瞒自己的短处，而又不愿承认这一隐瞒呢？是不是我们有嫉妒心，而为了掩饰这种嫉妒心就以对别人的不信任来回避对自己缺乏信心呢？在爱情关系的第二阶段，这些痛苦的但却是很有价值的问题出现了。它们是在爱对方的过程中所取得的自我认识的成果。因为认识这些问题是痛苦的，相爱双方常常因其遇到的困难而互相指责，甚至可能产生分道扬镳的念头。

如果我们愿意进一步认识自己和认识所爱的人，如果我们愿意用我们的意志来帮助我们成长和变得更加完善，那么我们就能到达爱情关系的第三阶段，即明智的爱或团结阶段。在此阶段，爱情关系被更高程度的自我认识和相互认识所加强。我们更多地发现彼此的优点和缺点，对彼此的需求和能力也有更多的敏感性，我们变得对他人更有耐心，不再需要竞争。我们愿意鼓励对方，用整体性观点来看待对方，承认别人的光明面并帮助别人进步与成长。这是一种明智的爱情关系，它细腻而温柔，它是两颗灵魂结合在一起的表现。

团结与爱是完全相关的。团结是博爱的表现，一人爱大家，大家爱一人。大家都把每个人的独特的美视为全体的美。换句话说，爱团结了人们。通过吸引、理智、合作，我们看到每个人既是相似的，又是不同的。我们在人性方面是相似的，而我们表现人性的独特方式又是有差异的。这种独特性使我们相互吸引，这种相似性使我们团结在一起。因此，团结是在无条件的和普遍的等级上表达爱的途径。

然而，因为我们还没有学会以成熟的方式去爱和在平等的基础上创造婚姻关系，所以许多人的爱情关系是酸楚的，它不是导致团结，而是以分离和疏远告终。（详见丹尼什著：《团结：缔造和平的基础》。）下面的例子可以使我们对这一过程有所了解。

**访谈之三：卡尔**

卡尔是一位 45 岁的已婚男子，他和妻子生养了 4 个孩子。

治疗者：你怎么样？

卡尔：事情不妙。我完全懵了。

治疗者：为什么？

卡尔：我不明白我应当做什么。我很想念我的恋人，但她不想见我。她说她爱我，但只要我不离婚，她就不想同我有任何来往。我不知道我是否爱我的妻子。她告诉我她爱我，但我没有感觉到。

治疗者：你的意思是什么？

卡尔：她爱我的方式不是我想要她爱我的方式。你明白我的意思吗？

治疗者：你说吧。

卡尔：她用照顾我、照顾家和照顾孩子的方式来爱我。当我生病的时候，她在跟前侍候。她是那样一个好心人。但是她的爱与玛兰尼的爱不一样。玛兰尼带着激情来爱我，但我的妻子不是这样。

治疗者：你同你的妻子之间曾经有过激情吗？

卡尔：在我们刚结婚的时候我们非常快乐，我们都有激情。但是后来有了孩子，就一切都变了。

治疗者：孩子们怎么样？

卡尔：噢，我非常爱他们。我不能想象，没有他们我该怎样生活。正是因为他们我才保持了这桩婚姻。

治疗者:你还爱什么?

卡尔:玛兰尼。也爱妻子,但爱的方式不同。还爱我的父母、家里人和一些朋友。

治疗者:你的职业怎么样?

卡尔:噢,我不喜欢我的职业。

治疗者:但是你在你的职业上花很多时间。你加班,周末也工作。你有工作激情,你很投入,你在建设工地呆很长时间。

卡尔::好吧,那就算我喜欢我的职业好了。

治疗者:你爱你自己吗?

卡尔:我不认为我自私或什么的,但我想我是爱自己的。可是这些天里我恨我自己。

治疗者:你还爱什么?

卡尔:我不知道。我还应当爱什么吗?看来有那么多不同的爱,一些爱比另一些爱更重要。

治疗者:是呀,是有不同的爱。但更重要的是,爱有不同的阶段。看来你的爱就到此而不能前进了。

卡尔:你指的是什么?我不明白。

治疗者:看来你的欲望是第一位的。

卡尔:你是说,我把自己放在别人前面了吗?

治疗者:是的。而且经常是当你的欲望不能满足的时候,你就一走了之。你都不给你的爱留一个机会,让它去进步,并创造你与其他人之间的团结。如果你的爱不能进化为团结,那么这爱就是酸楚的。

卡尔:我需要想想这个问题。

**访谈之四**

这是一对二十几岁的夫妻。他们没有孩子。

治疗者:看来你们俩很苦恼(妻子开始哭泣。丈夫坐立不安,不敢看他的妻子)。怎么回事?

妻子:问他吧。

丈夫:老问题。她无事自寻烦恼。

妻子:无事?你威胁我,拿扫帚柄打我,还算无事吗?你半夜三更逼我到城里去找麻醉品,还算没事吗?

丈夫:我想跟你在一起。

妻子:你作出这样的事,我不愿跟你在一起了。

丈夫:我没做错什么事。我要为聚会搞点药品,这没什么了不起,只是急躁了点。你简直不明白。我以为你是爱我的。

妻子:你认为爱你就是你要我做什么我就做什么吗?

丈夫:(生气地)我没有要求多少。屋子里乱七八糟,你可以整个下午与你的朋友待在一起。我甚至都不知道你同什么人在一起。

妻子:你很清楚我是同朱丽雅和桑弟在一起。我们喝了点饮料。我不明白,这与爱有什么相干?

丈夫:我觉得,如果你做我想做的事,就能表明你爱我。

妻子:那么我呢?

丈夫:我上班。我工作很累。我所希望的无非是在家里有愉快的时光。

妻子:我工作也很累。再说,我还得做所有的家务和其他事。如果这就是爱的话,我不想要。

### (三)意志与服务

爱和知识最终需要用行动来表现,而行动是要求意志力的。可是,人的意志可能以各种方式被滥用。他可能变得极为僵化和不具灵活性,不顾已经变化了的生活情况和我们知识水平的提高。这种极其僵化的意志可以在军事领导人、专制者和权威型家庭、权威型组织及权威型社会中发现。僵化给人们带来深刻的影响,它常常导致破坏性和暴力。不幸的是,在历史上,甚至在我们当今世界上,非常僵化、强硬和专制的人们还被顶礼膜拜呢。他们常被称为理想的领袖。有趣的是,据圣经所言,"谦和得江山",而不是固执的权威型领袖得江山。

僵化和不具灵活性的意志,其反面则是软弱无能,这通常是受压迫者的标志。这类人对社会中的暴君,或家庭中暴虐的配偶或父母逆来顺受,不敢使用他们的知识,害怕表达他们的感受。意志的健康表达,有赖于自我认识和积极的自爱充分发展。只有当我们最终达到了思想开放、胸怀坦荡、意志自由时,才会有健康的意志表现。这里,意志可以用理性和爱的方式自由行动。在一种注重精神的生活方式中,人的意志的最终成果是服务。

"服务",这一概念需要加以说明。首先要知道,服务并不是指对他人奴颜婢膝和盲目服从。其次,服务要求我们公正,平等待人,防止利己主义和骄傲自大,要设身处地为别人着想;如果需要的话,宁愿把别人和社会的利益放在我们个人利益之上。

关于优先考虑他人利益的思想,并不是建立在某种望尘莫及的乌托邦理论的基础上的,而是根据这样一个客观真理,即人类是一个整体,所有的人都是这个整体中的成员。随着我们向集体成熟的时代迈进,这一真理将越来越深入我们的思想之中,因此我们将最终达到高度的同一、和谐、合作、互助、相互理解与同情。那时,一个人的幸福被认为是大家的幸福,一个人的痛苦将成为人家的痛苦。只有到了那个阶段,我们才能真正地获得用意志去服务于他人的能力。

如果意志被以不健康的方式利用,其后果是破坏性的。下面的例子可以说明这种破坏性过程。

**访谈五:桑弟**

桑弟30岁,大学里的一位研究生,计算机分析员。

桑弟:我看不出到这里来有什么用。什么也没改变。我到这儿来治疗两个月了,一星期又一星期地耗去。

治疗者:你想改变什么呢?

桑弟:改变我的生活呀。我现在生活得不好。在家里我们没有交流;在工作单位我发现自己也很孤独。压力太大了。

治疗者:情况肯定是可以改变的,只要你有改变的愿望。

桑弟:怎样改变呢?

治疗者:通过改变你对生活的看法而改变生活的方式。但是,如果你决定这样做,你必须有艰苦努力的准备。你必须有了解你自己的意愿,要以健康的方式爱自己,要像你希望别人对待你那样去对待别人。一切主动权掌握在你手里,没有任何人能替你去做。

桑弟:听起来怪难的,这不是快乐的事。

治疗者:是很难。审视我们自己是件痛苦的事,推迟实现我们的欲望也痛苦。抉择权在你,你不得不做这件事。我会在这里帮忙,但整个事情还得你来做。

桑弟:这太难了。我看不值得去受这番苦。我想还是算了吧。

治疗者:好吧,你想一想。如果你改变了想法,请告诉我。

(五分钟之后)

治疗者:你怎么又回来了?

桑弟:我断定我不能再按过去那段漫长时间里的生活方式活下去了。什么也没改变,也许事情还会更糟。

治疗者:你要记住,努力去认识你自己,并且要认识到改变你的某些生活方式是困难和痛苦的。

桑弟:我知道。我想,这一次我的意志力强一些了。

**访谈之六**

这是一个公司的负责人与咨询者之间的交谈。

负责人:我们公司里发生了一些变化,我不知道是怎么回事。情况就在那儿摆着:病假和缺勤率比任何时候都高;每天四点半以前人人都溜了;在工间休息和午餐时间,人们在楼里进进出出自由散漫;没有团结精神,流言蜚语不胫而走;公司的效益和利润下降,一切都不景气。

咨询者:有过与此不同的情况吗?

负责人:是的。去年,一切情况都相反。那时人们高兴,工作努力,有很多交流和同事间的友谊。

咨询者:是什么东西变化了呢?

负责人:我说不清楚。要说,去年的情况困难多了。去年,我们的员工自己决定开拓一项为穷人送食品的业务。人人都忙得不可开交,整年他们都在参与此事。各种电话打到办公室来,白天黑夜地开会,很多人都自动加班,因为白天他们要去分送食品,又是电台广播,又是记者采访,简直门庭若市。告诉你,这件事情非常成功,参与者个个都高兴。但是管理有些令人担忧。今年我们告诉员工们说,这类活动不属本公司的业务范围。

咨询者:去年的效益和利润如何?

负责人:去年是最好的年头之一。由于经济形势好转,我们本以为今年的情况更好呢。这实际上就是我们说不要再分送食品的原因。因为我们想到员工负担太重了。

咨询者:但是,你们这样的决定,把你们员工的服务精神抹杀了,随之把工作积极性也排除了。

让我们根据知识、爱和意志的关系和真诚、团结、服务的关系来进一步探讨一下上述的访谈个案。在对这些个案的探讨中,我们分别举出两个属于知识、爱和意志失调的例子。

访谈之一的那个28岁的护士,不过是不习惯寻求生活的意义和理性罢了。她学会了做个好母亲、好的工作者和好妻子。但她的生活是贫乏的,没有启迪、没有追求、没有疑问,简直就是暗淡无光。寻求知识是人的一个基本层次,但这一点在她的生活中缺少了。

访谈之二也与知识有关,但含义有所不同。在这一个案中,妻子不再知道她是否还能相信她的丈夫。他的婚外情破坏了她对他的信任。在这里,我们接触到人求知的另一个方面,这就是对真诚和忠实的需求。

访谈之三中那个45岁的中年男子和访谈之四中的那个年轻人,都以狭隘的和以自我为中心的观点来看待爱情。在他们看来,爱与享受和快乐几乎是同义语,而没有意识到,成熟的爱要求给予和得到。爱是痛苦的，成熟与健康的爱能够带来成长和创造性，并将最终导致团结一致。

访谈五和六涉及人的意志及其对行动的影响。在访谈之五中，那位计算机分析员不愿意经历自我认识与成长的必要阶段，因为自我认识和成长都是痛苦的。她选择维持现状。但是她的情况继续恶化，所以她决定回来寻求帮助。意志的这种健康尝试也许正是解决她生活危机的关键所在呢。

访谈之六说明了在人的动机之中一个非常重要的因素：什么时候我们的生活有了目的和意义，什么时候我们就能与别人分享和体验到团结一致，我们的行动也就能服务于他人，我们就有高尚的动机，我们就能享有难得的机会让我们的思想（知识）、感情（爱）和行动（意志）处于一种难得的协调一致状态。正是这种协调一致状态导致了内心的宁静与快乐感。

从上述分析中我们可以看出，健康人格发展的前提条件是要有一个行动的准则，它使我们能获得知识、启迪、智慧，能发展成热的爱的能力，能够产生勇气和智慧去以一种创造性的、对生活充满信心的方式行动。

这些显然都是伦理问题。许多人认为，把伦理引进心理学是不适宜的。那些反对者说，心理学是关于人类行为的"科学"，科学与伦理是不能放在一起的。他们还说，我们通过心理科学知悉为什么人会有如此的行为，如此的感觉，然后我们必须做的事就是纠正行为和矫治感觉。他们说，行为是可以改正的，要么通过对行为的成因和动态进行审视，要么通过奖励与惩罚的手段去进行矫治。同样，感觉也可以纠正，或通过认识其成因，或通过化学与物理的手段去改变。他们的结论是，无需伦理，伦理属于宗教，而宗教是老古董。

乍看起来，这种说法颇有理，但其实是根本错误的。首先，人的任何努力，无论是科学的或是其他的，都不是没有价值观在其中的。人的一切活动都是在人的三种能力即知识、爱和意志的范围内去完成的。从根本上说，这些能力都要达到某种结果，这种结果从古至今都被标明是具有伦理本质的。认识过程的最终结果是真理，爱的最终结果是团结一致，意志的最终结果是服务。真理、团结、服务是一个成熟而完善的个人和一种真正人类文明的属性。这些属性也是有其伦理本质的。为更好地了解这种观点，让我们进一步谈谈真理、团结和服务问题吧。

## 二、关于普遍的伦理法则

我们现在来确认一种普遍的伦理规范，它是以我们的知识、爱、意志为基础的。如前所说，这三种能力是人的灵魂的力量，当它们在精神原则与科学原则的结合中得到发展时，其结果便是真理、团结和服务。

### （一）真理

哲学家们为定义真理而作了许多努力。在此，我们的目的不是要对真理进行哲学的探索，而是要实际地讨论真理在日常生活中的作用。

独立地追求真理是我们人性的一部分。我们不断地求知，我们尽最大能力去发现每件事物的真理。在所有的真理中，最重要的真理是关于我们自己的真理。我是谁？我存在的根本实质是怎样的？我是一个肉体还是一个灵魂？或者是肉体加灵魂？我是哪一种人？我是勇敢、真诚、忠实、值得信赖和不说谎的人吗？我生活的目的是什么？所有这些问题或其他一些问题，都需要严肃地加以考虑。我们作为人，有知晓这些真理的需求。然而，我们对真理的认识是有限的和相对的，我们永远也不能够认识全部的真理。追求真理是毕生的要求。所有的人，不论其条件如何，都在不同程度上有意识地或无意识地寻求与大自然和与人的存在有关的问题的答案。

为成功地回答这些问题，最重要的品质便是对自己真诚。我们如果可以选择对他人撒谎的话，但对自己却无法撒谎。有时我们可能愚弄自己去相信不真实的东西，去把分明是假的东西合理化。但是每当这样做的时候，我们都在某种程度上意识到，真理潜在于某个地方。真理好像阳光。当真理闪现其光亮时，它就照见了我们存在的本来面目。这就是为什么我们害怕真理，同时我们又需要真理。

对自己忠诚就为与别人建立一种忠诚的关系铺平了道路。大多数人际关系的困难，其根源就在于我们相互愚弄，其结果便是相互误解。在社会层次上，这些误解和愚弄就造成了各种各样的偏见。在人际关系的层次上，误解和愚弄使人际关系复杂化，造成了诸如伤害、怨恨、恼怒等等情感。所以，我们不仅需要理解自己，也需要相互理解。我们需要真诚而忠实地交往。我们需要履行自己的诺言，以使我们的信任不致被破坏，不会给人以假象。

如我们所见，真理问题远不止一个纯哲学问题。在日常当活中，丈夫和妻子必须能够相互忠诚，如果他们的婚姻是幸福而牢固的话。孩子要相信父母，相应地，父母也要相信子女。雇员与雇主、老师与学生、人民与政府、民族与民族之间都需要相互忠诚，如果他们希望建立一种值得信任的关系的话。在一切个人之间和国际间的相互交往中，真诚都是必不可少的。没有真诚，所有人际关系都将是麻烦的。这就是我们当今世界的情况。丈夫与妻子、父母与孩子、政府与人民以及各民族之间，缺乏相互信任，彼此不说真话，大家吃苦头。我们需要真诚，不仅因为它是一种伦理规范，而且因为它是健康的人生与健康的社会不可缺少的因素。

### (二)团结

与真理密切相关的是团结。团结是指一致性，一致性是真理的属性。真理就是一致性，一致性亦是真理。

团结也与爱密切相关。没有爱就不可能团结，不承认基本的团结就不可能爱。在我们的人际关系中，团结问题是与爱的问题交织在一起的。相爱的人渴望待在一起、团结在一起；当他们分离时，彼此都会痛苦。但也常见到这样的情况，相爱的人在一起也痛苦，这是因为他们还没学会团结。仅仅有爱还不能保证良好而令人愉快的关系。其实，常常见到爱的关系是痛苦的、不令人快活的。然而，如果相爱者团结在一起了，他们就将有较为快乐和较少痛苦的关系。要达到团结，我们就需要认识到，即使我们分开的时候，我们也是团结一致的。我们生活在一个高度个体化的社会，因此人与人之间的分离和分歧受到鼓励。竞争被认为是个人发展与完善的关键，建立团结关系的努力受到怀疑。

在我们当今这个世界，人们对团结的概念是非常陌生的。有人认为团结就意味着千人一面，所以对团结这一概念不感兴趣。另一些人认为团结是一个过程，它终将导致一个人或一个集团统治其他人。这两类团结都是完全不能接受的。我所说的团结是与上面两种团结的概念相反的。

在这里，团结指的是：人存在的本质是同一的，他们在一起就构成了一个整体即人类。具体些说，所有的人都是由相同的物质成分组成的；所有的人都拥有三种能力，即知识、爱、意志；所有的人都要走过相同的生命历程，即出生、成长、死亡；我们同样 面临着有关生与死的重大问题。然而我们每个人又是独特的：相貌长得不一样，思想、感情和行为也有差别，各自过着独特的生活。

团结的挑战是：如何在保持人的丰富差异的同时又体现出所有人的一致性，体现出他们之间的相互依存和对自然界的依存关系。在我们的宇宙万物间，每件事物都是与另一件事物相联系的，所有的事件都对另一件事件产生影响。一事一物的变化牵连到全局。因此，团结就要求我们懂得，"地球是一个国家，人类是它的公民"①。团结要求我们关怀人的幸福，无论他们属于什么民族、种族、信仰、阶级或者他们具有其他什么独特之处。团结要求我们发展一种世界意识。团结要求行动，这种行动是世界性的，包容广泛的，所用的方法是公平正义的。在此我们又看到，团结远不只是伦理规范，伦理规范是可以任意抛弃的；团结是一种证据，证明人类的生活和文明达不到团结是无法继续下去的。分离的时代已走到了终点，现代世界的必然需求便是团结。

### （三）服务

服务是普遍伦理法则的第三个内容，它的出现是人类进化与成熟的结果。随着我们进入人类集体成熟的时代，我们意识到，在人类社会进化的儿童期和青春期被接受的那些行为准则不合时宜了。

在一个成熟的社会里，竞争必然让位于个人对完美与合作的追求；自我中心意识将被对他人的关怀与爱所取代；基于权力与统治的关系必须被抛弃，以利于合作与平等；权威型的行为模式必遭淘汰，政府的专制办法将被真正的民主和对全体公民都有意义的自由参与所取代。人类的集体成长所必需的这些变化，只有通过在个人和社会层次上的某些特定变化才有可能实现。

在个人层次上所要求的变化就是服务。这并不是因为我们想被别人视为"好人"，而是因为没有服务，任何人都不能成长。我们人类是生命和意识的宇宙生态的一部分，生命和意识是贯穿于整个宇宙的。我们也是这个宇宙的良知所在。② 就我们所知，在内层宇宙里存在的生命中，只有人类才有作决定、作选择和分辨善与恶的能力。我们既能破坏也能创造；我们的行为可以是贪婪的，也可以是慷慨的；我们既可能自私自利也可能服务于他人。世界的命运就掌握在我们集体的手中。我们既能相互完善也能相互毁灭，或者相互合作及服务。服务是人类生活中一个不可缺少的方面，它是高贵与成熟状态的人性的一部分。

在我们当前这个青春期世界里，服务的思想受到怀疑。为了更好地理解服务这一概念，我们需要将它与慈悲施舍之举区别开来。服务是从平等的角度所表现出来的慷慨与援助，而慈悲施舍之举是有者对无者的给予。在一种完善的生活方式中，慈悲施舍将让位于服务，一种互惠的关系得到发展；每个人既给予又得到，又教又学。在服务的行动中，我们抛弃了利己主义，建立了与他人的平等关系，用团结取代了个体主义。

在下面的章节里，我要简单谈谈人脑的结构与功能及其在人的意识和人类进化中的作用。研究这一问题之所以重要，是因为，如果我们的意识（灵魂）确实是我们大脑的产物，如果我们的大脑只按本能规律行事，那么我们创造精神生活方式的努力都将失败。如果我们的本性就是喜欢谬误、个体主义和自私自利，那么我们致力于真理、团结和服务的努力也将失败。那么我们就不得不接受一个事实，即我们将继续为生存而不停地奋斗，我们就将仍然是一种压抑人的物质文明的受害者。然而，

---

① 《巴哈欧拉著作选集》，第 250 页。

② 阿杜·巴哈：《问题解答》，第 233～235 页。

情况并不是这样。我们在本质上是有精神属性的，我们在自己生活中运用精神的原则将取得成功。我们将能够创造一种和平的、团结一致的和公正的世界文明。我们将在减少冲突、紧张和减少殃害我们生活的侵犯性方面取得成功。我们至少会进入一个成熟的时代，即一个精神文明的时代。

任何一个严肃地观察今天人类现状的人都不会否认，绝对必要把真理、团结和服务的原则应用到当代人的生活中去。我们今天的世界被各种思想、利益和现实的冲突弄得如此困惑，除非人们能够去为自己找到真理，为追求共同的目标而团结一致，创造一个公正、成熟的合作和服务的世界，否则世界的局势就将很快朝着破坏与毁灭的方向发展。随着个人的毁灭，社会的毁灭也就为期不远了。

## 三、大脑、意识与精神

许多人努力奋斗的最终目的是减少紧张，达到心灵的宁静与和平，消除由于心理上的和人际关系中的冲突而引起的心理和肉体的能量消耗，最后达到幸福。人的幸福的奥秘在于获得团结，既有我们所想、所觉、所做的事情之间的一致，又有我们与其他人之间的团结。不幸的是，对幸福的要求，也是对和平的要求，最经常地被追求快乐所取代。快乐如此这般地成为我们行动的最高信条和准则，尤其是如果这种快乐能够达到满足我们自我中心主义的欲望的话。我们常常遇到一些人，他们沉醉于婚外的关系而离弃婚姻和家庭，声称“我需要我的配偶不能给我的那份情意”。这归根结底是一种自我满足的行为。这种行为对于当事者会带来深远的消极影响，这一点被完全忽视了。由此而造成个人内心和人际关系冲突的严重问题。我们还常常可以见到另一些人，他们殴打和伤害别人却理直气壮地为自己辩护说：“是那个人惹我生气了。”仿佛他这种暴力行为是正确的。

上述一切行为的主要特点是行为者把本能欲望看得高于精神原则，换句话说，这些人把人的本能看得比人的其他能力(如知识、爱、意志等)更重要、更强大。但事实上，知识、爱和意志比本能的力量不知强大多少倍。一种完美的生活和精神心理学的总体目标就是把人的本能置于知识、爱与意志的控制之下，而把真理、团结和服务的原则应用于指导人的本能。这样，我们就将发现，我们的生存不需要自我中心意识，我们的成功不需要向他人施加权力，我们可以通过分享他人的快乐而使自己幸福。我们的总体目标是从动物似的生活向独特的人的生活转化。

心理治疗的努力，其核心也应当是实现这一目标即转化，实际上就是超越。在这里，超越是指把我们那些属于进化早期阶段的较为原始的兴趣和利益加以精神化。通过认识我们大脑的结构与功能，我们可以看到我们的进化过程，并了解到怎样就可能发生超越。

### (一)大脑及其功能：概括的说明

人的大脑是宇宙间具有最复杂结构的存在物之一。它由150亿神经细胞组成，几乎相当于银河系里所有星球的总数。对人脑的研究帮助我们了解大脑的三个功能单位，即警报功能、信息处理功能和行动功能。这三个功能单位并不是大脑中的三个部位，而是三种过程，这三种过程是整个大脑工作的结果。在一切拥有大脑的动物当中，人的大脑是最为复杂和最为先进的。根据进化论的观点，人的大脑至少有三个进化部分，一是爬行类部分，二是原始哺乳动物部分[①]，三是新哺乳动物部分。美国国立精神卫生研究所大脑进化与行为实验室主任P. 马克林(Paul Maclean)对人类大脑中

① 欲详知大脑的解剖学与功能，可参见雷斯塔克：《大脑：科学的新领域》，纽约，1979年版。

爬行类部分的工作特别感兴趣。他的具体兴趣在于研究人的情绪。他认为，人继承了动物心理活动的古老方式，即所谓“古生物心理”过程。据此我们可以分别出三部分大脑。马克林说：“它们相当于三个相互连接的生物计算器，每一个都有自己的智能，有其自身的主体性，有时间与空间感，有自己的记忆和其他功能。”①人脑的最原始部分是其爬行类部分或脑干，它的功能是维持物种的自我保护和生存。一些科学家认为，诸如筑巢、嗥叫、觅食、贮藏、贪求及组成群落等等均是爬行类大脑的功能。②

人一般也表现出这种爬行类行为，而且有些人恰恰是依循这种倾向去生活的。从这类观察中我们可以得出结论，人在其进化过程中的某个时候曾过着类似于爬行动物的生活；然而这并不意味着我们应当持续这样的生活，应当拒绝超越这种生活的努力。如果我们既不曾进化也不曾拥有一个更发达的大脑及意识去认识独特的人类，那我们就当然会停留于爬行类动物的等级上，并像它们那样去行动，也就会被其他能够思考、分析和做结论的高级动物认为是“正常”的。但事实是，我们是人，我们能够决定自己是否愿意效法爬行类动物的行为倾向。这是目前研究的核心问题。

研究者们得出的结论与他们的世界观和对现实的认识不能分割，这是事实。无论研究大脑的人多么独立思考和客观地判断，其所作结论仍旧会带有研究者个人关于人的本质和对世界现状的主观认识的色彩。让我们看看马克林如下一段说明：“除了无私的行为和父母行为的大多数方面以外，值得注意的是，在爬行动物中所见到的行为方式也在人类中发现。”③有人也许会问：如果我们把无私行为与父母的行为除外，那剩下的还有什么呢？我们已经指出，人是有意识能力的，有知识、爱和意志，能够牺牲、创造、想象，能够体验分离的痛苦和重聚的欢乐，能唱歌、审美、写诗，学习善德、公正、成长、团结等等原则。如果我们把这些都除去，那剩下什么呢？也许就剩下某类爬行动物的行为了。我们也可以问：为什么此事如此令人惊讶呢？诚然，我们人类确实也有自我保护和生存的功能，从这方面看，我们与爬行类动物有相似之处。马克林说，人的某些行为，诸如从众行为、敬畏权威以及违抗秩序，可能与我们大脑的原始部分有关系。也许是这样吧。但这类行为显然是带有破坏性的，不再有助于个人或社会的发展。

摆在人类面前的任务是要用人的独特的心智与意识力量去矫正过去的进化过程中残留下来的陈旧而带有破坏性的倾向。发生这种改变的方式尚不清楚。可能是我们的意识（灵魂）影响我们大脑的进化吗？如果是这样，那又是怎样影响的呢？除了我们心智的力量之外，还有什么力量影响我们集体的成熟呢？会不会是宗教的精神教育在人类意识和进化中起一种重要的和首要的作用呢？这些都是精神心理学所关注的课题，需要加以充分的研究。下面还是让我们继续探讨大脑的功能吧。

### （二）边缘系统

在大脑皮层之下便是边缘系统，也称哺乳类部分。所有哺乳动物都有边缘系统，它的主要任务是帮助保持体内环境的平衡，即内在环境的持续与稳定。此外，边缘系统还控制着我们的情绪。这个系统不仅起着让我们“活着”的作用，而且还为大脑的许多工作创造条件。例如，下丘脑就是边缘

① 雷斯塔克：《大脑：科学的新领域》，第 52 页。
② 雷斯塔克：《大脑：科学的新领域》，第 53 页。
③ 雷斯塔克：《大脑：科学的新领域》，第 53 页。

系统结构的重要部分，它控制着饮食起居的规律、体温、心律、激素水平、性、情绪和平衡。这些都是生存活动，这些活动全都由边缘系统中只有豌豆那样大小的一部分控制着，这个小小的部分，就是下丘脑。

因为人和哺乳动物都有边缘系统，因此研究者发现人和动物日常生活的某些基本方面有许多相似之处，就不足为奇了。在这方面，情绪的作用是特别重要的。关于我们的情绪是如何起作用这一点，我们还知晓不多，我们也还没有学习到很多关于如何用一种创造性和建设性的方法来处理情绪问题的知识。

大多数关于大脑与情绪的关系的研究，都还仅仅围绕着大脑中枢的哪些部分受刺激就能产生气恼和恐惧，而哪些部分受刺激又能带来快乐与兴奋等。这些情绪是人和动物都有的。许多人对情绪作出的反应是仿佛他们不能够或不应当作任何努力去改变情绪。例如，当代世界的行为科学家和凡夫俗子们都以为，情绪应当宣泄出来，快乐的欲求应当得到满足。他们完全忽视了这样一个事实，即人类在其整个历史长河中总结出来的经验是需要控制情绪；如果不注意控制情绪，可能在社会中造成问题和困难。毫无控制地发泄气愤情绪可能导致痛苦与不幸，甚至造成死亡。同样，毫无节制地追求快乐既可能造成社会问题，又可能造成个人问题。因此，在那些呼吁情绪自由和那些主张控制情绪的人们之间，就总是存在一种对立的关系。这种对立通常也发生在关于公众利益与个人权利、自由与秩序、科学与宗教的争论上。仿佛宗教已失去了依据，爬行类和哺乳类动物的生活方式完全合法化的时代已近在咫尺。

如果这种情况及一切相关的后果发生，那么我们就将甚至回到人类的史前时代的生活中去。哈佛大学的动物学教授、《社会生物学》一书的作者 E. O. 威尔逊(Edward O. Wilson)所描述的科学与宗教、宗教与宗教之间的斗争，就是一个很好的例子。《大脑》一书的作者 R. 雷斯塔克(Richard Restak)指出，威尔逊认为，“我们最深刻的、在某种意义上也是最为人性的价值是由肉体决定的，因此‘当我们悲伤或生气，甚至是性欲出现时，不可遏止地欲求在某种面部表情中表达出来’，这是可以解释的。”①

让我们仔细分析上面那段话。威尔逊说到“我们最深刻的、在某种意义上也是最为人性的价值”，接着就把这种价值与悲伤、生气和性欲相提并论。他进一步解释说，这种“深刻”和“最为人性的价值”是肉体决定的，因为“我们不可遏止地欲求在某种面部表情中表达出来”。我们可以质问：为什么悲伤、生气和性欲被定义为最深刻的人性价值呢？它们其实是人和动物都具有的对剥夺、威胁和刺激的自然反应。这些情绪怎能被描述为人性价值呢？使这些情绪成为人所拥有的价值，并不在于我们像动物那样仅仅有这种情绪，而在于我们通过人的独特的本质，有能力和意向去把这种有生物学根源的情绪升华到富有创造性、意义和目的的精神王国之中。因此，悲伤之于人类，是与爱、团聚、分离密切相关的；生气是对不公正、贫困、愚昧的反应；而性是人的灵魂欲求结合与创造的表达媒介。正是在这样的层次上，这些情绪才谈得上具有独特的人性价值。

至于我们的面部表情，威尔逊认为它证明了人性价值是由肉体决定的。但究竟如何呢？如我们在前面已经谈到过的，人在生活中的存在是通过肉体来表现的。我们生物的和精神的素质都通过肉体的表情、动作和行为来证明，因而也是通过面部和身体其他部位来表现的。然而，我们的肉体是我

① 欲详知大脑的解剖学与功能，可参见雷斯塔克：《大脑：科学的新领域》，第 74 页。

们的情绪的表达媒介并不能否定这样一个事实，即我们可以选择如何表达情绪。一个注重精神的人表达气愤情绪是为了公正的目的而不是以自我为中心或以不公正的行为为目的。性是一种表达团结的圣洁行为而不是一种掠夺性的奸淫，悲伤是一种与爱相联系的具有亲密意义的情绪表达，而不是毫无意义的困惑和迷茫。在这种情况下，面部表情如何只具有次要意义。

这个问题是如此至关重要，所以值得进一步强调。让我们再来看看《社会生物学》的作者威尔逊的说法。“自我认识是由大脑中下丘脑边缘系统的情绪控制中枢控制与决定的。这些中枢使我们的意识中弥漫着各种情绪，如恨、爱、内疚、恐惧等等。这些情绪被伦理哲学家们用直觉的善恶标准加以判断。那么我们不得不提出这样一个问题：究竟是什么东西造就了下丘脑和边缘系统呢？它们是按自然选择的法则进化的。那种简单的生物学原理必须进而用来解释伦理学和伦理哲学。”[①]在这里，我们看到科学与宗教对垒的一个极好的例证。让我们分析一下威尔逊的说法。他首先提到自我认识，但又没有加以定义。“自我认识”在这里是值得认真推敲的，因为它是人类才具有的独特现象。至少我们知道没有别的动物拥有自我认识能力，我们也知道人类才有自我认识。因为进化论科学家的目的是要证明人类不过是一群动物，没有什么高明之处，如果自我认识也被否定掉了，那么他们要证明的事就变得更加轻而易举了。

威尔逊声称：“自我认识是被情绪控制中枢控制与决定的。”乍看起来这一观点也有可取之处。在很多时候，我们的自我认识受情绪影响；然而它并不是由情绪来决定的。实际上，相反的说法倒是真理，即我们的情绪是由自我认识控制和决定的。这一真理原本可以使威尔逊的研究成果更符合逻辑。

文明包含着人类的社会进化与精神进化。这一文明史是人的自我认识影响人的情绪的活生生的例子。它表明，情绪可被用于建设性的努力；但历史上也有足够的证据说明人类不能积极地利用情绪的情形。正是后一种情形引起了人们特别的关注。我们怎样才能发展自我认识，使其带来精神战胜本能的结果？这是人性的一个核心问题，即超越本能的承袭而开创一个真正自由的新纪元，这种自由是最终摆脱动物性倾向的结果

威尔逊进而声称，位于下丘脑的边缘系统的情绪控制中枢使我们的意识中弥漫着各种情绪，从而控制和决定了自我认识。那么我们要问：什么是意识？它是与自我认识相等同的吗？它的起源在哪里？意识是怎样被情绪控制而决定着自我认识；动物有情绪而无意识，或者没有控制情绪的意识，而人类有种种情绪并且知道选择用什么方式去表达这些情绪，这难道不是动物与人类之间的本质区别吗？

威尔逊主要想说明，下丘脑（我们边缘系统的一部分）是人的情绪的发源地，这些情绪作用于我们的意识。的确如此。但根据进化论的说法，下丘脑和边缘系统是数百万年里进化而成的，这也是真的。

然而，所有这些研究都未触及一个中心问题，即自我认识和意识的起源。在此我们要问：进化的动力是什么？仅仅是自然选择吗？又怎样解释人的意识常常向人的大脑发出挑战，要它在更高的层次上进化和发挥其功能这一事实呢？进化论以其“适者生存”的进化价值观来解释数百万年里动物和人类行为的进化过程，而精神心理学则用人对心智（或灵魂）进化力量的反应来解释人的行为。换

① 欲详知大脑的解剖学与功能，可参见雷斯塔克：《大脑：科学的新领域》，第 75 页。

句话说，人的进化是生物进化与精神进化相结合的过程，并将继续这一过程。如果我们研究大脑皮层的话，就可以特别清楚地发现人类生物进化与精神进化之间的关系。但在此之前，我们还需要说明一点。

雷斯塔克在与威尔逊讨论问题时指出，根据威尔逊的看法，爱总是与恨、侵犯、恐惧等等交织在一起的，它们通过边缘系统发生联系；如果这是事实的话，那就无须去克服由我们自己的边缘系统加之于我们的那些生物局限性了。威尔逊这样回答说："虽然我们能够克服由我们自身的边缘系统加之于我们的生物局限性，但我们是以极大的经济代价和社会代价被迫这样做的。这些代价包括时间、精力和资源的投入。"威尔逊还说："例如，很难忽视我们从'肉食'进化到素食的困难，或者，要忽视人的生物差别而创造男人与女人之间的平等是多么不易。"他觉得，"要改变人的进犯本能也很难；为缔造和平而付出的代价异常高昂，因为'和平共处'并非自然而然到来的，而是以大量时间、奋斗和金钱为代价的。"不过，关于缔造和平，威尔逊至少愿意"非自然"地进行，他认为和平"有足够的重要性，值得付出代价。"他进而说，"为其他的目的"是否值得付出高昂代价，他就"不那么肯定"了。①

威尔逊的上述观点，远不是所谓"无价值判断"的科学结论。它们是与精神现实相接近而又被人与动物之间在肉体上的相似性所局限的心智产物。这样的理论具有诱惑性，因为它解释暴力、破坏性行为和自我纵容的生活方式时把我们对责任感的需求置之度外。这种理论之所以有诱惑力，还因为它貌似以科学事实为根据。然而，如我们以上所见，这种理论是以物质主义价值观的偏见为基础的。

### （三）大脑皮层

哺乳动物的大脑是在5000万年以前才成为它现在的形状。从那以后，哺乳类动物的大脑有了很明显的进化；然而，即使如此，这种进化也无法与人脑在过去25万年间的进化相比。人脑的进化是独特的现代人类进化。雷斯塔克谈到，如下的事实是特别重要的："在大多数哺乳类动物身上所见到的大脑的体积大小，是在早期进化中就达到的；它保持至今并未发生多少变化。而与此相反的是，我们人类的大脑，在过去的25万年间发生了极大的变化。甚至与我们人类的大脑和身体比例相接近的海豚，其大脑在过去的25万年间也没有很大发展。其实，今天的海豚在智力上与其2000万年前的祖先的智力差不多。"②

雷斯塔克进一步谈到某些有说服力的问题。他问道："为什么人脑在如此短的时期内会有如此迅速的变化呢？变化的动力是什么？怎样可以用进化论的说法去作恰当的解释？"他进而指出："人脑在过去25万年间发生的突出变化是进化史上的独一无二的现象。"他说："甚至今天我们都未能对这种变化是怎样发生的作出满意的解释。"③

那么，用精神心理学的观点能够对此作出某种可能的解释吗？大脑进化大大超越了史前人类的需要这一事实，在进化史上是独一无二的。进化论声称：进化是通过自然选择而发生的；而自然选择是以一步一步渐进的方式发生的。随着生存与发展的迫切需要，器官在进化中优胜劣汰，适者得到生存与发展。可是在人类身上，大脑的进化却不是以这种方式发生的。实际情形恰好相反。我们人

① 欲详知大脑的解剖学与功能，可参见雷斯塔克：《大脑：科学的新领域》，第78页。
② 欲详知大脑的解剖学与功能，可参见雷斯塔克：《大脑：科学的新领域》，第82页。
③ 欲详知大脑的解剖学与功能，可参见雷斯塔克：《大脑：科学的新领域》，第82页。

类在 25 万年前就有了一个器官(即我们的大脑),迄今我们都没有学会怎样完全地利用它。这是人类独特的现象,它清楚地说明人类的进化不仅仅依循自然选择的道路。进化论的鼻祖 C. 达尔文(Charles Darwin)和 A. R. 华莱士(Wallace)其实是知道这一事实的。华莱士在 1869 年给达尔文的信中写道:"自然选择只能使野蛮人拥有一个比类人猿稍高级一点的大脑;但相反,野蛮人拥有的那个大脑比我们已知社会的普通成员的大脑相差无几。"达尔文回答说:"我希望你不要亵渎了你自己和我的孩子。"[①]达尔文的这句话是指的他们的进化论,它提出了关于人脑是从猿的大脑逐渐进化而来的假设。所以,人脑进化的独特性确实给人们提出了至今都未被回答的基本问题,这些问题关系到人类进化的本质。

为了寻求一个答案,雷斯塔克向威尔逊提出了这个问题。以下便是雷斯塔克陈述的威尔逊的部分答案。"在诸多的可能性中,情况很可能是这样,即大脑变得如此巨大和复杂,以至在某一点上,其最重要的发展不再与早期的遗传进化相干。换句话说,文化的影响压倒了严格的生物学因素。……"[②]

这一解释非常重要,但仍然是不够的。无论自然选择的理论是否适用于解释人脑的进化,从精神心理学的观点来看,自然选择可以用来解释人类的生物进化过程;至于人的精神进化乃至人类大脑的进化,我们则需要寻找更为全面的解释。

威尔逊承认,"当然不能仅仅根据进化论去解释人脑的进化,但也不能完全以文化环境作为解释的依据。"[③]我们在此也许要问:那么除了生物学的和文化的因素之外,还有什么东西可以用来解释人脑的非凡进化过程呢?

也许,回想人的胚胎在母体中进化 9 个月的时间,并把这一现象与人类早期在这个星球上历经数百万年的进化相类比,对于回答人脑进化的本质问题是有用的。我们同样发现,胎儿在母体中发育了一个巨大而复杂的大脑,但并不是为了胎儿在母体中生活用的,而是为其在出生后的世界的生活中所需的广泛而发达的意识做准备;同样,史前的人类也发展了其非凡的大脑,是为人的意识极大发展的时代到来做准备的。我们可以作出这样的假设,即在 25 万年前,当我们的祖先还类似于动物的时候,他们就开始发展了真正独特的大脑,准备成为像今天这样的人类。

一位世界知名的科学家和脊髓灰质炎疫苗的发明者 J. 索尔克(Jonas Salk)对进化过程与胎儿在母体中的生活之间的关系作了相似的考察。他说:"我们看到,在 9 个月妊娠期里,胚胎的发育体现了物种的进化发展过程。随着胎儿的发育,其形态的不断变化似乎重现了整个人类的进化过程,从宇宙尘埃时代到原始海洋中的单细胞有机体时代,然后到长出四肢、到陆地上栖息的爬行类,以及后来成为我们今天这样有巨大的脑袋、用双足行走的哺乳类。由此看来,人类是自有宇宙以来一切发展进化的总和。"[④]

在母体中的生活的一个重要方面就是发育一个巨大而复杂的大脑,我们可以假设它是为适应出世之后需要大量增强意识而准备的。同样,史前的人类也许是为适应后来的时代需要极大增强的意识而使其大脑得到了非凡的发展。

---

① 雷斯塔克:《大脑:科学的新领域》,第 76～77 页。
② 欲详知大脑的解剖学与功能,可参见雷斯塔克:《大脑:科学的新领域》,第 77 页。
③ 雷斯塔克:《大脑:科学的新领域》,第 77 页。
④ M. 门德尔松:《欧门尼访谈》,纽约,1984 年版,第 99 页。

我认为，在25万年前，我们那类似动物的祖先开始发育真正独特的大脑，是准备进一步具备人的特征，以便适应他们中间突然出现一个或多个强干的个人的需要，这些强干的个人具有比其他的人更高一级的意识。这一过程类似于生物进化中的突变。这一理论乍看起来并不高深。其实，现已有大量的证据表明，人的思维和意识对人的大脑有巨大的影响，它既可能改变大脑的解剖学成分，又可能改变大脑的生理成分。斯坦福大学的一位神经生物学者R.弗纳尔德在其对非洲的一种鱼类进行的研究中发现，某些行为的变化导致了脑细胞的变化。L.哈特曼博士在1992年美国精神病学协会的14届年会的发言中也提到这类发现，并指出："借助于较先进的手段，我们已经在某种程度上并将在更大程度上能够说明在人身上的生物社会承袭性和生物心理社会承袭性有许多共同之点"。[①] 此外，历史也证明，所有重要的文明都出现于一种新的意识模式被引入人类之后。对这种模式的研究证明，这些新的意识模式的基本的和普遍的内含都在于对人的本质的定义，对人生目的的解释，对人类关系中的伦理道德标准的确认。这些内含本质上都是些精神问题。难怪，重要的文明都是以普遍宗教与"精神"哲学的创立者们的教导为基础的。宗教的创立者包括佛陀、摩西、琐罗亚斯德、基督、穆罕默德、巴哈欧拉；精神哲学的创立者有苏格拉底、柏拉图、孔夫子等等。

尽管有上述的研究，关于究竟是什么原因使人的大脑如此迅速地进化这一问题仍需作进一步的解释。我们回头再谈此题，先让我们结束关于大脑功能的讨论吧。

大脑皮层所起的作用，大大加强了我们的适应能力和进化能力。正是通过大脑皮层的工具性作用，使我们能够作出抉择，组织我们的世界、分析我们面临的复杂情况，发表演说和懂得别人的谈话，创造艺术、绘画和音乐。大脑有两个半球，所有的原始动物的大脑都如此，但只有人的大脑的两半球有专门的功能分化。这种专门的功能分化是人类进化的最近期的发展。尽管对大脑两半球的功能已有广泛的研究，但是关于它们的确切功能是什么，仍未得出一致的看法。不过，从这些研究中，我们可以列举出大脑的主要功能(无论如何都是不完全的)。这些功能是通过一系列试验和临床研究而确认的。研究表明，大脑左半球控制右半部肢体，它控制语言和逻辑思维。左半球大脑的思维方式是直线形的。左半球大脑主要行使逻辑分析功能，尤其是文字与数字功能。

大脑的右半球控制左半部的肢体，并控制空间感和艺术活动。右半球大脑主要行使综合功能，也有不多的语言能力。正是通过大脑右半球的功能，我们能够辨别空间方位，创造艺术和工艺品，发展我们的想象力，辨别人的面孔。

在此应当指出的是，尽管大脑的左半球和右半球各以某些功能为主，但每个半球也有另一个半球所具有的某些能力，只是程度不同而已。临床观察显示，如果一个儿童大脑的某个半球受伤，另一个半球则履行其特殊的功能。[②] 右半球和左半球大脑的特殊功能对于我们的知识、爱、意志等精神潜力有着微妙的意义。

爱是一种具有特别素质的精神力量。知识和意志是行动过程，而爱则是一种吸引过程。通过爱，我们被吸引到爱的对象那里。这样，爱就使我们全身心地投入去追求我们所爱并在此举中涉及了我们思维和意志。因此，爱具有极大的综合力量，它的功能是整体性的，并且它培育了我们的创造力和艺术潜力。

① 参见《美国精神病学》1992年第14期。

② R.奥恩斯坦：《意识心理学》，纽约，1986年版。

从上述研究中我们也许可以假设,重视我们大脑右半球的力量可以极大地强化我们表达爱的能力。在我们当今世界,这是一个重要的问题。人类在历史长河中得到进化,人类的文明靠知识和爱的双翼而得以发达。知识,至少是关于物质的和自然法则的知识,给了我们巨大的力量。这种力量可以得到利用,但也可能被滥用。爱并未受到科学家的重视,而是被世界上的主要宗教的创立者和信奉者们强调。似乎科学的巨大进步帮助了大脑的左半球成为大脑活动的主宰者。这是不足为奇的,因为物质的和自然的法则比较容易揭示出来。它们可以通过我们的感官去进行试验和研究,因此我们就有更多的办法去感知其存在。但是爱和其他的精神特征,例如公正、团结、善德等等就不那么容易被人类感知了。尤其是处在儿童期和青春期阶段的人类,更不易感受这类精神特性。

现在,随着我们进入一个集体成熟的时代,我们将比较能够认识到爱的本质和特性。这样,我们就将更多地开发出右半球大脑的潜在力量,以使大脑的两个半球之间存在平衡。因此,通过右半球大脑的进一步开发,就将加速精神与科学一致的时代的到来。右半球大脑的开发也会相应地促进左半球大脑本身的发展。

## 四、人的大脑与人的灵魂:精神进化的动态

我们已经简略地探讨了人类大脑的功能。现在我们需要评价这些探讨的意义。毫无疑问,人的大脑不仅是承担我们的全部生存功能所需要的器官,而且也是履行我们独特的人类功能所需的器官,这些人所特有的功能包括思维、理解、语言、理性能力、艺术与创造能力等等。大脑是所有这些力量的首要源泉吗?大脑创造出这些力量是巨大的神经系统复杂活动的结果吗?抑或是灵魂利用大脑作为表达媒介,帮助大脑在创造过程中发挥更为强大的力量呢?大脑的进化仅仅是以器官对环境的反应为动力吗?抑或是由人的知识、爱和意志力量为主导,才使大脑进化得更为先进,也相应地对环境产生更大影响呢?

对所有这些问题的答案显然都是肯定的。换句话说,在某种程度上,人对其环境的反应和受环境影响的功能都是带有创造性并且是相互作用的。在保持大脑的活力方面,情况基本上是如此。但是当我们谈及开发大脑的新功能时,就涉及不同的功能等级了。让我们考察一下《意识心理学》一书的作者R.奥恩斯坦(Robert Ornstein)的如下说明:"在人与动物大脑之间的一个重大差异是它们控制行动灵活性的力量不同。试想一只青蛙面对一棵倒下的树的情形。尽管青蛙有特殊的感觉系统和大脑,但如果不是倒下的树伤及它,它大概都不会注意到这棵树。而人呢,可以把树砍掉,可以在树上玩跷跷板,可以用树的木材来做桌子,甚至可以用树的木材来造纸印书。这种更大的行动灵活性标志着人类的适应性归功于他们有一个巨大的大脑,有多得多的大脑皮层细胞。"①

让我们分析一下上述说明及其结论。行动的灵活性是指什么?行动灵活性包括人的所有活动吗?这意味着人的进化只在于比动物更高的层次上的适应过程吗?除了砍树、做桌子、造纸等行动有某种适应性价值外,我们人类还可以用树来做更多的东西。我们用树的木材来做小提琴和吉它,我们用木头创造艺术品,我们用木头做神像和圣物。如果这些活动确实是适应性进化过程的全部例证的话,那么我们也会逐渐看到动物身上出现这样的能力,就像看到动物的大脑和躯体比例大小的逐渐增加那样。从高等动物到人类的飞跃是如此伟大,因此将青蛙与人的大脑作比较就近乎荒

① R.奥恩斯坦:《意识心理学》,第83页。

唐了。

关于大脑进化的一项研究表明，经过几百万年的时间，大脑的两套功能逐渐显示出来，一套是“维持生存”的功能，它是由脑中枢（大脑中爬行动物的部分和哺乳动物的部分）控制的；另一套是“创新”功能，包括学习、记忆和感性认识等活动，这些活动是人和动物都有的。然而，除此以外，人还有能力通过语言和艺术去创造各种“符号”，去探索目标与意义，并通过思想意识去行动。由于人的心智（灵魂）与大脑的相互联系，相互作用，才使这类创造活动成为可能。如果我们忽略这一事实，就不可能在人类创造性、思维力的汪洋大海中去驰骋，就仅限于在生物进化的狭小范围内活动。

让我们再举个例子。一项给猫割去外皮（用外科手术割皮）的研究表明，如果猫在手术之前是富于侵犯性的，那么它在施行手术之后仍带侵犯性。反之亦然：如果它们在手术前是比较温顺的，手术后仍然如此。这是一个重要的发现。它说明，诸如生气、侵犯性这类基本情绪表现是属于自然本性。动物只能在很有限的程度上改变这类情绪，那是用痛苦/快乐的法则训练它们的结果。人也能通过这样的办法训练并与动物作出反应的情况相似。但人还可以有进一步的改变。人可以控制和修正自己的行为。人性的核心不在于动物般情绪的自然表露（例如侵犯性与恐惧），而在于人有能力将人类情绪置于心智力量（知识、爱与意志）的控制之下。因此，人的侵犯倾向能够转化为理性的行动，转化为爱和意志力，去与不公正、偏见、专制、贫困、疾病和愚昧作斗争。

动物和人都有侵犯性的本能。动物的侵犯性是用来抵御危险、获得食物和捍卫生存空间。人也有这些本能，但是人有能力做更多的事。人能够创造社会。在社会中，人们团结起来，危险就会减少；人会种庄稼而获得食物，大家都能参加劳动；人们用公平与合作的方式来解决生存空间问题。另一方面，人也可以做完全相反的事。他们可以制造分裂，制造危险，制造一个以自我为中心的、互不信任的世界。

这些是人为的选择，它们超出了神经系统的控制范围。毫无疑问，神经系统的损坏会影响人的情绪，但是大脑出现异常而影响人的情绪这一点，并不能证明人的所有功能都源于大脑。斯坦尼斯拉夫·格洛夫（Stanislav Grof）在其《大脑以外》一书中说：“认为意识是大脑的产物当然并非完全是主观臆断”[①]这一看法是根据这样一种观察而得出的，即大脑的状态在很大程度上影响到意识的状态。“这种观察证明，意识与大脑之间有密切联系是毋庸置疑的。然而，这种观察并不一定证明意识是由大脑制造出来的。机械科学所得出的逻辑结论是值得怀疑的。”[②]格洛夫以电视机为例。电视图像和声音的质量取决于电视机各个部分的正常运行。一个电视机的技术员能够调整机器本身，排除故障，使图像和声音恢复正常。然而，我们却不能通过试验作出结论说，图像是来源于电视机。“但这恰恰就是机械科学对大脑和意识的关系作出的那种结论。”[③]

一位世界驰名的脑外科专家彭菲尔德（Wilder Penfield）在其《心智的奥秘》一书中评价了他对人脑的一项杰出的研究成果，从而对机械科学认为意识是大脑的产物这一观点提出了深刻的质疑。他对于那种认为可以从大脑解剖学和生理学的角度去解释意识的观点提出了严肃的疑问。[④] 诸如此类的看法都要求对人的进化问题提出新的理论。这类研究亦说明，人的进化既有其生物生理层面，

① 格洛夫：《大脑以外：心理治疗中的生、死与超越》，第 21 页。
② 格洛夫：《大脑以外：心理治疗中的生、死与超越》，第 21～22 页。
③ 格洛夫：《大脑以外：心理治疗中的生、死与超越》，第 22 页。
④ W. 彭菲尔德：《心智的奥秘》，普林斯顿，1976 年版。

又有其精神层面。人的生物进化基本上是依循主宰其他生物体进化的那些法则；但是，如前所说，人的进化并不仅仅是遵循生物学的法则，精神法则也对人的进化有着独特的影响。

### (一)生物进化

一切创造都要服从进化的普遍法则。这些法则包括，万物都有共同的起源；万物都在变化；这种变化是朝向文明的更高层次，并获得更多的灵活性；这一进程受到前所未有的变革(突变)所推进，这种变革赋予同一群族中的一个或几个成员以更大的进化能力，因而有助于自然淘汰过程；这种自然淘汰最终导致一个更复杂和更有能力的物种出现。

这一进化论观点的闻名是与达尔文(Charles Robert Darwin，1809～1882)的著作有关系的。达尔文在其1859年发表的《物种起源》一书中提出了这样一个观点，即所有的生物，包括人在内，都是从同一祖宗进化而来的。这一观点造成了各种宗教信徒与拥护达尔文进化理论的科学家之间的冲突，也引起了科学家之间的激烈争论，这些争论持续至今。

总的来看，我们现在已经拥有了足够的科学资料，证明生物进化的确发生过，人类并不是突然从天上掉下来而出现于地球上的。对进化论的研究表明，生物进化是三种进化中的一种。

琼纳斯·索尔克(Jonas Salk)赞成这一个观点，即万物都要经历三个阶段，即前生物阶段、生物阶段和后生物阶段。索尔克所说的前生物阶段是指从宇宙开始到生命的征候终于显现于地球上的那个时期。生物进化阶段或达尔文所说的进化阶段始于细胞作为生命的单元出现直到类似人的动物出现。后生物进化阶段始于人的大脑和创新能力的发展，否则人就不会存在。索尔克以建筑物、思想观点、计算机、无线电、电视、飞机、原子武器、物理学、化学、生物学和哲学等等为例，说明“人的心智以令人震惊的方式改变了进化的速度。”[①]前生物进化又称物理进化。美国国家航空和航天局外空生物学部(NASA，Exobiology Division)化学进化分部前任部长、马里兰大学化学进化实验室主任和化学教授西里尔·波纳佩卢玛(Cyril Ponnamperuma)指出，前生物进化的一个方面就是化学进化。他说：“化学进化是根据这样一个观点，即生命的基因是在生命诞生之前就预备好的……地球有大约45亿年的历史，我们相信最早的生命出现于地球上是在38亿年之前。我们得出这一结论是因为在格陵兰岛的爱苏阿(Isua)发现了38亿年前的沉积岩中有活化石微粒，这种沉积岩被认为是地球上最古老的岩石。”[②]

### (二)生命与意识

生命出现之前的准备形式是什么，迄今不得而知。科学家们在实验室中作了许多尝试，试图复制出当初生命出现时的地球环境。他们特别注重于创造基本的有机化学成分，包括氨基酸。氨基酸是蛋白质的基本成分，蛋白质是创造生命的精华。人们现在相信“一种含有机元素的原始液体想必早已储存于古代的地球上了。”[③]科学家们现在试图证明，这种基本的有机元素可能结合在一起，从而创造出更大的微粒，它们能够复制和合成蛋白及核糖核酸，这是基因的核心。科学家们希望制造出这种微粒来，从而制造出遗传密码，进而制造出生命本身。

---

① M. 门德尔松：《欧门尼访谈》，第100页。
② M. 门德尔松：《欧门尼访谈》，第6页。
③ M. 门德尔松：《欧门尼访谈》，第7页。

情形并非如看起来那样简单。在古代，确实有过“生命起源”的概念。它提出了一个观点，即生命力存在于物理和化学法则之上，运行于活的有机体之中。然而，当代许多科学家却认为，所有的生命现象都可以通过分析其物理化学成分及其相互作用去解释，因而这些科学家们连古代“生命起源”论的观点都抛弃了。因为“生命力”无法通过他们的工作而发现，所以他们得出结论说，生命力是不存在的。只是最近，才有些科学家重新开始探究“生命力”问题。①

一位杰出的大脑研究者、以其著名的脑分裂研究而于1981年获得了诺贝尔医学和生物学奖的罗杰·斯佩里(Roger Sperry)在谈到那些科学家时说：“他们观察得越长久、越认真、越深刻，他们就越相信仿佛没有生命力那回事，于是便得出结论说，所有生物都不过是物理化学过程的不同形式，其复杂程度不同罢了。”斯佩里继续说：“我们生物学家恰恰是在错误的地方进行了错误的探索。须知，你是不能够在原子和粒子中去寻找生命力的，生命力要到活生生的东西里去找。把有生命的东西和无生命的东西区别开来的特殊的生命力，是一种自然的、整体的属性，而不是其物理化学的成分。生命力也不能完全用机械的术语去解释。”②这似乎概括了唯物主义科学家们面临的矛盾。生命现象，以及我们后面要谈到的意识现象，不能仅仅通过对生命有机体的物理化学成分的研究去做充分的解释，也不能用机械术语去阐明，必须补充某种新的内容去解释生命。只有对后生物进化问题进行了研究，才能作出这样的解释。进化的主要法则适用于一切有生命的东西，包括人类，但那是在我们所面临的人的意识问题之前。

正是在后生物进化阶段，达尔文的进化论不再符合实际了。什么是人的意识？它是从哪里来的？它是大脑制造出来的吗？如果是的话，又是怎样制造出来的？大脑这样的有机体又怎样能够制造出某种东西来控制大脑本身呢？

有位研究大脑的杰出专家卡尔·普利布莱门(Karl Pribram)在一次科学采访中被问及心智与大脑有什么确切的关系：“一种非物质的心智或灵魂，与物质的器官，究竟是在何处接通的？”普利布莱门回答说，这确实是长期以来科学家们遇到的一个挑战性的问题。这是一个“倒因果”问题。③ 这就是说，心智和意识改变着神经过程的类型，它们作用于大脑，因而实际上影响着大脑的化学结构。这怎么可能呢？斯佩里的回答是这样的：“根据我们关于意识的新观点，伦理道德价值成为大脑科学的一个理所当然的部分；它们不再受到大脑生理学的轻视了。我们现在看到，主体的价值观本身对于大脑的功能和人的行为发挥着巨大的因果性影响。这种主体价值观在一切人的抉择中都是普遍的决定因素，价值观实际上是最强有力的动因控制力量，这种力量现在决定着世界上发生的各种事件。”④

这是一位杰出的科学家提出的一个极其重要的看法。这位科学家认为，人类目前面临的挑战是要发展一种新的、普遍的价值观。斯佩里关于心智与大脑的关系的新认识来自于一项研究成果。这项成果表明，“高级的大脑活动控制着低级的大脑活动。心智与意识的高级大脑属性处于支配地位，它们发号施令，控制着神经对刺激的传导过程。”⑤斯佩里正是根据这种研究和发现而谈及一种“心

① M.门德尔松：《欧门尼访谈》，第187～207页。
② M.门德尔松：《欧门尼访谈》，第199～200页。
③ M.门德尔松：《欧门尼访谈》，第136～151页。
④ M.门德尔松：《欧门尼访谈》，第191页。
⑤ M.门德尔松：《欧门尼访谈》，第194页。

智主义"新模式。它与唯物主义模式大相径庭。他呼吁建立一种"心智主义"科学以取代唯物主义科学,因为唯物主义否认心智和意识的存在及其功能和力量。

普利布莱门表达了类似的观点。他说:"三百年来,科学第一次允许精神价值进入它的探索领地。那是至关重要的。如果你否认人类本性的精神内涵,你就将与原子弹,一种缺乏人性的技术暴君同归于尽。"①

这一观点也得到另一位科学家、LSD-25 的发现者阿尔伯特·霍夫曼(Albert Hofmann)的认同。他说:"如果你看到创造的奇妙性,它就显然不可能是偶然发生的,其背后必会有某种精神的东西,有某种我们称之为'上帝'的力量。"②这种看法提出了一个与生命问题同样重要的问题,即关于意识。意识的起源是什么?为什么在 25 万年以前,史前人类突然发育了一个特殊大脑,而这个大脑的能力当时并不能得到充分的利用?如前所说,这一发展是人所特有的,它不符合生物进化论的法则。生物进化论声称,进化过程是一步一步地发展新的能力,这种能力是有机体能够利用的。可是,在 25 万年前就得到发展的人的巨型大脑,甚至在今天也仅仅是部分地得到利用。同样,人的心智与意识的发展也远在人的生物进化之后。人的独特大脑和独特智慧的出现是索尔克描述的普遍进化的第三阶段的开始。

**(三)后生物进化**

后生物进化其实是精神进化,其非常重要的一个方面是意识的进化。在这里,意识是用来描述诸如智慧、自我认识及心理等现象。这些术语基本上都是用来指称同一存在,它是物质之后和生物之后的存在,它通过艺术和科学的创造来表现自己,也通过价值观的发展、文化的现象以及人类所独有的一切现象而显示出来。最近几年里,科学家们开始谈论文化的进化,把这种进化与生物和化学的进化区别开来。例如,斯佩里说:"所谓意识、自由意识和价值观这三大件",曾经总是让唯物主义科学家们感到不舒服和不可接受。而新建立的心智/大脑科学又"把意识心理事件说成是成因。"③然而,值得注意的是,斯佩里等人以为,大脑产生出和制造出自己的心理程序。这些科学家们有着一种非常正当的畏惧,即畏惧接受任何不能够通过科学方法去证明的概念。不过,他们很是情愿承认这样一点,即建立在牛顿的"世界机器论"基础上的唯物主义科学的机械方法,其范畴是非常有限的。唯物论不能用来认识所有存在的现实,它主要是依据解剖与分析而得出的观点,缺少综合能力,不看整体。不能揭示诸如生命、意识这类自然的、非物质的现象。因此,唯物主义科学的机械方法试图在机械和生物学法则的框架内去解释生命与意识之类的现象,试图在实验室和计算机里制造出生命与意识来。正是在这种情形下,精神进化的概念获得了它的重要意义。

精神进化指的是一个过程,通过这一过程,使作为精神存在的意识得以进化。这一过程类似于作为生物存在的生命发展过程和作为物质存在的能量发展过程。生命同样有其独特性,例如它要成长、繁衍、新陈代谢;意识也有自己的特点,它不是组合而成的,它是非物质的,它不受时空的限制。但是,如我们所经历过的那样,意识只在普遍进化(即物质的、生物的和精神的进化)的高级阶段才能发生。换句话说,物质和生命的存在对于意识的出现都是最基本的前提。

① M. 门德尔松:《欧门尼访谈》,第 148 页。
② M. 门德尔松:《欧门尼访谈》,第 159 页。
③ M. 门德尔松:《欧门尼访谈》,第 197 页。

宇宙是怎样开始的，我们确实不知道。当然，我们有关于宇宙大爆炸及其之后的种种知识，但关于宇宙的起源是什么，迄今仍是个谜。只存在着两种解释。一种是说宇宙没有起源；另一种是说宇宙是创造出来的。第一种解释显然是不科学的。科学告诉我们，没有任何东西是无中生有地冒出来的。第二种解释要求采纳与唯物主义世界观不同的看法，至少在假设的层次上要求承认，某种非物质的即精神的存在是我们所知宇宙的首要成因。

精神进化的观点认为，宇宙的智慧与意识（即上帝）是没有起始的，它赋予宇宙一切存在的特性，进化的法则便是其中之一。精神进化论还认为，宇宙的智慧与意识存在于过去，持续于现在并发展到未来；它悄然参与着戏剧般的创造与进化过程。换句话说，我们所观察到的三个不同的进化过程中发生的突然的、前所未料的事件，其实都反映了这一宇宙智慧的意志。因此，生命的出现是从物质进化到精神进化的突变，它是宇宙智慧启动的。用精神语言来说，上帝把生命的灵性注入无生命的物质，让它成为生命，于是就有了生命。要全面理解关于精神和意识进化的概念。①

有人也许会争辩说，这是一种牵强附会、不可思议的观点。然而，难道我们人类不正是在参与这一戏剧性进化吗？飞机是怎样制造出来的？一个人的智慧说“行！”，它就行了。我们所创造和建设的每样东西不都是同样真实的吗？我们难道不是首先需要思想、意识和意愿吗？没有我们自觉的意愿，我们能创造出任何东西吗？

创造的行动在性质上不同于进化的行动。创造需要自觉的意志，进化则依循一套既定的法则。因此，认为最初创造物质宇宙及后来生命出现于其中的动力来自宇宙智慧这一观点完全不是牵强附会的。宇宙智慧在本质上是不受物理法则或生物法则支配的。

因此，我们必须应用同样的原理来解释意识的出现，将精神进化的观点加以扩展。让我们再次回到关于物理进化与生物进化之间的关系上来。显而易见，如果没有物质来构建生命所需的躯体，就将不可能存在生命。一切生命有机体基本上都有两种主要成分，一是物质的成分（特别是碳），二是储存于基因中的信息成分。两者均是生命能够存在所必需的。

遗传密码问题有着特殊的意义。乍看起来，物质与意识正是在遗传密码的层次上接通，使生命得以出现。正是这种错综复杂的关系，使化学家西里尔·波纳佩卢玛惊呼：“任何东西都有某种程度的生命。”②之所以如此，是因为每种东西都有某种程度的意识，尽管这一意识在达到人的等级之前并未通过进化的过程达到自我认识。从次原子微粒等级到原子等级，一切通向银河系等级的路上，我们都观察到目的与秩序的存在。电子围绕中子旋转；晶体是按照一定特定的排列而组合的；星星以一种符合逻辑的方式相互作用。这一过程中的任何微小变异都会造成难以想象的大混乱。但是，一切都遵循已经建立的一套规则。因此，我们可以说，存在着一种最初级形式的意识（目的与秩序），然而那种存在是完全不自觉的；因为我们人是自觉的，所以那种存在才能被观察出来。

生物进化的领域也是如此。所不同的是，在生物进化中，意识更为发达和复杂，虽然它本身并未被队识到。正是在生命有机体的等级上，我们观察到真正有目的的和自觉的过程。例如，植物的叶朝向阳光；动物会感觉到疼痛；某些高级动物显示出某种类型的智慧。然而，这些类型的意识都不知其本身的存在。谈到动物的智慧，普利布莱门的如下一段话是很有意思的：“我冒昧地说，人与非人

① 阿布杜·巴哈：《问题解答》第四部分，《关于人的起源、权力和条件》，第 205～296 页。

② M.门德尔松：《欧门尼访谈》，第 4 页。

的灵长目动物之不同，就像哺乳动物与其他脊椎动物之不同那样。在拥有智慧这一点上，我们人类并非独一无二的；但我们拥有的智慧类型是非常非常不同的。”①

生物进化令人信服地表明，生命有机体的中枢神经系统，尤其是大脑的复杂性及大小，与其智慧程度之间有着直接的关系。这一研究结果对于说明人类独特的大脑突然出现之前的进化过程是确实可信的。如前所说，人的大脑是在大约300万年之前出现的，因此我们可以把那个时间作为精神进化的黎明期。在那个时期，类似动物的人渐渐开始意识到他们本身的“自我”，开始把他们自己与别人区分开来，发展了语言，开始与别人沟通，别人也像他们自己一样意识到他们自身的意识。

为使我们能够更好地理解精神进化的本质，简要地解释一下意识并介绍当代关于意识的某些观点是有用的。普利布莱门的看法是：“意识一词至少有三种用法。第一，我们有各种意识状态，诸如睡眠、劳动或昏迷，这对动物和人都适用；第二，我们用这个词来说明意识或无意识过程。如果约翰处于一种发牢骚的心境，你可以说他的‘无意识问题’，但如果是一只猫发出一阵嘶嘶声，你就不能说猫的无意识冲突决定了它的行为。当我们谈及人的意识和无意识过程时，我们所说的是自我意识的程度。第三，除了状态与过程之外，我们还指意识的内涵，这是我们最要关注的。”②

上述关于意识的定义是很有帮助的，因为它表明，巧妙地用一个词语，对不同的人和在不同的条件下可能有着不同的含义。在精神心理学的范畴内，意识是指人类心智的力量。人的心智有着巨大的能量。用斯佩里的话来说：“心智不仅可以迅速地审视过去，而且可以预见一种抉择的未来后果。它的动力超越大脑生理上的时间与空间。”③

心智与大脑的关系，一直是科学家们关注的问题。斯佩里在一系列分裂大脑的试验之后认为：“通过外科手术将大脑分裂之后，每一半边都能保持自己的意识控制系统……这就提出了一个问题：为什么在正常状态下，我们并不认为自己是由左边和右边分开的两个人组成的，而认为自己是一个人呢？我们认为自己显然是由心智与自我结合起来的一个人，大家都感觉到是这样。”斯佩里继续说，“这是因为意识是一种在更高层次上的存在，它代替了左边和右边意识的总和。”④这一观察结论与精神心理学关于灵魂的概念很相似。我们视自己为一个结合在一起的整体，是因为我们灵魂的本质及其心智的力量，即知识、爱和意志在本质上是一个整体。

在正常情况下，人的心智极大地影响着大脑的工作。因此，如果我们开发心智的力量和扩充我们的意识及自我队识，那么我们就能完成几项任务。最明显的任务是我们能够使自己的生活在更大程度上得到全面而完善的发展。其次，我们通过自已的思想和言行能够对人类集体的精神进化过程做出贡献。此外，现在已有某些有趣的科学证据表明，意识的扩展和宇宙观及伦理学之应用于我们的思维、感受与行为，能够对大脑的功能，甚至大脑的解剖学和生理学产生直接的影响。⑤

上述发现肯定了本章所阐明的基本问题，即人类的进化是一个生物——心理——精神进化的过程；我们身体的健康、情绪的稳定和精神的豁达在人的健康进化中起着重要的作用。正是在这个意义上，我们需要重新评价宗教在人类生活中所扮演的角色。在这里，我所说的宗教，是指曾经有着进

① M.门德尔松：《欧门尼访谈》，第139页。
② M.门德尔松：《欧门尼访谈》，第137～138页。
③ M.门德尔松：《欧门尼访谈》，第198页。
④ M.门德尔松《欧门尼访谈》，第195～196页。
⑤ M.门德尔松：《欧门尼访谈》，第196页。

步意义的作为道德、伦理及精神原则宝库的宗教，它适宜于正在进入集体成熟的兴旺时代的人类需求。

如前所述，宗教与科学是人类知识的两个部分。无论要回答关于人类进化的问题，还是要为建立和平与文明的世界提供指南，缺少宗教与科学中的任何一部分都是不行的。因此，最重要的是，我们应当特别重视这样的一些问题，这些问题使我们能够把科学与宗教的原则整合在一起，将其应用于实践，以便使我们找到一些方法去发展一种全面的、富于精神的生活方式。

在本书的最后章节里，我将要说明如何实现这一过程。它要求我们既达到个人内在的和谐，又实现人与人之间的团结。我将说明，当我们的知识、爱和意志的力量与另一些人的这种力量通过真理、团结和服务的途径结合在一起时，我们就将一方面达到高度的自我发展和完善，另一方面达到人与人之间的和谐与合作。我也将着重说明心理治疗的价值和治疗过程所固有的缺陷。最后，我将会讨论在很大程度上被忽略了的精神生活方式，包括自古以来就有的祈祷、静默、斋戒、奉献、牺牲等等。

# 第六章　成为一个完善的人

## 一、团结的挑战

如果我们不能将我们生命的生物层面、心理——社会层面和精神层面融入一个整体而存在，我们便不能过一种全面的、完善的、富有创造性的生活。这种全面性、整体性之所以让我们望尘莫及，是因为直到上世纪中叶之前，可供我们利用的科学原理与精神原则都尚未取得足够的成就。然而现在，我们已有了足够的知识去达到那种全面和谐的境界，也懂得采取前所未有的步骤去达到自我认识。

要过健康的生活，发展和谐的关系，创造幸福的家庭，建立进步的社会，建设和平的世界，我们就必须获得关于我们自身存在的生物学、心理——社会学和精神方面的知识，并把这些知识整合在一起，使我们去过一种全面的、乐观的和幸福的生活。

自我认识不是一件奢侈的事，而是人的生存所必需。过去，人们可能出生在一个家庭里，停留在一个部族中，生活在一个狭小的社区，有一个事先被分派好的差事，除了在艰难的条件下求生度日之外，尚未取得什么成就便死去。即使在今天，人类社会中的众多人依旧在这种情况下生活着。不过，现已有足够的证据表明，情况正在发生变化。

技术的先进大大促使了人们的流动，思想的进步已清除了曾把人们隔离开来和使人愚昧的那些障壁。孤陋寡闻的时代已告终结。现在是一个联合与融合的时代，其结果是人类觉醒了，正在达到更高水平的自我认识和意识。

意识产生了变化。这就是为什么当新的意识被引入我们的生活之后(例如意识以一种重要的新世界宗教的形式被引入我们的生活中之后)，一切事情都会变化。这一变化过程的根本因素是我们发展了一种更高水平的自我认识；这一认识的核心在于承认人的存在是团结的巨大功劳。生命就是团结，团结就是生命。

## (一)生命就是团结

生命是通过物质与意识的神秘结合而开始的。无生命的物质通过我们不得而知的过程,以其初级的形式与意识撞击出火花,于是生命就被创造出来了。此后,借助于进化的力量,使活的细胞,简单的有机体,以及更复杂的生命形式得以进化。一切生命过程的核心都是出现更高一级的物质与意识的团结条件,直到人类的出现。在人身上,生物方面的团结达到其极致,于是开始了一个新的阶段,在这个阶段,更高一级的、非生物形式的团结发展起来。

在一个健康的人身上,所有三个层面,即生物的、心理的和精神的层面都团结一致并且充分地发挥作用。让我们简要地逐个谈谈团结的这几个层面。

1. 团结的生物层面

人的生命是肉体与心智相结合的产物。生命开始时,我们就在学习如何用一种完整而全面的方式认识和体验自我。我们的肉体和心智共同决定着我们是怎样的一个人,缺一不可。我们感到饥饿,我们有各种欲望,我们体验幸福、伤心、生气、恐惧、焦虑、亲昵等等心情;我们有思想、直觉、上进心、希望、灵感;我们做决定和解决问题。大家都是如此,甚至比这更复杂。我们用这些术语来说明自己,用这些方式来经历自我。我们是不同的个人,但我们又感到彼此是同一的;我们是同一的,但又感到有差异。我们是一种普遍的存在。我们具有这种丰富多彩的、似乎又是矛盾的条件,是因为我们是一种更高层次的团结的产物,这种团结是肉体与灵魂的团结。没有这种团结我们就不能存在。

现代科学的一个悲剧在于,它竭力把一切人的现象都降低为一系列生物因素错综复杂的相互作用。它否认灵魂是一个独立的存在并有其自身的特性、力量和过程。实际上,现代科学根本否认灵魂存在。唯物主义世界观的应用把人的存在降低到机器的层次上,仿佛我们不过是一架机器罢了。

然而,那些试图赋予灵魂以重要性的人们也遇到过各种各样的圈套,以致难以否认这样一个观点,即我们的思想、感觉和抉择只能借助于生物化学和生物学过程的媒介才能表达出来和被体验到。这是唯物主义科学对人的总体估价。毫无疑问,在现实的生活中,没有肉体,灵魂就不能起作用;但同样真实的是,没有灵魂,我们的肉体也不能发挥其功能。生物的团结即肉体与灵魂的团结,这是生命与自我存在的先决条件。肉体——灵魂二元性的矛盾既不能以否认灵魂来解决,也不能以忽视肉体来解决。当灵魂与肉体的团结一致被认识之后,二元性的整个问题就迎刃而解了,为人的发展所铺设的道路就将以更高阶段的团结展现出来。

2. 团结的心理社会层面

人有着为其生存所必需的种种本能,这些本能是人和动物共有的。这些本能有不同的功用,但一切目的都在于保护个人和人种的生存。诸如饥饿、挣扎、逃避、性欲等等本能,分别是为获得温饱、面临攻击时的自卫、逃脱危险和繁衍人种所用的。我们耗费自己相当一部分生命,仅仅为了确保自己的生存,这是事实。

即使我们的生存得到保障,有了足够的食物、住所,也有方便而适当的保健,有两、三个子女,生活在安全而宁静的环境中,我们之中的许多人还是要消耗其短暂的岁月去追求更多同样的生存工具(即更多的金钱、房屋、食物等等),仿佛他们仍然有生存危机似的。

这是因为,我们往往忽视团结的法则。我们没有弄清楚,我们的生存并非仅仅依赖个人的奋斗。

我们要维持生存，就离不开他人。作为孩子，需要父母和其他成年人；作为成年人，人们又相互需要。人不能靠自己而生存。然而，我们常常把别人当做敌人似地去对待，仿佛我们无须任何人的帮助就能独自生存下去。因为我们头脑中关于团结的概念仍旧是如此的不成熟，以致我们创造出一种不相信自己、不相信他人和不相信未来的不良生活方式。其结果是，我们感到不得不把自己的生命消耗在确保生存上。而从团结的层次上说，我们应当确保我们以建设性的而不是破坏性的方式去利用自己的本能和情感。举几个例子来帮助我们认识这一观点。

饥饿的本能使我们要吃饭。但是，如果我们吃得过多、过少或吃得太差，我们就会损害自己的健康，最终也会危害我们的生存。同样，挣扎与逃避的本能是一种自我保护的有效力量。但是，如果每一个人都携带枪支来保护自己，如果每个民族都制造坦克和战争武器来保卫自己，如果世界成为军火炸弹储备所，一次又一次地把人种从地球上消灭，那么就将没有任何人会感到安全了。安全是团结的结果。我们个体的存在有赖于集体的存在。一个人不可能在没有他人的情况下生存。

一旦我们达到了本能的团结一致，我们就能够重视我们的感觉和情绪。我们就能开始扪心自问：究竟是什么东西使我们感到幸福或不幸福？是什么东西赋予我们自信？是什么东西造成我们自我怀疑？是什么条件让我们感到恐惧或气馁？又是什么情况使我们感到焦虑或平静？等等。这些感受都是人的存在的核心问题。我们就是在这些错综复杂的感受中过日子的，因而常常感到矛盾。然而，我们要想体验到感情上的团结一致，就需要协调两种相反的情绪，诸如幸福与悲伤，舒适与痛苦，自由感与约束感。存在着许多使人感到矛盾冲突的两种相反的情绪。不过，仅举出三对这种情绪就足以说明感情团结的观点了。

幸福感，最根本地取决于我们个人内在的和人与人之间团结的状况。如果我们过的是这样一种生活，即我们的思想、感觉和行动是和谐一致的，并且我们与他人是团结一致的，那么我们就会感到幸福。另一方面，如果我们因内心的不和谐（即我们所想、所感和所行之间不一致）而感到痛苦，我们遇到人际冲突，那么我们就会感到不幸。

有着两种不幸的感觉。一种是由于不团结造成的，另一种是因为我们与亲近的人分离而致。在后一种情形下，不幸与悲伤可能并存。例如，我因与妻子有着非常好的关系而感到幸福，但我又因外出旅行与她分离而苦恼。

同样的动态也适用于解释舒适与痛苦。我们都渴望舒适，痛苦是难以忍受的。但痛苦的经历却是人的生存中的基本事实。我们可能死于疾病而没有疼痛的感觉，甚至没有感到自己有病。没有受过苦，我们就不能成长和进步。疼痛与受苦是我们的健康和成长所不可缺少的。它们都令人不舒服；但是，如果我们不曾从疼痛与受苦的体验中受益，我们就将更加没有舒适感。

要知道，当我们生病时我们会感到疼痛，这是一种报告危险的信号，因此我们能够想办法去消除危险。这正是我们获得舒适的源泉。同样，认识生活中的痛苦可以用来帮助我们成长与发展，这也是舒适的源泉。没有任何一种生活是没有痛苦的。没有成长，生活就会充满巨大的痛苦。因此，只有从痛苦中学习、帮助自己成长和进步，这才是有意义的。这是一种创造性的循环。我们从痛苦中学到的东西越多，我们的痛苦就越会减少；相反，我们越是逃避生活中的痛苦，我们就越要吃苦头。

另一对看起来矛盾的感觉就是自由感与约束感。许多人认为自己是不要约束的；然而真正的自由却存在于有约束的情况下。想象一下，在交通高峰时开车，如果没有红灯的约束会怎么样？比较一下，没有秩序的自由和有秩序的自由有什么不同？秩序使自由成为可能，自由使秩序更加合乎人性。换句话说，秩序可防止混乱，自由可以防止专制独裁。

上述关于幸福与悲伤、舒适与痛苦、自由与约束的例子表明，需要将团结的原则运用到我们的感情生活中去。与其去逃避某种不愉快的情形如悲伤、痛苦与约束，莫如努力将它们吸纳到我们的人生经历之中。如果这样做，我们的生活就会少些冲突，多些和谐。

心理团结的第三个方面是思想与观点的一致。思想观点是人类独有的能力。我在本书的前边已经谈到过这一点，这里再谈谈思想的目的性问题。我们有意识，有认识和发现的能力，还有反应和构思的能力。我们通过思考、感悟和探询而获取知识。这些能力构成和决定着我们的人格和我们的生活素质。我们想些什么，决定着我们是怎样的人和怎样生活。因此，我们对自己的思想加以重视，至少不亚于对感觉的重视，这一点非常重要。然而实际上，许多人避免去思考他们的想法。我们对自己所需、所求、所感想得很多；但对于自己是什么人，对于除了生存和感觉良好之外生活的目的何在等等问题，却想得很少。

每当我问及一些人关于今世生活的目的何在时，我经常得到的是迷茫甚至反感。他们反问道："你说的生活目的是什么意思？"然后就列举出一大堆活动与观点，大多数都涉及生存、感觉和关系。关于生存，简单的答案常常从他们嘴里脱口而出：要过一种好的生活。但对于什么是好的生活，却说不清楚。然后他们就谈到幸福、宁静，或者仅仅就是过一种不至于过于被虐待或完全被忽视的生活。

大多数人对生活的期待是非常有限的。生活的境界是随着意识的层次提高而扩展的。大多数人回避新的思想，他们害怕新的思想，因为新的思想会在他们内心引起冲突。通常，人们认为他们是谁和他们的生活是怎样的，全是根据他们从家庭和文化中习得的东西来考虑的。他们关于生活的看法是通过无意的吸收过程而发展起来的。他们接受了其祖先的观点和当时流行的思想，或者接受了他们同代群体的时髦信仰体系。这些思想观点通常是在毫无批判或反思的情况下被接受的。

这些思想观点的最重要的特征是，它们是人们所属的那个群体的规范。人们以接受这种社会"规范"而使自己感到"正常"。大多数人把"正常"和"健康"等量齐观。这种等同是不准确的，它妨碍真正的变革。可是生活的一条颠扑不破的法则就是变革。所以，当思想不能改变以对世界的真实状况作出反应的时候，在个人和变革的世界之间就形成了一种根本不协调的状态。如果世界在改变，而个人却不改变，那么两者之间的鸿沟就逐渐加宽。

在今天的世界上，正在发生的最剧烈的和有深远意义的思想变革，就是认识到人类是一家，团结是我们这个时代最核心的意识形态挑战。之所以如此，是因为一旦我们真正理解了人类团结的概念以及我们在其中的位置，那么我们对于自我的看法就将发生剧烈的变化，我们就将不把自己看做是孤立的，与他人分开的，处在不断与他人冲突与竞争之中的；我们将不再认为自己在世界发生的急剧变革面前是没有希望的和无能为力的。相反，我们将认识到我们是自己所属的整个人类群族的一部分；我们可以借助于和平与合作而做更多的事情；我们团结在一起确实既能够决定我们生活的变革方向，又能够决定这些变革的性质。

此外，团结的意识能增强我们的个性和保持我们的多样性。团结的意识可创造这样一种局面，使我们作为拥有不同天赋、才能、思想的独特个人能够去建设一个博大的世界，这个世界足以为大家、属于大家和服务于大家。

人们惯于这样认为，即要使生活变得好些，就应当专顾自己，或者，至多不过是关注家人的生活。这种想法是适得其反的。当我们把奋斗集中于为自己，我们便局限了自己的世界，其结果是减少了适合于自己的机会以及自己可利用的服务。属于一个可爱的三口之家，或者属于一个可爱的拥有38人的大家庭，哪一种选择更好呢？在许多竞争的民族中，隶属于一个民族，或是属于一个团结起来的世界，哪一种选择更好呢？在哪种条件下我们会有个人发展的更好机会？显然，团结会消除障碍和增加机会。

心理治疗面对的一个核心问题便是自我中心意识。我们可以轻而易举地指出别人的自我中心意识在我们的生活中造成的不健康的和不愉快的后果。当人们谈论家庭的功能失调、婚姻发生危机、依赖型人格、无爱的家，他们所说的便是父母、配偶或兄弟姐妹、朋友以及他们自己的自私和自我中心意识。一个人越是以自我为中心，他就越是远离他人。自我中心与团结一致是势不两立的。一个努力成为团结一致的人，必须抛弃自我中心意识。

我发现，当一个人的自我中心意识让位于以他人导向的意识时，情形会发生多么戏剧性的变化。这是"他人导向"的特殊功效。换句话说，当一个人开始认识到人类团结的现实要求我们在集体生活的网络中改变个体的生活时，变化就会发生。在团结的意义上，"他人导向"的观点与不重视个人自身的特点及生活而一味牺牲自己的做法是根本不同的。我们作为人，必须实现自我。要做到这一点，就不能把自己排除在他人之外，而应当把自己包含在他人之中，为他人和为自己而奋斗。这是一个相互的、平等的、公正的和爱的过程。

至此，我们已经从生物学和心理学的角度探讨了团结的含义。我们还需要从精神的角度来讨论团结的概念。

3. 团结的精神层面

这本书的中心主题是说我们人类本质上是精神的存在物。这就是说，在本能的力量、在情绪和思想之外，人身上还有一种力量，最好把它描述为超越的力量和转化的力量。人生的独特性不在于我们能够生存，能够研究，甚至也不在于我们有学习的能力，尽管在这些方面，人类比其他动物要高明得多。然而，仅仅拥有这些能力还不能完全概括人性的特点。我们之所以成为人，正是因为我们能够超越(如果我们选择这样做的话)仅仅为生存而斗争的局限性，从而成为既能意识到自我，又能意识到宇宙的高级存在物。换句话说，我们能够创造生活与文明进化的新的、富有戏剧性的阶段。为此，就需要一种新的意识。这种意识的起源是神圣的，应用是普遍的，其概念是贴切的，方法是科学的。

这种新意识的主要方面是三条普遍的伦理原则，即真理、团结和服务。转化的过程要求把这一套原则作为规范接受下来，依循它们去生活，去变革婚姻家庭关系，去认识社会和建立一种新的世界秩序以取代目前在道德上和观念上已经崩溃的秩序。

这种转化的另一方面就是要认识到，所有的变革，无论其性质是政治的、经济的或是意识形态的，也不管它们的内容和方法是怎样的科学，如果不将上帝的力量引入我们的生活，都将归于失败。这里所说的上帝，不是一个恼怒的、长于惩罚的超人；也不是一个漫无目的的、不经心的、不负责任的权威；也不是像个人的救世主那样，只恩准"好的"追随者进入"天堂"，而把其他人拒之门外；也不是一个无力的、软弱的、没有感觉的实体，不能够也不愿意改变这个世界上如此普遍的痛苦与贫困。

相反，我们在此所说的是一个创造者，是无所不知的、最仁慈的、最慷慨的创造者。他以其神圣的想象力创造了我们，赋予我们认识的能力、爱的能力，给我们指引了爱和认识的方向，即为人类服务。他帮助我们创造一个更先进的文明，一个更团结、平等、公正和美好的文明。

在19世纪和20世纪里，当人类渡过其集体青春期的最后阶段时，人类曾有意识地、理直气壮地拒绝过上帝，于是在人的精神世界里发生了极大的混乱。这种精神混乱的后果是危险的。当我们拒绝真正的上帝时，我们就要创造出新的上帝来填补由此造成的精神空白。因此，当人类拒绝其自身的精神存在和割断其与上帝的关系时，就出现了种种情况，它们都对人的精神具有破坏性。例如，种族歧视和民族主义得以兴盛；物质至上成为科学探索的理论框架和人追求的标准；宗教的原教旨主义作为一种排他的、拒绝变革的救世方法而兴风作浪。

资本主义的物质至上对世界带来了灾难性的影响。物质至上从其定义上说是反生命的。它把存在的物质方面看得高于一切。其结果是，在物质主义的框架内，科学从对生命的物质属性的关注中去寻求答案；社会根据物质成就去判断个人的价值；社会的进步用建造了多少高楼大厦，家庭拥有多少汽车、冰箱、电视机以及人均占有多少财富去衡量。人们对生活质量、不断增加的无家可归者的数量、上升到令人震惊的暴力发生率、吸毒、性传播疾病等等现象却不以为然。这些现象不仅发生在一个社会的街角、胡同和高楼大厦的隐蔽处，而且也发生在该社会的上层和中产阶级的富裕之家和邻里中间。

物质主义看重的是人们拥有什么和取得什么，而不看重人们是怎样生活的。社会进步不是以丈夫和妻子在发展其平等关系上如何成功，父母在养育子女成为爱别人、团结和诚实的人方面如何成功，以及在减少以至最终消灭强奸和家庭内对妇女和儿童施暴的极其野蛮的行为方面有何成就等等来衡量。

一个物质主义的社会对下述现象视而不见：普遍的歧视，不公正，财富和贫困的两极分化，军备扩张，向公民个人和其他集团及国家出售武器，如此种种，不一而足。

以上是物质主义社会的必然后果。难怪，尽管知识和物质财富有巨大的增长，崇尚资本主义物质财富的那些社会统统都遭受物质主义自身疾病的侵蚀。北美洲、西欧、日本和其他有着类似取向和观点的国家，都已经大受其害，或者正在迅速地朝着受害者的路走下去。

物质至上就其本质而言是与精神背道而驰的。物质至上与精神不能共存。然而，在一个物质至上的社会中，宗教还可能兴旺起来，如果宗教能够允许自己像商品那样被利用的话。这恰恰就是在许多物质主义社会所发生的情况。在那里，宗教除了作为商品之外便毫无意义，不过是盛满了偏见、分裂、迷信和缺乏精神的高脚酒杯。

与人的精神混乱相伴随的是持续升级的种族歧视和民族主义。人的精神世界就其本质而言是需要一个崇拜对象的。如果这个对象不是真正的上帝，那就将会是“另一些上帝”，即种族主义、民族主义、享乐主义的“上帝”。这“另一些上帝”是人的想象中虚构出来的，是在造神者本身的自我中心、自我欣赏、自我满足的狂热中产生的。这些“上帝”助长着人们非理性的恐惧，无根据的迷信和盲目的偏见。当人们认识到团结的重要性时，便开始把人类的丰富多彩视为生命力、生活和进步的源泉，从而能够驱逐种族歧视和激进的民族主义这类“上帝”。最终，我们之中的每个人都将认识到“地球是一个国家，人类是这个国家的公民。”①

如前所说，我们现在正处于人类集体青春期的最后阶段。因此，我们目睹一股巨大的世界性的民族主义和种族主义的狂潮，就并不奇怪。这种局面的发展是人类的各个部分为建立和确认自己的

① 《巴哈欧拉著作选集》，第250页。

不同身份的最后努力。从心理学的观点来看,这是人类社会(也是人类个人)发展的一个基本方面。每个民族和种族的群体,乃至世界上所有的种族,都需要这样一种感觉,即在世界的集体中他们是平等的,他们都是人类大家庭中有价值的成员,他们各自的独特素质对于创造一种新的、更先进的精神文明和物质文明都是重要的。

一旦各个民族和种族摆脱了被其他集团的权力所控制的局面并在人类世界中获得了应有的位置,我们大家就将有条件在我们之中建立更高层次的团结了。这种普天下的团结将完全彻底地、毫不犹豫地保留、倡导和欣赏所有组成部分的多样性。到了那时,人类世界的整体就将最终达到其完全的团结一致并有条件在一种新世界秩序中去发挥其功能。在这种新的世界秩序中:每一个人,每个人种群体、种族和民族都将有平等的权利、机会和责任。

前面提到的另一种破坏性情况就是宗教的原教旨主义的抬头。除了前面讨论过的有害方面之外,以下的情况也值得注意。今天在西方抬头的宗教原教旨主义,一方面把焦点对准人们的软弱感、恐惧感和绝望感,另一方面又许诺无痛苦的医治,不经努力就得救,无须认识就明白,无须牺牲就能取胜。这表现了宗教在一个物质主义社会的浅薄,它使宗教变成商品,变成对贸易与商业的崇拜。

宗教的原教旨主义还有另一种表现形式,可以从世界的某些宗教里清楚地观察到。在那里,宗教战争愈演愈烈。由于自称是被上帝"选中"的、"最后的"、"唯一的"、"最好的"宗教,从而使宗教战争升级和火上浇油。这样的自我标榜把人们分隔开来,并以"上帝"的名义为一切等级的暴力和破坏行为辩护。这样的原教旨主义领导人,无论是在东方还是在西方,都是为了使民众保持愚昧和恐惧。

原教旨主义看待宗教的方法是对宗教现实的公然对抗。他们不仅在那些信仰者中间造成了精神混乱,而且使那些拒绝宗教的人们产生深深的厌恶感和精神剥夺感。那些人之所以拒绝宗教,是因为他们厌恶宗教的原教旨主义及其对精神、道德和宗教等问题的不合逻辑的解释。

我们从各方面考察了拒绝上帝的缘由及其对世界人民、社会、文化产生的影响,现在让我们转向两个重要的问题,即治疗过程与精神转化。前一个问题更为热门,但有其局限;后一个问题鲜为人知,且更难理解。

## 二、生活的改变与"心理治疗"的局限性

在我们当今世界中,特别是在那些技术上和经济上更为发达的国家和在那些受教育更多和职业较优越的人中间,"治疗"被视为改变各种个人问题和社会问题的主要办法。许多人都有他们自已的治疗医生;更多的人寻求咨询,他们从五花八门的咨询人士队伍中寻找中意的"专家",从星相学家到算命先生,从宗教牧师到社会工作者,从自封的治疗者到受过高等训练的专业人员;许多人诚惶诚恐地收听广播和观看电视节目,这些节目声称要启蒙人们对自我的认识;还有大量的人致力于收集各种讲述如何"自助"的书籍。

这类服务、书籍和节目的热门,证明了"治疗"在我们当今社会中所扮演的重要角色。为什么有这许许多多的人要寻求我们当今社会中所扮演的重要角色?为什么有这许许多多的人要寻求治疗呢?对这一问题有许多答案。例如,有的人感到不幸,有的人困惑迷茫,有的人恐惧,有的人焦虑,有的人生气,有的人伤心,有的人内疚,有的人自我想象不良,有的人缺乏自信,有人缺少动机,有人处不好人际关系,有人在人际关系中遭受暴力,有人在与人相处中感到空虚,有人遇到性的难题,有人感到生活乏味,有人感到活着没意思,有人觉得生活无目的,还有老龄问题、身体问题、不快乐,或者

不能忍受的和令人烦恼的习惯，犯罪行为，酗酒，吸毒，工作问题，性问题，与人相处问题，直到锻炼、看电视、饮食、撒谎等等，真是无奇不有。

通常，对这些问题的最初的、最直接的回答是寻找成因，提供解释，找出治疗的办法。当然，这是一种高雅的做法，但它往往既不实际，也无效果。这是因为我们通常不是从自身去寻找问题的成因，而是强调外因。

最广为接受的、已成定论的外因包括一个人的童年经历，不健康的家庭关系，不满意的婚姻状况，或者紧张的工作环境。大多数的心理学理论都认为，这些外因中的一个或多个是造成情绪问题和心理问题的主要成因。许多年来，母亲成了受责备的主要罪魁祸首，其次是父亲。现在，母亲、父亲、妻子、丈夫、孩子、社会统统都成了大多数人追究的问题根源。

如今，在北美流行的多数心理学理论，都与家庭功能失调、酗酒吸毒、虐待、依赖等等问题相关联。许多人心甘情愿地、诚惶诚恐地信奉这些理论。这些理论的倡导者们声称，在美国，90%以上的家庭处于功能失调状态。如今，人们诉说自己的家庭不和，自己是瘾君子或依赖型人格，受虐待等等，已成了时髦的现象。

另一个同样流行的心理学派则认为，情绪及心理问题的产生应归咎于体内的化学成分及荷尔蒙失调，遗传因素，或者饮食不当，营养不良。这类观点的盛行显然是与药物和食品工业的强大影响分不开的。大量的人愿意花钱去寻求灵丹妙药、食物的替代品，或者饮食营养之道，当然就可以使药物和食品工业大大盈利了。此外，这些学派的观点在科学家和资助机构中间有着非常强有力的支持者。

今天，心理学理论正在经历一个相当危险的时期。因为，对大脑功能进行研究的最新成果，已使我们有可能把那些有影响力的化学元素加以综合或分离，可在不同程度上用于治疗某些病态，例如抑郁症、焦虑症、精神分裂症、强迫症等等。许多临床医生和研究者现在希望发现某些药物，以便最终能够治好所有的情绪与心理失常疾病；希望将来只需每天服用几粒药丸就能给人们提供快乐和宁静的生活。这种妄想证明了人们关于自己是谁，做人的意义何在的自我认识肤浅与狭隘。

最终，当这些对新发明的狂热冷静下来之后，我们将看到，所有的心理学理论都的确包含了某种真理，每一种理论都对人的复杂的现实存在的某一个或者几个方面作出了自己的解释。心理学理论正确地强调了家庭的首要作用和儿童的早期经历对后来情绪健康的影响。无疑，某些家庭环境比另一些家庭环境对于养育健康的子女来说要好得多。并且，也有足够的证据表明，贫困、偏见、不公正、暴力、不平等不仅会导致社会后果，并且也会造成深远的不良的心理后果。考察关于心理疾病成因的另一些新观点，同样可以发现，有相当的证据说明，某些情绪与心理失常有遗传性质，而另一些则有器质性成因。最近的研究还提供了这样的证据，即饮食对人们的情绪状态有相当的影响。此外，我们已经清楚地看到，在当今世界上，家庭制度处于深刻的危机之中，婚姻破裂达到惊人的比例，父母越来越醉心于个人的需求及经济、社会的竞争，承担父母职责的时间、意愿和能力都在日渐减少。在这个世界上，儿童的成长环境正在恶化，千百万孩子死于饥饿及可预防的疾病；另外，成千上万人成为贫困、暴力和战争的牺牲品；而更多的孩子则在物质富裕、精神贫困的环境中养育，千千万万的儿童受不到真正的教育，成为以自我为中心的、受本能驱使的、怨天尤人的或怯懦的人。这些孩子未被养育和教育成为心胸开阔、追求科学、精神豁达的和道德文明的人，这些词语对他们来说没有任何真实的意义。

我们必须借助于科学的方法，认认真真地鉴定一个不健康家庭在物质、心理和精神方面的主要特点，以便发展某些社会政策并付诸实践，目的在于加强婚姻和家庭的基础。单单是忽视家庭幸福这一点，就可以使人类回到一种新的野蛮时代，这种野蛮比我们迄今在人类历史上所目睹的任何野蛮都更具破坏性。

把当前大多数个人和社会的问题仅仅归因于心理的或器质的因素，这种倾向是没有科学根据的。之所以产生这种张冠李戴的倾向，是因为我们迄今未能建立一套完善的理论来阐明关于人的现实存在的全部内涵，并解释这些内涵之间的相互关系。我们还没有一个"统一的思想模式"，而这一模式的发展对于心理治疗又是特别重要的。就其真正的方式而言，心理治疗过程是一个完整的过程，它既有助于发展个人内心的和谐，又能增进人与人之间的团结。

在以后的章节里，我将着重谈到治疗者的素质，对心理治疗的态度，以及为达到内心的和谐所需采取的步骤。

**(一)"治疗者"的素质**

为获得一个"统一的思想模式"和发展一套完善的治疗理论，治疗者必须把当事人作为一个完整的人去看待、理解和欣赏。必须明白，当事人是一个有肉体和头脑、情感和思想、观点和行为的个人。治疗者不仅要全面看待这个人，而且要从精神上无条件地爱这个人。爱是心理治疗的良方，它创造了治疗者与当事人之间的团结的首要条件，它赋予双方在彼此关系中的既有区别又有平等的地位。爱是与有害的强制、控制和操纵、不信任大相径庭的；爱可以防止治疗过程中的欺侮与虐待，爱是纯洁的、无条件的，它成为个人成长的动力，并帮助个人以其信心去应对生活中的痛苦。

治疗过程也需要鼓励。要鼓励当事人，就要求治疗者有高度的成熟性。他必须有能力和意愿去发现当事者的优点，不仅要强调指出这些优点，而且要赞赏这些优点。正是通过这样的治疗过程，才能使一个自我怀疑、自暴自弃和自我厌恶的人渐渐获得自信、自我接纳和自爱的心理素质。

一旦个人具有了对自我的肯定性认识，一种完全出乎意料的新挑战就出现了。不面对这种挑战，个人就不能够得到成长与发展，就不能摆脱严重困扰他们的心理失常状态。这是一种无私的挑战，是成为"他人导向"者的挑战。从最有深远效果的方式来看，治疗过程中会出现自我接纳取代自我中心意识的这种转变；自我接纳又相应地发展为自我成长，最后转化为一种无私的品质。

这些发展阶段的每个时期，在某种条件下(并非在一切条件下)是健康的。自我中心意识是婴幼儿和儿童的特性。在生病、受剥夺、遭遇危险等特殊情况下，成年人也可能具有自我中心意识。但是，在正常情况下，成年人的自我中心意识是不健康的，它应当让位于较为成熟和健康的自我接纳意识。在健康条件下，这是一项应在青春期结束时就完成的任务。在有利的条件下，儿童和青少年就应当发展对自身能力和潜力的高度欣赏，因而后来才能既接纳自己所有需要得到发挥的优势和潜力，又接纳自己必须加以克服的缺点。许多人不能达到自我接纳的这一事实，是我们当今世界的一种不祥之兆。

自我接纳本身还不能给我们带来足够的力量、深刻的思想和坚强的毅力去创造一种幸福的、有意义的和建设性的生活。我们还需继续自己的成长过程，以达到更高程度的自我发展。这种发展至少应包括两项任务。第一，自我发展要求我们重视自己的知识、爱和意志这三种能力。要竭力成为一个有知识(特别是关于自我的知识和对相互关系的认识)、在与他人的关系中更富爱心、在活动中更能自我约束和更富于创造性的人。第二,自我发展要求我们控制和改正自己不良的、有破坏性的动机,在生活的一切方面都遵循一种高层次的道德伦理标准。

通过这样的综合治疗过程,就能使人获得真正意义上的成长。个人成长不能在自我放纵和无节制地表现自己的欲望的条件下实现。当我们真正达到了自我成长时,就会发现,个人成长是通过无私而自然表现出来的。我所说的无私,是指少一些对自我的强调,多一些对他人的关怀,即关心别人的需求、别人的痛苦、别人的快乐和别人的成就。正是借助于这一过程,一种给予和索取、分享与合作、团结一致的相互关系才能得到发展,才能为精神的转化铺平道路。

无私是一种精神状态。它要求自爱,爱我们内在的品质和我们生就的高贵性。自爱是与自私相反的。只有在我们既给予又获得,并进入一种团结的关系之中时,才可能有自爱。这是一种创造性的循环;无私要求自爱,自爱又通过爱别人而获得,爱他人只能借助于无私而达到。这一创造性循环的反面是自我中心意识的恶性循环。自我中心意识使给予爱和得到爱都不可能,其结局必然是疏远、不信任和厌恶。

如果我们回顾一下创造性的发展过程,就可以明显地看到,当青春期被成年期取代时,我们就从生理上、智力上、情感上和精神上全面准备好了自我奉献。不仅在工作场所,而且在婚姻中奉献;先是奉献于配偶,然后奉献于子女。

至此,我列举出了一种健康的治疗关系的某些基本要求。这就是:治疗者要能够把当事人看做一个完整和全面的个人,要无条件地爱对方,要鼓励自我成长。

治疗者还要关心别人的痛苦和困难,并能以一种健康的方式去帮助别人解决问题。如前所说,痛苦与困难是生活与成长的基本要素。治疗者既要能够看出这种痛苦,理解其意义,又要能够帮助减轻痛苦,帮助当事人找出痛苦的成因,并帮助改变痛苦的局面。

最后,治疗者还必须帮助当事人认识死亡问题。这是治疗艺术的关键一环。治疗者必须解除当事人对死亡的恐惧,以使当事人的整个精力能集中于对生活的承诺。对死的恐惧存在于潜意识的层面上,并经常成为一种意识,尤其是当人们受苦和感到病弱的时候。通过向当事人说明生与死的力量,治疗者就能提高他(她)的乐观情绪,使其快乐,热爱生活,并帮助其消除绝望感、悲痛感和恐惧感,这些感觉可能存在于情绪或身体紧张的时候。治疗者如果能够做到这样,他就能调动每个人自身固有的治愈力量。

在阐明了治疗者应具备的某些素质之后,再来讨论对当事人的某些素质要求将是有益的。

### (二)对治疗的态度

凡是决定进入心理治疗关系的人,都必须首先找到他所信任的治疗者,既包括对治疗者知识和经验的信任,又包括对治疗者的伦理观点和道德水准的信任。这样的信任对于成功的治疗配合是非常关键的。如果需要经过几次尝试才能达到适当的配合,那也是值得去努力的。正是在这种信任的基础上,治疗的另一条基本要求即合作,才可能达到。

当事者必须与治疗者合作,才能使治疗者的知识、专长和能力有效地发挥到当事人身上。信任与合作能够去除通常在人际关系中大量出现的那些障碍;信任与合作是创造一种成功的医患关系即团结所必需的基本前提。

治疗中所包含的个人之间的团结,使彼此能够敞开心扉、交流思想观点、坦露情绪、表明希望、制订行动计划，恢复健康所需要的一切条件才容易达到。借助于这一过程，双方才开始感觉到更多地触及了思想和感受，更多地认识他们的行为，并减少冲突和紧张情绪，渐渐地建立起一种内心的平和状态，并可在很大程度上达到思想、感觉和行动的一致性。归根结底，一个完整的过程是最终达到精神上的合作，治疗过程中双方都要真诚相待。

这一过程的一个基本要素是对痛苦的态度。如前所说，疼痛和痛苦通常是一种信号，它表明某个地方出了毛病，需要改变。因此，痛苦是一种防卫。此外，我们也常常自讨苦吃。所以，最重要的是我们尽快意识到痛苦，以便开始改变局面。治疗过程就是达到自我认识的一条最佳途径。

与痛苦问题相关的是死亡的必然性。健康的心态是通过对生与死及其相互关系的认识而达到的。对死亡的认识过程在本质上既是感情的，又是精神的。

如前所说，生与死是生命不可分割的组成部分。我们从一种状态中死去，同时也是降生到另一种新的、通常是更高层次的状态上。根据精神心理学的原理，治疗过程要求我们了解自己的过去，但又不要沉溺于过去的一切痛苦与不良的东西。所以，我们从过去中死亡，降生于现在，最终要关注将来。每当我要阐明一个非常重要的问题时，我都要谈及过去、现在与将来。过去、现在和将来，都要求理解与宽恕。

宽恕是一个特别重要的问题，尤其是在目前"报复与记仇"成风的气候中。这种报复与记仇的风气席卷了心理学和心理治疗的常规领地。我们的宽恕能力是由几个因素决定的，包括成熟水平、自信程度、欣赏和创造团结的能力，最终还取决于我们是否有能力超越我们的"本性"倾向，即借助于宽恕的方式去战胜不良的"本性"。

我们将在讨论精神转化的动力时再谈这个问题。在此之前，我们需要了解生活的进一步改变过程，因为这是心理治疗的首要目的。

所有的心理治疗，都旨在帮助人们更多地认识自己的情绪、思想和行为的本质、动力及成因，并且帮助人们改变它们和以比较健康和现实的方式表达它们。治疗者通过向当事人提供某些观点而让当事者醒悟，这些观点往往是当事者全然不知的，或一知半解的，或令他们困惑的；当事者醒悟之后便会有改变的动机。这一改变过程的核心是当事者对自我和对他人的看法及感受；他们对于改变其"不健康的"、"不恰当的"和"不被接受"的行为有什么看法对治疗过程也很重要。心理治疗有助于使当事人达到更高程度的成熟与成长，这是肯定的。不过，我们的变化、成长，成为真诚和现实的人，也只能基于我们本身对人的本质的思考和期待，以及我们对人生目的和存在本质的认识。换句话说，我们认为自己是什么人，我们就将成为什么人，我们认为整个生活是怎样的，我们就会怎样去生活。所以，大多数的心理治疗，至多是帮助我们成为"真实的"、"真诚的"和"现实的"人，就像我们对现实、真诚和客观性的认识那样。举几个例子也许有助于说明这一点。

心理分析理论的一个核心观点认为，人的行为动机来自性欲的力量、本能的需求和侵犯的倾向。这种观点已被西方的许多个人和社会欣然接受。这种观点为这些社会的性陶醉、及时行乐、侵犯、暴力等提供了解释，其实是辩护。

同样，行为治疗理论把人视为机器和动物。这种理论对处于赞成这种观点的社会中的人们的生活似乎有极大的影响。毫无疑问，在专制的和工业化的社会中，生活都是被操纵、被控制和被机械化了的，这种生活是违背我们对独立、自由和创造性的自然而健康的需求的。虽然我们拥有相当的力量和知识，但是我们却创造了一种更适合于机器和动物而不是适合于人类的生活。

上述看法本身并不是说心理分析学派或行为学派关于人性本质的观点是造成社会灾难与问题的主要原因，而是说这些学派的理论对人们关于自我的认识有很大影响。它们帮助人们为自身的行为作辩护，鼓励人们接受由这些理论所指导的生活方式。

这些理论在心理治疗领域有最强烈的影响。有足够的证据说明，在过去半个世纪里，治疗的规则越来越倾向于鼓励当事人更多地关心自己想什么、感觉如何、希望什么、有什么欲念，而较少鼓励人们去关心他人的感觉和需求。心理治疗者们往往是公开地或暗示地鼓励人们奉行性"自由"，无所节制地发泄愤怒、烦恼或仇恨；要人们成为"真实"的、"真正"的人，要不惜牺牲别人而做到自己想做的事。看来，昔日规劝人们自我克制和自我约束的严肃的心理治疗学派正在被某些新的"治疗"方式取代，这些方式不去帮助人们克制，不去认真地研究问题，却鼓励随心所欲，而不是自我约束。

虽然心理治疗的主要观点仍是认为某种程度的痛苦在人的成长过程中是不可避免的甚至是绝对必要的，但时下流行的"治疗"方法却经常是鼓励人们回避痛苦，不时地提供各种各样及时行乐的处方，例如寻求性快感、感官享受和化学药品的刺激等等。这些"治疗处方"中最为有害而又不被人察觉的便是治疗者鼓励当事人毫无约束地做他们乐于做的任何事情。在这些处方中，自我感觉和本能被当作了最重要的东西。正确与错误、伦理道德及社会需求、个人责任感等问题均受到忽视，只顾短暂的获益而不顾长远后果。这些治疗方法源于这样一种流行的观点，即人是受本能支配的，人生的目的是为了获得享受和避免痛苦。

在简要地了解上述情况之后，我们自然会提出这样一个问题：什么是恰当的治疗方法？或者更直截了当地问：精神心理学对心理治疗实践的贡献是什么？我们已经讨论过知识、爱和意志的失调与人对自我、关系、时间和关心有何关系。现在，我们要说明，在精神心理学理论中，心理治疗的主要内容是什么，然后着重分析精神转化的动力是什么。

在这里所说的心理治疗实践，不是编出来的长篇小说，它们是根据本世纪已有的和被证明了的实践而发展起来的。精神心理学所倡导的治疗方法，不过是补充强调了某些观点，把不同派别中所使用的最有效的方法结合在一种模式之中。在这里，应当特别强调的是，任何立志成为一名优秀治疗者的人都必须在一所好的高等学府里认真学习心理学原理并获得学位；从事心理治疗实践者，要有资格和执业证书。在本书中所介绍的精神心理学，其目的不是要否定或拒绝心理分析、行为学派、生物学派及其他精神病学派以及社会心理学及神经科学对认识人的心理与行为已经作出的许多贡献。我的目的是要说明，在我们研究人的心理学问题时，把精神原则与科学原理结合起来是绝对必要的。

现在让我们回到生活的改变问题上来，这是许多心理治疗学派所探寻的主要对象。心理治疗实践基本上都涉及如何认识及理解人们过去的经历、现在的问题和将来的计划。

### （三）认识过去

认识过去极其重要，这是因为儿童的早期经历影响到儿童成长的各个方面，决定着他们心理健康、智力发展、感情成熟、社会适应及精神取向的水平和特性。此外，知识、爱、意志这类人的重要属性和人对自我、关系、时间的关心，都有其在儿童经历中的发展基础。人虽然天生就有能力决定其对环境作出反应的性质，但这种能力在生活的不同阶段和不同条件下发挥程度是不同的。在儿童时期，人在很大程度上处于受父母或其他人支配的环境之中。

适于人的成长与发展的健康环境至少应包含爱、鼓励、指导等等特点。爱是生命的源泉,它导致成长,创造力量。爱把孩子与父母及其他人团结在他们的环境之中,给孩子提供基本的信任感,使孩子感到安全和宁静。

鼓励是人们成长和产生创造力的燃料。应当重视每个人的高贵性与独特性。应当给孩子增加发展自信心的机会,使他们学会与他人合作,分享及接纳别人。这些是成熟与健康的人际关系的基本要素。

指导是儿童成长的健康环境的第三个特点。当孩子在一种灵活的、充满爱和鼓励的环境中得到足够的指导时,他们就能最好地发挥自己的能力。用榜样和循循善诱的方式教育孩子是主要的指导方式。

从对儿童教育与培训所需健康环境的特点的简要说明可以看出,缺少其中一个或几个条件都会造成冲突与问题。实际上,大多数情绪和心理问题,都根源于缺少正确的爱、鼓励和指导。缺少这三个条件中的一个或两个,其结果便是自我想象不良,对爱的看法扭曲,对现实包括对自己认识错误,弄不清生活的目的和意义。

因此,人们努力了解过去的主要目的在于弄清他们对自己和对现实产生错误看法(也就是自我认识和自爱的扭曲)的本质。此外,当我们回顾过去时,也应当看到过去生活中的积极事件。我们应当记住父母、祖父母、老师、邻居或朋友的那些爱的表示。我们应当重温我们在成长的年代里从各方面得到的种种鼓励、指导和建议。

治疗不要仅仅去强调那些消极的东西。事实上,强调积极的力量是非常重要的,因为我们现在所拥有的正面素质都可以在过去的正面经验中找到其基础。我们曾以某种方式认识正面品质,受这些品质的影响,然后就具有了这些品质。因此,每当我们回顾过去时,我们既要看到过去的负面影响,但更要发现过去的正面经验。这样,我们就能学到很多的东西。

我们基本上借助于两种方法改变我们的错误观念。一是系统地、现实地、恰当地和理智地进行自我评价和自我认识,要有一种反省的、谦逊的和探索的态度。在许多情况下,我们能够用这种方法去改变自我;但仅仅通过个人的努力并非总是能够对过去的经历及其影响得出正确的认识,在这种情况下,我们就需要采取第二种方法,即专业人员的帮助。努力认识过去的经历及其影响,可能会达到解决心理与情感冲突的效果,如果这些冲突是由于儿童时代不健康的经历所致的话;也有希望通过这样的方法认识我们既有的正面经验和能力,使我们开始朝着清醒与正确地认识现在的生活这一方向进步。

**(四)改变现状**

生活改变的另一个方面涉及对我们现有行为的不现实的评价,涉及我们怎样看待自己和我们周围的世界。我们已经说过,这种看法怎样受我们过去经历的影响,至少是部分地受过去经历的影响。人的行为在某个层次上是对现实不断施加于我们的各种刺激的习惯性反应;我们往往以过去经历中的那种相似方式对这些刺激加以接受和理解。行为的本质取决于我们对过去和现实两方面的认识。

我们既可能对过去的认识有误,又可能对现实的认识不正确,还可能对两者都没有正确的认识。改变一种既成的行为是需要动机的,这种动机部分地来自于认识,即认识到我们能够改变不健康的和不被接受的行为,认识到这种改变不仅是可能的而且是非常必要的。但改变的重要的动机来源于我们希望摆脱焦虑、自我中心、自私和物质至上的生活方式的困扰。接受一种普遍的(他人导向的)精神生活方式的动机,可增强平静感(通过被爱和爱他人)、安宁感(通过自我认识和自爱)和自信心(通过认识创造的目的和重要性)。

让我们再说一遍,要认识现在,就不能仅仅去看那些负面的、消极的东西。在生活的任何时候,我们面临着挑战与困难。我们通常把这些困难看做命运的不幸或别人的过错,或是我们自己的不对。然而,生活中的大多数困难其实都是学习和成长的机会。这些机会考验我们,当我们通过这些考验之后,就可能获得更多精神生活的财富。我们大多数人往往害怕这种考验,但是生活的历史却写满了经受这些考验的可歌可泣的故事。所以,如果我们想改变自己的生活方式,关键的事情在于重视自己的那些许多被忽视的能力。其实,我们大多数人,每时每刻都在以创造性的方式处理问题和应对挑战,但我们却较少意识到这点。认识我们固有的能力是成功地改变生活的关键因素。

改变行为和改变对自己、对现实的认识所用的方法,同前面谈到的理解认识过去的方法是一样的。这里要再次说明,基本的责任在于我们自己。我们需要以高度的勤奋和自制力来增强自我认识和自爱。自制力在任何人的行为中都是必要的,在改变生活的任务中更是头等重要的。这种自制力在所有的方面都需要,在我们生活的物质、理智、情感、社会和精神等领域,都需要自制力。

我们中的许多人在努力改变生活时,都需要得到帮助。这种帮助可能包括下述的某个方面:心理治疗、咨询、鼓励和爱。我们还需要真心诚意地去寻求这种帮助,要敞开自己的心扉。只要这样去努力,就能部分地或整个地改变自己那种不健康的生活方式。

除了通过认识过去和认识现在这两个步骤来改变生活之外,我们还需要走第三步;这第三步对于改变生活方式更重要、更有效,那就是计划未来。

### (五)计划未来

研究过去、现在和将来,包括研究时间跨度和限度,这就要求思考起始与终结、团聚与分离、生与死等问题。生活中的这些情节和事件往往造成焦虑、恐惧等情绪。生活中有失落、离别、死亡之痛苦,也有新生、团聚的激动与欢乐。如果我们不能够认识自身存在的精神本质的话,就最终要被对死亡的恐惧所压倒。从本质上说,行尸走肉般地生活与死并无差别。行尸走肉般地生活造成堕落和贬低人的价值,使人失去成长的意愿和动机,助长及时行乐的倾向和自我中心意识。

人生可被理解为一次旅行,它始于意识的开始,跨越几个存在的世界,不断增加知识和爱的积累。生命是永恒的和有目的的,其目的就是求知和爱。需要以实践的方式达到这样的目的,以便我们能够计划生活的方向和质量。

反思过去能够使我们摆脱心理上的局限性,而专注于将来使我们能够迈入一种富于精神的生活方式;着手于现在则使两种过程都有可能进行。精神心理学阐明了所有这些过程,目的在于帮助人们创造一种内心的和人与人之间的团结。因此,精神心理学既要从心理学上解决生活的改变问题,又要从精神上改变人们的生活。

## 三、精神转化:观念与实践

无论心理学的干预多么重要,其结果顶多是改变人们的行为。它并不能达致精神上的转化。在生物学和心理学的层次上,我们能达到的最高目的是既能满足又能约束我们的本能和情绪。这就是说,在一种心理健康的状态下我们既感到安全,我们的本能又得到了满足;我们的恼怒、焦虑和恐惧的感觉得以降低和得到控制;我们满足自己愿望的能力得以增强。另一方面,我们又能在不对别人造成困难和伤害的情形下达到这样的目的。心理学能够帮助我们做到的最大的事情是创造一个人道的世界。但是,精神心理学则努力帮助人们超越生物——心理层次而造就一个富于精神的人和一种精神文明。一个富于精神的人能够超越生物的和心理的支配。精神心理学并不忽视生活的生物学与心理学层面,也不怀疑这种层面;但是,精神心理学把这两个层面导入精神的世界。这一崭新的世界是由知识、智慧和真理支配的;是由爱心、合作、团结支配的,是以意志、责任感和服务精神为导向的。因此,要使我们每个人成为正直诚实的人,我们就要寻求真理,就要成为信任别人和值得别人信任的人,而不是欺骗自己和别人的人。人有巨大的自我欺骗能力,因此要做到真正的自我认识和寻求真理,也同样要花很大的力气。

团结也是如此。因为团结是爱的自然成果,爱是生命的保护神,因此我们除了成为典范之外别无选择。我们的每个行动、每句话和每一种打算,其主要目的都应当是创造一种与别人的高度团结。没有团结,我们在个人和集体的生活中肯定会吃苦头。要成为一个团结的人,我们就需要学习公正的待人,公正又要求人与人之间关系的平等。

最后,精神转化的过程要求我们服务于他人。我们要有足够的成熟性,以便能够把别人看得比自己重要。这并不是出于善意和伦理道德要求,而是因为在一个团结的世界中,每个部分的幸福都有赖于整体的幸福。在这种人际关系的条件下,竞争、偏见和不公正便没有立锥之地。服务,从这个词的广义上说,既是个人生活中的头等大事,又是集体生活中最重要的事。

精神转化是意识和功能在一个层次上死亡和在更高层次上新生的一个连续过程。它要求摆脱物欲,抛弃虚妄,平静地面对无法预见的悲剧。众多人如此惧怕的死亡,其实不过是生命存在的另一种形式罢了。我们在自己的生命周期内可能死好几次。今天的世界不承认实际的死亡。我们通常不让自己经历那种在我们日常生活中遇到的不太明显的死亡。孩子长大以后离去了,朋友到另一国家去了,失去至亲,离婚的经历,被遗弃和遭受失败的痛苦,报纸上读到人们被杀的消息,得知成百上千的人在一场又一场看来"毫无结果"的战争中丧命……,所有这一切都是在我们生活中发生的死亡的例子,但我们并不在意。由于不承认这类死亡,使我们吃尽苦头。我们对这类死亡习以为常,无动于衷。这是我们对死亡的恐惧和认为生命在这个星球上就结束了所带来的悲剧性后果。由于无动于衷,就没有成长所需要的爱,就没有真理的光辉普照,就没有服务的行动。在这种情况下,追求权力就占了统治地位,不公正和专制就得以盛行。

读了上述的说明之后,你也许会感到沮丧,你可能反而认为精神转化实在是望尘莫及的要求,实际上是做不到的。的确,这是很高的要求。精神转化要求我们有很大的勇气,要有自制,要超然。之所以需要勇气,是因为这条道路是令人寂寞和害怕的;每一步都会遇到潜在的压力,这种压力很大,很苛求;无意识的欲念受到压抑但又具诱惑力;一种未被克服的冲突使人困扰而又固执。我们通过鼓励而获得勇气。在这条路上,勇气一鼓励的相互关系必须存在于家庭内、朋友和同事圈子中。在心理治疗的环境中,勇气是通过与治疗者相处中受到的鼓励而获得的。自制的作用在我们前面的章节中已经谈到了。简而言之,没有任何富有创造性的努力是在没有自制的情况下取得成就的。

最后的也许是最重要的便是超然。在我们的生活中,我们往往太重视别人的赞许了。在一个如此依赖仿效、竞争和讲求时尚的社会里,那些选择踏上精神转化征途的人将发现自己是孤独的。他们需要对其他人的评头品足保持超然的态度。这并不意味着他们退缩，或不参与积极的社会活动。相反，这种超然才能提供根据真理去行动的自由，才能提供无条件地爱的自由，才能提供不期待回报的服务自由。

简而言之，为达到精神的转化，我们需要专注于怎样达到以真诚、团结和服务等价值观为特征的生活境界。一开始，我们就要对精神问题敞开自己的心扉。我们必须用真诚、团结和服务的价值观来教育子女。所有的父母都在向孩子灌输某种价值观。真诚、团结和服务应是最重要的价值观。用这种价值观培养起来的新一代，将创造与我们所创造的这个世界大不相同的世界。

然而，真诚、团结与服务这样的价值观，就像人的其他素质一样，是需要通过生活来加以培养的。在这里，宗教的精神实践显得特别重要。其中最重要的是祈祷、静默、斋戒、自我约束、服务和奉献牺牲等精神实践。

### (一)祈祷与静默

我们可在词典上查到，静默是一种深沉的行为，是持续的思索和严肃的反省。这一定义立即就使我们想到求知、思考、反省、寻求理解、探索真理。因此，静默是人不可缺少的。沉思与反省是人的特性。要沉思与反省，就需要创造一种场合，使我们能够安静下来，远离日常生活中的那些喧闹，能够对我们自己(灵魂)提出问题，并能找到对这些问题的答案。

科学的发现，疑惑的解除，问题的回答，新观点的获得，也主要是通过沉思与反省过程而实现的。从精神的意义上说，静默是一种对真诚、团结、服务的深刻沉思默念。正是在默念之中，我们扪心自问:怎样才能成为更公正、更有爱心、更聪慧和更成功的人，更有博大胸怀和世界眼光的人?我们需要问自己，生活的目的是什么和怎样达到这样的目的。当然，有人可能在静默中思索相反的问题，例如怎样更好地欺骗别人，怎样统治别人，怎样杀人，怎样报仇，怎样违反法律而又不被抓住和受惩罚。两种都是静默的成果。第三种静默，则是人用静默的力量来满足自己的欲望和实现以个人为中心的追求。然而，从精神转化的意义上说，静默总是集中于思考那些富有创造性和建设性的问题，思考怎样使生活变得更充实、更真诚、更公正和更美好。因此，精神的静默要求自制和帮助。精神的静默不是自行发生的。对精神静默的最大帮助来自于祈祷。

静默直接与我们求知的能力相联系，而祈祷则与爱心密不可分。我们通过祈祷，与爱的至高对象谈心。祈祷是爱的对话。爱者热切地祈求被爱者，谦恭地恳求被爱者赐予他(她)爱的馈赠。在精神转化的意义上，被爱者就是上帝，这是一切真诚、爱和救助的源泉。因此，当我们祈祷时，我们就在点燃灵魂，敞开心扉和大脑，吸引他人的心，帮助创造一种相爱、真诚和服务的相互关系。

许多人难以祈祷，是因为当他们真正向上帝发出询问时，却又常常不接受所希望的答案。我们可能祈求治病，可是病人却死了;我们可能祈求金钱但却依旧贫穷;我们可能祈求成功但仍然失败了。这种对祈祷的态度属于个人和集体的儿童时代。成熟的人与上帝的关系要求人用悟性、运用知识、爱心和意志。祈祷的完全形式必须既有言词，又有行动。治病不能仅仅通过祈祷去进行。一个失败的、无望的、精神崩溃的人，即使对医学治疗也不会有良好的反应。意志、热爱生活及合理的治疗方法都是重要的。静默和祈祷帮助我们在生病时获得一种积极的态度并寻求可资利用的最佳治疗方法。但是无论我们怎样祈祷和怎样重视医疗，还是有人死去。

正因为如此，静默和祈祷就具有更深刻的意义。反思亲友死亡及其原因，不仅给予我们关于死亡的新的启发，而且帮助我们找出新的治疗方法，增加医学知识，学习怎样更好地与疾病作斗争。而面对丧亲和死亡的祈祷是非常困难的，除非我们把自己与一切知识之源泉联系在一起，除非我们祈求上帝的远见从而获得祈祷力量的帮助。通过多次反复验证，我们才能认识到祈祷真的得到了回答。

除了这些实际的问题之外，祈祷还有另一个更重要的意义。须知，每个人最终都是要独自离开别人的。我们通过婚姻、家庭、友谊等纽带与别人相联系，但我们又是孤独的。我们在思想和感情上体验着深深的孤独感。我们无法用言词来表达我们的感觉或用耳朵来倾听这样的感觉，或者以勇气来宣泄这样的感觉；但我们却总是可以向我们的创造者诉说这样的感觉。由于任何一个人都有同样的感觉，如果我们大家都能定时祈祷，我们就将借助于意识的精神力量使大家相互团结起来，从而感觉到一种深沉的亲近。所以，祈祷是世界上团结与真诚的一种有效力量，它把人们的心和智慧联系在一起。当所有的人都为和平、公正、自由、平等而祈祷时，一种新的意识潮流就会在人类意识的汪洋大海中奔腾，它将带来更多的团结与和平。这样，祈祷就变成了服务于他人的行动，促使我们把言词付诸实践，把思想变为行动。

我常常为治疗过程与祈祷和静默过程之间的甚为相似而感到惊讶。在治疗时，一个人沉浸在深深的和持续的思维与反省之中，这就是静默。在治疗之中，当事者处于一种痛苦的状态，祈求治疗者治愈或改善他的病情。这是一种祈祷行动。这并不奇怪，因为在这种意义上，治疗者就是我们所创造的物质文明中的牧师。治疗室同时起着教堂、忏悔所和祭坛的作用。心理治疗的神秘和神奇力量既是治疗者认为的，也是当事人赋予的。因此，心理治疗可做许多好事，也可能被滥用。（要进一步了解祈祷和静默在我们精神发展中的作用和影响，请看阿杜·巴哈的《巴黎讲话》，第173～176页。）

### （二）斋戒与道德戒律

在本书前面已经谈到，人是处在物质与精神的交汇处的。一方面，我们是物质的存在，要服从生物和物理的法则；另一方面，我们又是精神的存在，有知识、爱和意志，它们是精神力量和人的意识的重要属性。我们曾谈到，意识有它自身的存在现实。生活是意识与物质不断交融的产物。生活的内容之一就是本能与精神之间的较量，前者是肉体的属性，后者是灵魂（意识）的属性。人类文明是两者交会的结果；但文明的成败却反映了精神与物质谁战胜谁的情况。

为了使精神战胜本能，慷慨取代贪婪，爱克服恨，我们就需要学习如何约束本能和约束动物般的欲望，学习如何控制暴力与仇恨的倾向，用真诚、团结、服务的价值取代本能层次上的倾向。精神实践要求戒律，例如斋戒。精神实践的成果与其最初的目的相一致。

斋戒是自我约束的象征。它使我们更充分地触及自我。它使我们意识到，我们有力量战胜本能欲望；它说明我们能够忍受饥饿，同时也使我们体会到千百万饥饿的人们的感受。在有意的斋戒行动中，我们可以开斋；但是挨饿的百姓大众却要斋戒至死，因为他们得不到食物，他们别无选择。通过斋戒，我们再度意识到人类的团结一致多么重要。

斋戒及其他的精神戒律，例如忌服酒精饮料及其他刺激大脑的物质，都对我们个人和社会的生活方式及健康状态有深远的影响。如今，缺乏这种性质的精神实践对我们这个世界有极大的影响。在20世纪的最后10年里，人类面临的一个重要挑战就是吸食各种毒品和酗酒。可卡因祸及众多的人，毁坏了千百万人的生活。遍及世界的贩卖毒品和吸毒成为犯罪与死亡的媒介。酒精已成为毒品，不仅扼杀了酗酒者的生活，并且破坏着家庭、事业甚至毁坏了种族。精神法则禁止非医用酒精和麻醉品，这种法则固然对我们的自由有所限制，但又为保护我们自己的健康构筑了安全的壁垒。如今，我们关于自我的概念是如此地被误导了，以致我们把秩序视为反对自由。但是，没有秩序，就没有自由；没有秩序则只会造成混乱和无政府状态。

此外，诸如斋戒和祈祷等精神实践也是爱的行动。我们对这种爱的行动的某些形式甚为熟悉。例如，父母把食物让给孩子时他们自己却饿着肚子，父母便是出于爱的行动而挨饿。斋戒也是同样，斋戒也是爱的行动，只是没有什么特殊的前提罢了。

### （三）服务与奉献牺牲

当代关于服务的概念被搞乱了，它往往被说成是在一种不平等的关系中做奴隶或奴役别人。也有人说的服务是指一个人的工作或履行职责，例如专业人员的服务，修理服务，或公共服务行业。然而，服务还有着另一番意义，那就是尊重、关心和奉献，就像施爱者对被爱者那样。在知识、爱和意志的意义上，在真诚、团结和服务的意义上，服务的后一种概念才是贴切的。因此，服务是以人的意愿去从事团结与真诚的行动。这就要求高度的无私，对人类团结的重要性的深刻理解，以及对真理的彻底奉献。更有意义的是，服务反映了我们对自己真正本质的认识和接纳。我们在多大程度上希望培养和发展自己的人性，就在多大程度上投入服务的行动。

“牺牲”源于拉丁文的“Sacrificium”，它本身由两个词组成：一是 Sacer，意为“神圣”，二是 facere，意为“做”，由此可见牺牲意味着做神圣事情的行动。

在我们的生活中，我们积累了财富和地位，得到爱和各种各样的权力。于是我们依恋它们，并开始让它们控制了我们的心灵与智慧。随着我们对它们的依恋的增长，我们的心灵和智慧之窗就逐渐关闭。于是变成了以自我为中心的人和懦夫。我们成了自我中心主义者，是因为我们拥有如此多的财物，生怕失去。

我想起一个中产阶级的家庭，其中的父母和子女都曾是很幸福的人。他们的家总是对所有的人开放。朋友们自由地去串门、问候，带朋友去造访，喝茶、喝咖啡，然后离开。我们有时也烤制些点心，带些小吃到他家，大家围坐在一起吃饭，享受相互的陪伴，没有客套做作，有的只是强烈的团结感和亲密感。后来这一家中彩赢了一大笔钱，一夜之间一切都变了。他们搬进了一所城堡似的房子，雇了保镖，通过录音设备接听电话，别人再也不可能去看望他们或同他们交谈了。过了几年我们得知，这个家庭解体了。丈夫陷入了一种深深的沮丧和抑郁状态；妻子总是怒气冲冲，以至没人敢接近她；孩子们成为放纵环境的受害者，成为十足的自我中心主义者，不能善待和信任他人，因而辍学了。这个家庭暂时地富有过，但从另一些方面来说却应属贫穷之列。

从我举的这个例子来看，有一点是显而易见的，即他们所得到的财富不具神圣性。由于我们本质上是精神的人，我们拥有的每件东西都应当富有神圣的意义。但怎样能做到这一点呢？是否向慈善事业捐赠就使我们富有神圣性呢？以个人的名义或为纪念某人而建立一个基金会去支持公益事业是否神圣？然而，受人称赞的慈善事业很少使任何事情变得神圣。只有奉献牺牲才具有神圣性。奉献牺牲要求把一切都置之度外，包括生命。无论如何，一个人总要是死的，一切身外之物都不能带走。我们基本上不能控制自己什么时候死。我们能够控制的是生活。我们怎样活着？为什么而活着？用什么方式活着？要达到什么最终目标？这样来看，奉献牺牲的精神意味着一种生活质量。在这种生活中，无论死亡时刻什么时候到来，我们都不会为过去忽视了善良和爱的行动而悔恨。这是精神转化的核心。

奉献牺牲的一个重要之点在于有勇气承认真理，有达到团结和服务这种品质的意志。我们大家都知道，维护真理需要多大的勇气。这就是为什么我们往往都要撒点谎。我们撒谎，是因为我们知道，如果说真话就可能要牺牲点什么。一个朋友可能问你："你有 20 元钱吗？"你可能回答说："没有。"因为你确实不愿意失去钱。一个南非的白人被问道："你认为黑人不如白人，所以就应当被轻视吗？"这位白人可能回答："是的"，即使他认为并非如此，他知道黑人和白人是平等的，应当享有平等权利；但对他来说，承认真理需要牺牲，即牺牲他在自己同类中的地位，因此他选择了否定真理的回答。"你与另一个女人有染吗？"一位妻子问丈夫。那位丈夫撒谎说："没有。"但后来，一旦真情暴露了，婚姻就会解体；或者真情被掩盖下来，丈夫内心的平静与真诚感被打破了。奉献牺牲需要有维护真理的勇气，或者换句话说，维护真理需要作出牺牲。

牺牲的另一层含义与我们的进化发展有关。成为一个真正诚实的人需要获得诸如真诚、团结、服务这类素质。而要获得这类素质，我们就必须愿意牺牲自己本性中的本能方面。换句话说，我们必须愿意把本能的东西变成神圣的东西。但怎样做到这点呢？让我们来看看三种本能，即性、饥饿和对安全的欲求。

在整个文明史和一切文化中，性都被当做神圣的东西，其神圣性是通过婚姻制度而获得的。在我们今天这个时代，由于精神价值缺乏和不受重视，性成了公开的商品，婚姻失去了它的尊严，人的性关系变得粗俗不堪。性关系不再是神圣的，其结果，爱情也失去了它的神圣性。

饥饿感也可以变得神圣，这种神圣性是通过人们分享食物和奉行斋戒等方式而获得的。通过斋戒，我们既使饥饿变得神圣，又使食物变得神圣。在斋戒过程中，我们意识到饥饿是人类集体的一种现象。在我们的时代，食物不再神圣了，这就是为什么在世界的一些地方大量食物被浪费和任其腐烂，而在另一些地方千百万人民死于饥饿。这种事情的发生是由于一些人要确保自己的安全，于是他们销毁食物或对人们正在挨饿的那些国家保持政治强权。

对安全的需求也是人的主要本能之一。从其初级的水平上说，人们都试图通过闭关自守来获得安全感。这种以自我为中心的态度，其最具破坏性的后果便是创造了一个储满军火的世界，这些军火被一次又一次地用来摧毁地球。须知，我们的安全感并不来自个人或某个特殊集团的安全，而是来自世界的安全，即人类的团结。要达到全世界的团结，就需要放弃那种以自我为中心的安全感，而愿意获得团结的精神素质，这种团结相应地将给予我们个人以安全感。

## 四、结束语：成为一个完善的人

在本书中，我们谈了很多关于精神与精神生活方式。精神的概念可以这样来阐述：

人是有精神属性的高贵存在物。

人的本质由两部分组成，即物质的部分和精神的部分。

人的灵魂使人与动物相区别，使人比动物优越。人的心智是其灵魂的力量，通过使用心智而发现和认识物质的法则，这些认识给我们带来了科学和艺术。

人的知识以及人的感情既可能是建设性的和团结性的，又可能是破坏性的与分裂性的。

精神法则和精神存在是教育的源泉和人的灵魂的向导。精神法则与精神存在是通过世界上一些重要宗教的启示者的教导而向人类揭示的。这些启示者包括佛陀、摩西、穆罕默德、基督、巴哈欧拉等人。他们带着自己的思想按照时间先后顺序来到人间，这种顺序是与一个特定历史时期的社会发展水平和人类需求相一致的。

根据上述定义，精神的人是那些自觉的、认真地决定去过这样一种生活的人，这种生活使人获得肉体的、情感的、智力的和精神的最佳而全面的发展，并赋予他们对符合其自身时代的那些精神教导的应有认识。这样的人使自己贴近内心的现实，接近自己的同胞，并亲近自己的创造者。这是通过运用知识、爱和意志的结合而达到的，是借助于精神和智慧的原则及崇高的行动而实现的。

在这里，简要地概括一下精神生活方式的要点也许是有意义的。为此我们就需要回到本书已经讨论过的论题上去。在前面的章节里，我们指出人关心的三个主要方面，一是自我，二是关系，三是时间。这些关心与精神生活方式的内容是怎样联系起来的？

那些以精神生活方式去生活的人，终将获得对团结感的深刻体验。他们开始承认和体会这样一个事实，即人类从其真正的本质上说是一个不可分割的整体。他们认识到其存在的各个层面——肉体的、情感的、智力的和精神的层面都是人类具有重要一致性的层面。他们知道，人存在的核心便是有着高贵的、精神的本质，这种本质超越了以往所有类型的存在，这种本质把人与精神存在的殿堂连接起来。精神存在的实质起初是一种潜在状态，只有我们努力超越达到高层次的成长与成熟时，这种存在的实质才得以发挥和表现。超越要借助于知识、爱和意志，并遵照理智、科学与真诚、团结、服务的精神价值相结合的原则。此外，在一种精神生活方式的范畴内，我们意识到人类团结的重要性，这种团结一旦达到，就能赋予我们一种宇宙观，一种无条件的爱，一种不断增强的服务愿望。

### （一）在精神生活中对自我的关心

信奉物质主义的人是孤独的。他们在生活旅途中独来独往，在生存斗争中孤军作战，他们独享其乐又独受其苦。他们醉心于自我，对健康、成功、社会地位、是否被他人接纳、爱和被爱的欲求等等的耿耿于怀达到了极端的程度。这种忧患和欲求造成了物质导向者们把自己的注意力几乎统统放在了自我身上，使他们把精力和时间大多耗费在满足自身的需求和欲望上。自我中心意识是这一过程的必然的、唯一的结果。

与其孤独感相伴随的是，物质主义者们感到自己极端脆弱和无足轻重。一个人把自己视为一种混吃等死的动物或一架生物机器，那就显然不容易发展一种对自信心和自我价值的意识。因此，物质主义者总是以寻求权力来确保安全，他们变得极富竞争性，努力从竞争中去感觉到自己还有价值。一旦权力和竞争在孤独和觉得不安全的人们身上结合起来，就成为破坏与暴力的潜在根源。

对一个寻求精神生活的人来说，情形就大不相同了。这样的人意识到自己是高贵的，生来为了求知、为了爱。知识使他们战胜愚昧，并赋予他们真正的权力和力量，这种权力是以现实为基础的，这种力量不是微弱的。这种力量还因为寻求精神的人们生活中存在的爱而得到增强。

与世俗的信仰和期待相反的是，物质的力量并不能向一个人提供安全感和信心。实际上，越有权力的人越没有安全感，因为他们知道自己是非常脆弱的，是容易招致权力无法控制的疾病、事故和死亡袭击的。出于对这种不安全感的反应，追求权力的人们便开始与他人竞争，其目的是获得对自己和对他人的更大程度的控制。这样做实际上于事无补，所以，那些权力迷为了寻求安全感，便不惜诸诉武力，去摧毁他们所认为的竞争对手和敌人。所有这一切的结果，就是毁坏自己和别人。我们今日世界就处于这样的状态下。

与权力相反，爱赋予人们对自我价值和自尊心的深刻意识，并帮助人们建立对他人的信任关系。这是有利于成长、创造、团结及生活的条件。在这里，暴力与破坏性就决无用武之地。

寻求精神的人主要感兴趣的一方面是真理与知识，另一方面则是团结与服务。这样的人与人之间关系，以无条件的爱、摆脱不公正与偏见以及谦逊的品质为特征。在一个精神的人身上，骄傲自大是没有立锥之地的。所有人都是高贵的、完全平等的，这一观点告诉我们，要以体察、尊重和爱心去与他人交往和沟通。

如果一个人想过精神生活，那么谦逊是另一种极为需要的品质。谦逊的人认识到，他们的存在乃至潜力和天赋，是上帝的赐赠，他们的责任是保护生命并实现其潜力。他们也懂得，只有他们在生活中努力服务和致力于团结，才可能把生活变得富于精神性。

精神生活的另一特性是超脱。人们不能过一种毫无参与和不与别人打交道的生活，事实上，我们需要归宿感和参与感。因此，超脱这一概念便常常被曲解，有时完全被误解了。从精神的观点上看，就像本书中所定义的那样，超脱是指一种素质，这种素质把人置于超然其本能和欲望之上的位置，使他们成为自己生活与命运的主人。一个超脱的人获得与使用物质财富、资本和权力，不是其最终目的，而是把物质财富作为获得更高的知识、更多的爱和达到团结、服务的工具。换句话说，超脱是一种素质，它使人摆脱自身弱点、死亡、贫困和物质存在的局限，使人贴近于真正的力量、生命和财富，那就是精神世界。

### (二)精神生活中对关系的关心

如前所说，孤独感是物质主义生活方式的后果。这种孤独感被物质主义者对权力的偏爱、竞争的倾向和潜在的破坏性行为进一步加剧。这种情况不利于发展积极的人际关系。在这种情况下，人们会走向分裂，成为相互怀疑的人，使自己体验不到人际交往和亲近的意义。这种关系带来的苦果便是疏离感和不信任。无论这种关系的当事者做多大的努力，都不能够发展起来一种合作与成熟的相互交往。

相反，对于注重精神的人来说，人际关系是应用知识与爱心的舞台。获得知识需要追求真理和讲求实际，避免僵化和偏见，要自觉地认识人类整体的相互依存性和团结。同样，爱的力量像吸铁石般地把人们吸引到一起，消除疏远感，创造一种相互信任、鼓励和服务的氛围。在这样的关系中，人人都会感到完善与幸福。

如果人们是因为相互吸引而走到一起来的，那么一切人际关系都将大大有助于保持爱与安全。在任何时候，只要人们被吸引到同样的意义、灵感和爱的源泉上，他们就会感到相互亲近。吸引他们的共同点帮助人们不计较彼此的过失和短处，无条件地喜爱、接纳对方而不强求改变对方，也不会在自己的期待未得到满足时过分地失望、生气和自暴自弃。因为找到一个彼此吸引的共同点很重要，所以我们大家都自觉和不自觉地在人际关系中做这样的选择。许多人彼此都选择对方的品质为相互吸引的共同点，而另一些人则被权力、名声、财富等吸引。然而这些吸引都是短暂性的、靠不住的，因此，人们常常发现自己在彼此相爱的关系中感到失望、幻灭和沮丧。然而，对于一个注重精神的人来说，最终吸引他(她)的东西具有更多的广泛性。

注重精神的人建立起与其创造者之间的互爱关系，这种关系随之扩大到所有的人。在这种关系中，孤独与疏远感终究会被克服，和谐团结的关系将被建立起来。这种关系必然以忠诚为特征。从定义上说，注重精神的人是忠于自己、忠于人类同胞，并忠于其创造的。其实，他们在自己所处的任何关系中都能自觉地、认真地信守承诺。这种信守为彼此关系中的信任、坦诚、忠实打下了基础。在当今世界上，忠诚的品质很是缺少。今日人际关系的、婚姻的、家庭的和国际关系的许多问题，其根源都在于缺乏忠诚。欺骗盛行于世，不信任是如此普遍，乃至男人与女人之间、意向和背景不同的人之间，都很难建立一种忠诚的关系。

为建立一种精神上的关系，我们需要发展几种素质，其中最重要的是关于自我的知识。关于自我的知识是终极的知识，它与关于上帝的知识是同等重要的。我们可以通过静默，通过关于创造性的思考，通过促进成熟与成长的理解过程等等来增加知识。我们也可以通过学习宗教里至为纯净和万能的普遍精神原则来增加知识。静默使知识之门向我们敞开，祈祷增强我们爱的能力。祈祷使人们有机会将其心灵转向其爱的对象，从谦逊、超脱和仆人的地位上与其爱的对象沟通，并使自己接受无限的爱、善德和灵感。所以，祈祷和静默，就像斋戒等其他的精神戒律一样，是精神生活方式不可缺少的部分，它们对于自我认识的发展至关重要，对于建立良好的关系有高度的价值。

**（三）精神生活中对时间的关心**

在人的三种主要关心（自我、关系、时间）里，对时间的关心是最强烈的。物质主义者不断地与时间抗争，他们害怕时间的流逝，因此他们陶醉于过去，害怕将来，对现在怀有一种矛盾心理。这种情形在当代人中是具有典型性的。有些人以一种怀旧的心理回顾过去，另一些人则以恐惧的心理看待过去，还有一些人认为时间决定了他们生活的方向，对将来充满了怀疑、担忧甚至恐怖。对信奉物质主义的人来说，过去是一种偶然出现的虚无，将来也是对虚无的某种回归。这种思维方法造成了一种深深的担忧与恐惧。物质主义者们试图通过即时的享乐来减轻这种担忧与恐惧感。他们用酒精和毒品来麻醉自己，以便少去想过去和将来。他们醉心于用刺激来排遣深深的焦虑感、对物质的迷恋和不安全感。他们看重自己的职业、健康、成功、成就，诸如此类的价值。奉行物质主义的个人，虽然竭尽努力去享受现时的生活，但终究还是发现自己焦躁、不满、不快乐，因此也不能够获得真正的享受。

对于追求精神的个人来说，情况是大不相同的。时间是外因，生活的旅程是一个不断加深意义的旅程。过去、现在和将来一方面是永无休止的自我认识和自我实现过程的不同部分，另一方面又是不断进步和成熟的爱和团结的过程。追求精神的人以感激的态度看待过去，感激上帝创造了自己；把现在看作丰富自己的生命、实现自身的目的和发挥自己潜力的机会。此外，他们把将来视为永无休止的发展、成熟、认识和觉悟过去的另一个阶段。他们视死如归，把死视为另一种状态的新生，那种状态是比我们从母亲肚子里的世界死去而降生到这个世界的生活中来更加辉煌和美妙的。

对于物质主义者来说，死亡是虚无的体现，是失败和丧失的体现。而追求精神的人则准备继续生命的旅程，追求物质的人是否认存在这种旅程的。

现在我们该结束这本书的内容了。我完全承认，我只是泛泛地和不完全地说明了，精神心理学这一宏大而辉煌的领域的概貌。无疑，人类已经进入了全盛时代，正在抛弃其集体的童年期和青春期的困惑、矛盾和局限性。人类将以更为高级和明智的方式学习和理解精神(灵性)。我们现在正朝着一个新的纪元迈进。在这个新的纪元里,科学与宗教将协调一致;头脑和心灵将重新团聚;男人和女人将是平等的;黑人、白人、红种人和黄种人都将相亲相爱;公正与团结将贯穿于这个星球的政治。过去曾认为的乌托邦,现在可能是建设一种新的全球文明的蓝图。

然而,为了迎接人类这一新纪元的到来,我们的态度和行为必须发生深刻的变化。开放性是这一成熟时代的标志。成熟的人民和社会才会拥有开放的头脑、开放的心灵和开放的家园。成熟是一个时代。在这个时代里,我们欢欣鼓舞地追求真理,无论真理来自何方;我们无条件地相亲相爱,并庆贺而不是畏惧我们的多样性;我们把地球视为我们集体的家园,而不是具有不同意识形态、利益和背景的人们斗争的战场。已有许多的现象在循着这条途径发生。然而,为加速这一过程并达到成功,我们每个人都需要积极地参与这一急剧变革的过程,成长和领悟的过程。

# 后　记

我在《精神心理学》末尾补充这一简短的后记,以便为读者总结一下前面谈到的内容并指出其内在的联系。这本关于心理学的书强调的是我们的精神世界。人的本质中心理和精神两个方面经常被误解,要么被认为两者互不相干,要么被认为是一回事。现代心理学几乎根本不承认精神现象的存在其及影响力,因而对此不屑一顾。在本书中,我们指出这种否认精神存在是错误的并引导读者从不同的途径去进行自我认识。

本书开头就考察了生命过程的许多方面。我们着重谈到健康与疾病、幸福与不幸、成功与失败、生与死、善与恶。我们努力借助于科学、哲学、宗教和经验去认识生活的奥秘,其目的是要看到我们怎样能够创造更幸福、更富于创造性的和更有意义的生活,这不仅是为了我们自己,而且是为了我们的家庭、朋友、同胞和全世界人民。

于是,我们逐步认识到,虽然我们人类在肉体存在和生物本能方面与动物有许多共同性,但在我们生活的情感、智慧、道德、精神等层面上,却是所有人类更为相同的。通过这种认识我们发现,普遍的、神圣的团结法则无所不在。我们懂得了存在的核心便是团结的法则。团结是一种力量,它不仅把物质和各种成分聚合在一起,组成原子和银河系,形成宇宙并赋予它内在联系,而且使物质和意识结合起来,从而创造了生命。

于是生命的戏剧便以一种进步和进化的方式展开,带来以后丰富多彩的生活、成长、美和各种奥秘。当我们最后再审视作为人类自己,我们就发现,原来人的世界包含着先前所有那些生活的阶段和创造,包含某些令人不可思议的东西。然后我们就进一步认识到人性中的主要方面,即我们独特的求知能力、爱的能力和意志的力量;我们的认识能力,体验能力和选择能力。

关于人性究竟是善还是恶的问题,也在认识中得到解答。为什么在人类生活中有这么多邪恶?为什么有人自私、贪婪、暴虐、不义到如此程度?我们是天生邪恶还是后天变恶的?如果我们天生就是邪恶的,那么邪恶必有一种实际的存在。无论什么东西,只要是实际存在的,就不可能变为不存在的东西。我们还探讨了人的情绪与心理健康的各种表现形式,从而认识到,人的情绪状态反映了其健康状况和人的灵魂力量，即知识、爱和意志力量发展的不同水平。这些力量决定着我们的人性，构成了生命的本质和禀赋，使我们不同于其他生命形式，并决定了人在生物、心理、人际关系、社会与精神等方面的发展方向。

在良好的健康状况下，不仅我们的躯体能够平衡而和谐地发挥其功能，而且我们的头脑和意识力量，包括理解（知识）、体验（爱）和选择（意志）能力也会根据团结的法则而得到发挥。由此可见，内心的和谐与宁静是创造出来的，真正的幸福是体验出来的。我们内心世界的一切相互关系也是我们生活于其中并作为其一部分的那个外部世界关系的反映。在此，我们又看到团结法则的普遍性，看到各种事物之间的相互关系和相互依存性。在存在与生命的宇宙法则中，如果把科学与宗教、心理与伦理、情感与思想分割开来，将是多么不合理、不科学。这样或那样乍看起来是相反的状态，其实不过是同一个现实即人的存在现实的各种不同的表现形式及表现层次罢了。

因此，不难理解，在临床研究中去认识人的体验的本质将促使我们去接触与此有关的其他学科。只要我们能充分认识自我，只要我们愿意摈弃仅仅局限于存在的物理法则去理解人的现实存在的世界及据此所建立的理论和认识模式，那么，科学数据、哲学观、社会进程、伦理问题、宗教实践以及精神原理，对我们来说都是非常重要的。

正如我们所指出的，人的心理失调，既可能主要是生物失调在心理上的反映，又可能是反映出受苦的灵魂在通过躯体传达它对健康和全面成长的需求，以及灵魂对摆脱各种思想、情绪和选择束缚的需求。精神疾病如精神分裂症和情感失常大多属于前者。这是医学上的疾病，因此要采用医学科学所提供的一切独特的专门知识及疗法去医治，需要专业人员去进行治疗。医学实践者必须注重矫治根本上的生物失调，同时也要重视改变患者不健康的思维方式、感受方式和行为方式，后者是对躯体的严重失调作出反映的过程中出现的，因而伴有某些心理失调。

第二类失调是指心理、情绪、行为等多方面的问题，它表现在生活的各个层面上，即个人的、人与人之间的、家庭的、社会的和国际的等等层面上。这种失调使我们的生活不愉快，关系不协调，社区不团结或受暴力之害，以及世界被无休止的竞争之苦和破坏性的争斗所累。这些情况主要是灵魂受苦的表现，它们打破了个人的平衡状态，并造成了社会的不良环境。在这种环境中，我们不仅要解决情绪上的不满如伤心、生气、恐惧和焦虑等，而且要处置诸如嫉妒、不信任、仇恨、偏见、傲慢、自卑、贪婪等等心态，这些心态既带有情绪性，又有其道德问题；它们既危害个人，又危害人际关系。后一类问题既有心理成因，又有社会成因，需要更广泛地加以认识，而不能仅仅根据生物学和大脑的化学变化去理解。仅仅借助于奖励与惩罚的手段去解决人的行为问题也是不足取的，就像行为治疗者们试图改变个人和群体的行为那样；仅仅依靠道德说教和法律的力量去让人们按照某种方式行动，也不是很有效和实际的办法。

需要为个人和群体创造机会，让他们去关注个人的存在本质、人生的目的意义、人与人之间关系的普遍特点、个人奋斗的伦理本质，只有这样，我们才能使自己的生活渐渐从物质存在的需求压力下解放出来。为实现这一远大目标，每个人至少必须具备起码的生存条件，必须受到恰当而足够的教育，必须得到医疗保健和社区援助，并且必须积极地参与社会生活。这些条件的实现，还需要个人生活中具有真诚、团结和服务精神；需要社会具有开放性、和谐、公正和个人自由等特点。

这些条件的实现，相应地又要求政府有真正开明的组织形式和对人类事务的管理方法。所有这一切发展，归根结底有赖于人类个人和集体生活取得最富于革命性的进步，这样的时代正在通过精神转化过程而到来。这种精神转化的核心，也就是其基本目标，便是创造一种崭新的全球文明，它以人类大同和人的本质的高贵性为原则。这正是我们这个时代面临的重大挑战，也是这个新时代精神的实质。《精神心理学》试图扼要地提出关于精神转化的某些基本概念并作出必要的解释，供一切志同道合者参考。

# 译　后

我有幸在四年前即1992年末认识了H.B.丹尼什博士。当时他还是加拿大多伦多婚姻治疗中心主任。他的一次关于家庭婚姻与心理健康的讲演深深地打动了在场的数百位听众，引起了我对自己刚开始不久的婚姻咨询工作的许多思考。

第二年，丹尼什博士再度访问北京，我欣然同意担任他的翻译和陪同。我们有足够的时间探讨各种心理治疗理论和国内外的心理咨询实践。他的理论建树、专业水平，尤其是他关于人的生物、心理、精神层面和谐统一的独特见解，使我耳目一新，感奋不已。于是我开始尝试阅读和翻译他的著作。最初的两篇译文即《健康家庭的特征与动态》、《权威型家庭及其青春期子女》，分别发表在国内两家学术刊物上，引起了学界同仁的极大兴趣。

1994年，我到温哥华参加一个国际会议。丹尼什博士偕妻率子从维多利亚赶来看我，并带来了刚刚出版的他那本《精神心理学》。我在会议之余一口气读完了它，实觉受益匪浅。我立即打电话同丹尼什博士商议了在中国出版此书的想法。他慷慨许诺了赠与此书的中文版权。不久，丹尼什博士被聘为瑞士兰德学院院长。他邀我到该院访问并商讨合作开展家庭研究及健康教育的计划。《精神心理学》一书的翻译工作，就是我在那次访问期间在丹尼什博士的指导与帮助下完成的。对此，我内心充满了感激之情。

作为此书的译者，我感到非常幸运但又觉力不胜任。无论在专业知识还是英语水平上，我都可能给此书的译文留下甚多缺憾。我期待中国的专家学者们给我指正。但无论怎样，我都把翻译此书作为一次极好的学习、进步的机会，并尽了最大努力去做好这件事。

丹尼什在书中的观点，既来自他几十年作为心理学家和精神科医生的临床实践与科学研究，又来自他对人生目的意义的努力求索和对人类精神与灵性世界的虔诚信仰。正如他在书中所说，知识、爱和意志，是人类的特殊禀赋与力量；团结、真理、服务是人类精神生活的伟大目标。它们是人的精神与灵魂之所在，是人和动物的本质差异之所在。

丹尼什博士对那些因缺少生活目的而陷入苦闷和病态的男男女女"心理疾患"的透彻解释和积极治疗，显示了他非凡的智慧与专业水平。他对心理治疗理论与方法的深刻求索，使他在西方众多心理治疗学派中独树一帜。他称《精神心理学》为心理学的"革命"之作，无疑是有道理的。他对物质主义学派的批判和对西方社会精神危机的揭露，给我们以极大的启迪，使我们不能不严肃地思考人类今天面临的种种挑战，思考心理学在帮助人们面对生活的挑战中究竟应当具有何种价值。

丹尼什关于人类集体地处于从青春期走向成熟期的门槛这一解释，力图说明当今世界的各种矛盾冲突和无序现象不过是“过渡期”的特征，协商将取代对抗，合作将取代竞争，和平将取代暴力。丹尼什博士对人类的未来充满乐观主义与热情期待，这也是非常独特的。他着力谈论成长与健康，而不是仅仅谈诊治疾病，这使每一个阅读他的著作的人都受到鼓舞和满怀希望，从而对生活的改变和精神的升华产生信心。

最后，我还要感谢此书的责任编辑王静女士。是她在耐心细致的工作中发现和改正了译文中的许多疏漏，并对文字的处理提出了宝贵的意见。

陈一筠

# 近代巴哈伊信仰发展概况*

业露华

巴哈伊信仰已经成了当代宗教研究中一个令人感兴趣的问题。源于19世纪伊朗穆斯林十叶派一个分支的巴哈伊信仰，现在已经脱离了伊斯兰教，发展成为一个独立的宗教运动，并成为一个充满生机和活力的新兴宗教，她积极地参与各种世界事务，引起了人们的注目。巴哈伊信仰的领导机构宣布，这是一个新的世界性宗教。经过近百年的发展，巴哈伊信仰现在不仅在中东，几乎在全世界各个国家和地区都建有她们的社团。据巴哈伊世界世界组织的统计资料显示，现今世界上已有将近600万左右的巴哈伊教徒，大多分布于北美和第三世界国家，而其中原伊朗人占总数不到1/10。

巴哈伊信仰虽然有将近100年左右的历史，但其真正发展起来，则是在本世纪50年代至80年代的近30年间。在过去的30年间，巴哈伊信仰在其组织领导机构、人数的增加以及分布面等各方面都有飞跃的发展。

## 一、领导机构及组织的发展

19世纪60年代，伊朗贵族密尔扎·侯赛因·阿里·努里(1817～1892年)曾宣布他是上帝的使者，称号为"巴哈欧拉"(意为"上帝的荣耀")。从此开始了巴哈伊信仰的历史。在他去世前，指定了他的长子阿拔斯·阿芬第(1844～1921年)为继承人，成为巴哈伊信仰的领袖，称号为"阿卜杜·巴哈"(意为"巴哈之仆人")。阿卜杜·巴哈后来又指定了他的长孙守基·阿芬第为"圣护"，这是第一个世袭的"圣护"。

1957年，巴哈伊"圣护"守基·阿芬第(1897～1957年)在访问伦敦期间突然去世。以往巴哈伊信仰每一次领袖的继承，都由前任领袖留下明确的文字记载。因此虽然有极少数人持反对意见，但反对意见在数量上微乎其微，大多数巴哈伊信徒都接受前任领袖的安排。但1957年情况不同了，守基·阿芬第出乎意料的去世，并未留下任何遗愿，或指定其继承人。他也没有孩子，而他的兄弟及子侄等因曾向其权威挑战而被逐出巴哈伊社团，因而没有家族方面的后人可以继承。那时担任起巴哈伊信仰领导任务的是"圣辅"。这是一个由27人组成的、协助守基·阿芬第管理巴哈伊事务的团体，由守基·阿芬第在1952～1957年间先后指定的。在这种情况下，"圣辅"们努力维持了六年对世界

* 原载《当代宗教研究》1999年第4期。

巴哈伊信仰的管理。在这六年中,他们督促实现由守基·阿芬第留下的计划,并筹建了作为巴哈伊信仰最高权威的"世界正义院"组织,这个机构的成立再次保证了世界巴哈伊运动的发展。

在1960年时,巴哈伊信仰内部出现了一个重要的反对派。一个美国的巴哈伊运动领导人查理斯·马逊·雷米(Charles Mason Remey),宣称他自己是第二个"圣护",是守基·阿芬第的合法继承人。查理斯·马逊·雷米是27个"圣辅"中的一个,同时他还担任了当时国际巴哈伊议会的主席。但是他的举动遭到了大多数巴哈伊信仰者的反对,而雷米也因此被逐出巴哈伊信仰运动。不过他的宣言也确实获得了少数有影响国家如法国,美国及巴基斯坦等国巴哈伊的支持,于是他的追随者组成了反对派,这一派别一直存在到雷米去世(1974年)。此后承认雷米的巴哈伊成员大量减少,少数雷米派团体继续存在于美国,虽然这一派别已经被他们以前的共同信仰者所忽视。

对于巴哈伊运动来说,1963年是重要的一年。这一年巴哈伊运动有了世界性的领导机构。1963年4月,来自56个国家的各国巴哈伊国家灵体会成员聚集在以色列的海法,选举出9名成员组成巴哈伊信仰的世界性领导机构"世界正义院"。应他们自己的要求,余下的"圣辅"们并不参加资格选举。于是在这六年管理时期所存在的任何怀疑都被驱散。世界正义院很快就明确:没有经典方面的权威能够认可将来会出现被委托的"圣护"。

作为职责,世界正义院的任务包括一些管理性质方面的事务。其另一个重要的责任就是明确自己的权力以及责任,作为一个正式的领导机构,"世界正义院"已经在1972年被确认为所有巴哈伊信仰的最高机构。

其成员每五年由所有国家的灵体会选举产生。正义院也极大地扩展了"巴哈伊世界中心"的管理组织(这是自巴哈欧拉去阿卡时,在奥托曼土耳其统治的1868年就已经存在的海法——阿卡地区组织。),还建立了一些部门帮助正义院进行工作(有秘书处、研究处、统计部和图书档案馆等)。以海法为基础的办公成员得到扩充,现在已有370名主要成员以及一些短期志愿者.其中有一部分人曾受雇于守基·阿芬第。1983年以来,还有一部分活跃者转到一个新建的管理中心去了,这是一个建筑于卡素尔山脚下的半古典形式的,庄严的建筑物。

世界正义院下属的另一个管理发展中心是关心研究机构及一些特别的代理机构。依据巴哈伊信仰的基本经典,巴哈伊的管理系统将包括两个部分,这就是地方及国家"灵体会",以及"顾问"(学者),这是一些有责任劝导的委员会的巴哈伊个体组成。在守基·阿芬第去世时,灵体会已经建立并开始发展,但"顾问"则是一些个人的"指导运动"及"辅助成员",它还刚刚形成。据此,正义院加强了这些机构,极大加强了"辅助成员"(从1957年的72名到1980年的756名)。创立了两个主要的新机构:洲际顾问(1968年)及国际教育中心(1973年)。洲际顾问主要负责指导世界巴哈伊信仰运动以及各洲的巴哈伊信仰活动。国际教育中心则主要在海法,督促研究部活动、提议世界正义院的工作,特别是联系和传播巴哈伊信仰。

一些专门的代理机构也相继成立,或得到了加强。其中主要是巴哈伊国际社团(BIC),这是一个联合国的非政府组织机构,最早成立于1948年。巴哈伊国际社团的活动近年来有很大扩展,联合国经济和社会委员会(ECOSOC)、儿童基金(UNICEF)、环境计划(UNEP)、公共信息部门以及其他组织,都有巴哈伊代表还的参与。巴哈伊代表参与了许多联合国代表大会,讨论诸如人权、社会发展、妇女状况、环境、毒品、儿童健康及裁军等问题。其他专门的巴哈伊机构有包括以海法为基础的社会和经济发展办公室(1983年)、一个国际电视中心及以加拿大为中心的巴哈伊研究协会及其分

支机构(1975 年)。(见下图)

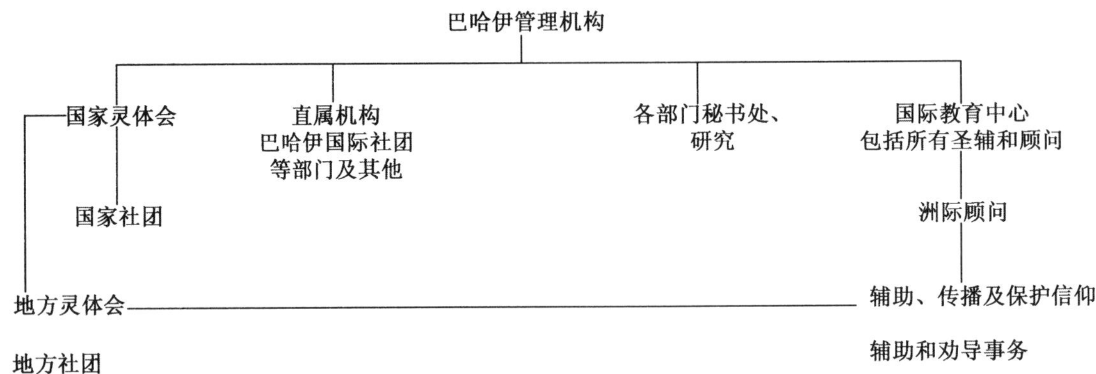


巴哈伊机构与组织职能示意图

## 二、扩展和分布

巴哈伊信仰发展的整个过程是很清晰的。自 1860 年起,在剩余的巴比教徒中,赛义德·阿里·穆罕默德(巴比)的支持者,巴哈伊信仰的先行者有了明显的发展。绝大多数巴比教徒是原来伊朗的十叶派,是巴哈伊信仰发展最初的基本成员。

1890 年,巴哈伊信仰的发展越过中东地区,开始在美国传播。然后发展到加拿大、西欧、夏威夷,澳大利亚、新西兰及日本等地。虽然人数很少,但那些西方巴哈伊社团,特别是北美巴哈伊社团的成立,很快对巴哈伊教的发展产生了重大影响。

两个世界性的、卓越而有效的巴哈伊活动中心——伊斯兰心脏地区及西方——仅仅开始于 1950 年。在中东及西方信仰者中间的努力,使某些非穆斯林的"第三世界"成立了若干巴哈伊社团。最初在西方少数市民中,在少数孤立的地区,有较多的人转变成巴哈伊信仰者.那是在 50 年代到 60 年代,其结果是引人注目的。巴哈伊教师学习如何适应在第三世界农民以及未受教育的民众中传教,他们完全改变了这些地区人们的宗教社会基础。现在,世界巴哈伊信仰的大部分人都是来自非伊斯兰的第三世界,甚至在组织建立很好的巴哈伊社团的北美,最近也有一些少数民族的团体成员(黑人及印第安人)加入,从而大大地改变了巴哈伊信仰成员的社会基础。

## 三、数量的增加

数量变化的统计并不容易,这对任何一个宗教运动的定量分析都有一定难度。例如一些儿童成员是否与成人一样也统计入内,是否应当考虑到多种宗教依附在世界许多地方是共同的,等等。

对巴哈伊信仰者的统计,同样有许多特殊问题,至少在西方,关于成员的概念已经有了发展变化。1950 年以来,儿童经常并不被认为是巴哈伊社团成员。到 1979 年,世界正义院指示所有父母是巴哈伊的儿童都被认为是巴哈伊而统计在内。更特殊的是,早期巴哈伊信仰在印度的统计,"团体信仰转变"只统计男人，此外，更普遍的是，巴哈伊运动发展较快的地区经常是那些初步识字者地区，那儿巴哈伊机构缺经验和资料进行有效的统计。即使在最有效率的美国，巴哈伊信仰也无法有效统计自 20 世纪 60 年代后期至 70 年代早期进入的南方黑人。

直到最近，对巴哈伊信仰者数量的统计仍存在问题，这样的统计有一定困难。这种状况现在改变了，特别是自建立了海法的统计部门之后(1966 年)。更为准确的信息，包括对巴哈伊成员更好的估计成为可能。不管怎么说，在早些时候，对巴哈伊成员数量的统计，对巴哈伊发展及分布也是一个有用的参考。此外，从另一个意义上说，这是对过去几十年的成员数量正确估计的依据。

在 50 年代早期，大约有 20 万巴哈伊信仰者，大部分(超过 90%)居住在伊朗，大约有不到 1 万的巴哈伊信仰者住在西方，不超过 3000 巴哈伊信仰者居住在第三世界，主要是在印度。而后一个数字不包括儿童。

至于机构数量，可能会精确一点。在 1954 年，有 708 个地方灵体会，另外有 2409 个独立的团体，总数为 3117。另有 12 个国家灵体会(伊朗、伊拉克、埃及、印度次大陆及缅甸、英国和以色列、德国和奥地利、意大利和瑞士、美国和加拿大、中美洲、南美洲、澳大利亚和新西兰)，地方灵体会的 46.3%在中东，38.3%在西方，15.4%在其他地方。

60 年代后期，巴哈伊成员有了很大的增加。在第三世界的一些部分，成员人数有了很大变化，甚至在西方，近十年间，也增加了新的青年信仰者。就世界范围而言，估计那时巴哈伊信仰者已达到 100 万。其中最多的集中于印度及伊朗。印度大约有 25 万，其他第三世界国家可能超过 30 万，大部分在非洲及拉丁美洲。西方约有 3 万。1968 年有 81 个国家灵体会，约 6000 地方灵体会及 3 万多个地方社团(见表 1)。在地方灵体会中，约有 80%在第三世界，10%在西方，10%在中东。北美及伊朗现在在巴哈世界团体中总共约占 25%。

**表 1　　国家灵体会、地方灵体会、巴哈伊居民点一览表**

| | 1954 年 | 1963 年 | 1968 年 | 1973 年 | 1979 年 | 1988 年 |
|---|---|---|---|---|---|---|
| 国家灵体会 | 12 | 56 | 81 | 113 | 125 | 149 |
| 地方灵体会 | 708 | 3379 | 5902 | 17037 | 23624 | 19486 |
| 巴哈伊居民点 | 3117 | 11092 | 31883 | 69541 | 102704 | 112137 |

巴哈伊成员大量增加引起了一系列问题。大部分新加入的巴哈伊成员缺乏足够的教育，许多人住在贫穷地区，没有足够的粮食和日常生活用品。许多国家的巴哈伊社团，甚至包括美国的巴哈伊社团，也经验性地认为，要巩固这些拥护者的信仰是有困难的。到了 70 年代，发展速度开始放慢，一些巴哈伊社团开始着手处理这些困难。1979 年伊朗开始大规模压制巴哈伊社团，增加了这些困难。伊朗巴哈伊原是世界中心的主要资金来源，及支持贫穷国家巴哈伊社团的经济支柱，由于政府限制将钱汇出国外，使一些地方的巴哈伊团体由此产生金融危机。

这些问题的渐渐解决，迎来了巴哈伊信仰新的发展。结果，现在巴哈伊信仰已经成了以第三世界为主的宗教。其主要发展地区当前是印度、南美(大量在印第安人中)、太平洋地区、非洲的撒哈拉，以及非洲一些国家(特别是乌干达)及东南亚(特别是越南及印度尼西亚)。如表 2 所列，自 1968 年以来，除了中东及北美，巴哈伊成员都有大量增长，在第三世界，增长的数量超过了 5 倍。特别是在南美及大洋洲。

**表 2　　巴哈伊信仰在各洲分布情况表**

| | 1954 年 | 1968 年 | 1988 年 |
|---|---|---|---|
| 中东、北非 | 200000 | 250000 | 300000 |
| 北美、欧洲、英属太平洋 | 10000 | 30000 | 200000 |
| 南亚 | 1000 | 300000 | 1900000 |
| 东南亚 | | 200000 | 300000 |
| 东亚 | | 10000 | 20000 |
| 拉丁美洲、加勒比 | | 100000 | 700000 |
| 非洲 | | 200000 | 1000000 |
| 大洋洲(除英属) | | 5000 | 70000 |
| 总计 | 213000 | 1095000 | 4490000 |
| 伊朗巴哈伊百分比 | 91 | 22 | 6 |
| 印度巴哈伊百分比 | <1 | 26 | 40 |

80 年代后期，根据巴哈伊统计办公室的统计数字，全世界巴哈伊成员已超过 400 万，随着对成员统计方法的变化，这一数字包括了男子、女子及儿童。第三世界的巴哈伊成员数字大大增加，将近 91％的巴哈伊成员住在这一地区，西方巴哈伊成员相对来讲只占 3％，中东（主要为伊朗）占总数的 6％，至于机构的发展，在 1988 年，有 149 个国家灵体会，大约 2 万个地方灵体会，及 11.2 万个地方团体，其分布见表 3、表 4。

**表 3　　世界及各洲国家灵体会、地方灵体会、地方团体分布状况表**　　时间：**1987** 年 **7** 月

| | 世界 | 非洲 | 美洲 | 亚洲 | 澳洲 | 欧洲 |
|---|---|---|---|---|---|---|
| 国家 | 148 | 43 | 41 | 26 | 17 | 21 |
| 地方 | 19273 | 5984 | 5640 | 6257 | 686 | 706 |
| 社团 | 116707 | 37021 | 26712 | 39321 | 2706 | 3087 |
| 总人数(千人) | 4455 | 992 | 887 | 2474 | 87 | 24 |

**表 4　　国家灵体会、地方灵体会、居民点在各洲具体数据和分布目标表**

| | 国家灵体会 | 地方灵体会 | 居民点 |
|---|---|---|---|
| 中东及北非 | 12 | 83 | 986 |
| 西方：北美 | 3 | 2110 | 8550 |
| 欧洲(包括东欧) | 21 | 706 | 3087 |
| 英属太平洋 | 3 | 251 | 592 |

续表

| | 国家灵体会 | 地方灵体会 | 居民点 |
|---|---|---|---|
| 第三世界:非洲(撒哈拉) | 40 | 5957 | 36886 |
| 拉美及加勒比 | 38 | 3530 | 18162 |
| 南亚 | 7 | 4957 | 31780 |
| 东南亚 | 6 | 1140 | 6002 |
| 东亚 | 4 | 104 | 688 |
| 太平洋 | 14 | 435 | 2114 |
| 总计 | 148 | 19273 | 108847 |

## 四、发展计划

近 30 年来,巴哈伊信仰在世界各地的发展,得益于巴哈伊社团的全球扩展计划。这一计划开始 20 世纪于 30 年代。而第一个国际推广计划,由守基·阿芬第亲自制定(十年计划,1953～1963 年)。自从世界正义院成立后,相继成功地推广了一系列国际计划,如九年计划(1964～1973 年),五年计划(1974～1979 年),七年计划(1979～1986 年)及六年计划(1986～1992 年)。这些计划推广取得极大的成功,超过了预定的目标。

这些计划有关于如何发展各地议事会和居民点、关于数量和分布等方面的详细目标;还包括另外一些数量和质量方面的目标,这些目标包括:

1. 位于海法、阿卡地区的巴哈伊世界中心的一些部门通过获得与巴哈欧拉及阿卜杜巴哈生前的一些财产,建设世界正义院(1983 年),扩展及美化了巴哈伊圣地周围的土地和环境。

2. 收集整理巴哈伊圣典的原则及权威的翻译(守基·阿芬第译)。这一工作仍在进行,目前仅在海法就有 6 万多件原件及复制件。

3. 著作的翻译和出版。巴哈伊文献至 1988 年已经为 802 种语言,以 520 种语言出版。其中一些出版物只是一些小册子,但 60 页以上的出版物至少 111 种语言,其中有一些重要的欧洲语言以及印度语言,还有如斯瓦里、萨摩亚等语言。

4. 建立巴哈伊灵曦堂。1957～1988 年间共有 7 个。

5. 建设巴哈伊电台,共 7 家,5 家在拉美,1 家在美国,1 家在非洲。

6. 培育巴哈伊生活中的精神:自主及智慧。

7. 精神灵体会的适当的功能。

8. 增加巴哈伊管理及社团生活中妇女作用。

9. 加强家庭生活。

10. 加强儿童教育。

11. 启动一些社会经济项目。包括教育、扫盲、农业、健康等。

其次,巴哈伊信仰在近几十年来得到迅速发展,与巴哈伊社团重视出版事业的发展有密切关系。

近几十年来，巴哈伊信仰中最为发展的领域之一是文化出版事业，特别是在80年代。70年代初，几乎所有关于巴哈伊题目的书籍都是英文，任何其他的著作要么是以宗教为核心(即经典或权威之译文)，要么只是一些基本概况介绍。在1972年1月出售的68本英语出版物中，35种著作或译作来自巴哈伊世界中心，其中7种是儿童读物。只有16种是独立出版物，其余是一些巴哈伊企业出版的书籍，而他们是巴哈伊国家灵体会的机关。整个1971年，只有4本新著，1本重印及1本儿童读物出版。与此相比，在1984年，有21本新著，5种重印及6种儿童读物，22种独立出版物。而1985年10月，有214种出售的用英语撰述的书籍，其中50种是以巴哈伊中心名义出版的译著或写作，27种儿童读物。其中95种为独立出版物。这些出版物的出版，大力向世界各国民众宣传了巴哈伊信仰，增进了人们对巴哈伊信仰的了解，促进了世界范围内巴哈伊信仰的迅速发展。

巴哈伊国际传导中心

# 以色列日记*

李亚凡

海法(HAIFA)是以色列的第三大城市、重要的商业中心和工业重镇。内塔说了句玩笑话:在耶路撒冷求学,在特拉维夫玩耍,在海法找工作。这形象地概括了以色列三大城市的特点。内塔出生在海法,又在海法读大学,言语之中看出了对家乡的热爱。

车到海法我们已经饥饿难忍,没想到这里也有中餐馆。看来中国人最擅长的手艺是开餐馆,中餐馆遍布全世界。餐后我们登上了海法城的高岗,据内塔介绍这里是有名的波斯公园,是巴海宗教中心。巴海教最初是伊斯兰教的一个支派,后来成为一个独立的教派。它的信仰是强调神的合一与四海皆兄弟。波斯公园的确很美,这片土地是巴海教派在 20 世纪 50 年代用很便宜的价钱买下的,现在成为他们的圣地,巴海神殿已建成。园内奇花异草,绿茵滴翠,地上各种颜色的石子和花草铺设成的图案像波斯地毯。站在这里可以遥望到海法市区及港口的景色,对岸就是古城阿卡,陆地黄沙与蔚蓝的海水相映成趣,让人心旷神怡。

大约在 2 点钟,车向北方古城阿卡驶去,仍然沿地中海而行,一路上望着无边无际的大海,心中特别舒畅。14 点 45 分到阿卡,内塔的妈妈在等我们,她是一位历史学家,女儿骄傲地把妈妈介绍给我们,欢迎我们向她提出问题。犹太人是一个善于学习的民族,他们非常看重知识的力量,从这母女俩的身上就可看出这一点。

阿卡('Akká)是世界上最古老的城市之一,其悠久的历史可追溯到 4000 年前。它曾属于埃及人、亚述人、波斯人和罗马人。638 年被阿拉伯人占领,1191 年成为十字军的军事、政治中心。阿卡古城建在海边,古时及中世纪都曾是一个繁忙的港口。十字军时代古港可容纳 80 多艘船。古城三面临海,城墙建在海滩上,兼大坝用。我站在城墙边,看着远处层层叠叠的大浪冲击到坝上翻起几丈高的巨浪,浪花飞溅到我身上、脸上,真过瘾。

寂静,处在十字军所建的围墙中,阿卡似乎正在地中海无限的空间中沉思。数世纪的古代巨石、骑士殿宇、清真寺,都在叙说着战争、围困、毁于一旦的故事。

十字军地下城就是最好的见证。这些建筑大约建于 1148 年,后被泥沙埋入地下。

* 原载李亚凡:《哭墙前的沉思》,黑龙江人民出版社 1999 年版。

# 悲凉出走
# 托尔斯泰的最后岁月(节选)*

[俄]古谢夫著,章海陵译

(1909年)10月17～18日　读"一本非常有意思的"书:阿特尔别德著《伊斯兰教长国》(关于贝哈主义),亚历山德罗波尔,1909(《日记》,10月18日)。

(1910年)2月23日　托尔斯泰致信医学博士约涅士·康。博士曾从德黑兰给托尔斯泰寄来一本M.费尔普斯写的关于贝哈主义教派首领阿巴斯·艾夫芬迪的书(Myron H. Phelps, *Life and Teaching of 'Abbás Effendí*, New York and London, 1903),托尔斯泰在信中说:"我很想利用您寄来的这本书,写一本关于阿巴斯·艾夫芬迪精彩学说的通俗读物"(译自法文《全集》,第81页,第137封信)。

托尔斯泰的这一打算未实现。

* 原载[俄]古谢夫:《悲凉出走　托尔斯泰的最后岁月》,章海陵译,安徽文艺出版社1999年版。

# 巴哈教*

王文祥

巴哈伊教约于 1924 年始由美国的罗德女士传至中国的广州，并在某种程度上得到孙中山先生的认同，当时巴哈伊教又名“巴海运动”。约在 1930 年 9 月底，巴哈伊教传至香港，相信最迟在本世纪(20 世纪)的 30 年代，巴哈伊教曾传至澳门。1935 年，巴哈伊教在中国又译为大同教。1980 年，全球华人教徒一致同意，正名为巴哈伊教(台湾仍用大同教一名)。巴哈伊教于 1844 年 5 月 23 日由巴普于波斯发起，其后由巴哈欧拉加以发扬光大。至 1948 年，巴哈伊教已被联合国承认。巴哈伊教的教义约有 12 要点：(1)人类平等。(2)真理是独立的。(3)各种宗教的根本基础是同一的。(4)宗教的目的是为了团结人类。(5)宗教必须与科学及理论相符。(6)男女平等。(7)破除一切偏见。(8)世界和平。(9)普及教育。(10)解决经济问题。(11)推广 1 种共同的世界语。(12)要成立 1 个公正的国际裁判所。此外该教崇尚“九”这个数字。20 世纪 80 年代初，巴哈伊教于澳门凼仔岛设立澳门巴哈伊中心，驻澳门的负责人为一伊朗人华赞。巴哈伊教没有专业的神职人员，只是每年由各地区的成年教徒推选出一个由九名男女组成的地方灵体会，目前世界上约有 20000 个灵体会，再以区域为基础参加国家年会选出总灵体会，目前全球约有 150 个以上的总灵体会，澳门属港澳巴哈伊教总灵体会(位于香港九龙中间道)。另每 5 年，各总灵体会成员参加国际大会，选出巴哈伊教的最高行政机构——世界正义院，作为这宗教的决策者。灵体会、总灵体会和世界正义院之间除行政处外，在财政上亦互相支援。约在 40 年前，澳门有第一位华人巴哈伊教徒，巴哈伊教共有澳门、凼仔、路环和渔民社区四个地方灵体会；澳门的第一届巴哈伊总灵体会成立，为世界上的第 150 个总灵体会。目前澳门教徒人数难以估计，大约在 100 以上 1000 以下，但一说约有数千人。

* 原载王文祥主编：《香港澳门百科大典》，青岛出版社 1999 年版。

# 巴布派革命席卷伊朗 白哈派“新教”出异端*

张文建

巴布教派，产生于19世纪中期的伊朗。

当时，伊朗十叶派的卡札尔王朝政治极端黑暗腐败。以俄国为首的外国列强，不断发动对伊朗的侵略战争，给伊朗人民带来了空前惨重的民族灾难。伊朗封建主统治阶级内外勾结，加重了对国内广大劳动人民的剥削和掠夺。阶级矛盾同民族矛盾交织在一起，造成了社会激烈的动荡。

伊朗社会下层宗教教职人员，生活状况十分窘迫。他们同广大劳动人民接触广泛，体察民情和了解民意，痛恨封建统治阶级的残暴和腐败。于是他们高举宗教改革的大旗，发动了1848～1852年反帝反封建的伊朗巴布教徒武装大起义。

巴布教派的创始人是密尔札·阿里·穆罕默德。1819年，他生于设拉子市的一个小商人家。青年时代，曾经前去伊拉克南部十叶派圣地卡尔巴拉朝圣。其间，他与那里十叶派中的一个小支派“赛希特”派建立了联系，接受了他们关于救世主“麦赫迪即将出现”的信念。他一回到家乡，便以这种信念为指导，建立了一个名叫“萨伊格”意即“霹雳”的宗教社团，在十叶派下层教徒中积极宣传“麦赫迪即将出现”的观念，并对这种观念作出进一步的发展，形成了他的宗教学说。

1844年，密尔札对他的信徒们郑重宣布，他是“通往认识真主之道的门”，这“门”的波斯文音译为“巴布”。因此，他所创立的教派被称为“巴布教”，其信徒被称为“巴布教徒”。

巴布教的教义集中在密尔札于1847年写成的一本《默示录》中，他在这部被尊奉为巴布教徒的“圣经”的书中提出了他的观点。他认为，人类社会的各个时代依次嬗变发展，后来居上。旧的一切一定要被新的取代。他声称，穆圣先知的时代已经过去，《古兰经》已经陈旧，必须由新的圣经所取代。他以“麦赫迪”身份宣称，他是真主所差遣到人间的一位“新先知”，他的《默示录》就是新的“圣经”，用以取代《古兰经》和《新约》《旧约》，一切法律均应按照《默示录》重新制定。

巴布教派的宣传不仅是一种宗教改革，而且是一种社会革命，其政治锋芒直接指向伊朗封建统治阶级和外国殖民主义。巴布派积极宣传建立一种朦胧的“理想世界”。在这个世界里，没有人压迫人现象，实行人人平等。他们提出了保障人身自由，保护私有财产继承权的主张和许多符合小商人利益的要求，如用法律限制贷款利息等。结果，广大贫苦的农民、手工业者和小商人积极响应，聚集在巴布教派的旗帜下，形成了一股强大的反封建反殖民主义的革命力量。

---

* 原载张文建:《信主独一——伊斯兰教》，世界知识出版社1999年版。

1848年初，巴布教派的革命运动在伊朗北部地区蓬勃发展，势不可当。卡札尔王朝统治者吓破了胆，视巴布教派为“险恶的异端”，并下令将“巴布”密尔札逮捕入狱。他在狱中同外界人民群众保持联系，号召人民为铲除黑暗暴政，建立神圣的“正义王国”而英勇战斗。巴布从狱中发出的这一战斗号召，产生出一种巨大的精神力量。于是社会上的巴布教徒和所追随的人民群众揭竿而起，掀起了一场声势浩大的革命运动。

这一年9月，巴布教徒3万之众，首先在伊朗北部的马赞德省举行了武装大起义。他们筑起了有13座塔楼的城堡，与政府军对战，将前来执行讨伐任务的政府军击败。尔后，政府当局改用欺骗手段，企图诱使起义者放下武器，但起义军首领不从。伊朗政府遂又对起义军恢复镇压和屠杀政策，使北部的起义失败，但巴布教徒的起义在全国其他地区继续高涨，到1849年，全国巴布教徒起义大军已超过10万人。

1850年5月，巴布教徒在赞詹地区发动起义。起义者在城内构筑街垒工事，同政府军进行了激烈战斗，就连许多妇女也参加了这场街垒战斗。女教徒鲁斯腾·阿莉指挥一支别动队，挺身而出防守最危险的地段，英勇拼杀。最后，政府军用大炮将这个城区夷平。

伊朗封建统治者为了扑灭巴布教徒的起义烈火，于1850年7月19日，在大不里士城将“巴布”密尔札处以死刑，砍死在马刀之下。

巴布殉难后，他的两个忠实门徒拜福鲁什和波什卢耶继续领导巴布教徒在伊朗其他地区坚持斗争。直到1851年底，巴布教徒大规模的起义全部被镇压下去。残存下来的起义教徒转入地下，进行隐蔽反抗活动。

1852年8月，巴布派的三名刺客谋杀国王未遂。于是王国政府对分散隐蔽在全国各地的巴布教徒进行了一场恐怖性的大搜捕和血腥屠杀。成千上万的巴布教徒被绞死、砍死，并以火焚尸。

伊朗人民群众在巴布教的宗教改革旗帜下所进行的这场轰轰烈烈的大起义，是伊朗近代史上发生的一场伟大的反封建、反殖民主义的革命运动，沉重打击了伊朗封建王朝统治。

巴布教派大起义失败后，从这个教派中分化出来一个新的支派，即“白哈派”。

1852年，巴布殉难两年后，他的一位名叫密尔札·叶海亚的忠实信徒被拥立为巴布教派的新领袖。此人的尊号为苏卜赫·埃杰勒，意即“永恒的曙光”，他长期在巴格达隐居。

1862年，叶海亚的同父异母兄弟密尔札·侯赛因，通过玩弄一种玄妙的“幻变术”，废黜掉他哥哥的教首职位，宣布他自己为“白哈安拉”，意即“真主的光辉”，因此他的追随者被称为“白哈派”。

密尔札·侯赛因宣称他是“真主旨意最完美的体现者”。但他从根本上否定伊斯兰教，鼓吹建立一个囊括一切宗教的“世界主义”的新教。他主张废除伊斯兰救的一切教规和教律，但他仍自称伊斯兰教的“先知”。

白哈派由于存在着否定伊斯主教的严重倾向而被穆斯林社会视为“异端”，受到攻击和排斥。后来，密尔札·侯赛因被迫流亡到以色列占领下的巴勒斯坦西部的古城阿卡。他在这里杜撰出一本所谓的新圣经《至圣书》。他在这本书中称言：作为“白哈安拉”的他，不仅是真主旨意完美的体现者，而且已经超过了真主本身。他无视世界上一切现存的宗教，认为它们都有缺陷，全靠他所创立的新教予以修补使之完善。他主张所有的人，不分种族和政治地位高低，都是兄弟，应真诚相爱和宽恕。号召废除战争，实现世界和平，建立“正义王国”，取消宗教仪式，要求人们绝对服从最高的宗教领导人和一切现存的世俗政权。因此，白哈派的主张被犹太复国主义所利用。

这样，自第二次世界大战后，白哈派就发生蜕化，被纳入犹太复国主义运动的政治轨道。美国犹太人纳尔逊被推选为白哈派的“精神领袖”。

现代以色列成为白哈派活动的大本营。在今天的阿卡城，仍然建有白哈派的中心教堂。1893年，白哈派的“先知”密尔札·侯赛因死后被埋葬在这里。他的陵墓成了白哈派教徒朝拜的“圣地”。

今天，真正的白哈派教徒为数已很少。其中的大部分人住在伊朗和以色列，少数人流散在欧美。

# 东方的“民众性原生民族主义”*

侯玉兰　徐波

瓦哈比教派掀起的宗教和政治运动以恢复伊斯兰教的传统为起点，却成为推动伊斯兰世界建立新的国家的动力。正如汉斯·科恩所说：“他们将伊斯兰教各民族从沉溺于昏睡的状态中唤醒，成为唤起宗教与民族意识的第一个活生生的信号。他们向现存的麻木不仁和极度腐败开战，从摩洛哥到苏门答腊，他们动摇着东方（传统社会）的根基。”

如果说，瓦哈比运动因其恢复伊斯兰教旧日传统、清除一切“异端”的思想而带有明显的保守性、封闭性和“向后看”的色彩，那么，发生在波斯的巴布教派运动，则具有截然不同的进步性、开放性和“向前看”的特性，正如瓦哈比教派唤醒阿拉伯民众的功绩一样，巴布教派运动在19世纪中期打破了波斯穆斯林长期的沉睡状态，开启了精神生活的新里程，并在一定程度上推动了现代波斯的觉醒。

1844年，即回历纪元1260年，根据穆斯林十叶派的信仰，这一年正是该派尊奉的第12世伊玛目在隐遁1000年后重新现身的年头。十叶派教众相信，第12世伊玛目在隐遁的日子里，一直通过“天启之门”——巴布与信徒保持着联系。他重新出现后，将率领教众使伊斯兰教获得新生.并消除世上的不平之事，建立合理的新制度。就在这一年，一位出身于商人家庭的24岁的青年阿里·穆罕默德向人们宣称，他就是巴布。

当时的波斯，正如瓦哈比教派兴起时的阿拉伯一样，宗教和政治生活都陷于腐败、混乱和麻木之中。波斯王室腐朽而残忍，与十叶派教士紧密勾结，对农民实行残酷压榨。西方资本通过波斯封建统治者渗入波斯，逐渐波及社会生活的各个方面，不断加剧社会下层的痛苦。因此，巴布运动一出现，立即吸引了大批穆斯林下层群众。

巴布教派反对伊斯兰教现存的僵化状态。他们认为，社会是从一个时代向另一个时代不断发展的，每一时代都有不同于前一时代的特点，也有不同于前一时代的法律和制度。伊斯兰教也应随着时代的发展而发展，穆罕默德时代的传统已不适合于新的时代，必须加以改变。

巴布教派曾试图获得官方承认，但波斯王室和教士对他们的不断壮大深感惊恐。他们对巴布教派进行了血腥迫害，甚至在教众中激起了流血暴乱，巴布本人也被当局逮捕。但他在狱中依然对教徒发挥着巨大的影响。他进而放弃了巴布的称号，直接宣称自己就是第12世伊玛目转世。在一些地方，巴布教派发动了起义，期望按照他们的社会理想建立一个公平而幸福的新王国。当局进行了血腥镇压，1850年7月，巴布本人在30岁生日之前被处决。

* 原载侯玉兰、徐波：《情感与利剑：民族主义何以重构世界版图》，昆仑出版社1999年版。

巴布死后,零散的起义还持续了一段时间。虽然教徒到处受到迫害,但巴布教派的教义仍在发展传播,像瓦哈比教派传播到阿拉伯地区以外一样,巴布教派的教义也传到了波斯以外。起初,巴布教派的教义还完全局限在伊斯兰教范围之内。但随着教派发展,它逐渐超越了伊斯兰教的界限,谋求建立一种不受民族和语言限制的世界性宗教。

著名的巴哈伊教派就是巴布教派继续发展的直接结果。巴哈伊教派的开放性和进步性远远超过了巴布教派,在古老的伊斯兰教获得复兴的进程中投入一道特殊的亮色。该教派的创始人是巴布的门徒巴哈·乌拉,他曾因涉嫌谋杀波斯国王而被捕,在巴布教派起义失败后领导了巴布教派。1863 年,他宣布自己就是第 12 世伊玛目转世,巴布本人所预言的正是他的到来。巴哈伊教派与伊斯兰教其他教派相比有着截然不同的鲜明特点。它不排斥其他宗教和教派的教义,也不排斥西方思想的影响,甚至试图将自己的教义与西方的自由思想和人道精神调和起来。它反对穆斯林应对异教徒进行“圣战”的思想,日益接受普遍的道德和人道原则,赞成国际和平,主张改革社会、普及教育;不仅允许,而且要求与所有人进行交往,不管他们信奉何种宗教;甚至赞同创立一种世界语。巴哈·乌拉甚至教导门徒:热爱祖国并非最高美德,应该热爱是全世界。从这些观点来看,巴哈伊教是世界主义的,而不是民族主义的;在西方列强对波斯的入侵和渗透步步加剧的当时,该派的主张似乎与波斯民族主义的发展方向背道而驰。但是,在伊斯兰教世界普遍呈现保守和封闭状况的当时,巴哈伊教派反映了伊斯兰教中一种新的思想意识的出现,也向穆斯林群众打开一扇眺望屋外风景的窗户。从这个意义上讲,巴哈伊教对伊斯兰世界的觉醒同样作出了贡献。

巴哈·乌拉于 1892 年去世。在他的儿子阿卜杜·巴哈主持教务期间,巴哈伊教派的教义开始在美国和其他西方国家传播。目前,巴哈伊教派在美国、欧洲、非洲、印度和东南亚等地区,都拥有为数众多的信徒。

# 巴哈伊教*

《澳门万象》编写组

巴哈伊教，约于1924年始由美国的罗德女士传至中国的广州，并在某种程度上得到孙中山先生的认同；当时巴哈伊教又名"巴海运动"。约在1930年9月底，巴哈伊教传至香港，相信最迟在20世纪的30年代，巴哈伊教会传至澳门。1935年，巴哈伊教在中国又译名为"大同教"。1980年，全球华人教徒一致同意，正名为"巴哈伊教"（台湾仍用"大同教"一名）。

巴哈伊教于1844年5月23日由巴普于波斯发起，其生由巴哈欧拉加以发扬光大。至1948年，巴哈伊教已被联合国承认。巴哈伊教的教义约有12要点：一、人类平等；二、真理是独立的；三、各种宗教的根本基础是同一的；四、宗教的目的是为了团结人类；五、宗教必须与科学及理论相符；六、男女平等；七、破除一切偏见；八、世界和平；九、普及教育；十、解决经济问题；十一、推广一种共同的世界语；十二、要成立一个公正的国际裁判所。此外该教崇尚"九"这个数字。

20世纪80年代初，巴哈伊教于澳门氹仔岛设立澳门巴哈伊中心，驻澳门的负责人为一伊朗人华赞。巴哈伊教没有专业的神职人员，只是每年由各地区的成年教徒推选出一个由9名男女组成的地方灵体会，目前世界上约有2万个的灵体会，再以区域为基础参加国家年会选出总灵体会，目前全球约有150个以上的总灵体会；澳门属港澳巴哈伊教总灵体会（位于香港九龙中间道），另每5年，各总灵体会成员参加国际大会，选出巴哈伊教的最高行政机构——世界正义院，作为这宗教的决策者。灵体会、总灵体会和世界正义院之间除行政处外，在财政上亦上互相支援。约在40年前，澳门有第一位华人巴哈伊教徒，姓严；至80年代，有教徒数十人；目前在澳门，巴哈伊教共有澳门、氹仔、路环和渔民社区四个地方灵体会；澳门的第一届巴哈伊总灵体会成立，为世界上的第150个总灵体会。目前澳门教徒人数难以估计，大约在100以上，1000以下，但有一说谓有数千人。

* 原载《澳门万象》编写组：《澳门万象：简明澳门百科全书》下卷，中国华侨出版社1999年版。

# 巴哈伊教*

汤开建

巴哈伊教起源于伊朗，于19世纪中叶创立。巴哈伊在波斯语中含有“带光者”的意思，巴哈伊运动，即光明的运动。巴哈伊教在中国又译为“大同教”。1924年该教传入中国，同时传入香港。但至1953年才传入澳门，1954年，第一位华人严沛峰和第一位葡人 Manuel Ferreira 加入巴哈伊教。1958年，澳门第一个巴哈伊灵体会成立，共有4位葡人、3位华人和2位美国人。到1964年，澳门巴哈伊教发展至30人，包括华人和葡人。1981年，巴哈伊教在澳门凼仔岛设立澳门巴哈伊中心，负责人为伊朗人华赞。巴哈伊教不设专业神职人员，只是每年由各地区成年教徒推选出一个由9名男女组成的地方灵体会，再以各区域、国家单位选出总灵体会。澳门原属港澳巴哈伊教总灵体会。目前在澳门共有4个地方灵体会：澳门、凼仔、路环及渔民社区。1989年，澳门正式成立总灵体会。近十年来，巴哈伊教在澳门发展很快，据称目前信教人数已达3000人。

* 原载汤开建主编：《今日澳门》，高等教育出版社1999年版。

# 澳门的宗教信仰*

王巧珑

除上面叙述过的佛、道、天主、基督等主要宗教派别以外，世界上众多的宗教在澳门都有自己的信徒。如伊斯兰教、巴哈伊教、琐罗亚斯德教（从古波斯、中亚、印度传来，俗称“白头教”）、神慈秀明会（从日本传来的新教）、摩门教（源自基督教，但被正统基督徒视为异端）、基士拿教（源自印度）、阿南达玛伽（源自印度）、新使徒教会（信徒多为居住澳门的菲律宾人）等。某些在中国大陆、香港及世界许多国家遭禁的邪教如“新世界会”，1981～1991 年间在澳门也偶有活动。据“澳门统计暨普查司”1993 年发布的 1991 年人口资料，上述宗教派别和信仰中国道教的信徒加在一起，信徒总数约占全澳宗教信徒的 1/3。显然，他们是有影响的、值得社会重视的群体。

上述宗教派别中，目前信徒超过千人的只有巴哈伊教。巴哈伊教 19 世纪（1844 年）源起波斯，1948 年得到联合国的承认，现在已经发展成为世界性的宗教。在其发展过程中，曾经有过多种名称（如“巴海运动”、“大同教”等），1980 年，经全球华人共同商议，决定采用“巴哈伊教”作为华语教名。其教义主张：宗教的目的是为了团结全人类，各种宗教的根本基础是同一的，宗教必须与科学及理论相符合；真理是独立的，人类是平等的，男女也是平等的；世界应该普及教育、解决经济问题。此外，巴哈伊教教义还主张：推广一种共同的世界语，成立一个公正的国际裁判所解决国际纠纷。“巴哈伊教”强调“灵魂不灭”，如果谁生前作恶，死后灵魂将受到惩罚，所以特别注重伦理和道德教育。早在 1924 年，美籍华人罗德女士就将巴哈伊教传到广州。她曾向孙中山先生介绍过巴哈伊教教义，颇受欣赏。1930 年，巴哈伊教传至澳门，但真正在澳门流传却是 50 年代以后的事。这时的传教先锋是来自美国的法兰西斯·希拉太太。她 1953 年 10 月来澳，年底和另外一对美国夫妇一起定居澳门开始传教。到 1954 年 4 月，信徒发展到十多人。开始他们从属于美国的教会组织——“美国巴哈伊总灵体会亚洲传教委员会”管辖。1982 年，巴哈伊教会正式在澳门政府注册。从那时到现在不过 16 年，巴哈伊教会在澳门半岛和凼仔、路环岛迅速发展。据《澳门宗教》称，其教徒总数已经超过 3000 人。澳门巴哈伊教会组织——“澳门巴哈伊总灵体会”，成立于 1989 年 4 月。作为国际性宗教的一个分支，它隶属巴哈伊教会的最高行政机构——“巴哈伊教世界正义院”管理。

* 原载王巧珑：《澳门的社会与文化》，新华出版社 1999 年版。

# 巴哈伊近年发展的概况与特点*

傅聚文

巴哈伊教已成为世界宗教中地区分布广度位居第二的宗教。近年来巴哈伊教发展有三大特点：一是发展迅速，分布面广。巴哈伊信仰者在1892年约有5万人，1981年有100万人，1992年达500多万人。各种族约2100个民族、部落中都有巴哈伊。1970～1985年在世界各宗教团体年平均增长率中，巴哈伊教居首位。巴哈伊教现分布在200多个国家和地区，分布广度仅次于在督教。二是活动积极，参与广泛，在教育、文艺、医卫、环保、妇幼、经济、种族问题、和平事业等领域都有令人瞩目的活动。巴哈伊在发展中国家办学校和扫盲班、培训医务人员、进行卫生教育。巴哈伊还积极宣传环境保护和生态平衡，开展植树绿化活动，参与第四届世界妇女大会的筹备工作，柏林的巴哈伊参加了1992年在柏林举行的名为"光明之链"的反对纳粹主义的集会和游行。1992年由巴哈伊社团在巴西树立的"和平纪念碑"刻着"全地球是一个国家，全人类是它的公民"及"世界和平"的字样。三是作用增强，影响扩大。巴哈伊现有29个出版社、7个电台、7个灵曦堂，巴哈欧拉的著作被译成800多种语言。1992年，来自180个国家和地区的3万名巴哈伊信徒汇聚纽约，参加第二届巴哈伊全球大会。开幕式上宣读了美国总统布什的贺信，300多名不同民族的巴哈伊信徒身着民族服装列队走过会议中心内特设的平台。大会还通过卫星向世界各地转播。在一系列影响颇大的国际会议中心，如1992年有100多位国家首脑与会的"全球峰会"和1993年的世界宗教会议，巴哈伊也发挥了作用，取得了一定的地位。巴哈伊教现在已是分布面广、参与广泛且具相当影响的新兴的世界性宗教，它比其他宗教更世俗化、现代化、多元化。其发展势头不可小看。对于这样一个将来可能与基督教、伊斯兰教、佛教一样产生广泛而重大影响的新兴宗教，无论从国际外交、国家安全，还是从我国改革开放的发展的角度来看，都值得关注和研究。

* 原载卢继传主编:《中国新时期社会科学成果荟萃》，中国经济出版社1999年版。

# 伊朗的巴布运动*

秦惠彬

自19世纪30年代起,欧洲资本通过商品输出不断涌入伊朗,使伊朗的封建自然经济受到巨大冲击,商品经济的发展改变了旧有的土地关系,大批农民失去土地,生活没有保障,成为无家可归的难民。在外来商品竞争下,手工业者和小商贩也面临着破产的威胁。外国资本的侵入激化了伊朗的社会矛盾和阶级矛盾:1848～1852年,终于爆发了反封建压迫和残酷掠夺的巴布运动。

巴布运动的领导者赛义德·阿里·穆罕默德,出生于伊朗南部设拉子市一棉布商家庭。青少年时代,在当地一家店铺里学徒,后赴纳杰夫和卡尔巴拉(今伊拉克境内十叶派圣地)学习宗教知识和阿拉伯文。在其成长过程中,他曾深受谢赫学派的影响,成为一名忠实信徒。早在青年时代,他就撰著过《朝觐指南》一书,表达了他对十叶派"隐遁"伊玛目复临人间的信仰和期待。1844年,适值十叶派第12代伊玛目"隐遁"一千年,传统上许多穆斯林相信,每千年伊斯兰教就会出现一位复兴者。同年,他提出,在末代"隐遁"伊玛目与信徒之间存有中介,这个中介即4道相继出现的"门"(巴布),伊玛目在"隐遁"时期通过4座"门"与信徒保持密切的联系。其后他宣布,他本人便是"巴布",人们通过这座"知识之门"完全可以了解伊玛目的旨意。不久以后他到麦加朝觐圣地时,更宣称自己是众人盼望的伊玛目马赫迪,负有使命,铲除人间不平,建立正义之国。他还断然肯定,真主只信赖一位经由"知识之门"到达"知识之门"者,而他本人便是一位受命于真主的马赫迪。按照十叶派圣训,真主是"知识之城",而阿里(十叶派首任伊玛目)则是进入"知识之城"必经的门户。所以,巴布之说是有深厚群众基础的。消息传开后,人们奔走相告,信徒甚多,尤其是谢赫学派的成员,大多成为巴布的支持者。巴布还向各地派遣使徒,宣传其主张,影响相当广泛,据说在当时设拉子市清真寺里,人们在礼拜时皆赞颂巴布的名字。

巴布运动兴起后,统治者惊恐不安,不久便采取武力镇压,1847年,一批巴布使徒被捕入狱,被砍掉双足,巴布本人也被囚禁于大不里士狱中。巴布在狱中以惊人的毅力完成了《默示录》的写作,后来被奉为巴布教派的经典。巴布在《默示录》中指出:人类各个时代依次传递向前发展,每一时代皆有特定的制度和律法,旧制和律法随着时代的结束而被废止,代之以新制和律法。但新的制度和律法并非由凡人制定,而只能由真主差遣的先知颁布,巴布便是奉真主之命颁布律法的新先知,《默示录》是高于一切旧经典的新《圣经》。因此,摩西的《旧约全书》、耶稣的《新约全书》、伊斯兰教的《古兰经》,皆须让位于《默示录》,现存的社会制度和律法也应按《默尔录》的精神予以修订。

* 原载秦惠彬:《中国伊斯兰教基础知识》,宗教文化出版社1999年版。

巴布企望创建的“正义之国”，反映了伊朗小商人、小手工业者和城市市民的意愿。在这个理想的国度里，没有剥削，没有压迫，没有欺诈，人人过着平等、幸福美满的生活。为实现他的社会理想，巴布提出过许多主张，包括保障人身自由，尊重财产所有权、继承权，以及偿还负债、支取商业利息、统一币制、修复交通等。在宗教思想上，巴布提倡简化宗教礼仪，取消妇女戴面纱等规定。巴布教派带有神秘色彩，尤为珍重神圣的数字“19”，一年为 19 个月，每月 19 天，由 19 名成员组成民众委员会，决定国家大事。

巴布原打算说服统治者，自上而下地实行他的改革主张。巴布入狱后，接替领导职务的侯赛因·穆罕默德·巴尔福鲁什被迫改变策略，转向武装斗争。1848 年 9 月，巴布信徒于伊朗北部马赞德兰省发动起义，迅速波及全国各地。到 1849 年 2 月，义军人数发展到 10 万余人，给统治者以沉重的打击。身陷狱中的巴布仍与外界保持着联系，号召信徒战斗到流尽最后一滴血。1850 年 7 月，巴布在大不里士监狱遇难，大批信徒惨遭杀害。次年，巴布运动宣告失败。

巴布运动失败后，残余力量仍在坚持斗争。不久内部发生分裂，由此产生了不同于巴布教派的巴哈伊教派，由巴布的早期信徒米尔札·侯赛因·阿里所创，得名于他的尊号巴哈乌拉。

侯赛因·阿里原为马赞德兰省一封建贵族，因不满朝政而卷入巴布运动。1852 年，巴布信徒于德黑兰刺杀伊朗国王未遂，大批信徒惨遭杀害。侯赛因·阿里涉嫌被捕入狱，次年获释，家产被抄，他本人也被驱逐出境。他抵达巴格达后，继续布道传教，被尊为哈里发（继承人）。后与其异母兄弟发生教权之争，伊朗国王通过奥斯曼苏丹从中干预，将他押解到叙利亚的阿卡，其弟被流放到塞浦路斯岛。在长达 40 年的囚禁生活中，巴哈乌拉埋头写作，钻研巴布教派文献资料，后来创立了巴哈伊教。较之巴布教义，巴哈伊教在教义、礼仪上并无重大差异，除以对巴哈乌拉的崇拜来代替对巴布的崇拜外，分歧主要是在社会、政治原则上。巴哈伊教义不再坚持以武力推翻不义的统治者，而主张忠于政府，拥护国家法制，号召以博爱来消除贫富差别，实现社会平等，并最终实现人类一体、世界大同。在宗教思想上，巴哈伊教义提倡普世宗教，认为宗教是一元的，人类是一体的，至高无上的上帝只有一个，但它有不同的名称，诸如天神、天主、真主、佛祖等等；上帝的旨意通过差遣的诸先知不断显现，而亚伯拉罕（伊布拉欣）、克里希南（印度教）、摩西（犹太教）、琐罗亚斯德（波斯火袄教）、释迦牟尼（佛教）、耶稣（基督教）、穆罕默德、巴布、巴哈乌拉，皆是体现天神旨意的先知，而以在巴哈乌拉身上得到最充分的显现。对犹太教徒，它（大写“它”为巴哈伊信徒对教祖的尊称）是上帝差遣的教主弥赛亚；对基督教徒，它是复临人间的耶稣基督；对穆斯林，它是人们期待的救世主马赫迪；对印度教教徒，它是天神毗湿奴的化身，如此等等。

巴布运动虽告失败，但由此派生而来的巴哈伊教却得以发展，成为一个有自己的经典、教义、礼仪和礼拜场所的独立的新兴宗教。今天除在伊朗外，巴哈伊教在西欧、南北美洲、非洲和澳大利亚等地皆有众多的信徒。它早已不再属于伊斯兰教的派别，介绍有关情况只是为了使我国读者了解这方面的知识。

# 巴布派*

解传广

巴布派指 19 世纪在伊朗形成的一个重要派别，创始人米尔札·阿里·穆罕默德自称"巴布"（阿拉伯语意为"门"）。该派宣布，第十二伊玛目隐遁千年，即将在伊朗降临并在那里建立公平、正义的国家。巴布于 1847 年写成《默示录》，阐明该派的政治主张和教义基础。巴布派主张社会公正、平等和均平富，但仅限于本派教徒之中。巴布鼓励经商贸易，对商人牟利不限；给信徒更多礼拜的自由，并给妇女更多的权益，允许她们离婚、再婚；不限制穿丝绸衣服、戴贵重金属饰品；严厉惩治社会不良分子、酗酒者；不同异教徒和外国人交往；认为安拉的本体是绝对的、超自然的（宗教哲学观）；"19"这个数字在教义中作用非凡，被认为是神性和圣性的统一，并依此施行"纯粹心理和精神的历法"，即每年有 19 个月，每月 19 天，每天均以安拉的一种德性命名。巴哈伊派是从巴布派分裂出来的一个新派。由于巴布的门弟子米尔札·侯赛因·阿里自称"巴哈乌拉"（意为"安拉的光辉"），故名巴哈伊派。该派以其《至圣书》为教义基础，认为安拉以其不可知的本质使自身得以显现并创造出他以外的一切；主张人类实现统一，世人皆为兄弟，应真诚相待，相互信任，并宽容异教徒；宣传普遍和平、幸福、安详；主张废除圣战，建立"正义王国"；宣扬应取消国界，使用统一的世界语言，组织统一的议会和政府；主张简化宗教仪式，不干预政治；规定每天要先洗手，后洗脸；信徒在每年 19 个月中，举行 19 次集会，念诵祈祷文和经文；减少宗教节日，缩短斋期；不认为独居修道、苦行和禁欲是可取的，允许穿丝绸服装和十叶派所禁止的银鼠毛皮、使用玫瑰露和上等香水、可以听音乐、住豪宅；认为无所事事、沿街乞讨是可耻行为。该派教也流传于伊朗的阿塞拜疆人、马赞德兰人、吉兰特人、波斯人中，以及美国、德国等一些西方国家中。

---

* 原载解传广：《西亚伊斯兰教与文化》，世界知识出版社 1999 年版。

# 巴哈伊教*

李锦维

当今发展最快的宗教之一。创立不到200年,已成为一个独立的世界性宗教,现有教徒500余万,但分布在205个国家与地区。巴哈伊教产生于19世纪中叶的伊朗,脱胎于巴布教派,巴布教派被镇压后,巴格达一名叫巴哈欧拉的波斯贵族宣称自己是巴布生前所说上帝的新使者,是世上各宗教所预言的显示者,与其追随者形成了巴哈伊教。巴哈欧拉一生大部分时间在监禁与流放中度过,他在狱中写了100多部著作,阐述巴哈伊教教义。他认为,巴哈伊教是一神教,神是独一的全能的,世上各宗教虽然对神的称谓不同,如称之为"上帝"、"安拉",或"者佛"、"主"等,但都来自同一神圣的根源。因此,巴哈伊教不要求信徒放弃自己原有的宗教信仰,可认自由出入各种宗教庙宇参加膜拜神佛。承认亚伯拉罕、克里希那、摩西、琐罗亚斯德、释迦牟尼、耶稣、穆罕默德、巴布、巴哈欧拉9人都是神的使者,主张各民族和各宗教间消除偏见,创立世界共同的语言,实现世界大同。在对待社会问题上,主张积极入世,关心世俗生活,实现世界大同。要求人们诚实、正直、爱国、为所在国家利益服务、反对战争、男女平等、消除贫富差别、普及教育、以建立"天下一家"的世界新秩序。但反对信徒参加公职竞选和政治活动。巴哈伊教的经典主要是巴布和巴哈欧拉的著述,有戒律集《至圣经》、阐述基本教义的《确信经》、警语汇集《隐言经》、揭示人的灵魂寻找生活目的所经历七个阶段的《七条山谷》等。这些经典已被译成800多种语言与方言,在全世界各地流传。巴哈欧拉死后,传位给了他的长子阿博都·巴哈,巴哈又传给了其长女之子索基·爱芬迪。索基·爱芬迪建立了巴哈伊教独特的教务系统,分为三级组织:一是基层教会称"地方灵体会",只要是年满21岁的成年教徒,都可参与选举,选出9人管理教务,任期一年;凡是教徒人数超过9人的地方都可建立地方灵体会。二是一个地区与一个国家设立总灵体会,由各基层灵体会选出9名总灵体会委员,任期也是一年。三是全世界建立"世界正义院",由各总灵体会选出9人组成中央教会委员会,负责指导全世界巴哈伊教的教会及发展规则,现世界正义院设在以色列国的海法市。此外,巴哈伊教还在各大洲修建宏伟庄丽的灵曦堂,建筑呈九面形,附有教育文化活动中心。这些灵曦堂是巴哈伊教在各洲的母堂,世界性的崇拜上帝场所。现已建有8处灵曦堂,分别坐落在美国的威尔迈特、德国的法兰克福、乌干达的坎培拉、澳大利亚的悉尼、巴拿马的巴拿马城、印度的新德里、西萨摩亚的阿皮亚、以色列的海法。同时,巴哈伊教还举办了许多社会经济福利事业,其中有25家巴哈伊教出版社,参与联合国环境发展计划。它的"巴哈伊国际社团"是联合国经济与社会委员会及儿童基金会的咨询机构,在亚洲各地建立了300多所培训学校与中心,在其他第三个世界国家开设识字班和农村卫生保健训练班。现在全世界约有118,000个巴哈伊教活动中心,2万多个基层灵体会,在150个国家设有总灵体会。

---

* 原载李锦维主编:《外事知识实用大全》,上海译文出版社1999年版。

# 渴望“正义王国”的巴布教运动*

刘文龙　袁传伟

19 世纪中叶，伊朗（波斯）爆发了巴布教徒起义。这一教派的创始人是赛义德·阿里·穆罕默德（1820～1850 年）。早年，他去克伯拉朝拜圣地时，接受了舍赫教派[①]。的神秘主义教义，后当选为这一教派的教长。1844 年，阿里自称“巴布”（意为“信仰之门”）和“先知”（救世主），即教徒只有通过巴布此“门”始能认识真主，并把其旨意传达于世人。1847 年，他又以马赫迪（救世主）身份，颁布由其本人仿照《古兰经》写成的《默示录》，声称穆罕默德时代已经过去，《古兰经》已陈旧，必须以巴布教的“圣经”《默示录》来代替。

巴布还预言新时代的伊斯兰教救世主马赫迪即将降临，并将在人世间建立起一个平等、公正与人人幸福的“正义王国”。在马赫迪未降临之前，巴布的使命是向人们揭示真理，号召人们做好准备去迎接即将到来的美好社会。他主张在这个“正义王国”中，废除剥削，实行财产公有，反对封建压迫，保障贸易自由，统一货币，人人平等而幸福。这些主张反映了部分下层人民群众对封建统治阶级和伊斯兰教上层领导的强烈不满，适应了新兴商业资产阶级的要求。1847 年巴布被捕后，其门生和追随者在下层教士和商人领导下，于 1848 年在全国各地发动起义，给统治阶级以沉重的打击。

与此同时，巴布门徒在波斯全国各地广泛传播他的教义，截至 1849 年 2 月，全国的教徒多达 10 万人。卡兹温的一位女诗人库拉特·埃恩在接受这一教义后，改宗巴布教，并率先将巴布教关于妇女问题的教义付诸实现，她不罩面纱，公开布教，此事轰动一时，影响甚大。

1852 年巴布教起义失败后，许多教徒惨遭杀害，幸存者纷纷逃离国境，该教派遂分裂为阿里派和巴哈教派[②]后一派除分布在波斯国内外，还传播到欧美国家。

---

* 原载刘文龙、袁传伟主编：《世界文化史近代卷》，浙江人民出版社 1999 年版。

① 什叶派的一个分支。

② 创教者为侯赛因·阿里（1817～1892 年），自称“巴哈安拉”（意为“安拉的光辉”），故名。主张四海之内皆兄弟，互相真诚相爱，宽容异教，废除圣战，建立正义王国，实现世界和平。

# 不列颠百科全书（节选）*

中国大百科全书出版社不列颠百科全书编辑室

BABISM 巴布教。波斯一泛神教派。该教派派由设拉子（Shíráz 即希拉士）的米尔札·阿里·穆罕默德（Mírzá 'Alí Muḥammad）所创，教徒尊称为之巴布（Báb，意即“门”或”先辈”）。如同其在1844 年 5 月 23 日亲身经历的天启，他相信自己是十叶派教徒长久期待的伊玛目（教长），是表明神旨意的使者。巴布命令波斯国王、臣民，甚至全世界君主诸侯皆追随他。巴布派教义、伦理标准、社会规则及宗教律条皆向当时的社会结构挑战。

在其短暂任期（1844～1850）中，波斯境内被处死的巴布教徒逾 20000 人。卡札尔王朝（Kajar）的两位君主及大臣在十叶派教士通力支持下扫荡此新天启，并在大布里士的公共广场处死巴布。

巴布在宣告其传教使命后不久，便挑选 18 人为其首批门徒，名之为“现世文人”，并交付每位门徒一件特殊任务（即如耶稣对门徒所说的话），派遣他们到波斯各省传布新启示。当人们逐渐了解巴布启示的完整含意时，疯狂的大处刑却袭卷狂而至，所有门徒苦摧残无一幸免。

巴布的殉教反而无法禁绝此新兴宗教的信念和奉献。其少数信徒被称为“阿撒力”（Azalís）——源自其领导者阿撒尔（Ṣubḥ-i-Azal）之名，致力延续巴布教活动。他们大多曾受巴布教训影响，且了解巴布所提及“将会有个神力张显的人”，因而承认巴布的虔诚教徒巴哈安拉（Bahá'u'lláh）是获天启者。1863 年，当巴布所宣布的 19 年得道周期将届满时，19 岁的巴哈安拉宣告他获天启。自此，其信徒便被称为“巴哈教”（Bahá'í，即大同教）教徒。巴哈教信仰源自巴布的宣告，确定神与人的契约，并强调全人类的联合，提倡去除各种形式的偏见与迷信，并认为科学与宗教并非势不两立。巴哈教徒认为巴布及巴哈安拉是其信仰创立者。

巴布的遗骸被秘密埋葬在波斯达 50 年以上，而在 1909 年运至巴勒斯坦，安置在巴哈安拉之子阿布都巴哈（'Abdu'l-Bahá）所准备的圣庙中。该圣庙位于亚克附近的卡梅尔山。巴布圣庙的黄金圆顶，自卡梅尔山斜坡即可见之，为船只进入亚克湾的陆标。

---

* 原载中国大百科全书出版社不列颠百科全书编辑室编译：《不列颠百科全书》，中国大百科全书出版社 1999 年版。

# 对巴哈伊教基本状况之分析(上)*

蔡德贵

在当代多元化政治格局中,多元文化成为政界、学术界非常关心的问题。而文化因素中的宗教,则成为学术界关注的焦点。尤其是美国哈佛大学资深教授、奥林战略研究所所长塞缪尔·亨廷顿发表《文明的冲突》(美国《外交》季刊 1993 年夏季号)之后,不管对其观点是赞同还是反对,他对宗教问题的关注确实引起学人的高度重视。新崛起的世界宗教巴哈伊教,就是在国际社会受学人关注的研究领域。而在中国,虽然巴哈伊教信仰者正在逐渐增加,但在学术界却知之者甚少。有必要对这一新兴宗教作一简单勾勒,以使国内学术界知其概况。

## 一、巴哈伊教的创办过程

巴哈伊教,旧称"大同教",又译"巴哈教"、"白哈教"、"比哈教",是阿拉伯文 Baháiyah 的音译。巴哈伊,意为光辉、容光焕发、美丽、漂亮等。该教的得名,源自创始人伊朗的米尔札·侯赛因·阿里·努里(Mírzá Ḥusayn-'Alí Núrí,1817～1892)自称"巴哈欧拉"(Bahá'u'lláh 的音译,意为"安拉的光辉")。该教是一种新兴宗教,它源于伊斯兰教,但又不是伊斯兰教,因为不仅该教公开宣布彻底脱离伊斯兰教,而且伊斯兰教世界也不承认它是伊斯兰教中的一个教派。早在 1925 年,埃及的伊斯兰教宗教法庭就作出这样的决定:巴哈伊教信仰是一个完全独立的新宗教,它有自己完整的信仰、原则及法规。因此,绝无任何的巴哈伊教徒可被当作是伊斯兰教徒。① 巴哈伊教完全有别于伊斯兰教,因为"根据巴哈伊教信仰本身的解释,它并非为了重建或改良伊斯兰教而创立,而自命其根本是源自上苍的新行动,新恩惠及新圣约。其信仰及法规之基础是巴哈欧拉启示的新圣言,因此,巴哈伊信徒绝非是伊斯兰教徒。"②所以英国著名历史学家阿诺德·汤因比得出结论说:"巴哈伊教是一个独立自主的宗教,如同伊斯兰教、基督教和其他公认的世界宗教一样。巴哈伊教不是其他宗教的一个教派。

---

* 原载《宗教学研究》1999 年第 1 期。

① 邵基·阿芬第:《神临记》,第 65 页,转引自威廉·汉切尔、道格拉斯·马丁:《巴哈伊教——一个新崛起的世界宗教》,新加坡巴哈伊总灵体会 1993 年版,第 197 页。

② Udo Schaefer, *The Bahá'í Faith and Islam*,转引自威廉·汉切尔、道格拉斯·马丁:《巴哈伊教——一个新崛起的世界宗教》。

它是另一个宗教，地位和其他受公认的宗教相同。”①

尽管学者们已经肯定，巴哈伊教无论如何也不能被视为伊斯兰教十叶派的分支（Siyyid Tabatabai：Shí 'ah Islam 第 76 页），但无论如何也不能否认，巴哈伊教是在伊斯兰教十叶派之一巴布教派的基础上分化出来独立而成的一种宗教。所以要明了巴哈伊教的创办过程，首先必须明了其伊斯兰教背景，明了巴布教派。巴布教派创办于 19 世纪中叶，创始人为赛义德·阿里·穆罕默德（Siyyid 'Alí Muḥammad，1819～1850 年）。② 他生于伊朗南部设拉子市（今属法尔斯省），其父为富有的布商，全家均系伊斯兰教十叶派。巴布的教义创立了一个崭新的、富于生命力的社会的概念，同时又保留大部分听众和读者所熟悉的文化和宗教成分。③ 1848 年，其门人正式宣布脱离伊斯兰教。1850 年，阿里·穆罕默德被处死，其门徒流亡到伊拉克，分裂成为两派：一派叫阿里派，领袖为叶海亚；另一派叫巴哈伊派。后者又演化成巴哈伊教，成为一个统一的新兴的宗教。

巴哈伊教的创始人为米尔札·侯赛因·阿里·努里，他生于伊朗德黑兰，年轻时即成为巴布教派的信徒。阿里·穆哈默德被处死后，他因涉嫌谋杀国王而被捕，因缺乏证据于 1853 年释放，但被流放到伊拉克的巴格达。在这里，他宣称自己就是人们期待已久的救世主马赫迪。1863 年，他进一步宣称自己是真主安拉的使者，向伊朗、土耳其、俄国、普鲁士、奥地利和英国君主及罗马教皇和神职人员公开宣布自己的使命，自称巴哈欧拉，从此，该派便被正式称为巴哈伊教。1867 年，他又重申自己就是巴布所预言并期待出现的马赫迪。后来，他被奥斯曼政府流放到巴勒斯坦（编者按：今属以色列）的阿卡，1892 年死于该地。巴哈欧拉一生写下了大量著作，其中主要有《至圣书》（*Kitáb-i-Aqdas*），又译《亚格达斯经》，《笃信之道》（*Kitáb-i-Íqan*），又译《确信经》、《意纲经》等，《隐言经》、《七山谷书》，以及其他经典，总共有 100 多部。

《至圣书》是巴哈欧拉最重要的纲领性著作，是巴哈伊教信仰的核心。他在该书开篇反复重申自己是“王中之王”，他的使命就是要在世上建立安拉的王国。书中宣称，他的两个主要目标是：宣布改造个人和指导人类的律法，创造一个行政系统，来管理那些由承认他的人所组成的社团。书中明确宣布：伊斯兰教提倡的“圣战”应该被禁止，同时，任何形式的宗教纷争也不被准许。

《笃信之道》是为回答巴布的一个叔叔而作的。该书内容广博，对一些宗教最本质的问题一一探究，博引犹太教、基督教和伊斯兰教的经典，详述了宗教同源的原理和宗教启示演进的理论和证据。这部书被认为构造了巴哈伊教义的骨架，是巴哈伊信仰的奠基之作，是巴哈伊启示著作中无出其右者和最优越者。④

《隐言经》是一部散文诗风格的格言集，以真主之口吻表达了巴哈欧拉本人对信仰、道德和灵性精神的观点，成为巴哈伊教伦理的核心，体现了真主与人的灵魂的沟通，是天启灵性指引的精华。

《七山谷书》是为答复一位苏菲教派学者而写，用一个象征主义的神话故事，描述灵魂经历探索、爱、知识、团结、惊奇、真贫和绝对虚无这七座山谷，飞向真主怀抱的过程。本书是优美的散文体裁，

---

① 阿诺德·汤因比 1959 年 8 月 12 日致土耳其伊斯坦布尔的 N. Kunter 博士的信，转引自威廉·汉切尔、道格拉斯·马丁：《巴哈伊教——一个新崛起的世界宗教》，第 3 页。

② 此处赛义德·阿里穆罕默德的生年，采自阿拉伯文版资料，国内资料多认为他生于 1821 年，不确切。也有阿拉伯文资料认为他生于 1820 年，因为伊斯兰教纪年与公元纪年换算方法不同所致。

③ 李绍白：《人类新曙光——巴哈伊信仰》，澳门巴哈伊出版社 1995 年版，第 270～271、283 页。

④ 李绍白：《人类新曙光——巴哈伊信仰》，第 270～271、283 页。

用神秘的比喻手法，追求无人知晓的神秘王国和探索人类灵魂深处的秘密，描述了人类精神不断提升的永恒主题。

巴哈欧拉死后，其长子阿拔斯·阿芬第('Abbás Effendí，1844～1920 年)继任教主。他生于伊朗德黑兰，死于巴勒斯坦海法。在他主持教务期间，在北非、欧洲、远东、澳大利亚和美国等地建立了众多分支机构和宗教社团，使该教传布到世界各地，因此他被称为巴哈欧拉之后的最大权威，被称为阿布杜·巴哈('Abdu'l-Bahá，意为"光辉之奴")。1911 年，他在欧洲访问了 4 个月，1912 年他又前往欧洲访问，随后又到美国和加拿大，访问了 40 多个城市，大大促进了巴哈伊教在这些地区和国家的传播。阿布杜巴哈在欧洲和北美访问期间，曾发表过许多演讲，这些演讲的大部分都收集在《巴黎片谈》一书中。他最重要的著作，是 1908 年起草的《圣约与遗嘱》。该书详细概括了巴哈欧拉所指示设计的巴哈伊中心机构的本质和职权。它们是"圣护"和"世界正义院"。圣护被阿布杜巴哈指定为其长孙邵基·阿芬第·拉巴尼，他是巴哈伊教唯一被授权的解释者，所有信徒必须将有关巴哈伊信仰的一切问题呈交给他处理。世界正义院则监督巴哈伊社团的国际行政秩序。阿布杜巴哈的另一著作是《已答之问题》，该书收集了他随意的桌旁谈话系列，讨论了从精神、哲学到社会的广泛问题。

阿布杜巴哈死后，其长外孙(长女之子)邵基·阿芬第(Shoghi Effendi，1897～1957 年)成为该教教主。他很小的时候便开始学习英语，年轻时先在贝鲁特美国大学求学，后又到牛津大学深造，精通波斯语、阿拉伯语、英语等多种语言，因此成为将巴哈伊经典从波斯语和阿拉伯语译成英语的主要翻译者。而作为巴哈伊教义的唯一阐释者，他对巴哈伊社团的发展有极为深远的影响，确保了教旨的一致，从而大大减少了巴哈伊教分裂成派的危险。邵基·阿芬第将该总部从阿卡迁往海法，他本人与一位美国女子结婚。他一生主要从事翻译和注释巴哈伊经典，自己的著作是一些书简。

邵基死后，教权不再世袭传承，改由各国长老会选出的世界正义院行使。1963 年 4 月 21 日，第一届世界正义院产生，以不记名方式投票选出了 9 名成员，他们来自四大洲的三大宗教文化背景(犹太教、基督教和伊斯兰教)。从那时起，世界正义院每五年选举一次，作为最高行政管理机构，其职责是对全球巴哈伊团体的成长和发展提供指导。世界正义院之下，在各国设总灵体会或称长老会，也由 9 人组成，由不记名投票方式选举产生。到 1995 年，全世界已有 175 个国家设立了巴哈伊总灵体会。总灵体会之下设地区灵体会，也由 9 人组成，管理地方巴哈伊行政事务。

巴哈伊教在巴哈欧拉于 1892 年逝世时，大约有 5 万名教徒，分布在中东和印度次大陆的大部分国家和地区。1921 年阿布杜巴哈逝世时，有 10 万巴哈伊信徒，大部分是伊朗人，多居住在伊朗或中东其他国家，少数居住在印度、欧洲和北美的 35 个国家。1957 年邵基·阿芬第逝世时，已有 40 万信徒，分布在 250 个国家、地区或殖民地。到 1991 年，根据 1992 年《大英百科全书》的统计，全球已有 540 万巴哈伊，分布在亚洲、非洲、美洲、欧洲、澳洲的大多数国家，在 175 个国家有总灵体会。①

在中国，新中国成立前已有巴哈伊教徒，新中国成立到改革开放前，巴哈伊活动停止。改革开放后，巴哈伊信仰有迅速增长之势。在台湾、香港和澳门，巴哈伊已取得合法宗教团体的地位，设有地方灵体会。至 1992 年，台湾有 1.4 万名巴哈伊。香港至 1993 年有 2500 名巴哈伊，澳门至 80 年代后期有 2000 多名巴哈伊。②

① 《巴哈伊》：澳门巴哈伊出版社 1992 年版，第 14 页。
② 李桂玲：《台港澳宗教概况》，东方出版社 1996 年版，第 238、424、474 页。

## 二、巴哈伊教的基本教义

正像前面所述，巴哈伊教是在巴布教的基础上产生出来的，与巴布教派一样，也继承了伊斯兰教的一神论学说，提倡一种普世宗教。但它认为普世宗教只有一个，即巴哈伊教。该教主张，安拉是独一无二的、全知的、全能的，是宇宙的缔造者，也是世间万物和人类的创造者、启动者和支配者。巴哈欧拉说："所有赞美都归于上帝的一致，所有荣誉都属于他——宇宙的万军之主和无与伦比、无比荣耀的统治者。他从虚无之中创造了万事万物，他从无有之中创造了最精巧优美的组成部分，他将他的创造物从极其谦卑和濒临灭绝的危险中拯救出来，然后把他们带进不朽荣耀的天国。除了他包罗万象的恩典和渗透一切的仁慈外，任何事物都不可能达到这一点。"①安拉虽是独一的，但可以取不同的名称，如上帝、神、天主、佛陀，虽然称谓不同，实质却是一致的、统一的。他是宇宙的核心，宇宙的最终目的和本质，是神圣的本体，自古至今他一直隐藏在他亘古的本质中，并停留在他的实体内，而永远不会暴露在凡人的视野下，他将永远超越一切感官之上，并且无法描述。②

阿布杜巴哈对《圣经》中上帝所说"让我按我的模样造人吧"进行了解释，认为这里的"模样"并非指外貌，因为神的本质并不局限于任何形式的外观，而是指神的本质特性，如公正、仁爱、恩泽全人类、忠贞诚实、对万物慈悲为怀，所以上帝的模样指神的美德，而人理应成为接受神性荣光的容器。③

安拉的旨意要通过亲自差遣的诸先知连续不断地显现，因而各大宗教的先知都应该得到承认，如亚伯拉罕（犹太始祖）、克里希南（印度教）、摩西（犹太教领袖）、琐罗亚斯德（火祆教即琐罗斯德教创始人）、释迦牟尼（佛教创始人）、耶稣（基督教领袖）、穆罕默德（伊斯兰教创始人）、巴布（巴布教派创始人）、巴哈欧拉都是安拉差遣的先知。④ 所有先知的本质是相同一致的，他们之间的唯一性是绝对的，所以推崇某些先知而不敬重其他的先知，是不容许的。但是，先知们在这个世界中启示的分量必然会有差异，每一位先知所传报的信息都是独特的，每一位有特定的言行方式来显现自己，所以，他们的伟大性才具有差异。⑤ 安拉派遣先知降世目的有二：一是要把人类从无知的黑暗中解放出来，指引他们迈向真知的光明；二是要确保人类的和平与安宁，并为人类提供建立和平的途径与方法。⑥ 这样，先知和现实世界都是神的体现，每一位先知都有一个预言的周期，穆罕默德的天启应持续至少一千年，而巴哈欧拉启示的周期至少要延续50万年，因此巴哈伊信仰应该被视为一个循环的鼎盛期，即一系列连续的、预言性的和演进性的启示的最后阶段。⑦

现实世界所有人，不分男女，都是安拉的儿女，人人都是平等的，不管种族、肤色、社会地位如何，人类皆兄弟，应该统一和谐，真诚相爱，互相信任。整个人类是一个统一的独特种族，是一个有机体

---

① 《巴哈欧拉圣典选集》，第64～65页，转引自威廉·汉切尔、道格拉斯·马丁《巴哈伊教——一个新崛起的世界宗教》，第72页。

② 《巴哈欧拉圣典选集》，马来西来总灵体会1992年版，第3～4页。

③ 阿布杜巴哈：《世界团结之基础》，马来西亚巴哈伊总灵体会1993年版，第98页。

④ 金宜久主编：《伊斯兰教史》，中国社会科学出版社1990年版，第498页。

⑤ 《巴哈欧拉圣典选集》：马来西亚总灵体会1992年版，第9～10、19、288、250页。

⑥ 邵基·阿芬第：《巴哈欧拉之天启》，澳门巴哈伊出版社1995年版，第8页。

⑦ 《巴哈欧拉圣典选集》，马来西亚总灵体会1992年版，第9～10、19、288、250页。

的单位，是安拉创造物的顶点，是创造的生命和意识中最高的形式，能够与安拉的神灵交往。巴哈欧拉说："你们是同一棵树上的果实，同一树枝上的叶子，用最虔诚的爱、和谐及友情与大家相处吧……团结之光如此强大，它能照亮整个地球。"[①]他一再强调"地球乃一国，万众皆其民"。[②] 阿布杜巴哈也指出，人类有肤色种族之不同，风俗习惯、口味、气质、性格、思想观点方面存在广泛的差异，这正是人类既一致又多样化的标志，是完美的象征和上帝恩惠的揭示者。这像花园中的花朵，"不管种类、颜色和形状有所不同，但是，由于它们受到同一泉水的浇灌而清新，受到同一和风的吹拂而复活，受到同一阳光的照耀而成长，这一多样性便增添了它们的美和魅力"。"如果花园里所有的花草、树叶、果实、树枝和树都是同一形状和颜色，这将是多么不悦目！不同的颜色和形状丰富及装饰了花园，而且增进了它的艳丽。"[③]既然人类是一致的，那么就不应该继续生活在充满冲突、偏见和仇恨的混乱世界里，为此，巴哈伊教反对人与人之间互相作对和残杀，提倡废除伊斯兰教有关"圣战"的教义。

和人类一致的原则相联系，巴哈伊教还提倡宗教同源的原则。巴哈欧拉阐明了这样的基本原则："宗教的真理不是绝对的而是相对的，神圣启示是一个相继发展和逐渐演进的过程，全世界所有伟大宗教的起源是神圣的，它们的基本原则完全和谐一致，它们的目标和意旨是一致和相同的。它们的教义是同一真理的不同角度，它们的作用是互补的，它们的差异是存在于教义中的次要方面，它们的使命代表人类社会灵性发展的连续阶段。"[④]因此，各种宗教之间不应敌对，千万不要使宗教成为纷争及不和的因素，或仇恨与敌意的根源，对一切宗教和各教派的信徒均应一视同仁，取宽容的态度。人的宗教派别之不同，不应成为相互敌对和疏远的根源，也不应成为和平、安宁和友好交往的障碍。宗教偏见在于：狭隘的信仰原则，只承认自己的信仰是正统和正确的，其他一切宗教均为异端；教条化和僵化，认为宗教真理是绝对的、永恒不变的，因此固守宗教教条不放；因循传统，传统的宗教逐渐失去探索真理的活力，成为世代因袭的习俗。[⑤] 因此，巴哈伊教提倡人与人之间要放弃一切偏见和斗争，发扬个人的高尚道德和友爱精神，维护世界和平，实现世界大同。

巴哈伊教承认天堂地狱是存在的，但对它们赋以新意，认为天堂可以看做是接近上帝的一种状态，地狱则是远离上帝的一种状态，每一种状态都是个人在灵性方面努力发展或是缺乏发展的自然结果，灵性进步的钥匙即是跟随上帝显示者所指之道。这种思想与巴布教派是一致的，巴哈伊教鼓励个人要对安拉忠诚，做安拉的奴隶，按照安拉的启示和旨意办事，这样就可以获得幸福，从而过天堂般的生活。反之，违背安拉的意愿，不执行安拉的旨意，就会遭受无限的痛苦，从而过地狱般的生活。而服从安拉，也要服从最高的宗教领导人和现存世间政权，所以，巴哈伊教提倡服从政府的法律和政策，以便维护社会的正常秩序和社会的稳步发展，避免社会动乱的发生。与此相联系，为保持社会稳定和连续性，也要继承和发扬各民族的优秀文化，只有这样，也才能建立人类的新的综合文化。人类将随着一个全球文化的诞生和崛起，而显现其辉煌的宏旨。[⑥]

巴哈伊教义强调宗教与科学不是敌对关系，而是并行不悖的，它们本质一致。阿布杜·巴哈指

---

① 《巴哈欧拉圣典选集》，马来西亚总灵体会 1992 年版，第 9～10、288、250、19 页。

② 阿布杜巴哈：《生活之神圣艺术》，第 109～110 页，以上三条均转引自威廉·汉切尔、道格拉斯·马丁《巴哈伊教——一个新崛起的世界宗教》第 76～77 页。

③ 邵基·阿芬第：《号召环宇》，马来西亚巴哈伊总灵体会 1992 年版，第 2 页。

④ 李绍白：《人类新曙光——巴哈伊信仰》，第 51～52、196 页。

⑤ 阿布杜巴哈：《世界团结之基础》，马来西亚巴哈伊总灵体会 1993 年版，第 22 页。

⑥ 邵基·阿芬第：《号召环宇》，马来西亚巴哈总灵体会 1992 年版，第 1 页。

出，宗教和科学是人类智慧飞向天空的两只翅膀，有了它们，人类的灵魂就能前进。缺少任何一只翅膀都是不可能飞起来的。假若有人勉强只用宗教的翅膀去飞，他就堕入迷信的深渊；假若他仅用科学的一翼去飞，他不仅不会有进步，反而会掉入物质主义的泥潭。现在各种宗教都陷落在迷信的实践中。既不与他们所表述教义的真正原理一致，又与现代科学结论相抵触。许多宗教的领袖相信宗教之重要，在于某些现成的教条的遵从，仪式和礼制的奉行！他反对将宗教变成盲目、无意识地顺从某些教士的戒语，认为真正的宗教不应该反对科学、趋向黑暗，倘若宗教能与科学和谐，相互促进，致使人类陷入悲惨之境的许多仇恨和歧视就可以避免了。因此巴哈伊教反对盲从，鼓励独自探索真理："人不应借他人之目来看，不该以他人之耳来听，也不应用他人的头脑来思考。上帝设计人的时候令每个人都有其天赋、能力与责任。那么，依靠你自己的思维来判断、遵从自己寻求来的结果吧！否则，你会完全被无知的恶狼吞噬，并失去上帝的恩惠。"[①]而要寻求真理，就必须普及教育。

在社会思想方面，巴哈伊教提出了一些相互矛盾的主张。一方面，该教提倡人追求幸福是合理的，过舒适和豪华的物质生活是理所当然的事，人可以住豪华住宅，使用金银器皿，穿丝绸服装，使用玫瑰和高级香水，允许倾听歌曲和音乐。为此，它不仅承认私有制的合法性，而且主张贸易自由，开办银行，甚至可以放适度的高利贷。另一方面，该教又认为人们的财产不会给自己带来什么好处，富人只是由于无知和缺乏理智才占有财产和拥有财富的，一旦他们意识到这些财富是无益的，他们就会把自己的财产统统分出去。富人是可怜的，因为他们只知道去追求财富，而忘记了对死亡和后世的考虑。巴哈欧拉说："你们要知道，财富乃一道巨大的藩篱，横隔在寻求者与其所寻、爱慕者与其所爱之间。富人，绝不可能到达他(指上帝)尊前之天庭，也不可能进入那知足与顺命之城，只有极少数例外。凡是不受其财富阻碍得以进入永恒之国、亦不曾让财富剥夺不朽之域的富人有福了。"又说："切莫因贫穷而烦恼，也别自信于富贵。因为富贵紧跟着贫穷，贫穷又紧跟着富贵。然而，一贫如洗却拥有上帝的，此乃一件奇妙的礼物。切莫小看其价值，因为最终它将使你富于上帝。这样，你将明白这句话的意义：'实质上你们皆为穷人'。以及这句圣言的含义：'上帝乃一切之拥有者'。所以他号召："洗去财富之污秽，以平静舒坦地进入贫穷之境，如此你便能从那超脱之涌泉畅饮永生之甘醇。"[②]

巴哈欧拉的这些主张，基于这样的理论基础：尘世的物质文明虽是人类进步的途径之一，但只有当物质文明与精神文明结合起来，才能达到理想的目标——人类幸福。物质文明如同一个玻璃球，精神文明如同光源，没有光明时，玻璃球只是漆黑一片。物质文明如同躯体，无论多么别致、典雅与美丽，它本身是缺乏生机的。而精神文明有如灵魂，躯体的生命来自灵魂，没有灵魂时它仅是行尸走肉。为了提高人的精神文明程度，就要限制自己的物质欲望。凡是追寻世俗的欲望与专心于物质享受人，不能算为巴哈伊的信徒。一个人若能路经遍布黄金的河谷，而仍如浮云般，毫不迟疑地直行而过，不屑回顾。这样的人才是真正信奉上帝的人。一个人若能在遇见一个绝代佳人时，他的心灵丝毫不会被贪恋美色的阴影而吸引，这样的人才真正是贞洁无瑕的创作。

巴哈伊教对伊斯兰教的宗教仪式进行了彻底改革，它主张简化甚至取消一切宗教仪式，因为通向安拉的道路是隐蔽的。[③] 如果要礼拜，那么一天三次就足够了。即晨礼、晌礼、宵礼就足够了。清

① 阿布杜巴哈：《世界团结之基础》，马亚西亚巴哈伊总灵体会 1993 年版，第 78、32 页。

② 巴哈欧拉：《隐言经》，澳门巴哈伊灵体总会 1994 年版，第 46、44、46 页。

③ 参见阿布杜·门伊姆·哈弗尼主编：《哲学百科全书》，黎巴嫩贝鲁特伊本·宰楸出版社阿拉伯文第 1 版，第 113 页。

真寺中的集体礼拜要予废除，每个教徒只需单独礼拜。旅行时，整个礼拜只用一个磕头礼就可以完成，甚至只用口诵"赞美安拉"就算完成。净礼只洗手、脸、脚，或清水浸浴即可。年终是斋月，采用巴布教派历法，一年 19 个月，每月 19 天，另加闰日。斋月过完之后，是新年的元旦。婚礼废除诵祷词，仅由长老会派人证婚。巴哈伊教将所有的宗教义务简化为 9 项：每日祈祷，斋戒，勤奋工作，传播安拉的事业，禁烟禁毒，遵守婚姻制度，服从政府，不参与政治，不得中伤他人。①

在这九项义务中，巴哈伊教重视祈祷，认为通过祷告才能使人与上帝联系。《至圣书》这样论证说："每天早晚吟诵（或背诵）上帝语言，忽略了这点的人，便是不忠于上帝的规诫与他的圣约。凡今日放弃祈祷的人，便是已经背弃上帝的人。"②但是这种祈祷仅只是形式上的或是表面的，真正的祈祷是工作和为人类服务。凡人能全心全意地竭其所诚，只要他是被为人类服务的热忱动机所激励，就是崇拜上帝，为人类服务以满足其需要，就是崇拜，就是祈祷，因为人性最高的表达方式便是服务。一个人的内在发展，成为自己的真我，要完成于他为人类统一的构想服务之时。个人灵性纪律之目的，在于将灵魂从自我的困惑中解放出来，加深对人类的认同感，并将精力集中于为他人服务上。③为此，巴哈伊教得到很高的评价，"在所有声称有神圣权威的当代积极宗教中，唯一毫不含糊，一心一意地为团结统一人类而工作的是巴哈伊教"④。

总之，巴哈伊教主张诸先知是一体的，都是安拉在地上的代表，是安拉的具体体现，而安拉是世界的中心。人类是安拉创造物中最高贵和最完善的，有永恒灵魂，灵魂脱离肉体后会以新的形式独立存在。它主张万教归一，宗教同源，天下皆为兄弟，强调社会伦理，不重视甚至否认宗教仪式，主张废除种族、阶级和宗教偏见，放弃民族独立和国家主权的原则，取消国界，以实现"地球乃一国，万众皆其民"的地球村思想。世界语应作为全世界的通用语言，用它来组织建立统一的世界议会，用以实现世界大同的理想。⑤

---

① 《巴哈欧拉圣典选集》，马来西亚总灵体会 1992 年版，第 9～10、19、288、250 页。

② 参见《中国伊斯兰百科全书》"谢赫学派"条，四川辞书出版社 1994 年版。

③ 威廉·汉切尔、道格拉斯·马丁：《巴哈伊教——一个新崛起的世界宗教》，第 165 页。

④ 华伦·瓦格：*The City of Man*，第 117 页，转引自威廉·汉切尔、道格拉斯·马丁：《巴哈伊教——一个新崛起的世界宗教》，第 129 页。

⑤ 乔治·塔拉比什主编：《哲学家辞典》，贝鲁特先锋出版社 1987 年阿拉伯文第 1 版，第 171 页。

# 巴哈伊教和伊斯兰教的联系与区别*

蔡德贵

巴哈伊教是在巴布教派的基础上产生的，而巴布教派宣布脱离伊斯兰教，所以巴哈伊教绝不是伊斯兰教，这已为埃及逊尼派伊斯兰教法庭的判决结论所证实：巴哈伊教是一种完全独立于伊斯兰教之外的新宗教，因此，正如佛教徒、婆罗门教徒或基督教徒不可被看作穆斯林一样，任何巴哈伊教信徒，都不可被看作穆斯林，而任何穆斯林，亦不可被看作是巴哈伊信徒。① 应该确认：巴哈伊教是一种新兴的世界宗教，而非伊斯兰教的一个教派或分支，但它又与伊斯兰教有联系。对巴哈伊教与伊斯兰教的区别与联系，是需要认真分析的。

从联系方面来说，巴哈伊教继承了伊斯兰教彻底的一神论立场。

在犹太教、基督教的基础上，伊斯兰教构筑起彻底的一神论体系。安拉的独一是这一体系的核心，"万物非主，唯有真主"是对其独一性的高度概括。而与此相联系的是安拉的如下一些特性：

（一）安拉是独一无二的，他没有配偶或子嗣，他未产，亦未被产，他永远受到万物的祈求和仰赖，无开始，无终止，无一与他对等的。②

（二）安拉是至仁至慈的，是万有的保障，是公平的至尊的主。他是万物的创造者和监督者，是万物的起始者，也是万物的终结者。他能使人生，能使人死。他无时不在，无处不有，是无所不在的永恒唯一真神。③

（三）安拉是仁慈的，是万物的供养者，他是慷慨的，也是和蔼的；是多恕的，也是温和的，是宽容的，也是特慈的；是独一的，也是公正的。④

简言之，安拉是独一的，并且是永恒的不灭的，他无形体，是整个宇宙的创造者，是万王之王，万主之主。他无处不在，无时不有，没有开始，没有结束。他对自然万物和人类的恩典是数不清的。⑤

巴哈伊教接受了伊斯兰教的这种一神论观念，不管是把安拉叫作上帝还是真主，他都是无形无体的精神本体，既超乎万物之外，又贯于万物之中，既是万因之因，又是无因之因，对这样一个安拉，人类无法领悟其伟大无比的神圣的本体，而只能明白其本质。巴哈欧拉论述说："你们应当明确地了

* 原载蔡德贵：《对巴哈伊教基本状况之分析》（下），《宗教学研究》1999 年第 2 期。

① 邵基·阿芬第：《神临记》，转引自威廉·汉切尔、道格拉斯·马丁《巴哈伊教——一个新崛起的世界宗教》，新加坡巴哈伊总灵体会 1993 年版，第 197 页。

② 参见《古兰经》第 112 章第 1～4 节。

③ 参见《古兰经》第 57 章第 1～6 节，第 59 章第 22～24 节。

④ 参见《古兰经》第 3 章第 31 节，第 11 章第 6 节，第 35 章第 15 节，第 65 章第 2～3 节。

⑤ 蔡德贵：《阿拉伯哲学史》，山东大学出版社 1992 年版，第 84 页。

解，那形而上者绝不会把他的本质具体化而显现在人的面前。他将永远超越一切感官之上，并且无法描述……人的肉眼永远无法观察到他，只有经由他的显示者，人才能揣测他。”①

伊斯兰教是在犹太教、基督教的基础上产生的，吸收了这两大宗教的不少思想资料，是两大宗教尤其是基督教一神论传统的继续，但伊斯兰教与基督教的区别是十分明显的，主要表现在四个方面：

（一）伊斯兰教反对基督教的原罪说。基督教认为人类始祖亚当和夏娃在伊甸园受到蛇的诱惑，违背上帝命令偷吃了禁果，此罪成为全人类的共同罪过，且成为人类一切罪恶和灾祸的根由。即使刚出世就死去的婴儿，也是带有与生俱来的原罪，仍需要基督的救赎。而伊斯兰教坚决否认人有原罪之说，这对于人类来说，自然是一种解放。

（二）伊斯兰教坚持彻底的一神论，坚持安拉独一说，反对基督教的圣父、圣子、圣灵三位一体的观点。基督教虽然宣称上帝只有一个，但包括圣父、圣子、圣灵三个位格。圣父是独一上帝（天主）全能的父，创造有形无形万物的主。圣子在万世以先，为圣父所生，万物都借他受造。圣灵是主，是赐生命的，从圣父出来，与圣父圣子同受敬拜，同受尊荣。基督教认为这三个位格虽各有特定位格，却又完全同是一个本体，同为一个独一真神，而不是三个神，但又非只是一个位格。对基督教这种三种位格的说法，伊斯兰教认为它只会使上帝只有一个的理论不够严谨。

（三）只承认先知，而不承认救世主。伊斯兰教承认每个民族都有一位先知，但先知也是凡人，既不能创世，也不能救世，耶稣基督只是众先知中的一位，不是救世主，除耶稣基督之外，还有其他许多先知，而穆罕默德是最后一位先知，故称“封印先知”。所以，伊斯兰教认为，世界上无论何人、无论何地，都不应受到崇拜，除了安拉，任何人或物都不能成为祈祷对象，哪怕他是国家元首，也无权享受只有安拉才得以享受的跪拜礼。

（四）伊斯兰教没有基督教的教会戒律，不设教会，也没有天主教意义上的宗教组织，因为根据伊斯兰教教义，不设牧师，没有圣徒，没有僧侣统治集团，也没有圣礼，更没有任何一个人能超越凡人之上，处于普通信徒与安拉之间。伊斯兰教只允许有研究神学的理论家，有《古兰经》注释家，也有宗教法官为世俗当局提供咨询。然而不允许有中央教义机构，没有相当于主教、红衣主教团一类的职位，也没有教皇，人与安拉之间用不着任何中间人。因为没有圣礼，所以任何人都不需要特殊声望或等级来履行圣礼。没有神职人员，所有穆斯林都是平等的，都可以领头做礼拜或者布道。

从安拉的独一性方面来说，巴哈伊教与伊斯兰教是基本一致的，在上述伊斯兰教与基督教的四大区别方面，巴哈伊教也大致类似，但也有不同。总括起来，巴哈伊教与伊斯兰教的明显差别也是存在的，具体表现有：

（一）伊斯兰教承认以前各大宗教各有一位先知，而穆罕默德是最后一位先知，因为穆罕默德已经顺利地完成了安拉差遣的使命，所以穆罕默德之后不再需要派遣新的先知。巴哈伊教则否认这一点，承认穆罕默德之后，还可以有新的先知，每一个先知都代表一个时代，因为“通过真理之阳的教义，每一个人都得到进步与发展，一直到他们能充分地展现他们内在的潜能。就是为了这个目标，在每一个时代，第一周期（纪元）里，上帝的先知及他所特选的圣哲，显现于人们中，表现上帝永恒的指引”②。因此，巴布是先知，巴哈欧拉也是先知。这点与伊斯兰教很不一致，是伊斯兰教正统派所坚

① 《巴哈欧拉圣典选集》，马来西亚巴哈伊总灵体会1992年版，第4页。
② 蔡德贵：《阿拉伯哲学史》，第84页。

决反对的。

(二)伊斯兰教不允许任何一个人超越凡人之上,处于普通信徒和安拉之间,穆罕默德也不能例外。而巴哈伊教却继承巴布教派的传统,主张先知是人与安拉之间的中介,安拉借先知才得以显现,所以,普通人不仅要服从安拉的戒律,也要接受先知的引导,服从宗教领袖的领导,认为“认知了他们就如同认知了上帝,倾听他们的召唤就如同倾听上帝的声响,验证了他们启示的真理就如同验证了上帝的真理。背弃他们就等于背弃上帝,不信奉他们就等于不信奉上帝。他们每一位都是连接此世与天界的上帝之道,并且代表天地间上帝真理的准则。他们是人世中上帝的显示者,真理的明证和荣耀的表征”①。

(三)伊斯兰教不设国际中央教义机构,巴哈伊教却设立国际最高机构世界正义院,以协调和管理全世界巴哈伊的行政事务和教务。世界正义院在 1963 年成立后,由 9 人组成的委员会被赋予权威,在巴哈欧拉一切没有明确提及的事情上立法,并且有权随着时代的变化而变更自己的立法,这样就使得巴哈伊律法具有弹性,而非墨守成规。世界正义院自成立至今,已向世界范围发布了一些重要文告,如《世界和平的许诺》(1985 年)、《人类之繁荣》(1995 年)等。巴哈伊还设立国家级总灵体会和地方级总灵体会,不仅用以管理宗教事务,而且对各类重大问题作出决策。

(四)巴哈伊教不像伊斯兰教那样有繁琐的宗教礼仪。伊斯兰教有五大宗教功课:念功、拜功、斋功、课功、朝功,从身、心、性、命、财五个方面尽其礼以达于天,此即“身有礼功,心有念功(拜功),性有斋功,命有朝功,财有课功”②。巴哈伊教则主张简化宗教仪礼,甚至可以取消,每天礼拜三次即可,斋功缩短为 19 天,不朝拜麦加,而只拜巴哈欧拉的出生地。阿布杜·巴哈甚至认为斋戒仅只是一种表记,说“斋戒为一种表记。斋戒者,避肉欲也。禁食无非避免肉欲耳,除作为表记外,并无他意也。且斋戒非完全不食也。印度有一教派完全禁食。不食虽不至死,但人之智力受损失。若人因不食而弱其身,则不足事奉造物;因其力量减少,不足以有为也”③。

(五)伊斯兰教虽然提倡人人平等,人类皆兄弟,但并没有明确提出世界大同的思想。而巴哈伊教则明确主张全人类要实现大同,要组织一个全球性的超级政府。阿布杜·巴哈论述说,在过去的宗教周期里,虽然也建立了和谐,但由于缺乏途径,因而未能达成全人类的统一,大陆与大陆之间被遥远的距离所阻隔,甚至同一大陆的各种族人民也几乎不能相互往来或进行思想交流,无法达到统一。今天,交通、通信的途径已大增,使得地球上的五大洲实质上成了一大洲,人类家庭的所有成员,也越来越相互依赖,谁也不再可能自给自足。因而全人类的统一是可以在今天达成的,具体表现在七个领域的统一:政治领域的统一、世界性事业中思想的统一、自由的统一、宗教的统一、各民族的统一、人种的统一、语言的统一。

(六)巴哈伊教不像伊斯兰教那样提倡一套严谨的生活习俗。伊斯兰教的饮食禁忌包括:所有会令人兴奋或晕醉的酒类饮料;猪肉及其制品,用利爪或牙齿杀害其他动物的野兽、掠食的鸟兽、爬行类的动物,其他非偶蹄的动物,以及未经屠宰而致死的包括自己死亡的鸟、兽肉及其制品和一切动物的血。而巴哈伊教没有这么多饮食禁忌,允许教徒食用猪肉及其制品。在服饰方面,伊斯兰教认为,女子除眼、手以外,全身都是羞体,要求女子的衣着要把身体的所有部分都遮住,只有手和眼可以露

① 《巴哈欧拉圣典选集》,第 4 页。

② 《巴哈欧拉圣典选集》,转引自威廉·汉切尔、道格拉斯·马丁《巴哈伊教——一个新崛起的世界宗教》,第 101 页。

③ 《巴哈欧拉圣典选集》,第 5 页。

在外边，若不用面纱将头脸遮盖起来，不将全身遮起来，就是冶容诲淫，也不允许女子正视陌生男子，男子则不准穿丝绸衣服，不准佩戴金饰等，巴哈伊教则没有这样严格的规定，主张男女平等，女子不带面纱，男子可以佩带金首饰、穿丝绸服装。

（七）从社会生活方面来说，伊斯兰教提倡集体主义原则。每星期五，要求穆斯林都要到清真寺去聚礼，即使不是聚礼日，平时的礼拜也最好多人在一起进行，以体现穆斯林之间的兄弟关系。而巴哈伊教虽然提倡世界大同，但却把个人的宗教生活看得比集体的宗教生活更为重要，所以它废除聚礼，礼拜可以不去清真寺，而是根据自己的意愿决定做还是不做，在此地做还是在彼地做。

从上述分析可以看出，巴哈伊教与伊斯兰教虽有许多共同点，但从这两种宗教的基本教义、仪礼、宗教生活来看，它们之间的区别是很明显的，甚至可以说异多于同。因此，我们的结论是：巴哈伊教不是伊斯兰教中的一个教派，而是一新兴的世界性宗教。由于它有更加现代化的内容，有更为简化的宗教仪式，更为宽容，更为开放，更为世俗化，所以在 20 世纪 60 年代以后取得了惊人的发展，对这种宗教的发展趋势，是要注意认真研究的。

# 衰老:挑战与机会(节选)*

[加]A. M. 卡迪里安著,朱渊译

## 智力与理解力

阿布杜拉·巴哈解释说,"人的实质是其思想而不是其物质的身体。思想的力量和肉体的力量是伙伴。"①他还把理解的力量描绘成是"上帝给人的最珍赏的礼物"。理解的意思是一种力量,人通过这种力量可以获取有关天地万物的各种知识,了解有关生存的几个阶段的知识和其他的知识。智力或者理解力是恩赐给人的最宝贵的礼物。在所有的造物中,只有人类有这种神奇的力量:②

像其他动物一样,人拥有感知的功能,怕热、怕冷、怕饿、怕渴等;同其他动物不一样的是,人有理性的灵魂,有智力。

人的这种智力是其肉体和精神之间的中介物。

当人允许其精神通过灵魂启发他的理解力时,他就拥有了所有的创造物;因为,人做为迄今为止出现的生物的极至,优于过去所有的进化物种,其自身拥有尘世的一切。通过灵魂的作用在精神的光芒的照耀下,人那光芒四射的智力使其达到了创造物的顶端。③

在他写给奥古斯特·发拉的碑文中,阿布杜拉·巴哈解释说:

至于人的智力机能,他们是灵魂固有的特性,像光的辐射是太阳的本质特性一样。光线可以再现,但太阳却永远是那样,不会改变。想想人的智力是如何地发展而又如何衰退,有时甚至会退化到零,但灵魂是永远不会变的。为了让心灵得以显露,人的身体必须是完整的。健全的心灵必须在健全的身体里,而灵魂却不依赖于身体。心灵恰恰是通过灵魂的力量理解、想象和发挥自己的影响,而灵魂则是自由的力量。④

## 精神病和灵魂

在回答有关精神病的问题时,巴哈伊信仰解释说:

不管你和其他人如何被精神方面的疾病和这些国家机构的令人烦恼的环境所困扰,你必须

* 原载 A. M. 卡迪里安:《衰老:挑战与机会》,朱渊译,中国盲文出版社 1999 年版。

① 阿布杜拉·巴哈:《人类的现实》,第 9 页。

② 阿布杜拉·巴哈:《人类的现实》,第 10 页。

③ 阿布杜拉·巴哈:《人类的现实》,第 12～13 页。

④ 约翰·保罗·维德:《为了人类的利益:奥古斯特·弗莱尔和巴哈伊信仰》,牛津:乔治·罗纳德 1984 年版,第 71 页。

记住你的灵魂是健康的，是在神的附近的，而且还会在另一个世界享受到幸福的和正常的心灵状态。①

遭受任何疾病都是非常难受的，特别是精神方面的疾病。但是，我们必须永远记住这些疾病是不会影响到我们的灵魂，或者我们同神的内在关系的。很遗憾，到目前我们对头脑的了解还不够，不知道它是如何工作的，也不知道疾病是如何影响它的。毫无疑问，随着世界精神文明的进一步发展，科学家理解了人的真实的本质，人类会找到更人道的和更有效的治疗精神病的办法。②

## 护理的态度

我们对于病痛的态度，在我们护理发狂的病人的方法上起着重要的作用。在这个不惜一切代价避免病痛的世界，护理患有精神分裂症的老年人的确是一个挑战。我们的态度是建立在我们的知识和理解之上的。当知识通过精神的智慧和神灵启示的富有创造性的语言获得启迪，它就可以转变我们的心灵和改变我们的性格。一个人对病人的态度，与他对那个人精神本质的理解紧密相关。如果我们的理解仅仅停留在物质的表质上，那么我们的判断就可能受外观、地位、财富以及其他与物质有关的因素的影响。自然，在这样的鉴别基础上，我们就会在护理病人的过程中获得或失去利益。但是，如果我们对那个人的认识上升到精神的性质，我们的判断就不会是有条件的，我们就会有包容宇宙的胸怀。而且，我们还会意识到，在幻觉的云层和病人的糊涂之外，有一个高尚的灵魂在寻找自己的命运。

巴哈伊信仰对健康和痊愈的方法反应在其信仰者的一些祈祷中。“啊！我的神，她病了，她便进入了健康之树的荫护下；遭受着折磨，她逃到了保护之城；受病痛煎熬，她找到了恩惠的源泉；疼痛难忍，她急忙去找平静之源……”③“健康之树”“保护之城”和“上帝恩惠的源泉”是指一些神的精神庇护所。对于这一切，我们现代的医学知识尚不能理解，获得他们的唯一渠道是祈祷和静思。这祈祷表明，治愈、平静和保护的终极源泉在神意志的力量之中。

## 对阿尔泽梅尔症的家庭观察

有患阿尔泽梅尔症病人的家庭所发生的变化，在一些方面，同新添了一个婴儿的家庭所发生的变化很相似，而在另一些方面又同这样的家庭所发生的变化不一样。婴儿和患阿尔泽梅尔症的病人都需要别人照顾，他们在许多方面都同样地无能为力。然而，婴儿会成长得越来越独立，而病人却会变得越来越依赖别人。当家里新添了一个婴儿时，家庭成员们会表现得激动和高兴。他们改变自己的生活，为了满足新生儿的需要，他们甘愿作出牺牲。随着孩子一天天长大，父母会逐渐地放手，让鼓励孩子自立，直到孩子渡过青春期，长大成人并独立地生活。

## 社会的作用

在帮助阿尔泽梅尔症病人康复和协助护理者方面，社会起着很重要的作用。社会应该有一个系

① 海伦·霍比：《引导的明灯：巴哈伊参考卷》，新德里：巴哈伊出版公司 1988 年修订版，第 281 页。

② 海伦·霍比：《引导的明灯：巴哈伊参考卷》，第 281 页。

③ 巴哈·安拉：《巴哈伊的祈祷》，维尔梅特，伊利诺斯：巴哈伊出版公司 1985 年版，第 90 页。

统来帮助病人和他们的家庭,从而使对病人的护理能够继续下去。病人的家庭成员和其他护理者常常表现得无助和失望,说明同这样的病人打交道是一项非常枯燥的工作。地方的阿尔泽梅尔协会是支持护理者系统的一个组成部分。但是,因为每个人的心理、生理、环境以及精神的需求是不一样的,因此社会应该为护理者提供照顾病人的不同的方式。阿尔泽梅尔症病人的不同需求要求对他们采用多学科和综合的护理方式。在物质方面,社会应该提供处所和护理设施,比如护理院及类似的机构。在心理方面,社会应该为护理者提供咨询和其他支持,从而使他们能够应付照顾这种慢性病病人给他们带来的问题。社会还应该在这种疾病的性质和发展趋势方面对护理者进行教育,并且对社区的人进行教育,使他们能关照护理者的情感需求(我们的医院系统主要是针对病人而不是针对病人的家属的)。在环境方面,社区应该通过建立一些援助网络和机构提供治疗和支持的环境,这些网络和机构应该能为受病痛折磨的病人提供有效的帮助。

在精神的领域,我们必须逐渐地认识到在疾病的阴影下的病人的高尚的一面。作为辅助疗法,祈祷和沉思可以使病人的灵魂振奋。在巴哈伊社区,精神大会可以提供对人生旅途的引导和理解。下面是精神大会写给一位阿尔泽梅尔症病人的信。这个病人还能理解和接受忠告,但她却不愿接受家里人和朋友的忠告。

亲爱的……

自从您皈依巴哈伊,一直是巴哈·安拉忠实的臣仆。回首往事,您对您的信仰作了许多许多,比如,抚育您的女儿使其成为巴哈·安拉忠实的臣仆。“父亲和母亲在这个世界上能够看到,他们为他们的儿女所付出的一切辛劳得到回报是很少的。”①

您活着看到了这种回报。

您经过了自然的老年化过程,现在正在进入生活的一个新阶段。您同全国其他的数千人一样,承受着阿尔泽梅尔症的折磨。疾病本身和身体的衰老对您的影响是巨大的;您的记忆有时管用,有时不管用。有时您不知道日期或时间,甚至不知道自己住在哪个城市。这是使人难堪的。但是,意识到您并不对这种能力的退化负责任是非常重要的。正如阿布杜拉·巴哈所说的那样:“所有存在的事物都不处在静止状态的——这就是说,所有的事物都在运动中,一切事物不是生长就是衰败。”②

《卫报》对处在类似情况下的一位信徒这样写道,这样的疾病“同我们的精神或者我们同上帝的内在联系是没有关系的。”③阿布杜拉·巴哈说:“头脑是受约束的,而灵魂则是无限的。大脑是通过视觉、听觉、味觉、嗅觉和触觉的帮助来理解的。然而,灵魂却不受这些媒介的约束……灵魂永远有自己全部的力量。”④

只有当我们身体的所有能力都退化时,我们才会深刻地理这段话的意思,“我现在承认我的无能为力和您的无穷力量,承认我的一无所有和你的无尽财富。”⑤当然,没有什么能比疾病更能提醒我们自身的无能为力,因为疾病不仅使我们丧失体力,还使我们丧失脑力,事实上,这种能力的丧失可

① 阿布杜拉·巴哈:《一些回答了的问题》,第 231 页。
② 阿布杜拉·巴哈:《一些回答了的问题》,第 233 页。
③ 苏基·埃芬蒂,被引用在《引导的明灯》,第 265 页。
④ 阿布杜拉·巴哈:《在巴哈伊信仰的世界里》,第 33~38 页。
⑤ 巴哈·安拉:《巴哈伊祈祷》,第 4 页。

以是对灵魂发展上一个台阶的刺激，这个台阶就是，看到我们作为依赖于上帝的真正独立。我们在未来的生活中是不需要体力的，而恰恰是这种精神的发展对我们来世的生存至关重要。

在生活的现阶段，您需要人照顾，因为您不能再自己照顾自己。巴哈·安拉在《智慧之语》中所说的："接受上帝赐予的一切和满足于上帝所发布的一切就是所有光荣的源泉。"①

如果您放弃对独立的理解；并接受照顾，让别人知道您需要照顾，那么您就为别人提供了一个机会。当您承认需要照顾时，您的纤弱就成了一份礼物，因为它给予别人照顾您的机会。我们许多人都希望有机会帮助您。帮助您是我们对您表现我们的爱的最好方式！在这样的情况下，《卫报》写道："……尽管在某种意义上，您是您孩子们的负担，但照顾您对他们来说是一种特殊的荣幸。您是给予他们生命的母亲。巴哈·安拉通过他自己的恩惠已经把他们吸引到他的信仰之下。他们为您做的任何事都是对您为他们所做的一切的回报。"②

……我们感到有您在我们社区，是我们的荣幸。我们迫切地希望以任何方式帮助您，解决您面临的问题，从而表达我们对您的爱。

以最深切的爱祝福您

巴哈伊精神大会

## 有关护理的一些建议

以下是一些有关护理阿尔泽梅尔症病人的一些想法和建议。

——我们需要重新估价我们对于疼痛和苦难的态度，并认识到这些困难在我们成长和发展的过程中的作用。阿布杜拉·巴哈解释说，我们在这个世界上受两种感情的影响，即欢乐和痛苦。他强调说，没有人不被这两种感情所影响，"但是，所有的不幸和悲哀都源自于物质世界——而精神世界所赐予的只有欢乐！如果我们受苦，那是物质带来的结果。所有麻烦和问题都源自这个幻觉的世界。"③照顾患有痴呆症或没有这种病的老年人是一种个人的挑战，这种挑战会赋予我们的生活新的意义。这种挑战帮助我们在精神方面得到发展，使我们从以个人为中心的圈子里跳出来。向那些无助和身体受到损伤的人表现我们的爱，照顾他们会有助于我们获得我们在这个世界的人生旅途中所需要的美德。一位心理学家专门研究照顾患阿尔泽梅尔症的病人给护理者带来的影响。他这样写道："护理过程提供了……精神的内容。"④

——只要有可能，我们应该与病人一道祈祷和静思。神渝有一种力量，这种力量能够安慰灵魂，缓解痛苦。这是因为，神渝向我们展示了生活的意义和奥秘。在祈祷时，痴呆病人不可能全神贯注，但是，这种疾病不意味着病人的灵魂意识不到他同别人在做祈祷。

——我们需要发现一些办法，使我们能够有可能同病人实际接触。给病人送一些能够唤起他们记忆的物品，比如他们喜欢的花或一段他们喜欢的音乐，也许会对病人产生一些治疗效果。我有一次到一家护理院去看望一位患阿尔泽梅尔症的病人。她说话已经不清楚了，而且也失去了记忆。我

---

① 巴哈·安拉：《人类的现实》，维尔梅特，伊利诺斯：巴哈伊出版公司 1966 年版，第 3 页。

② 苏基·埃芬蒂，被引用在《引导的明灯》，第 230 页。

③ 阿布杜拉·巴哈：《人类的现实》，第 15～16 页。

④ 格勒·巴-大卫：《在照顾患阿尔泽梅尔症亲戚的同时得到成长》，博士论文（未发表）。

给她带了一些她非常喜欢的鲜薄荷和丁香花。薄荷的气味使她的脸上现出生气，她不断地嗅那薄荷和丁香花。看到她最喜爱的花，使她产生了一种特殊的感觉。

别人告诉我，她在年轻时拉提琴。我告诉她家里人，把她最喜欢的提琴曲的录音拿来放给她听，这也许会给她带来美好的回忆。听到喜欢的音乐，看到喜欢的花或者看到家人的合家照，会使病人回忆起过去的事情吗？虽然我不敢肯定，但我所看到的病人的表情使我相信，在病人的病情不是很严重的情况下，这是可能的。可能这种记忆的恢复只是一瞬间的，而不是智力的恢复。

有一位78岁的病人，据说总是在庆祝她的一个孙子的生日时感到高兴，这时她会情不自禁地唱起"祝你生日快乐！"让她想起过去的美好时光，是她与现实世界仅有的瞬间联系。生日过后，她就会又变得糊涂起来。同样，祈祷就像精神的颂歌会使人内心产生一种安全和愉快的感觉。

"记忆的丧失会使人产生恐惧感，"一位护理者说，"也许最通常的恐惧是由于病人忘记了自己在哪儿。"但找到办法使阿尔泽梅尔症病人记起他们在哪儿是不容易的。伊丽莎白·罗切斯特是一位社会工作者，她通过自己母亲的疾病对疾病有了深刻的认识。她告诉我们怎样才能使病人记起他们在哪儿。她说："一次，我去医院看望一位妇女，她的阿尔泽梅尔症已经是晚期了。她的身体由于紧张而变得僵硬，她的面部紧张，举止显露出生气的样子。我记得她是一个非常开朗和待人热情的女主人，对这个世界上的任何人和事都感兴趣。

我注意到她在不断地说，'我不知道我的家在哪儿。'我立刻努力去理解她说的话的真正含义，并试图去发现她真正所需要的答复是什么。我首先想到的是，这个女人已经没有家了。后来，我想起来那本《生命紧随生命》的书。[①] 许多有过几乎丧生经历的人描述，在那一瞬间，有光影或他们的亲戚来迎接他们。这个信仰巴哈伊教的女人在她的床头挂着一幅阿布杜拉·巴哈的像。阿布杜拉·巴哈是巴哈伊创始人的儿子。这个女人敬仰和信任阿布杜拉·巴哈。

我在离开的时候告诉这个已经是我四十年朋友的女人我想和她说再见。

'我不知道我的家在哪儿'。

我知道，一切都会好的。阿布杜拉·巴哈知道你在哪儿，到时候他会来接你，带你回家。

她目不转睛地望着我，这时我觉得她明白了。

别人也学我这么做，六个月以后，我的朋友就不再那么紧张了。最近，她把牙都拔了，牙根也都缝了起来。她在受煎熬。她对着阿布杜拉·巴哈的照片说：'是时候了，我到这个照片里去了。'"[②]

用过去的经历引导糊涂的病人被证明也是有效的。有一个阿尔泽梅尔症的病人不得不住在医院里，他的妻子对作者讲述了下面这件事。"一天，我丈夫非常不安，于是护士不得不为了他的安全而把他绑在他的床上或轮椅上。他对这种做法表示抗议，我去了之后，他对我说他很不高兴。他想知道自己在哪儿，那些人是谁，他想要我带他回家。我就告诉他：'你瞧，我们在旅行，我们过去就去过很多地方旅行。现在我们又在旅行。目前，我们在这个地方，可以后我们将去比这舒服得多的地方。过去我们驾驶汽车旅行，不就是为了安全而系上安全带吗，为了你的安全，你需要这带子，因为我们在旅行啊。'我说了这些话后，他就安静下来了，这些话使他不再不安了。"

——我们需要接受病人的现状，而不是认为他们应该像以前一样，或像他们应该的那样。一位

① 雷蒙德·A.姆迪：《一世又一世》，纽约：班特姆图书1975年版。

② 同伊莉莎白·罗切斯特的个人交流。

阿尔泽梅尔症病人的亲戚这样说:“最糟糕的是,他不一样了。他过去那么幽默而且喜欢跳舞。现在他只是坐在墙角,看上去总是那副悲惨的样子。”①阿尔泽梅尔症病人的亲戚和朋友常常拿病人的现在和病人的过去相比。这种比较使护理病人的工作变得更加枯燥和乏味。阿尔泽梅尔症病人不会像我们期望的那样而改变,但我们可以使他们的生活好一些。我们必须看到人在天地万物中的崇高性,并且在这个世界的人生旅途的各种情况下,尊重这种崇高。疾病并不是我们的选择,但疾病向我们提出了挑战。

——我们需要意识到老年人,特别是患有阿尔泽梅尔症的老年人,害怕被他们的家庭和朋友们拒绝和抛弃。他们的这种心理使他们产生焦虑和不安全感。我们需要经常用语言和行为表达我们对他们的爱戴,让他们相信他们是不会被抛弃的。

——我们应当尽量让病人待在家里,因为病人熟悉家里的环境,在家里会有安全感。许多像医院一样的专业机构里那种缺少人情味和弥漫着消毒味的气氛往往会使病人认为他们被抛弃了。因为在那里,家人同病人的接触不像在家里那样频繁。

然而,永远在家里护理病人总是不可能的。疾病的晚期发作需要不间断地护理,特别是需要医疗护理。这种情况使人们必须考虑送病人到医院或类似的环境接受护理。这种与病人的分离,会使家人感到痛苦和内疚。在作者发的一份问卷上,对“在照顾家人的过程中,什么时候你觉得最困难和痛苦?”这个问题的回答,许多人说“是在送他(或她)去疗养院或医院的时候。”然而,有一位护理者认为把她母亲送到医院是一件“开拓性”的事。因为她母亲作为一个巴哈伊教徒去到一个新的地方会在那里帮助传播巴哈伊的信仰。那位护理者的母亲也这样认为。盖勒·巴·大卫医生在研究阿尔泽梅尔症病人的亲戚时发现,阿尔泽梅尔症病人的孩子们往往会在病情的早期,就把病人送到医院,而多数病人的配偶却不会这样做。这也许是由于父母常常单住,总需要有人照顾。而且,那些把父母接到自己家里住的孩子们,在努力使父母融入自己小家庭的过程中往往会遇到很多的困难。可是,作为护理病人的配偶,却往往不愿让孩子们承担太多的照顾病人的责任。他们担心那样会给孩子带来负担,因为孩子们也有他们自己的问题要处理。研究人员还注意到,女儿往往比儿子更关心生病父母,所以也会给予他们更多的护理。②

——不管我们是否能够留病人在家,或感到把病人送到医院是最好的,巴哈伊信仰提醒我们,我们在这个世界应该通过获取美德而为自己的灵魂做准备,这对于我们的灵魂在来世的发展是至关重要的。阿布杜拉·巴哈说:“当我们的头脑里充满了这个世界的辛酸时,让我们把目光转向神,神会同情我们,会使我们镇定下来。如果我们受到物质世界的束缚,我们的灵魂可以升入天堂,那样我们就会获得真正的自由。当我们的生命即将结束时,让我们想想永恒的世界,我们的心里就会充满欢乐。”③

阿尔泽梅尔症尽管折磨人,但却可以使人的精神得到发展的机会。比如,记忆丧失可以看做是传达了一个积极的象征性的意思——在这个世界所获得的知识的消失。大脑变得像是一只杯子,这只杯子把这些年来所积累的水都倒尽,准备倒入神圣现实世界的新鲜圣水。正像一个护理者说的那样:“我仔细地想过这种疾病可能会有的精神价值。在《七个峡谷》中,巴哈·安拉说,知识的峡谷是

① 格勒·巴-大卫:《在照顾患阿尔泽梅尔症亲戚的同时得到成长》,博士论文(未发表)。

② 格勒·巴-大卫:《在照顾患阿尔泽梅尔症亲戚的同时得到成长》,博士论文(未发表)。

③ 阿布杜拉·巴哈:《人类的现实》,第16页。

局限的最后一层。也许有时，仁慈之神会从肉体上使我们失去这一层，从而可以使我们的灵魂有机会准备真正地起飞。”一位阿尔泽梅尔症病人的女儿描述了那飞行所产生的影响：“我母亲去世后，好像她的一瓶纯本质撒在了我们全家人的身上。她的去世不仅仅意味着她本人从身体的炼狱得到了解脱，而且长期地生病需要人们对生活里真正本质的东西有耐心和给予极大的关注，这一切使她真正地成了一个天使。在她死后的那些日子里，精神的存在是轻松的和愉快的，是充满着爱的……”

# 第七章　老年化：精神发展的过程

老年化的过程涉及人潜能的完成。这个过程可以比作花的生命周期，发芽、生长、出花蕾、开花，最后完全展现其美丽。然而，花像其他所有物质一样，成熟过后会凋谢并最后死去。而人则不同，人拥有灵魂和精神命运，因此不会同花的命运一样。

## 灵魂的进化

下面这段阿布杜拉·巴哈的文字解释了精神在进化形式上的不同：

> 在自然界不存在绝对的静止。所有的事物要么发展，要么衰落，要么前进，要么后退。任何事物都不会静止不动。人从出生之日就生长发育，直到长大成人，达到其生命的最辉煌点，然后就开始一天天衰老。身体的力气和体力都会下降，逐渐地，人会走到死亡的时刻。同样，一种植物从种子长成熟，然后其生命开始衰老，直到凋谢死亡。一只鸟扶摇直上，抵达它飞行的最高点后开始向下降落。
>
> 因此，很明显，运动对于所有的存在都是至关重要的。所有的物质发展到一定的程度就会开始衰落。这就是制约所有物质产生的规律。
>
> 现在，让我们来想一想灵魂的问题。我们已经看到运动对于存在是至关重要的，所有生命都不能没有运动。万物，不管是矿物质、蔬菜或动物类，都必须遵循运动的规律：他们要么成长，要么萎缩。然而，人的灵魂是不会衰老的。灵魂唯一的运动是趋向完美，生长和发展构成了灵魂运动的全部……
>
> “进步”是精神在物质世界的表现。人的智力、推理能力、知识、科学成就，所有这一切作为精神的体现显示了精神发展的必然规律。因此，所有这一切必然是不朽的。[①]

所以，人的精神进化与物质进化由盛而衰的形式是不同的。物质成长之后是衰老和死亡，而精神则不存在衰老和死亡。尽管身体发展的程度因人而异，但灵魂的发展是不会间断的。前页的图表说明了灵魂的进化和身体的进化之间的区别。

## 感觉和精神的力量

尽管巴哈伊的文献中没有具体的有关老年化的篇章，但有关人的有机生长的解释也能够使我们对自身的发展有一些了解。根据阿布杜拉·巴哈的说法，在人体内有五种生理和五种精神的能力：

> 在人的身上存在着五种外在的能力。这些能力是感知的代理。这就是说，人通过这五种能

① 阿布杜拉·巴哈：《人类的现实》，第18～19页。

力感知物质世界。这五种能力是,感知事物形式的视力;感知声音的听力;闻气味的嗅觉;尝事物的味觉及感知有形事物的触觉。这五种能力感知外部的事物。

人还有精神能力。即想象事物的想象力;对现实产生想法的思维;理解事物的理解力;记住所想像、思考和理解的事物的记忆力。意识是五种外在能力和内在能力之间的中介。外在和内在能力都有意识。这就是说,意识在二者之间起作用,把外在能力感知的一切传达给内在能力。这种能力被称为交流能力,因为它在外在和内在能力之间进行交流。

比如,视力是外在的能力,它看到和感知到一朵花,并把所感知到的信息传达给内在的能力——普通官能;普通官能又把这感知传达给想象力;想象力又构想并形成形象,再把形象传达给思维;思维能力经过思考后抓住了现实,又把它传达给理解力;理解力在理解了所接受的东西后,把这个物体的形象又传给记忆力;记忆力再将其储藏在其库房里。①

根据上面所描述的进化形式,生理感官的官能随着年老会衰退。但是,智慧的能力却不会出现同样的情况。

## 生理感官的退化

随着人变得年老,五种感官的灵敏度就会减弱。视力的下降是众所周知的。比如,65 岁以上的人在有光线的情况下要看清楚一个物体所需的照明度,是他们 20 多岁时的 100 倍。② 据估计:在 55 岁的人口中有 2.8%的人会明显地出现听力失聪;而在 75 岁的人中,有 15%的人会完全变聋。③ 年轻人可以通过加强其他官能来弥补某官能的不足,但对于老年人,这种弥补的能力就弱得多了。④

## 智力和老年化

人们长期以来一直认为,只要人活到一定的年龄,衰老是每一个人都必然遭遇的命运。然而,现在一些研究人员坚持认为,“尽管同老年痴呆有关的智力严重衰退,常常被人们认为是老年特有的现象,但引发痴呆症的疾病实际上所影响的只是人口中很少的一部分。”⑤据估计,所影响的范围大约在 5%到 7%。⑥ 目前的研究表明,人的智力一直到 67 岁都是稳定的,甚至有时这种智力的稳定会持续得更久一些。⑦

许多人都认为,老年就意味着记忆的丧失。但事实表明,一个健康人记忆的衰退要比想象的要慢得多。尽管想起一件事的时间要长一些,但记忆力还会同过去一样。⑧ 最显著的能力衰退体现在接受新信息的能力方面。但是,一旦老年人学会了某种知识或能力,他们几乎会像年轻人一样记住所学到的东西。

---

① 阿布杜拉·巴哈:《阿布杜拉·巴哈作品选集》,海法:巴哈伊世界中心 1978 年版,第 210～112 页。

② J. L. 夫扎德、S. J. 泼普金斯:《完善成年人的发展:老年应用心理学的目的和手段》,《美国精神病学》1978 年第33 期。

③ 朱迪·M. 扎瑞特、斯蒂芬·扎瑞特:《白齿老年化》,第 26 页。

④ 朱迪·M. 扎瑞特、斯蒂芬·扎瑞特:《白齿老年化》,第 25 页。

⑤ 朱迪·M. 扎瑞特、斯蒂芬·扎瑞特:《白齿老年化》,第 26 页。

⑥ J. A. 毛替姆、L. M. 舒曼、L. R. 福瑞彻:《痴呆症流行病学》,摘自 J. A. 毛替姆、L. M. 舒曼编辑的《痴呆症流行病学》,纽约:牛津大学出版社 1981 年版,第 2～23 页。

⑦ 朱迪·M. 扎瑞特-斯蒂芬·扎瑞特:《白齿老年化》,第 30 页。

⑧ 朱迪·M. 扎瑞特-斯蒂芬·扎瑞特:《白齿老年化》,第 30 页。

老年人常常说，他们记久远的事比记最近的事更容易。由于很难界定哪些事比较近一些，所以对这个问题的研究还很少；但是可以断定，老年人记住的过去的事通常都是生活中的大事，比如结婚、生孩子等，这些事比最近的平庸的琐事对他们来说更有意义，而且，老年人喜欢回忆"过去那美好的时光"，自然想什么事越多，就记什么事越牢。

## 年龄对于精神发展没有限制

在精神的领域里，年龄是没有意义的。因此，有可能一个10岁的孩子在获取神的品质和智慧方面超过一个90岁的人。时间的局限是人类生活的特点之一。而在精神的领域是没有年龄和时间的，"只有永远的年轻和享受永恒的生活"。[①] 所以，为巴哈伊信仰服务的人是没有年龄限制的。这是一项精神事业，因此，除非一个人生了病，年龄不应该被看做是障碍。于是。当巴哈伊信仰的圣护被问及在多大年龄的人应该停止为教会的信仰服务时，他回答说，"不管是准，只要在21岁以后为这个事业服务而且担任管理职务，年龄对他是没有限制的。实际上我们应该为这个事业生命不息，服务不止。"[②]

精神或灵魂不但不为年龄所影响，而且也不为疾病所损伤。巴哈·安拉这样写道：

> 一个人为病痛所折磨而显得衰弱，是因为在他们身体的灵魂和肉体之间产生了障碍。而灵魂本身是不为身体的任何不适所影响的。想想灯所发出的光，尽管外界的物体可以影响光的照射，但光本身的放射是不会受到影响的。同样，所有影响身体的疾病都不会使灵魂不能展现其固有的力量。当灵魂离开身体时；它会充分地显示它的优势，表现出地球上任何力量都无法与其相比的神威。[③]

## 精神健康

巴哈·安拉使我们对生活中所遭受的疾病的本质有了了解，现在让我们来看看多为人们所忽略的精神健康领域，同身体的健康相比，我们这方面的问题往往为医学界所忽视。然而，精神健康对于人的健康是极其重要的。阿布杜拉·巴哈特别强调：

祈求人类的精神健康能天天得到改善。因为有许多大夫在关照人身体的疾病，但有神性的医生却少得可怜。正是在这种情况下，耶稣说："不要惧怕那些控制你身体的人，但是对那些控制你精神的人要小心。"让你的精神自由，这样你的灵魂就能扶摇直上。抵达神圣的顶端。让你的精神展开前进的洁白翅膀。身体的疾病往往能使人离他的造物者更近，遭受痛苦能够使他的心灵丢掉人世间所有的欲念，直到心灵对所有的受苦者变得仁慈和同情，怜悯和同情世间所有的造物。尽管身体的疾病使人暂时受到病痛折磨，但疾病不会影响病人的精神。而且疾病还会对精神的进化有所贡献，即精神的感受性会在心灵中得到发展。[④]

## 为来世作准备

在这个世界上的生活，可以比作是母亲腹中九月的胎儿。在这段期间，尚未出生的孩子就要为

---

① 苏基·埃芬蒂给一个信徒的一封信，1956年5月19日，引自世界司法部给一个信徒的信中。

② 苏基·埃芬蒂给印度巴哈伊全国精神大会的信，1953年6月21日。

③ 巴哈·安拉：《拾遗》，第154页。

④ 埃利阿斯·茹霍瑞编辑：《内庙的神位》，牙买加：埃利阿斯·茹霍瑞1985年版，第20～21页。

来到这个世界作准备。未出生的婴儿四肢和器官的完好对孩子出生后适应这个世界和在这个世界生长是至关重要的。同样，人的生长和在这个世界上精神潜力的挖掘为灵魂到来世作准备。因此，我们在这个世界的后半生就是为来世作准备的最后阶段。阿布杜拉·巴哈比较了人生的两个过程：

人生命的开始是在子宫内的胚胎阶段。人在这个阶段接受了人类生存现实所需的能力。这个世界所必需的精力和机能都在那个有限的情况下赐予了这个生命。他在这个世界上需要眼睛，于是别人给予了他眼睛；他需要耳朵，他于是得到了耳朵，从而为他新的存在做好了准备。在这个世界上不可或缺的机能都在子宫中赋予了他。因此，当他来到这个真正生存的世界，他不仅仅有了必要的功能和机能，而且发现他物质支撑的给养在等待着他。

因此，他在这个世界上必须为来世作准备。他必须在这个世界获得来世所需要的东西。正像他在子宫中通过获取这个世界必需的一切为来到这个世界所作的准备一样，来世所必需的一切，必须提前在这个世界上备好。①

在为来世作准备时，我们需要使我们在另一个世界里进步和繁荣的工具；这些工具就是神圣的美德和质量，而这些都是要在现实世界里获取的。身体器官，如在胚胎阶段就已长成的四肢和感官使我们能在这个世界上得以新陈代谢和维持有机的生长。同样，神圣的本质使我们在来世能够发挥我们的潜能。

## 来世的所需

“在超越了这个世界生命局限的来世，人需要什么呢?”阿布杜拉·巴哈问道。然后他自己回答了这个问题，

来世是个圣洁和充满光辉的世界，所以人有必要在这个世界获得神圣的素质。来世需要灵性、信仰的把握、知识和对神的爱。人必须在这个世界获得这一切，从而当他以后从这个世界升入天国时，他将发现在那个世界所需的一切会一应俱全。

神圣的世界是光明的世界，所以在这里需要光芒。那是充满爱的世界，对神的爱是至关重要的。这是一个至臻至美的世界，因此，我们必须获得美德和完美的品德。圣灵的气息使那个世界有了生气，我们必须在这个世界寻找这圣灵的气息。那就是永恒的生命王国。我们必须在即将消失的存在中获得永恒的生命。②

当我们确认了我们的精神需求和实现精神需求的方法之后，我们必须发现获得天国品质的方法。阿布杜拉·巴哈又一次地给我们以帮助，以下是获得精神品质的七种方法：

一、通过对神的了解；

二、通过对神的爱；

三、通过信仰；

四、通过慈善的行为；

五、通过自我奉献；

六、通过同这个世界的分离；

---

① 阿布杜拉·巴哈：《世界大同的基础》，维尔梅特，伊利诺斯：巴哈伊出版公司 1945 年版，第 63 页。

② 阿布杜拉·巴哈：《世界大同的基础》，第 63～64 页。

七、通过圣洁和神圣的精神。

阿布杜拉·巴哈还告诫人们，“如果不能获得这些力量，并不能达到这些要求，那么人就必然会被剥夺其永恒的生命。”①

## 在今生和来世的回报

当我们长大成人，我们常常不能理解这个世界的生活的谜团和这种生活的回报，我们也不知道来世将会是怎样的。巴哈伊信仰为我们提供了一些启示。阿布杜拉·巴哈说：

这种生活的回报就是装点我们生活现实的美德和完美品质。正是由于有这些美德和完美的品质，人方能获得精神的再生，从而变为新的造物。来世的回报，即永恒的生命，所有的圣书都提到了这一点。来世的回报还包括神圣的完美、永恒的恩惠、长久的幸福……和平、精神的优美、各种天国的精神礼物、心灵欲念的满足、在永恒的世界与神相会。②

① 阿布杜拉·巴哈：《世界大同的基础》，第 64 页。

② 阿布杜拉·巴哈：《一些回答了的问题》，第 223～225 页。

# 宗教词典（节选）*

谢路军

**巴布派** 19 世纪 40 年代形成的伊朗伊斯兰教教派之一。因创始人阿里·穆罕默德自称为"巴布"而得名。"巴布"，阿拉伯音译，原意为"门"，意指把马赫迪的意志传达给信徒的门户。巴布派的前身是 19 世纪初伊朗产生的十叶派中的赛希派。这个教派的成员试图对十叶派进行改革，在复杂的十叶派烦琐神学体系中加进某些十分温和的唯理论成分。巴布派教义的基础在巴布所著的《默示录》（亦称《白彦》）中得到论述。此书被巴布派视为同《古兰经》一样神圣的经典。巴布宣传说，伊斯兰教的时代结束了，巴布教派统治的新纪元已经到来，此前存在的国家和社会都应该进行改造。因此在 1848 年秋，巴布派召开会议宣布，全体脱离伊斯兰教及其教法，并号召推翻波斯封建统治、建立新国家，主张消灭私有财产，废除一切苛捐杂税和劳役，实现男女平等。巴布派的教义反映了伊朗社会新成长的商业资产阶级的利益，因此广泛被城市劳动人民和农民所接受，吸引他们的是该派教义具有反压迫的特性。当时的劳动人民过着贫困的生活，又经常遭受封建主和国王行政当局的暴虐统治，于是便把巴布教当做强大的反封建斗争的武器，并举行了大规模的起义。但几次起义均遭镇压而失败，巴布也被统治当局杀害。曾参加起义的密尔扎·叶海亚逃到巴格达，领导巴布派继续进行斗争，后来又到了塞浦路斯另立了新的派别。而巴布的兄弟侯赛因·阿里则从巴布派中分化出来，另创建了白哈派。

**白哈派** 19 世纪中叶从伊朗伊斯兰教巴派中中分化出来的一个新派别。因创始人侯赛因·阿里自命为为白哈乌拉（意为"真主的光辉"）而得名。创立了用来代替巴布教派的新教义。白哈派主张所有的人，不分种族、民族和社会地位如何，大家都是兄弟。自然兄弟之间应有真诚相爱和相互信任的情感。个人的教属不同不应成为相互为敌和疏远的根源，不应成为在和平与安宁的生活中进行友好交往的障碍。人们的愿望和意志首先应当合乎那些善良而宽容的真主及其在尘世的化身——白哈乌拉的需要。白哈派教义的重要特点是把舒适和豪华看成是理所当然的事情。例如：不认为使用金银器皿是一种罪孽，允许穿丝绸衣服，允许听歌曲和音乐，允许使用玫瑰露和上等香水，允许穿十叶派禁穿的银鼠毛皮。不仅允许，而且规定要建造"尽可能完善的"房屋，并要加以装饰美化。白哈派主张，一切宗教都应统一起来，取消国界，使用一种世界语言，组织统一的议会和政府。他们主张简化宗教礼仪，规定每天只要早、午、晚举行 3 次简短的礼拜，可用不同的

* 原载谢路军主编：《宗教词典》，学苑出版社 1999 年版。

语言念诵白哈乌拉所写的经文。信徒可以单独举行礼拜,而不必在清真寺内进行。他们坚持巴布规定的 19 天为一个月的历法。信徒每月集会一次,举行公共的仪式,包括念诵祈祷文和经文。1892 年,白哈乌拉在阿克城逝世,他的儿子接替其位,自称阿布杜尔巴哈(意为“真主光辉的奴隶”)宣布自己是真主的儿子。

# 巴哈伊教*

戴康生

巴哈伊教(The Bahá'í Faith)源起于 19 世纪中叶的伊朗。初创时为 19 世纪中叶巴布教派运动的一部分,由此衍生。巴布教派的创始人赛义德·阿里·穆罕默德(Siyyid 'Alí Muḥammad,1819～1850 年),又称“巴布”(Báb 的音译,原意为“门”),是该教的先驱者。巴哈伊教的创启者是巴哈欧拉(Bahá'u'lláh,意为“上帝的荣耀”,1817～1892 年),该教由此得名。

巴哈伊教本世纪发展很快,到 20 世纪 60 年代已臻完善,成为一个有影响的、世界性的、独立的新兴宗教。1963 年,时值巴哈欧拉宣布其教义的 100 周年纪念,在伦敦举行了第一届巴哈伊世界大会,来自世界 56 个国家与地区的数千人出席,代表了全世界约 40 万信徒。到 1992 年 11 月在纽约召开第二届世界大会时,与会者达万人,来自全世界 170 个国家与地区。据 1991 年英国不列颠年鉴称,巴哈伊教信徒分布之广仅次于基督教。现全世界巴哈伊信徒已达 500 万人,分布于 232 个国家与地区(187 个国家,45 个地区)。由于巴哈伊教有自己的教义及独特的行政管理系统,对种种社会问题有自己的主张,并鼓励教徒积极参与社会生活,在联合国内巴哈伊国际团体被吸收为非政府组织的成员之一,参与联合国属下多项活动计划。

巴哈伊教曾有多种汉译。民国时期,前清华大学校长曹云祥曾首次将巴哈伊教介绍到中国,译书《新纪元的大同教》,把巴哈伊教译为“大同教”;香港等地曾以“巴海”为名。20 世纪 90 年代初,世界各地华人巴哈伊教徒经商定统一译为“巴哈伊教”。此后,巴哈伊国际社团发表的有关新闻材料和宣传资料,一律将该教汉译为“巴哈伊教”或“巴哈伊信仰”,简称“巴哈伊”,信奉巴哈伊教者称为“巴哈伊信徒(信众)”。

## 1. 创立与发展

巴哈伊教孕育于伊斯兰教,发源地在伊朗。19 世纪中叶,伊朗在卡加王朝(1779～1924 年)统治下,奉十叶派的十二伊玛目教派为国教。由于实行封建君主专制,国家长期处于落后状态,积弱不振。欧洲殖民主义者乘虚而入,强迫伊朗与俄、英等国签订奴役性的不平等条约,实际变伊朗为半殖民地半封建国家。欧洲商品的倾销,破坏了原有的封建自然经济,扼杀了处于萌芽状态的资本主义发展,大批手工业者与中小商人破产,农民负担加重,人民生活日益恶化,加深了封建制度的危机,伊朗的阶级矛盾和民族矛盾更趋尖锐。下层群众被迫群起反抗,在许多地方零星暴动与起义不断。

* 原载戴康生主编:《当代新兴宗教》,东方出版社 1999 年版。

1848～1852 年终于爆发了大规模的巴布教徒起义运动。

根据十叶派十二伊玛目教派的教义，自阿里及其后裔 12 人为伊玛目，第十二位伊玛目于 874 年隐遁，将来会有一天作为“马赫迪”（救世主）再临，“使大地充满正义”。在伊玛目隐遁期间，传说他将通过其代理人（巴布，即“门”）作为中介与信徒交往。874～941 年先后有过四位代理人。941 年，第四任代理人逝世时，未再指定新的代理人，这就意味着人们等待着真主作出新的选择。每当社会动荡不定时，在十叶派信徒中，特别是下层群众中弥漫着一种期待马赫迪降临的神秘气氛。19 世纪初叶，波斯有两位有影响的神学家，谢赫・阿赫默德・阿沙伊（1741～1826 年）及其门徒赛义德・卡西姆（？～1843 年），宣讲马赫迪伊玛目是人们获得真主知识的“门”，并运用譬喻，一再宣称马赫迪伊玛目不久将会重现，这种教义吸引了许多群众。人们称此派为“谢赫派”。该派虽遭十叶派神学家的反对，斥之为“异端邪说”，并加以迫害，但为巴布派的兴起开辟了道路，提供了必要的思想与舆论准备。

在赛义德・卡西姆逝世前，曾令其门徒四出寻找即将重现的马赫迪，当来到伊朗南部城市设拉子时巧遇赛义德・阿里・穆罕默德，并认定这就是他们日夜寻找的人。这一天是 1844 年 5 月 23 日，亦称巴布宣示日。赛义德・阿里・穆罕默德自称是“巴布”，表示人们所渴望的马赫迪的旨意将通过此“门”传达给人民。他宣布伊斯兰教时代已告结束，一个新的宗教信仰已来临，巴布教派统治的新纪元开始。巴哈伊教创启后，亦将这一天作为该教诞生的标志。

巴布诞生于设拉子布商家庭，据说父母皆为穆罕默德之后裔。13 岁时离校辍学，15 岁时帮舅父经商，后接管了家族的经营活动。1841 年曾会见过赛义德・卡西姆，受到谢赫派思想的影响。1844 年自称为巴布后开始公开宣教，在平民中掀起热浪，信徒人数迅速增长。由于巴布教派以《默示录》取代《古兰经》，宣扬信徒通过巴布能直接获得真主的知识，简化宗教仪式，并提出一系列适合新兴商业资产阶级要求改革社会制度的主张，直接威胁到官方十叶派教士的地位与国王的统治，遂遭镇压。巴布本人于 1847 年被捕，后解往大不里士，1850 年遭杀害。巴布教徒从 1848 年起在全国许多地方举行了武装起义，直到 1852 年才被政府军队血腥镇压，上万名信徒先后遭屠杀，巴布教徒的财产被没收。躲过劫难的巴布教徒纷纷逃亡国外，大部分人在米尔札・侯赛因・阿里（Mírzá Ḥusayn-'Alí）领导下，发展为一种新的独立宗教——巴哈伊教。

米尔札・侯赛因・阿里，1817 年出生于波斯贵族家庭，拥有大片土地，父亲曾任马兹达兰省的省长。幼年曾受过良好教育，22 岁时其父逝世，他拒绝继承其父在政府中任职，而去经营家族的地产。27 岁时他成为巴布教派的追随者。并积极投入与资助该教派在伊朗各地的传教活动。他入教后不久就同巴布相互通信，直到 1850 年巴布被处死为止。1848 年，他亲自组织与间接指导了巴布教派的巴达希特会议，在会上他为每个到会者取了一个与其精神品质相关的名字，自己则取名“巴哈”（“荣耀”或“光辉”之意），事后为巴布首肯，亦为他以后“巴哈欧拉”名字之源由。这次会议之后，当局的迫害接踵而至，他遭逮捕，判以鞭刑，后被释放。1852 年，因两个年轻巴布教徒行刺国王未遂，他与其他一些巴布教派著名领袖再度被捕，在德黑兰“黑窖”监狱关了四个月。据说在黑牢中他接受了上帝通过他作为“显圣之人”的旨意，这段日子遂成为巴哈伊教历史上的重要一页。

由于家族特殊的社会地位，米尔札・侯赛因・阿里在关押四个月后被释放，但家产房屋已遭洗劫、没收，当局宣布将他逐出伊朗。此后，他及家人在奥斯曼帝国辖下的巴格达住了十年。在此期间，他曾在苏雷蒙利依附近的山中隐居、沉思了近两年，巴哈伊教教义思想在其脑海中渐渐生成。这时他的同父异母兄弟米尔札·雅亚(1830～1912 年)在别人唆使下进行分裂活动,宣布自己是殉教者巴布的继承人,教派内部为争夺领导权发生激烈冲突。在混乱的局势下,1856 年 3 月 19 日他被包括雅亚在内的众多巴布教徒寻找回来,接受了领导社团的正式请求。从此,他作为宗教导师的声誉在巴格达和附近地区广泛传开。社会各界人士,连波斯的一些显要官员也都纷纷跑来会见他。通过规劝指导和严明纪律,巴布社团重新恢复到了巴布生前的水平。米尔札·侯赛因·阿里写了名为《毅刚经》的书,阐述了关于上帝之本质、上帝拯救人类的计划、神圣显圣者的目的及人类宗教演化的教义,后来成为巴哈伊教的重要经典之一。

随着米尔札·侯赛因·阿里影响的日益扩大,伊朗君臣上下深感不安,要求奥斯曼帝国将他逐离巴格达。1863 年他被遣送别伊斯坦布尔定居。此前,他曾暂时迁到底格里斯河的一个小岛上的花园小住 12 天。后来这个花园被命名为"蕾兹万花园"而见知于巴哈伊教徒。就是在这个花园,他向追随者们宣布他就是巴哈欧拉,是巴布所预言的"真主应许要来的人",即以往各宗教经书中所允诺要来临的"上帝的显圣者"、一位上帝的新使者。在巴哈伊教的历史上,把巴哈欧拉在德黑兰黑牢中的那段日子称作他的宗教启示的开端;把蕾兹万花园中的经历视为巴哈伊教使者的公开宣示日,此后成为该教重要的节日。

1863 年 8 月,巴哈欧拉一行被遣送至奥斯曼帝国首都伊斯坦布尔,他在那里居住时间很短暂,因那时奥斯曼帝国与伊朗王朝关系长期紧张,后者害怕奥斯曼政府会利用巴哈欧拉的影响而对自己不利,故不断向奥斯曼政府施加压力。当年 12 月初,巴哈欧拉及家人又被逐至位于土耳其欧洲部分的亚德里安堡(Adrianople)。不久,米尔札·雅亚又一次密谋夺权,甚至派人行刺其兄,终以失败而告终。绝大多数巴布教徒,包括仅存的巴布家人,表示拥戴和顺从巴哈欧拉。从此,巴布教徒开始自称为"巴哈伊教徒",巴哈伊教以独立的面貌崛起成为一个新兴宗教。

从 1867 年 9 月开始,巴哈欧拉致函一些国家的君主和统治者,向他们宣告自己是各教经典中所允诺的"显圣者",并阐述了他所创立的新宗教信仰,号召为他的教义群起而奋斗。他在信函中特别强调,当今的世界已四分五裂,新世界的曙光已出现,在这新时代关键在于全人类的团结。他写道:"爱祖国并不值得夸耀,惟有爱全人类、全世界才值得骄傲。地球乃一国,人类皆其民。"①在信件中,巴哈欧拉以理想主义者的口吻,规劝与呼吁各国统治者,尤其是欧洲强大的君主们以和平方式在世界建立和平与正义的社会秩序,把实现人类大团结作为最高职责。这些信件当时并未引起各国君主的重视,也不可能得到什么回音。

由于米尔札·雅亚及其同伙不仅想方设法阻挠奥斯曼帝国及伊朗境内的巴布教徒完全转变成巴哈伊教徒,而且在当局面前密告巴哈欧拉有政治阴谋将危害帝国统治,1868 年奥斯曼帝国的苏丹决定将巴哈欧拉及其家人终身囚禁在巴勒斯坦的阿卡('Akká)牢中。同时,奥斯曼政府当局对米尔札·雅亚也不信任,将其放逐到塞浦路斯岛,直至 1912 年去世。

巴哈欧拉在阿卡的日子十分困苦,但各地来探望者络绎不断,连一些有权势的人也开始表现出对巴哈伊教的巨大兴趣。巴哈欧拉在此期间曾给法皇、英王、德皇、俄国沙皇、伊朗君王、奥国皇帝及奥斯曼苏丹等君主们发出信函。信中曾提到他的许多政治主张,如建立国际政府,由成员国提供国

① 《巴哈欧拉圣典选集》,第 249～250 页。巴哈伊教世界正义院已将巴哈欧拉致世界各国统治者及宗教领袖之书函,编印为《巴哈欧拉宣诏录》。

际警察部队维持和平,设国际法庭以解决国际争端;各国在保存自身文化基础上,应创立国际通用语言,以利各国与各民族之间的交流,应重视义务教育;统一国际度量衡;削减军费,增大社会福利;处理国内事务时,需采用一些基本的民主原则等。巴哈欧拉还给世界宗教领袖们写信,要他们抛开宗教偏见与世俗统治利益的桎梏,认真考虑巴哈伊教的信仰与他的主张。在给教皇庇护九世(Pius IX,1846～1876年在位)的信中,他建议教皇将教皇国的主权交还世俗政府,走出梵蒂冈的隐居生活,摆脱繁琐的宗教仪礼,多会见世俗统治者及非天主教的宗教领袖,做维护和平正义与拯救人类灵魂的事。与以前一样,这些信件没能得到收信人的重视,大多数石沉大海未作回复。据传,只有英国维多利亚女王给他写了回信,内称:"如果这是上帝的意旨,它会长存,如果不是,也没有什么害处。"①

巴哈欧拉晚年住在阿卡城北的巴基(意为"快乐")宅中,专心于著述和会见来觐见的巴哈伊教徒。他把宗教社团的事务交由其长子阿巴斯·爱芬迪('Abbás Effendí,1844～1921年)处理,后者以"阿布都—巴哈"('Abdu'l-Bahá,意为"巴哈的仆人")称号著名于巴哈伊社团。1892年5月29日,巴哈欧拉病故,享年75岁,安葬于巴基,其陵墓现为巴哈伊教国际活动的中心之一。

巴哈欧拉一生过着放逐迁徙的生活,特别是始于1863年的十年流放期间,他除了向世人正式宣示了巴哈伊教的诞生外,还完成了许多阐述巴哈伊教教义思想的著述,其中《亚格达斯经》(*Kitáb-i-Aqdas*,意为"至圣经书")成为巴哈伊教的巴哈欧拉"天启"的核心。

巴哈欧拉生前为了防止日后新宗教的分裂,将领导权实行顺利交接,并相应建立内部的管理体制,用一批文件形式与信徒们立下了神圣的协定("圣约")。圣约中规定阿布都—巴哈为其合法继承人,是巴哈伊教唯一权威诠释人与一教之长(教长)。为此,还特地授其另一称号"至大之枝"。圣约中亦明确规定,阿布都—巴哈不是圣使或先知,而是体现巴哈伊教义与巴哈伊生活的完美典范。这标志巴哈伊教进入了一个新的发展阶段。

阿布都—巴哈从年幼起就与其父共度艰苦的流放、监禁生活,深受巴哈欧拉的思想影响与宗教熏陶,熟悉多种宗教的典籍,思维敏捷,能言善辩。巴哈欧拉去世后,他掌管了巴哈伊教的教务工作,通过信函或会见与各方信徒联系,解答教义难题,规划传教活动。1908年,土耳其爆发青年土耳其党人领导的资产阶级革命,阿布都—巴哈获释,数次离阿卡到外地访问。巴哈伊信徒虽在伊朗遭迫害,但在中亚、中东、南亚、北非等地已逐步得到发展。阿布都—巴哈进一步将巴哈伊教推向欧洲与北美。1911～1913年间他亲自访问伦敦、巴黎、斯图加特、纽约、芝加哥、蒙特利尔等欧美城市,通过演说向各界人士宣传巴哈伊教的教义及社会主张,并广泛接触社会各界各阶层人士。在芝加哥时,他为那里该教的"西方灵曦堂之母"建筑物奠基。

阿布都—巴哈在不断对巴哈欧拉的著述进行诠释的同时,根据巴哈欧拉制定的原则,在其指导下,巴哈伊信徒开始在世界各地建立行政机构。1909年,在他安排下巴布的遗体下葬于俯瞰海法城(今以色列境内)的卡梅尔山腰上的陵墓中,现成为巴哈伊国际总部各行政机构综合建筑群之中心点。在他指示下,在北美和伊朗建立了"灵体会"。他在《圣约与遗嘱》中,就巴哈欧拉所设计的中心机构之性质与职权,加以详细的阐述。他建立起圣护制度,指定他的长女之子索基·爱芬迪(Shoghi

① 守基·阿芬第:《允诺之日》,转引自威廉·汉切尔、道格尔斯·马丁:《巴哈伊教》,新加坡巴哈伊总灵体会1993年版,第46页。

Effendi,1897～1957 年)为巴哈伊教之圣道守护人及授权诠释教义,并提出建立巴哈伊国际社团的立法与行政机构,即世界正义院的构想。在他继承领导权的早期,曾挫败了他的异母弟弟穆罕默德·阿里及少数追随者争夺领导权的企图,再次避免了巴哈伊教的分裂。此事件及其结局,是巴哈伊教历史上又一个转捩点。

阿布都一巴哈于 1921 年逝世,由于他作为宗教领袖与慈善家的声望,上万人为他送葬。那时巴哈伊社团在世界许多地方已建立起来,在伊朗已有 10 万信徒,此外在北美与印度都有较大发展。

索基·爱芬迪接过"圣护"职务时才 24 岁,当时他正在英国一所大学里求学。接受委托后一人在外隐居了一个时期,做了一番准备工作。任职期间,他接待来自各地的巴哈伊教友,并给予必要的指导;翻译与诠释大量巴布、巴哈欧拉的著述;筹划建立在海法、阿卡周围地区的巴哈伊教国际中心;推行与落实阿布都一巴哈计划的行政体制,在各地巴哈伊社团地方教会基础上建立三级权务制:地方灵体会、国家或地区总灵体会、国际巴哈伊组织中心;完善以巴哈伊教义为指导的社团与信徒个人生活的行为准则;任命一些杰出的信徒为"圣辅",承担护教与传教的特别责任,并强调北美将成为巴哈伊教的"摇篮",应成为建立行政机制的典范。他在 1953 年制定了一个称为"十年世界运动"的雄心勃勃的全球计划,该计划设想到 1963 年底,除巩固与扩展现有的 120 个国家与地区的巴哈伊社团外,还将向 132 个国家与地区新建巴哈伊教团,在欧洲及拉丁美洲的大部分国家将建立总灵体会,巴哈伊教的产业捐赠数量也要求有大幅增长。

1957 年 11 月索基·爱芬迪病逝于英国。在他去世前,并未指定接班人,因而不可能有第二个"圣护"。此时,由索基·爱芬迪生前已委任的"圣辅"们,临时作为巴哈伊教的"最高理事",代行教务的领导工作。他们经协商,决定于 1963 年,即巴哈欧拉在蕾兹万花园正式宣示自己"天职"后的 100 周年,在伦敦召开第一届世界代表大会。在这次会议上,由来自全世界 56 个当选的总灵体会的成员投票选出第一届"世界正义院"的成员。

世界正义院成立,作为巴哈伊教国际最高权力机关,标志着这个世界性的新兴宗教进入其教史上的一个新时期。该院遂先后制定与实行了若干全球传教规划,要求 1986 年达到一个相当规模的发展。到 1992 年在纽约召开第二届世界大会时,据称全世界的巴哈伊信徒已有 500 万人。

## 2. 教义思想、社会主张与主要经典

巴哈伊教作为产生于 19 世纪,活跃于本世纪下半叶的新兴宗教,它的教义思想素材来自于以前的世界各大传统宗教,特别是受到伊斯兰教与基督教宗教思想与传统的影响较深,表现出巨大的包容性、开放性与普世性。由于教义简明,礼仪简化,组织灵活,关注社会,强调伦理,重视实际行动,对现代社会生活有较强的适应性,因此比较有活力,对社会各界人士有一定的吸引力。

根据巴哈欧拉的思想主张,巴哈伊教的基本教旨可以简单概括为:上帝独一、宗教同源、人类一家。换言之,即强调上帝的一致、宗教的基本一致、人类的一致。

巴哈伊教是一神宗教,信奉一个独一而全能的神,他是超自然超人类的精神实体、宇宙万物的创造者,他无所不知,无所不能,伟大而充满智慧。"他(神)从虚无之中创造了万事万物;……他将他的创造物从极其谦卑和濒临灭绝的危险中拯救出来,然后把它们带进不朽荣耀的天国。"[①]该教认为尽

① 《巴哈欧拉圣典选集》,转引自威廉·汉切尔·通格尔斯·马丁:《巴哈伊教》,第 72 页。

管人们对上帝的本质有着不同的看法,各大宗教用不同的语育向他祈祷,称谓也不同(如耶和华、上帝、安拉、佛、主等);但神灵本身是一个统一的独特的本体,名称虽不同而实质是指同一个神。

巴哈伊教认为,人类正处于集体成长的进程之中,犹如个人的成长历经几个阶段而达到成熟一样。人类集体成长的原动力来自"天启的宗教"。造物主上帝在人类社会不同的时期与民族中派遣其特选的圣使或代言人("上帝的显圣者")来到世间,通过他们带来灵性的意识,在宗教教义与律法的引领下建立合理的社会制度。各种宗教都是来自上帝同一个神圣的来源,宗教实际上只有一个,即上帝的宗教。每一个特定的宗教制度只是反映人类整体发展的一个阶段。世界各大宗教的创始人都是上帝的显圣者,如亚伯拉罕、克里希那、摩西、琐罗亚斯德、释迦牟尼、耶稣、穆罕默德、巴布等皆来自"同一根源与同一盏灯光"。他们是上帝神圣的镜子,通过他们传达了上帝无限的思想与不灭的光芒。显圣者是上帝与个人之间的中介,他们的话是上帝的圣言,每个人经由这些圣言的指引而了解、接近上帝。各显圣者的地位、性质与任务是同等的,无高低上下之分。他们所创立的宗教及各种宗教的差别仅在于它们要传播的那个时代的要求不同罢了。各大宗教犹如"同树之叶,一洋之水",不应发展为相互敌对的关系。巴哈欧拉曾说:"上帝的宗教系为了爱与团结,勿令它成为仇恨及分裂的原因。"[①]索基·爱芬迪把巴哈伊教宗教同源的教义思想作了一个概括:"宗教的真理不是绝对的而是相对的,神圣启示是一个相继发展和逐渐演进的过程,全世界所有伟大宗教的起源是神圣的,它们的基本原则完全和谐一致,它们的目标和意旨是一致和相同的,它们的教义是同一真理的不同角度,它们的作用是互补的,它们的差异是存在于教义中的次要方面,它们的使命代表人类社会灵性发展的连续阶段。"[②]

巴哈伊教宣称巴哈欧拉是上帝一连串显圣人中最新的一位,但不是最后一位。因为他是上帝特派给这个时代传送上帝教义的使者,负有特别使命,为这个社会提供新的原动力进展到下一阶段。换言之,巴哈伊教认为这个新宗教的出现标志着人类宗教史发展到另一个新阶段。在巴哈伊信徒看来,这个时代人们的灵性已经低落,世上的各大宗教完美的教义已被人们曲解,分裂成各种宗教派别,已难以追寻其原本纯正的真理,对宗教经典的隐喻由于注重文字上的推敲而争论不休,失去了神圣的原意,甚至造成相互残害。加之人们追求物质的欲念,沾染贪婪与自私的恶性,社会的腐败造成道德沦落,新使者巴哈欧拉的来临将会给人类注进新的活力,推进社会发展。人类的灵性世界也有一个循环周期,巴哈伊教是这个新周期到来的象征。但基于宗教同源的教义原则,认为其他宗教徒若信奉巴哈伊教无需刻意要他放弃原有的宗教信仰,巴哈伊信徒亦可到另一个宗教的庙宇教堂过宗教生活。但巴哈伊教一再强调每个人都要独立思考,不随俗见,远离偏见,提防宗教上伪冒先知的骗术,把"独立自主探寻真理"作为一个重要信条。

巴哈伊教强调人类同源,同是上帝之儿女,始终是一个种族,即"地球乃一国,人类皆其民",将此作为其核心教义之一。巴哈伊教宣称,人类皆来自上帝的创造,是"创造物的顶点",是上帝已创造的生命和意识中最高的形式。人类在体形、肤色、毛发等方面的差异只是表面的,而人类的基本能力和负有的任务都是相同的,都来自于上帝。因此,整个人类应是一致的,是一个有机的单位,所有的国家和民族必须结合在一起,如一个家庭的成员一般。巴哈伊信徒认为人类这个有机体在上帝的关怀

① 转引自威廉·西尔斯:《释放太阳》,大同出版社1984年版,第221页。

② 巴哈伊刊物《世界秩序》(*World Order*),第7集,卷2,第7页,转引自威廉·汉切尔、道格尔斯·马丁:《巴哈伊教》,第82页。

下经历着集体成长的过程，并继续朝着集体成熟的方向发展。目前人类社会还是青春期，即完全成熟的前期，世界大团结和全球文明的建立才是人类成熟期到来的标志。这意味着，在神授的意志与力量下，人类应努力减少或消除利益冲突的社会结构，建立民族国家之间的团结，最终建立起一个全球文明与全世界一致的社会制度。索基·爱芬迪说："对巴哈伊来说，生命的目的就是促进人类的一致。我们生命的整个目的和全人类的生命息息相关。我们寻求的不是个人的拯救，而是全人类的拯救。……我们的目的是建立一个世界文明，这个世界文明反过来也能影响个人的性格"。[①] 在这个世界文明中，不是取消各种文化及个人的内在价值，而是在保持多样化和差异中求得和谐统一。差异本身不是产生冲突的原因，而在于人们对差异的态度，如偏见或不宽容。如何在广泛的差异与多样化中达到和谐统一，阿布都—巴哈说要依靠上帝的力量及影响，"仅有统治和超越所有事物本质的圣言之神力能协调人类的人民不同的思想、情感、观念和信仰"[②]。巴哈伊教宣称，巴哈欧拉的启示就是体现了上帝的旨意。

巴哈伊教认为宗教有两大目的，即有关人的灵性建设与有关社会的，确保人类的和平与安宁，因此从上述三个基本核心教义思想出发，在宗教的总框架及神学的前提下，特别关注世俗社会问题，以建立人类大同社会为目标，为此，提出了许多社会主张，并作为该教教义思想的一部分。这些社会主张概括起来主要有以下几条：

(1)排除一切偏见。巴哈欧拉非常注意偏见这个问题，认为偏见是对某种见解不问是非曲直而怀有强烈的情感以致迷信，它可能源自种族经济、社会、语言等方面，但能导致人类冲突、社会动乱、战争、种族屠杀。他规劝他的信徒们不断反思和关注这个问题，并号召采取积极态度消除人性中所有那些引起他人反感及导致冲突的一切偏见与迷信，包括抛弃种族、民族、性别、阶层、宗教之间的偏见。

(2)建立和平的世界秩序与世界联邦。巴哈伊教认为在当今的时代，被上帝派来的显圣者就是巴哈欧拉。每个显圣者同上帝都签有"大圣约"，显圣者要在神圣的安排下在整个社会进程中完成某一特殊的任务，履行合约中所承诺的使命，扮演重要的角色。巴哈欧拉接受上帝启示所承担的特定使命是为了世界的团结统一。具体说，一要消除战争，在世界建立世界大和平；二是要在全球建立一个机构，推动和睦统一的社会生活，在全世界人民中确立兄弟友爱的关系。这个宏伟的理想在巴哈伊经典中被称为巴哈欧拉的"世界秩序"。具体地说，"世界秩序"建立的标志是：建立一个世界的政府（世界联邦）、一个永久的和平及统一的世界文明。世界联邦政府有一个立法机构，由人类所信任的人组成，将能控制所有成员国的全部资源，并制定日常生活所必需的合理的法令，满足人类需要，调整其间的关系。还有一个世界执行机构，由一支国际部队支持，保证联邦成员的团结。一个世界法庭，裁定与执行世界体制中不同成员间所出现的纷争的裁决。同时，统一全球货币与度量衡，发展世界语言、世界文字，促进人类之间的交流与谅解。在世界联邦中，作为联邦成虽的各国仍保留各国的自治权，并保障个人的自由权。各国要放弃对军备的拥有权，只留下部分保安设备。地球的丰富资源与能源将被合理开发，被利用来服务于提升全人类生活水平，发展教育，灭除疾病根源，发扬科学与艺术。一个融合各民族文化精华的世界文明将形成。

---

① 见威廉·汉切尔：《灵性的概念》，第 29 页。转引自威廉·汉切尔、道格拉斯·马丁：《巴哈伊教》，第 75 页，新加坡巴哈伊总灵体会，1993 年版。

② 阿布都—巴哈：《生活之神圣艺术》，第 109～110 页。转引自威廉·汉切尔、道格拉斯·马丁：《巴哈伊教》，第 77 页。

按巴哈伊教创始人的设想，人类统一、世界大同的实现要分三阶段进行。第一阶段是社会崩溃与广泛的灾害，即“上帝对人类的天罚和净洁过程”。第二阶段是“小和平”的实现，由各国通过有约束力的国际协议防止战争的爆发与保证集体安全。第三阶段是“至大和平”的到来，“各种族、宗教、阶级和国民的最终融合”，出现一个前所未有的世界文明，人类过着丰富美好的生活。巴哈伊教强调，要达此目的，人们要最终承认巴哈欧拉的教义本质及其神圣使命，自觉接受并通过与显圣者巴哈欧拉的“小圣约”（“附属圣约”或“辅助圣约”）去努力付诸实践。

(3)废除贫富两极分化，提倡经济上公平合作。巴哈伊教主张人类的团结，它是建立在公平合作的基础上的。巴哈欧拉认为现社会所以在经济和物质方面发生严重失衡，是由于一小部分人拥有巨大财富，基本控制了生产与分配权，造成多数人生活在贫困与苦难之中。这种情况，也同样存在于国家之间。贫富分化，两者的鸿沟愈益加大，也反映了经济制度上的缺陷。经济上的不公正也是道德的罪行，因为它与过多的挥霍、巨大无谓的竞争、暴政都有直接的关系，所以是受到上帝谴责的，必须废除，应以合作取代竞争，公正代替不合理。每个人要在服务精神下努力工作，创造财富，这是宗教信仰的一种义务。

巴哈伊教主张的经济体制结构是以合作为基础，但认同财产私有制观念及私人经济的首创精神。巴哈欧拉认为，人的需要与能力有差别，为社会服务的工种不同，获取的报酬可以有高低之别，但各种收入要规定适当合理的极限，通过渐进的征税制或其他措施对最高收入要给以限定，同时要保障大家能满足基本需要的最低收入。巴哈伊教的创始人在讨论经济和社会问题时，一再强调不公平的最终根源在于人类的贪婪、自私、无知，因此要解决当今世界的经济危机，重组合理的社会经济结构，还必须加强人的内心灵性之修养，即给予人类上帝的知识及慈爱，拓展与提高人类灵性的品质及美德。要达此目标还是要靠宗教，只有宗教及上帝的旨意，是解决社会根本问题的关键。

(4)男女平等。巴哈伊教主张男女平等，无优越之分，强调男女应拥有平等的机会和权利的原则。巴哈欧拉和阿布都—巴哈都曾强调，女人具有男人的一切智能，以往妇女受歧视，没能取得巨大成就，原因在于女人没有获得充分的受教育权利，没有得到社会提供发挥其才能的机会，而且“在过去，世界被强权统治，男人一贯以其身心较为强壮而支配女人；但是这种形势已在改变——武力正在失去其雄踞地位，而妇女超越男性之性质：心灵敏锐、直觉和爱心、服务精神则渐占优势。……新时代将是一个男性与女性特质更为均衡的时代”①。在这新时代里，妇女将会在各方面显示出她们的知识潜能和获得科学成就的能力，这将会是充满着女性优点的时代。

巴哈伊教认为，男女平等是世界人类团结的关键，甚至把较强的温和女性视为消除战争、建立世界和平的重大因素，阿布都—巴哈称“女人将会废止人类间的战争”②。

(5)普及教育及建立一种辅助性的世界语。巴哈伊教主张教育普及，鼓励确保儿童有受教育机会。为此，强调父母对于子女教育的责任，提倡协助解决家庭或经济有困难的儿童教育问题，即使暂时无法做到这点，也要特别让女童有受教育的优先权，因为她们是未来的母亲，是社会上的第一位教师，影响到下一代子女的教育。巴哈欧拉认为，教育除专门知识的讲授外，还要重视儿童灵性及品德教育的训导，“但不可让宗教无知的狂热主义和顽固思想，侵袭到儿童本身宗教信仰的观念”③。

① 《巴哈欧拉与新纪元》（“Bahá'u'lláh and the New Era”），第15版；《天下一家》季刊，1995年7月号，第3页。

② 阿布都·巴哈：《世界和平之传扬》，第108页。

③ 《巴哈伊的生活方式》（“The Pattern of Bahá'í Life”），25页，转引自《巴哈伊教入门》，第39页。

巴哈伊教从团结人类的教诲中，还引导出为了推动人类团结与信息沟通，建立一种全世界通用的辅助性语言的主张。这种世界语言或是新创的，或是从现行的一种语言中自然产生。这种语言的确立与选择，须由一个国际的有关专家组成的委员会来决定，然后经协商由世界各国批准。世界语的使用并不意味着取代或妨碍现有各自母语的存在，世界各国仍可保有它们各自的文化特性，建立世界语言只是联合各国的一个共同的契合点，辅助人类相互了解，消除隔膜。

(6)宗教和科学的一致。巴哈伊教的教义强调科学与宗教本质上的一致。巴哈欧拉认为，人的智慧与思考能力皆是上帝所赐，科学来自这种神授的潜能。宗教是上帝的启示，宗教与科学的根源都来自同一上帝，因此两者并无矛盾。科学的真理是已被发现了的真理，而宗教的真理是天启的真理用不着我们自己去发现。说到底，真理只有一个，科学与宗教不能有一真一假。关于这点，阿布都一巴哈说："如果宗教信仰和观点与科学的标志相反，那么它们仅仅是迷信和空想，因为知识的对立是无知，无知的产物就是迷信。毫无疑问，正确的宗教和科学是一致的。"[①]他进一步阐述了关于宗教与科学互补共进关系的观点，他说："宗教和科学是人类智慧飞向天空的两只翅膀。只用一只翅膀来飞行是不可能的。如果有人只用宗教的翅膀飞行，那么，他很快就会掉入迷信的泥潭；而另一方面，如果他只用科学的翅膀飞行，那么他也不会取得任何进步，而只会掉入实利主义的绝望境地。当今所有的宗教都已陷入了迷信仪式的形态，这不仅和它们所体现的教义的真理有所抵触，而且和当代的科学发现也不一致。"[②]巴哈伊教认为，以往科学与传统宗教信仰之间所以产生矛盾，是由于人类的错误和傲慢造成。人们的曲解渗到神启的纯洁教义中，以致经歪曲的教义把原本的启示弄得面貌全非。同样，一些未经证实的非科学概念与推测反比严格的科学研究更容易充斥于世、更具影响力，结果进一步把事情弄糟。巴哈伊教创始人相信，由于科学与宗教本质上的一致，其实践结果只会加强宗教的地位，而不是相反。"当免除了一切迷信、传统观念和无知信条的宗教，表现出与科学一致时，世界上就会出现一股强大的团结振兴的力量。……于是人类就会在上帝之爱的力量中团结一致"[③]；换言之，"宗教的基本目的是提倡和谐一致，但它必须和科学并进，它是和平、有秩序和进步社会的惟一和最终的基础"[④]。

(7)服从与效忠所在国政府。巴哈伊教的基本信念是要获得全人类的团结，走向世界大同。巴哈欧拉号召信徒效忠和服从他们所居的国家政府，服从国家法律。他说："巴哈伊教信徒不论居住在哪一个国家，应该忠心、虔诚、服从所居国家的政府。"[⑤]阿布都一巴哈进而解释说："仇视政府，就是违背上帝的意旨"。[⑥] 对政府忠诚，遵守法律是巴哈伊教经典中所强调的诚笃正直的品德之一，成为该教一项重要的精神与社会原则。

为了超越一切种族、宗教及不同的政治观念，巴哈伊教强调信徒遵行不参与任何政治活动的原则，严格禁止参与任何试图推翻或损害掌权政府的颠覆、分裂活动。作为巴哈伊教信徒个人可依自己的良知参加选举投票、接受非政治性的政府任命或担任纯社会的及道德方面的公职，但不能介入、涉及政治斗争或党派纷争，也不能参与为任何政党或派别的竞选活动。巴哈欧拉认为，一切政治手

① 阿布都·巴哈：《世界和平之传扬》，第 181 页，转引自威廉·汉切尔、道格尔斯·拉丁：《巴哈伊教》，第 86 页。

② 阿布都·巴哈：《巴黎片谈》，第 136 页，转引自威廉·汉切尔、道格尔斯·拉丁：《巴哈伊教》，第 87 页。

③ 阿布都·巴哈：《巴黎片谈》，第 146 页，转引自威廉·汉切尔·道格尔斯·马丁：《巴哈伊教》，第 88 页。

④ 索基·爱芬迪：《巴哈欧拉之世界体制》，IX～XII，转引自威廉·汉切尔·道格尔斯·马丁：《巴哈伊教》，第 83 页。

⑤ 见《巴哈欧拉与新纪元》，第 147 页；转引自威廉·汉切尔·道格尔斯·马丁：《巴哈伊教入门》，第 59 页。

⑥ 见《巴哈伊启示录》(The Bahá'i Revelation)(1955 年)，第 305 页，转引自《巴哈伊教入门》，第 59 页。

段无论是出自种族、国家、文化或意识形态的需要，都是特定的、有局限性的，不可能最终圆满地解决问题。

巴哈伊教的主要经典是巴哈欧拉的著作以及阿布都—巴哈与索基·爱芬迪对圣典的释义。巴哈欧拉一生著述较丰，有一百二十多部著作与书简，构成了巴哈伊教的启示经典。主要有《亚格达斯经》、《隐言经》、《七谷书简》等，其中《亚格达斯经》在巴哈伊经典中具有至高的地位，它是在1873年左右由巴哈欧拉"启示"而成，书名意为至圣经书(The Most Holy Book)，主要内容为阐述巴哈伊教的基本信仰及宗教律法，巴哈欧拉宣称它给人类提供了"维护世界秩序和人民安全的至高方法"。它最初是巴哈欧拉在世时若干时间里手抄而成，经阿布都—巴哈与索基·爱芬迪的补充、阐释，最后整理编汇成现在的大全。这些经典基本上是以诗歌、散文为形式，象征寓意与隐喻为手法，文体具有韵律，用阿拉伯文、波斯文写出。巴哈伊教十分注重学术研究与宣教活动，该教主要经典已被译成800多种语言及方言。

巴哈伊教经典就其内容而言，大致包括四个方面：一、解释上帝的本质、世界的演进、人的地位等基本意义；二、规定人类生活和行为的原则，解释生命的本质、目的、过程；三、关于宗教的律法与机构(行政体制)；四、其他，如有关祈祷、神秘体验、编史等。

### 3.道德规范与信徒宗教灵性生活

巴哈伊教的教义主要是有关社会及宗教灵性的，都涉及伦理道德问题，关切人的道德品行与社会行为，对此，阿布都—巴哈有一个诠释："神圣宗教体现了两种条例。第一种就是构成基本的或是灵性的教义。这些是上帝的坚信，是寻求那验宗教成熟期所特有的美德；是值得称赞的品行；是源于神圣光耀的恩惠和宠恩——简而言之，就是那些关系到品德和伦理方面的条例。这就是上帝宗教的基本原则，这是至关重要的，因为了解上帝，是人的基本要求……这就是所有神圣宗教切要的基础，它的本质是大家同一的……第二种就是暂时性的非本质的律法和条例。它们关系到人类日常处事待人的关系。它们是暂时性的，会随着时间和地点的改变而改变"①。

巴哈伊教义思想认为，人是上帝创造的，人的真正本性是精神的，即每个人都由上帝创造了一个理性灵魂(精神)，它是人存在的本性和意识的中心或所在地。灵魂不是物质的，在肉体形成时就产生了，肉体死亡后仍继续存在，永生不灭。人不存在前世的生命，灵魂也不会在不同的肉体上重生。宗教之本质及灵性的基本任务就在于使人真正了解生命的本质及上帝造人的目的与旨意。灵魂具有潜能，在不断进展。它的原动力来自对上帝的了解和热爱，通过上帝显圣者的引导，灵性的潜能才得以发展，不断地朝向上帝，同上帝交往、接近。愈是临近上帝，我们的品德就愈加完善，我们的言行也将反映出越来越多上帝的属性与德性。人类真正永恒的欢乐就在于寻求自己灵性的成长与拓展。

当一个人自觉地休悟到灵性的木质，并有意识地去追求灵性的进展时，被称为"寻求者"。巴哈欧拉指出，一个真诚的"寻求者"应起码具有这样一些品德：信赖上帝，超脱尘世的羁绊；克服骄气与虚荣心；坚守忍让与顺从；避免无谓的空论而保持性静；远离诽谤；消除无限制的欲望；摒弃炫耀与俗气；己所不欲，勿施于人，自己做不到的事，勿轻易答应别人；应原谅有过失者；不可蔑视低贱的人等

① 阿布都·巴哈：《世界和平之传扬》，第403～405页。转引自《巴哈伊教》，第95～96页。

等。这都是灵性高尚者的表征。[①]

巴哈伊教认为,人类是群居的,一个人如不与社会及周围的人打交道,无益于灵性的成长。因此,良好的社会服务及同他人密切合作交往的精神是灵性成长重要的途径。社会健康发展则应视为人们灵性集体拓展的标志。为了推进社会的不断演进。巴哈欧拉强调人应具有自制、宽厚、同情与仁爱等美德。

巴哈伊教有一套自己的善恶观。该教认为,上帝的创造物本身不具有邪恶性,一切都是完善的。上帝创造了人的天生能力与本性,都是纯洁优良的。产生邪恶之原因来自人们的后天能力与习性,而不是他们的天生能力与本性,因此,应该"认敌为友,将恶意者看作善意者,并友善地对待他们"[②],以德报怨,消除恶意与仇恨。巴哈伊教不接受"原罪"说与"人性恶"之说,否认有撒旦、魔鬼或罪恶力量的存在,也不承认有天使或大天使等。如果一个人不去很好利用上帝所赋予他的自由意志或不去努力发展自己的灵性能力,其结果是不完善,"罪恶就是不完善"(阿布都·巴哈语)。换言之,对灵性发展有助者为"善";反之,有碍者则为"恶"。依巴哈伊教的观点,当今世界上所以出现如此多令人不快的恶事及社会的冲突,就是因为人类已违背了真正的宗教与灵性准则。那么,要消除不完善,只有依靠启示的宗教,接受当代显圣者的教导,走向灵性发展的道路,这是唯一的拯救之途。

巴哈欧拉一再强调,上帝创造人类,他所做的每一件事都是对人类纯洁的慈爱,他自己并无"自我利益"的存在,他赋予人类自由意志,一切是为我们好。因此,人类应该爱上帝,向上帝负责,自觉地促进我们的灵性发展,去完全地反映上帝的品德,并更加努力地接近上帝。同时,也应努力去创造一个有利于灵性成长的社会环境,这原本是社会应有的目的。当然,上帝是公正的、仁慈的,他不会要求人们去做力所不能及的事,也会原谅那些为过去做错事而有真心悔意的人们。

巴哈伊教认为,上帝所创造的每件事物都是有目的有必要的,基本上是好的。创造人的肉体,其功能就是为心灵发展提供合适的工具。因此,人有物质欲望和性欲并不为过,不是罪恶,而是上帝的惠赐,只是无节制的欲望,有碍于精神、灵性的进展,才会造成有害的或坏的行为结果。巴哈欧拉主张有益的节制,不赞成独居、苦行或极端的自我克制,提倡行事取中道,反对走极端。

巴哈伊教没有专职的神职人员和复杂的宗教礼仪。对巴哈伊教信徒来说,生活之道最重要的就是体认生命之本质,即认识与崇信上帝及遵循上帝之圣言推进人类社会的进步。因此,该教鼓励个人的发展及灵性的拓展,个人每日的祈祷、默思与研讨圣典的修行是灵性生活的重要部分,在宗教生活中占有重要位置。

巴哈伊教信徒每日要祈祷和沉思,以示与上帝的联系、接触。祈祷无任何仪式,但要按时进行,要有诚心、聚精会神。巴哈欧拉为信徒规定了三篇"义务祷文",每位成年教徒可自选一篇作每日的祷告。

巴哈伊教信徒每年 3 月 2 日至 20 日为 19 天的斋戒期,期间,成年的信徒每天日出后至日落前禁食;要多作祈祷与沉思。斋戒是为了多作反思与省察,克服不良习惯与自私欲念,提升灵性及精神品德。教法规定,老人、15 岁以下未成年儿童、患病者、哺乳或怀孕妇女、旅行者及重体力劳动者等可不必斋戒。

① 参见《巴哈欧拉圣典选集》,第 264～266 页。
② 阿布都·巴哈之言,转引自《巴哈伊教》,第 189 页。

在饮食方面，基本上无所限制，但要注意饮食卫生，禁用含酒精的饮料和麻醉剂或幻觉剂（必要的医药物除外），因它们有伤身体与有碍灵性发展。抽烟虽未禁止，但忠告信徒它有害健康，并令人反感。

巴哈伊教教论中强调婚姻神圣，视其为灵性与肉体的结合、社会的习制。不鼓励独身主义，主张一夫一妻制，夫妻平等。婚前须守贞洁，婚后夫妻要相互忠实、和谐相处。建立在男女双方相爱基础上，并征得双方家长的同意，被视为完美的婚姻。结婚仪式简单，无固定程序，重要的是双方交换誓言。离婚虽被允许但不鼓励。若婚姻关系无法维持，夫妻要有一年的分居，称为“等待之年”。若经多方劝说无效，“等待之年”期满后始可离婚。

巴哈欧拉曾鼓励其追随者一生中至少去海法城的世界巴哈伊信仰中心进行一次为期九日的朝圣活动。许多信徒响应这个号召，视其为宗教生活中的一重大目标之一，并以此作为他们今生最接近天国时刻的标志。近年来，来自世界各地去海法与阿卡城朝圣的巴哈伊教徒每年有数千名。他们或个人或集体前往，内容包括拜谒巴哈欧拉、巴布及阿布都一巴哈的圣陵，参观宏伟的巴哈伊文物馆、世界正义院等。

巴哈伊教的信徒死后须土葬，墓地一般不远离市区。

除此之外，巴哈伊教教法对信徒在社会生活中应坚持几条基本原则作了规定，并将其与巴哈伊教的信仰相联系予以强调：

要求所有体格健全的信徒都必须参加工作，并在工作中勤奋努力。巴哈欧拉说：“不要闲散和怠惰，浪费时间。你应忙于做一些对你有益和对他人有利的工作。上帝最鄙视的是那些闲坐和求乞的人。”[①]又说：“工作就是祈祷”，尽力去做工作，它就是最好的祈祷文。阿布都一巴哈在诠释中称“乐意为人类服务，并照顾到他们的需求便是崇拜”[②]。

要求信徒不要在背后谈论他人是非，认为这会极大地有害于灵性的健康。巴哈欧拉认为这种行为不论动机如何，都是“扑灭心灵之光，扼杀灵魂之生命”[③]，严词谴责。

### 4. 教务组织及其社团

巴哈伊教建有其独特的教务行政系统。有关原则由巴哈欧拉亲自制定，并通过“圣约”建立了“圣护制度”，由其继承人阿布都一巴哈与索基·爱芬迪执行，形成了一系列教务行政组织。圣护制度与行政系统的建立确保了巴哈伊教创立后一个多世纪以来教徒的团结与发展，避免了分门立户，并适应了社会急速发展的要求。同时，巴哈伊教把教务行政系统的建立与完善视为未来世界秩序核心与准则的范本，因此对其发展给予极大的关注。

巴哈伊教的教务系统有三级。

基层一级是地区或地方灵体会（Local Spiritual Assembly）。由成年教徒在每年4月21日（巴哈欧拉宣布其宗教使命之日）投票选举九名男女组成委员会，任期一年。其职责是宣教与护教，提倡博爱及团结精神；帮助有各种困苦的人，提高青年人物质与精神的悟性，提供儿童教育机会，交换有关

① 《巴哈欧拉与新纪元》，第150页，转引自《巴哈伊教入门》，第34页。

② 《巴哈欧拉与新纪元，第90页，转引自《巴哈伊教入门》，第28页。

③ 《巴哈欧拉圣典选集》，第268页，转引自威廉·汉切尔·道格尔斯·马丁：《巴哈伊教》，新加坡巴哈伊总灵体会1993年版，第151页。

信息;鼓励出版巴哈伊教刊物;处理与各地来往书函,组织安排教友聚会活动等。委员会还可委任一些教友担任各类专门小组委员会成员,协助处理各类教务。

地方灵体会的集体活动是定期召开灵宴会。根据巴哈伊教历一年有19个月,每月各19日,灵宴会在每个巴哈伊教月的第一天举行,故又称"十九日灵宴会",全年共19次。灵宴会有三部分内容:首先是祈祷、沉思、诵读经文与祷文。经典可用巴哈伊教圣典也可用其他启示宗教的经书(如基督教、伊斯兰教的经典)。第二部分,报告有关行政事务,磋商、讨论各种问题及难题。第三部分是社交活动,可备有茶点或余兴节目、娱乐括动,进行自由交谈以增进友谊。

第二级是国家性的或个别地区性的总灵体会(National Spiritual Assembly)。每年由各地方灵体会代表在代表大会上以秘密投票方式推选出九位委员组成任期一年的总灵体会。该委员会处理有关国家性的或个别地区性的各种教内事务,权力高于基层地方灵体会,并给后者以必要的指导与协助。其任务是在教务上进行计划、指挥,调整、协调。各地方灵体会要全力支持总灵体会的决议。

巴哈伊教的最高机构是世界正义院(Universal House of Justice)。它在所有总灵体会之上,并指导总灵体会的工作,对教内的申诉有最后的判决权。世界正义院由九人组成,由各总灵体会的代表秘密投票选出,任期五年。世界正义院不能改变巴哈欧拉所制定的任何教法规定,但有权制定以前未明确制定的律法或更改自己立下的规定。院址设在以色列的海法市。第一届世界正义院是1963年于以色列海法的巴哈伊教世界中心召开的国际大会上产生的。

在世界正义院属下设立了一个处理洲际事务的特别机构"洲际顾问团",顾问们由世界正义院委任,任期五年。他们没有决策权,只对各级灵体会起顾问作用。1973年,国际传教中心成立,其成员由世界正义院委任,在正义院督导下工作,协助推动巴哈伊教的全球发展计划。

巴哈伊教只有150多年历史,目前是世界上发展快、分布广、较为活跃的新兴宗教之一。1992年,该教约有500多万信徒分布在五大洲232个国家与地区,有2万多个地方灵体会,165个国家或地区性总灵体会,有10万多个巴哈伊信徒或巴哈伊团体居住的中心。虽然巴哈伊教没有专职教士及传教士,但它在全世界广为建立巴哈伊社团,以社团为中心教徒积极地参与了"圣道"事务与"服务"工作,进行"传扬上帝之圣道"①。

巴哈伊社团以每座灵曦堂为活动中心,十九日灵宴会系地方社团社会生活的基础与各项社交活动的重要集会。灵曦堂以敞开型的设计,结合各种建筑传统,其特色是具有九个边和正中一个圆顶,象征各教同源,人类一家的主题思想,表明前来的崇拜者可从不同的门进来,皆被巴哈伊教所容纳,聚集在一起,崇拜同一个造物主上帝。灵曦堂附有文化教育、迎宾、慈善及行政机构的各种设施。目前世界上分布在各大洲有八座宏伟的、风格新颖的灵曦堂为母堂(分别在美国伊利诺伊州的威尔迈特、澳大利亚的悉尼、法国的法兰克福、巴拿马的巴拿马市、印度的新德里、乌干达的坎帕拉、西萨摩亚的阿波亚及以色列的海法)。

巴哈伊教认为他们的社团生活将为人类之统一提供一个模式。积极的社会生活及传教活动是巴哈伊社团的显著特点。社团成员热心于文化、教育、卫生、保健、环保、艺术、妇幼等领域的活动,关注世界和平与社会发展,以及经济、通信等事业的开发。据称,1992年较大的发展项目达到1344

① 巴哈欧拉之言。参见世界正义院编:《个人与传教》,转引自威廉·汉切尔·道格尔斯·马丁:《巴哈伊教》新加坡巴哈伊总灵体会1993年版,第165页。

个，遍布于五大洲。该教特别强调美育、道德、艺术与音乐的教育。1992 年在世界各地开办的各类学校约 666 所。积极开展各类文化艺术交流活动。巴哈伊国际社团(Bahá'í International Community)作为非政府性机构，被联合国“经济与社会委员会”及“儿童基金会”委任为咨询机构，在纽约与日内瓦设有办事处，他们参与联合国多项社会与经济发展计划，以及有关人权、妇女、少数民族权利、防止犯罪、禁止麻醉剂、改善儿童及家庭福利、人口与居住条件、和平裁军、环境保护的各类活动，出席各种磋商与研讨会议、国际论坛。近年来，在一系列重大的国际会议上，巴哈伊国际社团的代表阐述了该教的观点，发挥了积极的作用，扩大了影响，愈益受到各界人士的重视。到 1992 年，巴哈伊教在世界各地拥有 29 家出版社，出版各类宣传品，并将巴哈伊教的经典译成 802 种不同的语言文字在世界各地发行。

在不少国家中，巴哈伊社团依靠信徒单独地或是以家庭为单位，通过日常生活中的交往进行传教。巴哈伊社团也通过在私人家庭中以“座谈会”方式定期或不定期研讨教义进行传教；有的则通过个别访问，或音乐与戏剧方式，同时结合教义研习班，或利用讲学、集会的机会宣讲教义，进行传教。还有一种特别的传教方式被称为“拓荒”，即由一些教徒自动独自地或全家去新的地方安居，用业余时间传教。入教的条件也较简易，一个成年人只要承认巴哈欧拉为上帝的使者，并愿献身于实践其教义，向地方灵体会申请，填写卡片就可成为巴哈伊教徒。不需举行宗教仪式或宣誓。严禁劝改他人的宗教信仰。

巴哈伊社团的活动经费来自教徒的自愿捐赠，根据各自的经济能力而定，捐款数是保密的，但被视为一种为本教服务的实际行动与荣耀。巴哈伊教不接受非信徒为其宗教所作的任何形式的捐助，通常也不允许利用慈善机构筹集来的资金。

总之，巴哈伊教作为一个现代型的、发展迅速的新兴宗教，又作为一种特殊的国际社团模式，及其所具有的独特的历史经历、一个广泛的道德体系、统一的行政构架、包容较广的宗教教义及理想主义的生活方式等特点，已引起世人的广泛注意与兴趣，纷纷加强对该教的进一步了解、观察与研究。

# 莲花庙：清新亮丽*

王如君

莲花庙位于德里的东南部，是一座风格别致的建筑，它既不同于印度教庙，也不同于伊斯兰清真寺，甚至同印度其他比较大的教派的教庙也无一点相像。莲花庙的外貌酷似一朵盛开的莲花，故称“莲花庙”。它高 34.27 米，底座直径 74 米，由三层花瓣组成，全部采用白色大理石建造。底座边上有 9 个连环的清水池，拱托着这巨大的“莲花”。莲花庙的内部设置十分简单，只是一个高大空阔的圣殿，既无神像，也无雕刻、壁画等装饰性物件。唯有的是光滑的地板上安放着一排排白色大理石长椅。白色是该庙最主要的色调。进庙的教徒以及参观的人也不需进行什么特殊的仪式，只要是脱鞋进殿，走到大理石椅上就座，然后沉思默祷就行。值得一提的是，莲花庙里居然有中文介绍材料，这在印度还是极为少见的现象。中文材料上给这座圣殿起了很好听的名字——灵曦堂。单从这一名字就可看出，命名者绝不是个凡夫俗子。

莲花庙并没有久远的历史，可以说完全是一座新庙。它建成于 1986 年，是崇尚人类同源、世界同一的大同教的教庙。大同教创立于 1844 年，鼻祖据说是一位名叫巴哈奥拉的伊朗人。大同教不崇拜神，不崇拜偶像，不需教士，也无复杂的祭祀仪式。它的教义目的是融合各种族、国家和宗教，并组成一个人类的大家庭，建立持久的世界和平，扫除各种迷信和偏见，强调科学的作用等。从某种意义上来讲，它很符合现代人的意识。经过 100 多年的发展，大同教影响已遍及世界各地，现有教徒 1000 多万人。大同教创立 30 年后传入印度，到 20 世纪 90 年代，在印度有 3 万多名教徒。

大同教在世界 7 个国家建有大型的教庙，但各个形状不尽相同，都是根据当地国的特色而定。德里莲花庙的形状之所以采自莲花，与印度的历史有一定关系。莲花在印度教和佛教等教派中被奉为神物，在当代印度人心目中又贵为国花，所以这座庙宇一建成就备受印度人的喜爱。

莲花庙的周围是一大片碧绿碧绿的草坪，其间点缀着一簇簇花木。在风和日丽的日子里，走到褐红色的甬道上，抬眼望去，蓝天之下，百花盛开，绿油油的草地上绽放着一朵巨型白莲花，实在是令人叹为观止。

* 原载王如君：《印度——漫游世界指南》，辽宁教育出版社 1999 年版。

# 永不改变的信仰*

## ——关于艺术家张羽

邹建平

张羽其人，一言难尽。生活中有磨难，他自诩为“苦夫”，我仍觉不尽其然。有多厚多深的苦，必积蓄有多厚多深的人生经验，内中必有丰富琳琅。这对一个艺术家何其重要！离异的婚姻是一种痛苦，多病的体质也使艺术家在投入紧张的艺术劳动后苦不堪言，而现实中的画家敏感易于激动，无数个黑夜是圆睁着双眼暗自度过（张羽晚上大多失眠不能入睡），这种诗人般的气质使张羽对女性既崇尚又怀疑。而笔下的女人神圣温文，画家向往的是一种母性般的保护、那种纯朴文静般的女性。也许，生活对他是个死结，永远解不开！因为我们这些人是为了信仰而活着，基于此，张羽和我，在真实的场景下蘸下血和汗的真实，去莫斯科温登翰街头干下一番与艺术无关的事业。19 世纪诞生于德黑兰的先知巴哈欧拉（Bahá'u'lláh）为其终生的事业遭受流放、囚禁，信仰自始不变。巴哈欧拉痛苦的生活，奠定了他思想发展的基础，他在辞世 100 年以后，逐渐获得了全世界各民族数百万人的崇拜和忠诚。生活中张羽有多苦，唯只有艺术能解脱，艺术便是上帝！这个死结，唯有上帝能解开。至此，依借巴哈欧拉祈求医治的祷文，为其艺术家张羽免除苦难：

我恳求你，以你恩赐之水洗涤我，使我脱离一切折磨、苦难、疾病及所有的虚弱和无力。以此代作祝福！

---

* 原载邹建平：《边缘画家》，重庆出版社 1999 年版。

# 献给巴哈欧拉(十四行组诗)*

简 宁

## 和 弦

幸福和送礼的人一样,也会按错门铃
她来找我的邻居,却找到了我
我不认识她的面容,她将错就错
这破敝的门廊怎能接纳她光辉的竖琴

我在艾水里沐浴三遍,还没有洗净灰尘
我无力如婴儿,还不够柔弱
我匍匐身体,为了准备你的车辇通过
为了将这地上的每一粒沙土奉为神圣

她却坐上这把吱吱扭响的椅子
用静默和我谈心
我听着,听着亲切的无言的言词

我说着,说着白塔与和平
我的屋顶上掠过你闪亮的呼吸
我的头颅像潮湿的萌芽向光明攀登

* 原载《人民文学》2000 年第 4 期。

## 钥　匙

如果房屋有一颗心脏，它就在你的口袋里
鸣叫。风雪凄迷的路上，回家的人
摸到了钥匙，他就看见了桌上的灯
钥匙插进锁孔，屋里的仙女再也来不及
变回银狐，从烟囱里逃逸
她将被迫暴露她的美丽，她秘密的爱情
还有阿里巴巴的钥匙，音节的水晶
闪烁着跳跃，打开了炉火旁金黄的回忆
而一枚捡来的钥匙只是钥匙的尸体
谜一般的锯齿已经在尘土里生锈
这世上所有的门都对它紧紧关闭
而对称的花园像蒙上了符咒
有人脸色发白大汗淋漓
彻夜或者毕生，与一把铜锁搏斗

## 阳　台

这十一层的房间如果也有一个天井
或许不需要阳台：夜间造访的天使
将垂直地飘落羽翼，像梦轻易地找到孩子
这里仰望的人却只能遇到十二层上漆黑的鞋跟
他也不能从窗户里进来，玻璃堵住他的嘴唇
唯一的通道是阳台，阳台是幻想的抽屉
浇花的邻居在阳台上相遇，像两个亲戚
同一片晃眼的阳光熔化了昨夜的仇恨
从阳台上飘落的蓝手帕
轻轻地盖上我的脸
我就带着这朵云回家
主人不在的白天，阳台和阳台交谈
在深夜，敞开的阳台是另一个人的灯塔
卧室的烛火熄灭，有一颗心将出来撒下花瓣

# 夜晚

更明亮的天空在大海的那边，更明净的灯盏
在道路的尽头。这里，铁轨挑着轰鸣的窗户
穿过街心，像一根锈针把夜晚的屋顶缝补
露宿的马路边，有人为一阵阵创痛彻夜不眠
被照亮的还有钟楼、废墟、浮娱荒凉的公园
老鼠倚靠着半截砖头开起了红火的店铺
在后半夜，当黑暗更黑，一双伟大的手回来修复
把光环挂上菩提树梢，作为黎明的神龛
愿晨曦走近那渴望灯光的人
车轮的噪音曾经辗碎他梦里的苹果
他饥肠辘辘，又被寒冷剥夺了家庭
这露水濡湿的躯体将成为太阳的住所
潮汐的门槛漂荡，念着祈祷的诗文
城市也将重逢在夜间沉没的云朵

# 信仰与巴哈教堂*

宋 翔

萨摩亚是英联邦国家，在政体上效法西方的议会民主制。在地方上，萨摩亚沿袭村委会制，即酋长制。每个村至少有一个教堂和一座大法垒(圆柱形无壁篷屋)，大法垒是村委会开会的地方。

以皮利尼西亚人为主要人种的萨摩亚人笃信宗教。自1830年首批西方传教士到达以来，萨摩亚人一直虔诚地信奉上帝。基督教、天主教和摩门教都在这里盛行。每天清晨和傍晚，都可以听到教堂悠扬的钟声。星期日，无论大人小孩，都穿上洁白的教服去教堂。上帝的孩子礼拜天不工作，所以每到周日，闹市区的大小商店全部关门。

教堂建筑的豪华显示出人民对信仰的执著。不仅教民捐款，政府拿出国家财政年支出的1/3作为建筑和修缮教堂的费用。

萨摩亚人将大量时间和财富投入到宗教生活中，正是坚定的信仰造就了国家的和平与稳定，才使萨摩亚人团结友善。但不知是否也由于信仰，一些人安于现状，不喜劳作。人们相信在上帝的照顾下可以安居乐业。教民要把每月收入的1/3捐给教会。

萨摩亚还有一个宣扬宗教统一的教堂——巴哈教堂。

乌波卢岛中部山顶长年飘浮着云，就在云雾缭绕的地方，坐落着著名的巴哈教堂。

在翠色欲流的草地和蓝天白云的映衬下，巴哈依圣殿像一朵含苞的白玉兰，被嵌于褐色的大理石底座上。

这是一座九面圆顶建筑，每面各开有一扇玻璃门，九个面向上延伸汇集到一点，成为圆锥体，象征着巴哈教派的教义——一个造物主之下的所有宗教的统一。

从任何一扇门都可以进入教堂。里面是一个九边形会堂。九扇门上方贴着褐色硬木，均刻有两行镏金文字，是用萨摩亚文和英文写成的教理。每两扇门间夹有楼梯，通向二层。二层其实只是一个环形通道，从上面可以俯瞰会堂。顶部中心赫然刻着金色大字——上帝。

与世界上其他宗教不同的是，巴哈教堂没有任何供以膜拜的神。它是各种宗教的集合，无偶像的纯信仰。巴哈教派宣扬各种宗教的统一，号召人类维护和平、避免战争。它的创始人巴哈安拉生于1817年，生前曾写下近百条教义。

* 原载宋翔：《萨摩亚风情》，《世界博览》2000年第7期。

# 荒山上建成悬空花园*

## ——以色列人称"第八大奇迹"

晓笠　曲韵

将于2001年5月正式向公众开放的以色列海法市卡梅尔山上的巴孛陵寝梯田平台花园尽管尚未完工，却已引起了全世界建筑、园林园艺、植物学等各方面专家的关注。该花园应用了现代的灌溉技术，经植物学家实验检验，从世界各地挑选出近百种植物花卉种植在山间，以适应当地干燥炎热的气候以及碱性土壤，令昔日荒凉空旷的卡梅尔山披上了彩色的外衣。该花园建造面积之大、工程技术之先进、与建筑景观融合之辉煌气势令世人瞠目。以色列人自豪地称其为"世界第八大奇迹"。它美化了以色列，也美化了我们的地球。

早在1999年6月第二十届世界建筑师大会在北京召开之时，该花园设计者、著名建筑师法理博·萨巴有机会见到了北京建筑设计院摄影师傅兴的作品，高度评价之余并邀请其为花园拍照。傅兴应邀于今年5月7日下午3点，到达卡梅尔山为即将竣工的巴孛陵寝梯田平台花园拍照。工作日截止到5月12日下午。为了拍到最好的光线角度，摄影师每天从早六点半工作到晚八点半，工作得到了海法市市政当局的全力支持。

## 卡梅尔山多石、陡峭，土壤高碱性，为花园建造带来困难

以色列的北部城市海法是以色列第三大城市。海法市是一个民族、信仰多元化的山城，倚卡梅尔山而建，面向地中海。民谚称："在耶路撒冷祈祷，在特拉维夫游玩，在海法居住。"

卡梅尔山虽为犹太教和天主教的圣地，并且建有巴哈伊教先驱巴孛的陵寝，但山色并不美丽，荒凉空旷，陵寝也因此凸现山间，缺少宗教圣地应有的肃穆氛围。

1987年，加拿大籍的著名建筑师法理博·萨巴在完成了举世瞩目的印度莲花形巴哈伊灵曦堂的建设后，受巴哈伊世界中心委派，承担起了卡梅尔山梯田花园的设计建设工作，同时他也被任命为卡梅尔山上所有巴哈伊世界中心建筑工程的负责人。这一6万平方米的工程包括一个研究中心、一个国际顾问会议中心和一个图书馆。

* 原载《科技文萃》2000年第10期。

## 开山造园大有愚公移山之势

摄影师傅兴这样描述初见卡梅尔山时的感受：在多石陡峭的半山间，突然出现了一串辉煌壮丽的花园，就像悬在那里一样。金色穹顶的巴孛陵寝像一颗宝石，镶嵌在中央。待走入园内，那精心挑选的植物，精雕细琢的灯柱和台地加上晶莹清亮的喷泉，让人心情放松，庄严而严整的对称布局令人不能放肆，反而引人静穆冥思。

花园垂直高度 225 米，最大坡度 63 度，宽度从 60 米到 400 米，从山顶到山脚延伸达一公里。平台花园设计为 9 个同心圆，从陵寝，即中央的金顶大厦发散出来。设计师萨巴的构思是：花园要为巴孛陵寝创造一个最恰当的外围环境，就像黄金的环饰中镶嵌着璀璨的钻石。

## 先进的灌溉技术使得水资源得以充分利用

综合考虑以色列的气候条件、卡梅尔山坡的斜度及项目的经济预算，最大限度地利用水资源（地下水和储存的雨水）成为设计的重点。灌溉系统采用喷雾式、淋洒式和滴灌（地上系统和地下系统）等形式，在灌溉水中加入肥料，使浇水和施肥同步，以减少浪费。花园分为 50 个灌溉小区，按实际情况采取措施减少蒸发和直流等水源流失问题。

草坪上草种的选择对水的有效应用也很重要。在特别陡峭的地方，用英格兰常青藤代替一般草坪，以充分避免水的流失，经过仔细修剪，其视觉效果与草坪一致。

## 世界近百种植物花卉会聚于此

萨巴先生指出，除了充分利用当地的树种和野生花草外，还从世界各地挑选了近百种适应当地干旱气候和碱性土壤的植物花卉，使得不同季节开放的花卉、青草地和树木组成一幅一年中不断变换的织锦绣。例如春末兰花楹树、地牵牛、矢车菊的粉紫和夏天大理石花盆中天竺葵、坡道两侧的凤仙花的火红……

## 野生动物悄然而至

在卡梅尔山如此宽的范围内种植了多类植物，这可吸引了不少大大小小的野生动物，昔日沉静的荒山从此生机盎然。巴孛陵寝因其而辉煌。海法市因其而闻名，“为了美丽的以色列”委员会在其授奖赠言中描述：“因为其辉煌，其独特，其与环境完美的结合，巴孛陵寝梯田式花园荣获 1999 年度美丽的以色列‘马各希姆(Magshim)’奖。”(以犹太人马各希姆的名字命名的奖项，奖励为以色列建筑及环境景观等作出突出贡献的人)。

# 巴哈欧拉*

陈丽新

在人类漫长的精神进化与文明演进的过程中，有一些独特的名字镌刻在历史的长卷上：琐罗亚斯德、克里什那、摩西、释迦牟尼、老子、孔子、耶稣、穆罕默德等，他们以其纯洁高尚的生活典范，超前于时代的知识和智慧，对人类无限的耐心与仁爱，无可比拟的道德勇气与力量，教育、培养、影响了万众千代。这些人类导师往往出现在人类历史面临转折的关头，给陷入危机的人类社会提供了一股新鲜巨大的冲击力，分别为人类带来了发展和进步的波斯一神教文化、印度文化、犹太文化、佛教文化、道教文化、儒教文化、基督教文化和伊斯兰教文化。人类就在这些先知圣哲的教育与影响下，获得了新的知识与能力，从而推动文明不断向前演进。就在一个半世纪以前，又出现了这样一位人类的导师巴哈欧拉，他预示人类社会将进入全球性的文明发展阶段，"旧存体制将会席卷而去，而一个新的体制将代之而展开"。他把这个即将出现的新的体制称为"新世界秩序"，他说："这伟大的新世界秩序所带来的振动力，已打破了世界的均衡。人类旧有的生活规律也受到这种独特体制的作用而发生了革命性的变化，这奇妙的体制是人类前所未有的。"在他浩瀚的著作中，不仅包括了世界联邦、世界和平、文明与环境等现代问题的论述，也给自古以来一直困扰人类的种种神学和哲学问题作出了解答。

## 一、巴哈欧拉的生平、著作及影响

巴哈欧拉的时代距离我们只有一个多世纪，因此有关他生平的记载都有完整可靠的史料依据（这些史料包括其忠诚追随者、旁观者甚至对他怀有敌意者的记载，也包括政府文件等）。而他的所有著作都是或者由他亲笔写成，或是口述由追随者记录下来，经他亲自审阅后以印玺确定其真确性的。因此不同于后代对以往历史上的先知如佛陀、基督或穆罕默德的了解，传说与史料难于区分，历史上第一次，我们有可能依据确凿无疑的史料与事实，来研究这样一位伟大先知的生平和思想。守基·阿芬第的 *God Passes By*（神临记）①是记述巴孛和巴哈欧拉之使命的权威著作。Nabíl 的《破晓之光》记载了巴孛时代的事变。巴哈欧拉的传记，请参阅 Hasan Balyuzi 所写的 Bahá'u'lláh(Oxford:

* 山东人民出版社 2000 年版。

① 守基·阿芬第：*God Passes By*, Wilmette: Bahá'i Publishing Trust, 1987.

George Ronald，1984 年)，在 Adib Taherzadeh 所写的四卷 The Revelation of Bahá'u'lláh(Oxford：George Ronald，1992 年)中，对巴哈欧拉的著作及杰出信仰者有详细的介绍。

巴哈欧拉 1817 年 11 月 12 日诞生于波斯帝国首都德黑兰的一个富有而显贵的贵族家庭，原名密尔萨·胡赛因·阿里(Mírzá Ḥusayn-'Alí Nurí)，后来才以巴哈欧拉(Bahá'u'lláh，上帝之荣耀)这一尊称著称于世。他的祖先，一方面源自神圣家族亚伯拉罕与第三个妻子卡图拉，另一方面源自波斯古代先知琐罗亚斯德，同时也是古波斯帝国最伟大的萨萨尼王朝最后一位国王亚兹第格德的后裔。[①] 他的父亲是朝廷大臣，做过马赞德兰省的省长，以政治才干和杰出的书法而闻名朝野。

史料记载巴哈欧拉有一种与生俱来的令人惊异的智慧与高贵气质和不寻常的力量，他的人格不但使他的亲人及朋友敬爱他，陌生者也不由自主地被他所吸引。巴哈欧拉是在富有而舒适的贵族环境中成长的。他 22 岁时，父亲去世，首相要他继任父亲的职位，他却拒绝了向他敞开的仕途。首相曾这样说过，胡赛因·阿里所要从事的工作将更伟大，政府的工作对他的能力而言是太微不足道了。

当时，神学和哲学问题是神学博士们的领地，波斯的贵族阶层涉猎的仅是骑马、剑术、书法和一些波斯的古典诗歌。巴哈欧拉从未上过任何学校，然而他却毫无拘束地和神学家们讨论深奥难解的问题，并且一次又一次地以明确的理论和不可辩驳的逻辑，令听众叹服。通常，一般人在侵犯他人领域时会变得骄横跋扈，而巴哈欧拉却总是谦逊、亲切而忍让，从不让任何人不悦或不安。

虽然他所交游的是上等阶层，然而他从不迟疑地救助穷人及失败者。他被称为"穷人之父"。他的美德使他成为一个避难所和他周围人们中的尊贵者。但这样一种优越尊贵的地位在 1844 年之后便丧失了。

19 世纪初期乃是一个许多地方都期待着救世主出现的时期。被日益加速的科学发明和工业化的过程及深远影响所激动和困扰，各种宗教的虔诚信仰者和神学家们都转向各自的经典，并在经典中找到了救世主即将临近的证据，在欧洲和美国，围绕着"世界末日"和"基督再临"预言，许许多多的教派因而兴起。例如坦普尔教派(圣堂会)和米勒教派(基督再临教派)，耶和华见证会、七天降临会等等。一些教派明确计算出基督再临之日将介于 1840～1847 年之间。[②] 同时一个相似的热潮也在中东涌动。一些神学家相信《古兰经》和伊斯兰教传统中各种预言的应验迫在眉睫，两位圣者"卡义姆"和"卡尤姆"将在波斯相继显现于世。[③]

1844 年 5 月 23 日，波斯名城设拉子的一个青年商人，名为思义·阿里·穆罕默德(Siyyid 'Alí Muhammad)，向前来寻求伊斯兰教"隐遁者"的年轻神学家穆拉·胡赛因作出了这一惊人的宣告："上帝之日"已临近，他自己就是伊斯兰经典中许诺过的"那位将升起者"。人类正站在一个新纪元的门槛上，人类生活的各个领域将剧烈动荡和重新建构。他取名为"巴孛"("大门"的意思)，代表着那道门，经由它，全人类期待着的所有经典的"许诺者"，"上帝之宇宙性圣使"即将出现，而他将为之而铺路牺牲。后来他将一封没有具名的书简交给他的第一位门徒——穆拉·胡赛因，嘱他去德黑兰交

---

① 守基·阿芬第：*God Passes By*.

② 一些信徒坚信基督来临时将奖善惩恶，善者将升上天堂而准备了升天的绳索，而在预言之日临近却未见基督"乘云而降"时，陷入失望和怀疑之中。

③ 根据伊斯兰教十叶派传统，"卡义姆"即"那位将升起者"以及"卡尤姆"即"至高自立者"将在"伟大审判日"相继显现于世。伊斯兰教神学家Shaykh Aḥmad 和其继承者 Siyyid Kazím 都在著作中对两位将显现者的特征和显现日期作了明确报告，并在波斯积极传播这一信念。

给一位"在天庭中地位非常崇高的人"。如同找到巴孛的过程一样,依靠内心神秘力量的引导,穆拉·胡赛因找到了巴哈欧拉。当时巴哈欧拉家中高朋满座。巴哈欧拉浏览了巴孛书简的头几行,即当众宣布:"我证实,此伟人乃正直者之主,所有人都应信仰他。"然后他以自己的声望、地位和财富热情坚定地宣扬这一年轻信仰。当时巴哈欧拉 27 岁,他的知识与智慧,他流畅的言词及他仁慈的本性,使他受到所有人的敬爱,而巴孛对巴哈欧拉的崇高敬意,也是他其他门徒无与伦比的。①

巴孛的宣告很快吸引了很多追随者,这一宗教运动很快如山火一般在波斯各地蔓延开来,震撼了波斯自中世纪以来少有变化的宗教道德、社会状况、习惯风俗的支柱,引发了传统势力的迫害浪潮。巴孛从宣道之后即被数次囚禁。1848 年,巴孛的 83 位杰出门徒集中在库拉桑的巴达什特,寻求解救巴孛脱离囚禁之地的方法,并讨论这一新信仰与传统伊斯兰教的关系:是宗教的改革还是更新?巴哈欧拉是这次大会的舵手,他以一种戏剧化而有智慧的方式解决了激进者与保守派之间的论争②,澄清了这一事实:巴孛之启示不是伊斯兰教的分支,而是开始了一个新的独立宗教。

1850 年 7 月 9 日,年轻文雅、温和仁慈的巴孛被教士煽动当局以"危害国家安定"和"叛教者"的罪名在塔布里兹广场枪杀,同一时期还有两万名忠诚追随者被以各种酷刑处死。这些事件在当时引起了欧洲有影响力的社会阶层的注意和同情。不论是欧内斯特·雷纳,列夫·托尔斯泰,还是莎拉·贝纳尔或戈比诺伯爵,都对在波斯发生的事件表示了极大关注。③ 几乎巴孛所有最杰出的门徒都被谋杀,巴哈欧拉由于他的家族声望幸免于死,却受到鞭笞的刑罚。

1852 年 8 月 12 日,两位鲁莽冲动、由于巴孛的被枪杀而失去理性的年轻人决心为其主人及其殉道的弟兄们复仇,以装有鸟弹的步枪向沙王射击。沙王只受了擦伤,却在全国引发了一次对巴孛所有信徒的大迫害的浪潮。虽然巴哈欧拉与这一丧失理智的疯狂行为完全无关,却被当做背后指使者关进了德黑兰臭名昭著的地牢——"黑坑",在他的脖子上套上了 52 公斤重的铁链。每天都有巴比信徒被拉出去以各种极刑处死。迫于巴哈欧拉的声望,当权者不敢公开杀害他,于是就企图毒死他,阴谋虽未得逞,但毒药的影响却延续了多年。巴哈欧拉在这潮湿、阴冷、充满恶臭的地牢中度过了 4 个月。就在这阴暗的地牢中,巴哈欧拉领受了神圣的使命。

有关神圣天启的体验,过去只有在有关佛陀、摩西、耶稣以及穆罕默德生平的第一手资料中有所暗示,而巴哈欧拉则用他自己的言词作了生动描述:

> 在那些日子中我躺在德黑兰的地牢中,枷锁重量的痛苦及空气的污浊使我只能有短暂的睡眠。在一次偶尔的轻睡中,我觉得有东西自我的头顶奔流下来,遍布我的胸膛,仿佛一股洪流自高山之巅向大地倾泻。我浑身都好像着火了一般。此时我低声吟诵,但无人能领受我话语的奥秘!④

---

① 巴孛在他最著名的经书《巴扬经》中透露了"巴哈"的名字,赞美了他的崇高地位,确定了他将显示的时间,宣称自己的启示"只是他天堂无数树叶中的一片",他已为他"完全"地"牺牲了"自己,又在许多书简中反复强调那位"上帝将使其显示者"的伟大。

② 当时,巴孛的信徒们尚未完全了解巴孛启示的含义,对巴孛的身份有各种说法。巴孛的第一位女门徒敏锐的女诗人古拉图·艾恩一天揭开面纱突然出现在聚会的人们中,当作一个新时代的表征,这一违反伊斯兰教教规的大胆举动在信徒中引起了极大混乱与争议。最后巴哈欧拉以不容置疑的权威和智慧告诉大会:巴孛是一个新启示的创始者,站在与穆罕默德和耶稣同一个天庭的地位上,有权废止过去宗教的律法。开始新的律法。参看 Nabil 的历史著作《破晓之光》。

③ 有关这些事件的记载请参阅 *God Passes By* 第一章至第五章。在戈比诺伯爵(Joseph Arthur, Comte De Gobineau)于 1865 年间出版其著作 *Les religions et lesphilosophies dansh I'Asie centrale*(Paris: Didier, 1865)之后,尤其引起了西方对巴比运动的兴趣。俄国文豪托尔斯泰曾这样写道:"巴孛的教义必定有一个伟大的未来。"

④ 巴哈欧拉:*Epistle to the Son of the Wolf*(《致狼子书简》),Wilmette: Bahá'í Publishing Trust, 1979, p. 22.

4 个月之后，巴哈欧拉被证实无辜而释放，然而波斯王朝和宗教领袖惧怕他的影响力决定将他立即流放，并没收了他的所有财产。在严寒的冬天，缺衣少食，巴哈欧拉和他的家人永远离开了他的诞生地波斯，在蜿蜒积雪的山路上向巴格达行进。一度受到富有者及穷苦者、王子及农民所敬爱的他，现在却被他经常慷慨给予慈悲、爱护及正义的人们所遗弃。1853 年 3 月，当他到达巴格达时，地牢的折磨和长途跋涉的艰辛，使他濒临死亡边缘。但他一旦复原过来，便开始了重新整顿巴比社团的工作。那时巴比信徒已陷入颓丧和混乱的境地。失去了导师的指引，一些冒险者被野心或幻觉所鼓动，纷纷出来宣布自己就是巴孛所预言的"允诺者"，巴比社团分裂成了许多小的派系。巴哈欧拉开始重新教育和团结这些迷失的巴比信徒。但他在信徒及当地社团中与日俱升的声望受到他同父异母之弟弟、巴比社团的名义领导人密尔萨·雅亚①的嫉妒。他开始暗中诽谤，制造分裂。于是巴哈欧拉隐退到库尔德斯坦的深山中，在荒郊野地与野兽为伴，与世隔绝地过了两年完全孤独的生活。有关这段引退生活，巴哈欧拉写道："很多夜里，我们没有食物维生；很多白天，我们的身体无处休息……即使这大量的痛苦及无尽的灾祸，我们的灵魂仍处于幸福的喜悦中……我们隐退的目的，就是要避免成为忠实信徒之间分歧的原因，打扰我们同伴的源头，伤害任何人的工具，或任何心灵悲痛之因。"②值得注意的是，这种与人类社会隔绝的事件也曾发生在以往先知的生活中，如摩西在西奈沙漠住过；佛陀在印度密林漫游；基督在沙漠中独自度过 40 昼夜；穆罕默德在希拉山洞隐修。

逐渐地，巴哈欧拉的声名在苏雷曼尼耶地区传开了，附近的人不知道他的身份，但都被其仁慈及智慧所吸引，纷纷前来向他求教，称他为"达维希·穆罕默德"③。终于他的声名传到了巴格达。1856 年，在流亡的巴比信徒的急切恳求下，巴哈欧拉回到了巴格达。失去了巴哈欧拉的引导而陷入更深的纷争与不和之泥沼中的巴比信徒，经过这场考验，都认清了巴哈欧拉才是唯一有力量团结引导他们走向正道的人。

在巴格达逗留的 10 年里，巴哈欧拉启示了大量书简，其中三本最著名的经典是《隐言经》、《七谷书简》和《确信之道》。《隐言经》汇集了他漫步于底格里斯河畔时领受的生命之哲理和爱之奥秘。

> 朋友啊！
>
> 在你心灵之花园里，只栽种爱之玫瑰。紧握挚爱与祈望之夜莺，不要松手。珍惜与正直者的友情，切断与邪恶者的交往。④

《隐言经》也许是巴哈欧拉著作中翻译最广的一本书。它已成为各民族信仰者涤清心灵之尘埃的清泉。

《七谷书简》是为答复一位苏菲教派领袖而作的，它的神秘之美无与伦比。巴哈欧拉以诗一般迷人的语言，描述了灵魂由尘世之境趋近创造主的精神历程所必须经过的七座山谷：探寻之谷、爱之谷、知识之谷、合一之谷、满足之谷、惊奇之谷、真贫和绝对虚无之谷，以及灵魂到达下一座山谷之前所应具备的条件。对于有道教背景或追寻崇高超越之境的读者，这本书将展示出无穷奥秘。

《确信之道》是回答巴孛的一位舅父就巴孛之使命与身份提出的疑问在两天中启示而成的，长度

① 密尔萨·雅亚是由巴哈欧拉抚养大的。当雅亚还年轻并受巴哈欧拉指导时，巴孛委任他在"允诺者"显现之前，作为巴比社团的名义领袖。他天性懦弱，受到一些有野心和阴谋的人的左右。

② Hasan Balyuzi, *Bahá'u'lláh*, pp. 24-25.

③ 达维希 Darvish 是对伊斯兰苏菲派隐士的尊称，当地民众以为他是一位隐修的苏菲派领袖。至今在那一带还流传着有关他的传说。

④ 巴哈欧拉：《隐言经》第 2 卷第 3 节，澳门巴哈伊总灵体会 1994 年版。

相当于一部《古兰经》。巴哈伊信仰的圣护守基·阿芬第曾说这部经典是"巴哈伊经典中无出其右者,最优越者"。巴哈欧拉在这部经典中给以往经典中经文的象征和比喻之含义提供了理性而令人信服的解释,证明了各个时代的先知及其使命的真实性,阐释了先知的双重身份与地位,论述了宗教一体和不断演进的规律,并明确无疑地证明了巴孛的使命与地位。"仅这一本书便可扫除长久以来分歧了世界各伟大宗教的不可克服的障碍,它已经为它们信徒的完全、永久的和谐奠下了一个宽广而不可攻陷的基础。"[①]

在他重新领导之下,流亡的巴比社团逐渐成为当地受人尊敬的社团,而来自波斯的朝圣者[②]也不断将巴哈欧拉的书简与影响力带回国内。由于害怕会再一次燃起公众对巴孛信仰的热诚,波斯政府对奥斯曼政府当局施加压力,要求将巴哈欧拉递交给波斯官方或押送到偏远地方。奥斯曼政府最终选择了邀请巴哈欧拉到首都君士坦丁堡居住。[③]

这时,巴孛所预言的"允诺的日子"也临近了。1863 年 4 月,在离开巴格达之前,巴哈欧拉露营在底格里斯河畔一个名为"蕾兹万"(天堂)的花园里。从 4 月 21 日至 5 月 2 日的 12 天里,巴哈欧拉向伴随的巴比教徒宣示了这一喜讯:他就是巴孛为之牺牲了生命的"上帝将使其显示者":

> 这是人类可以见到"允诺者"容貌,听到"允诺者"声音的日子……每一个人都应该将所有空虚的言辞从自己的心灵上擦抹干净,而以坦率和公正的心灵来看待他天启的表征、他使命的证据以及他荣耀的标志。[④]
>
> 这是上天慈悲之洋显现给人类的日子,是他慈爱之圣阳照耀着他们的日子,是他宏恩之云霞笼罩着全人类的日子。如今是借着亲爱与友情的微风和互助与慈善的雨水来舒畅和振兴颓废者的时候。[⑤]

1863 年 5 月 3 日,巴哈欧拉由他的家庭和挑选的同伴陪伴着,在眼含热泪的大众的拥戴欢呼声中和权威者们的恭敬送行下,威严地骑马离开巴格达,前往奥斯曼帝国之首都君士坦丁堡。当时帝国的首都聚集了许多从波斯来的阴谋家和政治游客。一些朋友力劝巴哈欧拉利用当时普遍存在的对波斯政府的敌意和他所遭受的磨难来激起同情。巴哈欧拉回答他不需要这样,他所关心的是重振人类的精神和道德,而不是世俗的权力之争和荣耀。他平静、安详地等待着君王的判决。4 个月后,没有任何罪名也未经任何审判,他被当做国家囚犯突然押往爱丁诺堡。[⑥] 在凛冽的寒冬里跋涉了 12 天后,巴哈欧拉和他的同伴于 1863 年 12 月 12 日到达爱丁诺堡。[⑦] 在这里,巴哈欧拉向所有的巴比信徒公开宣告了其使命及地位,绝大多数的巴比信徒都欣然接受了他的权威。从此他们被称为"巴

---

① 守基·阿芬第:*God Passes By*, p. 139.

② 巴格达是通往许多伊斯兰教圣地的必经之途。

③ 巴格达省长约密克·帕夏曾致书首都官方,陈述这位波斯流放客的杰出品格和影响。苏丹王阿博都·阿齐兹和其内阁总理阿里·帕夏对这些报告很感兴趣,因此没有答应波斯政府的要求,而是尊敬地邀请巴哈欧拉前来首都,以了解真情。

④ *Gleanings from the Writings of Bahá'u'lláh*, Wilmette: Bahá'í Publishing Trust, 1984, pp. 10-11.

⑤ 《巴哈欧拉圣典选集》。

⑥ 这次流放主要是波斯大使密尔萨·胡赛因·汗和其同僚造谣的结果。他们诬陷流亡者有秘密进行危害公众安全及国家宗教的活动。然而,几年后,这位大使在指责他的同胞因贪婪和背信弃义而损害了波斯的荣誉时,却赞扬巴哈欧拉的行为品德为波斯人树立了典范。参看 Revelation, Vol. 2. p. 399.

⑦ 值得注意的是,历史上第一次,一位宗教先知穿越了分隔欧亚大陆的狭窄水路,踏上了"西方"的土地,所有其他源于亚洲的伟大宗教的创始人从来没有离开过亚洲。

哈伊”[①]。

在爱丁诺堡，巴哈欧拉的启示之阳逐渐升到辉煌之顶峰。从1867年9月开始，巴哈欧拉启示了一系列书简致当时最有权威的世界统治者及宗教领袖[②]，向他们宣示了他神圣的使命，宣称一个新纪元已经破晓，召唤他们遵循正义和中庸之道，谴责暴政、苛政，警告他们在世界政治和社会秩序中将出现灾难性的剧变，告诫他们以集体安全的原则一劳永逸地建立起世界和平。这些书简现在都被汇集在《致君王书》中，书中智慧的训诫、惊人的远见和庄严的忠告值得每一位研究者认真注意。在这里，我们看到的，是一位为世界所错待的囚徒，独立面对着整个世界，裁判着人类社会旧存的价值观和各国的命运，召唤他们听取来自上天的神启。不幸的是，除了英国女皇维多利亚较为公正的态度外，他的忠告被大多数统治者轻蔑地忽略或拒绝了。[③] 结果是残暴统治压榨而引起的革命浪潮，各个皇朝和王权的相继倒塌，宗教领袖权威的丧失，大众道德之混乱和沦丧，一次大战与二次大战的恶果，毫无节制地追求物质文明与剥削环境所造成的人类生存危机。[④]

> 所有当权者的所行所为务必要合乎中庸之道，凡是超越中庸之道的行为都不会有好的影响。譬如自由、文明之类，无论学者们多么推崇它们，如果走向极端，必定会带来邪恶的影响……人类还能固执己见地生存下去到几时呢？丧失正义的风气还会持续多久？混乱与困惑的现象还会猖獗到几时？倾轧的喧嚣还会干扰世界多久？绝望之风从四面八方吹来，使人类分裂及苦恼的争斗与日俱增。由于目前的制度呈现出许多可悲的缺陷，迫在眉睫的剧变与混乱的迹象现已显明。
>
> 虽然悲惨和不幸围绕着世界，但是却无人停下来想一想此种现象的原因或根源所在。每当至真圣导出言告诫世人时，看哪，他们竟谴责他为离间者，并且拒绝接受他的主张，此种行为真是令人困惑不解！[⑤]

巴哈欧拉的声誉在爱丁诺堡广泛传开了。土耳其官方包括省长和各教派领袖对巴哈欧拉都非常地尊敬。同时许多波斯及附近地区的信徒们大批地向爱丁诺堡涌来畅饮巴哈欧拉启示之泉。这刺激了雅亚和他的同伴们。他们利用当时土耳其统治的欧洲各省不稳定的政治形势，诬陷巴哈伊信徒企图与保加利亚和欧洲君王协作推翻土耳其的统治，引起了奥斯曼帝国政府的恐慌。1868年8月12日，他们突然再次将巴哈欧拉和一小群同伴流放，这次是帝国最严酷的监狱，称为“世界之尽头”的堡垒城市——位于巴勒斯坦圣地海滨的阿卡。巴勒斯坦是世界三大一神教（犹太教、基督教、伊斯兰教）共同尊敬的圣地，数千年来在人类的期望中一直占据独特的地位。阿卡是历史上有名的堡垒城市，《旧约》中几位先知都预言过它的荣耀[⑥]，穆罕默德也赞美过这座城市。大卫王曾很庄严

---

① 巴哈伊，即“巴哈之民”，或“跟随巴哈欧拉的人”。“巴哈”是“荣耀”、“光辉”的意思。

② 这些领袖包括波斯沙王纳斯瑞丁、土耳其苏丹阿布杜·阿齐兹、法国皇帝拿破仑三世、德皇凯撒·威尔赫姆一世、俄国沙皇亚历山大二世、奥地利皇帝弗兰兹·约瑟夫，罗马教皇庇护二世、英国维多利亚女皇和美国所有总统。

③ 有关巴哈欧拉致每一位统治者的书简内容以及他们后来的命运，参看 Adib Taherzadeh, *The Revelation of Bahá'u'lláh*, Oxford: George Ronald, 1992, pp. 108-125，以及《巴哈欧拉》，马来西亚巴哈伊总灵体会下巴哈伊出版信托1993年版，第34～38页。

④ 守基·阿芬第1941年在他的著名著作 *The Promised Day Is Come*（《允诺的日子已经来临》）中分析了巴哈欧拉致统治者书简和其后在世界各国所发生的动荡间的关系。

⑤ 《巴哈欧拉圣典选集》，第51、52页。

⑥ 以色列先知何西阿、以西结、大卫王、以赛亚、阿摩司、弥迦都预言过巴哈欧拉将来临圣地，参看 H. M. Balyuzi, *Bahá'u'lláh*, pp. 53－54.

地昭示:"敞开你的大门,荣耀之君王,万君之主将会进来。"以西结预言"以色列的上帝之荣耀将从东方来"。在巴哈欧拉到达之前的几个星期,德国新教圣堂会运动的领导人从欧洲起航抵达卡梅尔山脚,建立了一个侨居地,来迎接他们确信即将再次降临的基督。①

1868年8月31日,巴哈欧拉和他的家人乘船到达阿卡。这是一座街道肮脏、房屋潮湿破败、围墙高筑的监狱城市,关押着帝国罪行最严重的杀人犯和强盗。城里没有任何清洁水源,空气如此污浊,传说鸟飞过阿卡也会窒息而死。最强壮的犯人不过几年也会死去。巴哈欧拉和他的家人及同伴先被严密监禁在军营的一个监狱里,条件非常肮脏恶劣,不久疾病传播到所有的人,其中三个同伴死去,看守却不肯埋葬他们的尸体。他们被当做危险的异教邪说者和阴谋分裂帝国的危险分子,面临城里其他居民的敌意和仇视。有一些信仰者从波斯穿越了波斯西方的高山,跋涉了伊拉克和叙利亚的酷热沙漠而来,却被高耸的围墙将他们与心中的钟爱者隔开,远远地他们望见铁窗内巴哈欧拉向他们挥手致意的身影,而这便足以在他们心中重燃更炽烈的信仰与忠诚之火焰。在这里,巴哈欧拉失去了他钟爱的22岁的小儿子,称为"最纯洁之枝"的密尔萨·美迪。一天日落时分他在监牢的屋顶上沉浸在祈祷之中时从天窗中跌落下来,受到致命创伤。守基·阿芬第写道:"在他临死时祈求痛心的父亲准许以他的生命作为牺牲来交换那些被拒绝来到巴哈欧拉尊前的人们。"4个月后,监狱的大门打开了,巴哈欧拉及其家人移居到城内一栋小屋中,虽仍处在看管之下,但有了更大的自由。渐渐地,阿卡的执政官及宗教领袖们了解到他们的囚犯并不是一个平凡人物,而是一个具有超绝的天赋与力量的伟人。他们被他的仁慈天性和尊贵举止所吸引,并惊异于他对于人类事物的知识。虽然他仍是他们的囚徒,他们却成了他忠诚的敬仰者。新总督公开表示,巴哈欧拉可以随时离开阿卡城到乡间去。

在被他称为"至伟监狱"的阿卡,巴哈欧拉完成了他启示周期最重要的一些著作。被称为"最神圣之书"、"世界文化之宪章"的《亚格达斯经》(又译《至圣经》),概括了巴哈欧拉"新世界秩序"的根本法律、原则和组织体系,是他的教义之"母经"。守基·阿芬第这样评述这部著作:"这部经典,这蕴藏着他启示之珠宝的宝库,由于它所倡导的教义原则,它所命定的行政机构以及它赋赐其继承者之使命,在所有宗教的圣典中,显得独特无比。"②巴哈欧拉自己形容这部经典所记载的教规与诫命是"一切创造物的生命之气息";"维持人类的秩序与安全的至高法宝";"他的智慧及慈爱的恩赐之灯"。"亚格达斯经的启示已吸引及包围了所有神圣的教义……不久,它的权威与影响力,必定显现于世。"③

巴哈欧拉已在阿卡土黄色的围墙中被囚禁了9年,没有见到过乡野的绿色了。在阿卡城伊斯兰护法者的数次恳求下,巴哈欧拉终于同意移居到城墙之外,居住在巴基的一栋楼宇里,一直到1892年去世。④ 巴基离开阿卡有几公里远,靠近蓝色的地中海,被美丽的乡野包围着。在这里他有选择地接见前来拜访者,并启示了大量的书简,进一步阐释和补充了新时代的原则和法规。这些书简被包括在《巴哈欧拉之书简》中。1890年,巴哈欧拉在卡梅尔山坐落于现在以色列的海法。《旧约》中先知多次提到它,预言"万王之王"、"万主之主"将在此登基]上立起帐篷,启示了《卡梅尔山书简》,这

① 他们于1868年10月30日抵达圣地海法。巴哈欧拉则在他们到达的前两个月抵达。在他们构筑起来的几座小屋的门梁上,面对着监禁巴哈欧拉的阿卡牢狱,至今人们还可以看到他们雕刻的铭文"主在临近",然而他们并没有意识到巴哈欧拉就是他们所等待的"以天父之荣耀"再临之基督。

② 引自《亚格达斯经律法纲要》序论,Bahá'i Publshing Trust,Malaysia,p.2.

③ 引自《亚格达斯经律法纲要》序论,Bahá'i Publshing Trust,Malaysia,p.2.

④ 虽然苏丹王放逐巴哈欧拉的命令一直没有撤销,但有关官方后来把它当成无效一样看待。

篇书简充满了胜利及喜悦:"所有的荣耀都归于这个日子,在这个日子里慈悲的芬芳吹拂着万物,这个日子是那么受到祝福,是过去所有年代所有世纪都不能比拟的。"巴哈欧拉的启示渐近尾声,他启示的最后一篇书简是《致狼子书》。①

巴哈欧拉的经典所论及主题的广泛及深远,是其他人的著作所不能比拟的。从个人的品行标准到人类事物的管理方法,从精神领域的奥秘到物质世界的规律,从微观世界到宏观宇宙,从亘古到今天到未来,无所不及。他的著述方式也和一般人不同。一般哲学家、思想家的著述是反复思考的结果,写成后也几经修改。他的所有著作全都是以飞快的速度一次性完就,所有经文(无论用的是波斯文还是阿拉伯文)都是完美的诗歌或韵文,从内容到风格都无与伦比,他启示的速度如此之快,以至秘书要用飞快的速记才能勉强跟上,有时在一个小时内会启示出 1000 行诗歌,美妙无比的诗篇如同滔滔不绝的江河涌流而出。② 一个旁观者证言:他启示时话语的力量使得房间的墙壁似乎都在震动,此时无人敢直视巴哈欧拉的眼睛。③ 他保留下来的著作。④ 收集起来超过 100 卷,共 10 万余行,原稿全部保存在今天的巴哈伊世界中心的史料馆中。一部分著作已翻译成了 800 余种语言,成为世界各民族信仰者精神净化和指引的源泉。巴哈伊第一个世纪中最著名的学者阿布法兹将巴哈欧拉的经典分为四大类:(1)律法及教规;(2)沉思、灵交及祈祷文;(3)对过去经书的诠释;(4)论文与书简。关于第一类,他写道:"其中包含了使得世界上所有国家的权利及利益得以永久保存的法律及规则,因为这些法令是如此的制订,它能满足每块土地与国家的需要,并且是每一个有智慧的人都能接受的。它的普遍性好似自然的律法,可以保障人类的进步与发展,并带来世界性的团结与和谐。"⑤。

1992 年在巴哈欧拉离世 100 周年的纪念日,巴西联邦国会召开了全体会议,向这位人类的先知致敬:"巴哈伊信仰的普遍实用性、及时性和远见卓识值得我们来到这次大会以颂赞巴哈欧拉。他的教义体现了所有人民——无论民族和信仰——的最深刻最美好的宗教。""我发现自己被那起源于一个人之笔下的浩瀚的宗教著作所眩惑。这些著作在无法想象的条件下著成,而处处体现着优雅的热情、庄严的权威、无与伦比的道德勇气、艺术的魅力和预言的口吻。巴哈欧拉——就是这巨著的作者之名。"⑥

1892 年 5 月 29 日,巴哈欧拉在巴基逝世。从阿卡城一直到巴基大厦的平原上都挤满了前来哀悼的人群。不同背景、不同信仰宗派的人——领袖、政府官员、祭司、学者、诗人、穷人、富人、犹太教徒、基督徒、十叶派穆斯林、苏菲派穆斯林——都来向他致敬,为他们的损失哀伤、悲泣,唁电、悼词和颂诗从四面八方涌来。而 24 年前的夏天,当他到达阿卡城的海边时,等待他的是群众的辱骂和敌

① 这是写给伊斯法罕一位臭名昭著的伊斯兰阿訇的。在这篇书简中巴哈欧拉对他使命的全过程作了回顾和总结,引用了许多以前启示过的经文,向企图毁损他的人挑战,并表达了信赖上苍,没有任何尘世力量可以改变他的目的和坚定信心。

② 一个观察者写道:"密尔萨·阿高·简(巴哈欧拉的私人秘书)有一个碗一般大的墨水瓶,还随时备有 10~12 支芦苇笔和一沓沓大张的纸……他带着所有致巴哈欧拉的信件到巴哈欧拉尊前,在得到允许后,朗读它们,然后巴哈欧拉指示他拿起笔记录下作为答复而启示的书简……他记录圣言的速度是如此之快,以至于写完整页时,第一个字尚墨迹未干,看起来好像是有人把一束头发浸在墨水里,然后挥洒到整张纸上一样。有时他记录得太快了,以致笔会从手里飞出去,他赶快拿起另一支笔继续记录。"这些草稿和巴哈欧拉的亲笔手迹现都保存在巴哈伊世界中心,1992 年 9 月曾在大英博物馆展出。

③ 有几次有的人受到如此强烈的震撼,以至眩晕过去。

④ 有时巴哈欧拉会指示秘书将启示好的诗篇部分或全部在河水里冲洗干净,说他无法遏止,上天的神启人类现在还没有一个人有能力领会它们的含义或承受其重量。

⑤ Mírzá Abu'l-Fadl, *Bahá'í Proofs*, Bahá'í Publishing Committee, New York, 1929.

⑥ 引自 Bahá'í Newsreel, Vol. 2. 3, May 1992.

视。他的人生旅途之对比是多么的令人惊异啊！高贵优裕的早期生活，接受使命后失去了一切世俗的财富，两次被囚禁，四次被放逐，40 年充满苦难与灾祸的流放生涯，遭受自己兄弟的背叛，统治者的压制和群众的辱骂攻击；然而他却笃信而平静地伫立，没有任何逆境可以动摇他，没有任何巨变可以阻挠他。他 40 年不停地召唤人类转向真理、正义与和平。他赐予信仰者珍贵的礼物——新生。他感动了人们的心灵。连很多曾否定他、攻击他、迫害他的人也被他的吸引力和尊贵和蔼所征服。有关自己的命运，他这样写道："亘古美尊答应了去承受锁链的束缚，以使人类能从束缚中解放；接受了成为这'最坚强堡垒'(指阿卡。)之囚犯，以使人类能获得真正的自由。他已饮尽了悲伤之杯的残渣，以使地球上的各族人民能获得永恒的喜悦与幸福……我们接受了被贬辱，以使你们能升到崇高之地位，承受了无穷的磨难，以使你们能繁荣昌盛。看哪，那为了重建整个世界而来的他，是如何被那些'与上帝平起平坐者'('与上帝平起平坐者'，指不承认上帝之神圣唯一性与不接受上帝使者之无上权威的人。)逼迫居住在这最荒僻之城！"[①]

佐尼牧师(Rev. T. K. Cheyne)这样证言："倘若今代有任何先知，我们就必须转向巴哈欧拉。他的言行便是最好的判断，他是最崇高者。"[②]

一封电报将巴哈欧拉离世的消息拍给土耳其的苏丹王："巴哈之阳已沉。"而在巴哈欧拉离开人世 100 年后，他所带来的教义已经环抱了整个地球。据 1992 年统计资料，巴哈伊信仰已经成为全球分布第二广、增长速度最快的独立世界性宗教，它已在全球 187 个独立国家和 45 个附属地区(或海外领地)、116000 多个地点奠基。巴哈伊团体包容了 2112 个不同民族与部落的人民，被认为是地球上最多元化、最团结的人民团体，在许多领域如教育、卫生、环境问题、农村基层建设、贫穷地区的可持续发展、男女平等、种族和谐、宗教团结、世界和平等人类生活的各层面发挥着越来越大的作用和影响。[③] 越来越多的世界领袖和思想家也转向巴哈欧拉的经典，寻求解决当代社会病症的钥匙。

美国副总统戈尔(Al Gore)写道："伟大世界性宗教中最新的一个，1863 年由密尔萨·胡赛因·阿里(Mírzá Ḥusayn -'Ali Núrí)创立于波斯的巴哈伊教，警告我们不仅要注意人类与自然的适当关系，也要注意文明与环境的适当关系：'我们不能将人心与其周围的大自然分离，说只要其中一个被改造，一切都会改进。人与自然是有机一体的。他的内在生活塑造着环境，同时又被环境所影响。'……'被艺术家与科学家们如此炫耀推崇的文明，如果让它践越中庸之界限，将给人类带来巨大的邪恶。'"[④]

本斯(Edward Benes)总统证言："巴哈伊教是促进人类社会及灵性上达至最后胜利的一个伟大工具……巴哈伊教义是今日世界一个伟大的道德及社会力量。"[⑤]

蜚声世界的盲人海伦·凯勒小姐(Miss Helen Keller)写道："巴哈欧拉的哲学思想值得我们最好的注意……还有什么比'世界的福利与各民族的幸福'更崇高的思想值得来占据我们的生活呢？世界和平的教义一定会胜利。对于这样一个有能力创造出一个新天地并在人心中唤醒服务人类的

---

① Bahá'u'lláh, *Gleanings from the Writings of Bahá'u'lláh*, Wilmette: Bahá'í Publishing Trust, 1984，第 45 节，pp. 99-100.

② Rev. T. K. Cheyne, *The Reconciliation of Races and Religions*(《种族、宗教之和解》)，1914，转引自 *The Bahá'í World*, Volume Ⅷ, p. 601.

③ 参看《巴哈伊：巴哈伊信仰及其全球性社团之概述》，澳门巴哈伊出版社 1995 年版。

④ Al Gore, *Earth in the Balance*(《天平上的地球》)，Boston: Houghton Mifflin, 1992, pp. 261-262.

⑤ Al Gore, *Earth in the Balance*(《天平上的地球》)，1992, pp. 261-262.

神圣热情的思想，无论公开或阴谋地反对它都是毫无用处的。”①

著名科学家、“罗马俱乐部”成员、《世界和平百科全书》主编欧文·拉兹洛写道：“巴哈伊对世界和平的召唤在人类历史的关键时刻来临。和平在今日世界已不是一种选择，而是一种必需。世界上所有领袖和人民都必须认识到这一事实，努力达到巴哈伊信仰所预见的人类成熟时期的成熟。”②

罗马尼亚的玛丽女皇称颂巴哈欧拉的教义“是和平的伟大召唤，超越一切界定之局限和所有仪式、教条之纷争……它像个伟大的环圈，集聚了所有寻求真理及希望的人。巴哈伊教义给人类带来和平与希望。对那些寻求真理者，人父的圣言犹如沙漠迷途者骤见甘泉……他们没有以强制的手段将之建立起来；他们深知潜藏于核心的真理胚芽，必定会生根吐叶地茁壮成长……倘若你听到巴哈欧拉或阿博都巴哈之名，切莫遗弃他们的教言。让他们荣耀的、带来和平与宁静的、产生爱的圣言及经文，渗透你们的内在心灵，正像它已深入我的心灵一般。”③

1930年，当时的广东省省长、著名的陈铭枢将军在读了美国新闻记者玛莎·路德送给他的巴哈伊书籍之后说：“我相信巴哈欧拉是一位先知，中国在今日需要先知的教导。这些教义最低限度不会有害于任何国家，而最高发挥则能极大地造福中国和每一个国家。没有任何国家比中国更适合接受这些教义了，因为中国文明之基础就是世界和平。”④曾任清华大学校长的曹云祥博士于30年代将巴哈欧拉和阿博都巴哈的四部著作翻译成中文在上海出版，并作序云：“余深信大同教能改造人心，造福人类。”⑤

刘易斯·坎贝尔（Lewis Campbell）博士这样确定他的见解：“这个巴哈伊运动，是自耶稣降世后，在世上出现的伟大真理之光辉。你们必须注意它，绝不可忽视。它实在太伟大，太接近我们，因此，这一代的人还不能彻底了解它。唯有在将来才能揭示它的重要性。”⑥

在巴哈欧拉（巴哈欧拉的照片保存在海法的巴哈伊世界中心的文献史料馆。）去世之前的两年，一位来自西方的著名东方学家爱德华·布朗博士在巴基拜访了巴哈欧拉，他为后世永远留下了巴哈欧拉的印象：

> 我凝视的那面容，我永远也不能忘记，然而我却无力描述它，那双锐利的眼睛似于透视到人的灵魂深处；力量与权威横卧在浓密的双眉上……无需问我是在谁的尊前；我俯首向那忠诚与敬爱之目标致敬——那种忠诚与敬爱，足以令国王嫉妒，让皇帝妄盼！
>
> 一个柔和而威严的声音吩咐我坐下，接着说道：“赞美上帝，你达到了你的目标！……我们只希求全世界的福祉和各民族的幸福；然而他们却把我们当做制造争斗与分裂者，该受囚禁与流放……这些争斗、流血与不和定将终止，所有人民将亲如一家……人勿以爱国为荣，而要以爱全人类为荣。”

---

① 引自 *The Bahá'í World*，Volume Ⅷ，pp. 621-622.

② 引自 *To the Peoples of the World：A Bahá'í Statement On Peace by the Universal House of Justice*，*Ottawa*，Canada：The Association for Bahá'í Studies，1986.

③ 引自守基·阿芬第：*God Passes By*，p. 391.

④ 引自 Jimmy Ewe Huat Seow *The Pure in Heart：The Historical Development of The Bahá'í Faith in China*，*Southeast Asia and Far East*（《纯洁者：巴哈伊信仰在中国、东南亚和远东的历史》），Bahá'í Publications Australia，1991，p. 40.

⑤ 引自《已答之问题》序，1933年10月上海初版，“大同教”为巴哈伊信仰在中国的旧译。

⑥ 引自守基·阿芬第：《号召寰宇》，第7～8页。

# 二、巴哈伊哲学思想

巴哈伊哲学思想是一个深奥、完整的系统，它由巴哈欧拉所创立，又由阿博都巴哈——巴哈欧拉的长子及他指定的他的经典的唯一权威解释者——所阐述和补充。但这些哲学概念和思想散见于巴哈欧拉和阿博都巴哈的许多书简中，有一些尚未从原著的波斯文或阿拉伯文翻译成英文或其他文字。它们的挖掘、整理以及与其他哲学思想体系的比较还有待许多哲学家将来的工作。本评传在此仅对巴哈伊哲学的一些基本概念作一初步分析。

## (一)存在论

### 1."上帝":"宇宙的核心、本质和最终目的","显现者中最显现者,隐蔽者中最隐蔽者"

在巴哈伊哲学思想中，首先，"上帝"是整个宇宙的创造者和它的绝对统治者，"是宇宙的核心，宇宙的本质和最终目的"，存在万物均发源于他，并依赖于他，而他是"绝对之先存"，"一统之本体"，永远高超于万物之上。其次，创造界的一切都显现出上帝的属性和美质；万物都是通向他的知识之门，因此他是"显现中最显现者"；然而他的本质却永远隐蔽于凡人视野之外，因此他又是"隐蔽中最隐蔽者"，是"不可知之本质"[①]。

关于上帝之存在，阿博都巴哈在《已答之问题》及《致福雷尔书简》中给出了理性的证明：整个存在界中，连最小的存在都证明它的创造者的存在，那么这个无穷无尽的大宇宙又怎么能以物质及其元素的活动来自行创造而存在呢？同时我们看到，大自然本身是没有意志没有智力的，万物的自然运动都是被强制性的，小到原子大到天体，全都受制于一种绝对的组织、确定的法则和完备的秩序，永不违背、偏离分毫，无一有自主的行动。那么，一个自身毫无理智也无意志的大自然又怎能是它所具备的规律和法则的设计者呢？显然可见，大自然是在一个全知全能的造物主掌握之中，他按照自身的智慧将大自然控制在精妙的管理与法则之下，使大自然显现出他的意志。[②]

此外，从尘世的一切不完美与依赖性，也可推断出上帝的至善至美与独立性。因为如果没有完美，不完美就无从想象，因此必有一个完美者的存在。尘世生命的一个特点就是它的依赖性，而且这种依赖性是一种本质的需要，因此必定有一个以独立为本质的独立者存在。[③]

关于上帝的神圣唯一性，巴哈欧拉这样说道："唯一的真神是无比崇高的，高超于所有的创造物……他是永恒真理的化身，独家拥有无可置疑的、贯穿有生之界的主权。他的形象反映在整个创造界的明镜中，所有的生物都需要依赖他而生存，自他那儿万物得到精气之源。"[④]

巴哈伊哲学认为，上帝在创造的过程中在万物中显示了他的属性，但是其本质永远高超于万物

① 参考《巴哈欧拉圣典选集》，第 3～5 页。

② 'Abdu'l-Bahá, *Some Answered Questions*，第 1 节，Bahá'í Publishing Trust, Wilmette, Illinois, 1981"Nature Is Governed by One Universal Law".

③ 'Abdu'l-Bahá, *Some Answered Questions*，第 2 节。

④ 《巴哈欧拉圣典选集》，第 36 页。

之上，从未下降、分离、进入到万物之中，因此这和泛神论的观点是不同的。根据阿博都巴哈在《已答之问题》中的解释，万物之源于上帝的过程是“源发”的过程，而非“显现”的过程，犹如演说辞之出于演讲者，动作之出于动作者，演讲者本身并未变成演说辞，而“真正的演说者”一直处于同一状态下，既无改动也无变迁。“一切造物都显示他的迹象，都发源于他却不是他本身。所有这些征象都在存在之书中反映出来……地球上能观察到的一切都充分显示了上帝的力量、知识和他贯注万物的恩惠，而他本身却无穷地高超于万物之上。”

上帝的属性是无穷的，他是一切完美之源。例如：知识与力量，主权与统治，仁慈与智慧，荣耀与恩典，等等。上帝的名号也是无穷的。在巴哈欧拉启示的祷文中，上帝有无数美妙的名号：全知者，全能者，全权者，仁惠者，最崇高者，最荣耀者，自生自在者，救苦救难者，满怀万恩者，罪恶赦免者，疗治者……

上帝何以要创造宇宙万物？何以要造人？上帝对人类的发展是有计划、有目的的吗？上帝是否干预人类社会的发展？这些都是长久以来困惑哲学家、神学家和探求者的亘古命题。根据巴哈伊哲学思想，上帝由于爱而创造，上帝是完美的本质，爱为了自身的完美，而将完美的属性投影到创造界，使每一种造物都反映出他的一种或多种属性与美质[①]，并在造物中拣选了人类赋予他们一切完美的属性和特殊的能力，使得人类能够认识他并崇拜他。然而这些完美的属性是潜藏在人的性灵中的，需要通过神圣教育的启发和自我的努力才能使潜伏在人性中的美质显现出来，趋向完美境地。“上帝创造人类的目的永远不变，是要使人类了解其创造主，并到达他的尊前。”[②]

巴哈欧拉言道：“人之被创造是为了推进不断演进之文明”，人类的发展是有计划有目的的，并且上帝通过一个神圣法则来干预人类社会的事务及发展方向：即在历史的关键转折点上，拣选出神圣先知，使他们作为传达他旨意的媒介，指出人类社会下一个阶段发展的蓝图和与此阶段相适应的生活之道，而在人类违逆了他的旨意时，以灾难来惩戒和训导人类，引导人类重新走上正途。人类文明就在这样一个动态的过程中不断向前演进。[③]

### 2. 宇宙之初始，存在之起源，人类之演进

巴哈伊哲学认为，这个了无边际的宇宙是没有初始的，这是最玄奥的精神真理之一。阿博都巴哈在《已答之问题》中解释说，神的名号和属性本身即要求生命的存在。不可能有创造者却没有创造物。而且，绝对的不存在不会变成存在。如果万物根本没有存在过，那现今也不会有什么存在。由于上帝之存在是无始无终、亘古永存的，因此这个存在世界，这个无穷无尽的宇宙也就无始无终，虽然这个宇宙的某个部分、某个星球会有其诞生与毁灭。[④]

巴哈欧拉在《智慧书简》中就一个信仰者有关宇宙起源的问题回答道：现存之一切自古即存，然而不是以现在这个形式存在。存在世界通过主动力与接受者之间的相互作用而产生的热而诞生，这主动力与接受者既是相同的又是不同的。而这两者又都是不可阻挡的“上帝之言”所创造的。“上帝之言”是整个造物界的因由，除它之外的一切都只是其造物和其效果。巴哈欧拉又进一步论述道：

① 参考阿博都巴哈：《巴黎片谈》中“四种爱”一节。

② 参考《巴哈欧拉圣典选集》

③ 参考本文“巴哈伊历史观”一节。

④ 'Abdu'l-Bahá, *Some Answered Questions*, p. 47.

"上帝之言"远远高超于感官所能把握的,因为它圣洁于一切性质或实质。它的显现无需任何音节或声音,实乃贯穿万物的上天之命谕,它从未远离过存在界,然而它又在所有时代不断地被更新和重生。这些观点与《道德经》中对"道"的论述似乎不谋而合。

阿博都巴哈这样解释万物的起源与演化:事物初始时是单一的,那单一的东西以各种元素及不同的特性出现,产生不同的形态,这些形态一经产生便固定下来,且每种元素都独具特性。但这种固定也是经相当长时间演化才达到存在之完美境地的。然后这些元素按照上帝的智慧通过自然的法则以无限的形态构成、组织与结合,衍生出无数的生命种类。然而,这些生命种类也是经过不同阶段的逐渐演化与变迁才达到今天的状态。但是,生命形式与状态的变化绝不等同于生命种类与本质的变更。人类在地球上的生存,从初始到现在,也经历了漫长的岁月,走过了许多阶段,然而从存在之初,人类就是一个独特的种类,就像母体中的胎儿一样,起初是一种奇怪的形体,其形状与模样不断演变,直到体现出"赞美归于上帝,那位至佳创造者"的内涵,显示出理智与成熟的迹象。整体的生命相似于个体的生命,并可互相类比,因为二者都服从于同一种自然体系、同一个宇宙定律和神圣机制。在《已答之问题》中,他以理性的论证和灵性的证据确定了物种的本源性和演化规律,人类的思维和性灵始而有之,以"形式的演化不等于物种的变迁"解决了达尔文进化论与神创论的矛盾。[①]

### 3. 存在界层次差异的智慧

巴哈伊宇宙观认为,整个宇宙的秩序和完美要求:存在应当以不可计数的形式出现。层次的差异、形式的区别以及种类的多样性都是必要的——倘若只有人,或只有动物,只有植物,或只有矿物的话,这个世界就不可能呈现出这样美丽的景象、精确的组织和优美的装饰。正是因为层次、状态、种类和等级的多样性,存在界才带着极大的完美变得辉煌灿烂了。

既然存在之层次是有别的、多样式的,那么,某些存在就会比其他的要高级一些。因此,由于上帝的意志和愿望,某些造物被选作最高层次,如人类;而其他一些则被置于中间层次,如植物;另一些便被留到了最低层次,如矿物。《新约》上说,上帝就像一个陶匠,他所造的"一个器具是尊贵的,另一个则是卑贱的"。这卑贱的一个没有权利对陶匠抱怨。万物众生的地位各不相同。低一层次的存在,既没有权利也不应该去企求更高层次的完美。

然而,等级本身是绝对完美的。物质的存在是不因其自身所处的等级和状态而受轻视、受决断或承担责任的,但是如果它们在自己的等级内仍有缺憾,那它们就可受到责备了。

人与人之间的差异有两种:一种是天赋地位的差别,这种差别是不受责备的;另一种是信仰与信心的差别,而对此人是要自己负责的。

运动与变化是存在物的本质性要求,而无论神性的完美还是造物的完美都是无限的。如果有可能达到某个完美之极限的话,那么某种造物就可能达到独立于上帝之外的状态;条件性的亦可成为绝对的。但万物都有它不可逾越的极点——即那处于低一层次的,无论在求取无尽之完美的道路上进步有多大,都永不能达到高一层次。一种矿物,不论在矿物王国里演进至何等地步,也不会获得植物的能力;花也一样,不管它在植物王国里怎么进化,也不会有感知能力的出现。动物无论怎样进化,也不会获得人的理性灵魂的能力。而人无论怎样完美化,也不会成为先知,能做的一切只能是在

① 'Abdu'l-Bahá, *Some Answered Questions*, 第46节、49节、50节、51节。

各自的层次上求取不尽的完美。

### 4. 宇宙存在之六大领域

巴哈伊哲学认为，整个宇宙，包括有形宇宙和无形宇宙，虽然有无数的存在种类与形式，但可概括为六大阶层的存在领域：矿物领域、植物领域、动物领域、人类领域、灵魂领域、显圣者领域。每一高层领域包容和笼罩它底下一切低层领域，同时也具有一种崭新的、独特的、为低层领域所没有的功能。因此，高层领域包容、洞悉和支配低层领域，而低层领域无法知悉高层领域，也绝对没有高层领域那一新的功能。①

(1)矿物领域

存在领域的最初级、最低层、最基本的领域是矿物领域：即以原子、分子或更细的单位结合所组成的有空间、有形式的物体之存在领域。我们周围的物质世界绝大部分都属于矿物领域。例如石头、土、空气、水、玻璃杯、断木等等。矿物世界的生命和功能是来自它组成单位的特殊吸引力，这种吸引力也可以认为是爱的最初级形式。即使在这最基本、最起码、最卑劣的生存领域里，主宰生存的规律也是爱和相互吸引力，而解散和不团结乃是死亡。

(2)植物领域

植物领域的元素组合较矿物领域更为高级和完整，因此它不但具有矿物领域的原子、分子结合为生命的功能，还有一种新的新陈代谢、生长发展和自我生殖的功能。

(3)动物领域

动物领域的元素组合较矿物和植物有更坚固更完美的结构，既有低层的矿物领域的原子、分子结合成生命的功能，也有植物领域的生长、生殖和新陈代谢的功能，另外还有一个新的功能：即感官的功能或感觉的能力。动物与矿物、植物相比，具有很大幅度的自由，可以随心所欲地走动、觅食，享受天然的乐趣。然而，尽管这样，从本性上它还是大自然的奴隶。因为感官的功能有极大的局限性，它直接可以感觉到的东西，动物才可以对之有一种知觉。

(4)人类领域

①人类领域的独特性。人类领域的独特性正好是从动物的这个局限性而开始。在人类领域出现了一种最特殊、最高贵而奇妙的、在动物领域绝对缺乏的功能，这就是人的意识、自我意识、推理、发现和发明的功能。人可以从已知的、可见的现象，推理和发现未知的、不可直接见到的真理。人的想象力和逻辑分析归纳能力，人的可以思维抽象真理和发现抽象真理的能力，是动物界所没有的。就是这一独特功能是一切科学发现、发明的根源。

②人与动物的区别。根据巴哈伊的哲学认识，人绝不是动物，也不能称“人是高级动物”，原因就在于人类独特具有的这一全新的功能和力量。就如我们不说“动物是高级植物”一样。

巴哈伊哲学认为，尽管人与动物有着躯体性和外在感官上的共同点，然而人却另有一种动物所没有的非凡力量，科学、艺术、发明、贸易以及对事物的发现就是这种灵性力量的结果。这种力量涵盖万物，是一种了解万物实质、发现其中所隐匿的奥秘，并以这种知识来支配它们的能力。它甚至知悉无外在形式的事物——即不为感官所知的理性真实，所以它洞悉人的心理、精神、品质、性格、爱悦

① 此节参考了华赞：《巴哈伊哲学基础》，未刊本。

和悲伤这些理性真实。

在动物与人所共有的能力上，动物往往比人更强。如鸽子的记忆力远超于人类。倘若人不具备那样一种独特的能力，在发明与了解事物实质方面动物就会更优于人。由此可证，人有一种动物所没有的天赋。动物能感知可感觉到的事物而不能了解理性的真实。动物是感官的奴隶并受其限制；一切在其感官功能外，不受其控制的事物，动物是永远也不会明白的。

燕子冬天会南飞，蜜蜂会造出有完美次序和精巧结构的蜂窝，这些都是一诞生即有的，在它的基因里已被大自然编织好了的知识，是单方向性的“本性聪智”，与人的“自由意识”有种类性的巨大不同。证明就是，尽管动物具有强大的感官能力与本性聪智，它仍然是无意识的大自然的奴隶。

万物皆为人所征服；当其他生物都只是大自然的奴隶时，他却能违抗自然。用阿博都巴哈的话说，人从自然界抽出利剑，又将其打回到大自然的身上。

③发现力的根源：灵魂。按照巴哈伊的哲学认识，人的自由意识、推理功能和发现力的根源不是感官，感官对之只是提供讯息的一种工具和途径；也不是人脑。人脑以其复杂精巧的组织结构，仍然是属于物质性的领域，是有形的、有限的，不能包容、涵盖万物，更不能洞悉万物的理性本质。人脑只是思维的工具，却不是思维力的根源。

人的独特性以及他的内在真谛，换言之，人类领域的上述特殊功能之起源，绝对不是复杂发达的脑袋，而是一种非具体然而真实存在的、能源性而非物体性的、高贵且微妙的精谛，名之为人的“灵魂”。

④思维、情感、人脑与灵魂。巴哈伊哲学观认为，人的身体，包括脑袋，是高级而发达的仪器，是必要存在之工具，没有它，灵魂无法在物质的宇宙表现出它的力量。但是，终究说来，通过感官和大脑去感受、思维、操作、经历并记忆一切者，仍然是笼罩于躯体和大自然这物质领域之上的高层领域性的灵魂。

思维与情感是属于灵魂的特性，是由灵魂全部经历与记忆的。虽然它们受脑袋的影响而有表现的高低强弱之分，但它们不是脑袋所创造的，而只是由脑袋所部分储存和表现出来。

⑤灵魂的初步解释。在巴哈伊哲学理论中，所谓灵魂，既不是在躯体里面的东西，又不是在躯体外面的东西。它是一种处于超越空间、时间和地点维度的非物质的真实存在精谛，联系和反映于人的物质躯体，产生一种物质世界与灵魂世界两者完美而奇妙的结合，创造出独特而高贵的“人类”领域。正是灵魂所具有的超越性维度，才使人的本质能包围笼罩大自然，因而洞悉大自然之奥秘（因为理解乃包容的结果），发现隐藏于万物现象背后的本质规律，来驾驭自然征服自然。

灵魂与躯体的这种特殊结合，好比抽象电能与具体灯泡之关系。只有灯泡而没有电能时，灯泡是黑暗无光的；只有电能而没有灯泡的话，电能虽然很有力量，却不能以光的形式在物质世界表达出来。惟有灯与电能两者结合在一起，才会产生出一盏明亮的灯，散发出光芒，驱散黑暗。

⑥灵魂与肉体结合的奥秘——人生命的目的。据阿博都巴哈在《已答之问题》第52章的解释，灵魂与身体结合之奥秘在于：人之灵魂必须经历各种状况，因为它流动于多元化的物质领域，经过不同物质境界的状况，将成为它获得完美之手段。就像一个人有系统有计划地旅行和经过不同地区和国家时，这肯定是他获得知识与完美的一种途径。在旅途中他会经历新发现的喜悦，也会经历种种艰难困苦的考验，所有这些都变成教育他的过程。同时旅行者的丰富经验与见解，也会对他所历之处付出贡献和留下创造性的影响。如果旅行者从未离开家园，他就不会如此地得到上述一切经验。

此外，灵魂之完美的征象必须在这世上显现出来，才能使躯体获得生机并展现出神圣的恩典，使世界获得开化。如果灵性之美不曾显现，则这个世界便是个蒙昧的、极其野蛮的世界。正如人的灵魂是躯体的生命之因一样，世界可等同于人的身躯，而人类就是那灵魂。如果没有人，那么灵性之美将无从体现，而理性之光在此世也就不会照耀，世界将如同一具没有灵魂的躯壳。

何况，人类机体里的这些器官、元素的完备组织结构，本身对于灵魂就是一种吸引和磁体；灵魂将必定无疑地显现于其中。如同一面清亮的明镜必定会招致阳光一样。

人的灵魂和他身体的关系又好比一位骑士和他的坐骑的关系：一个是被应用的工具，另一个是方向的引导者和行动的领导者。身体是工具，灵魂是目的；物质是途径，灵性是目标。

因此人类生存的目的不在于仅是照顾、满足和享受躯体的各种盲目欲望。躯体的舒适与满足是动物世界的最高目标，而在人类领域这仅仅是最初级和工具性的要求。人生命的目的是让灵魂通过在物质世界不同境域的经历，获取各种知识、能力和美德，不断完美化，为灵魂在下一个阶段的发展做好准备；同时通过对物质世界的认识与改造，不断推进演进之文明。

⑦"人"的双重身份与双重本性——人的本质与地位。"人"，据巴哈伊哲学解释，在存在宇宙的一系列领域之链条中，处于一种很特殊的位置。人类领域是物质领域和灵性领域的连接与结合点，处于物质的最高级和灵性的最初级——不完美的终点和完美的起点，以至于有言道：人的情形有如"夜之末、昼之初"，意思就是他具有所有不同层次的缺憾，并拥有各种程度的完美。由于人的这一特殊地位，他才具有物质与精神的双重身份与双重本性。在人的本性中，就包含了肉与灵、恶与善、兽性与神性、卑贱与高尚的两个方面。存在世界里再没有任何别的物种像人类这样，同时包含着如此迥然相异、互为对比、互相矛盾又彼此对抗的两面。

人的躯体是动物性的，属于黑暗低劣的物质领域。物质领域是一切缺憾与局限的根源，人的种种不完美和邪恶品性如自私、贪婪、嫉妒、仇恨等皆源于此。人的灵魂属于高尚的灵性领域，源自圣灵的气息，是一切完美的源泉，是实质之阳的光辉在人本质之镜的反映。巴哈欧拉解释道，《圣经》中说上帝按自己的影像造人，即是比喻在人的灵魂中潜藏了神的各种完美属性。

由于这两种本性的结合，人可以行善也可以作恶。这两种本性的冲突，将决定人的素质以及他心灵的状态。如果兽性占了上风，他便堕落于禽兽不如的深渊；如果人性中的神圣力量取胜，则会升腾至比"天使"更高洁的地位。神的圣使显现于世的目的即是要驱除人的兽性，把人从缺陷中净化出来，激发他的灵性本质，使他潜在的一切美德得以体现。

⑧自由意志。人的一切行为都是自主的呢，还是被强制或受约束的？阿博都巴哈解释道：[①]有些事是由人的自由意志支配的，如善行或恶行这类行为显然是人的意志所择。人的灵魂的一个特征就是其自主选择能力。但有些事，人是受约束和被迫的，如睡眠、遭逢不幸、生老病死之类。这些都是不以人的意志为转移的，人也不能对这些事负责，因为他必须承受这一切。但在善恶行为的选择上人是自主的，他根据其个人意愿行事，因此，人要对自己的善恶行为负责。

但人又是完全无助的和有依赖性的，因为权能与力量都属于上帝。人的荣耀与屈辱都取决于至高无上的上帝的爱悦和意愿。

而且，人之无为或有为都仰赖上帝的惠助。倘若不为天助。则既不能行善也不能为恶。然一旦

① 参见'Abdu'l-Bahá，*Some Answered Questions*，第248节。

慷慨之主施予他佑助,人便既能行善也能为恶了。这种情形如同船之航行。船舵可以使船左右转向,舵指向东,船便往东;它指向西,船则向西。但船的运动是来自风或蒸汽的推动。

因此,虽然人的善行与恶行都得到天助,但善恶的抉择在于人自己,所以人必须为自己的行为负责,而上帝也将按人的行为进行审判,奖善惩恶。因为上帝赐予了人选择善恶的自由意志,同时也通过其先知指明了善恶的标准。巴哈欧拉说:"所有的人都是依上帝塑造的本性而创生的。上帝依其全能和谨慎之书简中的诫命,预先注定了每一个人的能量。然而你的潜能要靠自己的意志才可以发挥出来。""上帝依其喜好命定正当的规范……然而人类却自作聪明地违犯了他的律法。如此的行为当归咎于上帝,还是人类自己呢?"[①]

⑨命运。按照阿博都巴哈的解释,命运有两种:一种是注定的,另一种是条件性的。注定的命运是不能变化和更改的,而条件性命运则是指可能出现的,是可以通过人的意志更改的。对于灯来说,注定的天命就是油尽灯灭不可避免。同样的道理,人体内被赋予了一种生命力,一旦这生命力终结,躯体就注定分解;而条件性命运则类似于:当灯还有油时,迎面袭来一阵狂风,刮灭了灯。避开狂风,保护自己免遭袭击,小心谨慎是明智的。因此,人的命运既是自己选择的结果,也受注定天命的限制。

(5)灵魂领域

在人的领域之上,是灵性的领域,或称灵魂领域。由于灵魂领域在人的领域之上,巴哈欧拉说连最博学的人也无法领悟其本质与奥秘。

①灵魂存在与行动的方式。阿博都巴哈解释[②]灵魂存在的方式和特性时说,所谓灵魂,不是由原子、分子组成的,是一种精谛,不是一种物体,本来也没有具体的形式,因此也没有存在形式的变化。所以说"灵魂是不灭的,永恒的"。结合与分散,生长与死亡,进出与升降,都是属于有空间有时间的运动性物质领域的特性,不属于灵魂领域。灵魂超越所有空间、时间、升降、出入、静动的概念。

他也给出了关于灵魂不朽的逻辑证明:没有任何征象可来自于不存在的事物——因为征象是存在的一种结果,所以只要存在之征象出现,那它就是征象之具备者存在的证明。灵魂以两种不同方式来感知和行动:一种是无需工具的灵性旅行,如梦境和灵感;一种是借助工具的实体旅行,即通过感官:前者如飞行之鸟,后者则如被载之禽。灵魂的力量经由躯体的中介是受限制的,如肉眼只能看到几公里之外;灵魂没有肉体的中介时,其力量与渗透性反而更强,如人凭理性与内觉之眼可透视千里之外。因而,如果舍弃这个肉体工具,其拥有者仍然能行动。这就是灵魂不朽的逻辑证明之一。

②灵魂的诞生与成长过程。灵魂没有终点,但有始点。每个人的灵魂始于精子与卵子形成受精卵的那一刻。当受精卵形成时,一个独特的灵魂就"源发"于"至伟之灵",带着预先注定的潜能,与受精卵"结合",于是一个新生命就开始在母胎中孕育、成长。然后其发展要经过两个阶段:与躯体结合的阶段和与躯体分离后的阶段,即物质世界的阶段和精神世界的阶段。

灵魂与肉体的结合是一种联系。好像太阳反映在镜子里。太阳(灵魂)与镜子(肉体)的关系是既在里面又在外面,既不在里面又不在外面,是一种联系、一种显示、一种反映。如果镜子碎了(肉体死亡),只是镜子(肉体)与太阳(灵魂)的联系断了。太阳仍旧在其高空照耀着,只是不再通过镜子反射而已。

① 《巴哈欧拉圣典选集》,第 149~150 页。

② 参见'Abdu'l-Bahá,*Some Answered Questions*,第 60 节、61 节。

人的灵魂是始终如一的，超凡的，不受肉体和心智之弱点的影响。生病的人显现出虚弱的迹象是由于他的灵魂和肉体之间的联系有了障碍，但灵魂本身不会受到任何生理的干扰，灵魂以极大的威力统摄着肉体；其力量和影响就像镜中太阳的光芒一样明显可见。但是当明镜蒙尘或破损时，它就不会反射阳光了。

每一个人的灵魂都有其独特的个性，它也是人的一生经验的总记忆。人所获得的知识，爱的能力，各种美德与完美的品质，都是属于灵魂的特性。灵魂来到这个世界的目的就是获得各种灵性的完美，为它进入下一个阶段的发展做好准备。就像婴儿在胚胎里的目的是发育身体四肢感官，为来到这个物质的世界作准备。人的灵魂来自于灵魂的领域，本来也不属于这个尘土的世界，当人的躯体死亡时，肉体化归为尘土，灵魂也回归于它自己的灵魂领域，带着它在这个世界所获得的各种完美品性作为起点，在另一个世界继续朝向完美发展，"其进展时的状态与品质不受岁月旋转和世态变迁的影响而改变。它将与上帝的天国、主权和威力同垂万古"①。

巴哈欧拉说："上帝的先知和使者们来到这个世界的唯一目的便是引领人类走在真理的正途上。"②"纯洁忠信的灵魂。在其绝世升天后，将具有无与伦比的力量，使得所有造物界都因其而获益。""这些灵魂所散射出的光芒是促进世界及其居民进步的源泉。它们好比酵素，酝酿着生物界，并构成一股复苏之力，促成世界上各种艺术和奇观……任何事物的发生和形成都必须有一个起因和动力。这些灵魂和纯洁脱俗的象征将持续不断地为有生之界提供最优越的推动力。"③"然而，对其创造主失去忠信的灵魂，将成为自我和欲望的受害者，最后乃堕落其渊。"④"在他们奄奄一息之际，将恍然大悟他们所错过的良机与善果，将为自己的困境悲叹而俯首诚服在上帝尊前。他们的灵魂脱离其躯体后，将继续保持如此状况。"⑤

③"天堂"与"地狱"，"赏"与"罚"。在巴哈伊哲学中，"天堂"与"地狱"不是指一个实际存在的空间领域，而是比喻一种实际存在的灵性状态。天堂是指亲近上帝的状态，由此获得喜悦宁静和一切善美的报偿；而地狱则是远离上帝的状态，由此堕入一切罪恶的深渊并受其责罚。因此，天堂和地狱、赏与罚，在此世和彼世中都存在。此世的奖赏是那些装点人类实质的种种品德和完美，如从凡尘的变成高尚的，从庸俗的变成脱俗的。通过这些奖赏，他便得以从那种属于人类本能的动物性特征和秉性中解脱出来，而获得了上帝之恩的神圣品质——这也就是经典中"重生"的含义。它是人获得进步和得到"永生"之因。此世的折磨和惩罚，就是屈服于自然世界，就范于兽性，迷醉于凡尘俗务，沉溺于邪恶之念。彼世的奖赏则是在所有的圣书中都曾明确提到过的"永生"，是离开此世之后在精神世界里获得的完美与宁静；是上帝王国里各种灵性的惠赠、心意灵魂中各种渴望的满足。彼世的惩罚与折磨则是丧失了那些特殊的神圣福祉和恩惠，而堕入最低级的存在。这种存在视同已死。

(6)上帝显示者之领域

存在领域的最高一级是"上帝显示者"(或称显圣者)领域。这是巴哈伊哲学很独特也很重要的一个概念，是认识上帝与人类的关系及宗教等重要概念的关键。

① 《巴哈欧拉圣典选集》，第33页。
② 《巴哈欧拉圣典选集》，第34页。
③ 《巴哈欧拉圣典选集》，第34页。
④ 《巴哈欧拉圣典选集》，第35页。
⑤ 《巴哈欧拉圣典选集》，第38页。

"上帝显示者"又称"上帝的先知"、"拣选者"、"上帝的信使",是一个介于上帝领域和人类领域之间的中间领域,是上帝向人类传达其知识与意志的唯一媒介,也是人类认识和了解上帝的唯一途径。所有世界宗教的创始者(先知)如佛、摩西、耶稣、穆罕默德、巴哈欧拉、巴孛,都是属于这一领域。

巴哈欧拉说之所以需要"上帝显示者",是"由于唯一真理与其创造物之间没有直接的联系"。"于是他在每一个时代和天启周期里,任命一位纯洁无垢的灵魂显现于天地的国度中……经由这真理之圣阳所带来的教义,每一个人都得以进升和发展,直到他能完全发挥其内在之真正自我所赋有的一切潜能。"[①]

①上帝、显圣者和人类之间的关系。巴哈伊常用这样一个图案来表达上帝、显圣者和人类的关系:

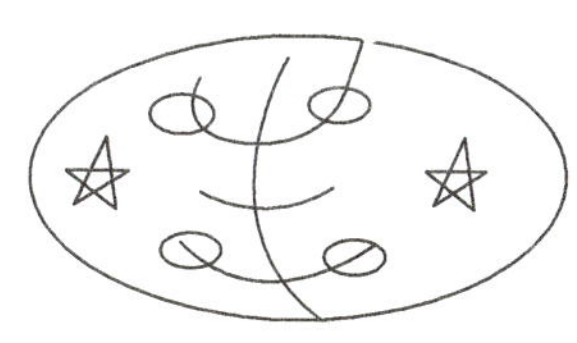

在这个图案中,最上面的一横代表上帝的领域,最下面的一横代表人类的领域,它们的相同形状体现着这句圣言的含义:我们按自己的形象造人;而它们的分隔又意味着造物主与其造物没有丝毫直接的联系。中间的一横代表先知领域,是不同于上帝和人类的一个独特领域。中间一竖代表圣灵,它源于上帝之气息,贯穿连接先知和人类的领域:先知通过圣灵的力量向人类传达上帝的意旨,而人类通过圣灵的辅助认识显圣者,进而认识上帝。左右两颗星星代表这一时代相继出现的两位先知:巴孛和巴哈欧拉。

阿博都巴哈解释:显圣者是显示上帝圣洁本质的真确之镜,所有来自于上帝的美质、恩典和光华在显圣者身上都是可见而明显的。上帝与显圣者的关系就如同太阳以其全部的完美和光辉映照于一面洁净光彩的明镜中,但这并不意味着真理之阳从其圣洁的高处降临至镜面与之合并了,也不意味着无限之实质被局限于这一出现之所在了。人类与创造者之间没有任何直接联系,人所知晓、所发现、理解的上帝的所有名号、属性和美质都是指向这些显圣者们,此外,再也无所企及,"路径已封,禁止探求"。

②显圣者的存在本质。显圣者虽然拥有无尽的完美,但是其存在包括三个层面:一是躯体性的存在,这是显圣者与人类共有的;一是显圣者的个体实质即理性灵魂,显圣者的灵魂是一个圣洁完美的灵魂,其天性和本质有别于所有其他的灵魂,是一面洁净光彩的完美之镜。显圣者的第三层面是亘古圣美的辉煌和全能者的光芒,是神性完美的体现。在这一层面上,显圣者的"知识与力量都是自他而来,他们的权能都是自他而生","经由这些神圣品德之珠的启示,上帝的所有美称和表征:知识与力量,主权与统治,仁慈与智慧,荣耀与恩典,才得以公诸于世"[②]。而当显圣者离开尘世时,由于脱离了其物质性躯体的限制,其光芒更加光耀。因此显圣者在世时总是被人类漠视、迫害,然而在他们离世之后,其教义反而普及开来,以至数千年影响不衰。

③显圣者的知识是完美的。由于显圣者的神圣本质涵盖了造物的精髓和属性,包容了存在的实质且洞悉万物,因此他们的知识不是后天通过学习、观察或推理而获得的,而是先天而生的反映万物之本质及其联系的完美知识,所谓"圣人生而知之"。而显圣者之所以为显圣者也非由于他们自己的意愿或选择,而是上帝的拣选。人的领域和显圣者的领域有本质的区别,人无论如何完美也不可能达至显圣者的领域,人不可能通过打坐、顿悟或修禅而成"佛"的境界。因此,"人人皆有佛性",人可

① 《巴哈欧拉圣典选集》,第 6～7 页。
② 《巴哈欧拉圣典选集》,第 3～4 页。

以反映出佛的品质与美德，但“人人皆可成佛”从本质上说是不可能的。

显圣者也不是从某一刻（如接受使命或宣告使命那一刻）才突然成为显圣者的，显圣者从一开始就意识到了存在的秘密，也知道自己的使命，自孩童时代起，伟大的迹象就已出现并显明在他的身上，然而遵照上帝的令谕，这些完美被有意遮蔽起来了。所谓“显现”的时刻不过是将遮蔽的帷幕拉开，显现出内在的完美。

④显圣者对人类世界的影响。显圣者在精神世界的地位好比太阳在物质世界的地位。太阳乃光的中心及太阳系万物的生命之因。而显圣者就是在心灵和思想的世界里闪耀的真理之阳。他们是存在的生命之因，对灵魂的教化之因，对人类的引导之因，及对凡尘世界的启迪之因。没有他们的无可辩驳的教义，人类世界就成为动物欲望和兽性的养殖场。每当显圣者——真理之阳——照耀在精神、思想和心灵的世界之上时，人性的春天和崭新的生命就会出现，人类就会获得崭新的能力。

历史可以证明，每位显圣者出现之时，在知识、思想和精神的世界里就出现非凡的进步，在巴哈欧拉出现的时代，人类在各领域的知识出现了突飞猛进的飞跃，新发明新发现层出不穷，过去一个世纪的科学发明远远超过了人类以往所有世纪的成就的总和，而这还仅仅是破晓之初。

⑤宗教先知的一体性与差异性。根据神圣唯一性的原则，上帝所有先知的本质都是相同一致的，他们之间的唯一性是绝对的，然而他们又都有特殊的个性，都有特定的言行方式来显现自己。而且，虽然每位先知就其本质来说都等同于上帝所有的完美，然而他们在这个世界所启示的分量却有差异，因此他们的伟大性才有差异，而这差异性应归因于这个演进的存在世界。“在每一段宗教的启示时期，惠赐给人类的神圣启示的光芒是与当时人类的灵性能力相对称的。譬如太阳的运行……它的热力与光能逐步依照它高升的程度而加强，如此万物才能逐渐地适应其光芒的强度。”[①]人类就是在一系列先知启示的教育下逐渐进步的。而随着人类灵性能力的提高，下一位先知也必然带来更深刻的知识，提出更高的标准。因此所有宗教的本质一致，但启示的程度逐渐加深。

而且，每一个时代都有其独特的条件要求，不同时代的先知所显示的教义也必须合乎他显现的那个时代的要求。因此不同时代、不同地域出现的宗教其外在仪式和律法又有所差异。

⑥“显圣者”与“宗教周期”。阿博都巴哈进一步解释，每一位显圣者都有自己作用的周期，即他的宗教周期。在他的周期里，他宗教的律法和令谕大行其道并得以实施。当他的周期因一个新的显示者出现而完结时，新的宗教周期便开始了。就这样一个个周期开始、结束、更新，直至一个宇宙性周期在这个世间完结，那时将产生巨大的事变，彻底抹掉历史的每一丝痕迹和记录；然后一个新的宇宙性周期又在世间开始。所谓宇宙性周期是指一段相当长的时间，其中有无数的时代与纪元，众多显圣者们相继出现在显形之域，直至一个伟大至高的显圣者（又称为“上帝的宇宙性显示者”）将世界变为其光芒的中心。他的出现使世界达至成熟，他的周期之延伸是巨大的，以后别的显圣者将在他的庇荫下崛起，将根据时代的需要更新关于物质事务的律法，却仍处于他的影响之下。我们正处于始于亚当的宇宙性周期中，这个周期的至高显圣者是巴哈欧拉。[②]

⑦两类先知。人类都是上帝的子民，上帝从不会中断他对子民的恩惠，也不会只将其恩惠给予某一民族而不给予别的。因此各个民族都有自己的先知，而他们的教化成为各民族道德、行为规范

① 《巴哈欧拉圣典选集》，第11页。

② 参见'Abdu'l-Bahá, *Some Answered Questions*，第60节、61节。

及社会律法之起因。

先知又分为两类，一类是“独立先知”，或称“大先知”，他们是新宗教周期的创立者，由于他们的出现使世界焕然一新，宗教的基础得以奠立，新的圣典被启示于世人，新的律法被确立。“独立先知”无需任何中介，直接领受神之实质的恩泽，其光明是一种本质的光明，犹如太阳一般。另一类先知是“非独立先知”或称“小先知”，是追随者、促进者，他们倡导上帝之律法，使宗教遍闻于世，然而受权于独立先知，本身并无权威和力量，就像月亮，本身不发光，而是接受和反映太阳光。

⑧判别先知的标准。判别先知的标准只有一个，即看他们是否是神圣教育者，是否教化了人类，影响了文明的发展，而不是别的，如奇迹或预言，这些都是不充分的证据。由此标准，可以知道，基督是先知，因为他联合了世界不同的民族，创立了神圣的基督教王国和基督教文明，穆罕默德也是先知，他将野蛮愚昧的阿拉伯人从蛮荒的境地带入文明世界，创造了强大的阿拉伯帝国和灿烂的阿拉伯文明，同样，摩西、佛等都属于先知一类。

#### 5. 上帝所创的世界既是无数的，又是一体的

巴哈欧拉宣称：“上帝的创造界包括这个世界和其他界域以及其他的生灵万物，在每一个世界中，他命定一切除他之外无人能探索的事物，而他是探索万物的全智者……上帝乃是你的主，也是万世之主。”①

阿博都巴哈解释，上帝的造物界其实并没有二、三、四、五个，它是一体的，只是有不同的水平，不同的层次，不同的完美程度。矿物，植物，动物，人类，都是在一个世界里，灵性的领域，虽然不是物质的，也还是在同一个世界里。就像胚胎中的婴儿与我们同在一个世界里，灵魂的世界也隐蔽在这个世界的内在实体中。但是婴儿在出生之前并不知道大千世界的存在，他的天地只局限于那个小小的母亲的子宫里。我们在这个世界的时候，也不会真正知道了解灵魂领域和那一个世界。因为下面的领域不能理解上面的领域，层次的差异带来理解的局限。

### （二）认识论

#### 1. 人对万物的认识都只是其属性而非其本质

阿博都巴哈在《已答之问题》中说，人类知识有两种：对事物本质的认识和对其特性的认识。事物的本质要通过事物的特性来认识，否则，它就总是未知的、隐蔽的。②

实际上，任何事物为人所知的都只是其特性而非其内在实质。比如，太阳的内在实质是未知的，但由于其光和热的特性而被人了解。人的内在本质是隐晦而未知的，但它通过其特性得到表现而被认识。任何物质的内在本质也是隐蔽于凡人视野之外的，因此万物都是通过其特性而非通过其本质而被了解的。尽管人的思维包罗万象，外界事物都为它所认知，但这些事物所被认识的仅是其特性，并非其本质。

---

① 《巴哈欧拉圣典选集》，第 31 页。

② 参看'Abdu'l-Bahá，*Some Answered Questions*，第 59 节。

## 2.“上帝”:“不可知之本质”[①]

由于我们对事物的认识,即使是对被创造的有限的事物的认识,也只是对其特性而非对其本质的了解,当然就更无法在本质上领悟那无限的神圣实质即上帝之存在了。

此外,在自然界中所处存在领域的不同也是对理解的一种障碍。比如,矿物无法拥有或理解植物的生长力;植物不能具有或想象动物的视觉和其他感官能力;而动物也无法想象人的境况——即他的精神力量。由此可见,存在领域之差异是认知的一种障碍,低层次的存在无法理解高层次的存在。那么现象性实体又怎能理解先存之实质呢?因为理解是包容的结果——必须包容,才可以理解——而一统之本质则包罗万象却又不为之包容。所以,在巴哈伊哲学中,上帝是“不可知之本质”,了解上帝是指对其属性而非对其本质的认识和理解。而且,即使这种对属性的认识也是跟人的接受能力相对应的,而不是绝对的。因为现象性实体所能理解的先存之属性仅限于人的接受能力之内。

## 3.人对上帝显示者的认识就是对上帝的认识

巴哈欧拉写道:“洞悉上帝亘古本体的知识之门将继续并永远地在世人面前紧闭着,没有人的理解力能达到他神圣的殿堂。然而,由于他的慈悲与仁爱,他促使其神圣指引的圣阳和神圣团结的表征向世人显现,并注定这些圣洁者赋有与他同一源本的知识。认知了他们就等于认知了上帝。”[②]

阿博都巴哈这样解释:万物的实际存在都在表现和证明那普遍性实质。根据造物主的意志和智慧,万物在其本质上都反映出上帝的某一个属性,而人的本质上更是集中了上帝所有完美的属性,然而这种完美还是以潜能的方式存在着。但是在显圣者(参看本文“存在论”一节有关“上帝显示者”的定义与解释。)的本质上却赋予了上帝的种种属性和完美品质。神之实质可比作太阳,而显圣者则是反映这神圣实质之阳的一面完美明镜,神的种种美质、恩惠和属性的光辉由这至为完美者的实质放射出来,其余众生都因此而惠受一线光明。

由于在造物主和造物、无限之本质和有限之现象之间没有丝毫直接的联系,因此,人要直接认识神之实质是不可能、也是不可及的,然而认识显圣者就是认识上帝,因为神圣显示者集中体现了上帝之恩惠、权能、知识和种种完美属性,而他的使命则是传达上帝在每一个时代对人类的意旨,及表达上帝希望为人类认识的程度。所以,人只要认识了上帝之显圣者,他就认识了上帝;倘若他忽视对神圣显示者的了解,他便失去了对上帝的了解。

## 4.“最高及最终的学识是认知上帝”[③]

巴哈伊哲学认为,对上帝的认知超越于一切知识,是人类世界的至高荣耀。关于万物实质的知识(即科学)带来物质上的好处和物质文明的进步;然而对上帝的认知(即宗教)却是灵性进步与吸引的因由,诸如真理的感悟、人性的提升、神圣的文明、端正的品性以及光明和启迪,都是通过它而获得的。

在巴哈伊最重要的经典《亚格达斯经》中,巴哈欧拉说:“上苍所命谕其臣仆的首要责任乃是认识

① 参看'Abdu'l-Bahá, *Some Answered Questions*.

② Bahá'u'lláh, *Gleanings from the Writings of Bahá'u'lláh*,第 21 节,pp. 40-50.

③ 《亚格达斯经律法纲要》,第 17 页。

他的启示之黎明以及他的法规之源泉……彼失之者，已迷途矣，虽其所为皆良善之举也。"它意味着人成功与得救的根本乃是对上帝的认知，而这种认识的结果则是那些作为信仰之果的种种善行。倘若人们没有这种认识，他就会与上帝隔绝，而一旦有了这种隔绝，就不能获得"再生"与"永生"，（参看本文"存在论"的一节。）同时善行也没有基础，失去了完备的效力。

阿博都巴哈说仅有善行而没有认知上帝的人如同"一具极其可爱的躯体，但没有灵"，又如同"一株漂亮的树，却没有根"。作为永恒的生命之因和真正的救世与繁荣之因的，首先是对上帝的认知，其次是对上帝的爱，再次是作为善行之基的善意。许多善行可以是由利益之动机驱动，例如，一个屠夫精心喂养一只羊，这种关心的结果是对羊的杀戮；一个人给人礼物，实则要借此达到自己的目的。而善意则是绝对的光明，它是净化且圣洁于自私和欺骗等不洁行为的。再者，公正地来看，并不知晓上帝的人的善行也基本上是遵循了以往先知的教导所致。①

### 5. 获取知识的四种途径

根据阿博都巴哈在《已答之问题》中的解释，人获取知识的途径及检验真理的标准只有四种：感官、理性、传统和灵感。②

第一种途径和标准是感官，这被欧洲唯物主义哲学家和科学家认作是最佳途径。他们认为获取知识的主要途径就是通过感官或经验，并把这当做检验真理的决定性的标准，认为凡是人不能感觉到的东西即不存在，由此他们否定灵魂和上帝的存在。然而感性的途径并不完美，常导致谬误。例如，视觉将沙漠幻影看成海市蜃楼，将镜中影像看成真实存在；以为地球是不动的，太阳绕着地球在转。感官时常受骗，使我们无法区别实质与假象。

第二种途径是逻辑推理的途径，这是古代智者哲人们的方法。他们通过推理来证明各种事物，并坚信逻辑的证明是完备无缺的。尽管如此，他们之间仍分歧很大，而且其看法互相矛盾，甚至自己的观点也常常改变：柏拉图起初以逻辑证明了地球的静止性和太阳的运动性，而后又用逻辑证明了太阳是静止的中心而地球则是转动着的。所有的数学家们尽管都依赖于理性推理，却意见不一。科学上的许多结论通过推理得出，又不断被推翻。所以人类的理性是不那么可靠的，不可当作绝对正确的标准。因为人类的理性在沿着新的探索途径向前发展，每天都得出新的结论。今天人们认为正确并加以接受的许多概念在将来还将被否定。

第三种途径是通过宗教传统，即通过对经典的理解和阐释的记录，这是宗教领袖和神学家们的办法，他们常说，"在《旧约》或《新约》中，神如是说"。这种途径同样是不完美的，因为传统教义要通过理性来理解，而理性本身就易出错，又怎能保证它在演绎传统经文时就不会出错呢？因此宗教领袖们从圣典中所理解、所领悟的都是他们的理性从文字中所推论出来的，不一定是真理。"理性就像一个天平，包含在经文中的意蕴就好比被称之物。天平如果不准，重量又怎能确定呢？"③

第四种途径是通过灵感，即人心灵对灵界的感应。这是玄学家所持的标准。灵感是人心灵的冲动。然而，自以为是的幻象和折磨人类的邪念也是人心灵的冲动。因此如何能知道我们是在顺从来自上苍的灵感还是在受人类灵魂萌生的邪念或幻觉支使呢？

① 参看'Abdu'l-Bahá, *Some Answered Questions*，第 84 节。
② 参看'Abdu'l-Bahá, *Some Answered Questions* 第 83 节，阿博都巴哈：《世界团结之基础》，"真理的标准"，第 51～54 页。
③ 'Abdu'l-Bahá, *Some Answered Questions*, p. 298.

在人类世界中，只存在这四种途径和标准。然而它们又都是不完善的，不可靠的。所以，人们手中并没有我们可以依据的标准。那么怎样才能获得真确的知识呢？阿博都巴哈说，只有通过显圣者的启示。因为只有他们掌握着完整无误的知识和知识的神圣标准。

### 6. 有形的现象世界表达和象征着无形的本质世界

根据巴哈伊哲学认识，整个宇宙的存在可以划分为物质存在和灵性（精神）存在，或称物质世界与精神世界，感性事物和理性事物。它们一为现象，一为本质。因此人的知识也有两种：感性的知识和理性的知识。如太阳是一种感性的事物，爱则是理性的真实。大自然就其本质来说也是理性的而非感性的。

按照宇宙本质的固有规律，组成宇宙真谛的这两个方面，即无形的灵性世界与有形的物质世界互相结合，互相配合，浑然为一，无形的灵性世界通过有形的物质世界表现出来。换句话说，有形的现象世界代表和象征着无形的本质世界，并引导我们去认识它。因此我们常常以感性事物来描述解释理性概念，也就是说，可以用大自然的例子和可见世界的规律，来推理、洞悉、比喻和描述不可见到的无形世界的真理。① 阿博都巴哈甚至用这样一句神秘的话语来解释无形与有形世界的关系，他说，有形的物质世界是无形的精神世界的倒影。他又说，物质从本质上说不存在，物质是能量或精神按照不同密度的凝聚。现代量子力学和相对论的新发现已经证实了这一论断。

### 7. 理性概念要通过感性事物来表达解释

由于在外在的存在界中无一物不是感性的，因此，在我们解释这些理性实质时；也不得不借助感性形象来表达。知识的象征是光亮，而无知的象征是黑暗；它们并不是感性的光亮或感性的黑暗，二者都是理性的状态，但当我们想把它们表达出来时，就称知识为光明，无知为黑暗。因此那知识的明亮和无知的黑暗都是理性的而不是感性的真实。

由此可知，经典中许多描述都是借感性形象表达出来的一种理性真实，而非物质的实在，因此不能以字面的含义来解释；例如《新约》中降落到基督身上的鸽子并非物质的鸽子，而是为了能让人理解才以感性形象表达出来的一种灵性状态。《旧约》上说，上帝如火柱般出现，也不是指那种物质形式，而是借感性形象表达的一种理性真实。②

## （三）巴哈伊宗教观

### 1. 对宗教的认识和定义

关于宗教的起源和本质，一种普遍的认识是：人类创造了宗教；人，作为面临现实问题的弱者，需要安慰与寄托，才相信超物质的力量；或是宗教代表着人类中之智者对于未知世界的幻想式探求。而在近现代史上，宗教也常常和迷信、反对科学、迫害异端、鼓动战争连在一起。

在巴哈欧拉的著作中，宗教主要指的是由宗教创始者所带来的教义。根据这一定义，宗教和后

① 华赞：《巴哈伊哲学基础》。

② 参看'Abdu'l-Bahá，*Some Answered Questions*，第16节。

来的信仰者团体及实践应区分开来。传统民间信仰、偶像崇拜、迷信等等绝不是宗教。按照巴哈伊的宗教观，那些后来以先知之名形成的宗教信仰团体并不代表宗教本身，而只代表人类社会对先知所带来的教义的接受与实践过程，受到人类水平的限制。因此，一种宗教只有通过该宗教创始者的原来教义才可以得到正确理解。

按照巴哈伊的哲学解释，宗教乃是对宇宙、大自然与人生之本质奥秘的最准确、真实的揭示和解释，是对大自然、人、人之灵魂、上帝等不同领域以及彼此应有的自然和谐的联系网的准确启示与描述。

### 2. 宗教的起源

巴哈欧拉在《笃信之道》中论述宗教这一现象时；以历史的事实证明了：任何世界性宗教，都不是由人类集体磋商和创造出来的信仰体系，也不是人类中智者对于未知世界的幻象式探求。对于第一点的证明是，创造出世界性文明的每一种伟大宗教，都是由一位具体的历史人物——孤立无助、超前于时代、被世人所错待并加以抵制、纯洁而高贵的“圣使先知”所带来。这个先知总是出现于当时世界上最愚昧、最黑暗的地方，而其教义却超越当时人类最先进的思想。因此，他总是毫无例外地受到当时人类的集体反对和迫害，只有极少数人（往往是人群中的卑微者）信仰和跟从了他；然而，他们的影响和力量却无可匹敌，他们所带来的教义逐渐普及开来，为社会所吸收和消化，逐渐演化出一个新的文明和新的文化。由此可见，人类并没有创造宗教，这些先知所具有的主动的、创造性的力量，才改变和更新了人类的素质，提高了人类的知识和智慧，变革并重新整顿了社会体制，促使人类文明从一个阶段进入另一个阶段。

对于第二点的证明是，这些先知没有受过人间的教育，他们的知识直接来源于一个更高层的神秘领域，而不是如智者那样通过学习、观察、思考而来。他们启示的语言完全不同于智者的探寻与推理，而是上苍的毋庸置疑的口吻，带有庄严无比的权威。巴哈欧拉肯定，哪怕将人类所有的智慧都集中在一起，也无法创造出只有神圣启示才赋有的改变人之本质的知识、力量和权威。

### 3. 宗教的团结与统一

阿博都巴哈解释，宗教有许多，但宗教的本质为一。所有神圣宗教的来源都是万物之本质，而本质只有一个，因此宗教也只有一个。不同名称的宗教，不过是不同显圣者按照时代的不同要求和当时人们的接受水平所启示的，是绝对真理在相对、变化的世界中不同阶段、循序渐进的揭示与透露。

阿博都巴哈将宗教教义分为两个部分：一部分是精神的真理，有关万物的本质及互相联系，有关人性的道德培养，是宗教的根本性的教义。这部分教义所有宗教都是相同的，永不改变的。所有宗教都教导一神、人生之目的，教人善恶，教人超越物质世界的局限。另一部分是律法和实践，有关外在的形式、仪式以及对一些行为的惩罚方式，有关对物质世界的事务进行管理的法律，是现象性的，非根本性的，这部分教义随着时代与地区的不同条件和要求而有所改变，以适应不同时代不同地区状况之需要。也就是说，宗教的内在精髓与精神定律是永恒不变的、唯一的，而其外在形式和社会律法却是变化的、不同的。这是所有宗教团结与统一的基础。

出现于不同时代、创立了不同名称的宗教的先知们所带来的教义，表面上的区别与差异，只意味着更高级的智慧而绝不表示彼此的混乱性矛盾。好比一个慈爱智慧的母亲，给婴儿乳汁，而随着幼儿的成长，就会逐渐断奶，并喂以米饭、蔬菜和肉食。出现于不同时代的先知们所启示的教义，都是直接根据当时历史时代的需求，并符合接受者人类当时可能具有的容纳力和理解程度。根据宇宙的自然演进规律而定期出现于不同历史阶段的这些圣使先知，皆是连续启示之链条中承前启后、不可或缺的环节。

由于人类本身的不成熟，总是执著于名称，而忘记了实质；固守于仪式、教条，而忘却了精神真理，因此才引起了宗教的分裂与不和。宗教先知之间总是团结一致的。每一个宗教先知都承认以往的先知、并预言下一位先知的出现。

### 4.“宗教演进论”

根据巴哈伊哲学独特的“宗教演进论”，宗教本身有它周期性的发展规律，有季节性的阶段。如同物质世界有季节的变化，春、夏、秋、冬，周而复始，灵性世界也有季节性和周期性的演变。宗教本身是周期性的，有它发源的春天，有它开花结果的夏天，有它衰落和被教条化的秋天，也有它冷酷结冰乃至死亡的冬天，又有它更高一级重生的新春天。这时一个新的宗教诞生，宗教的灵性基础被重新奠定，而宗教的律法随着新时代的不同被更改，又进入新一轮的复苏——结果——衰败——死灭之循环。周期性发展是生命现象的必然规律，宗教作为出现在这一存在领域的一个生命现象也不例外。

### 5.宗教与文明之演进

阿博都巴哈曾在1912～1913年他访问西方时的无数演讲中，以历史的事实说明了宗教在人类文明史上所起的重要作用。

在摩西出现之前，犹太人生活在埃及，沉沦在极度屈辱的境地。他带领犹太人脱离了埃及法老的压迫，来到圣地建立了自己的国家，又以“摩西十诫”培养犹太人的品性到如此完美境地，以致那时当想要赞美一个人时，就说“你像个犹太人”。后来他们逐渐忘却了上帝的律法，沉沦在教条迷信之中，以致带来了后来对圣地的两次大劫，失去了自己的家园。

而就在犹太人沉沦堕落之时，耶稣基督在他们中出现，召唤人们“重生”，他被当时最有学问的犹太教士送上了十字架，一直到现在犹太人仍不承认耶稣使命的真实性。然而，他却在世间奠立了上帝之爱的完美基础。基督的时代之后，由于对上帝的爱的力量，许多国家、民族、家庭及部落都联合起来了，千百年来的隔阂与分歧摧毁灭绝了，种族的、故土的观念完全消失了。基督教文明的音乐、艺术、绘画、建筑与哲学之成就以及所奠立的慈善福利社会制度，其影响一直延伸至今日。后来他爱之教义的精髓又被人们渐渐忘却，人们按照自己对经典的不同理解而各执一词，产生了分裂，宗教的领袖又与世俗统治者联合起来，将宗教变成了战争的工具。

后来，穆罕默德在愚昧无知、野蛮凶悍、没有书面文字的原始性阿拉伯部落出现，20多年被殴打、嘲弄、迫害和流放，其信仰却突然战胜了当时最先进、最强大的波斯帝国和罗马帝国，创造出一个当时世界上最为和平与光明的阿拉伯帝国，以及承其后续的灿烂伊斯兰文明。在西方社会陷入黑暗的中世纪时，伊斯兰学者们系统收集、整理了希腊文明的成果，最早建立了大学之系统，在天文学、医学、建筑、化学、数学等领域的新发现与新发明，以及它的人道文学、艺术、哲学等人文科学之成就，以后成为欧洲文艺复兴的主要因素。同样，在达到文明之巅峰后，又逐渐衰落，留下的只是宗教的仪式。

此外,还有释迦牟尼所带来的光辉灿烂的佛教文明,其痕迹至今仍处处可见。

著名历史学家汤因比在总结了人类发展的历史后,认为一个世界性文明的兴起与衰亡总是伴随着一个世界性宗教的兴起与衰亡,"一种文明形态就是其宗教的表达方式"①。

### 6.巴哈伊教与其他宗教的关系

根据巴哈伊的"宗教演进论",世界各伟大宗教都是同一个神圣计划之循序渐进的表述。因此,巴哈伊教承认以往所有宗教的伟大真理,证明它们的真实性,并赞扬它们对文明的演进所起过的重要作用。

巴哈伊经典也认为,人类演进的下一个阶段是全球性的、和平的、人类文明的黄金与成熟时代,这一时代在以往各伟大宗教的经典及各民族的传统中都有预言和期待,它们都集中指向一个将带来世界的友爱与和平、永久地消除战争与不和的"人类子孙之团结者"的出现。巴哈欧拉的出现已经圆满应验了过去所有宗教和传统的允诺。

由于巴哈伊教起源于伊斯兰教的社会背景和环境中,因此在最初曾被误以为是伊斯兰教的一个分支或教派,然后才逐渐脱离、独立。由于缺乏史料与信息,这种看法在国内学者中尚有影响。实际上,从一开始,巴哈伊教就有自己独立的先知、圣典和律法,而这是判别宗教独立性的依据。认为巴哈伊教(或巴哈伊教的前身巴比教)是伊斯兰教的一个教派,就和认为早期的基督教是犹太教的一个支派一样错误。

巴哈伊教的独立性早在20世纪40年代已得到世界的公认。诺曼·本维治(Norman Bentwich)博士这样写道:"巴勒斯坦现在可说已不是三个信仰而是四个信仰的圣地,因为巴哈伊信仰及朝圣的中心地点是在阿卡及海法两地,它已达到一个世界性大宗教之地位。它对各地的影响力,是促成国际及宗教间谅解之因素。"②

### 7.宗教和科学

巴哈欧拉描述科学和宗教是把握真实存在的两条不同而和谐的途径。它们从根本上是相容并互相促进的。

科学方法是人类理解宇宙物质方面的工具。是新技术的钥匙。然而科学本身不能够指导我们如何使用这些知识。宗教则授予人类价值观和目的性,对道德观、人类生存的目的、人类与周围环境的关系等这些问题提供了答案。科学带来物质上的成就和文明;而宗教则带来灵性的进步、道德的提升、端正的品性和精神的文明。

因此,阿博都巴哈说道:"宗教和科学是人类智性翱翔高空、人灵借以进步的两翼。人不能只凭一翼飞行。只以宗教之翼飞行,将掉入迷信之泥潭;而只以科学之翼飞行,将会陷人物质主义之绝望泥坑。"③人类过去走了两个极端。要么是以宗教压制科学,要么是以科学反对宗教。当宗教与科学的关系重新调整为应有的平衡与和谐时,在人类世界就会出现一股伟大的力量,扫除一切迷信与争

---

① 汤因比、池田大作:《选择人生》,牛津,第287页。

② 引自守基·阿芬第:《号召寰宇》,第7页。

③ 阿博都巴哈:《巴黎片谈》,第143页。

执，达到物质文明与精神文明平衡发展所带来的人类社会的稳定、安宁与繁荣、舒适，人在物质和精神各方面的需要才会得到真正的满足，达到真正、永恒的幸福。

### 8. 宗教的功用

阿博都巴哈进一步论证道："宗教是世界之光，是世界之指路明灯。"人类的实体是多元的，意见是多样的，感受是有别的。而人类这种在意见、思想、智力和感受上的差异乃是由根本的必然性所引发，因为万物之存在的层次差异，就是那显露出无穷形态之存在的必然性之一。因此需要一种能统领一切感受、意见和思想的总体力量，因为这种力量，那些差异就不再会有作用；而所有的人都会被带到人类世界之团结的影响下。显然可见的是：人类世界里这种最强大的力量就是宗教所带来的对上帝的爱。它把不同的民族带到了慈爱之篷帐的荫蔽中；它赋予敌对和仇视的民族与家庭以最为伟大的爱与联合，而"只有当人类之团结被稳固建立后，才可望获得人类之幸福"①。

基督教初期的一位希腊哲学家伽伦(Galan)曾评述：宗教的基本原则对一个完善的文明有着巨大的影响，因为"大众不可能理解说明性语词的关系，所以需要象征性语词来宣告另一世界的赏罚；而证实这一论断之真实性的，就是今天我们所见到的、被称为基督徒的一族人，他们信有赏罚；这一派族就表现得行为出众，有如真正的哲人所为。因而我们清楚地看到：他们不怕牺牲，除了公正、平等之外对大众别无所求，他们被当作是真正的哲人"。他得出这样的结论："宗教是真正文明的基石。"因为除非一个民族的道德性格也和思维及才智一起得到教化，否则文明就没有基础。而若要借助于科学和知识来引导这些道德和习俗，肯定要花上千百年的时间，即便是到了那时，大众当中也不会普及。但凭借宗教吸引人心、改变人心的力量，它们极为迅速、便利地在大众中普及开来。

一百年前，巴哈欧拉警告人类："有财富及权势者应对宗教表示最崇高的敬意。的确，宗教是灿烂之光，是保护世界各族人民福利的坚强堡垒，因为对上帝的畏惧使人趋善避恶。如果宗教之灯晦暗，混乱无序就会接踵而至，公平、正义、宁静、和平之光也将停止照耀。"②

但是，真正的宗教认识需要一种敏锐的辨别力和准确的判断力：一方面，必须将各宗教启自该宗教先知教诲的纯洁的原教义，与后来那些人为的腐败、迷信与仪式以及僵化的教条区分开来；另一方面，要能识别出真正代表上苍对现阶段人类意旨的、充满生机与活力的宗教。因为，人类只有通过认识自己所属时代的圣使先知，通过接受、服从和应用他的教育，才能真正地理解人类命运的目标和转折方向——何去何从——从而肩负起自己建造新文明的神圣使命与责任。"人类之被创造乃为推进不断演进之文明。"

## (四)巴哈伊的历史观

巴哈伊历史观基于巴哈伊对宇宙的哲学认识，即整个宇宙是一个横向(地域、空间)与纵向(时间、历史)交织的一体与整体的宏大联系网，服从一个总体的发展规律。整体与部分都服从同一个发展规律，因此可以互相类比。

巴哈伊历史观认为，人类集体的演变和发展可类比于个人的生长发展过程：经历了母胎的孕育期、婴

---

① 阿博都巴哈：《巴黎片谈》，第143页。

② 阿博都巴哈：《巴黎片谈》，第143页。

儿期、孩童期、少年期、青春期，而后进入成熟期。人类从诞生于大自然的怀抱的远古到今天有不同阶段的形式变化，现在人类正处于进入成熟期之前的青春动荡期的最后阶段，用巴哈伊信仰的先驱巴孛 150 余年前的预言是，人类正站在"新纪元的门槛上"，将要见证到一个"伟大新世界秩序"的诞生。正如随着人的成长，他会不断扩展其活动范围与领域一样，人类在发展的过程中也不断拓展其社会组织与管理的范围："从最小单位的家庭开始，后又产生部落、城镇及邦国，继续发展至全球最终的目标，最光荣的演进阶段——整个世界的团结，人类现在不论是否愿意，都在毫无抗拒力地向它趋近。"①

没有文字记载的历史相当于人类的胚胎期。那时，人类与大自然分不开，孕育在大自然母亲的胚胎里。有历史记载的时期相当于人类的诞生后的婴儿期。像一个婴儿开始通过认识周围环境来认识自己一样，人类也是通过认识自然环境(如水灾、火灾等大自然的挑战)来认识自己。通过认识大自然，就是跟大自然相对比才意识到自己的存在，同时由于婴儿期思维对世界的感性把握而诞生了许许多多的神话传说和自然崇拜。然后，人类进入了孩童期，孩童期代表自私的、自我意识的、以自我为中心的时代。经过少年期的成长，进入了青春的动荡期：骄傲、冲动、反叛、蔑视权威、抛弃传统、厌恶纪律和秩序，同时又对自己的身份产生怀疑和危机感(identity crisis)。②

阿博都巴哈在谈到人类的发展时解释，一个园丁播种的目的是让种子长成树，开花结果。所以他一直努力培养它而期待成果时代的来临。同样，人类被创造的目的也是为了它的结果的、和平的、黄金的成熟时代。园丁种的种子，种子幼小，覆盖在泥土下，要长成参天大树，看来希望渺茫。如果一个人不明白这个过程，他会觉得很奇怪，为什么把种子埋在又脏又冷又黑暗的泥土核心内。因为他不懂这个园丁的计划和智慧，既看不出这粒种子的潜力，也不明白大自然、风雨、阳光能够起到的作用，更怀疑这个生命体已经注定的进化发展过程。

巴哈欧拉写道："整个世界现正处于孕育的状态，它生产最华美果实的日子已临近。届时，将由这果实萌发出最崇高之树，开出最美丽的花朵，带来最超凡的祝福。"③按照巴哈欧拉的预言，我们正好处于这个星球人类共同命运和集体进化的最终而最光荣的、不可避免要达到的最后阶段，处于几千年好战的动物性人类快将转变成和平的天使性人类的时期。人类的未来是无可想象的光荣，虽然它的现状，甚至近期的未来会是无可忍受的黑暗。目前世界正处于黎明前的黑暗时期，像是新生的春天降临之前，冬天结冰的雪要融化时的混乱和不稳定时期，又像是处于新世界文明诞生前的阵痛期。新生命诞生的时刻越临近，这种阵痛也就越明显和剧烈。一个对新生命诞生过程不了解不熟悉的人，只会感到迷惑和畏惧；但那些熟悉新生命之创造过程的人，对这些不稳定的阵痛反而会感到期望和喜悦，而作聪明成熟的准备。

根据巴哈伊信仰的圣护守基·阿芬第的阐释，国家的建设已达顶峰，现在人类已经进入了全球文明建设的"新纪元"。这个"新纪元"以新的相互依存关系为其特征：不断涌现的科学技术的新发现、新发明、新创造使得世界日新月异，变化的速度越来越快；交通与传媒已将全球联为一体；世界各民族不论人民或政府，不论城市或乡村，已越来越互相交融与依赖；各国政治上、工商业、农业及教育的关系也日渐加强，已没有人或国家可以夸称是自给自足的。过去时代的所适用的传统、信仰与体制，已无法满足成熟期人类的需求。"不久，当今体制将席卷而去，而一个新的世界秩序将代之而展

① 守基·阿芬第：《号召寰宇》，第 46 页。

② 参看华赞：《超越政治争辩，中国未来之展望》，载《曙光》第 1 期。

③ 参见华赞：《超越政治争辩，中国未来之展望》，载《曙光》第 1 期。

开。”巴哈欧拉所带来的天启，既是“新世界秩序”的首先宣告者和阐释者，也是“新世界秩序”的创造原动力和推动者，更是“新世界秩序”的模型、样板与核心。

巴哈欧拉写道：“在这个时代，有一新的生命力正在世间鼓动，但是却没有人发现它的起因和目的。”[①]“这伟大新世界体制所带来的振动力已颠覆了世界的均衡，人类的生活规律也受到这独特与奇异之体制的作用而发生了革命性的变化。”[②]守基·阿芬第在《允诺的日子已经到来》一书中用“受精的蛋卵”来比喻由于这个新生命的孕育而在世界引起的非平衡化过程，并分析了从上个世纪中以来所有巨大事变乃起因于它。这也是一个死亡的阵痛与新生的阵痛相交织的“孪生过程”（Twin processes）：一方面是旧体制的崩溃瓦解过程，这是可见的破坏过程，其现象在全球各领域日益明显；一方面是新体制的出现形成过程，这是不可见的建设过程，以巴哈欧拉教义孕育的巴哈伊行政体制的逐渐形成和新时代思想的普及为标志。这两种过程同时进行，将不可避免地在将来相遇和交替。在这一时期人类所有的行动不是建设性的就是破坏性的。而破坏性的行动中又可分为“有行动的罪恶”（Commission）和“无行动的罪恶”（Omission）。所谓“有行动的罪恶”是指有意地迫害新纪元的奠基者和违逆历史发展潮流而动的行为，而“无行动的罪恶”是指漠视、忽略巴哈欧拉的呼唤，被裹挟于破坏过程中，实际上作了破坏力量的帮凶。

巴哈欧拉在100余年前这样警告人类：“当那指定的时刻来临……将突然出现使全世界人民肢体颤栗的事物。”守基·阿芬第分析了人类自巴哈欧拉启示诞生以来的百余年的历史，在《允诺的日子已经到来》一书的开篇即写道：“一场前所未有的剧烈暴风雨正扫荡着大地，给时下带来巨变，其方向不可预测，其终极无法想象的荣耀，其摧毁力无情地扩延，越来越猛烈，其净化力，不论多么难于察觉，正日渐增加……人类陷于困惑、痛苦及无助的境地，眼见上苍伟大而强烈的风暴袭击偏远的山河；摇撼它的根基；扰乱它的平衡；摧毁其国家；破碎其居所；荒废其城市；驱逐其国君；拔掉其堡垒；铲除其制度；遮蔽其光辉；折磨其百姓……”[③]他解释，这场暴风雨，是一个破坏与建设的双刃过程，“既是人类灾难的报应，也是最神圣的纪律。它是即临的天谴，也是人类的净化过程。它的怒火惩罚人类的任性，把全人类融铸成一个不可分割的、全球性的团体”[④]。这破坏过程的顶峰将是“至大之混乱”同时也是“至大之正义”，将诞生出“小和平”；这建设过程则以巴哈欧拉孕育的新世界秩序的逐渐形成为标志，带来“至大和平”的黄金时代。

关于“小和平”（Lesser Peace），在巴哈伊经典和许多巴哈伊学者的论文中，是指人类迫于灭顶之灾的威胁而从政治上达到的永久消除战争的和平妥协，通过召集各族各国代表参加的世界议会，确定边界，解决边界纠纷，削减除了用于防护性和维持秩序所需之外的一切军备，倘若一国穷兵黩武则全体以制之，以集体安全的原则一劳永逸地建立起世界和平。虽然人类大部分尚未认知巴哈欧拉及其启示，然而他所倡导的新时代的一般原则却会被不自觉地实施和普及。按照阿博都巴哈的预言，“小和平”将在这个世纪前来临。一百余年前巴哈欧拉在致君王书中，这样劝诫世上的君王及统治者：“现在你们既已拒绝了至大和平，便须抓紧这个小和平，以在某种程度上改善你们及庶民的状况。”

而巴哈欧拉所孕育的“至大和平”则是世界被灵性化之后，各种族、各学说、各阶级及各国融合在

---

① 《巴哈欧拉圣典选集》，第43、26页。
② 《巴哈欧拉圣典选集》，第43、26页。
③ 《巴哈欧拉圣典选集》，第26页。
④ 《巴哈欧拉圣典选集》，第26页。

一起之后所必然实现的和平:它与巴哈欧拉孕育的"新世界秩序"紧密相连,是人类的本质性更改和世界体制的重组,对应着人类的成熟期,是人类在地球共同生活的伟大进化中最后及最高的发展阶段,是全人类的团结,是世界神圣文明的建造,是被世界各民族经典所预言和长久期待并将持续长久的人类文明的黄金时代。在他1869年致维多利亚女皇的书简里,巴哈欧拉这样宣布:"造物主命定治疗全人类的特效药及万能工具,是全人类团结在一个世界的道义上,遵从一个世界共同的信仰。而这除非通过熟练、全能、有启发性的神医的力量,绝不可能成功。"

巴哈欧拉所描画的全人类团结,是指一个世界联邦的建立,使世界各国、各族、各种学说及各阶级亲密永远地团结在一起,而且各成员国的自治权及个人的自由与自主都绝对受到保障。世界联邦的要素在守基·阿芬第的书中已有概括的描述。它将包括:一个世界性的立法机关,一个受世界军力支持的司法部门,一个世界法庭,一个世界通信机构,一种世界通用辅助语文,一种统一的世界货币和度量衡制度等。"在这样的世界社会里,宗教和科学,人类生活的两大力量,将获协调,互相合作并和谐地发展。报章将提供更大的篇幅让不同的观点各抒己见,不再被个人或公众的既得利益恶意地玩弄,也将挣脱纷争的政府与民众的影响。世界的经济资源将被重组,它的原材料将被统一掘取并充分加以利用,它的贸易市场将协调发展,产品的分销将获得公平的分配。""一个世界联邦的制度将治理全球,并执行不可改变的权威,控制全球的广大资源,融合及体现东西方的理想,解脱战争的恶魔及不幸,决心开发全球的一切能源。这世界联邦的制度,使权力成为公正的奴仆。它的生命受全球公认的一个上苍及忠于一个共同信仰的力量所支持——全人类正在团结的力量推动下,向这一目标迈进。"①

① 守基·阿芬第:《号召寰宇》,第43~44页。

# 圆舞曲*

## ——中外文化的交融与汇合(节选)

蔡德贵

……能将儒学中的内容结合于现实生活,作出合理扬弃,能让普通百姓变成日用常行东西的,却又少之又少。儒家传统,甚至包括极有价值的部分,复而不兴,这是现代新儒家面临的难题。

就此而言,前所述及的宗教领域中亦成为近年亮点的巴哈伊教,倒是作了较成功的尝试。巴哈伊教的人本主义精神,家国天下的社会理想,都与儒家思想有些许相通之处。但是,在现代化的进程中,它却取得了较儒学更为显著的成功。同时,这种成功也正说明了宗教传统现代化的一些趋向。

汤因比说过,现存的各高级宗教,目前都面临一场情感与理智的冲突,而它们的前途,也在相当大程度上取决于如何认识、解决这场冲突。而且,在他看来,"这场冲突原因在宗教内部"①。宗教与现代化之间的冲突,主要表现为对先知启示的情感依恋与科技理性的冲突,其尖锐性甚至使其丧失了妥协解决的可能性。为此,汤因比提出:"除非人们认识到,同一个字眼真理,在哲学家、科学家的用法中和先知们的用法中并不是指相同的实在,而是一个用来表述两种不同经验形式的同形异义词。"②这要求宗教作出的让步就是:不要再把先知启示放在高居不下的位置上,应在神的领域中为人的精神争得更大的地盘。同时,要求宗教关注人的现实生活,从中汲取探讨人类意识深层的驱动力。

巴哈伊教可视为传统宗教向现代化迈进的成功的一例。从其母体宗教伊斯兰来说,从20世纪中期,伊斯兰世界出现了种种社会、宗教改革,但无论是霍梅尼、凯末尔等政治家,还是阿富汗尼、阿布杜、艾敏等伊斯兰学者,他们都只提出或实行了种种理论的,形式上的改变。政治改革家改变的是宗教的仪式、制度,对宗教的根本精神未有触动;宗教学家对宗教与科学和现代生活的关系有新的认识,但具体化到宗教教义中却不多。在解决这种脱节的矛盾中,巴哈伊作了有益的尝试。

巴哈伊教认为,传统与现代化之间的动力性相互作用,是一个相关领域,其中察觉潜藏的道德价值这样一个能力,起着至关重要的作用。现代化的变革,必须植根于传统中那些与现代化相适应的方面,现代化的过程就是要求人们能够自觉地正视自己的文化和传统信念。在该教教义中,有多处对传统宗教教义与现代人类文明要求不相符合的内容进行了明显的改革。它取消了圣战的教义,呼吁和平,主张人类一体;明确反对一夫多妻制,主张男女平等;它并不反对现代商业的营利行为,而是鼓励人们积极从事造福人类的事业;尤为重要的是,它放弃传统高级宗教间对立纷争的敌视态度,极

* 原载蔡德贵:《中国哲学流行曲》,山东人民出版社2000年版。

① 转引自张志刚:《宗教文化学导论》,东方出版社1996年版,第188页。

② [英]汤因比:《历史研究》英文版,Ⅶ-Ⅹ,第97页。

力主张各宗教在平等、认同、磋商的基础上进行沟通，在求同存异的多样化形式中实现各宗教的统一。这对传统教义来说，是最重要的一项革命。巴哈伊认为宗教的真理就像人类共同拥有的一个太阳，只是破晓的地方不一样，体现的形式不一样，但真理就是那一个，所以各宗教教义根本上是相通的。该教奠基人之一阿布杜巴哈说："在宗教方面，人类自己炮制的教义及伦理习俗已过时并毫无生命力，不仅如此，确实它已成为人间敌对的原因……所以我们的责任是在这个灿烂的世纪里，探索神圣宗教的本质，寻找人类世界大同的根本实质。"①这种宗教宽容精神是解决目前宗教前途的两种矛盾冲突之一的有益途径。对于汤因比所言的另一种冲突——先知启示情感与人类科技文明及其创造物的冲突，巴哈伊教义中亦有明确而有效的解决态度。阿布杜巴哈说："宗教必须符合科学与理性，否则它就是迷信。上帝已创造了人，使它能察觉存在之真谛，并赋予他思维，或称理性，以实现真理。"②而且该教创始人巴哈欧拉亦曾将宗教和科学比喻为人类前进中的两只翅膀。当然他们所讲的相互协调作用，并不是要以生硬的态度科学地解释宗教，或让宗教干扰科学发展的轨道，而是力图寻求社会功能的互补。正如汤因比所说：现代科学和高级宗教齐心合力理解上帝的造物——变幻莫测的人类精神。

巴哈伊在教义中实施的深层革新，触及到宗教精神的根本，这就为取得现实的成功奠定了基础。它对教义中提到的一些传统宗教概念的新诠释，也使它更易为现代人所接受。如它对上帝、天国、地狱、灵魂、复活等的理解是：上帝既不是拟人的实体高居于天堂的宝座操纵着世间事务，也不是泛神意义上的精魂包含在一切事物之中，上帝是不可知之本质；天国是人之精神的完满状况，摆脱了愚昧之黑暗；地狱是人的精神的堕落状态，沉湎于情欲；灵魂是指人类一切精神与意识特质的总和；复活的观念是与肉体无关的，指精神上的永存。③ 这些新的诠释和深层的变革，使巴哈伊教符合现代社会的逻辑和需要。

相比之下，儒学的现代化进程就显得逊色不少。从客观上来说，巴哈伊作为宗教的特殊性，决定了其方法功能显得较突出，从而也使得它的教义中革新的内容能直接转化到教徒的行为中，变成他们的现实生活，加速了从形而上层次到形而下层次的转变。但是我们更应该看到的是一种理论、思想的新发展，主要的还是其内部的转化，及由这一转化而带来的它对形而下层次的深刻影响。

① 阿布杜巴哈：《世界团结之基础》，马来西亚巴哈伊总灵体会1993年版，第16页。
② 阿布杜巴哈：《世界和平之宣扬》，美国伊利诺州出版社1982年版，第287页。
③ 参见李绍白：《人类新曙光——巴哈伊信仰》，澳门巴哈伊出版社1995年版，第72～80页。

# 积极心理治疗的五个阶段（节选）*

[德]N.佩塞施基安著，邵宇宾　王剑南译

牛奶必须以合适的比例来配制。是牛奶使婴儿长得强壮，这样他以后才能消化难以消化的食物。

——巴哈欧拉

……

问题：基本能力要到哪里去找？

回答：所有人都拥有两种基本能力，认知能力和爱的能力。这些能力存在于我们身上，“甚至就像火苗藏在蜡烛里，光线潜存于灯里一样”（巴哈欧拉）。但是，哪些能力会得到发展或是抑制，这取决于环境的作用（区别）。“这些能量的放散可能会被物质需求掩盖，恰如太阳的光芒也可能会被隐蔽在覆盖着镜子的灰尘和杂质之下”（巴哈欧拉）。这一符合科学的意见对于孩子的抚养有着重要的意义。人们不能再依赖某些东西纯粹是与生俱来的、因此人们面对它束手无策的看法，而是有必要去探寻紊乱状况产生的条件，找到减轻这种症状的可能性。“显而易见的是，在火被点燃以前，灯永远不会发光，如果杂质不被清除掉，镜子永远不能代表太阳的形象，不能反射太阳的光辉和灿烂”（巴哈欧拉）。

……

在宗教的历史上，犹太教是公平原则的代表。“以眼还眼，以牙还牙。”基督教可以作为爱的原则的代表。“纵然我能操世上一切的语言，又能说天使的话，但如果没有爱，我新讲的都是没有意义的话，如同嘈杂的声音而已”①。

今天，发展需要融合公平和爱的原则。公平和爱的融合是巴哈教派信条的基本原则之一，不仅是在孩子的培养和婚姻当中，也是在社会秩序和宗教方面。“噢神的儿子！不要归属于任何你不想归属的灵魂，也不要说你不做的事。这是我对于你的命令，你一定要遵守它”（巴哈欧拉）。

---

* 原载[德]N.佩塞施基安：《意义的找寻——一种循序渐进的心理治疗》，邵宇宾、王剑南译，社会科学文献出版社2000年版。

① 《圣经·新约》中的《哥林多书》前书，13，1。

# 巴哈伊教*

辞海编辑委员会

巴哈伊教(Bahá'í Faith)又译"大同教"。世界新兴宗教。1863 年伊朗贵族巴哈欧拉(Bahá'u'lláh,1817～1892 年)在巴格达宣称受命为上帝新使者,正式脱离伊斯兰教而创立。早期受伊朗当局迫害。20 世纪 60 年代已传播到世界众多同家和地区。教务机构名"灵体会",专门活动场所称"灵曦堂"。核心教旨为上帝唯一,宗教同源,人类一家。鼓励教徒积极参与社会生活,为人类服务,努力实现天下一家、世界大同。没有专职教士,不强调崇拜礼仪。经典主要是历代教主的著作,如《确信经》(基本教义)、《至圣经》(戒律集)、《隐言经》(修身警语)等。

* 原载辞海编辑委员会编纂:《辞海》,上海辞书出版社 2000 年版。

# 马灵明与巴布派*

马 通

兰州市西园灵明堂的始传者马一龙(又称"马灵明"),自清光绪二十二年(1896 年)被其崇敬者尊为西园灵明堂道祖以来,至今已传三代,共有 100 年的历史,其教徒在甘、宁、青新都建有拱北或道堂,也曾有过一定影响。

灵明堂的遵信者,对马灵明受传学说渊源,说法有异,遵行也不尽相同。有的说灵明堂属于虎夫耶,也有的将其划为嘎德林耶。那么,马灵明究竟受教于何人?传了哪一派的学说呢?为什么马灵明逝世后,对其受传学派的渊源有几种不同说法和几种不同遵守呢?多少年来,这些问题一直没有得到澄清。

## 第一节 马灵明"一脉三弦"说的来历

马灵明生前常以比喻、典故述说身边发生的事,往往一时难解难测。他留下来的一篇《遗言》,同样多用独句隐语,十分含蓄深奥,难解其意。他在《遗言》中谈到他受传教派渊源时说:"古龙古话。千秋万岁。因为龙署道清。子孙辈数。一脉三弦。"灵明堂的遵信者,对"一脉"的解释是一致的,均谓"一脉"是指伊斯兰教。但对"三弦"的解释,说法很多。有的说,明传了虎夫耶,为第一弦;暗传了嘎德林耶,为第二弦;给他继承者秘传的"迪克尔",除继承者一人知道外,再没有第二人知道,此之谓第三弦。有的还说,马一龙分别受传了嘎德林耶和虎夫耶两门,即为两弦,把上述两门融为一体,传给其遵信者,形成了独特的一派,即灵明堂(也被称为"疯门"),灵明堂就是第三弦。另一说认为,一脉为真主之炒,三弦是圣人、贤人和一般人。当然还有一些不同的解释,但均系推测,依据不足。

从《兰州灵明拱北教史》(以下简称《教史》)和马灵明所著《遗言》看,"一脉三弦"之说,是有渊源的。

首先,马灵明受传了嘎德林耶派学说。《教史》称:马灵明 25 岁时,即清光绪三年(1877 年)九月九日,有一个通称"大香巴巴"、名叫"哈比本拉西"的人来到甘肃兰州,自称原籍是印度得海来文义人,曾在巴格达的筛海日外勒丁耶道堂求过学,学习的是嘎德林耶学说。这次到兰州,和马一龙邂逅相逢,谈得十分投机。后在海四太爷拱北柏树之间,授灵明以嘎德林耶古教。越三月,又在绣河沿清

* 原载马通:《中国伊斯兰教派门宦溯源》,宁夏人民出版社 2000 年版。

真寺后院水井之旁，传至圣真脉之光，让道统代位之席，并吩咐传教条件，交给传教凭据。不久，哈比本拉西返回故里，在返乡途中，于清光绪四年(1878 年)正月初一在肃州酒泉(今甘肃酒泉)遇兵劫而亡。

第二，马灵明受传了虎夫耶学说。《教史》称：马灵明在 33 岁时，即清光绪十一年(1885 年)七月二十六日，有一个自称"圣后赛立穆尊者"的人，自谓原籍阿拉伯，是古莱氏人，后"移居老可勒"，此次是来河州传教的。遂经兰州绣河沿清真寺马六三伊玛目之引荐，马灵明沐浴佩香，备馈参谒，在广河三甲集执弟子礼，又从赛立穆处受传了虎夫耶之道，并给了传教之凭证。赛立穆于清光绪十一年(1885 年)八月初二西行返里。

上述虎夫耶和嘎德林耶的传教人有可能被《教史》的撰抄者弄错了。根据考证，《教史》中所说嘎德林耶的传教人可能是赛立穆而不是哈比本拉西，因为《教史》中所谓哈比本拉西，又叫"大香巴巴"，而"大香巴巴"，是新疆白山派玛姆特·玉素甫的第五代家族，自称圣裔。由于他们和香妃有家族关系，故有"香巴巴"、"大香巴巴"或"巴巴爷"之称。白山派属于纳格什班迪耶，我国甘、宁、青虎夫耶的很多支系源于此派，他不是嘎德林耶派的传教师。灵明堂讲解、传授"三乘"和有关诚信的经典《孔隆勒沙来》，就是白山派始祖玛姆特·伊·艾扎木编写的。所以，传授嘎德林耶的应是赛立穆，传授虎夫耶的是哈比丁拉西。

第三，受传了巴布派学说。马灵明受传嘎德林耶和虎夫耶两种学说的事实，有比较详细的记载，遵信者一般也都知道，但对他受传了巴布派学说的事，记载简单，现在的遵信者只知"巴布"一名，而不知其含义。马灵明在他的《遗言》中十分明确地说："无俩是巴布门首的天命。"他的遵信者马向真阿訇在收录的《赞无俩大道》一文中也说："无俩无俩真无俩，真脉来自白格达(即巴格达)，巴布门上有天命，伊斯兰教不二传。"①在《无俩三字文》中又说："无俩道，归真路，巴布门，在此处，有天爷，有规矩，一化三，三归一。"②从这些简单的记述中，我们可以看出，马灵明是受传了巴布派学说。

那么，巴布派是一个什么样的派别呢？

巴布派产生于 19 世纪的伊朗商界，巴布(1820～1851 年)是十叶派支派赛希特教派中出现的一个宗教改革者，他的真实名字叫赛义德·阿里·穆罕默德，出生于伊朗设拉子的棉商人赛义德的家庭里(另有人说是食品商人)。从小爱好神学，被送到卡尔巴拉，跟随有名的伊斯兰教学者和赛希特教派的领袖赛义德·卡节姆·勒什特学习。赛希特派主要宣扬伊斯兰教救世主——第十二世教长马赫迪即将降临的思想。他们认为马赫迪已消逝近千年，但当人间充满不幸的时候，他会降临人世，消灭人间不平。③

1843 年，赛希特派的领导者赛义德·卡节姆·勒什特逝世，但未指定自己的继承人。次年，24 岁的赛义德·阿里·穆罕默德宣称自己是巴布，是赛义德·卡节姆·勒什特的继承者。他公开宣称，先知穆罕默德已经完成了他的历史使命，现在将由他开始一个新时期。巴布是"门"的意思。他说：人们所渴望的"马赫迪"救世主，将通过此门把他的旨意传达给人民。所以，在"马赫迪"降临之前，巴布的使命就是向人们揭示真理。④ 他还预言救世主"马赫迪"就要降临伊朗，"正义王国"就会

① 马向真：《清真哲学寄语录》，第 82 页。

② 马向真：《清真哲学寄语灵》，第 195 页。

③ 李希泌、刘明：《伊朗巴布教徒起义》，商务印书馆 1980 年版，第 11 页。

④ 李希泌、刘明：《伊朗巴布教徒起义》，商务印书馆 1980 年版，第 12 页。

跟着建立起来。“在正义王国里，无论男女老幼都将是平等的，没有压迫与奴役，饥饿与痛苦，人们将友爱地共同过着幸福愉快的生活。”[①]于是，大批受苦受难的城乡人民和不少农民、手工业者及一般阿訇，都纷纷信仰巴布派，信徒遍及伊朗各省，后来发展到土耳其和印度等地。

1847年，巴布派掀起了反抗伊朗国王穆罕默德及其继承者纳歇尔丁王和反对封建主压迫剥削广大人民的大起义，波及各省，震动了全国。国王在惊恐之下，将巴布下狱监禁，开始对巴布教徒进行残酷镇压。这时巴布在监狱中正式宣布自己就是救世主，号召教徒为实现“正义王国”而斗争。于是，一场镇压与反镇压的斗争在伊朗各个角落普遍展开。一些比较接近人民的著名人物，如呼罗珊波什鲁耶林的阿訇胡赛音、喀斯温的女传教士查玲·塔什·马赞得朗、农民出身的毛拉穆罕默德·阿里·巴尔福鲁什等接受了巴布派领导人赛义德·阿里·穆罕默德的旨意，肩负起领导者的担子，提出了“废除世俗特权，反对纳税，废除私有制，财产公有”以及“男女平权等新的民主纲领”[②]。进一步激发了巴布派教徒的斗志。这次起义，先后与国王的军队激战了4年，终因缺乏组织性和统一领导而告失败，起义者受到血腥屠杀，31岁的巴布起义领导人赛义德·阿里·穆罕默德也于1851年（编者按：应为1850年）7月被处死在大不里士。幸免一死的巴布派教徒们流落伊拉克、土耳其和印度等地。

巴布派的主张主要反映在巴布的《默示录》中。1844年，巴布为了阐明自己的主张，仿照《古兰经》形式，把他的新教义写成一部书，名曰《默示录》。这本书虽然代表了伊朗中小商人的利益，但从当时伊朗人民革命运动的全部利益看，是具有一定的进步意义的。《默示录》的主要内容有六个方面：

一是认为“人类社会是一个时代紧跟着另一个时代而发展着，一个时代总要被另一个时代所代替，后一个时代一定要超过前一个时代并与它有所不同。每一个时代都应该有它特殊的制度与法律。旧的制度与法律一定要随着旧时代的结束而被废除，代之以新的法律与制度。但是，每个时代的制度与法律，不是由普通人制定的，必须是真主通过他的使者——人类的先知来制定的。真主在每一个时代都派给人们一个新先知。真主通过先知向人们传达自己的指示”。在这一理论指导下，巴布宣称自己是真主派到人间的先知，他的《默示录》就是传达真主意志的最新经典。

二是宣传要建立一个没有压迫，人人平等的新的“正义王国”。国内的居民，都要信奉新经典《默示录》，凡是不相信《默示录》的人，都要被驱逐出“正义王国”，并没收其财产，分给巴布教徒。

三是规定保护私人财产，鼓励经营商业，反对强力征税，偿还债款是应尽的义务，利息的征收，也不受任何限制。

四是“世俗官吏和高级阿訇不愿放弃他们的政权，并仅仅凭借《古兰经》，维护旧制度、旧法律，这便是人间充满不公道与互相倾轧的原因。因此必须依照《默示录》的原理，改革旧的伊斯兰教义，对社会进行政治改革。”

五是《默示录》示意，允许各个教徒在正常业务活动之余，可以到自己认为方便的地方礼拜，不一定非要到清真寺聚礼。还主张可以把每日五次礼拜改作三次完成。

六是要求信徒严守信义，被嘱托的事和被委托送交的信件，一定要办到或送往指定的地点，无论

① 李希泌、刘明：《伊朗巴布教徒起义》，商务印书馆1980年版，第12页。

② 李希泌、刘明：《伊朗巴布教徒起义》，商务印书馆1980年版，第11页。

在任何情况下，都不能将其撕毁。[①]

《默示录》的主要内容，在马灵明的宗教主张中虽然不明显，但在其实践活动中还是有巴布派的痕迹的（这个问题将在后面讨论）。

由是观之，马灵明《遗言》中所说的“一脉三弦”是有所指的，其中“一脉”无疑是指伊斯兰教，“三弦”是指受传的嘎德林耶、虎夫耶和巴布教派。马灵明从这三个教派中，分别吸收了自己所需的内容，恪守和传授之。在自己的静修干功中，接受了嘎德林耶派苦修苦干和清贫乐道的学说；对一般遵信者，传授了虎夫耶派以“舍热阿提”为基础的学说；在发展和接受教徒中，注意了巴布派的主张，着重以发展和保护中小商人利益为前提。但马灵明经过长期的生活实践，在他的晚年，对巴布思想特别感兴趣。因此，在其《遗言》中坚定地宜称自己是“巴布门首的天命”。

## 第二节　马灵明接受巴布派主张的思想基础

要说明马灵明接受巴布派主张的思想基础，必须从马灵明的遭遇和他所处的社会背景谈起。

马一龙，字灵明，中文道号灵一高会子，阿文道号古杜布·哈尼弗·董拉黑，生于清咸丰三年（1853 年）十一月二十日，殁于民国十四年（1925）年三月十九日，享年 73 岁。他世居兰州海家滩，7 岁学习中阿文，从师求学，常居魁首。及长，对于教义孜孜不倦，学习、遵守“天命圣条”。10 岁时逢陕甘回民反清大起义。14 岁时，又逢同治五年兰州督标哗变，省城发生严重饥荒。马灵明扶母离家，逃荒于宁定（今广河县）。次年母卒，遂“雇工富户之门，昼则克尽厥职，夜则诵念真经，虽劳不暇，未尝度弃礼拜”[②]。后迁居榆中，继又流落河州、青海西宁等地，一面逃荒度日，一面访师求学。从 35 岁起即清光绪十四年（1888 年》起，在榆中野鸡沟等地清真寺任教长，“外则加强礼乘，内则努力至道（指静修之功），所得钱物，随手施舍，不肯入囊”[③]。42 岁时，逢乙未河湟事变，遂“引妻抱女，仍返兰垣”，在桥门街赁屋两间安家，后迁居新关罗家巷。这时，他已接受赛立穆所传嘎德林耶和哈比本拉西所传虎夫耶学理，同时还接受了巴布派教理。当他专心一意，从事“无俩大道”后，“常沿门托钵乞膳度日，量够家用，即行止讨，设有赠送衣服财物者，拒之而不纳”。他“有时自歌，有时自舞，往往与街巷小儿戏玩，天真烂漫，宛如赤子”。他“无故被打骂而不怒，觌面讽刺而不理，但以笑应之，绝不报复一语。人遂以疯汉称之。有以疑义、急难来问者，只用眼前事物演示之，或讲一故往，或举一现例，使人自行领会，初虽不解，事过皆验”[④]。于是得到一些人的尊敬与信仰。

从马灵明一生看，他出身寒门，早年丧父，幼年慈母见背，青年又逢兵燹，处于逃荒奔命之中，中年丧妻，孤苦伶仃，十分不幸。他疯疯癫癫，沿街乞讨，是对清末腐朽王朝的极端不满和控诉的一种外在表现。他那求助“真主”给予今后两世保佑和宽恕的虔诚宗教思想，表达了一个为生活疲于奔命的穷人的精神寄托。这就是他之所以接受巴布派主张的最基本的思想基础。但他又为什么不能像巴布派的教徒那样，组织信徒起来反抗当时的统治者和改革伊斯兰教呢？应当看到，当时伊朗巴布

① 以上所引《默示录》的内容及引文，均见李希泌、刘明著《伊朗巴布教徒起义》一书，第 14～16 页。
② 参见《兰州灵明拱北教史》。
③ 参见《兰州灵明拱北教史》
④ 参见《兰州灵明拱北教史》

派已遭到统治者的残酷镇压，幸存的巴布派教徒，流离失所，潜逃隐蔽，反抗运动正处于一蹶不振的低潮中。同时，巴布派在我国虽有传播，但为数极少，没有群众基础。另一方面还应看到，我国同治年间西北回民起义和乙未河湟地区回族、撒拉族的反清起义，均遭到统治者的残酷镇压，回回、东乡、保安、撒拉等民族的反清运动也处于低潮时期。同时，嘎德林耶与世无争的思想影响在他灵魂深处也起了不小作用。所以马灵明处于这样一个时代，又受到那样一种出世思想的影响，而他本人又缺乏坚强的斗争精神和勇敢的牺牲精神，故只能疲于奔命，不可能拿起武器参与斗争。这说明马灵明仅仅是巴布派的一个同情者，而不是巴布派的一位战士，更谈不上是巴布派的一位传教者和首领。他的这种作为，也恰恰说明了他的遵信者始终不明白巴布派是什么教派的真正原因。不论怎么说，由于他深切同情巴布派，所以在其后来的宗教活动中，还是留下了巴布派一些主张的烙印。

有人说，巴布派是反对《古兰经》的，这是误解，其实巴布派并没有否定《古兰经》，只认为《古兰经》的一些内容有些过时，应以新内容代替。

# 巴布教徒起义*

赵伟明

1848～1852 年,伊朗爆发了反对封建压迫和殖民侵略的巴布教徒起义。

巴布教的创始人赛义德阿里·穆罕默德 1819 年 10 月 20 日(一说 1820 年 10 月 9 日。见《伊斯兰百科全书》,"巴布"条。)生于设拉子一个商人家庭,父母早亡,由舅舅阿加·赛义德阿里抚养长大,他从小便对宗教产生了浓厚的兴趣。19 岁时去布什尔经商。他在卡尔巴拉朝圣时,结识了长老派宗教领袖赛义德·卡基姆,赛义德·卡基姆非常赏识器重他。赛义德·卡基姆预言,人们企盼已久的马赫迪("马赫迪"意为"救世主"。据传穆罕德曾预言世界末日前,他的家族中将有一位与他同名的人降临,拯救世人。)就要出现。1843 年底,赛义德·卡基姆派其门徒到伊朗各地寻找马赫迪。1844 年 5 月毛拉侯赛因·布什鲁亚来到设拉子,他被阿里·穆罕默德的学问和魅力所折服,承认他是"通向真理之门"——巴布,"巴布"在阿拉伯语中是"门"的意思。按照长老派的说法,伊斯兰教第十二代伊玛目马赫迪已经隐遁近千年。他必将降临人世,消除人间不幸、不义和不平,建立幸福、公正、平等的"正义王国"。巴布是马赫迪与人民之间的一扇门户,马赫迪的意志将通过巴布传达给人民。巴布根据这一思想,加以发挥,他宣告,马赫迪的降临并非遥遥无期,而是就在不久的将来;马赫迪并非降临在天边,而是就降临在伊朗。当马赫迪降临时,他将在人间建立"正义王国",给人民带来千年福祉。马赫迪降临之前,先派巴布到人间,传达马赫迪的意志,为迎接马赫迪的降临作准备。毛拉侯赛因由于第一个承认阿里·穆罕默德为巴布,则被称为巴布教第一信徒。后来巴布又授予其"巴布巴布",意即"门中门"的称号。

1844 年夏,巴布的教义吸引了大批信徒,其中有巴布最得意的门徒 18 人。(加上他自己共 19 人,19 是巴布教崇尚的吉祥的数字。巴布曾创造了一个新历法,每年 19 个月,每月 19 天。)这年秋天,巴布派其 18 门徒去伊朗各地宣传他的教义,他自己则前往麦加和麦地那朝圣,在麦加时,巴布已经公开宣称自己是马赫迪,但在当地没有引起多大的反响。1845 年春,巴布回到设拉子,因宣传"巴布应名列阿里①之前"而被法尔斯总督米尔札·侯赛因汗逮捕,经严刑拷打后被逐出设拉子。这时巴布教在伊朗已有一定的影响,引起了朝廷的注意。穆罕默德沙派赛义德·叶海亚·达拉布负责调查巴布传教之事,结果被巴布的魅力所征服,成了巴布的信徒。与此同时,米尔札·侯赛因·阿里·努里和其弟米尔札·叶海亚·努里在德黑兰会见了毛拉侯赛因·布什鲁亚以后,也成了巴布教的忠

* 原载赵伟明:《近代伊朗》,上海外语教育出版社 2000 年版。

① 穆罕默德的堂弟和女婿,第四任哈里发,十叶派尊其为第一代伊玛目,并只承认阿里及其后代才是穆罕默德的合法继承人。

实信徒。巴布被逐出设拉子后，前往伊斯法罕避难并继续传教，在伊斯法罕，巴布得到总督马努契尔汗的庇护。马努契尔汗死后，巴布奉首相哈只米尔札·阿加希之召前往德黑兰，1847年夏，巴布在前往京城途中遭逮捕，被关押在阿塞拜疆人迹罕至的山区要塞马库[①]。在狱中，巴布仿照《古兰经》写了一部《贝彦经》。[②] 他在这部被巴布教徒奉为"新古兰经"的书中，阐述了巴布教教义的四个基本观点：一是废除现有的各种法律和《古兰经》、沙里亚（"沙里亚"为伊斯兰教教法。）关于祈祷、斋戒、婚姻、离异、继承等等的规定，但是还是承认穆罕默德的先知使命，不过穆罕默德这一轮使命已于1844年结束。二是对"天堂"、"地狱"、"死亡"、"复活"，"末日审判"、"末日"等一一加以解释，认为来世说并不仅仅意味着物质世界的结束，同时也意味着一个先知时代的结束。精神世界是真实的世界，物质世界只不过是精神世界的外化。真主在每一个先知时代的结束就摧毁旧世界，以便用新先知所启示的新圣经创造一个新世界。三是建立新的制度，如规定新的朝向（"朝向"指穆斯林礼拜的方向，623年穆罕默德规定麦加克尔白神庙为礼拜方向。巴布则规定巴布的居所为礼拜的方向。）和新的继承法等等。四是宣布他即真主派遣的新先知，《贝彦经》即真主的最新的唯一的启示。巴布提出，摩西及其《旧约》、基督及其《新约》、穆罕默德及其《古兰经》都已陈旧过时，都应让位给他和《贝彦经》。巴布还指出，现世之所以充满了不平和倾轧，就是因为哈基姆[③]和乌里玛为了保住自己的既得利益，死抱住旧制度旧经典不放的缘故。

巴布宣扬建立正义的王国，只有信奉《贝彦经》的巴布教徒才能居住在这个王国里，不信奉《贝彦经》者，纵然是外国人，也将被驱逐，没收其财产，分给巴布教徒。在这个正义的王国里，人们过着幸福平等的生活。巴布还主张提倡自由贸易，保护人身安全和私人财产，欠债必须偿还，保守商业机密，规定借贷利息，改善邮传，统一货币等等。巴布的这些主张，既反映了农民、手工业者反对封建压迫、实现社会平等的要求，也反映了商人的利益。巴布的教义和思想没有什么新鲜的东西，大多可以追溯到遥远的古代，在古代宗教中看到其影子，尤其是与易斯马仪派有不少相似之处。但是，巴布善于把固有的思想体系与伊朗人民的愿望结合起来，因此特别具有吸引力。

另外，巴布还对道德、司法等方面作了一些具体的规定。巴布在《贝彦经》（阿拉伯语版）第5部第9章有这样的规定："每天呼唤我的名字，如果我的思想渗透到你的心中，那么真主就会把你放在心上。"巴布教的刑罚是比较宽松的，仅仅是处以罚款和禁欲。谋杀的处罚最重，但也只是向受害人家属赔偿一定数额的黄金和禁欲19年。人身伤害的处罚不仅适用于肉体伤害，也适用于精神伤害，如高声辱骂。《贝彦经》的一些章节阐述了信徒与非信徒之间的关系，如向非信徒发动圣战和没收非信徒的财产等。巴布还对收益税和人头税作了规定。根据《贝彦经》，离婚是允许的，但不鼓励。鳏寡有再婚的义务，男子丧妻后90天，女子丧夫后95天应再婚。废除妇女守贞和幽居。除悼念亡灵外，禁止公开礼拜。巴布的出生地和监禁地为圣地，每隔19天应邀请19人作客，哪怕仅以一杯清水招待。禁止酿酒、售酒和饮酒，禁止乞讨和个人施舍。此外还有一些令人十分费解的规定，如拥有的书籍不能多于19本，吃蛋应遵循正确的方法，等等。

巴布教徒传教之初，曾花大力气于社会上层，向王公大臣、各州州长和高级僧侣宣传巴布教义，企图获得他们的同情和支持，依靠他们的力量来实现巴布的理想社会。但是巴布教徒们忘记了最根

① 马库在伊朗的西北角，靠近土耳其边境。

② "贝彦"在阿拉伯语中意为"清楚"、"明白"。

③ "哈基姆"原意为"哲人"，后常指世俗统治者。

本的一点，即这些人是旧制度旧教典的得益者和维护者，任何一点轻微的改革都会触动他们的既得利益，动员他们去废除旧制度旧教典无异于与虎谋皮。1848年春，官府加紧了对巴布及其追随者的迫害和镇压，关押在马库要塞的巴布被转移到看管更加严密的奇利克要塞[①]，各地的巴布教徒也遭到官府的缉捕查办。

官府的镇压和迫害，使巴布教徒们醒悟过来，他们抛弃了依靠上层人士实现他们的"正义王国"的幻想，转而采取比较现实的态度，走到广大人民群众中去，宣传群众发动群众。一些接近人民群众的教徒，将巴布教义中的民主因素加以发展，提出了更加进步的纲领。1848年夏，巴布教徒在沙赫鲁德以东的巴达什特镇集会，参加会议的有米尔札侯赛因·阿里·努里，毛拉侯赛因·布什鲁亚，毛拉穆罕默德·阿里·巴尔法鲁什等人，著名的巴布教女英雄、女诗人扎琳·泰姬[②]在这次会议上起了重要的作用，她不顾伊斯兰教法的禁令，不带面纱，出现在男性教徒面前。在这次会议上，巴布教徒们宣布，马赫迪即将降临，伊斯兰教及其教法已经过时，人们不必再根据旧的义务纳税服役，废除私有制，财产公有，废除封建特权，提倡男女平等。这些反封建的民主思想反映了当时伊朗农民的愿望，受到广大农民的欢迎和拥护。

巴布教徒在巴达什特的传教活动，吸引了周围四乡的农民纷纷前来取经学道，巴布教徒的声势越来越大，使伊朗朝廷大为震惊，穆罕默德沙派军队将巴布教徒驱散。巴布教徒奔赴各州，继续宣传他们的教义和主张。

1848年9月，穆罕默德沙去世，统治阶级内部因争权夺利，互相倾轧而陷于一派混乱。呼罗珊、伊斯法罕、亚兹德、克尔曼、设拉子等地先后爆发了城市居民和农民的起义。巴布教徒决心利用这一时机，发动起义。10月中旬，毛拉侯赛因·布什鲁亚和毛拉穆罕默德·阿里·巴尔法鲁什率约700名巴布教徒，在马赞德兰省的巴尔法鲁什公开发动武装起义，起义军占领了巴尔法鲁什东南约20公里处的谢赫塔巴尔西陵，准备以此为根据地，实现巴布教的理想，建立"正义王国"。巴布教徒在这里筑城挖壕，修建防御工事，建造房舍工场，打造武器和生产工具，过着人人平等，有饭共吃的生活。不断有附近甚至远道的农民和手工业者带着粮食、牲口和生产工具来到谢赫塔巴尔西陵，起义队伍很快就增加列2000多人。

马赞德兰总督立即组织军队，对谢赫塔巴尔西陵进行围剿，起义军在附近农民的支持下，发动夜袭，将马赞德兰总督打得狼狈逃窜。巴布教徒的这一胜利，吓的马赞德兰的许多封建贵族弃家出逃。

1848年底，伊朗新国王纳西尔丁沙派其叔米尔札马赫迪·库里率2000精兵前去讨伐。起义军利用熟悉的地形，乘米尔札马赫迪·库里立足未稳，再次用夜袭的方法，将其击退。

武装斗争的节节胜利，使巴布教的影响日广，信徒日增。据估计，到1849年初，伊朗各地的巴布教徒已达10万余众。这使德黑兰朝廷大为惊恐。1849年春，纳西尔丁沙派5000大军增援米尔札马赫迪·库里，最高宗教当局也发布了向巴布教徒发动圣战的"法特瓦"。7000多政府军将谢赫塔巴尔西陵团团围住，一边用大炮猛轰，一边切断了巴布教徒与周围农村的联系。时间一长，起义军中粮草耗尽，因熬不住饥饿，离营者日众。

1849年5月，围剿谢赫塔巴尔西陵的政府军已多达1万余众，而坚守陵墓的巴布教徒还不足

① 奇利克要塞在乌尔米亚湖之西，离土伊边境不远。

② 扎琳·泰姬生于加兹温，又名"库拉特·艾因"(意为"冷静的目光"或"静观")或"贾娜布·塔西拉"。

250 人，双方力量极为悬殊。米尔札马赫迪·库里考虑到谢赫塔巴尔西陵乃伊斯兰教圣地，不能擅入捕人杀人，遂于 8 月初当着《古兰经》起誓，只要巴布教徒放下武器，停止抵抗，便保证他们的生命安全与行动自由。巴布教徒相信了米尔札马赫迪·库里的誓言，放下武器，走出了陵墓，结果全部被杀，谢赫塔巴尔西陵的堡垒全部被拆毁，不留一点巴布教徒起义的痕迹。

巴布的另一门徒，赛义德·叶海亚·达拉布于 1847 年底从亚兹德来到法萨，表面上是宣传先知穆罕默德的教法，而事实上则是传播巴布教义。法萨总督阿加·米尔札·穆罕默德得知赛义德叶海亚·叶海亚·达拉布的传教活动后，一边敦促他离开法萨，一边向法尔斯总督报告，但是没有得到明确的答复。阿加·米尔札·穆罕默德考虑到允许赛义德·达拉布在法萨继续传教终非长久之计，于是派人给赛义德·叶海亚·达拉布送去一大笔钱，劝他早日离开法萨，否则不保证其生命安全。1850 年初，赛义德·叶海亚·达拉布被迫离开法萨，前往尼里兹。还在赛义德·叶海亚·达拉布到达尼里兹之前，当地民众曾经发动过反对尼里兹总督哈只扎因·阿贝丁汗的起义，赛义德叶海亚·达拉布到达尼里兹后，很快就赢得当地民众的信任和友谊，有 500 多人接受了他的思想和主张。赛义德·叶海亚·达拉布选择尼里兹城外一座废弃的城堡为驻地，加固其防御工事，准备对付尼里兹总督。尼里兹总督哈只扎因·阿贝丁汗集合起一支军队，向赛义德·叶海亚·达拉布发动夜袭。巴布教徒得知尼里兹总督的行动计划，事先在城堡附近设下埋伏。哈只扎因·阿贝丁汗浑然不知，结果遭到伏击，他的长兄等 150 余人被杀，3 个儿子被俘，他本人侥幸逃脱。

赛义德·叶海亚·达拉布没收尼里兹总督等人的财产，将其分给众人。这一仗的胜利使赛义德叶海亚·达拉布的声望大大提高，尼里兹居民和附近村庄的农民纷纷前来投奔，巴布教徒的人数日增，一时达到 3000 多人。

法尔斯总督菲鲁兹·米尔札闻讯，急调大军前来围剿。官军将巴布教徒的城堡团团围住。用大炮猛轰。赛义德·叶海亚·达拉布挑选了 300 名精壮教徒，向官军发动夜袭，他在每人的腰带上贴上一张咒符，声称可保"刀枪不入"。巴布救徒奋勇杀入敌营，用长矛弯刀与官军的火枪大炮博杀，从半夜一直厮杀到天明，击毙官军 300 余人，但巴布教徒也死了 100 多人，众人见赛义德·叶海亚·达拉布的咒符并无防弹避枪的奇效，信心开始动摇，遂有人三五成群开小差离去。3 天后，赛义德·叶海亚·达拉布又组织一次夜袭。尽管教徒们拼死用命，但终不敌官军的先进武器和凶猛的火力，败下阵来。见此情境，又有一部分巴布教徒逃离。在这种情况下，赛义德·叶海亚·达拉布被迫与官军和谈。官军答应，只要他们放下武器，停止抵抗，就保证他们的生命安全。赛义德·叶海亚·达拉布轻信了官军的许诺，率众教徒走出了城堡，结果第二天他与 60 多名追随者全部遇害。尼里兹总督并不就此罢休，还派兵四出搜捕惩治那些开小差的巴布教徒和同情支持过巴布教徒的村民。

谢赫塔巴尔西陵和尼里兹起义失败后，巴布教徒的活动非但没有停止，反而在伊朗各地如火如荼地开展起来，据估计，当时伊朗各地的巴布教徒已超过 10 万人。每天都有信徒络绎不断地从伊朗各地甚至从土耳其和印度前往关押巴布的奇利克要塞朝觐。

1850 年 3 月，一批巴布教徒在德黑兰建立秘密组织，密谋刺杀伊朗国王纳西尔丁沙和首相米尔札穆罕默德·塔基汗，不慎事泄，伊朗朝廷破获了该秘密组织，逮捕了巴布教徒 40 余人，其中有 7 名教徒因拒绝伊朗首相米尔札穆罕默德·塔基汗的当众宣布放弃巴布教义和诅咒巴布的要求，而被押往集市，公开处死。这 7 人被称为德黑兰七殉道者，其中有巴布的舅舅阿加·赛义德阿里。

1850 年 5 月，赞兼也爆发了巴布教徒起义。赞兼的巴布教徒起义酝酿已久，早在 1847 年春，赞兼地区的巴布教徒已达 5000 人。5 月，一名巴布教徒被捕，成为起义的导火线。毛拉·穆罕默德·

阿里·赞兼领导巴布教徒冲进监狱，救出被捕的巴布教徒，并释放全部囚徒。随后，起义军攻占了阿里·马尔丹汗堡，控制了整个东城区，赞兼的地方统治者退守西城区，双方在街头构筑街垒和防御工事。赞兼的妇女也积极投入了战斗，有一处工事，便是由妇女负责守卫的。与谢赫塔巴尔西陵那次起义一样，赞兼的起义者也宣布建立"正义王国"，实行财产公有，人人平等。

5月底，德黑兰朝廷调集了3万大军，携带数门大炮，前去进剿巴布教徒。起义军英勇奋战，坚守街垒，并不断出击，打死官军8000多人。起义军坚持了半年多，最后因粮尽弹绝，直到12月底，起义才被镇压，3000多名巴布教徒惨遭杀害。

巴布虽被囚禁在奇利克要塞，但他仍与广大信徒保持着紧密的联系，他在狱中不断鼓舞信徒们为建立"正义王国"而斗争，成为各地巴布教徒的精神支柱。为了阻止巴布吸引越来越多的信徒，防止巴布教徒起义蔓延成全国性的革命，从而危及卡加尔朝的统治，首相米尔札·穆罕默德，塔基汗上书伊朗国王纳西尔丁·沙，要求处死巴布。1850年7月9日，巴布被押往大不里士兵营执行枪决，[①]死时年仅31岁。

巴布死后，巴布教徒的起义并没有停止。不久，巴布救徒在尼里兹发动了第二次起义。官府调集大军，进行围剿。起义军躲进山里，利用熟悉的地形，与官军周旋，并不时向官军发动夜袭，夺取官军的枪炮武装自己。有一次夜袭，起义军摸进尼里兹总督官邸，杀了尼里兹总督哈只扎因·阿贝丁汗。

由于官军不熟悉地形，加上一部分士兵对巴布教徒抱同情态度，故进剿不见成效，于是官府调派一些山地部落协同官军进剿，总兵力超过万人。最后，巴布教徒被切断了与外界的联系，时间一长，粮尽弹绝，伤亡日众，起义失败了。官军对这次起义的镇压是十分残酷的，被俘的巴布教徒有的被烧死，有的被拷打致死，有的被绑在炮口轰死，有的被卖为奴隶，即使是妇女儿童，也不能幸免。

1851年初，赞兼的巴布教徒再次发动起义，但因上次起义失败后元气尚未恢复，故很快就被镇压下去。

1852年春，巴布教徒又在巴尔法鲁什、赞兼等地举行起义，但都因势单力薄，未成气候便遭镇压。至此，大规模的巴布教徒起义基本结束，巴布教徒的活动转入地下。

1852年8月，德黑兰 批巴布教徒在苏莱曼汗，大不里士家中秘密集会，决定选派12名敢死队员谋刺伊朗国王纳西尔丁沙。8月15日日出后约两小时，纳西尔丁沙在王家卫队的簇拥下，骑马经过内亚瓦兰内(亚瓦兰在德黑兰以北约9英里。)狭窄的街道，准备去王家猎场行猎时，3名巴布教徒装扮成请愿者，走近了纳西尔丁沙。他们一边鞠躬，一边从腋下、腰际抽出火枪，向纳西尔丁沙开火。可能是由于紧张的关系，头两枪都没有击中目标，第三枪也仅仅擦伤了纳西尔丁沙的肩膀。三名刺客中有两名当场被国王卫队杀死，剩下一名被擒获。伊朗当局随即在德黑兰展开大搜捕，约有70多名巴布教徒遭逮捕，宗教法庭将他们全部判处死刑。首相米尔札穆罕默德·塔基汗害怕巴布教徒的报复集中在他身上，下令将判处死刑的巴布教徒分给政府官员处死。这些巴布教徒在被处死前，受尽了种种折磨，有的被刀剐斧砍，有的脚上被钉上马掌，最惨的要数苏莱曼汗·大不里士，他的身上被刀剜了许多洞，插上点燃的蜡烛，被押着满城游街，直到蜡烛燃尽，最后才被处死。

巴布教徒起义是一次反封建反殖民主义的斗争。起义主要是由于国内矛盾尖锐而引发的，斗争

① 《伊斯兰百科全书》，见枪响后，子弹仅仅打断了捆绑巴布的绳索，而巴布安然无恙。行刑队长吓坏了，认定巴布是先知、救世主，拒绝再次开枪。不得已，当局只得另调行刑队，重新执行枪决。巴布的遗体被巴布教徒们冒着生命危险隐藏了50多年，直到1909年才迁葬今以色列境内阿克附近的卡梅尔山。"巴布"条，赛克斯《波斯史》(第2卷)，第342页。

的矛头主要指向封建王朝，但是西方殖民主义的入侵加剧了伊朗国内的矛盾，欧洲列强强迫伊朗签订的一系列不平等条约，使伊朗沦为半殖民地，封建王朝实际上成了西方殖民主义的代理人。因此巴布教徒起义客观上也就具有反对殖民主义、争取民族独立的性质，它是 19 世纪中期席卷亚洲的人民革命风暴的一部分。

巴布教徒起义具有浓厚的宗教色彩。由于缺乏先进的理论，因此在宗教气氛十分浓厚的条件下，宗教自然就成为人民反抗旧制度的最现成、最理想、最容易接受的思想武器了。

巴布教徒起义失败有一些具体原因，如没有提出解决农民土地问题的斗争纲领，从而未能动员广大农民参加斗争，后来因失去广大农民的支持，逐渐由群众运动发展成少数人的恐怖活动。没有统一的领导，各地的起义自发分散，互相之间缺乏联系。没有明确提出反对外国侵略的口号，从而未能将斗争发展为全民的运动。起义军在战略上消极保守，眼光狭窄。囿于一城一地的死守，结果始终处于被动挨打的局面，等等。

除此而外，很重要的原因则是巴布教徒起义脱离了当时伊朗的国情，超越了当时伊朗社会发展的现实。伊朗是一个以十叶派伊斯兰教为国教的伊斯兰国家，居民中绝大多数是穆斯林，宗教感情十分深厚，巴布教的一些过激的宗教思想和主张，如废除伊斯兰教和沙里亚，宣布穆罕默德和《古兰经》过时，等等，难以为广大人民群众所接受。巴布教徒废除私有制、建立公有制的主张只是一种空想社会主义，巴布教徒想要建立的“正义王国”也只是一种乌托邦式的理想社会，在 19 世纪中叶伊朗的历史条件下是根本无法实现的。

巴布教徒谋刺纳西尔丁沙失败后，政府当局在伊朗各地大肆搜捕巴布教徒，不少巴布教徒遭关押、驱逐，以至杀害。著名的女诗人扎琳·泰姬在这次搜捕中被抓，最后被绞死。

巴布生前指定的接班人米尔札·叶海亚·努里，号“苏布赫·阿扎勒”[①]，1852 年逃往巴格达。其异母兄长米尔札·侯赛因·阿里·努里，号“巴哈·安拉”[②]，在 1852 年 8 月的大搜捕中被捕，关押在德黑兰一所叫“黑洞”的监狱中，1853 年初被驱逐出境，流亡巴格达。在流亡期间，巴哈·安拉在巴布教徒中的威望日益提高，逐渐超过了他的弟弟苏布赫·阿扎勒。1863 春，巴哈·安拉自称“马赫迪”后，影响日大，甚至有人远道从伊朗前来巴格达朝觐，引起了伊朗政府的关注，在伊朗领事的要求下，土耳其政府命巴哈·安拉兄弟及其追随者迁往靠近希腊的埃迪尔内。1866 年，巴哈·安拉要求其弟苏布赫·阿扎勒承认其最高权威，双方发生激烈的冲突，但最后巴哈·安拉获得大多数流亡的巴布教徒的拥护和支持。至此，巴布教徒分裂成两派，即激进的阿扎勒派和温和的巴哈派。1868 年，土耳其政府决定把双方分开，苏布赫·阿扎勒被迁往塞浦路斯，20 世纪初去世。一些阿扎勒派教徒后来积极地参加了宪法革命。巴哈·安拉则被软禁在巴勒斯坦的阿克，1892 年去世，死后由其子阿巴斯·埃芬迪，号阿布杜拉·巴哈[③]，接替他的位置。1871～1874 年，巴哈写了《至圣书》，后被巴哈派奉为经典。巴哈派基本上承袭了巴布教的教义和思想，所不同的是，巴哈派表现出一种强烈的和平主义倾向。巴哈派摒弃了巴布教没收非教徒财产和向非教徒发动圣战的教规，而主张不同宗教不同教派之间的和谐与统一，鼓吹温和的社会改革和政治改革，用和平的非暴力的方式实现世界统一。

① 苏布赫·阿扎勒意为“永世之晨”。
② 巴哈·安拉意为“真主之光”。
③ 阿布杜拉·巴哈意为“光明之奴”。

# 第五维度：灵性领域的探索*

[英]约翰·希克著，王志成　思竹译

在西方，这一观念在神秘主义的思想界比在教会——教义的思想界更加自在，不受限制。这一说法是有历史根据的。中世纪基督教世界是一个很有凝聚力的宗教文化，在其中，唯一被认识的“他者”在内部是受憎恨和鄙视的犹太人，在外则是其又恨又怕的穆斯林。基督教著作家们（直到 15 世纪库萨的尼古拉（Nicholas of Cusa）通常不会去严肃考虑基督教之外的宗教生活和经验的世界。另一方面，印度次大陆一直是一个多信仰的地区，有湿婆教派信徒和毗湿努教派信徒（即当今所谓的印度教徒），有耆那教徒、帕西人（印度琐罗亚斯德教徒——译者）、佛教徒，有后来的穆斯林、基督徒和锡克教徒，他们彼此共存，有时互有敌意，甚至发生暴力，但绝大多数时候是友好邻居。所以，多元主义观念更为印度和更东方的国家所熟悉和接受。但多元主义作为宗教真理，最明确的教义来自东西方之间的地区，即伊朗（波斯）。正是在这里，19 世纪时的先知巴哈欧拉（Bahá'u'lláh）教导说，终极的神性实在本身是不能为人心所理解的，但不同信仰传统的开创者以不同的、历史上和文化上受限制的方式对它作出想象和回应。他所创建的巴哈伊教在当代许多国家继续教导这一信息。

* 四川人民出版社 2000 年版。

# 莲花灵曦堂*

罗斯静

位于新德里南郊，1986年底完工，被赞誉为20世纪的泰姬陵。它的设计造型是一朵浮在水面、周围由荷叶衬托、含苞欲放的荷花。灵曦堂是一座印度巴哈依教寺院，由世界著名的伊朗设计大师法里布兹·萨哈巴(Fariborz Sahba)设计。萨哈巴为此曾考察了数百座印度教寺庙，最后确定以含苞欲放的荷花为外形，以此象征宗教的圣洁、超欲出凡，走向清净的大同境界。全堂共4层，上面3层为荷花形(荷花是印度的国花)，由27朵花瓣组成，每层9朵。第一层花瓣开放，第二层半开，最顶层欲放，富有立体动感。底层每片花瓣之间修建了一个个椭圆形水池，注满清水，用于调节温度，又好像池塘正在把花托起，在可容纳几千人的大厅里放置了一排排木椅，背面雕刻成波浪形，象征湖水涟涟。在二、三层花瓣的空隙，阳光从此射入，设计十分巧妙，别具一格。其建筑结构与悉尼歌剧院很相似，故也有人称其为“第二个悉尼歌剧院”。莲花庙外层用白色大理石贴面，通体雪白，纯洁无瑕。整个工程耗资1亿卢比(1千万美元)，每天有不少各种肤色的教徒来此参谒。

* 原载罗斯静主编:《印度旅游指南》，广东省地图出版社2000年版。

# 使人困惑的现代宗教*

孟庆枢　于长敏

孟:成立于150年前,至今仍在扩大、发展的巴哈依教也具有这一特点。正如美国医学博士夏里阿利(H·SHARI-ARYM·D)在一篇论文中所讲的:“在巴哈依教中没有传教士,而只是鼓励它的信仰者自愿和独立追求真理,并谴责各种形式的偏见和形式,它还宣称,这个宗教的目的是与促进友谊和兄弟姐妹之爱,巴哈依教毫无疑问地维护对所有男人和女人的平等权利和机会,它还坚持主张义务教育和消除极端的贫穷和富有,它强调每个人必须绝对服从他的政府,它还敦促创造或选定一种辅助的国际语言。”“作为巴哈依教徒,我们的目的是所有的人联合起来,不论他们的信仰、种族、文化、阶级,教育和国籍。”但同时他还多次谈到“巴哈依教是唯一的宗教”。

* 原载孟庆枢、于长敏:《日本:再寻坐标》,吉林摄影出版社2000年版。

# 黄金法则(节选)*

H. T. D. 罗斯特著,赵稀方译

## 巴哈教:一个介绍

1819 年 10 月 20 日,赛义德·阿里·穆罕默德出生于波斯设拉子。1844 年 5 月 23 日,他自称为"巴布"(门),是安拉的新的显灵:

> 这个杰出的灵魂带着这样一种力量升起了:他撼动了波斯宗教、道德、社会、习惯和风俗的支柱,建立了新的规则、新的律法和新的宗教。①

巴布及其追随者所遇到的阻挠是很严重的,它们是被有势力的宗教与政府头领煽动起来的。大约有 2 万名巴布男人、妇女和儿童牺牲,情形常常十分残忍。

巴布本人遭受了无数的凌辱,包括监禁,第一次是在马库,第二次是在喀瑞。喀瑞的监狱严禁人们进去探望,但从一开始起,巴布的爱就感化、转变了牢监,再也没有阻挠人们进去。巴布所需的粮食也从附近小镇上买来运进监狱。

> 一天,别人给他买来蜂蜜,价格特别贵,他拒绝接受,并说:"较低的价钱肯定能买来更好的蜂蜜。作为你们的榜样,我的职业是个商人,你们理应按照我的方式行事。你们既不能欺骗他人,也不能允许他人欺骗你,这就是你们的主的方式。哪怕最精明的、最能干的人也欺骗不了主,而对于最平庸、最无能的人他一样慷慨大量。"他坚持让那个仆人回去,买来质优价廉的蜂蜜。②

经过数年的苦痛和监禁,巴布于 1850 年 7 月 9 日在大不里士遇难,其悲壮的情景我们可以在史书中看到。③

尽管巴布的著作④数量巨大,种类繁多,但其中的许多部分都在乱世中散佚了。留下来的大部分,尚未译成英语。

巴布有双重使命:号召人们信仰安拉;预告和准备另一位先知的显灵,他声称这位新的先知比他

---

* 原载 H. T. D. 罗斯特:《黄金法则》,赵稀方译,华夏出版社 2000 年版。

① 'Abdu'l - Bahá, *Some Answered Questions*, Bahá'i Publishing Trust, Wilmette, Illinois, 1981, p. 25.

② Nabíl-i-A'zam, *The Dawn-Breakers*, p. 303.

③ Ibid. pp. 500-526.

④ 最伟大的是波斯文的《白彦》。

自己要伟大得多。这就是巴哈·乌拉。巴布通过他的著作及其他手段,使很多人在巴哈·乌拉将要面世的时候接受了他。最终巴布的信徒99%以上都变成了巴哈·乌拉的信徒,这说明他的努力是成功的。

巴布著作中"黄金法则"的一个例子是在《姓名书》中:[①]

> 你们,被授予《白彦》的人们,在古代永恒的晨星照耀他的永恒的地平线上之前,不要相互指责。我们从同一棵树上创造了你,你们是同一棵树上的叶和果,或许你可能成为别人的快乐的源泉。不要将自己视为别人的救星,不要让厌恶的感情主宰你自己,那样你就会远离安拉在复活日的显灵。你们应当成为不可分割的人群,那样你们就会回归安拉将要显灵的人物。[②]

密尔扎·侯赛因·阿里,后来自称巴哈·乌拉(意为"安拉的光辉"或"安拉的光"),他1817年11月12日出生于波斯首都德黑兰,是一位朝廷宠臣的儿子。那时的德黑兰以宗教狂热、无知、腐败和道德退化而知名。在巴布的声明以后,巴哈·乌拉接受了这种新的宗教,并在传教中变得非常积极。1852年。在两位不可靠的年轻的巴布教徒的糟糕行为后,无辜的巴哈·乌拉与40名巴布教徒一道被关进了德黑兰的地下牢狱。这个牢狱同时还关着杀人犯和强盗。就在这历尽了四个月苦难的可怕的地方,巴哈·乌拉第一次宣告他是安拉的显灵。

释放后,巴哈·乌拉于1853年被当局驱逐出波斯,他以后再也没有回来过。巴哈·乌拉去了伊拉克,在巴格达生活了几年。在那里,他撰写了一系列重要著作,包括《隐言》、《确信书》等。由于他的影响日益扩大,反对他的人将他从伊拉克赶到了当时奥斯曼帝国的首都君士坦丁堡(现伊斯坦布尔)。在踏上去君士坦丁堡的漫漫长路之前,巴哈·乌拉公开宣称他自己就是巴布所预言的安拉的显灵。

巴哈·乌拉及其同伴在君士坦丁堡待了3个月左右,之后他迁移到了亚德里亚堡。在这个城市居留期间,巴哈·乌拉采取了另一个很有意义的步骤:开始写作一系列非常重要的信件。他

> ……以清楚无误的语言,向世界上的国王和统治者、向宗教领袖们、向人类宣称:许诺已久的世界和平、友爱的世纪终于就要来到,他本人就是安拉的新的信息和力量的传达者,将要改变目前的对抗状态和人类间的敌意,创造预定的世界秩序的精神和形式。[③]

但这些给世界的统治者的信,不是被奚落,就是被拒绝[④],还有一次年轻的信使被折磨了三天,然后被杀害了。当国王和统治者不能接受他的召唤时,巴哈·乌拉悲哀地预言:人类将遭受更大的苦难,直到他们最后接受安拉的指导。

1868年,巴哈·乌拉遭到他的一生中的最后一次流放,去肮脏的监狱城市阿卡——它现在属以色列,那时属奥斯曼帝国。直至1892年5月29日去世,此前的这段时间内,巴哈·乌拉写下了很多有意义的著作,包括最重要的《律法书》。

现代波斯文、古典波斯文和阿拉伯文的巴哈·乌拉的著作,数量庞大、种类繁多,包括诗歌、警句、祈祷文、讲道词、说明书、劝告词及律法,它们大都是优美、动人和雄辩的。

---

① "安拉将要显灵的人物"一般理解为巴哈·乌拉。
② The Báb, *Selections*, p. 129.
③ Introduction to *The Proclamation of Bahá'u'lláh*, p. ix.
④ 一个例外是维多利亚女王。

巴哈教的圣典包括:巴布和巴哈·乌拉[①]的著作,阿布都·巴哈(巴哈的仆人)的著作和谈话录。阿布都一巴哈是巴哈·乌拉的长子,他被父亲指定为其言论及其圣约核心的最权威的注释者。阿布都一巴哈——很多人称其为"主"——并不被认为是安拉的显灵,但被看作是一个完美的人:巴哈教谕的榜样,巴哈教思想、美德的体现。[②]

讨论巴哈教的道德伦理思想实非易事,学者们认为,巴哈教谕中没有系统的伦理道德思想。巴哈教的圣书数量庞大、内容繁多,充满富于道德伦理意义的论述。肖更·埃芬迪认为:"巴哈·乌拉和阿布都一巴哈的每一个句子都是道德伦理行为的说教。"[③]

一位颇受巴哈教徒尊敬的学者,谈到了巴哈教的伦理思想。他有一个颇有价值的介绍:

> 巴哈·乌拉重申了安拉早期显灵时许多关于人的行为的教谕,他更新了它们的创造力,使人类对其内涵有了更深刻的洞察。他的体系不仅仅是安拉前面的信使的伦理思想的一个综合,巴哈·乌拉重新揭示了正义的精神,以神的指引的光照亮了人的眼睛。
>
> 在一定程度上,巴哈教所有的教谕都影响了人的行为。例如,"人类同一"中要求巴哈教徒对待同伴的方式,就影响人类的每一种关系。[④]

巴哈教教谕构架中的下列道德伦理思想,必然是粗略的,远不详尽,会受到我们的论题的需要的影响,受到笔者思考力的限制。但它给我们提供了巴哈教中与互惠及黄金法则有关的重要问题的一般情境。

我们可以从巴哈教对于真实性的理解开始。阿布都一巴哈解释说:"存在的性质,受制于役使、预言和神性的情况……"[⑤]一位备受尊敬的巴哈教学者曾解释过这三个世界的性质:

> 有三个截然不同的世界或空间,它们彼此不同,却又相互联系:安拉的世界(造物主的世界);逻各斯的世界(显灵的世界);和人类的世界(被创造者的世界)。显灵的世界联系着安拉的世界与人类的世界,是安拉,而不是人,决定谁来联系。[⑥]

巴哈教的核心是强调安拉的存在,但安拉的本质却与人们所理解的大相径庭。我们是通过安拉的属性、标记、名义及其德行了解他的:安拉是爱,安拉是全能的,安拉是怜悯的等等,但这些知识是有限的,而安拉的属性、名义、美德及标记却是无限的。"正如神的实体是永恒的,其属性也是永远共存、共同永恒的。"[⑦]巴哈·乌拉解释说:

> 适合于安拉的德行和属性是具有充分根据的、显著的,所有的圣书都提到并作了描绘。它们有:与安拉交流时心地可靠、诚实、纯洁,对于安拉所颁布的法令忍耐、顺从,满足于安拉所提供的一切,忍耐并感谢苦难,在任何情况下完全依赖安拉。根据安拉的标准,这些都是最高的、最值得称赞的行为。[⑧]

所有德行的中心和源泉是安拉,人可以显示神的属性,可以仿效安拉。阿布都-巴哈论述说:"如

① 被巴哈教徒认为是安拉的显灵。
② See Shoghi Effendi,"The Dispensation of Bahá'u'lláh", in *The World Order of Bahá'u'lláh*, p. 134.
③ Statement by Shoghi Effendi, "The Universal House of Justice", in *Living the Life*, p. 38.
④ Ferraby, *All Things Made New*, p. 110.
⑤ 'Abdu'l-Bahá, *Some Answered Questions*, p. 230.
⑥ Balyuzi, *Bahá'u'lláh*, p. 87.
⑦ 'Abdu'l-Bahá, *Promulgation*, p. 159.
⑧ Bahá'u'lláh, *Gleanings*, p. 289.

果他的道德感成为了性格特性，他热切地向往神圣，他的行为与安拉的意愿相符，人就可以达到与他的造物主的一致……"[①]这可以通过神的教育而达到，"安拉按照他自己的形象创造了人类，这就是说，男人和女人都是他的名义和属性的显现者……"[②]

人拥有反映神的性质的潜能，但他也可能放纵他的低级特性：

> 人具有两重本性：他的精神或高级性质与他的物质或低级性质。一个人可能走向安拉，另一个人则可能孤独地生活在世上。这两重性在一个人身上都能找到：在其物质的方面，他表现出不诚实、残酷和不公正，所有这些都是他的低级本性的结果；他的神性则显示出爱、怜悯、善良、诚实和正义，这是他的高级本性的表达。每一种好的习惯、每一种高贵的品格，都属于人的精神性，而所有的不完整和罪恶的行为都产生于物质性。如果一个人的神性支配了他的本性，那么我们就有了一位圣人。[③]

人可以得到神圣的德行，可以自觉地避免恶习。

我们可能要问：对待他人的黄金法则的实践不是发展其精神的高级属性的一种手段吗？它不是一种"好的习惯"吗？的确，黄金法则与爱、正义等神的属性是密不可分的；从巴哈教的观点看，黄金法则是人的高级的精神属性的一种表达，这一点我们已经注意到了，后面我们还会继续探讨。

这种神圣的精神在巴哈教的道德伦理教谕中同样是非常重要的，"这种神圣精神是安拉与他的创造物之间的中介"[④]。"通过预言者安拉获得的这种神圣的精神，教导人精神美德，使他们能够获得永恒的生命。"[⑤]

正如我们在前面章节讨论过的，互惠原则与我们所说的黄金法则是密不可分的。我们看到，始于母子关系的互惠原则是怎样应用于人类关系之中的，它又是如何应用于整个社会的。我们注意到它与爱相关联。我们还探讨了特别的黄金法则的重要性。例如，我们发现：伟大的孔夫子在回答子贡"有一言而可以终身行之者乎？"的询问时，回答"其恕乎！己所不欲，勿施于人。"我们发现互惠这一词意的范围是巨大的。我们还间接接触到这个观点：互惠不仅仅实行于平等的事物间——如两个或更多的人之间——而且还可能运用于不平等的事物间，如人与安拉之间。我们对于互惠原则的巨大空间及其重要性的理解——它反过来启发了我们对于黄金法则的范围及重要性的理解——被巴哈教的著作大大地扩展了。

一个主要的例子是巴哈教的信条——神圣的精神的存在导致了合作与互惠。阿布都一巴哈解释说：

> 人类的主显灵于世界，他降临圣书以便建立精神上的友爱关系，并通过神圣的精神的力量将之付诸实践，使这种完美的友爱关系在人类中得到实现……
>
> 很显然，真正的友爱关系的基础、合作与互惠的导因、善良与奉献的源泉，只能是这种神圣的精神的存在。没有这种影响和激励，它们是不可能的。我们可能通过其他途径达到一定程度的友爱，但范围有限、容易变动。当人类的友爱建立于神圣的精神之上时，它是永恒的、不变的、

① 'Abdu'l-Bahá, *Promulgation*, pp. 335-336.
② 'Abdu'l-Bahá, *Selections*, pp. 79-80.
③ 'Abdu'l-Bahá, *Paris Talks*, p. 60.
④ 'Abdu'l-Bahá, *Some Answered Questions*, p. 145.
⑤ 'Abdu'l-Bahá, *Paris Talks*, p. 59.

无限的。[①]

依据巴哈教的观点，神圣的精神是安拉和他的创造物之中介，而互惠和合作的源泉是全能的主本身。笔者认为，这正是互惠的真正基础所在。

巴哈教的另一个主要信条是：安拉是显灵的，他通过那些拥有神圣的精神的伟大人物、世界各个伟大宗教的创立者而晓谕天下。他们包括克利须那神、亚伯拉罕、查拉图士特拉、摩西、佛陀、耶稣基督、穆罕默德、巴布、巴哈·乌拉及其他人。这些人物得灵感于安拉，他们的意志绝对地服从安拉。他们的知识来自于安拉，他们之间并无间隙。来自安拉的所有伟大启示者都对宗教目标的达到作出了贡献：

> ……宗教的目的是获得值得称颂的美德、道德的改良、人类的精神发展、真正的生命与神的赠予，所有的先知都是这些准则的促进者……[②]

依据巴哈教的观点，安拉的启示者的基本统一是真实的，他们将联合于他们的目标之下。只有一种真正的宗教，一个安拉，无论它在不同的信仰、语言中叫什么名字。对于各宗教信徒之间的冲突，巴哈教深感痛惜，认为应该避免，尽量予以阻止。这种冲突包括诸如耶稣基督的黄金法则与其他如查拉图士特拉、穆罕默德和巴哈·乌拉的黄金法则孰优孰劣的问题。一个真正的巴哈教徒会促进这些问题的统一。巴哈·乌拉宣称：

> 世上各种宗教团体、各种宗教信仰的人们之间，不应当互相敌视，这是现在安拉及其信仰的本质。这些原则和律法、这些已经奠定的、强大的系统，都来自于同一个源泉，都是同一个光源的射线。它们之间的不同只是因为它们颁布时时代要求不同。[③]

我们可以依据互惠的事例而同样作出推测：黄金法则的主要源泉是通过神圣的精神的万能的上帝及其显灵；各个显灵对于黄金法则的论述不同可能是因为不同时代、不同社会的环境变化所致。但这些论述只有一个来源。一个认真、虔诚的黄金法则的研究和实践者，应该打破人们之间的敌视。难道我们自己及所有其他的人愿意制造这种不和谐吗？

巴哈教的一个重要道德伦理教谕是消除偏见。新的显灵及宗教的出现，可能使偏见成为过去的事，被爱、合作和互惠所代替。笔者认为，这或许能够帮助我们解释黄金法则为什么在世界各个宗教中盛行的原因。如果想到这一点，我们会发现对于黄金法则的理解和运用能成为消除宗教、种族、氏族、国家和阶级的歧见的一个强有力的手段。如果一个人在他的生活中真诚地奉行黄金法则，那么对于从特定的宗教立场出发去贬损另外宗教的人的言行，他都会三思而后行。阿布都·巴哈解释说：

> 折磨人类世界的一种偏见是宗教偏执与狂热，当这种仇恨在人们心中燃烧时，它会导致变动、破坏，导致人类的堕落和对于安拉的仁慈的剥夺。安拉的显灵及宗教的创立者本人完全是统一的，他们的信徒却彼此敌视。安拉希望人类生活在爱的光辉中，人类却因盲目、误解将自己陷于无序、冲突和仇恨之中。人性最高的要求是合作与互惠。人们之间的纽带越强大、稳固，人类各个方面的建设性的力量和成就就越高。没有合作互惠的态度，人类的个体成员将仍然是个

---

① 'Abdu'l-Bahá, *Promulgation*, pp. 391-392.

② *Ibid*. p. 152.

③ Bahá'u'lláh, *Epistle to the Son of the Wolf*, p. 13.

人中心的、自私的、有限的和孤独的,就像低等王国的动物、植物等生物体一样生存着。①

笔者注意到,一个开始认真地理解和实践黄金法则的人,将会发现他自己逐渐地远离自我中心而驱向于利他主义。当他在精神上"将自己放在他人的地位上"时,他在对待他人时会变得更富于同情心,更加谨慎,并开始在一定范围内体察到别人的向往、痛苦和挫折,体察生活中对于他自己及他人最好的东西。他会很注意通过自己遵循黄金法则的言行,帮助别人去达到更好的生活。更加接近上帝。

一个相关的巴哈教教谕是:人类各族的统一是所有人——常常是不知不觉地——活动的目标。到那时候,作为人类统一的一个重要方面,一个共同的神及其显灵将成为现实。② 如:

> ……如果物质文明能与神的文明有机地结合起来,如果道德完善和知识发达的人能够为了人类的改善与精神的提高而结合起来,那么人类的幸福与进步就会有保证了。世界上所有民族将会紧密相关、友善,所有宗教都会合为一体,因为他们的神都是一致的。③

对于宗教来说,达到统一和爱是非常重要的,"所有宗教的本质都是安拉的爱,它是所有圣谕的基础。"④一点也不奇怪,这种爱与黄金法则密切相关。颁布这种统一和爱的不仅是启示者,也有其他人。阿布都—巴哈声明:

> 想一想被派遣来的先知、面世的伟大人物及世界各地的圣贤是怎样劝告人类统一和相爱的,这是他们的使命和教谕的本质,这是他们的教谕和引导的目标。多少先知、圣贤、预言家、哲学家们为了在人类中建立起这些法则和教谕,已经牺牲了他们的生命!⑤

由此看来,我们可以说;人类不仅应该深深感谢所有的先知们为达到这统一和爱所做出的贡献,而且应该感谢如诗人伽比尔、圣人老子等其他著名人物的贡献,其贡献的本质因素包括他们有关黄金法则的教谕。

但这种坚持"个人行为的统一、高尚的标准"的宗教,需要通过连续不断的启示者来更新。在我们这个时代,这种更新的需要是明显的。肖更·埃芬迪断言:

> 看到今天人类的无助、恐惧和悲惨,谁愿意怀疑安拉救赎性的爱与引导的力量显现的必要?一方面人类的知识、力量、技能和发明有了巨大进展,另一方面空前的苦难折磨、威胁着现代社会,目睹这种情景,谁不坚信这一时刻终将到来——新的启示者的出现、神的意图的重述和拯救人类社会的精神力量的复兴。难道现在正起作用的统一世界的行动不是必要的吗?今天安拉的使者(巴哈·乌拉)不但要重申个人行为的统一、高尚的标准,而且还要对所有的政府和人民显现他的社会规范和神的系统的本质,它保护人类建立包容一切的联邦,它预示着安拉的王国在地球上的出现。⑥

巴哈教认为,世界最需要的是爱与统一,这正是巴哈·乌拉要达到的目标。阿布都—巴哈解释说:

> 巴哈·乌拉教谕的本质是无所不在的爱,因为爱包括了人类的一切美德。它使每一个人前

---

① 'Abdu'l-Bahá, *Promulgation*, pp. 337-338.
② Shoghi Effendi, "The Unfoldment of World Civilization", in *The World Order of Bahá'u'lláh*, p. 204.
③ 'Abdu'l-Bahá, *Promulgation*, p. 102.
④ 'Abdu'l-Bahá, *Paris Talks*, p. 82.
⑤ 'Abdu'l-Bahá, *Promulgation*, p. 469.
⑥ Shoghi Effendi, "The Gloden Age of the Cause of Bahá'u'lláh", in *The World Order of Bahá'u'lláh*, pp. 60-61.

进，给每一个人安置了一份遗产——不朽的生命。不久以后你会看到：安拉的教谕，神的荣光，将要照亮世界的天空。①

在很多其他关于达到人类的爱和统一的教谕中，巴哈·乌拉指出，必须有一个世界共同体中的国家的统一，建立一种新的世界秩序。详细谈及这一问题会偏离我们的目标，但读者会想到国家之间的不道德带来了无穷的灾难，真正威胁着整个人类的存在。我们同样记得，用一位著名的思想家的话来说，国家之间交往时的黄金法则似乎是“以你能找到的最凶恶的借口去对待他国”。国际关系中的道德是巴哈教教谕中的一个重要的方面。随着精神上的互惠与爱的实现，国际间的一致将能成为现实：

……我们应该丢弃所有的无知的偏见，丢弃过去传统中过时的信仰，高举起世界统一的旗帜。让我们在相爱中合作，通过精神的互惠而享受永恒的幸福与和平。②

我们必须普遍地运用黄金法则对待他人。他们的国籍、种族、宗教及其他的什么，都不应成为达成这一目标的障碍。民族骄傲的感情明显隐含了这一种态度，即其他的民族劣于自己的民族，这种态度怎么能与黄金法则相称呢？

在谈论基督教中的黄金法则的章节里，我们曾讨论了巴哈教的进化的天启的理论。巴哈教相信巴哈教的启示只是一种过程中的重要的、本质的、完整的组成部分，既非开始也非终结。巴哈·乌拉在《律法书》中指出：

这是安拉不变的信仰，它在过去及将来都是永恒的。无论你是否寻找它，安拉都是自明的，凌驾于他的创造物之上。③

正如我们后面要谈到的，巴哈教关于黄金法则的论述与过去其他宗教中的论述是和谐一致的。也不必惊奇，巴哈教能预见安拉的启示者或启示者们带来未来的黄金法则的可能性。巴哈·乌拉认为，下一个启示者将于一千年或数千年后出现。

我们在巴哈教关于世界和创造的教谕中，可以约略看到新的互惠及黄金法则的雏形，因为神的启示的无尽过程是与安拉无尽的创造过程相伴的。巴布说：

安拉的创造过程既没有开始，也没有结束，否则他的恩赐岂非终止了吗？安拉推出先知和圣书，数量之多就像这世上的创造物，他还将继续这样做下去，直到永远。④

巴哈·乌拉解释安拉创造的目的：

在创造了世界及其中的生命之后，安拉通过其至高无上的意志赋予了人类了解他、爱他的独特的目标和能力——这应被视为整个世界的生存动力和主要目标。⑤

的确，人的最主要的目标就是了解和热爱上帝，这是巴哈教道德伦理教谕的一个本质因素。

阿布都·巴哈进一步解释说：

……神的名义和属性需要生命的存在……我们知道，没有学生的教师是不可想象的，没有臣民的君主是不存在的，没有学者大师无以产生，没有创造物也不成为其创造者，供应者没有客

---

① 'Abdu'l-Bahá, *Selections*, p. 66.

② 'Abdu'l-Bahá, *Promulgation*, pp. 379-380.

③ Bahá'u'lláh, cited in *A Synopsis and Codification of Kitáb-i-Aqdas*, pp. 27-28.

④ The Báb, *Selections*, p. 125.

⑤ Bahá'u'lláh, *Gleanings*, p. 65.

户也是不可想象的，故而所有的神的名义和属性都需要生命的存在。如果我们能够设想没有生命的存在的时代，那么这种想象实际上就否定了安拉的存在……因此，正如统一的本质（这是安拉的本质）是持久永恒的——就是说既无开始，也无结束——存在的世界、无尽的宇宙无疑也是既无开始，也无结束的。举例说，宇宙的一个部分、某一个星球，可能存在，也可能破碎了。但其他无数的星球却仍然存在着；整个宇宙不会无序和混乱。相反，存在是永恒不变的。每一个星球有其开始，也有其结束，因为每一个整体及部分都会分解……①

在回答物质世界是否受到某种限制时，巴哈·乌拉解释说："……对这个问题的理解取决于观察者本身。在一种意义上说，它是有限的；在另一种意义上说，它又凌驾于一切限制之上。"②宇宙之伟大庄严及居住于其上的生命的数量和性质，往往超出我们的想象之外。但"宇宙"、"宇宙的"两个词在巴哈教著作中似乎有很深的含义，神"……以最完美的形式组织了这个无限的宇宙，以绝对的系统、力量和完美组织了其间的居民。"③巴哈·乌拉说："……每一个固定的恒星都有自己的行星，每一个行星都有其创造物，它的数量没有人能够计算清楚。"④我们可以问：这些创造物是什么？它们依靠每个行星的环境，依靠其矿物、蔬菜、动物和飞机而存在吗？这个无限的宇宙的其他行星上，是否有类似于人的存在？许多科学家现在相信地球并非唯一有人居住的行星，在宇宙中我们也并非唯一的高等动物。笔者还能生动地回忆起在大学期间听一位物理学教授讲授天文学讲座的情景，这位教授根据当时人类的知识，指出宇宙中有大量的恒星存在，其中很多可能有像我们地球一样适合于生命存在的行星，我们不能完全否定宇宙中有类似于人的生命的存在。现在，我们还可以问：如果有这么一种智力的生命存在——科学家常常将其称为"类人"——那么安拉的显灵是否已经出现，现在是否正在显现，将来是否还会显现于他们？时间将会告诉我们这一富有魅力的问题的答案。如果答案是肯定的，那么我们以前谈到的地球上的最终的启示、唯一的启示等等，将会受到严重的打击！巴哈·乌拉声称：

噢，人们！我凭着唯一真实的安拉起誓！所有的大海之外仍有海洋，有了它每一个海终将连result在一起。所有的恒星都来自于安拉，也将复归于安拉。通过他的潜能，神的启示之树产生了果实，每个果实都是被派出去的先知，负责给每个世界的创造物传送安拉的信息，这些生物的数量，全能的安拉可以估算出来。⑤

我们还可以进一步发问：如果安拉显灵于这个无限的宇宙之中，那么启示者是否会传授类似的黄金法则呢？同样，时间会最终显示这个富有魅力的问题的答案。就此来看，我们对于黄金法则问题的理解是否还只停留在初级阶段？

阿布都·巴哈说："宇宙的所有成员都在无限的空间中强有力地联系在一起，这种联系产生了具有物质效果的互惠。"⑥这里我们再次看到了巴哈教视野中的互惠的重要性和意义的另一个维度。事实上，无限宇宙中的各个部分不仅互相联系，而且在精神上、物质上互相影响，只不过现存的法则

① 'Abdu'l-Bahá, *Some Answered Questions*, p. 180.
② Bahá'u'lláh, *Gleanings*, pp. 161-162.
③ 'Abdu'l-Bahá, *Some Answered Questions*, p. 123.
④ Bahá'u'lláh, *Gleanings*, p. 162.
⑤ Bahá'u'lláh, *Gleanings*, p. 162.
⑥ 'Abdu'l-Bahá, *Selections*, p. 160.

及目前的科学尚无法发现。①

巴哈教教谕中有这样的主张:安拉创造了无数的世界,现在的这个物质世界仅仅是安拉的无限创造的一个部分,安拉创造的生物之外还有生物。不仅如此:

安拉的世界是彼此高度和谐一致的。就像以前一样,这个无限的宇宙中的每一个世界现在都是反射着所有其他世界的历史和性质的一面镜子。同样,物质宇宙也与精神或神的王国紧密相应。物质的世界是内在精神王国的表达和摹写。②

所有的创造物都在一种完美的关系中相互联系着。③

在谈论物种变更的《一些回答的问题》一书中,阿布都一巴哈解释说:

……所有的生命都像链条一样联系在一起,事物间相互帮助和相互作用是其生存、发展、壮大的导因。有大量的证据证实,每一个生命都普遍地作用于其他生命,无论是直接的还是间接的。④

由此看来,互惠是一个普遍的现象,生命的存在、生长和发展都离不开它,而不仅仅像我们前面所说的只限于这个小小的地球上的人类。但笔者认为,一个人与另一个人之间的互惠关系并非在任何意义上都等同于其他——如一个人与一个植物之间的——关系。正如我们下一章还要讨论的,互惠的关系不仅仅表现在存在的物质层次上,还表现于这个世界和下一个世界的心灵之间。

与我们的题目有关的巴哈教教谕的几个例子,将我们带回到我们每个人都面临的最重要的问题:我们的生命的目的。人的基本目的是了解和热爱安拉。人们之所以寻找这种爱与知识,是因为不但我们今生需要它,来世仍然需要它。生活的目的可以这样表达:为了获得来世所需要的品质、性格和属性。用巴哈·乌拉的话来说:

在超越了此世有限的生命的另一个世界中,他需要的是什么呢?那是一个神圣、光辉的彼岸世界,因此他需要获得神的属性。在那个世界中,他需要灵性、信仰、确信和对于安拉的爱与了解。他必须在这个世界上获得这些,这样在他升入彼岸世界时就会发现那儿所需要的一切他已经具备了。⑤

可以肯定,人的精神性发展的本质因素是他对于他人的行为的日益改善,这种改善是建立在爱、互惠及黄金法则这些东西的基础之上的。由此看来,黄金法则在人为踏上来生而作的准备中,起着重要的作用。

最后,我们应该按照巴哈教的观点,简要地考察一个重要问题:把理想化为行动。这个重要问题不仅与宗教家,而且与教育家和心理学家有着深刻的关系。关于这一点,阿布都-巴哈说:

这个世界上的错误之所以一直存在,是因为人们仅仅谈论他们的理想,却不努力地将它们付诸实践。如果行动代替了言语,那么世界上的不幸将转变为幸福。

一个大量行善而不去谈论的人,正在变得日趋完善。

一个行善很少却大量言谈的人,不值一文。⑥

---

① 'Abdu'l-Bahá, *Some Answered Question*, pp. 245-247.

② 'Abdu'l-Bahá, *Promulgation*, p. 270.

③ 'Abdu'l-Bahá, *Selections*, p. 48.

④ 'Abdu'l-Bahá, *Some Answered Questions*, pp. 178-179.

⑤ 'Abdu'l-Bahá, *Foundations of World Unity*, p. 63.

⑥ 'Abdu'l-Bahá, *Paris Talks*, p. 16.

道德教育家现在认识到:一个人不仅要意识到黄金法则,而且要理解它所应用的具体场合,并将这种理解贯彻到行动中,这样才算实践了黄金法则。(我们可以补充一句——不要有言语上的夸夸其谈!)

# 巴哈教著作中若干黄金法则的论述

《隐言》被认为是巴哈·乌拉的启示中最明亮的一颗宝石。它部分是波斯文,部分是阿拉伯文,是巴哈·乌拉旅居巴格达期间徜徉、深思于底格里斯河畔时完成的,时在 1858 年。这本著作很简洁,不到 8 千字。像很多伟大的宗教著作一样,它是深刻有力、鼓舞人心的。一位巴哈教学者这样形容它:"……对于走向神的精神世界的旅人,是一本极好的旅行指南"。① 从巴哈教的观点来看,宗教的实质这一最重要的东西被《隐言》揭示出来了。巴哈·乌拉本人在这本书的开头一段中就指出了这本书的意义,肖更·埃芬迪解释说:

> 这个充满活力的精神的酵母对于世人思想的再定位、对于他们的灵魂的启迪、对于他们的行为的纠正,其重要性可由书中开始一段的描写来判断:"它是来自于天国的,是有力的、强大的舌头发出的声音,显现于古时的先知之上。我们将其内在的精华予以简短的修饰;作为一种正义的象征,他们会忠于安拉的圣约,会完成安拉的信任,在精神的王国中获得神圣的美德的珍宝。"②

在巴哈教看来,任何黄金法则的论述都具有重要的意义。读者可能希望记住巴哈·乌拉带给人类的箴言:"……认识神的起源,坚持过去的先知们宣讲的神意的首要原则,并将他们紧密联系在一起。"③阿布都一巴哈劝告:"读一读《隐言》,就会理解宗教的真正基础,反省来自于安拉的信使们的启示。它是光的光。"④肖更·埃芬迪解释说,它代表了巴哈·乌拉伦理著作中最杰出的部分。⑤

在《隐言》的阿拉伯文部分,有一组值得注意的段落,其中的第四部分包含了否定形式的黄金法则论述:

> 噢,人之子!
>
> 你怎么能忘记了你自己的缺点而忙于注意别人的缺点?谁这样做就要受到我的诅咒。
>
> 噢,人之子!
>
> 不要感染了他人的罪恶,直到自己也成为罪人。如果违反了这一戒律,你将受到诅咒,我会目睹之。
>
> 噢,人之子!
>
> 请你明白这一点:吩咐别人公正而自己却不公正的人,不属于我,即使用了我的名义。
>
> 噢,人之子!

---

① Taherzadeh, *The Revelation of Bahá'u'lláh: Baghdád* 1853-1863, p. 72.
② Shoghi Effendi, *God Passes By*, p. 140.
③ Shoghi Effendi, "The Dispensation of Bahá'u'lláh", in *The World Order of Bahá'u'lláh*, p. 131.
④ 'Abdu'l-Bahá, *Promulgation*, p. 86.
⑤ Shoghi Effendi, *God Passes By*, p. 140.

不要归咎于别人，如果你自己不愿意承受的话，不要说你自己不愿意听的话。这是我给你们的告诫，请注意。[①]

“不要归咎于别人，如果你自己不愿意承受的话。”这些意味深长的话给我们提供了一种宗教如何能帮助深刻理解其他教谕的很好的说明，反之亦然。E.埃斯尔蒙特在他介绍巴哈教的一流著作《巴哈教与新纪元》一书中题为“罪恶覆盖的眼睛”部分，引用了这些句子。[②] 虽然这些句子可与许多其他教谕相联系，但E.埃斯尔蒙特主要将其与巴哈教中禁止挑剔他人的要求联系了起来。(《律法书》中可找到禁止诬陷和中伤的条例。)

《确信书》是巴哈·乌拉被全部译成英文的最重要的宗教著作，是肖更·埃芬迪的权威译文。正如《隐言》一样，这本书也成于巴哈·乌拉在巴格达期间。书中最有用的注解出自翻译者的笔下：

巴哈·乌拉启示的海洋中有众多的无价之宝，其首要得数《确信书》，它成于两天两夜，时在那段时期将要结束的时候(希古拉纪元一二七八年，公元一八六二年)。它的写作是为了完成巴布的预言，巴布曾特别说到允诺的先知将完成未完成的波斯文的《白彦》一书。它也是为了回答巴布不信教的外公所提的问题而作的。……这是一本波斯散文的典范，……它简要陈述了安拉宏大的救赎计划，除了《律法书》、《巴哈·乌拉至圣书》之外，它在巴哈·乌拉的全部著作中占有其他书难以比拟的地位。这本书成于巴哈·阿拉宣布他的使命的前夕，给人类提供了“精选的密封的葡萄酒”[③]。

在《确信书》中，我们发现了“……巴哈·乌拉关于一种基于过去所有启示的统一的真理的精巧说明……[④]，他还解释了进化的天启：先知根据人们的能力和需要显示出不同的教谕，而注解上的困难导致了世界很多宗教间的混乱和冲突。肖更·埃芬迪解释说：

可以说，在巴哈·乌拉所有的启示中，这本书扫除了多少世纪以来世界各宗教间难以克服的障碍，为他们的信徒间的完全、永久的调和奠定了牢不可破的基础。[⑤]

据上所说，《确信书》中黄金法则的论述具有尤其重要的意义。

在这本书众多的论题中，巴哈·乌拉“……列举了每个人成功地追求其目标的先决条件……”[⑥]这里我们发现了否定形式的黄金法则：

噢，我的兄弟，当一个人决心踏上求道之途时，他必须首先将自己承受启示的心灵从已有的知识的尘土中、从恶魔的化身的诱惑中净化出来……他应该毫不犹豫地为他所爱的安拉献身，不能因为人们的责备而离开真理。他不应该希望别人做那些他自己不愿意做的事，不要承诺他自己不能完成的事……

这些都是神的属性，构成了神圣的精神的标志，是对于追寻神的知识的旅行者的要求。只有当孤独的旅行者及真诚的寻求者达到这些重要的条件时，他才可以称为一个真正的寻求者。无论何时他成为了诗句中所说的“为我而奋斗的人”，他就会享受到下列祝福：“我必定指引他们

① Bahá'u'lláh, *The Hidden Words*, Arabic Nos. pp. 26-29.
② Esslemont, *Bahá'u'lláh and the New Era*, pp. 93-94.
③ Shoghi Effendi, *God Passes By*, pp. 138-139.
④ Shoghi Effendi, "The Golden Age of the Cause of Bahá'u'lláh", in *The World Order of Bahá'u'lláh*, pp. 61-62.
⑤ Shoghi Effendi, *God passes By*, p. 139.
⑥ Shoghi Effendi, *God passes By*, p. 139.

我的道路。"(《古兰经》,29:69)[①]

因此,遵守黄金法则是一个真正的寻求者的路途的一个部分。

巴哈·乌拉及同伴于 1853 年 12 月到达亚得里安堡,并在那儿待了 4 年。在这段痛苦的流放岁月中,他写了大量的信件。

> ……这里,他首次告诫东西方共同的统治者。其中有土耳其的苏丹及其大臣(苏丹系某些伊斯兰国家最高统治者的称号——译者注),基督教的最高领袖,获得土耳其宫廷信任的法国和波斯大使,君士坦丁堡的穆斯林领袖,哲人及普通居民,波斯人和世界各地的哲学家,他分别致信……[②]

在这些信中,巴哈·乌拉以权威有力的语言阐述了他自己的主张及自己作为安拉的显灵的身份。在其中一段中,他对君士坦丁堡的民众发出了警戒和忠告。事实上,给予他们的"最好的忠告"就是关于黄金法则的论述:

> 应该意识到,你不能在安拉面前洋洋得意,轻蔑地反对他的所爱。应该谦逊地尊重那些相信安拉的信徒,他们的心目击着安拉的统一,他们的舌头宣称着安拉的唯一,他们说着安拉允许的话。因此,我们用正义劝诫你,用真理警告你,这样你才有可能惊醒。
>
> 不要给任何人增加负担,如果你自己不愿意负担的话:不要向任何人索取东西,如果你自己不愿意被索取的话。这就是我给予你们的最好忠告,去服从吧。[③]

在这段话的结尾,他号召君士坦丁堡的民众们听取他的话,回归安拉,去忏悔。

1868 年 8 月 31 日,巴哈·乌拉及其同伴到达圣地上的监狱城市阿卡。尽管开始时他的刑罚很重,饱受折磨和苦难,但直到 1892 年 5 月 29 日去世他写了大量的著作。他续写了他在亚得里亚堡的教谕与致各国国王及他人的信件。其中最有意义的信件之一是给维多利亚女王的信。这封信不仅是给女王本人的。也是给所有的统治者的。在这些告诫中,我们发现一则积极形式的黄金法则,告诫我们要避免不公正:

> 噢,地上的王!我见你们每年花费愈大,增加了你们的臣民的负担,这是很不公正的。敬畏屈辱者的叹息和眼泪,不要过分地剥夺他们。不要为了宫廷的享乐而剥夺人民,不如像为自己选择一样为他们选择。因此,如果你有所察觉,我们将为你揭示与你有利的真相:你的臣民就是你的财富。应该清楚,你的统治不能违反安拉的戒律,应将强盗拘禁起来。你们依靠他们来统治,以他们的方法来维持,靠他们的帮助来征服,但你们又是如此地轻视他们!多么奇怪啊,太奇怪了![④]

尽管巴哈·乌拉警告了国王及统治者的恶行,但他的教谕并不包含对君主制的轻蔑和批判。他曾赞美过正义、公正的国王们。事实上,作为一种原则,巴哈教徒必须忠于他们各自的政府,不从事反政府的活动。巴哈·乌拉还预言了体现正义和实践黄金法则的国王的出现。

> 不久安拉会显灵于地上的王,他们将会实施正义,对待臣民就像对待自己一样,他们真正是

---

① Bahá'u'lláh, *Kitáb-i-Íqán*, pp. 123-125.

② Shoghi Effendi, *God Passes By*, pp. 171-172.

③ Bahá'u'lláh, *Gleanings*, pp. 127-128.

④ Tablet of Bahá'u'lláh to Queen Victoria, cited in *The Proclamation of Bahá'u'lláh*, p. 12.

安拉所有的创造中的精选。[1]

巴哈·乌拉在流放阿卡期间的另一部重要的书信是《天堂之言》，肖更·埃芬迪形容此书是"……安拉思想孕育出的最甜美的果实之一……"。[2] 黄金法则（也是积极的形式）与正义的关系在这里得到了高度的强调：

> 记录于天堂的安拉之言如是：噢，人之子！如果你的眼睛转向仁慈，那么放弃对你有利的东西，热心于对世人有益的东西。如果你的眼睛转向正义，那么像为你自己选择一样为邻居选择。谦卑使人升入荣光而强大的天堂，骄傲却使人坠入悲惨而堕落的深渊之中。[3]

我们已经注意到几个宗教中有关黄金法则与宗教律法之关系的例子，大约在 1873 年，巴哈·乌拉在阿卡写出了他最有纪念意义的著作《律法书》，巴哈·乌拉相信这本书是将来世界文明的宪章。肖更·埃芬迪认为《律法书》

> ……以其谆谆教导的法则、以其设置的行政机构、以其赋予后继者（阿布都—巴哈）的功能而突出于世，为世界其他圣书难以比拟……[4]

还有，它

> 不仅为子孙后代保留了基本的律法和法令，奠定了巴哈·乌拉世界秩序的结构，而且规定了必需的机构，通过此可以一直保证这个信仰的完整和统一。[5]

在这机构中有正义院，世界正义院是巴哈教最高级的行政机构。它的基本功能是行政和立法。现在有很多国家宗教议会，还有很多地方宗教议会，它们将会更名为中级正义院和地方正义院。它们与世界正义院一样，都是选举的机构。巴哈·乌拉在《律法书》中谈到，世界正义院应该遵循黄金法则：

> 主在每个城市都安排建立了正义院，那里的顾问人数不得少于九人，达不到这个数目不得生效……他们理应是人群中安拉所信任的人，作为安拉所任命的大地上的居民的守护人。他们应当将他人的意见集中到一起，为百姓的利益着想，甚至将其当作自己的利益，为他们选择需要、适宜的东西。安拉已经告诫你，注意不要离开他的嘱咐。敬畏安拉，你当知道。[6]

后面我们将详细研究巴哈教的著作中正义与黄金法则的关系。

地方宗教议会每隔 19 天聚众讨论一次，这一天称为十九日节，它分三个部分：奉献、请教和社会活动。阿布都—巴哈解释说：十九日节的"目标是和谐，通过它，人们的心完美地联系到了一起，互惠、互助的关系得以建立"。[7]

祈祷在很多宗教——包括巴哈教——中非常重要，在巴布、巴哈·乌拉和阿布都·巴哈的启示中我们能见到很多祈祷及各种类别祈祷的著作。在其圣书中，巴哈教徒不但有自己必需的祈祷，而且有各种时间、各种用途的祈祷。即使一般的读者也会感觉到这些祈祷观念的伟大及精神的深刻，何况对于定时祈祷的教徒们。在肖更·埃芬迪翻译的巴哈·乌拉祈祷沉思的集子中，我们发现不仅

---

① Bahá'u'lláh, Riḍván-al-'Adl, cited in Shoghi Effendi, *The Promised Day Is Coming*, p. 74.

② Shoghi Effendi, *God Passes By*, p. 216.

③ Bahá'u'lláh, *Tablets*, p. 64.

④ Shoghi Effendi, *God Passes By*, p. 213.

⑤ Shoghi Effendi, God *Passes By*, pp. 213-214.

⑥ Bahá'u'lláh, cited in *A Synopsis and Codification of the Kitáb-i-Aqdas*, p. 13.

⑦ 'Abdu'l-Bahá, cited in *Principles of Bahá'í Administration*, p. 52.

有为普通人所用的祈祷,也有巴哈·乌拉自己与全能的安拉沟通时的倾诉。其中有一篇是为反对、迫害他的亲属所做的祈祷,他表达了自己对他们的深爱。事实上,巴哈·乌拉对敌人的爱在历史上是很有名的——这是一种普遍的无偿的善的范例。

> 光荣的主,你看见了我被囚禁在天涯海角的监狱之中,完全知道我为了爱你,为了你的事业而忍受的苦难……
>
> 而且,我遭受着我的亲属的反对,你知道,他们以前对我很好,我期望他们的,正如期望于我自己的一样。得知我被投入监狱后,他们对我的迫害,是其他任何人难以比拟的。
>
> 因此我恳求你,我的主,用你区分了真理与邪恶的名义,去净化他们犯罪的心灵,使他们接近主。①

有趣的是,启示在这里表达出了他与别人之间黄金法则般的关系:"……我期望于他们的,正如期望于我自己的一样。"我们还记得在查拉图士特拉与他人之间也存在这种关系。许多人认为这些论述涉及"不平等关系",它们能否被看做是黄金法则的必然结果,抑或就是黄金法则本身,这一点我们已在索罗亚斯德教一章中加以讨论过。巴哈教的著作坚持安拉启示者的神与人的双重地位。同样,其表达也分为两种形式:一是安拉本人的直接言论,二是通过作为人的启示者向他的同伴发布的信息。

我们前面已经说过,巴哈教相信巴哈·乌拉的长子阿布都·巴哈不是安拉启示者,而是一个非常伟大的人物。巴哈·乌拉任命阿布都一巴哈为唯一的传人,在他死后指引巴哈教教徒,是他的言论的正确的传达者。于是,我们在阿布都·巴哈的著作和言谈中,发现了经他详细阐明的巴哈·乌拉的教谕和学说。

死后再生是一个永无结束的题目。巴哈教坚信人死后灵魂依然存在,这是一个各地宗教中比较普遍的信仰。此世的精神的发展决定着他来生的地位,而来生所能获得的进步则是无止境的。"从灵魂离开身体到达天堂的那一刻起,它的进化是精神上的,也就是:日益接近安拉。"②人死后灵魂所在的环境好得无法形容,死不是可怕的事,反而是"一个快乐的使者"。

这个不竭的话题的另一个重要方面,是这个世界的灵魂与那个世界的灵魂的关系。虽然处在不同的世界里,但他们之间并没有不可逾越的障碍。相反,他们之间是可以相互帮助、相得益彰的。

正如在这个世界上我们可以祈祷,我们到达彼岸世界后同样具有这个能力。阿布都·巴哈解释说:

> 甚至那些死于罪恶或不信教的人的情形都可能发生变化——也就是说,可能通过安拉的施舍而得到宽恕,当然不是通过他的审判——因为施舍是无偿的,审判却是罪有应得。正如我们在这个世界上有能力祈祷,在另一个世界里我们同样有能力祈祷,那是安拉的国度。不是所有的人都在安拉的国度吗?在那个国度里同样可以取得进步,正如在这里他们可以通过祈求获得光明,在那个世界里,他们同样可以通过恳求、祈愿得到宽恕,获得光明。因此,正如在这个世界里,通过祈求、恳请和祈祷神圣,人可获得发展,在死后也一样。③

在阿布都一巴哈言谈集《阿布都一巴哈在伦敦》一书中,我们发现了一个值得注意的论述。对许

① Bahá'u'lláh, *Prayers and Meditations*, pp. 81-82.
② 'Abdu'l-Bahá, *Paris Talks*, p. 66.
③ 'Abdu'l-Bahá, *Some Answered Questions*, p. 232.

多人来说它显示了黄金法则新的意想不到的维度。它以祈祷的形式所做的互惠实践。促进了这个世界与另一个世界的灵魂的进步。

一位朋友问阿布都·巴哈:"人应该怎样期待死亡呢?"

他回答:"一个人怎样盼望到达他的旅行的目的地呢?是带着希望与期待。在这地球上的最后一次旅行也是这样。在下一个世界里,人将会发现他已从尘世的痛苦中解脱而出。那些经过了死亡的人,有他们自己的空间。他们没有从我们这儿迁走,他们的工作,天国的工作,也是我们的。但我们所谓的'时间与空间'在那儿已经神圣化了。我们这儿的时间是以太阳衡量的,那儿的却没有日出,也没有日落,我们的所谓时间在那儿已经不存在。那些已经升天的人与仍在地上的人属性不同,虽然他们并没有真正分离。

祈祷中有一种混合的身份、一种混合的环境,他们祈祷,就像他们为你们祈祷一样。"①

除了祈祷之外,我们还可以为离去的灵魂做更多的事。用阿布都·巴哈的话说:

在与尘世的身体隔绝之后,人的灵魂在神的世界获得进步有以下途径:通过安拉的宽恕与恩赐,或通过其他人的求情和真诚的祈祷,或通过以他的名义所从事的善行和重要的有意义工作。②

一部阿布都·巴哈1912年至1913年在巴黎的谈话的集子中收录了11条巴哈教原理。其中第9条主要谈宗教与政治的非冲突问题。这里有两条积极形式的黄金法则,其二阐明了普遍的互惠的善的法则,对正义这一题目作了发人深省的思考。

安拉的佑护者,正义的活的例子!只要有怜悯的安拉,世人将会在你的行为中看见正义与仁慈。

正义是没有限制的,它是普遍的。它必须实施于从高到低的各个阶层。正义必须是神圣的,所有的人的权利都应该得到考虑。期望于他人的,应像期望于你自己的一样。这样我们就会沐浴在正义的阳光中,这阳光是从安拉的地平线上照耀的。

每个人都有其无法放弃的信誉,一个卑下的工匠做了坏事会与一个显赫的暴君一样受责备,因此我们都必须在正义与非正义之间作出选择。

我希望你们每一个人都会变得公正,为人类的统一而努力,这样你就不会伤害你的邻居,也不会中伤任何人;这样你就会尊重所有人的权利,关心其他人的利益胜过自己。你会变成神圣的正义的火炬,按照巴哈·乌拉的教谕行事。而巴哈·乌拉为了向世人展示神的美德,为了使你们认识到精神的崇高,沐浴于安拉的正义之中,饱受了迫害和考验。③

很明显,正义与黄金法则的关系在巴哈教的著作中得到了高度的重视,正如在巴哈·乌拉及阿布都·巴哈在其他地方所阐明的一样。正义在世界各个宗教中都作为一种美德而给予称颂,而它常与互惠联系在一起。已有各种学者意识到并研究正义与黄金法则的关系。马库斯·G·辛格论述了黄金法则在正义的实行中的重要性,他心中所想的可能是基督教关于黄金法则的论述:

……黄金法则阐明了正义的基本要求,每个人的行为都必须以同一标准要求,没有人可以例外或拥有特权。在这种正义原则的基础上,对于某个人的是非标准,也就是在相同情况下对

① 'Abdu'l-Bahá, *'Abdu'l-Bahá in London*, p. 97, cited in Honnold, *Vignettes*, p. 132.

② 'Abdu'l-Bahá, *Some Answered Questions*, p. 240.

③ 'Abdu'l-Bahá, *Paris Talks*, pp. 159-160.

任何人的是非标准。换句话说，对某一个人来说是正确的，对另一个人来说就不可能是错误的，除非其性质、情形有所不同。①

笔者要补充的是，黄金法则是一个卓越的指导方针，可以运用在典型的事例中。这在我的生活中得到了验证。人的性质及情况的不同的确存在，在实施黄金法则的时候应该予以考虑（例如，我们不能像通常对待大众一样，以黄金法则的态度对待一个危险的精神错乱的杀人犯）。我们必须投入极大的关注，决定到底有哪些不同的情形。对于巴哈徒来说，巴哈教的另一些思想——如消除种族、宗教、国家、阶级偏见的思想，会对其行使正义和黄金法则时的思想、语言和行动产生影响，这样他们在人际交往中就不会以种族差别等为借口而不去实行黄金法则。不幸的是，今天世界上的很多人仍在无意识或有意识地奉行歧视政策，在巴哈教看来，这种歧视政策是一定要打破的。有效地教育大众认识黄金法则，在这一过程中可能会起重要的作用。后面我们将回到关于现代教育与黄金法则教谕这一问题的思考上来。

我们已经知道，伟大的圣贤老子是较早地阐述普遍的无偿的善的原理的导师之一。他在书中多处阐述了这一问题，并给出了实践的例证。如果正义需要一个人为他人选择他自己所选择的东西，那么普遍的无偿的善的原理要求他更为利他，去帮助别人而无视自己，以恶报怨。现代教育学家和心理学家将这种利他的行为看作是道德发展的较高水平的标志。

巴哈教著作中这一原理的例子不计其数，我们无法悉数列举。前面我们已经谈到了一些，下面再看另外一些。

在《天堂之言》中，巴哈·乌拉论述了慈善这一题目，他谈到了我们在伊斯兰教一章中引过的《古兰经》中一个普遍的无偿的善的例证，然后从巴哈教的观点出发进一步论证了世界各宗教是怎样互相补充、互相阐明的。

记录在天堂的安拉之言如是：

……慈善是为安拉所称颂的，被视为首要的善行。回想一下《古兰经》的话："他们虽然急需，也愿把自己所有的让给那些教胞，能戒除自身的贪吝者，才是成功的。"（《古兰经》，59：9》就此而言，受祝福的实际上是少有的，那是关心他的兄弟胜过他自己的人，这种人是根据全能全知的安拉的意愿及居住于方舟上的巴哈教徒，推论而出的。②

与此相类的是。正如肖更·埃芬迪编译的《巴哈教著作拾遗》中所说的，要求富人实施普遍的无偿的善，这样穷人就可能从苦难和负担中解脱出来。一个重要的巴哈教教谕就是消除贫富两极分化，最好是富人自觉地将财富分给穷人。另一方面。所有的人必须努力工作，维持自己的生计。巴哈·乌拉说：

那些拥有财产的人应该对穷人怀有巨大的敬意，因为只有安拉赋予那些坚定的、有耐心的穷人的荣誉才是伟大的。除了安拉所赐予的之外，没有任何荣誉可以与此相比。忍受痛苦、耐心等待的穷人是伟大的，将自己财产分给穷人、关心他们胜过自己的富人也是好的。③

作为选定的巴哈·乌拉教谕的注解者，阿布都·巴哈多次阐述了普遍的无偿的善。我们可从1912年阿布都·巴哈在美国和加拿大的言谈集《世界和平的颁布》一书找到几个例子。首先，让我

① Singer, *The Golden Rule*, p. 302.
② Bahá'u'lláh, *Tablets*, p. 71.
③ Bahá'u'lláh, *Gleanings*, p. 201.

们看一看这个原则是如何与安拉的怜悯及爱的实践相联系的。

> 你必须向所有的人显示你完全的爱与同情，不要将自己凌驾于别人之上，而应一律平等。将他们看做是安拉的仆人。明白安拉同情一切人，所以要从内心热爱一切人，关心所有的教徒胜过自己，热爱每个种族，善待各个国家的人民。①

我们可以将“关心所有的教徒胜过自己”的话与今天十分明显的各宗教教派的追随者之间的及各宗教与非宗教力量之间的仇恨、冲突和斗争加以对比。

那些真正被巴哈·乌拉的教谕鼓舞的人，正实践着普遍的无偿的善的原则。

> 倾听了他的声音、接受他的信息的人，现在共同生活在友情和相爱之中。他们为了别人甚至可以献出自己的生命。他们放弃各人的财产，爱他人胜过自己，这是因为他们认为世界上的人类是同一的。②

的确，在向别人宣扬他们的信仰时，巴哈教教徒对于这一原则的实践是首要的。

> 你们必须通过行动传播这一思想，而不仅仅是语言。语言必须与行动结合起来。你们必须爱你的朋友，胜过爱你自己，甚至不惜牺牲你自己。③

笔者认为，巴哈教著作中常见的爱的法则及普遍的无偿的善的例子，对于全人类来说是一个信号、一种召唤，召唤人们不仅要在高水平上理解和实践黄金法则，而且要达到人类历史上未曾有过的更高的道德水准。

---

① 'Abdu'l-Baha, *Promulgation*, p. 453.

② 'Abdu'l-Bahá, *Promulgation*, p. 395.

③ 'Abdu'l-Bahá, *Promulgation*, p. 218.

# 台湾的新兴宗教*

张新鹰

巴哈伊教是 19 世纪中叶由伊朗贵族巴哈欧拉在伊斯兰教巴布派基础上创立的一个世界性新兴宗教，其称谓得自“巴哈欧拉”之名，意为“荣耀”。本世纪内获得迅速发展，现在全世界信徒已超过 600 万。巴哈伊教总部设在以色列海法，称“世界正义院”，又称“万国总灵体会”，各国或地区的领导机构称“总灵体会”，基层组织为地方灵体会。各级灵体会均由 9 人组成，民主选举产生，定期换届。巴哈伊教教义的核心思想是上帝唯一，宗教同源，人类一体，天下一家，强调 11 项原则：自主寻求真理，人类团结，宗教应带来友爱和睦，宗教与科学一致，克服宗教、种族或派别的一切偏见，人的生存机会均等，法律面前人人平等，世界和平，宗教不应干预政治，两性平等、妇女应受教育，圣灵的力量是人的灵性发展的原动力。该教规定信徒每年斋戒一次，戒饮酒赌博、偷窃及使用暴力，禁说谎及背后论人是非，不得乞讨，必须工作，效忠政府，服从当地法律，重视婚姻及家庭生活。巴哈伊教提倡生活与信仰一体，没有专门教职人员，信徒“自行祈祷”，每个教徒都有传教义务。

1935 年，原清华大学校长曹云祥在上海翻译该教著作，因该教社会主张与我国古代儒家“大同”理想有相通之处，便在译文中将其定名为“大同教”，一直沿用到 20 世纪 90 年代初。台湾的第一位大同教信徒是一留美学生，1949 年返台定居；1954 年，曾在上海传教的伊朗商人苏洛曼夫妇来台，在台南建立“大同教中心”，开始传播巴哈伊信仰，但长期受到台湾情治单位监控，进展缓慢；20 世纪 60 年代中期，几名美籍人士衔命来台面向知识分子“重点布教”，信徒增至 500 余人；不少巴哈伊教著作在马来西亚和中国台湾地区被译成中文出版。1967 年 4 月，台湾“总灵体会”在台北成立；1970 年获“内政部”准许注册。1990 年底，全台湾有地方灵体会 40 个，教徒活动中心 12 个，活动点 203 处；1994 年，地方灵体会增至 62 个；1991 年 11 月，“大同教”正名为“巴哈伊教”(1993 年 4 月正式使用)；1997 年底，信徒共 12000 人。按照规定，台湾巴哈伊教每年在 4 月 21 日至 5 月 2 日之间召开代表大会，选出 9 位总灵体会委员。台湾巴哈伊教与国际巴哈伊教组织和人士有着频繁的联系和来往，与以华人教徒为主的港、澳、马、新等总灵体会多次举行有关传教活动的联合会议。1990 年，台湾总灵体会还组织了完全由中国人组成的朝圣团前往海法朝觐巴哈欧拉故居。

* 原载卢晓衡主编：《海峡两岸社科交流参考》，经济管理出版社 2000 年版。

# 巴布运动*

王俊荣　冯今源

19 世纪上半叶，在十叶派的伊朗爆发的一次宗教改革运动。其兴起有宗教文化背景，但主要是针对现实，为反对封建主义而宣传和推行宗教改革，建立人间的正义王国。巴布运动的领导者赛义德·阿里·穆罕默德出身于棉布商家庭。青少年时代赴纳杰夫和卡尔巴拉学习宗教知识，深受当时流行的十叶派谢赫学派的影响。撰有《朝觐指南》，表达了他对十叶派"隐遁伊玛目"复临人间的信仰和期待。1844 年，他提出，在末代"隐遁伊玛目"与信徒之间存在中介，这个中介即 4 道相继出现的"门"(巴布)，伊玛目在"隐遁"时期通过 4 座门与信徒保持密切联系。他还肯定，真主只信赖一位经由"知识之门"到达"知识之门"者，而他本人便是一位受命于真主的马赫迪。按照十叶派"圣训"，真主是"知识之城"，阿里则是进入"知识之城"必经的"门户"。在十叶派的伊朗，"巴布"之说有深厚的群众基础，故而追随者甚多。信徒被派往各地宣传运动的主张，号召人民铲除人间不平，建立正义之国。巴布希望创建的"正义之国"，反映了伊朗小商人、小手工业者和城市市民的意愿。因为自 19 世纪 30 年代起，欧洲资本通过商品输出涌入伊朗，使伊朗的封建自然经济受到冲击。商品经济的发展改变了旧有的土地关系，大批农民失去土地，生活没有保障。在外来商品竞争下，手工业者和小商贩也面临破产的威胁。而在巴布宣传的理想的国度里，为人们描绘的是没有剥削压迫，没有欺诈，人人平等，幸福美满的生活。1874 年，由于统治者的镇压，一批信徒被捕入狱，巴布本人也被囚禁于大不里士监狱。巴布在狱中完成的《默示录》后来被奉为巴布教派的经典。他的核心思想是：人类各个时代依次传递向前发展，每一时代皆有特定的制度和律法，旧制和律法随着时代的结束而被废止，代之以新制和律法。但新的制度和律法并非由人制定，而只能由真主差遣的先知颁布，巴布便是奉真主之命颁布律法的新先知，《默示录》是高于一切旧经典的新圣经。摩西的《旧约全书》、耶稣的《新约全书》、伊斯兰教的《古兰经》，皆须让位于《默示录》；现存的社会制度和律法也应按《默示录》的精神予以修订。[①] 1848 年，巴布信徒在后任领导人侯赛因·穆罕默德·巴尔福鲁什领导下，于北部马赞德兰省发动起义，其矛头针对封建统治者、外国殖民者以及附庸于封建统治者的宗教上层。次年，义军达 10 万余人，波及全国。1850 年，巴布在大不里士遇难，大批信徒惨遭杀害，运动在统治者的残酷镇压下宣告失败。

巴布运动失败后，由内部分化产生了不同于巴布教派的巴哈伊教派。其领导人是巴布早期信徒

* 原载王俊荣、冯今源：《伊斯兰教学》，当代世界出版社 2000 年版。

① 吴云贵：《近代伊斯兰运动》，社会科学文献出版社 2000 年版，第 47 页。

米尔札·侯赛因·阿里，该派得名于他的尊号巴哈乌拉。他原为马赞德兰省一封建贵族，因不满朝政而卷入巴布运动。曾被捕入狱，后又被流放。在长达 40 年的囚禁生活中，巴哈乌拉埋头写作，钻研巴布教派文献资料，最终创立了巴哈伊教。他与巴布教义的主要分歧在政治与社会原则上。他不提倡武力，主张忠于政府，拥护国家法制，号召以博爱消除贫富差别，实现社会平等；而最终的目标是实现人类一体、世界大同。故而在宗教思想上提倡普世宗教，认为宗教是一元的，人类是一体的，上帝只有一个，可以有不同的名称："天主"、"真主"、"佛祖"等等。上帝的旨意通过差遣的诸先知不断显现，犹太教的摩西、火袄教的琐罗亚斯德、佛教的释迦牟尼、基督教的耶稣以及穆罕默德、巴布、巴哈乌拉，都是体现上帝旨意的先知，而以在巴哈乌拉身上得到最充分的显现。巴哈乌拉相当于犹太教的弥赛亚、基督教的耶稣，他是人们期待的救世主马赫迪。

巴哈伊教以自己独特的经典、教义和礼仪得以发展。今天，除伊朗外，在西欧、南北美洲、非洲和澳大利亚等地都有信徒在传播。该派还在欧亚设有一些专门的国际性机构，参与教育、环保等世界性事务与活动，另有自己的宣传机构与刊物。当然，巴哈伊教早已不再属于伊斯兰教的派别，而被学者们当作一种新兴宗教而进行研究。

# 大同教*

金观源　相嘉嘉

"大同教"又称"巴哈伊教(Bahá'ism)",由波斯人巴哈欧拉(Bahá'u'lláh,1817～1892)创立。他看到宗教争端严重妨害人类文明的进步,就主张"地球只是一个国家,而人类是它的公民",并认为不同宗教所信仰的是同一个神,而且科学与宗教不矛盾。它在当今的世界上包括美国都有很大的影响。在芝加哥就有它在北美建立的第一个教堂,其穹顶似乎意味着全球共有的苍天。但"大同"信仰毕竟是一种"乌托邦"。

宗教纷争战,相互尊重难。
东西敬一神,大同是理想,
科学作飞船,灵魂进天堂。
国民共全球,信仰乌托邦。

* 原载金观源、相嘉嘉:《洋博士诗影集》,重庆出版社 2000 年版。

# 巴哈伊的宗教进步本质观[*]

[美]斯托克曼著,常新译

要理解宗教必然为进步的原因和宗教本身必然进步与发展这一观点,我们需要从理解巴哈伊的宗教观出发。巴哈伊的宗教观乃基于历史和其创立者巴哈欧拉所教诲的原则。人们在研究历史中兴起的各种宗教时,会发现它们中存有一些共同的模式。大多数都有一个公认的创立者和一个信仰群体。他们通常鼓吹一种个人前进之道,此道不仅在与宇宙和天之权力的关系中,而且亦在与他人和社会的关系中。

所有宗教都有关于人们应该怎样共同生活在一个社会中的教诲。这些教诲往往展示其重要的相似性。所有宗教都禁止偷盗、撒谎和奸淫。在正面意义上,它们通常呼吁尊重父母、诚实、同情他人、仁、为他人服务、社会和谐、讲求道德(义)和公正生活(礼)。有些宗教传统在强调这些价值时或有不同侧重,但所有宗教都体现出极为相同的社会美德。在中国宗教教诲中,仁、义、礼之观念代表着许多类似的思想。

另举一例:如果人们将摩西十诫(《出埃及记》20 章)与佛陀的八正道相比较,则会对其存在的许多相似性留下深刻印象。八正道的第二原则"正思维"让人放弃尘世,并从欲之纠缠中得以解脱;第十诫则严禁贪恋邻人的房屋、妻子或财物,此乃极为相似的观点。八正道的第三原则"正语"与第九诫亦相似,它命令人们不可作假见证陷害邻人。八正道的第四原则"正业"禁止杀生、偷窃和奸诈,则正与十诫中第六、七和八诫相同。

当然,在它们之间仍有许多区别。我们指出了佛陀八原则中有三条与摩西十诫中的五条诫命相似,而有五条原则和五条诫命在不同的教诲体系中却找不到对应者。有一些区别显然是文化上的。例如,摩西第五诫论及人应该孝敬其父母,而佛陀八原则中却未直接谈到此点。在此,犹太教实际上与儒家孝的观念更相似,而不同于佛教。但是,佛陀显然也不会让人们不孝敬或不服从其父母;所以说,其区别乃在强调上的不同。

另举一例,摩西十诫的前三诫都集中在上帝——永恒之力,而佛陀的八正道却强调对觉的发现,这种觉总与个人关联且在个人之中。这些区别反映了如下事实:西亚总以人格上帝的观念来定向,而东亚则通常将藏于物质宇宙之后的力量理解为非人格的和无意识的。这些视域的区别从何而来,历史学家对之仍无法确定。

巴哈伊从宗教之间的相同与区别中看到了两种本原的作用。第一种本原即文化和历史的处境。

* 参见卓新平主编:《宗教比较与对话》第 1 辑,社会科学文献出版社 2000 年版。

每一种宗教都是在某一独特的时空中建立起来的,因而必定反映出这一时空的习俗和信仰。这些习俗和信仰在一定程度上乃历史机遇之产物,有着与其思想家及其发展之哲学的独特结合。

然而,在这些历史和文化区别之后却仍保存着一些关涉人类品性和道德的普遍相似性,这些共性相对人类社会而言乃最为根本的。巴哈伊认为这些根本法则正是第二种本原之见证:其本原即指各种宗教乃分享着一个共同的超凡造物主。这一造物主创立了自然规律,如重力规律等,从而决定了世界的秩序。造物主亦通过发布某些普遍的道德教诲而为人类社会提供了道德秩序。

巴哈伊的这一造物主观念与东亚和西亚的神圣权力观念有着共同的因素。巴哈伊信仰的创始人巴哈欧拉论及一种在一切物质世界之后的"不可知本质"。这一本质之所以不可知,乃是因为它在权力和知识上为无限的,故超越了人类的理解。人类寻求理解这一本质的所有努力最终必将失败。或许正是由于这一本质,所以《道德经》在其开篇经文即谈到了"道,可道,非常道;名,可名,非常名"。巴哈伊关于不可知本质的观念在一定程度上也类似于中国有关"天"的观念。

但除了论及这一本质的不可知性之外,巴哈欧拉亦说明,尽管我们并不完全理解这一本质,但对其某些方面我们至少可以粗略地把握。巴哈欧拉称这些方面为造物主的属性。例如,造物主怜悯我们,既然我们都在我们的生活中体验过怜悯,那么我们亦可部分理解造物主怜悯我们乃意指什么。与之相似,我们可以部分理解造物主是美、是真、是公义的、是智慧的、是宽厚的、是爱、是仁慈的、是善良的。

巴哈欧拉说,造物主的属性乃是无数的。他补充道,宇宙的每一事物都至少反映出其属性中的一种。正因为如此,我们在自然中看到了造物主超凡的性质,并由此而在创造中体验到造物主的崇高。巴哈欧拉还说,人类能够反映造物主的所有属性或性质,而这使我们在一切创造中乃独一无二的。这一观点可以下述方式来图示:

造物主　　　　　　　　　　　　人类
本质
属性——————————→本质
　　　　　　　　　　　　　　　属性

按照巴哈伊哲学,人类的本质乃由造物主的属性所构成。我们展示的属性是那些存在于我们本质之内的,我们已将之发展并学会了表达它们。既然人生的目的之一就是个人的转变,那么每个人都可以表达爱、怜悯、真诚、老实、仁、忠义、智慧以及其他许多更为完美的属性。因为我们学会表达了这些属性——这些美德——所以我们贡献人类社会的能力得以加强,而人类社会也能够前进发展。

巴哈欧拉说,在每个人中间发展这些超凡性质本为所有宗教的目的。孔子的哲学在这方面乃极好的榜样,因为孔子强调发展某些美好品性和道德的重要性,并教育人民来表达它们。当然,孔子所强调的价值乃是2500年之前中国社会最好的价值,此后中国已出现很多改变。许多积极的改变是由儒家哲学的真与美所带来。但正因为这些变化,孔子的道德价值亦需要相应的现代化。儒家哲学家千年以前创立的礼仪乃早于我们对世界的现代科学理解,因而特别需要改革,甚或应将之消除。

这就是巴哈伊相信宗教必须是进步性的原因;一个时代所教诲的价值和道德或许并不适合后来的时代。在某一时期,某些教诲可能是人类所能理解和追随的最好部分,它们在社会中带来了进步,但随之也使其自身被更新、更现代的价值和道德所取代成为必要。

巴哈伊相信，巴哈欧拉作为一种价值和道德综合体的最近创始人，提供了亦值得他人研究和讨论的教诲。他的教诲强调许多实践价值，如男女平等，消除基于阶级和民族的差别，教育所有的人阅读和书写，社会消灭贫穷和为其全体公民提供最低标准的卫生和收入之必要，宗教教诲必须与科学相符、否则它们不过是迷信而已的思想，以及通过相互信任和讨论而达到的人道势必创立一个和平、正义与和谐的世界等见解。巴哈欧拉说，这些教诲并不仅仅出于他本人，而是来自上天，正是那不可知本质将这些教诲赠送给他；进而言之，这些教诲只有见诸那在每个人中发展超凡美德及属性的努力，才可能取得改变世界的成功。正是这种能提供组织社会之新价值的个人教育和改变，才能在地球上创造和谐与和平。如果巴哈欧拉的教诲在改变人性上乃真正有效，那么这些教诲本身亦会在某些部分逐渐过时，从而需要将来有另一位伟大的宗教导师来对之加以改革和重新界定。

# 和解他者：美国巴哈伊信仰作为基督宗教与伊斯兰教的成功综合*

[美]李·安东尼著，常新译

巴哈伊教的起源乃坚固地扎根在伊斯兰教之中。巴哈伊标明其历史的开端为巴布于1844年5月22日在伊朗设拉子的宣言。赛义德·阿里·穆罕默德——他后来以"巴布"（意指"门"）为称号——宣称自己为等待已久的复兴者之回归，即伊玛目马赫迪、隐遁的伊玛目，其以肉身的回归已被虔敬的十叶派信徒等待了一千年。[①] 巴布运动很快就在乌里玛中的谢赫学派诸学者中获得信徒，并最终在十叶派的伊朗普通穆斯林中得到广泛传播。巴布的门徒被正统穆斯林教阶集团宣布为异端、受到迫害并被驱散。而巴布本人则被囚禁，并最终于1850年惨遭杀害。

伊朗境内政府和教士们联手对巴布教的残酷镇压，武装反抗的失败，以及巴布运动领导人的被灭绝，使这一运动需要重新解释、其解释最终由巴哈欧拉[②]，即米尔札·侯赛因·阿里·努里（1817～1892年）所提供，他在流放在奥斯曼帝国各地期间重新塑造了巴布的教诲，将之发展为一种具有普世理想的、主张寂静和自由的新宗教。巴哈欧拉宣称为巴布所预言的救世主之显现，巴布曾将其神秘地表明为"上帝将加以宣示之他"。巴哈欧拉亦宣称为其他救主形象之体现，尤其为流行的十叶派末世论所应许的伊玛目侯赛因之复临。

巴布教派（巴布的追随者）的绝大多数人及时转为对巴哈欧拉的忠诚，将自己称为巴哈伊信徒。巴哈伊信仰建成为中东地区弱小而受到迫害的少数派宗教，但仍为伊朗境内最大的（非穆斯林）宗教少数派。[③]

初看起来，这一切似乎与基督宗教毫无关系。然而，在世纪之交以前，在欧洲和美国都有相当数

---

* 参见卓新平主编：《宗教比较与对话》第1辑，社会科学文献出版社2000年版。

① 当然，关于巴布运动有相当多的文献。最好的学术研究可参见阿巴斯·阿玛纳特著：《复活与更新：巴布运动与伊朗的形成，1844～1850》（伊萨卡，纽约：康奈尔大学出版社1989年版。这一时期的权威性巴哈伊编年史为乃宾农衣·伊·阿扎姆著《带来曙光的人；乃宾衣尔关于巴哈伊早期启示的叙述》，由沙基·爱芬迪翻译和编辑（伊利诺斯，威尔梅特：巴哈伊出版社托拉斯，1932）；亦参见H.M.巴尔尤兹著《巴布：新时代的先驱》（牛津：乔治·罗纳德，1973）和彼得·史密斯的社会学研究《巴布与巴哈伊教：从盼望救主的十叶派到一种世界性宗教》（剑桥大学出版社，1987）

② 遗憾的是，研究巴哈欧拉的使命和宗教的学术著作较少。同样，对其生平的学术研究亦不多。除上述之外，可以参见H. M. 巴尔尤兹著《巴哈欧拉：荣耀之王》（牛津：乔治·罗纳德，1980）和沙基·爱芬迪著《上帝从旁边走过》（伊利诺斯，威尔梅特：巴哈伊出版托拉斯，1944）。

③ 目前在伊朗的巴哈伊信徒人数估计为30万人左右（罗杰尔·库珀：《伊朗的巴哈伊信徒》，报告51期，伦敦：少数派权利小组，1982。我相信，由于各种原因，目前在伊朗的巴哈伊信徒人数要比其历史上少得多。伊朗在1921年左右的巴哈伊人口普查记载为50万巴哈伊信徒。

量的基督徒皈依巴哈伊信仰,他们将其新宗教作为圣经预言之完成来接受。甚至沙基·爱芬迪·拉巴尼(1897～1957)、(自1921年以来)巴哈伊信仰的监护人,也论及这些"重大事件"曾"使十叶派伊斯兰教十二伊玛目派谢赫学派之异端和看似微不足道的旁系转变为一种世界性宗教,其无数的追随者有机而不可分割地团结一致。"①

西方许多作者、尤其是基督教会的牧师曾评论说,在巴哈伊信仰的伊斯兰教根源和其基督宗教之改教者之间存在着不协调之处。②,此书已经过时。威廉·麦克厄维·米勒著《巴哈伊信仰:其历史与教诲》(帕萨迪纳:威廉·卡莱图书馆,1974)。但对其他宗教方面("膜拜"、"假冒信仰")最为典型的福音派参考书亦包括有关巴哈伊信仰的一部分,并提及其推测的伊斯兰特征。)丹尼斯·麦克奥因曾在一种学术氛围中提出了这一问题。例如,他说:

在现代西方引人注目的新宗教运动中,巴哈伊教(巴哈伊信仰)有其异常之处。这一运动作为巴布教派中的一个分支而源自19世纪60年代……巴布派乃十叶派伊斯主教中追求救世主的一个宗派,始于1844年的伊朗和伊拉克。巴哈伊教的创建者巴哈欧拉(1817～1892),宣称自己乃新的先知,并将其宗教解释为神圣启示之历史长线中的最新者。在其中东范围之限中,巴哈伊教好似会加入那儿存在的无数伊斯兰教异端教派的行列,因为它与其中大多数有着共同特征。但是在1894年,这一运动成为到达西方的第一个宣教性的东方宗教……不同于阿赫默迪亚和最近的一些苏非团体——它们曾在欧美寻求皈依者,巴哈伊有意识地切断了其与伊斯兰教的关联……③

今日巴哈伊的大多数信徒为非伊斯兰背景的皈依者,其结果,在信仰团体中对其宗教基本教义在多大程度上其根源乃伊斯兰教(尤其是十叶派)的,则知之甚微。除了个别教义的问题之外,不容置疑,二者发挥作用的处境按伊斯兰教的核心命题来看并无巨大区别。历史乃由周期性神圣干预所指导的过程,其目的是以沙里亚(伊斯兰教教法)的形式来揭示上帝的意志,沙里亚为一种伦理、法律和社会之综合性制度,用以形成和规范社会各阶层的事务秩序……实际上,巴哈伊的律法中只有一小部分为伊斯兰教国家以外的(巴哈伊信徒)所知晓或实施。④

确实,尽管巴哈伊信仰迄今在西方世界中已建立逾百年之久,但对这一宗教的学术研究却仍然常常被认为是伊斯兰教研究之方式。确实,关于这一主题的大多数严肃的学术著作都是从伊斯兰教研究的视域来进行的,尽管这种情况已开始出现转变。一些学者正努力开辟巴哈伊研究这一新领域。例如,加拿大巴哈研究学会(目前已有一些年份了)和以伊利诺斯的威尔梅特为中心的巴哈伊研究所之建立。关于巴布和巴哈伊教的学术研究系列(洛杉矶:卡利马特出版社,1982)已出版了第七卷,并将出版更多的研究成果。

不过,美国巴哈伊信徒对之反应敏锐,指出其宗教不是属于伊斯兰教。其信仰的一个基本原则即坚持巴哈伊信仰是一种独立的世界性宗教,其与伊斯兰教的关联并不大于与其他任何世界宗教的关联。麦克奥因对此问题的探究乃是作为西方巴哈伊信徒干脆"无视"其宗教实践之伊斯兰教来源的问题。我认为这种探究会毫无效果。它会掉入那种东方学者之假设的老陷阱,这类学者以此而断

① 沙基·爱芬迪·拉巴尼关于巴哈伊信仰正式历史的观察,《上帝从旁边走过》(伊利诺斯,威尔梅特:巴哈伊出版托拉斯,1994),第Ⅻ页。

② 关于基督教教士的评论,尤其可以参见其对巴哈伊信仰众所周知的两大抨击:J. R. 理查兹著《巴哈伊的宗教》(伦敦基督教知识促进会1932年版。

③ 丹尼斯·麦克奥因:《巴哈伊教》,参见约翰·R. 亨内尔斯编《现存宗教手册》,企鹅出版社1984年版,第475页。)

④ 丹尼斯·麦克奥因:《巴哈伊教》,参见约翰·R. 亨内尔斯编《现存宗教手册》,第487页。

言其对伊斯兰教的"真正本质"要比那些实践者还懂得多。它导致对所有美国巴哈伊实践的纯粹无知,从而当然也无任何研究可言。

我认为,美国巴哈伊信徒的实际体验和实践并非仅仅为伊斯兰教处境的不完善反映,而乃伊斯兰教与基督宗教传统和其宗教宣称有机结合起来的一种活生生宗教。这种交融不是靠强加于其团体的某种人为性、有意性综合来达到,而乃靠巴哈伊信仰在美国的独特历史以及那些将基督宗教之宣称带入其新信仰的巴哈伊信徒的生动体验。美国巴哈伊信徒并不把其宗教之基本教义或实践本质上作为穆斯林来体验,而是作为基督宗教的扩展和完善。巴哈伊信仰至少在美国看起来乃作为基督宗教与伊斯兰教的成功综合而历史地发展起来。事实上,这可能是这两种传统作为一种活生生之宗教而存在的唯一成功之综合。

本文将寻求识别西方巴哈伊信仰中会被麦克奥因这样的学者视为本质上乃伊斯兰教的几种因素。本文亦将论证,这些因素尽管有其不可否认的伊斯兰教根源,却已在当代美国巴哈伊实践中彻底基督宗教化了。美国巴哈伊信徒并不无视其宗教早期历史之伊斯兰教轨迹,然而,他们乃将这一历史视为基督宗教末世论之实现,并且毫无困难地将巴布信徒和巴哈伊信徒与早期穆斯林密切等同。

既然在基督宗教的西方数百年来关于"异己者"的最强烈映像乃为"穆斯林异教徒",那么可以说巴哈伊团体已实现了一种引入注目的业绩——基督宗教与穆斯林本真之和解。我相信这一经验能够帮助我们理解宗教完成人类生活中主要功能之力量——消解矛盾和使对立者和解。

巴哈伊教诲最初传入美国乃事出偶然,不是有意而为。易卜拉欣·乔治·哈易拉拉是在这一国度积极宣讲该宗教的第一位巴哈伊信徒,他原乃叙利亚基督徒,当其生活在埃及时皈依巴哈伊信仰。在19世纪90年代早期,美国人热心于招聘埃及商人参加哥伦比亚世界博览会,此会于1893年在芝加哥召开。哈易拉拉及其贸易伙伴安东·哈达德旅行到芝加哥,想在博览会上试试运气。哈达德原为黎巴嫩基督徒,后也成为巴哈伊信徒。他们的商业冒险失败了,哈易拉拉只好在芝加哥开业经营非传统医药,这使他接触到这个城市活跃而兴旺的形而上学和宗教膜拜之环境。他不久就开始讲授巴哈伊教诲,并取得巨大成功,成百上千的美国人受到吸引,并皈依其门下。①

由于哈易拉拉本人乃新皈依者,所以其对巴哈伊信仰及其历史的了解很有限。他无法找到巴哈伊经文,因而对其听众的讲授主要围绕下述见解:巴哈伊教诲的真理可由圣经以及"科学和逻辑"而得以证实。②

哈易拉拉讲授的是,巴哈欧拉乃为天父上帝之道成肉身,其长子阿布杜·巴哈(1844～1921)生活在巴勒斯坦之流放地,因此作为其宗教的首领乃是耶稣基督的复临。当然,这些思想并不符合巴

---

① 有关哈易拉拉和巴哈伊信仰在美国的早期历史,参见罗伯特·H.斯托克曼著《美国巴哈伊信仰》卷一:"起源,1892～1900年"(伊利诺斯,威尔梅特:巴哈伊出版托拉斯,1985),卷二由乔治·罗纳德出版社在此年出版。关键性著作还包括:理查德·霍林格:"易卜拉欣·乔治·哈易拉拉和巴哈伊信仰在美国",见胡安·R.科尔和穆简·莫门编:《巴布和巴哈伊史研究》卷二:《从伊朗东西方而来》(洛杉矶:卡利马特出版社,1982年);以及理查德·霍林格编《巴布和巴哈伊教研究》卷六:《团体历史》(洛杉矶:卡利马特出版社,1992年),尤其是霍林格所写的导论和罗杰尔·达尔所写"基诺沙巴哈伊团体史,1897～1980"。

② 易卜拉欣·哈易拉拉:《巴布一埃得一丁:真宗教之门》(芝加哥:查尔斯·H.克尔公司,1897),第9页。

哈伊经文，它们最终使中东的巴哈信信徒感到震惊，从而被阿布杜·巴哈所否定。[①] 但对其早期基督徒听众而言，它们却获得巨大反响，并且形成一种新的、令人兴奋的和极为成功的福音之基础。这一福音即上帝已经回来，耶稣基督仍然活着并被囚禁在圣地。这些思想在美国巴哈伊团体中仍流行了数十年，尽管巴哈伊权威机构曾多次对之修正或否定。这种观念，加之参考阿布杜·巴哈所接受并详述的圣经证明和预言诸教诲，遂构成了新的美国巴哈伊团体的基督宗教之基础。

在这一点上，值得询问新的美国巴哈伊信徒是怎样看待其与伊斯兰教的关系，因为他们现在作为上帝道成肉身和基督复临而接受的人很清楚曾是穆斯林。很难重新确定早期巴哈伊信徒的态度。不过，19 世纪的巴哈伊信徒至少曾公开尝试将其与伊斯兰教相区别。在 1899 年，当威斯康星、基诺沙的巴哈伊信徒在其教会受到谴责（并最终被逐出教会）、被认为是在散布伊斯兰教教诲时，他们在报纸上的答复包括这一反驳：

> 他（斯托扬·瓦塔尔斯基，在布道坛上谴责巴哈伊信仰的牧师）说我们在教授伊斯兰教。我要在这儿说，我们在教授上帝的真理和来自圣经的教诲。如果是这样，怎么能说我们是在教授伊斯兰教呢？伊斯兰教不是由圣经所教，而是由古兰经所教……[②]

不过，哈易拉拉已清楚地告诉巴哈伊信徒，穆罕默德是上帝的一位先知，伊斯兰教是真宗教。在总结其教诲的主要著作（在上述否认的同一年出版）中，哈易拉拉并不隐藏这一事实。他写道：

> 穆罕默德显现的时代，阿拉伯部落为偶像崇拜者。上帝委派这一伟大的使者来教导他们认识亚伯拉罕、摩西和基督所表述过的同一真理……如果我们毫无偏见地评价穆罕默德，我们则将发现他的特点如同任何一位被尊为我们最高榜样的伟大先知一样充满光辉。如果说伊斯兰教乃靠剑刃来传播，那乃穆罕默德的继承者们所表现出的物质欲望和选择人间权势之结果，这些人因其狂热和非人道而违背了上帝委派之使者的精神原则的崇高教诲。穆罕默德去世后，纯真的古兰经遭到拒绝，而虚假的说法却被采纳。[③]

然而，这最后一句亦会给来自穆斯林背景的巴哈伊信徒造成中伤，因而绝不构成巴哈欧拉教诲之部分。巴哈欧拉把得到的伊斯兰教古兰经作为权威经典来接受。这种关于有一种"虚假的"古兰经之早期教义在几年之内甚至亦遭到美国巴哈伊信徒的反对。但从其开头来看，这种思想使哈易拉拉既可将伊斯兰教作为真宗教来接受，同时又可将其经典视为已经陈腐和与巴哈伊教诲毫不相干而加以去除。无论如何，他自己对巴哈伊信仰的解释完全是以圣经为中心的。在这早期年代，甚至巴哈欧拉本人的著述也因很难获得而发挥不了作用。[④]

---

① 在后来的一书简（信）中，阿布杜·巴哈对美国人坚持认为他必定是基督的复临表示了愤慨。颇有启发的是，阿布杜·巴哈的外孙子和其继承人沙基·爱芬迪迟至 1934 年在对美国巴哈伊信徒进行解释时，仍感到要不得不引用上述书简："你写道，在信徒中关于'基督的复临'有不同看法。仁慈的上帝！这个问题一次又一次地出现，对其回答出自阿布杜·巴哈之笔，他对之有着清楚而无可辩驳的陈述，指出'万军之主'和'应许的基督'之预言乃意味着有福之完善（巴哈欧拉），以及神圣升华者（巴布）。我的名字是阿布杜·巴哈（巴哈欧拉的仆人）。我的特性是阿布杜·巴哈。我的实在是阿布杜·巴哈。我的赞美是阿布杜·巴哈。为有福之完善的奴仆是我荣耀而光辉的冠冕，而为所有人类的奴役是我永恒的宗教……除了阿布杜·巴哈，我没有名字、没有称号、没有褒奖、没有赞扬，也将永不会有。这就是我的渴望，是我最大的思慕，是我永恒的生命，是我无限的荣耀。（引自沙基·爱芬迪著《巴哈欧拉的世界秩序》，伊利诺斯，威尔开特：巴哈伊出版托拉斯 1938 年版。

② 基诺沙·基克尔 1899 年 10 月 26 日给编辑之信。

③ 易卜拉欣·乔治·哈易拉拉：《巴哈欧拉（上帝的荣耀）》，芝加哥：古德斯皮德出版社，第 2 版，1899。

④ 关于早期巴哈伊教诲及其特性的圣经中心论，参见罗伯特·哈罗德·斯托克曼著《巴哈伊信仰与美国基督新教》，神学博士论文，哈佛大学，1990 年，尤其参见第 4 章。

.不过,在1900年左右,美国巴哈伊团体出现了危机,并终于导致引入对巴哈伊信仰和实践强大而全新的波斯和伊斯兰教影响。哈易拉拉的领导引起了与日俱增的不满,加之他与阿布杜·巴哈的争论,最终使他从巴哈伊团体中被清除。在1900～1904年之间,几位著名的伊朗巴哈伊导师被派到美国,以团结其信徒,清除哈易拉拉之缺陷所造成的后果,提供正统的巴哈伊教诲之来源。

当然,所有这些伊朗导师都有其穆斯林背景——与哈易拉拉的基督宗教遗产相反。最重要的人物或许是米尔札·阿布·法多·古尔帕伊伽尼,他曾在美国住了三年半。在他于1876年在伊朗成为巴哈伊信徒之前,他曾是一位重要的十叶派教士,一位穆智台希德(研究伊斯兰教教法学和教义学的权威学者——译者注)。阿布·法多受过伊斯兰教法律传统的训练,对许多美国巴哈伊信徒的形而上学倾向难以容忍,他称这些人为"驱鬼者"。在其讲演和著述中,他对巴哈伊信仰有系统的阐述,强调这一宗教的独立性和组织性本质,并且强调其(穆斯林基础的)法律、义务和礼仪。当然,他的这些教诲之背景乃伊斯兰教的。

不过,阿布·法多和其他伊朗导师一样,也必须使其教诲适应美国巴哈伊听众。基督宗教的宣称和源自圣经的"证明"不得不被利用。① 在尊重古兰经的同时,更为紧迫的任务则是给美国巴哈伊信徒介绍权威的巴哈伊经典。而这样一来,古兰经实际上被忽视,不再被看作其经典或信仰的一个来源。的确如此,彼得·史密斯曾指明,伊朗宗法制形象的出现——来自圣地,穿着东方袍服,讲话通过翻译——很可能已经重新加强了许多美国巴哈伊信徒体会到的那种感觉,即像基督的早期门徒那样,感到自己就如原型的基督徒。② 在没有失去其新宗教的穆斯林根源的同时,巴哈伊的教诲在一种基督宗教的处境中得以接受和解释。

今日情形依然如此。自世纪之交以来,有关美国基督宗教文化和伊朗穆斯林文化对于美国巴哈伊思想、实践和特性的各种影响诚然研究不够,但很清楚的是,今日美国巴哈伊社团乃反映为这些影响的一种有机混合。因此,我认为那种以为在美国实践中的巴哈伊信仰乃用伊斯兰教宣称或以伊斯兰教处境来起作用的看法是错误的。形势要比这种看法所指远为复杂得多。应该说,巴哈伊宗教的中心因素最初乃在一种伊斯兰教处境中得以表述,但当它们被美国的信仰者所接受时,它们则(在这种处境中)彻底基督宗教化了。

让我们举例来看有关义务祈祷的巴哈伊律法在美国实践的情况。伊斯兰教将每日礼拜性祈祷(撒拉特,即义务性的,这一祈祷必须有固定时间,必须事先经过沐浴才被视为有效,必须严格按照规定的礼仪来进行,而且亦有可能在必要时以死之惩罚来强加于穆斯林)与个人的虔敬崇拜相区分,后者为穆斯林按照自己所意愿的方式来与真主沟通。③ 巴哈伊经典保留了这一区分:在《亚格达斯经》(《至圣书》)及其附录中,巴哈欧拉指明了三种义务祈祷——包括关于沐浴的指导、诵读经文的时间、礼仪姿态等(但没有集会诵经或强制性执行的规定)——其中任何一种都可以用于每日祈祷,以满足撒拉特的要求。④,与此同时,巴哈欧拉写下了数百种祈祷文,巴哈伊信徒可按自己的愿望来选择其

---

① 例如,可参见米尔札·阿布·法多著《巴哈伊的证明》(初版于1962年),1929年重印版(伊利诺斯),威尔梅特:巴哈伊出版托拉斯,1983)。

② 彼得·史密斯:《美国巴哈伊社团》,第114页。

③ 参见约翰·奥尔登·威廉斯:《伊斯兰教》,纽约,乔治·布雷泽勒出版社1961年版,第99～107页。

④ 巴哈欧拉:《亚格达斯经:至圣书》(巴哈伊世界中心,海法1992)各处。其律法之历史进化则更为复杂(可参见《亚格达斯经》的导论、注释和其他解释性资料以获得一种解答,尤其见第166～171页。)

中任何一种来诵念。[①]

然而，美国巴哈伊信徒并不承认这种区分。他们每日的义务祈祷经验被视为与任何其他的巴哈伊祈祷有着相同的性质。除了其中一种应该每日诵念之要求以外，再无任何区别。而这种要求亦在普遍的基督徒虔敬性这种处境中被理解，但肯定不是作为穆斯林礼仪之扩展；尽管清楚可见，穆斯林的撒拉特乃是巴哈伊律法的历史根源。

不过，对巴哈伊教诲的大众化总结在介绍巴哈伊义务祈祷的同时亦介绍了所有其他祈祷，而且是在基督徒听众所熟悉的虔敬和奉献之处境中进行的。在讨论了个人生活中的团结、仁爱和服务之后，此书开始其论“祈祷”的章节：

> 人可通过其每日工作来崇拜和赞美上帝。但这还不够。他还应该有意识地与其创造主沟通。祈祷乃是灵魂之粮……
>
> 祈祷在巴哈伊信仰中不是以任何礼仪形式来伴随。重要的是心之真诚和精神之集中，只有当人们养成定期祈祷的习惯，才能够逐渐达到这两种状态。
>
> 为了教导我们怎样祈祷，巴哈欧拉已写有许多优美的祈祷文，从而帮助了上千的人们。当然，祈祷也可以是不用言语的……
>
> 巴哈欧拉要其追随者每日祈祷。除了在所有场合都可运用的许多不同的祈祷之外，巴哈欧拉还提示了三种义务祈祷，巴哈伊信徒可以从中挑选一种为其每日之用。[②]

在此，伊斯兰教在礼拜性祈祷和个人沟通之间的区分已被全部抹除。

对祈祷的相同探究明确地见于有关巴哈伊教诲的经典性参考著作《巴哈欧拉与新纪元》，最初出版于 1923 年。此书用了整整一章来讨论这一主题，此章以穆罕默德的引语为序言：“祈祷乃每人可登上天堂之梯。”这并非对伊斯兰教实践的参考，而乃对穆罕默德在巴哈伊教赎历史中之地位的承认。

此章本身并没有参考各种不同的祈祷种类或秩序。其开端将祈祷定义为“与上帝的对话”、合适的奉献之态，对人类和创造主之间的一位中间者的需要，等等。[③] 关于义务祈祷之解释则见于题为“祈祷必不可少且为义务”一节中的某段。[④]

没有一本书提及在巴哈伊义务祈祷之前应该沐浴。尽管诵念每日义务祈祷在其社团中已经广泛流传和成为规范，而美国巴哈伊信徒确实已经几乎普遍地忽视了巴哈伊律法的这一规定（以及面对巴哈伊吉柏利，应优先选择的姿态等）。按目前其遵守情况来看，巴哈伊的撒拉特已经完全基督宗教化了。而且因巴哈伊领袖们的准许和祝福已确实如此，这些领袖们小心区分巴哈伊律法中哪些能约束西方信徒、哪些则不能。关于沐浴的律法就是不具约束力的。（恰恰在于什么乃意指其有约束力并不很清楚，尤其是因为已公开承认，不能靠巴哈伊机构来将巴哈伊律法中关于祈祷的标准强加于人。）

巴哈伊律法中有着明显的伊斯兰教根源的另一规定是禁止含酒饮料。巴哈欧拉在《亚格达斯

---

① 例如，可参见巴哈欧拉：《巴哈欧拉祈祷和沉思集》（伊利诺斯，威尔梅特：巴哈伊出版托拉斯，1938）。

② 格洛里亚 · 费兹：《巴哈仰信仰：导论》，巴哈伊出版托拉斯，新德里，1971。

③ 约翰 · 埃斯莱蒙特：《巴哈欧拉与新纪元》，（伊利诺斯，威尔梅特：巴哈伊出版托拉斯，1970，初版为 1923），第 88～100 页。

④ 约翰 · 埃斯莱蒙特：《巴哈欧拉与新纪元》，第 92～93 页。

经)中明确指出了这一禁戒。[①] 至少自20世纪30年代以来,这一巴哈伊律法得到美国巴哈伊信徒的普遍遵守,它在美国被视为巴哈伊特性之根本所在,正如在中东被视为穆斯林特性一样。然而,这一实践的伊斯兰教基础对美国人来说仍是毫不相干的,既不为人所知、亦无任何评论。

在美国的巴哈伊信徒中,戒酒的要求很清楚是在基督新教的节欲情感这一处境中得以接受的。大多数巴哈伊信徒正如大多数美国人那样,或许早在他们皈依之前就已戒酒。而且,这一实践就如巴哈伊反对吸烟(差点成为禁戒)一样,很容易与虔敬的基督徒之纪律相符合。许多美国巴哈伊信徒告诉说,他们戒酒乃在成为巴哈伊信徒之前,而且在他们考虑要皈依其新宗教时,并没人告诉他们应这样做。我记得,有一位年高德劭的巴哈伊妇女曾告诉我,她在成为巴哈伊信徒时对于戒酒根本就不成问题,而在此信仰中如果没有这一禁戒,她反而会感到震惊。(安娜·史蒂文森致作者,个人通信。)她曾经是一个摩门教教徒。

有四部提供巴哈伊教诲之总结的著作曾被人查阅,涉及其对这一巴哈伊律法的探究。[②] 其中并无一本书如此注意到这种处境中的穆斯林禁酒。在所有这些著作中,论及此律法的只有一、两句话——最多有一段话,好似作者乃推测到其读者会准备同意戒酒在任何宗教中都是合乎规范的。所有这些书都提到健康上的关心,以此证明这一律法乃正当的。

在此,我想表明,对伊斯兰教信仰和实践其他方面的调查也会得出相似的结果,这些信仰和实践在学者看来乃为美国巴哈伊信徒的宗教性提供了一种处境。调查所有这些陈述已超出了本文的范围。但须指明,那些被巴哈伊信仰所吸收和传播的穆斯林观念亦被美国巴哈伊信徒所实践(或相信),它们在美国这一新处境中已经全然改观和重新移植。这些观念的伊斯兰教根源得以保留,亦往往为人所承认,但它们在美国巴哈伊的实践中却已被基督宗教化了。

在撰写本文期间,我曾与塞斯学院的同事交谈,并对这种论述之彻底性留下深刻印象。我的同事是哲学和宗教学教授,他在讲授西方宗教时将巴哈伊信仰包括在其导论课程之内。最近他对我提及他认为在讨论巴哈伊信仰之前,有必要首先向学生们介绍十叶派伊斯兰教和十二伊玛目的观念。[③] 一开始我曾对他的探究感到迷惑,但很快就认识到,我的朋友在介绍巴布和巴哈欧拉之宣称时,如果不论及十叶派关于伊玛目之复临的期待,则毫无别的办法可行。

但是,对于一位美国巴哈伊信徒而言,则肯定不会以这样一种基础来介绍巴哈欧拉之宣称(至少不会如此向其他美国人介绍)。因为对他们大多数人来说,巴哈欧拉乃是作为基督之复临而被接

① 巴哈欧拉:《亚格达斯经》,第119章,第62页。严格来说,穆斯林对于一切酒精的禁戒并非古兰经的规定,因为古兰经只是指出不喜欢(枣)酒。但这一经文被合法扩展为禁止一切含酒饮料,在伊斯兰教中则极为普遍。它在穆斯林的实践及其特性中已是最基本的。巴哈欧拉在其《亚格达斯经》中明确禁止一切醉人之物。

② 埃斯莱蒙特:《巴哈欧拉与新纪元》;费兹:《巴哈伊信仰》;约翰·费拉比:《万物更新:巴哈伊信仰综合大纲》,修订版,伦敦:巴哈伊出版托拉斯,1975;以及威廉·S.哈彻和J.道格拉斯·马丁合著《巴哈伊信仰:正在显现的全球宗教》,旧金山:哈帕和罗出版社,1984。

③ 丹尼斯·希基致作者,1995年3月8日的个人通信。顺便而论,这一观察并不意指对希基博士的批评,我极为尊重他的工作。

受[①]而论及十叶派伊玛目则最好是作为一种历史详述。[②] 它肯定不会为其提供信仰的基础，因为这乃基于基督宗教传统。大多数美国巴哈伊信徒并不知道巴哈欧拉的宣称乃为伊玛目侯赛因的复临，[③]无论怎样，这与他们的信仰系统都毫不相干。

当然，美国巴哈伊信徒都普遍知道，他们作为基督复临而接受之人曾是十叶派穆斯林。但是，在基督宗教之处境中通常会用在穆斯林身上的“异己者”标志，看起来在美国巴哈伊社团内已从巴哈欧拉身上抹掉。当然，巴哈欧拉被标明为上帝的先知（或显现），他因而乃与他们相分离——但不是由美国文化中通常贴在伊斯兰教身上的那种否定性联盟所分离。

我想这里便是巴哈伊之综合最为引人注目的方面。看起来美国巴哈伊文化已获得成功，它完全消除了涉及其宗教最初人物形象（巴布、巴哈欧拉、阿布杜·巴哈、沙基·爱芬迪。）的“异己者”体验，其中亦包括它的早期英雄，尽管其穆斯林根源和特性已被清楚地认了出来。

美国巴哈伊信徒对伊斯兰教的接受在多种层面上得以体验。伊斯兰教和穆罕默德作为其先知，甚至在大众化的巴哈伊教赎历史中亦起着一种基本作用。先知们被人相信为上帝周期性派来的使者，他们带来的律法和教诲亦是其相应时代之所需。这些先知的标准名单包括有克里希南（印度教）、佛陀、摩西、琐罗亚斯德、耶稣、穆罕默德、巴布以及巴哈欧拉。例如，可参见在流行小册子《一种普世的信仰》中提供的名单（伊利诺斯，威尔梅特：巴哈伊出版社拉斯）。

不过，对伊斯兰教真理的这种信仰只是要求一种对过去的承认（对基督徒而言仍是一个不小的功绩）。“异己者”的标志还在保留。当知道我想写这篇文章后，一位巴哈伊朋友写信给我：

> 在我的巴哈伊信仰生活之初，我花了十年的时间来接受穆罕默德是一位先知的观念。我是在天主教环境中长大，这影响到我对穆罕默德的态度。在这前十年中，我接受穆罕默德是先知，只是因为巴哈欧拉乃如此说。我逐渐地对他、他的话语、伊斯兰教的这一历史知道得越来越多，于是我按照他自己的表述而接受了这一切。这在美国基督宗教背景的巴哈伊信徒中或许并非罕见。（布伦特·波伊里尔致作者，1995 年 2 月 16 日的电子邮件。）

他乃一位著名而积极的巴哈伊信徒之见证，他的态度乃是在长达数年的阶段中从对穆罕默德和伊斯兰教的怀疑而逐渐转向至少以巴哈伊的表述来对之完全接受。

但即使在这一历史之早期阶段，起作用的仍是一种选择性和解。尽管对穆罕默德和伊斯兰教保持着距离，却明确地接受了巴哈欧拉。随着数年的研究，这种接受之态逐渐扩大到对伊斯兰教文化的更多领域。这一历史颇有吸引力（或许乃看似佯谬）的方面，即巴哈欧拉从其文化和宗教上来看也是穆斯林（在他以其先知地位之自我宣称而脱离伊斯兰教之前）。不过。对巴哈伊信徒而言，将巴哈欧拉视为疏远和异己的体验从一开始就不存在。

但是，甚至对知之甚微和研习不够的美国巴哈伊信徒来说，最初对巴哈欧拉的认同乃是颇为典

① 阿布杜·巴哈对这一称号和身份表示过强烈反对，并终于起到其作用。现在所有巴哈伊信徒都接受基督复临的期待乃由巴哈欧拉来实现，而不是在其长子那儿。但是，阿布杜·巴哈在巴哈伊之虔敬性中迄今仍被广泛地视为“基督那样”的人。例如，参见布洛姆菲尔德女士：《已选捷径》第 134 页，伦敦：巴哈伊出版托拉斯，1940；尤其是朱丽叶·汤普森著《朱丽叶·汤普森日记》（洛杉矶：巴哈伊出版托拉斯，1983）中各处。

② 有关巴哈欧拉的“众多救主”之宣称，参见克里斯托弗·巴克《一种独特的末世论相互关联：巴哈欧拉与交叉文化的救主论”，见《巴布与巴哈伊历史研究》卷二：，彼得·史密斯编《在伊朗》（洛杉矶：卡利马特出版杜，1986）。

③ 这一事实在沙基·爱芬迪有关巴哈伊启示的正式历史中得以提及，参见《上帝从旁走过》，第 94 页。

型的，他们却从未走过完全接受伊斯兰教这一困难之旅。美国巴哈伊信徒不仅准备接受一位穆斯林作为其新的引路人和先知，而且他们也受到其宗教之早期(巴布)历史的激励，其中所有的男女英雄都乃巴布穆斯林。第一位巴布信徒穆拉·侯赛因·布什鲁伊在其1844年与巴布最初谈话中皈依这种新宗教的故事，乃是美国巴哈伊文化中最为感人和最有力量的方面。然而，这一故事亦充满了伊斯兰教的特征。

当然，在此有穆斯林的姓名，但除此之外，穆拉·侯赛因还是一位穆斯林教士，他为找寻应许的先知而出发旅行。他从十叶派的圣城卡尔巴拉出发，守了40天穆斯林斋戒，然后旅行到伊朗。他在此遇到了巴布，尽管他以前从未见过巴布，却将之认为谢赫学派的同学。他接受邀请来到巴布的家里，一同进行宵礼(撒拉特)。巴布向其客人宣布自己即伊斯兰教中应许的先知。两人通宵谈话，直至被穆安津(宣礼员)让信徒做晨礼的呼唤所打断。①

尽管这一故事充满伊斯兰教的外在装饰，却没有美国巴哈伊信徒不认为它蕴涵着深远的个人意义。它已成为支持美国巴哈伊本真的基本神话之一。通常会在美国人中引起文化警报(并决定其回避之态)的那些普遍存在的伊斯兰教标志，则在其面对这一意义时全然消散。

美国巴哈伊信徒密切地认同早期巴布时代的英雄们——穆拉·侯赛因，第一位信徒；库都斯，战士的圣徒；塔黑利，第一位女信徒；以及(在这一时期)理所当然巴哈欧拉，隐遁的先知。在流行的巴哈伊历史记载中，他们的穆斯林敌人和迫害者受到诋毁，保留了所有关于“陌生者”和“异己者”的标签，而这些英雄们对于美国巴哈伊信徒来说则没有任何这类标志。(许多美国人写有通俗性巴哈伊历史。例如，可参见威廉·西尔斯：《释放太阳》，以及马撒·鲁特：《塔黑利，纯洁者》修订版。他们受到尊重并被其接受——被视为圣徒和灵性先驱——就如基督徒会认同基督的早期门徒那样，他们常被比较为这些门徒。

确实，巴哈伊信仰的圣护曾将美国巴哈伊信徒等同于“带来曙光的人”、早期巴布时代的英雄和烈士们之灵性后裔。② 这种称号被积极的美国巴哈伊信徒所热情接受。在这样做时，他们将这些19世纪十叶派教士的文化标签从“异己者”改变为“先驱”，其快速和明确或许只有宗教信仰才能够提供。

我相信，宗教的一个基本功能就是解决混乱和矛盾，这是人类生活中一个不可避免(事实上，一个必然)的方面，而且它可能是从意识现象本身所引起。“自我”和“异己者”之基本界定必然来自这种意识。如此灾难性的区分要靠婚姻、家庭、氏族、部落、民族、社团和人类等观念来克服——每一种观念都被宗教信仰所赞许。

在西方文化中，对“异己者”的最基本界定之一就是指“穆斯林”，至少自中世纪基督宗教的十字军东征以来即如此。事实上，西欧本体的一致性乃立于一种想象的“基督宗教世界”之模糊观念上，从而与伊斯兰教世界相对立。在我们的文化中，这种范畴和区分仍然非常活跃。

巴哈伊信仰在美国看起来已经克服了这一障碍，但只是在其具体处境之内。美国巴哈伊信徒成功地将基督宗教和伊斯兰教传统加以综合，铸为一种活生生的宗教实践，而这两种信仰的真理和价值则在其中得以清楚确认——这可能是独一无二的成就。有着明显伊斯兰教根源的巴哈伊实践被

① 参见乃宾衣尔·伊·阿扎姆：《带来曙光的人》，第47～65页。

② 沙基·爱芬迪：《神圣正义的降临》(伊利诺斯，威尔梅特：巴哈伊出版托拉斯，1939)以及《上帝从旁边走过》，第256页。

美国巴哈伊信徒作为基督宗教虔敬性的扩展和基督宗教期待的实现而得以存在、得以体验。

除此之外，现代美国巴哈伊信徒已经成功地将至少一部分穆斯林历史及其宣称吸收为其自己所有。在这一历史中，穆斯林不再被体验为“异己者”，而且已确实成为了“先驱”。这是对宗教力量在社会意义和历史意义上和解那本不可和解者之令人惊奇的见证。

# 辉煌美丽的悬空花园*

## ——以色列海法市巴孛陵寝梯田平台花园(节选)

傅　兴

## 城市介绍

以色列北部的海港城市海法市距黎巴嫩边境仅 44 公里，与圣城耶路撒冷和首都特拉维夫不同的是，它以其发达的工业，繁忙的海港和多种族多信仰的居民而著称。海法市依山傍海而建，逶迤 35 公里的卡梅尔山（Mount Carmel，旧译"迦密山"）横亘城市中心，被犹太教徒和天主教徒视为圣山。在希伯来语中"卡梅尔"意为"上帝的葡萄园"。在《圣经·雅歌》中有这样的诗句"你的头颅很美像卡梅尔山 "。根据《圣经》记载，大约 3000 年前，先知以赛亚（Prophet Isaiah）和以利亚（Prophet Elijah）就曾先后在卡梅尔山居住。如今，卡梅尔山以其建在半山中的巴哈伊花园和建筑群而受到世人瞩目，与陡峭多石的山坡相比，巴孛陵霍梯田花园就像是悬空而建。

巴哈伊信仰是一个独立的一神论宗教，创立于 1844 年，该信仰认为曾存于世的九大宗教信仰都来源于同一上帝，只是上帝在不同的时间派遣了不同的"教师"去不同的地方传道，因此"九"这个数字在巴哈伊信仰中有广泛的应用，例如现在世界上的七座巴哈伊灵曦堂都有九个入口，除了宗教信仰的自由和平等外，巴哈伊教还信守种族，贫富和性别的平等，科学与宗教的平等，重视教育，尊重政府等教规。其创教先驱为巴孛（1819～1850），创教者为巴哈欧拉（1817～1892），就像施洗者约翰和耶稣的关系。据 1992 年的大英百科全书记载，巴哈伊教当时已遍布全世界 205 个主权国家和独立领土。

1850 年，巴孛被波斯当局处决，其遗体被巴哈伊教友辗转隐藏多年，于 1899 年运抵海法。1908 年，巴哈欧拉去世后任教长的阿博都·巴哈被释放后立即着手在巴哈欧拉指定的地点修建巴孛陵寝。1921 年阿博都·巴哈去世后，巴哈伊教的圣护守基·阿芬第继续其未完成的事业。他将陵寝修建成今天的模样并在陵寝周围的平台上建造了美丽的花园。巴孛陵寝是由加拿大建筑师威廉姆·麦克斯韦尔（William Maxwell）设计的，大理石柱体现了古典罗马建筑风格，科林斯式雕花柱冠令人回想起古希腊时尚，而庄严高贵的贴金穹顶又融入了东方的特点。

守基·阿芬第还作出了修建梯田花园的规划并亲自丈量了各层梯田的位置，可惜直到他 1957

* 原载《建筑技术及设计》2001 年第 1 期。

年逝世这个规划并未能得以实现。1987 年，巴哈伊世界中心任命加拿大籍建筑师法理博·萨巴主持设计和建设梯田花园。

# 巴孛陵寝梯田平台花园

苍翠、简洁、细致和对称是经典波斯花园的设计准则，也是巴孛陵寝花园的风格。在新建的 18 层梯田平台花园中仍贯彻这一理念。整个梯田花园从山顶到山脚延伸达 1 公里，垂直高度达 225 米，最大坡度达 63 度。其宽度从 60 米到 400 米。在陵寝平台以上和其下各有九级梯田平台花园，设计为九个同心圆，从陵寝，即中央的金顶大厦，发散出来。主要的通道位于花园的中心，由台阶将各层平台串联起来。每一层平台都设计有对称的喷水池，石雕花盆和花床，而每一层的细节，如铁艺大门的雕花，喷水池的形状，花床的位置等，又各有特色。与陵寝花园相比，梯田花园的设计更鲜活生动，也融合进了更多西方和地中海地区的风格因素。

梯田花园逐步地由规则对称变为自然状态。离花园轴线台阶最近的两侧对称装点着草坪、花床、覆盖着常春藤的石墙和修剪成一定形状的灌木丛和树木以及一些人工的装饰。稍远一些的两侧，自然地表面积不够宽且较陡峭，则被设计为开放式的花园，这里主要种植从中东及其他气候、土壤和水资源与以色列相近的地区移栽的橄榄树、角豆树、橡树及多年生灌木等。在花园的边界地区特意保留了大片的自然树丛和其他植物。萨巴先生说："我们将这些自然野生的植被视作花园的一个组成部分。这里可以成为当地野生动物的保留地，同时也是花园与周围民居和喧闹的城市间的一个缓冲隔离区。"

波斯花园要求园内一定要苍翠欲滴，是否五彩缤纷倒并不重要。而古典欧洲花园大多要求一年四季开不败，色彩繁多艳丽。萨巴先生对色彩的设计和考虑非常独到：园内多年生植物按照设计精心挑选和分布以在园内产生季节性色彩。如春天以粉紫为主导颜色，夏季则变为火红。

在多石、陡峭、土壤呈高碱性的卡梅尔山半山建起一座美丽的花园是一个极大的挑战。首先，对植物的选择受到了很大的限制。项目早期就建立了实验苗圃，除了对色彩的要求外，耐碱抗旱也是主要的标准。另外，设计中必须注意水资源的保存和利用。项目一启动，就作了一系列的实验以确定合适的水源，包括地下水和储存的雨水。在打了很多实验井并请教了大批专家后发现上述两种水源都不能满足需要。最终采用的是 Mekorot 公司供应的水。

以色列在灌溉技术领域处于先锋地位，项目办咨询了这个国家的有关部门专家，包括从业人员和大学教授。在他们的共同努力下，项目采用了非常专业的最新灌溉技术。为优化水的有效利用率，按不同植物对水的需求量的不同安装了不同等级的灌溉系统，包括淋洒、喷雾和滴灌。作为花园灌溉的新策略之一，减压防回流设备用于所有灌溉水线以防止水的混流，并能在将来用以使用重复利用水。另外还可选择是否在灌溉水中添加肥料。根据不同植物对水的需求，花园被分为 50 个灌溉小区，提供不同的灌溉方式以节约用水。

为能成功地在陡峭的山坡上解决灌溉问题，项目办采用了几种不同的方法。只有在必要的地方才采用淋洒和喷雾方式，大部分地区都应用了地下滴灌系统以防止水分的蒸发和流失。这种办法也促使水流更近根部。选用合适的草种来种植草坪是考虑最多的一个问题。在实验苗圃中很多种草坪被用来比较,那些冬季不变色、生长缓慢无需经常割切且抗旱的品种成为首选。在特别陡峭的地方,英格兰常春藤经过修剪后被用来代替草坪的效果。巴孛陵寝梯田花园的设计目的是为巴孛陵寝创造最合适的外围环境——巴孛陵寝是巴哈伊朝觐的最神圣的几处地方之一。当巴哈伊朝觐者们沿着这坡地走向陵寝时,除了将要获得灵性上的馈赠,这些台地也应该协助增加他们精神上的阅历。因此,花园不应只是充满瑰丽的美景,更应产生一种庄严平和的氛围,以引人深思。

在喧闹嘈杂的市中心,巴孛陵寝梯田花园提供了一块安宁静谧的绿洲。它将于2001年5月正式对公众开放。尽管尚未完工,它已获得以色列最有声望的两个奖项:海法市政府因"设计和修建'悬空花园'而使海法市获得游客的青睐"而授予的1998年度爱抚瑞·立夫施茨奖和"为了美丽的以色列委员会"授予的1999年度的马格希姆奖——因为巴孛陵寝梯田花园"辉煌美丽,与卡梅尔山的环境绝妙的融为一体"。

## 建筑师简介

萨巴,1948年生于伊朗,1972年自德黑兰大学艺术系获建筑学硕士学位。萨巴先生参与设计了许多不同类型的卓有声誉的建筑,包括中国人熟知的北京伊朗大使馆。1976年,巴哈伊世界中心从来自世界各地的45名建筑师中选择了萨巴设计的印度莲花造型的巴哈伊灵曦堂。经过10年的努力,该项目完成后引起了全世界的轰动,被加拿大著名建筑师阿瑟·爱瑞克森誉为"我们这个时代最卓越的成就,证明精神的动力和心灵的梦想确能造就奇迹"。

# 巴哈伊教*

蔡德贵

巴哈伊教，是阿拉伯文 Bahá'iyah 的音译，意为"光辉"、"容光焕发"、"美丽"、"漂亮"等。该教的得名源自创始人伊朗的米尔札·侯赛因·阿里·努里（Mírzá Ḥusayn-'Alí Núrí，1817～1892 年），他被称为"巴哈欧拉"（Bahá'u'lláh 的音译，意为"安拉的光辉"）。该教是一种新兴宗教，它源于伊斯兰教，但又不是伊斯兰教，因为该教不仅公开宣布彻底脱离伊斯兰教，而且伊斯兰教世界也不承认它是伊斯兰教中的一个教派。

巴哈伊教是在伊斯兰教十叶派之一巴布教派的基础上分化出来独立而成的。巴布教派创始人赛义德·阿里·穆罕默德（Siyyid 'Alí Muḥammad，1819～1850）生于伊朗南部设拉子市（今属法尔斯省），父亲为富有的布商，全家属伊斯兰教十叶派。巴布早年接受系统的伊斯兰教宗教教育，精通波斯语和伊斯兰教的通用语阿拉伯语，对伊斯兰教的经训、教义和教法也十分熟悉，尤其通晓十叶派各派学说。他在伊拉克受到十叶派支派谢赫派长老赛义德·卡兹姆·拉西提（Siyyid Káẓim Rashtí，？～1843年）的影响，成为该派信徒。1843 年，被谢赫派尊为通往真理之"巴布"，意为通往真理之门，同时被推举为该派"长老"，即宗教领袖。"谢赫"意为长老。伊朗是世界上唯一以十二伊玛目派教义为国教的图家。该派分为众多小支派，谢赫派是其中之一。

由于阿里·穆罕默德对谢赫教派的深切了解，受到派内人士的尊重。1844 年，他宣布自己就是通向隐遁伊玛目的"巴布"——门，人可以通过他去了解隐遁伊玛目的旨意。这年他派出门徒 18 人，连同自己凑成数字 19，分别往各地传教。1845 年他又进一步宣称自己就是人们期待已久的救世主，即隐遁的伊玛目马赫迪。他要铲除人间不平，消除压迫、剥削，建立平等、公正与幸福的"正义王国"，遂正式创立巴布教派。

巴布教派创立之后即被视为异端。阿里·穆罕默德于 1874 年被捕。在狱中，他写出《默示录》（*Al-Bayán*），系统阐述该派教义、律法、礼仪及社会改革主张，成为该派基本经典，用以取代《古兰经》。1848 年，其门人宣布脱离伊斯兰教。1850 年，阿里·穆罕默德被处死，门徒流亡到伊拉克，分裂成两派，一派叫阿里派，领袖为叶海亚；别一派叫巴哈伊派，后者又演化成巴哈伊教。

新演化成的巴哈伊教的创始人为米尔札·侯赛因·阿里·努里，生于伊朗德黑兰，年轻时即成为巴布教派的信徒。阿里·穆罕默德被处死之后，他因涉嫌谋杀国王而被捕，1853 年获释；被流放

* 原载《世界宗教文化》2001 年第 2 期。

到伊拉克巴格达，在这里，他宣称自己就是阿里·穆罕默德所预言的救世主马赫迪。1863 年，他进一步宣称自己是安拉的使者，向伊朗、土耳其、俄国、普鲁士、奥地利和英国君主及教皇、神职人员公开宣布自己的使命，自称巴哈欧拉，从此，该派便被称为巴哈伊教。1867 年。他又重申自己就是巴布预言的人们所期待的马赫迪。他于 1871～1874 年写成《至圣书》(Al Aqdas)。另外，还著有《确信之道》(*Al-Íqán*，又译为《意纲经》)。

巴哈欧拉死后，其子阿拔斯·阿芬第('Abbás Effendí，1844～1921 年，即阿博都·巴哈)和外孙邵基阿芬第(Shoghi Effendi，1897～1957 年)先后继任教派领袖。邵基死后，该教教权不再世袭传承，改由各国灵体会选出的世界正义院行使。正义院设于以色列海法，成员 9 人。各国灵体会也由选举产生，由 9 人组成。灵体会之下是地方灵体会，由 9 人或 9 人以上的巴哈伊教徒组成，在中国台湾、香港、澳门等地区，也设有这种地方灵体会。

巴布教派的教义，主要体现在《默示录》一书中。该书有阿拉伯文和波斯文两种文本。以前者见长。因为该书系统阐述了巴布教派的教义、律法、礼仪和社会改革思想，所以开始与《古兰经》一样受到尊崇，后来则取代《古兰经》，成为该派的基本经典。

该书提出的主张是：伊斯兰教时代已经结束，巴布教派所开创的时代已经到来。人类社会的各个时代，是依次按周期递嬗发展的，当一个旧的时代结束之时，一个新的时代就必然会到来，新时代一定会超过旧时代。每一个时代都有自己的特殊制度与法律，当旧的时代结束之时，与该时代相适应的旧制度、旧法律也随之废除，新的法律、新的制度随之代替。但新法律和新制度都不能由普通人制定。摩西和《旧约》，耶稣和《新约》，穆罕默德和《古兰经》，都是不同时代的产物。穆罕默德和《古兰经》的时代已经结束，巴布就是代替这一时代而出现的新先知，《默示录》则是新时代法律和制度的总汇，是取代《古兰经》且高于一切的经典。现存世界的一切，都应按照《默示录》来衡量，一切法律和制度均应依它来重新制定。

《默示录》主张，安拉作为至高无上的存在，其本体是绝对存在的，也是超自然的，因而人是不能直接认识安拉的，而巴布本人因为是新先知，他自己就是反映安拉的镜子，是通向认识安拉、认识真理之"门"。该教认为 7 和 19 是两个神圣的数字，一切信仰和制度都要依这两个数字为依归，安拉有 7 种德性：前定、注定(宿命)、意定(决断)、意愿(意志)，允准(应允)、末日和启示，这 7 种德性主宰世界。而人相信世间一切事物都由安拉预定和安排，按照安拉的旨意去行动，也就成为该教派的基本信仰。而要理解安拉启示的深奥意义，也必须崇信神圣而吉利的数字 19，从此出发，该教派规定，每年 19 个月，每月为 19 天，每年另有 4 天闰日，全年为 365 天。宗教最高机构要由 19 人组成，决定宗教和社会中一切重大问题。因为 19 又是安拉本体的数量表征，安拉有 19 个美名，所以每天都要用安拉的一个美名来命该天的名称。此外，信徒每年要封斋 19 天，每天要诵读 19 段《默示录》。

巴布教派否认伊斯兰教法所规定的宗教功课与教律，尤其是提出伊斯兰教的功课要改革，主张简化宗教仪式，礼拜、斋戒、净礼都可以简化进行。礼拜不必在规定的时间和地点进行，取消伊斯兰教的集体礼拜聚礼，只在举行葬礼时规定一些必要的集体仪式。斋戒不需要 30 天，只用每年最后一个月的 19 天即可。该教还否定伊斯兰教圣地麦加的地位，定巴布本人的出生地为圣地。

在宗教戒律方面，巴布教派也提出了一些改革措施。该教派严禁教徒饮酒、赌博、乞讨，严禁向乞丐施舍，严禁任意伤害人命、破坏社会秩序和违犯社会公德的行为，废除妇女戴面纱和男子不许穿丝绸和佩带黄金首饰的伊斯兰教习俗。

对现存的社会制度，巴布教派的改革主张男女一律平等，不仅有同等的财产继承权，而且男女均可以离异和再婚。应该重建一个没有压迫、没有剥削、人人平等的正义王国。

巴布教派所提出的这些主张，为巴哈伊教义的制定创造了条件。虽然巴哈伊教义与巴布教派的教义有所区别，但由于巴哈伊教是在巴布教派的基础上产生的，且《默示录》也是巴哈伊教的经典之一，地位仅次于巴哈欧拉的著作如《至圣书》等，所以，巴哈伊教与巴布教派的基本点是一致的。

巴哈伊教继承了伊斯兰教的彻底一神论学说，提倡普世宗教只有一个，即巴哈伊教。该教主张，安拉(后来在英文版的著作中干脆改为上帝，以便与伊斯兰教的安拉、真主相区别)是独一无二的、全知的、全能的。安拉虽是独一的，但可以取不同的名称，如上帝、神、天主、佛陀，虽然称谓不同，实质却是一致的，统一的上帝的旨意要通过亲自差遣的诸先知连续不断地显现，因而世界各大宗教的先知都应该得到承认。如亚伯拉罕(犹太教始祖)、克里希南(印度教领袖)、摩西(犹太教领袖)、琐罗亚斯德(祆教即琐罗亚斯德教创始人)、释迦牟尼(佛教创始人)、耶稣(基督教领袖)、穆罕默德(伊斯兰教创始人)、巴布、巴哈欧拉，都是上帝差遣的诸先知。先知和现实世界都是神的体现，每一位先知都有一个预言的周期，巴哈欧拉预言的周期至少要持续50万年。

该教认为，现实世界的所有人不分男女、种族、肤色、社会地位，都是上帝的儿女，人人都是平等的，应该统一和谐，真诚相爱，相互信任。反对人与人之间互相作对和互相残杀，提倡废除伊斯兰教有关“圣战”的教义。各种族之间不应敌对，对一切宗教和教派的信徒均应一视同仁，取宽容的态度。人的宗教派别不同，不应成为相互敌对和疏远的根源，也不应成为和平、安宁和友好交往的障碍。人与人之间要放弃一切偏见和争斗，发扬个人的高尚道德和友爱精神，维护世界和平，实现世界大同。

巴哈伊教承认天堂地狱是存在的，认为个人要对上帝忠诚，做上帝的奴隶，按照上帝的启示和旨意办事，这样就可以获得幸福，从而过天堂般的生活。反之，就会遭受无限的痛苦。服从上帝，也要服从最高的宗教领导人和现存的世间政权。所以，提倡服从政府的法律和政策，以便维护社会的正常秩序和社会的稳步发展。与此相联系，为保持社会稳定，也要继承和发扬各民族的优秀文化。只有这样，才能建立起人类的新的综合文化。宗教和科学不是敌对关系，而是并行不悖的，所以，该教主张寻求科学真理，普及教育。

在社会思想方面，巴哈伊教提出了一些相互矛盾的主张。一方面，该教提倡人追求幸福是合理的，过舒适和豪华的生活是理所当然的事。为此，它不仅承认私有制的合法性，而且主张贸易自由、开办银行，甚至可以放适当的高利贷。另一方面，该教又认为人们的财产不会给自己带来什么好处，富人只是由于无知和缺乏理智才占有财产和拥有财富，富人是可怜的，因为他们只知道去追求财富，而忘记了对死亡和后世的考虑。

巴哈伊教对伊斯主教的宗教仪式进行了彻底的改革，它主张简化甚至可以取消一切宗教仪式，因为通向上帝的道路是隐蔽的。如果要礼拜，那么一天三次就足够了，即晨礼、晌礼、宵礼就足够了。清真寺中的集体礼拜要予以废除，每个教徒只需单独礼拜。旅行时，整个礼拜只用一个磕头礼就可以完成，甚至只用口诵“赞美上帝”就算完成。净礼只洗手、脸、脚，或清水浸浴即可。年终是斋月，过完之后即是新年元旦。婚礼废除诵祷词，仅由灵体会派人证婚。该教将所有的宗教义务简化为9项：每日祈祷、斋戒、勤奋工作、传播上帝的事业、禁烟禁毒、遵守该教婚姻制度、服从政府、不参与政治、不得中伤他人。

总之，巴哈伊教主张先知是一体的，都是上帝在地上的代表；是上帝的具体体现；上帝是世界的中心。人类是上帝所创造物中最高贵和最完善的，有永恒灵魂，灵魂脱离肉体后会以新的形式独立存在。巴哈伊教主张万教归一，天下人皆为兄弟，强调社会伦理，不重视甚至否认宗教仪式，主张废除种族、阶级和宗教偏见，最终目标是全世界各国都放弃民族独立和国家主权的原则，最终取消国界，世界语应作为世界通用语言，用它来建立统一的世界议会，实现世界大同。

# 传统主流宗教、新兴宗教、原教旨主义现状浅释（节选）*

曾春宁

巴哈伊教，孕育于伊斯兰教，发源地在伊朗。创立者为巴哈欧拉（Bahá'u'lláh，意为“上帝的荣耀”，1817～1892），该教由此得名。巴哈伊教的基本教旨可简单概括为：上帝独一，宗教同源，人类一家。巴哈伊教组织形态的最高机构是世界正义院（Universal House of Justice），院址设在以色列的海法市。巴哈伊教约有 500 多万信徒，分布于世界上 200 多个国家和地区。

* 原载《西南民族学院学报》（哲学社会科学版）2001 年第 4 期。

# 巴比特(第 2 卷)*

[美]路易斯著,魏莉译

临了,马奇太太讲得更加有劲儿,并且还用上了标点符号:

"现在,让我跟你们各位谈谈由我负责的《通神学》(与泛神论东方读书会》)[①]的优越性。我们的宗旨就是要集新世纪之大成,把新思想派、基督教科学派、通神学、吠陀哲学[②]、贝哈因主义[③],以及从这独一无二的新的光源所迸发出来的其他火花,通通融合成为一个密不可分的整体。每年只需捐助十块钱,各位会员交了这么微不足道的一点儿钱之后,不仅可以收到《疗救珍品》月刊一份,而且还有权向我读书会会长、我们尊敬的神甫太太多布斯直接去函请教任何问题,比方说,有关神灵复活问题,婚姻问题,保健与福利问题,以及银根紧缺等等问题——"

到会的人都在洗耳恭听她的讲演。他们脸上露出温文尔雅的神情,心中所有疑窦好像都已迎刃而解。他们咳嗽时也是文绉绉,悄悄地将两腿交叉在一起。他们还用昂贵的麻纱手绢捂着擤鼻涕,显得彬彬有礼,乐观文雅。

* 原载[美]路易斯:《巴比特》(第 2 卷),魏莉译,漓江出版社 2001 年版。

① 通神学亦译神智学、通神论,认为:通过精神上的自我发展,即可洞察神性之哲学或宗教;近代通神学还纳入许多佛教婆罗门教教义,具有极其浓厚的唯心的神秘的宗教色彩、泛神论亦译宇宙即神论,多神崇拜。

② 吠陀哲学,源自印度的泛神论哲学之一派

③ 波斯泛神教之一派,为米尔札·侯赛因·阿里的信徒所信奉。

# 当代伊斯兰阿拉伯哲学研究(节选)*

蔡德贵

## 第九章　新兴宗教在当代伊斯兰世界的崛起

在当代多元化政治格局中，多元文化成为政界、学术界非常关心的问题。而文化因素中的宗教，则成为学术界关注的焦点。尤其是美国哈佛大学资深教授、奥林战略研究所所长塞缪尔·亨廷顿发表《文明的冲突》(美国《外交》季刊 1993 年夏季号)之后，不管对其观点是赞同还是反对，他对宗教问题的关注确实引起学人的高度重视。新崛起的世界宗教巴哈伊教，就是在国际社会受学人关注的研究领域。而在中国，虽然巴哈伊信仰者正在逐渐增加，但在学术界却知之者甚少。有必要对这一新兴宗教作一简单勾勒，以使国内学术界知其概况。

### 第一节　巴哈伊教的创办过程

巴哈伊教，旧称"大同教"，又译"巴哈教"、"白哈教"、"比哈教"，是阿拉伯文 Bahá'iyah 的音译。巴哈伊，意为"光辉"、"容光焕发"、"美丽"、"漂亮"等。该教的得名，源自创始人伊朗的米尔札·侯赛因·阿里·努里(Mírzá Ḥusayn-'Alí Núrí，1817～1892)自称"巴哈欧拉"(Bahá'u'lláh 的音译，意为"安拉的光辉")。该教是一种新兴宗教，它源于伊斯兰教，但又不是伊斯兰教，因为不仅该教公开宣布彻底脱离伊斯兰教，而且伊斯兰世界也不承认它是伊斯兰教中的一个教派。早在 1925 年，埃及的伊斯兰教宗教法庭就作出这样的决定：巴哈伊信仰是一个完全独立的新宗教，它有自己完整的信仰、原则及法规。因此，绝无任何巴哈伊教徒可被当做是伊斯兰教徒。[①] 巴哈伊教完全有别于伊斯兰教，因为"根据巴哈伊信仰本身的解释，它并非为了重建或改良伊斯兰教而创立，而自命其根本是源自上苍的新行动、新恩惠及新圣约。其信仰及法规之基础是巴哈欧拉所启示的新圣言，因此，巴哈伊信徒绝非是伊斯兰教徒"[②]。所以英国著名历史学家阿诺德·汤因比得出结论说："巴哈伊教是一个独立自

* 原载蔡德贵主编：《当代伊斯兰阿拉伯哲学研究》，人民出版社，2001 年版，第 246～309 页。

① 邵基·阿芬第：《神临记》第 365 页，转引自威廉·汉切尔、道路拉斯·马丁：《巴哈伊教——一个新崛起的世界宗教》，新加坡巴哈伊总灵体会 1993 年版，第 197 页。

② Udo Schaefer, *The Bahá'i Faith and Islam*，转引自威廉·汉切尔、道路拉斯·马丁：《巴哈伊教——一个新崛起的世界宗教》，第 197 页。

主的宗教,如同伊斯兰教、基督教和其他受公认的世界宗教一样。巴哈伊教不是其他宗教的一个教派。它是另一个宗教,地位和其他受公认的宗教相同。”①

尽管学者们已经肯定,巴哈伊教无论如何也不能被视为伊斯兰教十叶派的分支②,但无论如何也不能否认巴哈伊教是在伊斯兰教十叶派之一的巴布教派的基础上分化出来独立而成的一种宗教。所以要明了巴哈伊教的创办过程。首先必须明了其伊斯兰教背景,明了巴布教派。

巴布教派创办于19世纪中叶,创始人为赛义德·阿里·穆罕默德(Siyyid ʻAlí Muḥammad,1819～1850)。③ 他生于伊朗南部设拉子市(今属法尔斯省),其父为富有的布商,全家均系伊斯兰教十叶派。

十叶派是伊斯兰教中的少数派,与多数派或称正统派逊尼派相对。十叶派又写作“十叶派”,是阿拉伯文 Shiah 的音译,意为“同党”、“党派”,专指伊斯兰教中的拥护阿里一派的人,所以也有称“阿里派”。阿里是伊斯兰教创始人穆罕默德的堂弟,又是其女婿,是穆罕默德之后的第四位哈里发。他以前的三位是:艾布·伯克尔、欧麦尔、鄂斯曼。十叶派人士认为,阿里以前的三任哈里发都不是穆罕默德的合法继承人,只有阿里才有资格充当这一角色。十叶派主要分布在伊朗、伊拉克、巴基斯坦、印度、也门等地,内中又分为许多支派。

在一个十叶派家庭中生活,阿里·穆罕默德从小便接受系统的伊斯兰宗教教育,精通波斯语和伊斯兰教的通用语阿拉伯语,对伊斯兰教的《古兰经》经训、教义和教法也十分熟悉,尤其通晓十叶派各派学说。稍长,他在伊拉克受到十叶派支派谢赫派长老赛义德·卡兹姆·拉西提(Siyyid Káẓím Rashtí, ～1843年)的影响,成为该派信徒。1843年,他被谢赫派尊为通往真理之“巴布”,意为通往真理之门,同时被推举为该派“长老”,即宗教领袖。

“谢赫”是阿拉伯文Shaykh的音译,意为“长老”。谢赫派是十叶派中十二伊玛目派的一个支派。十二伊玛目派是十叶派中的温和派,因尊崇阿里及其直系后裔十二个“伊玛目”即政教首领而得名。阿里是第一代伊玛目,而第十二代伊玛目穆罕默德·马赫迪(Muḥammad Mahdi)自874年从世界上突然失踪(十二伊玛目派称为隐遁)之后,十叶派认为他并没有死,而是被真主安拉藏在人所不知人所莫及的地方。由于他是社会独一无二的首脑,所以不能被人合法地取代,但是有朝一日他将重返人世,会以“马赫迪”即救世主的身份再现,给被压迫者和贫民以赎罪和自由。而在他再世之前,宗教领袖负有义务和责任来指导社会。担任这种义务的宗教领袖叫“穆智台希德”(Mujtahid),意为“勤奋者”,是教派内公认的权威学者,在处理法律和神学问题时,有权根据教法原则提出个人的意见,因此可以成为隐遁伊玛目的代言人,一旦被人选中,就将具有最高地位。④ 伊朗是世界上唯一以十二伊玛目派教义为国教的国家,该派分为众多小支派,谢赫派是其中之一。谢赫教派是从十二伊玛目派中分裂出来的,因创始人谢赫·艾哈迈德·艾哈萨伊(Shaykh Aḥmad-i-Aḥsá'í,1753～1826)而得名。该派教义有别于十二伊玛目派,其主要内容为:

---

① 阿诺德·汤因比1959年8月12日致土耳其伊斯坦布尔的N·Kunter博士的信,转引自威廉·汉切尔、道路拉斯·马丁:《巴哈伊教——一个新崛起的世界宗教》,第3页。

② Siyyid Tabatabai,*Shi'ah Islam*,p.76.

③ 此处赛义德·阿里·穆罕默德的生年,采自阿拉伯文版资料,国内资料多认为他生于1821年,不确切。也有阿拉伯文资料认为他生于1820年,因为伊斯兰教历纪年与公元纪年换算方法不同所致。

④ 参见凯马尔.H.卡尔帕特:《当代中东的政治和社会思想》,中国社会科学出版社1992年版,第573页。

(一)信仰的宗旨在于追求真理,求知者与认知对象之间有某种相似性,才能达到真理。因为人与安拉之间没有相似性,因而人不能认知安拉的本体。

(二)先知是人与安拉之间的中介,先知与安拉之间没有相似性,人与先知之间也没有相似性。先知是安拉选定传达天启即安拉指示、启示的使者,具有超群的才智、优秀的品质和崇高的精神境界。

(三)相信源于安拉意志的第一个创造物是穆罕默德之光,进而产生伊玛目之光,继而是信士之光,伊玛目是安拉创世的工具和最终原因,因此世人只有通过伊玛目这一中介,去理解安拉,认识安拉。

(四)在物质世界和精神世界之间,有一个中间世界即“原型形象世界”,它是世界的本源,现实世界的一切事物,在中间世界都有对应物,人也有两个身躯,一个在物质世界,一个在原型世界,求知者不能面见,但可以通过虔修,求得伊玛目的神秘知识。

(五)信仰有四条原则:信安拉、信先知、信伊玛目、信隐遁伊玛目的代言人。[①]

该派教义后来被视为异端,但该派仍在发展,19 世纪的巴布教派以此为基础而产生。

由于阿里·穆罕默德对谢赫教派的深切了解,受到教派内人士的尊重。1844 年,他宣布自己就是通向隐遁伊玛目的“巴布”——门,人可以通过他去了解隐遁伊玛目的旨意。他在这年派出门徒 18 人,连同自己凑成数字 19,分驻到各地去传教。1845 年,他又进一步宣称自己就是人们期待已久的救世主,即隐遁的伊玛目马赫迪。他要铲除人间不平,消除压迫、剥削,建立平等、公正与幸福的“正义王国”,遂正式创立巴布教派。

巴布教派创立之后不久即被视为异端。阿里·穆罕默德于 1847 年被捕。因为在十叶派看来,这一学说不仅是异端邪说,而且是对伊斯兰教根基的直接威胁。他们认为伊斯兰教义是完整的,包容了审判日来临以前人类的一切需要,穆罕默德作为封印先知的地位是不容动摇的,对神的旨意的任何进一步启示都不会、也不应该产生。巴布的教义意味着对十叶派神职人员所享有的神圣权力和地位的挑战,还揭露了十叶派神职人员的无知、腐朽和堕落,他们被视为波斯复兴的主要障碍。[②] 这就难怪他被投进监狱了。

在狱中,他写出《白杨经》(Al-Bayán)。该书又译《默示录》、《宣示经》等。它系统阐述了巴布教派的教义、律法及礼仪和社会改革的主张,宣布人的智慧与能力将从迷信中解放出来,那时将出现全新的学术与科学,甚至连小孩的知识都会远远超过现在的所谓饱学之士。巴布的教义创立了一个崭新的、富于生命力的社会的概念,同时又保留了大部分听众和读者所熟悉的文化和宗教成分。[③] 因此,《白杨经》成为巴布教派的根本经典,用以取代《古兰经》。1848 年,其门人正式宣布脱离伊斯兰教。1850 年,阿里·穆罕默德被处死,其门徒流亡到伊拉克,分裂成两派,一派叫阿里派,领袖为叶海亚;另一派叫“巴哈伊派”,后者又演化成巴哈伊教,成为一个统一的新兴的宗教。

巴哈伊教的创始人为米尔札·侯赛因·阿里·努里,他生于伊朗德黑兰,年轻时即成为巴布教派的信徒。阿里·穆罕默德被处死之后,他因涉嫌谋杀国王而被捕,因缺乏证据于 1853 年被释放,但被流放到伊拉克的巴格达。在这里,他宣称自己就是人们期待已久的救世主马赫迪。1863 年,他

---

① 参见《中国伊斯兰百科全书》“谢赫学派”条,四川辞书出版社 1994 年版。

② 李绍白:《人类新曙光——巴哈伊信仰》,澳门巴哈伊出版社 1995 年版,第 254～255 页。

③ 李绍白:《人类新曙光——巴哈伊信仰》,第 270～271 页。

进一步宣称自己是真主安拉的使者，向伊朗、土耳其、俄国、普鲁士、奥地利和英国君主及罗马教皇和神职人员公开宣布自己的使命，自称"巴哈欧拉"，从此，该派便被正式称为"巴哈伊教"。1867 年，他又重申自己就是巴布所预言并期待出现的马赫迪。后来，他被奥斯曼政府流放到巴勒斯坦的阿卡，1892 年死于该地。巴哈欧拉一生写下了大量著作，其中主要有《至圣书》(Kitáb-i-Aqdas)，又译《亚格达斯经》，《笃信之道》(Kitáb-i-Íqán)、《确信》、《意纲经》等，《隐言经》、《七山谷书》，以及其他经典，总共有 100 多部。

《至圣书》是巴哈欧拉最重要的纲领性著作，是巴哈伊教信仰的核心。他在该书开篇反复重申自己是"王中之王"，他的使命就是要在世上建立安拉的王国。书中宣称，他的两个主要目标是：宣布改造个人和指导人类的律法，创造一个行政系统，来管理那些由承认他的人所组成的社团。书中明确宣布：伊斯兰教提倡的"圣战"应该被禁止，同时，任何形式的宗教纷争也不被准许。

《笃信之道》是为回答巴布的一个叔叔而写的。该书内容广博，对一些宗教最本质的问题一一探究，博引犹太教、基督教和伊斯兰教的经典，详述了宗教同源的原理和宗教启示演进的理论和证据。这部书被认为构造了巴哈伊教义的骨架，是巴哈伊信仰的奠基之作，是巴哈伊启示著作中无出其右者和最优越者。①

《隐言经》是一部散文诗风格的格言集，以真主之口吻表达了巴哈欧拉本人对信仰、道德和灵性精神的观点，成为巴哈伊教伦理的核心，体现了真主与人的灵魂的沟通，是天启灵性指引的精华。

《七山谷书》是为答复一位苏非教派学者而写，用一个象征主义的神话故事，描述灵魂经历探索、爱、知识、团结、惊奇、真贫和绝对虚无这七座山谷，飞向真主怀抱的过程。本书也是优美的散文体裁，用神秘的比喻手法，追求无人知晓的神秘王国和探索人类灵魂深处的秘密，描述了人类精神不断提升的永恒主题。

巴哈欧拉死后，其长子阿拔斯·阿芬第('Abbás Effendí，1844～1920)继任教主。他生于伊朗德黑兰，死于巴勒斯坦海法。在他主持教务期间，在北非、欧洲、远东、澳大利亚和美国等地建立了众多分支机构和宗教社团，使该教传布到世界各地，因此他被称为巴哈欧拉之后的最大权威，被称为"阿布杜巴哈"('Abdu'l-Bahá，意为"光辉之奴")。1911 年，他在欧洲访问了 4 个月，1912 年他又前往欧洲访问；随后又到美国和加拿大，访问了 40 多个城市，大大促进了巴哈伊教在这些地区和国家的传播。阿布杜巴哈在欧洲和北美访问期间，曾发表过许多演讲，这些演讲的大部分都收集在《巴黎片谈》一书中。他最重要的著作是 1908 年起草的《圣约与遗嘱》。该书详细概括了巴哈欧拉所指示设计的巴哈伊中心机构的本质和职权。它们是"圣护"和"世界正义院"。圣护被阿布杜巴哈指定为其长孙邵基·阿芬第·拉巴尼，他是巴哈伊教义唯一被授权的解释者，所有信徒必须将有关巴哈伊信仰的一切问题呈交给他处理。世界正义院被规定为巴哈伊国际社团的立法和行政机构，圣护由一组他自己委任的且具有特别资格的个别信徒辅佐，这些人被称为"圣辅"，世界正义院则监督巴哈伊社团的国际行政秩序。阿布杜巴哈的另一著作是《已答之问题》，该书收集了他随意的桌旁谈话系列，讨论了从精神、哲学到社会的广泛问题。

阿布杜巴哈死后，其长外孙(长女之子)邵基·阿芬第(Shoghi Effendi，1897～1957)成为该教教主。他很小的时候便开始学习英语，年轻时先在贝鲁特美国大学求学，后又到牛津大学深造，精通波

① 李绍白：《人类新曙光——巴哈伊信仰》，第 283 页。

斯语、阿拉伯语、英语等多种语言，因此成为将巴哈伊经典从波斯语和阿拉伯语译成英语的主要翻译者。而作为巴哈伊教义的唯一阐释者，他对巴哈伊社团的发展有极为深远的影响，确保了教旨的一致，从而大大减少了巴哈伊教分裂成派的危险。邵基·阿芬第将该教总部从阿卡迁往海法，他本人与一位美国女子结婚。他一生主要从事翻译和注释巴哈伊经典，自己的著作是一些书简。

邵基死后，教权不再世袭传承，改由各国长老会选出的世界正义院行使。1963年4月21日，第一届世界正义院产生，以不记名方式投票选出了9名成员，他们来自四大洲的三大宗教文化背景(犹太教、基督教和伊斯兰教)。从那时起，世界正义院每5年选举一次，作为最高行政管理机构，其职责是对全球巴哈伊团体的成长和发展提供指导。世界正义院之下，在各国设总灵体会或称长老会，也由9人组成，由不记名投票方式选举产生。到1995年，全世界已有175个国家设立了巴哈伊总灵体会。总灵体会之下设地区灵体会，也由9人组成，管理地方巴哈伊行政事务。

巴哈伊教徒的人数，在巴哈欧拉于1892年逝世时，大约有5万名教徒，分布在中东和印度次大陆的大部分国家和地区。1921年阿布杜巴哈逝世时，有10万巴哈伊信徒，大部分是伊朗人，多居住在伊朗或中东其他国家，少数居住在印度、欧洲和北美的35个国家。1957年邵基·阿芬第逝世时，已有40万信徒，分布在250个国家、地区或殖民地。到1991年，根据1992年《大英百科全书》的统计，全球已有540万巴哈伊，分布在亚洲、非洲、美洲、欧洲、澳洲的大多数国家，在175个国家有总灵体会。①

在中国，大陆在新中国成立前已有巴哈伊教徒，新中国成立到改革开放前，巴哈伊活动停止。改革开放之后，巴哈伊信仰有迅速增长之势。在台湾、香港和澳门，巴哈伊已取得合法宗教团体的地位，设有地方灵体会。至1992年，台湾有1.4万名巴哈伊。香港至1993年有2500名巴哈伊，澳门至80年代后期有2000多名巴哈伊。②

## 第二节 巴哈伊教的基本教义

正像前面所述，巴哈伊教是在巴布教的基础上产生出来的，所以要了解巴哈伊教的基本教义，首先就要弄清巴布教的主要教义。

巴布教义主要体现在《默示录》一书中。该书有波斯语和阿拉伯文两种文本，公认以波斯语本见长。因为该书系统阐述了巴布教义、律法、礼仪和社会改革的思想，一开始便与伊斯兰教经典《古兰经》一样受到尊崇，后来则取代《古兰经》，成为该派的根本经典。《默示录》提出的基本思想是：伊斯兰教时代已经结束，而巴布教派所开创的新时代已经到来。人类社会的各个时代，是依次按周期嬗递发展的，当一个旧的时代结束之时，一个新的时代必然到来，新时代一定会超过旧时代。每一个时代都有自己的特殊制度与法律，当旧的时代结束之时，与该时代相适应的旧制度、旧法律也随之而被废除，而要以新的法律、新的制度来代替旧法律、旧制度。但新法律和新制度都不能由普通人来制定，而必须由安拉派来的“新先知”来制定。摩西和《旧约》、耶稣和《新约》、穆罕默德和《古兰经》，都是不同时代的产物，曾代表不同的时代。而今，穆罕默德和《古兰经》的时代已经结束，巴布就是代替这一旧时代而出现的新先知的先锋，而《默示录》则是新时代律法和制度的总汇，是取代《古兰经》且

① 《巴哈伊》，澳门巴哈伊出版社1992年版，第14页。

② 参见李桂玲编著：《台港澳宗教概况》，东方出版社1996年版，第238、424、474页。

高于一切的经典。现存世界中的一切，都应按照《默示录》来衡量，一切律法和制度均应依它来重新制定。①

《默示录》还主张，安拉作为至高无上的存在，其本体是绝对存在的，也是超自然的，因而人是不能直接认识安拉的，而巴布本人因为是新先知的先锋，他自己就是反映安拉的镜子，是通向认识安拉、认识真理之"门"，认识安拉必须通过他才能实现。这一点使他被十叶派穆斯林视为异端邪说，因为伊斯兰教认为穆罕默德是"先知的封印"即安拉对人类派出的最后启示者。而且，该书还宣称，安拉的第二位使者即将来临，他将比巴布更伟大，其使命是引导一个和平殷实的纪元。巴布教认为，7和19是两个神圣的数字，一切信仰和制度都要依这两个数字为依归。安拉有7种德性：前定、注定（宿命）、意定（决断）、意愿（意志）、允准（应允）、末日和启示，安拉由这七种德性来主宰世界。而人相信世间一切事物都由安拉预定和安排，按照安拉的旨意去行动，也就成为该教派的基本信仰。要掌握自己的命运，就必须相信安拉，相信安拉所派遣的新使者，相信新天经《默示录》。而要理解安拉启示的深奥意义，也必须崇信神圣而吉利的数字19，从此出发，该教派规定，每年为19个月，每月为19天，另有4天闰日，全年为365天。宗教领袖委员会要由19个人组成，来决定宗教和社会中的一切重大问题。因为19又是安拉本体的数量表征，安拉有19个美名，所以每天都要用安拉的一个美名来命该天的名称。此外，信徒每年要封斋19天，每天要诵读19段《默示录》。②

巴布教派否认伊斯兰教法所规定的宗教功课与教律，尤其是主张伊斯兰教的功课要彻底改革。它主张简化宗教仪式，礼拜、斋戒、净礼都可以从简进行。礼拜不必在规定的时间和地点进行，且取消伊斯兰教的集体礼拜聚礼，只在举行葬礼时规定一些必要的集体仪式。这样，信徒都可以自由礼拜，而不必受集体的限制，也不必受礼拜时间、地点的限制，每人都可以在自己方便的时候就地礼拜。斋戒不需要30天，只用每年最后一个月19天即可。该教还否定伊斯兰教圣地麦加的地位，规定巴布本人的出生地为朝觐圣地。

在宗教戒律方面，巴布教派也提出了一些改革措施。该教派严禁教徒饮酒、赌博、乞讨，严禁向乞丐施舍，严禁任意伤害人命、破坏社会秩序和违犯社会公德的行为，还废除妇女戴面纱以及男子不许穿丝绸和佩戴黄金首饰的伊斯兰习俗。巴布教徒塔荷蕾成为第一个揭去面纱的伊朗妇女，成为令人尊敬的妇女解放的典范。

对现存的社会制度，巴布教派的改革主张涉及：男女一律平等，不仅有同等的财产继承权，而且男女均可以离异和再婚。应该重建一个没有压迫、没有剥削、人人平等的正义社会。在这一社会中，人身自由得到保障。财产所有权、继承权均受到尊重。商业和一切交易都是自由进行的，商人有自己的特权，支取商业利息为合法，不受任何限制，商业经营可以畅通无阻。它还主张偿还债务，统一币制，便利交通等。同时，该教还强调社会要有崇高的道德标准，要着重于心灵与动机之纯洁，倡导教育和有益的科学。③

巴布教派所提倡的这些主张，为巴哈伊教义的制定创造了条件。虽然巴哈伊教义与巴布教义既有异也有同，但由于巴哈伊教是在巴布教派的基础上产生的，且《默示录》也一度是巴哈伊教的经典之一，只是后来才被《至圣经》所取代，所以，它们之间的联系是撕扯不断的，巴布教派被理所当然地

① 参见于可主编：《世界三大宗教及其流派》，湖南人民出版社1988年版，第483页。

② 参见王志远主编：《伊斯兰教历史百问》，今日中国出版社1989年版，第90页。

③ 《巴哈伊》，第19页。

尊为巴哈伊教的先驱，正像阿布杜巴哈在谈到巴布本人时所说："这位杰出的人物以巨大的力量震撼了波斯原有的宗教、道德、环境和风俗习惯，同时创立了新的教规、律法和新的宗教。""他把神的教育传给愚昧的民众，在波斯人的思想、道德、风俗和环境上产生了惊人的效果。"①

巴哈伊教与巴布教派一样，也继承了伊斯兰教的一神论学说，提倡一种普世宗教。但它认为普世宗教只有一个，即巴哈伊教。该教主张，安拉是独一无二的、全知的、全能的，是宇宙的缔造者，也是世间万物和人类的创造者、启动者和支配者。巴哈欧拉说："所有赞美都归于上帝的一致，所有荣耀都属于他——宇宙的万军之主和无与伦比、无比荣誉荣耀的统治者。他从虚无之中创造了万事万物；他从无有之中创造了最精巧优美的组成部分；他将他的创造物从极其谦卑和濒临灭绝的危险中拯救出来，然后把他们带进不朽荣耀的天国。除了他包罗万象的恩典和渗透一切的仁慈以外，任何事物都不可能达到这一点。"②安拉虽是独一的，但可以取不同的名称，如上帝、神、天主、佛陀，虽然称谓不同，实质却是一致的、统一的。他是宇宙的核心，宇宙的最终目的和本质。他是不可知之本质，是神圣的本体，自古至今，他一直隐藏在他亘古的本质中，并停留在他的实体内，而永远不会暴露在凡人的视野下，他将永远超越一切感官之上，并且无法描述。③

阿布杜巴哈对《圣经》中上帝所说"让我按我的模样造人吧"进行了解释，认为这里的"模样"并非指外貌，因为神的本质并不局限于任何形式的外观，而是指神的本质特性，如公正、仁爱、恩泽全人类、忠贞诚实、对万物慈悲为怀，所以上帝的模样指神的美德，而人理应成为接受神性荣光的容器。④

安拉的旨意要通过亲自差遣的诸先知连续不断地显现，因而各大宗教的先知都应该得到承认，如亚伯拉罕（犹太人始祖）、克里希南（印度教）、摩西（犹太教领袖）、琐罗亚斯德（火袄教即琐罗亚斯德教创始人）、释迦牟尼（佛教创始人）、耶稣（基督教领袖）、穆罕默德（伊斯兰教创始人）、巴布（巴布教派创始人）、巴哈欧拉，都是安拉差遣的先知。⑤ 所有先知的本质是相同一致的，他们之间的唯一性是绝对的，所以推崇某些先知而不敬重其他的先知，是不容许的。但是，先知们在这个世界中启示的分量必然会有差异，每一位先知所传报的信息都是独特的，每一位都有特定的言行方式来显现自己，由此之故，他们的伟大性才具有差异。安拉派遣先知降世的目的有二：一是要把人类从无知的黑暗中解放出来，指引他们迈向真知的光明；二是要确保人类的和平与安宁，并为人类提供建立和平的途径与方法。⑥ 这样，先知和现实世界都是神的体现，每一位先知都有一个预言的周期，穆罕默德的天启应持续至少1000年，而巴哈欧拉启示的周期至少要延续50万年，因而巴哈伊信仰应该被视为一个循环的鼎盛期，即一系列连续的、预言性的和演进性的启示之最后阶段。⑦

现实世界的所有人，不分男女，都是安拉的儿女，人人都是平等的，不管种族、肤色、社会地位如何，人类皆兄弟，应该统一和谐，真诚相爱，互相信任。整个人类是一个统一的独特种族，是一个有机体的单位，是安拉创造物的顶点，是创造的生命和意识中最高的形式，能够与安拉的神灵交往。巴哈

① 转引自李绍白：《人类新曙光——巴哈伊信仰》，第269页。

② 《巴哈欧拉圣言选集》，第64～65页，转引自威廉·汉切尔、道格拉斯·马丁：《巴哈伊教——一个新崛起的世界宗教》，新加坡巴哈伊总灵体会1993年版，第72页。

③ 《巴哈欧拉圣典选集》，马来西亚巴哈伊总灵体会1992年版，第3～4页。

④ 阿布杜巴哈：《世界团结之基础》，马来西亚巴哈伊总灵体会1999年版，第98页。

⑤ 金宜久主编：《伊斯兰教史》，中国社会科学出版社1990年版，第498页。

⑥ 《巴哈欧拉圣典选集》，第9～10页。

⑦ 邵基·阿芬第：《巴哈欧拉之天启》，澳门巴哈伊出版社1995年版，第8页。

欧拉说:“你们是同一棵树上的果实,同一树枝上的叶子,用最虔诚的爱、和谐及友情与大家相处吧……团结之光如此强大,它能照亮整个地球。”[①]他一再强调“地球乃一国,万众皆其民”[②]。阿布杜巴哈也指出,人类有肤色种族之不同,风俗习惯、口味、气质、性格、思想观点方面存在广泛的差异,这正是人类既一致又多样化的标志,是完美的象征和上帝恩惠的揭示者。这正像花园中的花朵,“不管种类、颜色和形状有所不同,但是,由于它们受到同一泉水的浇灌而清新,受到同一和风的吹拂而复活,受到同一阳光的照耀而成长,这一多样性便增添了它们的美和魅力”。“如果花园里所有的花草、树叶、果实、树枝和树都是同一形状和颜色,这将是多么的不悦目!不同的颜色和形状,丰富及装饰了花园,而且还增进了它的艳丽。”[③]既然人类是一致的,那么就不应该继续生活在充满冲突、偏见和仇恨的混乱世界里,为此,巴哈伊教反对人与人之间互相作对和互相残杀,提倡废除伊斯兰教有关“圣战”的教义。

和人类一致的原则相联系,巴哈伊教还提倡宗教同源的原则。巴哈欧拉阐明了这样的基本原则:“宗教的真理不是绝对的而是相对的,神圣启示是一个相继发展和逐渐演进的过程,全世界所有伟大宗教的起源是神圣的,它们的基本原则完全和谐一致,它们的目标和意旨是一致和相同的,它们的教义是同一真理的不同角度,它们的作用是互补的。它们的差异是存在于教义中的次要方面,它们的使命代表人类社会灵性发展的连续阶段。”[④]因此,各种宗教之间不应敌对,千万不要使宗教成为纷争及不和的因素,或仇恨与敌意的根源,对一切宗教和各教派的信徒均应一视同仁,取宽容的态度。人的宗教派别之不同,不应成为相互敌对和疏远的根源,也不应成为和平、安宁和友好交往的障碍。宗教偏见在于狭隘的信仰原则,只承认自己的信仰是正统和正确的,其他一切宗教均为异端;教条化和僵化,认为宗教真理是绝对的、永恒不变的,因此固守宗教教条不放;因循传统,传统的宗教逐渐失去探索真理的活力,成为世代因袭的习俗。[⑤] 神圣的宗教并不是分歧与争执之道,假如宗教成了对抗与冲突的根源,那么,倒不如没有宗教。宗教应成为国家的活跃因素,假如它成为人类死亡之因,那么它的不复存在对于人类来说反而是一种福祉和裨益。[⑥] 因此,巴哈伊教提倡人与人之间要放弃一切偏见和斗争,发扬个人的高尚道德和友爱精神,维护世界和平,实现世界大同。

巴哈伊教承认天堂地狱是存在的,但对它们赋以新意,认为天堂可以看做是接近上帝的一种状态,地狱则是远离上帝的一种状态。每一种状态都是个人在灵性方面努力发展或是缺乏发展的自然结果,灵性进步的钥匙即是跟随上帝显示者所指之道。这种思想与巴布教派是一致的,巴布有言:“天堂者,能认识及敬爱造物,而自修完善,俾死后得进天堂,而享永久之道也。地狱者,不认识造物,不能修到完善之境,而失却天恩也。至于物质之天堂、地狱等,皆属理想而已。”[⑦]因此,巴哈伊教鼓励个人要对安拉忠诚,做安拉的奴仆,按照安拉的启示和旨意办事,这样就可以获得幸福,从而过天堂般的生活。反之,违背安拉的意愿,不执行安拉的旨意,就会遭受无限的痛苦,从而过地狱般的生

① 《巴哈欧拉圣言选集》,第 288 页。

② 《巴哈欧拉圣言选集》,第 250 页。

③ 阿布杜巴哈:《生活之神圣艺术》,第 109~110 页,以上三条均转引自威廉·汉切尔、道格拉斯·马丁:《巴哈伊教——一个新崛起的世界宗教》,第 76~77 页。

④ 邵基·阿芬第:《号召环宇》,马来西亚巴哈伊总灵体 1992 年版,第 2 页。

⑤ 参见李绍白:《人类新曙光——巴哈伊信仰》,第 51~52 页。

⑥ 阿布杜巴哈:《世界团结之基础》,第 22 页。

⑦ 爱斯孟:《新时代之大同教》,台湾省大同教出版译述委员会 1970 年版,第 11 页。

活。而服从安拉，也要服从最高的宗教领导人和现存世间政权，所以，巴哈伊教提倡服从政府的法律和政策，以便维护社会的正常秩序和社会的稳步发展，避免社会动乱的发生。与此相联系，为保持社会稳定和连续性，也要继承和发扬各民族的优秀文化，只有这样，也才能建立人类的新的综合文化。人类将随着一个全球文化的诞生和崛起，而显现其辉煌的宏旨。①

巴哈伊教义强调宗教与科学不是敌对关系，而是并行不悖的，它们的本质一致。阿布杜巴哈指出："宗教和科学是人类智慧飞向天空的两只翅膀，有了它们，人类的灵魂就能前进。缺少任何一只翅膀都是不可能飞起来的。假若有人勉强只用宗教的翅膀去飞，他就会堕入迷信的深渊；假若他仅用科学的一翼去飞，他不仅不会有进步，反而会掉入物质主义的泥潭。现在各种宗教都陷落在迷信的实践中。既不与他们所表述教义的真正原理相一致，又与现代科学结论相抵触。许多宗教的领袖相信宗教之重要，在于某些现成的教条的遵从，仪式和礼制的奉行！他们教导那些受他们所谓心灵诊治的人们作同样的信仰。这些人牢牢地被钉死在表面的形式上，对于内在的真理倒反而莫名其妙了。"②他反对将宗教变成盲目、无意识地顺从某些教士的诫语，认为真正的宗教不应该反对科学、趋向黑暗，倘若宗教能与科学和谐，相互促进，致使人类陷入悲惨之境的许多仇恨和歧视就可以避免了。因此巴哈伊教反对盲从，鼓励独自探索真理："人不应借他人之目来看，不该以他人之耳来听，也不应用他人的大脑来思考。上帝设计人的时候令每个人都有其天赋、能力与责任。那么，依靠你自己的思维来判断、遵从自己寻求来的结果吧！否则，你会完全被无知的恶狼吞噬，并失去上帝的仁惠。"③而要寻求真理，就必须普及教育。

在社会思想方面，巴哈伊教提出了一些相互矛盾的主张。一方面，该教提倡人追求幸福是合理的，过舒适和豪华的物质生活是理所当然的事，人可以住豪华住宅，使用金银器皿，穿丝绸服装，使用玫瑰露和高级香水，允许倾听歌曲和音乐。为此，它不仅承认私有制的合法性，而且主张贸易自由、开办银行，甚至可以放适度的高利贷。另一方面，该教又认为人们的财产不会给自己带来什么好处，富人只是由于无知和缺乏理智才占有财产和拥有财富的，一旦他们意识到这些财富是无益的，他们就会把自己的财产统统分出去。富人是可怜的，因为他们只知道去追求财富，而忘记了对死亡和后世的考虑。巴哈欧拉说："你们要知道，真确的，财富乃一道巨大的藩篱，横隔在寻求者与其所寻、爱慕者与其所爱之间。富人，绝不可能到达他（指上帝）尊前之天庭，也不可能进入那知足与顺命之城，只有极少数例外。凡是不受其财富阻碍得以进入永恒之国、亦不曾让财富剥夺不朽之域的富人有福了。"又说："切莫因贫穷而烦恼，也别自信于富贵。因为富贵紧跟着贫穷，贫穷又紧跟着富贵。然而，一贫如洗却拥有上帝，此乃一件奇妙的礼物。切莫小看其价值，因为最终它将使你寓于上帝里。这样，你将明白这句话的意义：'实质上你们皆为穷人。'以及这句圣言的含义；'上帝乃一切之拥有者。'"所以他号召："洗去财富之污秽，以平静舒坦地进入贫穷之境；如此你便能从超脱之涌泉畅饮永生之甘醇。"④

巴哈欧拉的这些主张，基于这样的理论基础：尘世的物质文明虽是人类进步的途径之一，但只有当物质文明与精神文明结合起来，才能达到理想的目标——人类幸福。物质文明如同一个玻璃球，

① 邵基·阿芬第：《号召环宇》，第 1 页。
② 阿布杜巴哈：《巴黎片谈》，第 29 页，转引自李绍白：《人类新曙光——巴哈伊信仰》，第 110 页。
③ 阿布杜巴哈：《世界团结之基础》，第 78 页。
④ 巴哈欧拉：《隐言经》，澳门巴哈伊总灵体会 1994 年版，第 46 页、44 页、46 页。

精神文明如同光源，没有光明时，玻璃球只是漆黑一片。物质文明又如同躯体，无论多么别致、典雅与美丽，它本身是缺乏生机的。而精神文明有如灵魂，躯体的生命来自灵魂，没有灵魂时它仅是行尸走肉。① 为了提高人的精神文明程度，就要限制自己的物质欲望。凡是追寻世俗的欲望与专心于物质享受的人，不能算为巴哈伊的信徒。一个人若能路经遍布黄金的河谷，而仍如浮云般，毫不迟疑地直行而过，不屑回顾，这样的人才是真正信奉上帝的人。一个人若能在遇见一个绝代佳人时，他的心灵丝毫不会被贪恋美色的阴影而吸引，这样的人才真正是贞洁无瑕的创作。②

巴哈伊教对伊斯兰教的宗教仪式进行了彻底改革，它主张简化甚至取消一切宗教仪式，因为通向安拉的道路是隐蔽的。③ 如果要礼拜，那么一天三次就足够了，即晨礼、晌礼、宵礼就足够了。清真寺中的集体礼拜要予以废除，每个教徒只需单独礼拜。旅行时，整个礼拜只用一个磕头礼就可以完成，甚至只用口诵“赞美安拉”就算完成。净礼只洗手、脸、脚，或清水浸浴即可。年终是斋月，采用巴布教派历法，一年 19 个月，每月 19 天，另加闰日。斋月过完之后，是新年的元旦。婚礼废除诵祷词，仅由长老会派人证婚。巴哈伊教将所有的宗教义务简化为 9 项：每日祈祷，斋戒，勤奋工作，传播安拉的事业，禁烟禁毒，遵守婚姻制度，服从政府，不参与政治，不得中伤他人。④

在这 9 项义务中，巴哈伊教重视祈祷，认为通过祷告才能使人与上帝联系。《至圣书》这样论证说：“每天早晚吟诵（或背诵）上帝的语言。忽略了这点的人，便是不忠于上帝的规诫与他的圣约。凡今日放弃祈祷的人，便是已经背弃上帝的人。”⑤但是这种祈祷仅是形式上的或是表面的，真正的祈祷是工作和为人类服务。凡人能全心全意地竭其所诚，只要他是被为人类服务的热忱动机所激励，就是崇拜上帝，为人类服务以满足其需要，就是崇拜，就是祈祷，因为人性最高的表达方式便是服务。一个人的内在发展，成为自己的真我，要完成于他为人类统一的构想服务之时。个人灵性纪律之目的，在于将灵魂从自我的困惑中解放出来，加深对人类的认同感，并将精力集中于为他人服务上。⑥为此，巴哈伊教得到很高的评价：“在所有声称有神圣权威的当代积极宗教中，唯一毫不含糊，一心一意地为团结统一人类而工作的是巴哈伊教。”⑦

总之，巴哈伊教主张诸先知是一体的，都是安拉在地上的代表，是安拉的具体体现，而安拉是世界的中心。人类是安拉创造物中最高贵和最完善的，有永恒灵魂，灵魂脱离肉体后会以新的形式独立存在。它主张万教归一，宗教同源，天下皆为兄弟，强调社会伦理，不重视甚至否认宗教仪式，主张废除种族、阶级和宗教偏见，放弃民族独立和国家主权的原则，最终取消国界，以实现“地球乃一国，万众皆其民”的地球村思想。世界语应作为全世界的通用语言，用它来组织建立统一的世界议会，用以实现世界大同的理想。⑧

---

① 阿布杜巴哈：《世界团结之基础》，第 32 页。

② 《巴哈欧拉圣典选集》，第 19 页。

③ 参见阿布杜·门伊姆·哈弗尼主编：《哲学百科全书》，黎巴嫩贝鲁特伊本·宰敦出版社阿拉伯文第 1 版，第 113 页。

④ 参见《中国伊斯兰百科全书》“谢赫学派”条，四川辞书出版社 1994 年版。

⑤ 转引自李绍白：《人类新曙光——巴哈伊信仰》，第 196 页。

⑥ 威廉·汉切尔、道格拉斯·马丁：《巴哈伊教——一个新崛起的世界宗教》，新加坡巴哈伊总灵体会 1993 年版，第 165 页。

⑦ 华伦·瓦格：*The City of Man*，第 117 页，转引自威廉·汉切尔、道格拉斯·马丁：《巴哈伊教——一个新崛起的世界宗教》，第 129 页。

⑧ 参见乔治·塔拉比什主编：《哲学家辞典》，贝鲁特先锋出版社 1987 年阿拉伯文第 1 版，第 171 页。

## 第三节　巴哈伊教和伊斯兰教的联系与区别

巴哈伊教是在巴布教派的基础上产生的，而巴布教派已宣布脱离伊斯兰教，所以巴哈伊教绝不是伊斯兰教，这已为埃及逊尼派伊斯兰教法庭的判决结论所证实：巴哈伊教是一种完全独立于伊斯兰教之外的新宗教，因此，正如佛教徒、婆罗门教徒或基督教徒不可被看做穆斯林一样，任何巴哈伊信徒，都不可被看做穆斯林，而任何穆斯林，亦不可被看做是巴哈伊信徒。① 应该确认：巴哈伊教是一种新兴的世界宗教，而非伊斯兰教的一个教派或分支，但它又与伊斯兰教有联系。对巴哈伊教与伊斯兰教的区别与联系，是需要认真分析的。

从联系方面来说，巴哈伊教继承了伊斯兰教彻底的一神论立场。

在犹太教、基督教的基础上，伊斯兰教构筑起彻底的一神论体系。安拉的独一是这一体系的核心，“万物非主，唯有真主”是这一独一性的高度概括。而与此相联系的是安拉有如下一些特性。

（一）安拉是独一无二的，他没有配偶或子嗣，他未产，亦未被产，他永远受到万物的祈求和仰赖，无开始，无终止，无一与他对等的。②

（二）安拉是至仁至慈的，是万有的保障，是公平的至尊的主。他是万物的创造者和监督者，是万物的起始者，也是万物的终结者。他能使人生，能使人死。他无时不在，无处不有，是无所不在的永恒的唯一真神。③

（三）安拉是仁慈的，是万物的供养者，他是慷慨的，也是和蔼的；是多恕的，也是温和的；是宽容的，也是特慈的；是独一的，也是公正的。④

简言之，安拉是独一的，并且是永恒不灭的，他无形体，是整个宇宙的创造者，是万王之王，万主之主。他无处不在，无时不有，没有开始，没有结束。他对自然万物和人类的恩典是数不清的。⑤

巴哈伊教接受了伊斯兰教的这种一神论观念，不管是把安拉叫做上帝还是真主，他都是无形无体的精神本体，既超乎万物之外，又贯乎万物之中，既是万因之因，又是无因之因。对这样一个安拉，人类无法领悟其伟大无比的神圣的本体，而只能明白其本质。巴哈欧拉论述说：“你们应当明确地了解，那形而上者绝不会把他的本质具体化而显现在人的面前。他将永远超越一切感官之上，并且无以描述……人的肉眼永远无法观察到他，只有经由他的显示者，人才能揣测他。”⑥

伊斯兰教是在犹太教、基督教的基础上产生的，吸收了这两大宗教的不少思想资料，是两大宗教尤其是基督教一神论传统的继续，但伊斯兰教与基督教的区别是十分明显的，主要表现在四个方面：

（一）伊斯兰教反对基督教的原罪说。基督教认为人类始祖亚当和夏娃在伊甸园受蛇诱惑，违背上帝命令偷吃了禁果，此罪成为全人类的共同罪过，且成为人类一切罪恶和灾祸的根由。即使刚出世就死去的婴儿，也是带有与生俱来的原罪，仍需要基督的救赎。而伊斯兰教坚决否认人有原罪之说，这对于人类来说，自然是一种解放。

（二）伊斯兰教坚持彻底的一神论，坚持安拉独一说，反对基督教的圣父、圣子、圣灵三位一体的

① 参见威廉·汉切尔、道格拉斯·马丁：《巴哈伊教——一个新崛起的世界宗教》，第197页。
② 参见《古兰经》第112章第1～4节。
③ 参见《古兰经》第57章第1～6节，第59章第22～24节。
④ 参见《古兰经》第3章第31节，第11章第6节，第35章第15节，第65章第2～3节。
⑤ 参见蔡德贵：《阿拉伯哲学史》，山东大学出版社1992年版，第84页。
⑥ 《巴哈欧拉圣典选集》，第4页。

观点。基督教虽然宣称上帝只有一个，但包括圣父、圣子、圣灵三个位格。圣父是独一上帝(天主)全能的父，创造有形无形万物的主。圣子在万世以先，为圣父所生，万物都借他受造。圣灵是主，是赐生命的，从圣父出来，与圣父圣子同受敬拜，同受尊荣。基督教认为这三个位格虽各有特定位份，却又完全同是一个本体，同为一个独一真神，而不是三个神，但又非只是一个位格。对基督教这种三种位格的说法，伊斯兰教认为它只会使上帝只有一个的理论不够严谨。

(三)只承认先知，而不承认救世主。伊斯兰教承认每个民族都有一位先知，但先知也是凡人，既不能创世，也不能救世，耶稣基督只是众先知中的一位，也不是救世主，除耶稣基督之外，还有其他许多先知，而穆罕默德是最后一位先知，故称封印先知。所以，伊斯兰教认为，世界上无论何人、无论何地，都不应受到崇拜，除了安拉，任何人或物都不能成为祈祷对象，不应为了人世间短暂一生的好处而向安拉以外的人或物祈祷，因此，穆斯林只向安拉跪拜，而不向任何人低头作揖，哪怕他是国家元首，也无权享受只有安拉才得以享受的跪拜礼。

(四)伊斯兰教没有基督教的教会戒律，不设教会，也没有天主教意义上的宗教组织，因为根据伊斯兰教教义，不设牧师，没有圣徒，没有僧侣统治集团，也没有圣礼，更没有任何一个人能超越凡人之上，处于普通信徒与安拉之间。伊斯兰教只允许有研究神学的理论家，有《古兰经》注释家、评注家，也有宗教法官为世俗当局提供咨询。然而不允许有中央教义机构，没有相当于主教、红衣主教、红衣主教团一类的职位，也没有教皇，人与安拉之间用不着任何中间人。因为没有圣礼，所以任何人都不需要特殊声望或等级来履行圣礼。没有神职人员，所有穆斯林都是平等的，都可以领头做礼拜或者布道。

从安拉的独一性方面来说，巴哈伊教与伊斯兰教是基本一致的，在上述伊斯兰教与基督教的四大区别方面，巴哈伊教也大致类似，但也有不同。总括起来，巴哈伊教与伊斯兰教的明显差别也是存在的，具体表现在：

(一)伊斯兰教承认以前各大宗教各有一位先知，而穆罕默德是最后一位先知，因为穆罕默德已经顺利地完成了安拉差遣的使命，所以穆罕默德之后不再需要派遣新的先知。巴哈伊教则否认这一点，承认穆罕默德之后，还可以有新的先知，每一个先知都代表一个时代，因为“通过真理之阳的教义，每一个人都得到进步与发展，一直到他们能充分地展现他们内在的潜能。就是为了这个目标，在每一个时代，每一周期(纪元)里，上帝的先知及他所特选的圣哲，显现于人们中，表现上帝永恒的指引”[①]。因此，巴布是先知，巴哈欧拉也是先知。这是与伊斯兰教绝不一致的，是伊斯兰教正统派所坚决反对的。

(二)伊斯兰教不允许任何一个人超越凡人之上，处于普通信徒和安拉之间，穆罕默德也不能例外。而巴哈伊教却继承巴布教派的传统，主张先知是人与安拉之间的中介，安拉借先知才得以显现，所以，普通人不仅要服从安拉的戒律，也要接受先知的引导，服从宗教领袖的领导，认为“认知了他们就如同认知了上帝，倾听他们的召唤就如同倾听上帝的声响，验证了他们启示的真理就如同验证了上帝的真理。背弃他们就等于背弃上帝，不信奉他们就等于不信奉上帝。他们每一位都是连接此世与天界的上帝之道，并且代表天地间上帝真理的准则。他们是人世中上帝的显示者，他真理的明证

① 《巴哈欧拉圣言选集》第68页，转引自威廉·汉切尔、道格拉斯·马丁：《巴哈伊教——一个新崛起的世界宗教》，第101页。

和荣耀的表征"[①]。

（三）伊斯兰教不设国际级中央教义机构，巴哈伊教却设立国际最高机构世界正义院，以协调和管理全世界巴哈伊的行政事务和教务。世界正义院在 1963 年成立后，由 9 人组成的委员会被赋予权威，在巴哈欧拉一切没有明确提及的事情上立法，并且有权随着时代的变化而变更自己的立法，这样就使得巴哈伊律法具有弹性，而非墨守成规。世界正义院自成立至今，已向世界范围发布了一些重要文告，如《世界和平的许诺》(1985 年)、《人类之繁荣》(1995 年)等。巴哈伊还设立国家级总灵体会和地方级总灵体会，不仅用以管理宗教事务，而且对各类重大问题作出决策。

（四）巴哈伊教不像伊斯兰教那样有繁琐的宗教礼仪。伊斯兰教有五大宗教功课：念功、拜功、斋功、课功、朝功，从身、心、性、命、财五个方面尽其礼以达于天，此即"身有礼功，心有念功（拜功），性有斋功，命有朝功，财有课功"[②]。而巴哈伊教则主张简化宗教仪礼，甚至可以取消，礼拜每天三次即可，斋功缩短为 19 天，不朝拜麦加，而只拜巴哈欧拉的出生地。阿布杜巴哈甚至认为斋戒仅只是一种表记，说"斋戒为一种表记。斋戒者，避肉欲也。禁食无非避免肉欲耳，除作为表记外，并无他意也。且斋戒非完全不食也。印度有一教派完全禁食。不食虽不至死，但人之智力受损失。若人因不食而弱其身脑，则不足侍奉造物；因其力量减少，不足以有为也"[③]。

（五）伊斯兰教虽然提倡人人平等，人类皆兄弟，但并没有明确提出世界大同的思想。而巴哈伊教则明确主张全人类要实现大同，要组织一个全球性的超级政府。阿布杜巴哈论述说，在过去的宗教周期里，虽然也建立了和谐，但由于缺乏途径，因而未能达成全人类的统一，大陆与大陆之间被遥远的距离所阻隔，甚至同一大陆的各种族人民也几乎不能相互交往或进行思想交流，无法达至统一。今天，交通、通讯的途径已大增，使得地球上的五大洲实质上成了一大洲，人类家庭的所有成员，也越来越变得相互依赖，谁也不再可能自给自足了。因而全人类的统一是可以在今天达成的，具体表现在七个领域的统一：政治领域里的统一，世界性事业中思想的统一，自由的统一，宗教的统一，各民族的统一，人种的统一，语言的统一。[④]

（六）巴哈伊教不像伊斯兰教那样提倡一套严谨的生活习俗。伊斯兰教的饮食禁忌包括：所有会令人兴奋或晕醉的酒类饮料；猪肉及其制品，用利爪或牙齿杀害其他动物的野兽、掠食的鸟兽、爬行类的动物，其他非偶蹄的动物，以及未经屠宰而致死的包括自己死亡的鸟、兽肉及其制品和一切动物的血。而巴哈伊教没有这么多饮食禁忌，除禁酒、毒品外，允许教徒食用猪肉及其制品。在服饰方面，伊斯兰教认为，女子除眼、手以外，全身都是羞体，要求女子的衣着要把身体的所有部分都遮住，只有手和眼可以露在外边，若不用面纱将头脸遮盖起来，不将全身遮起来，就是冶容诲淫，也不允许女子正视陌生男子；男子则不准穿丝绸衣服，不准佩戴金首饰等。巴哈伊教则没有这样严格的规定，主张男女平等，女子不带面纱，男子可以佩带金首饰、穿丝绸服装。

（七）从社会生活方面来说，伊斯兰教提倡集体主义原则，每星期五，要求穆斯林都要到清真寺去做聚礼，即使不是聚礼日，平时的礼拜也最好多人在一起进行，以体现穆斯林之间的兄弟关系。而巴哈伊教虽然提倡世界大同，但却把个人的宗教生活看得比集体的宗教生活更为重要，所以它废除聚

① 《巴哈欧拉圣典选集》，第 5 页。
② 刘智：《天方典礼择要解》。
③ 爱斯孟：《新时代之大同教》，台湾省大同教出版译述委员会 1970 年版，第 121 页。
④ 邵基・阿芬第：《新世界体制之目的》，澳门巴哈伊出版社 1995 年版，第 81～82 页。

礼，礼拜可以不去清真寺，而是根据自己的意愿决定做还是不做，在此地做还是在彼地做。

从上述分析可以看出，巴哈伊教与伊斯兰教虽有许多共同点，但从这两种宗教的基本教义、仪礼、宗教生活来看，它们之间的区别是很明显的，甚至可以说异多于同。因此，我们的结论是：巴哈伊教不是伊斯兰教中的一个教派，而是一种新兴的世界性宗教。

由于它有更为现代化的内容，有更为简化的宗教仪式，更为宽容，更为开放，更为世俗化，所以在20世纪60年代以后取得了惊人的发展。对这种宗教的发展趋势，是要注意认真研究的。

## 第十章　新兴宗教巴哈伊教之特点及迅速传播之原因

巴哈伊教从1844年巴布教阶段算起，至今仅有150多年的历史，这在世界独立宗教中是历史最年轻的。在其初期，该教作为发源地伊朗的一种宗教异端，是受压制和排挤的，宗教创始人和主要成员受到过当局的迫害，有的被执行枪决，有的被流放异乡，教徒人数也是少得可怜。到20世纪初，教徒人数仍无大规模增长，在1921年巴哈伊教的真正创始人巴哈欧拉之子阿布杜巴哈逝世时，全部教徒也不过10万人，大部分为伊朗人，分别居住在伊朗或中东其他国家，少部分居住在印度、欧洲和北美的35个国家，邵基·阿芬第把巴哈伊信仰发展成一个真正全球性的宗教，至他逝世的1957年，教徒已增至40万，分布到250多个国家和地区(其中有殖民地)。但在20世纪50年代初，要成为一名巴哈伊还意味着将自己置于人们的怀疑和嘲笑之中，所以到1963年4月21日第一届世界正义院诞生之时，教徒人数仍保持在40万。而到1985年，教徒人数猛增至350万。而根据1992年版《大英百科全书》之最新统计数字，到1991年全球已有540万巴哈伊教徒，分布在205个国家和地区，根据巴哈伊统计学者的数字，1992年已扩大到232个国家和地区。[①]

在《大英百科全书》和《世界基督教百科全书》这些影响很大的著作中，巴哈伊教都是增长速度最快的宗教。成为在分布范围上仅次于基督教的第二广的宗教，有116000个分布点，甚至在伊斯兰世界的腹心地带，如阿拉伯世界的巴林、约旦、科威特、黎巴嫩、阿曼、卡塔尔、阿联酋、也门、摩洛哥、苏丹、突尼斯，以及印度、巴基斯坦、马来西亚、土耳其和中亚，都建立了巴哈伊团体。

巴哈伊教在最近的几十年里，发展速度之快，实在令人震惊，原因何在？

俄国伟大作家托尔斯泰在生前接触过巴布教徒、巴哈伊教徒，而且预见会有伟大的前途，说："我与巴比教徒交往多年，对他们的教义有着浓厚的兴趣。我觉得这些教义必定有着伟大的前途，因为它们摒除所有造成分歧与离异的误解，激励人类团结于一个信仰中。"[②]托尔斯泰晚年曾表露，他本人赞同巴哈伊信仰，因为巴哈伊信仰"宣扬博爱、人类平等和在物质生活上作出牺牲好能为造物者服务"[③]。

托尔斯泰何以预见巴哈伊教必定有伟大的前途？应该说，巴哈伊教能在几十年的时间里取得惊人的发展，其原因是多方面的，既有国际的因素，也有地区的因素；既有宗教的因素，也有文化的因素；既有内部的因素，也有外部的因素。但最根本的原因，还在于该教自身的特点，独特的基本教义

① 《全球有多少巴哈伊》，载《巴哈伊》，澳门巴哈伊出版社1992年版。

② 转引自李绍白：《人类新曙光——巴哈伊信仰》，第Ⅵ页。

③ 记者眼中的巴哈伊礼团：《造物者之园丁：认识500万巴哈伊信徒》，《天下一家》杂志1993年10月。

和传教方式。

## 第一节　对巴哈伊教特点之分析

巴哈伊教被教外人士评论为一个具有鲜明特征的现代型宗教，“这一宗教的教义将向全人类展示一种崭新的全球文明，而不是传统的宗教的延续”①。是否会向全人类展示一种新的全球文明，我们认为尚无充分的证据能加以证明，但是巴哈伊教确实不是传统宗教的延续，而是一种新兴的、独立的现代型宗教，其现代型的主要特征是：

### 一、现代性

参加世界新宗教环保同盟的有九大宗教：犹太教、基督教、伊斯兰教、佛教、印度教、耆那教、锡克教、道教、巴哈伊教。② 在这九大宗教中，巴哈伊教既是最年轻的宗教，也是最具现代性的宗教。其现代性的集中体现，便是对现代化作出积极回应，最早试图完成将宗教由传统向现代的转换。

但什么是现代化？对现代化的理解可以说是千差万别、形形色色。国内著名学者李慎之先生新近提到的一个观点是：现代化就是全球化，而西方化是全球化的第一个阶段。他提出，1992 年，联合国有一个决定，不讲哥伦布发现美洲，而是航行到美洲，但仍认为这是一个转折点。如果要讲全球化，这确实是一个转折点。从哥伦布开始，全球化年代出现，但亦是以西方文化为中心，经济全球化是 20 世纪 90 年代的一个特点，但从工业发展的角度来看，全球化起码已经有 500 年的历史。这 500 年确是以西方为中心，谁也无法改变这个事实。③

我们更倾向于把现代化理解为人类求进步、求革新的过程。这一过程，是一种连续性的不断的变革和创新，它是以科学知识为基础、以科学技术为利器，在不同的历史条件下，不同的社会环境下，以不同的速度、顺序、样式，在发展、在变化，使人有更美好的生活、更高效率的工作，更舒适的物质享受。可以说，现代化是对传统的挑战，会影响到整个社会，包括政治、经济、文化、教育和各种社会制度的变化。

这样，就引出传统与现代化之间的关系问题。就伊斯兰世界而言，伊斯兰教是世界三大宗教（佛教、基督教、伊斯兰教）中最年轻的一个，但至 19 世纪中叶，也已有 1200 多年的历史了，伊斯兰教既是一种宗教，又是一种生活方式、行为方式，是一种恢宏而博大的文化体系。但在 1798 年 7 月 1 日，拿破仑作为东方军司令，率法国舰队侵入埃及亚历山大港，处在奥斯曼土耳其素丹统治之下的埃及，受到了伊斯兰教外的西方势力的挑战。从此之后，中东的伊斯兰世界的广大领土相继变成英、法等国家的殖民地或“保护国”。过去被认为是固若金汤的伊斯兰世界，为什么竟在一夜之间变成了法国人的殖民地？伊斯兰教内教外的历史学家、思想家们开始认真地反省传统，从此，伊斯兰教传统和现代化之间的关系，便成为伊斯兰世界思想家们在当代的永恒话题。

19 世纪初，许多国家和地区都在期待着新的救世主出现，被科学发明和工业化浪潮的深远含义所深深困扰，各种宗教背景的信仰者转向各自信仰的经典，试图理解这越来越快的变化过程，基督教

① 李绍白：《人类新曙光——巴哈伊信仰》，第Ⅳ页。

② 新宗教环保同盟于 1995 年 4 月 29 日至 5 月 4 日在英国伦敦温莎堡圣乔治教堂召开的世界九大宗教领袖高峰会议上成立。

③ 《文化中国和全球化道路》，《文化中国》（加拿大）1996 年 9 月号（第 3 卷第 3 期）。

有人在经典中找到了证据，支持他们的一个新信念：人类历史气数已尽，耶稣基督将再度临世。而在伊朗，人们看到古代灿烂的文化丧失殆尽，已衰弱到极点，政府腐败，经济崩溃，教育废弛，百业不振，公理埋没，卫生不讲，道路不修，土匪遍地，抢劫掳掠，日必数起，科学与艺术被视为宗教之大敌而被深恶痛绝。在这样的混乱污浊之环境中，类似于基督教世界的热潮也在伊朗涌动：新的圣使，将会显现，他将宣布新时代之肇端。[①] 正是在这样的大背景下，巴布于 1844 年 5 月 23 日宣布，他就是一道门，经由他，全人类期待的新圣使即将出现。巴布的新宗教从一开始就试图与现代化接轨，其著作《默示录》废除了一些伊斯兰教法律，宣布新圣使将来临，他将取代穆罕默德作为封印先知的地位，领导一个新时代，强调要用崇高的道德标准来挽救道德之堕落，提高妇女与穷人的地位，且倡导教育和有益的科学。巴布敦促自己的追随者们要从中世纪以来很少变化的思想境界里解放出来，从伊斯兰教的传统框架中解放出来，迎接新圣使的降临。巴布运动经过巴哈欧拉之手，转变成巴哈伊信仰，巴哈欧拉向世人宣布，他就是人们期待已久的新圣使。

巴哈欧拉强调，人类整体也像一个人一样，有婴儿期、孩童期、青春期，而今天人类已进入早已被预言过的成熟期。在这一时期，对祖先信仰的教条式模仿已经过时，因为那些信仰曾经是宗教演变之轴心，但现在已不再能结出正果，反而成为人类堕落和造成障碍的原因，顽固地坚持和教条地硬套古代信仰，已成了人类间仇恨的中心和主要来源，成了人类进步的障碍，战争和冲突的原因，和平、安宁和幸福的破坏者，因此，宗教主要本质的改革和更新构成了现代思想之真正精神。[②] 人类已有能力认识到自身的发展过程乃是一个不可分割的整体，人类之被创造，乃是为推进一个不断演进的文明。[③] 而迈向成熟所面临的挑战，是要承认全人类是同一种族的人民，要从各种派别与信条的局限中解放出来，奠定全球文明的基础。为此，巴哈欧拉又主张，一个全球性社会的繁荣，必须基于这样一些基本原则：消除形形色色的偏见，两性间完全平等，世界宗教的同源性，消除贫富极端，普及教育，科学与宗教的和谐，在保护自然环境与发展科学技术之间保持平衡，基于集体安全和人类一家的原则，建立一个世界联邦体系。

在巴哈欧拉逝世以后的一百多年里，巴哈伊教得到长足的发展，地球乃一国，万众皆其民，人类一家的思想，也普及到更多的人群和种族，对于当代社会中的各种问题，巴哈伊教几乎都十分关心，并采取一种特殊的有时是变革性的解决办法，巴哈伊教经典及其教徒们广泛而多元的活动，几乎涉及当今世界的每一个重要趋势：从关于文化多元性、环境保护的新思维到决策的分散民主化；从对家庭生活和道德的回归到新世界秩序的建立；都体现出该教的现代性。而且由于该教的现代性，又引发出其他一系列特性。

## 二、开放性

巴哈伊教的开放性，首先表现在它不排斥其他任何一种宗教，它认为，不论是世界上哪一种宗教，犹太教也好，基督教也好，伊斯兰教也好，甚至佛教、耆那教、印度教、锡克教等等，虽然有不同的名称，但都是来源于同一个上帝。上帝可有多种名称，耶和华、安拉、真主、佛陀，但本质都是一个，即是一个超然的存在，是人类不可知的本体，又是全知全能的万物之主宰者。因此，巴哈伊教承认其他

① 爱斯孟：《新时代之大同教》，台湾省大同教出版译述委员会 1970 年版，第 7 页。
② 阿布杜巴哈：《世界团结之基础》，马来西亚巴哈伊总灵体会 1993 年版，第 121～123 页。
③ 《巴哈欧拉圣典选集》，第 50 页。

各大宗教的经典同时也可以是巴哈伊教的经典，巴哈欧拉所著的《确信之道》引证了包括《古兰经》在内的大量其他宗教经典。在巴哈伊教的灵曦堂内，允许各种宗教人士和非宗教人士在其中诵读各种各样的宗教经典。

鉴于同样的理由，巴哈伊教接受各种宗教或非宗教的信仰者入教：佛教徒、基督教徒、印度教徒、耆那教徒、犹太教徒、伊斯兰教徒、锡克教徒、琐罗亚斯德教徒、拜物教徒和无任何宗教信仰者，都可以被接受为巴哈伊教徒，从同一个国际管理体系中得到不断的引导。

巴哈伊教的家庭是一个开放的系统，一个出生在巴哈伊家庭的儿童，一般是被当做巴哈伊社团的成员加以抚养，他们要学习巴哈伊教历史、教义，也学习其他世界主要宗教的经典和教义，一旦他们成长到15岁，也就进入了巴哈伊社团认为的人的成年期，他们可以自己负责个人灵性的发展，决定或拒绝成为巴哈伊教徒，决定或拒绝继续参与巴哈伊的社团生活。

成为一个巴哈伊信徒的主要条件是精神上的，"主要的动机，永远都应是人对上帝信息之响应，承认他的使者。那些宣称自己为巴哈伊信徒的人们，应当为巴哈伊教的完美教义所陶冶，为巴哈欧拉之爱所感动，参加者不一定要懂得圣典中所有的证明、历史、法律及原则，但除了获得教义之火花外，他们基本上要知晓巴哈伊教的中心人物，了解他们所须遵行的法则和行政原则"①。

如果有人要求入教，他们可以向地方灵体会提出申请，如果灵体会认为申请人已经明白了作为一个信徒的含义，并准备按照巴哈伊教义生活，那他们便算是被接纳入教了，而不需要任何礼仪或宣誓。一旦成为一名巴哈伊教徒，不管他原来的宗教背景如何，犹太教徒、基督教徒、伊斯兰教徒或其他宗教背景者，他们在成为巴哈伊信徒之后，不一定要放弃其原来的宗教信仰，只要相信自己是作为上帝的信徒，承认上帝定时派来的显圣者，而不用坚持巴哈伊教的教义超越于其他的宗教。因为显圣者的连续出现是没有开始的，因而也不会有终结，因此巴哈伊教不宣称它是人类灵性发展过程中的最后阶段，上帝派遣的先知将连续不断地显现，派遣会到那无终止的终止，甚至在巴哈伊教举行的灵宴会上，教徒们也可以自行选择自己的诵读祷文，既可以选择巴哈伊教的经典，也可以选择其他天启宗教的经典。

巴哈伊教对世界文化的态度也充分地体现出该教的开放性特点，巴哈欧拉曾经呼吁，要采用一种世界通用辅助语言，作为促进全人类团结的工具。这种语言或者重新发明，或者从现存的语文中选定，以作为世界文字，促成一种世界文学的诞生。他认为这一天正在临近，世界各族人民将会采用一种全球性语言和一种通用的文字，到那时，一个人无论走到哪个城市，都会像进入自己的家园一般，但是，巴哈欧拉非常慎重地使用了"辅助"一词，他强调的不是文化单一性的命令，而是应该珍视并且提倡文化的多元性。巴哈伊教重视多样性的统一，"它既没有忽视，也没有试图隐瞒那些使世界上各种族、各民族彼此相异的在种族起源、气候、历史、语言、传统、思想与习惯等方面的多样性。它召唤更宽厚的忠诚、更博大的抱负，超越于任何曾经激励过人类的忠诚与抱负"。这是一种"多样性的统一"。正像阿布杜巴哈所解释的："当多种层次的思想、气质和性格由同一种中心力量的作用和影响联结在一起的时候，人类的完美才会显露，其美丽与光耀才会显现。只有那统治和超越一切事物之本质的上帝之圣言的神圣效力才能够使幼童般的人类相互分歧的思想、感情、观点和信念和谐

① 巴哈伊世界正义院：*Wellspring of Guidance*，第32页。

起来。”①

鉴于这样的理由，巴哈伊教认为世界上每一个民族，不论大小，都对世界文化作出过贡献，都是世界文化这一大花园里的迷人的花朵，这些花朵品种、颜色、形态、形状各有不同，正由于其多样性丰富和装饰了花园，并增强了美的效果。所以，每一个巴哈伊教徒都应该尊重自己所接触的每一个民族的文化，不允许以任何理由自以为自己所代表的文化是最高尚的文化，而以别的民族的文化为低下文化，在巴哈伊的观念里，种族主义、文化沙文主义没有任何存在的余地。种族肤色不应该成为评判文化优劣的标准，肤色无关紧要，肤色在本质上是偶然性的，人之灵性和聪明才智才是根本性的。白种人、黑种人、棕种人、黄种人和红种人，都是上帝的子民，他们创造的文化应该一视同仁地得到尊重。

然而，所有的文化又都不是完满的，就东西方两大文化体系来说，各种宗教几乎都产生于东方，文化产生于东方，但西方文化急起直追，后来甚至超过东方文化。东、西方文化都不是十全十美的，就一般而言，东方人不知西方之事，西方人亦不能谅解东方人之观念，所以东、西方文化也都应该采取开放式态度，交换互补，这样，全人类将受益无穷。阿布杜巴哈详论说：“现与昔时相同，真理之灵体如太阳，摩西在东方兴起教导人类，耶稣、穆罕默德亦生于东方，巴哈欧拉与巴布亦生于东方之波斯国，是则灵界之大教师，皆产在东方也。耶稣之太阳，虽出自东方，但其光，在西方亦得见之，其教训之圣光，在西方之荣耀，较其产生之地尤为明显。现今东方各国，需要物质上之进步，而西方需要精神方面的进步。假若彼此交换，东方把精神方面的知识输给西方，西方把科学方面的知识输给东方，那就再好没有了。东西宜联络，如此方能产生真文化，而灵体之精神，亦可在物质中表现之矣。彼此既能交换所长，则太平立致，人类亲密和谐，一切纠纷自免。到此时，世界将如明镜，能反照造物之性质矣。”②巴哈伊教所追求的，是要创造一种超越国籍、种族、肤色、语言、文化及宗教信仰隔阂的世界文明，这种追求充分表现了该教的开放性。

## 三、超越性

巴哈伊教之超越性，首先表现在它的宗教理论和教义既源于世界各大宗教，又超越世界各大宗教。

巴哈伊教对各大宗教的权威都加以承认，并把它们确立为自己的根本基础，各大宗教都是同一个宗教永恒历史和连续演进过程中的不同阶段，巴哈伊教决不图谋要推翻世界各宗教体系的灵性基础，而是扩大它们的基础，重申它们的基本教义、调和它们的目标，振作它们的生命，显示它们的同一性，恢复他们早期教义的纯洁性、调整它们的功能，并且协助它们实现其最高愿望。③ 但是，巴哈伊教又从根本上否定了各大宗教都是终极绝对真理的说法，宣布：宗教之真理不是绝对的，而是相对的，神圣的启示乃是有序的、连续的、演进的，而不是间歇无常的或是终极的。④ 宗教的目的是培养可嘉的美德，提高社会道德水平，促进人类灵性的发展，赢得真正的生命及神圣的恩典。⑤ 但是神圣

① 邵基·阿芬第：《新世界体制之目的》，第 85～86 页。

② 《巴黎片谈》，引文参见李绍白：《人类新曙光——巴哈伊信仰》，第 68～69 页，爱斯孟：《新时代之大同教》，台湾省大同教出版译述委员会 1970 年版，第 113 页。

③ 邵基·阿芬第：《巴哈欧拉之天启》，澳门巴哈伊出版社 1995 年版，第 24 页。

④ 邵基·阿芬第：《新世界体制之天启》，第 26 页。

⑤ 阿布杜巴哈：《世界团结之基础》，第 12 页。

宗教并不是分歧与争执之道，假如宗教成了对抗与冲突的根源，那么，倒不如没有宗教。宗教应成为国家的活跃因素，假如它成为人类死亡之因，那么，它的不复存在对于人类来说反而是一种福祉和裨益。[①] 既然宗教是神圣本质的外在表现，因此必须富有生命和活力，且需要不断运动发展。神圣原则总是充满活力，不断进化的。因此，启示这原则的宗教也须是持续发展的，万物皆须更新。科学、艺术、工业，发明等都在改革，伦理观念，法律制度也在更新，思想界同样经历了革新，从前的科学与哲学理论不再适应今天的需要。[②] 这样的观念确实超越了以前的所有宗教。

其次，巴哈伊教的超越性表现在它对理性的召唤和回归上。

一般说来，信仰是人类情感的升华，是对上帝或某人，某种主张极度相信和尊敬，以至于以它们作为自己行动的榜样或指南，而理性则是属于判断、推理等高级精神活动，因此，信仰与理性总是有悖的。而巴哈伊则超越了一般的宗教信仰，重视理性。阿布杜巴哈指出，面对有思想的听众，每一个论点都必须具备理性的依据和逻辑的论证。这种依据有四种：感性认识，理性思维，传统观念或经典权威，灵感。阿布杜巴哈分析说：在神圣先知看来，感性认识这一依据并不可靠，感性认识是易出差错的依据，因为它并不完善，如视觉是感觉中最重要的部分，但难免有误差和错觉。理性思维被视为判断的最重要手段，是真正可靠的，但理性认识并不是没有缺陷的，也有不可靠的地方，因为坚持以理性思维为判断依据的哲人们，对每个人所研究的问题都意见不一，有时结论甚至互相矛盾。传统观念或经典权威也有缺陷，因为如何理解和阐释会因人而异，人的思维各不相同，对经典的阐释就会相互矛盾。灵感是来自内心深处的暗示和感受，但有时人内心的暗示是邪恶的，那又怎能分辨善恶呢？人怎样才能区分某个论点是出自慈悲心理还是邪恶心理呢？因此，人们借以下结论的四个判断依据都是不完善、不正确的，它们都容易导致错误的结论。如果面对的观点既能得到感官的证实，思维的认可，又合乎传统观念和经典，并与内心暗示的灵感相一致，那么就可以说是完全正确的，可以信赖的，它经由判断依据的检验被证实是完整而全面的。[③]

为了使人的认识完整而全面，巴哈伊教明确反对盲目接受任何现成的教条和成见，鼓励信徒独立地去追求真理。巴哈伊提倡，人能够追求真理，要借理性思维来发现，要接受前人所发现的既真且确的一切，但不能沿袭或盲从祖辈的一切。“他不应盲目效仿或追随任何人，也不该不经探索就完全信赖任何人的看法，不，每个人都应独立明智地去追求真理，得出客观正确的结论，并只需遵从这一真理。人类失落、绝望的最大根源就是来自盲从无知的。”[④]“上帝赐予人用来探寻的双目，人借此可以发现认识真理；他赐予人双耳使他(人)可以听到本质的信息，他赋予人理性思维，他因此能够为自己发现事物，这是人的天赋，是他用来寻求本质的工具。人不应借他人之目来看，不该以他人之耳来听，也不应用他人的大脑来思考，上帝设计人的时候令每个人都有其天赋、能力与责任。那么，依靠你自己的思维来判断，遵从自己寻求来的结果吧！否则，你会完全被无知的恶狼吞噬，并失去上帝的仁惠。”[⑤]巴哈伊教反复强调人不应满足于简单地沿先人走过的道路行进，每个人都有责任去寻求本质，别人的探索代替不了自己的追求。因此，人人都必须独立地去追求，世代相传的思想信仰是不够

① 邵基·阿芬第：《新世界体制之天启》，第 22 页。
② 阿布杜巴哈：《世界团结之基础》，第 86 页。
③ 邵基·阿芬第：《新世界体制之天启》，第 90～92 页。
④ 阿布杜巴哈：《世界团结之基础》，第 76 页。
⑤ 邵基·阿芬第：《新世界体制之天启》，第 78 页。

的，因为拘泥于此只会产生形而上学，而形而上学总是错误的向导及失望之根源。“去追求本质吧，那么你会摘取真理与生命之果。”[①]巴哈伊的这些思想已经超越了宗教领域的信仰。

再次，巴哈伊教尊重科学，提倡科学，也表现了它的超越性。

一般来说，宗教与科学总是两股道上跑的车，天主教是非常典型的。但是科学所取得的惊人成就迫使宗教不得不认真看待科学。天主教曾致力于抵制现代化与世俗化的浪潮，但到20世纪60年代，天主教内部也有了要求改革的呼声，发出了“赶上时代”的呼声，但一直到最近一些年，罗马教廷才对伽利略事件认错道歉，把这件事作为调节自身以适应现代世界的一种举动。[②]

但巴哈伊教从其创始人开始，就适应现代社会的需要，提倡宗教与科学结盟的重要性，巴哈欧拉指出，上帝赐给人类最伟大的礼物就是理智，巴哈伊教徒要运用理智来研究所有的存在现象，包括那些属于精神的本质，而其研究的工具是科学的方法。[③] 阿布杜巴哈更明确地说：“宗教必须符合科学与理性，否则它就是迷信，上帝已创造了人，使他能察觉存在之真谛，并赋予他思维，或称理性，以发现真理。因此，科学知识和宗教信仰必须符合对人这一神圣机能的分析。”[④]“凡有抵触于科学，或者反对科学的宗教，是无知的，因为知识的反面就是无知。”[⑤]”人有一种天赋智慧，有用这种智慧探索外部世界奥秘的能力，这种天赋智慧的结晶就是科学，这种科学的力量可以探索并理解造物及其遵循的法则，所以，人类最高贵最值得称颂的成就，就是科学知识和成果。”[⑥]这就是人的宗教信仰必须符合科学的理由，宗教和科学的本质应该是一致的，因为真理如果只有一个的话，那么，一件事物绝对不可能在科学观点上是假的，而在宗教观点上是真的。“如果宗教信仰和观点与科学的标志相反，那么它们仅仅是迷信和空想；因为知识的对立是无知，无知的产物就是迷信。毫无疑问，正确的宗教和科学是一致的。如果发现一个问题与真理有抵触，我们是不能相信和信仰它，它除了令人犹疑、动摇不定的意识外，不会有任何结果的。”[⑦]

既然科学的真理是已经被发现的真理，而宗教的真理是天启的真理，二者之间就没有也不应该有矛盾，应该使它们之间互相补充。对此，阿布杜巴哈论述说：“宗教和科学是人类智慧飞向天空的两只翅膀，有了它们，人的灵魂就能进展。只用一只翅膀来飞行是不可能的。如果有人只用宗教的翅膀飞行，那么，他很快就会掉入迷信的泥潭；而另一方面，如果他只用科学的翅膀飞行，那么他也不会取得任何进步，而只会掉入实利主义的绝望境地。当今所有的宗教都已陷入了迷信仪式的形态，这不仅和它们所体现的教义的真理有所抵触，而且和当代的科学发现也不一致。”[⑧]因此，他希望宗教和科学要互补，认为科学与宗教一致的实践所产生的结果，将会加强宗教，而不会削弱宗教，那时，就会使宗教和科学保持高度一致的和谐：“当免除了一切迷信，传统观念和无知信条的宗教，表现出与科学一致时，世界上就会出现一股强大的团结振兴的力量。这股力量将扫除所面临的一切战争、

---

① 邵基·阿芬第：《新世界体制之天启》，第79～80页。

② 杜红：《对宗教与现代化问题的思考》，《宁夏社会科学》1996年第4期。

③ 参见威廉·汉切尔、道格拉斯·马丁：《巴哈伊教——一个新崛起的世界宗教》，新加坡巴哈伊总灵体会1993年版，第6页。

④ 阿布杜巴哈：《世界和平之传扬》，美国威尔米特巴哈伊出版社1982年英文版，第287页。

⑤ 阿布杜巴哈：《巴黎片谈》，第130页。

⑥ 阿布杜巴哈：《世界团结之基础》，第55页。

⑦ 阿布杜巴哈：《世界和平之传扬》，第181页。

⑧ 阿布杜巴哈：《巴黎片谈》，第143页。

分歧、不和及纠纷——于是人类就会在上帝之爱的力量中团结。"①

对于这样一种宗教，除它还保有上帝的名称之外，我们不知道它到底还有多少宗教的因素，难怪有人评价巴哈伊教完全是一种俗人的宗教，而这也正是巴哈伊教的另一个特性。

## 四、世俗性

在对宗教与现代化问题的思考和讨论中，虽然有的学者已经提出，现代化或许能引起世俗化，但世俗化只是宗教对现代化作出反应的一种可能的形式，因为现代化本身所产生的问题也会导致人们对宗教的新需求，从而可能导致宗教复兴。② 就目前世界上宗教发展的状况来看，确实这两个倾向都是存在的，但还应该看到，越是在宗教复兴，原教旨主义盛行的国家，宗教越是容易出现世俗化的倾向，以适应宗教与现代化不相适应的形势，巴哈伊教的世俗化，就是这种努力的一部分。

巴哈伊教在巴布教的初创阶段，已经表示出这种宗教的世俗化倾向。当巴布向他的追随者们号召让他们从伊斯兰教传统的律法"沙里阿"中解脱出来之时，这种世俗化便开始了。女教徒塔荷蕾在参加一次宗教会议时，采取了一种非常大胆的举动：她没有披上当时的传统妇女要戴的面纱。正统的十叶派穆斯林因此而指责巴布教徒是无神论者，主张性开放，并且共同享有财产。塔荷蕾的行动，带来的是一个新时代的特征之一，那就是解除妇女不享有平等地位的种种戒规，她所引发的是宗教领域里的一场妇女解放运动，这一运动成为宗教世俗化的一种尝试。

到巴哈伊教阶段，巴哈欧拉、阿布杜巴哈、邵基阿芬第三代人一贯地持续地努力，把巴哈伊教完全变成了一种"俗人的宗教"。他们废除了教主世袭，建立了一套世俗的教务行政制度，消除了职业性的传教职位及施洗，没有主教的权威及其所赋有的特权，行政机构要经过民主选举产生，选举过程是开放式的，不预定候选人，不允许私下接触，投票者本人享有最大的选择和自由，由这样的民主方式选出的行政机构，主要任务是为信徒提供许多机会，以响应巴哈伊为人类服务的计划。这就使新入教的信徒感到他们加入的是一个社团，而不是一个教区，这样的行政教务机构，"没有任何形式的教士制度，既无牧师，也无宗教仪式，并且完全由其忠诚的追随者们的自愿捐献来维持。巴哈伊信仰者们忠于他们的政府，热爱他们的国家，而且急欲时时刻刻促进它的福利。然而同时，又把全人类当做一个整体，深深地关心它的切身利益，不会犹豫把每一个特殊利益，不论是个人还是区域性或者国家性的，隶属于高于一切的全人类的利益之下"③。

由于巴哈伊教不设置专职的神职人员，避免了其他一些宗教的神秘性，例如其他宗教中的牧师、僧侣、祭司、阿訇等神职或非神职人员，很容易给教外人士造成一种神秘感，闻到浓重的宗教味。而巴哈伊教没有职业传教士，就使教务不是由某些专门或指定的人士所从事的事，而成为每一个信徒应尽的义务。同时，巴哈伊教也不像有些宗教那样，要求信徒恪守宗教教条，它反对教条主义和形式主义，甚至没有入教或其他宗教仪式，没有公开或集体性祈祷，提倡每一个信徒独立自行探求真理，不应该盲目崇拜和服从，它在行政管理上引入了选举制度，提倡磋商的原则，这样的运作系统和方式较其他宗教都更为接近世俗社会，从而使该教从整体上来看更像一个慈善性国际社团，而非宗教组织，这种世俗性的特点是巴哈伊教所独具的，是它区别于其他宗教的最为显著的特征之一。

---

① 阿布杜巴哈：《巴黎片断》，第146页。

② 杜红：《对宗教与现代化问题的思考》，《宁夏社会科学》1966年第4期。

③ 邵基·阿芬第：《今日与明日之向导》，英国伦敦巴哈伊出版社，第8～9页。

## 五、宽容性

人类一家，促成全人类的团结，“地球乃一国，万众皆其民”，是巴哈伊教的核心观念，出于这一观念，巴哈伊教徒不把自己看做是孤立的，与他人分开的，处在不断与他人的冲突和竞争之中的，而是属于人类群族的一部分，只有借助于和平、团结与合作，才能做。

但是，令人遗憾的是，在一些宗教原教旨主义盛行的地方，宗教战争愈演愈烈，由于自称是被上帝“选中”的，“最后的”、“唯一的”、“最好的”宗教，从而使宗教战争升级和火上浇油。这样的自我标榜把人们分隔开来，并以“上帝”的名义为一切等级的暴力和破坏行为辩护。①

这种现象究其原因，多与偏见有关，正如阿布杜巴哈所说：“可以确证，所有的偏见都会破坏人类的社会体系，只要这些偏见存在，人类就仍然受着生存斗争的支配，野蛮与掠夺仍然会继续下去。所以，如同过去一样，人类社会只能通过消除偏见，培养崇高美德，才能脱离自然的黑暗束缚，并获得光明。”②如此，巴哈伊教提倡一种宽容的精神，既然人类来自于同一个地球，就必须克服自我中心主义，克服偏见，要避免卷入争论和施行报复，有的宗教提倡以眼还眼，以牙还牙，巴哈伊教反对这样做，而是提倡“必须认敌为友，将恶意者看做善意者，并友善地对待他们。这样做，你们的心灵便可摆脱仇恨”③。

在这样一种宽容精神的指引下，巴哈伊教的灵曦堂，其建造的主要目的不是专为巴哈伊社团服务，而是开放给所有各种宗教背景的人士，或无宗教信仰的人们，作为他们崇拜同一上帝的场所，灵曦堂内举行的崇拜仪式不带任何教派色彩，可以诵读世界各宗教的圣典，它所具有的九个边和一个圆顶的建筑样式，象征巴哈伊教容纳各种宗教传统，各种宗教的崇拜者可以从不同的门进入其中，聚集在一起，去崇拜同一个上帝。

出于同样的宽容精神，巴哈伊教废除了有些宗教使用的“异教徒”的概念，因为它不符合人类一家的原则，巴哈伊教能够容忍其他各种宗教人士的风俗习惯，可以和他们同桌而食，而且食用其他民族的食品，包括猪肉类食品。

巴哈伊教还鼓励教徒和教外人士通婚，提倡不同民族，不同宗教的人士互相往来，其目的都是为了实现人类一家。在人际关系方面，巴哈伊教奉行的基本原则是爱与团结，它要求信徒严守高标准的道德和情操，要诚实，正直，谦恭有礼，慷慨勤奋，中庸、超脱，去虚伪与骄矜，不自私和偏激，在逆境中不悲伤，不与人争执，不随便动怒，奉行“己所不欲，勿施于人”的原则，巴哈伊教还特别规定，禁止诽谤、挑拨离间和背后批评第三者，信徒也被要求凡事不可固执己见，在磋商问题时，要避免争论，要善意地对待别人的意见，放弃个人的好恶和自私的动机。

正是由于巴哈伊教奉行这样的宽容精神，赢得了一些国际观察家的赞誉：它是人类各民族完全的结合的一个实际典范，坚定操守避免宗教的争论或批评其他宗教，它消除了常与现代宗教运动联系在一起的道德丑闻与财政舞弊，它不凭借逼人的改宗活动来进行传教，它成为以热情好客著称的社团。④

---

① H. B. 丹尼什：《精神心理学》，社会科学文献出版社 1996 年版，第 173 页。

② 转引自李绍白：《人类新曙光——巴哈伊信仰》，第 61 页。

③ 阿布杜巴哈之言，转引自 H. Colby Ives，*Portals To Freedom*，第 169 页。

④ 威廉·汉切尔、道格拉斯·马丁：《巴哈伊教——一个新崛起的世界宗教》，第 190 页。

## 六、融合性

巴哈伊教是对各种传统宗教进行融合的产物，它虽然对各种宗教不是全盘接受，而是有选择地接受，但总的说来，它对各种宗教经典均不排斥，允许在灵曦堂内自由地诵读。巴哈欧拉本人在撰著的《确信之道》一书中，大量引用了犹太教、基督教和伊斯兰教的经典，并将各种教义融会贯通，形成巴哈伊教容纳百教的独特风格。

巴哈伊教也主张对各种文化进行融合，世界文化是多元的，世界各民族所创造的物质文化和精神文化，都是人类文化宝库的重要组成部分，不能说哪一个民族创造的文化就比别的民族更高明。物质文化和精神文化也都必须同时并举，共同发展，因为“人有两翼都是必要的，一翼是物质的力量和物质文明；另一翼是灵性力量和神圣文明。只有一翼不可能飞翔，两翼都是必要存在的。因此，无论物质文明多么发达，除非通过灵性文明之提携，否则它不能达到完美”①。以精神文明见长的东方文明，必须与以物质文明见长的西方文明融合，才能形成真正代表人类文明发展水平的世界文明。

巴哈伊教之所以有融合性的特点，与该教反对走极端，奉行中庸之道有关，世界上完美的事物是不存在的，因此对各种事物应该注意兼收并蓄，取其长，弃其短。巴哈欧拉提倡中庸之道。他说：“在一切事情中，中庸之道是可嘉的。如果一件事被做过度，就会被证明是邪恶的起因……在地球上存在着奇怪而令人震惊的东西，但是它们被隐藏于人之思维和理解力之外。”②又说：“所有当权者的所行所为都务必要合乎中庸之道，凡是超越中庸之道的行为都不会有好的影响。譬如自由，文明等诸如此类的事件，无论明智的人多么地推崇他们，如果是走向极端，必会带给人类恶性的影响。”③

即如“自由”，在西方是最受崇拜的概念，但巴哈欧拉对自由却基本上持否定态度，只在一定意义上予以肯定。他说：“自由最终必导致动乱，此种动乱之火无人能扑灭，他如此警诫你们，他乃是结算报应者，全知者。你们须知自由的化身与象征是动物。人应当屈服于适当的约束和限制以保护自己，不受无知的驱使和作恶多端者的陷害。自由会使人僭越适可而止的界限，以及违反人性的尊严。它贬低人的地位，使人陷入极端堕落与邪恶的地步。人类可以比喻成一群绵羊，需要牧羊人看管和保护。诚然，这是千真万确的真理！某些情况下，我们需要自由，但在别的情况下，我们却不批准自由。”④文明也是一样，因为“人类的文明往往被精通艺术与科学的倡导者们所渲染，倘若让它超越了中庸之道的范围，它必会为人类带来极大的邪恶。全知的他如此警告你们：倘若文明走向极端，它将成为邪恶的根源，就如同当文明受中庸之道的约束时，是一切善美的根源一般”。所以巴哈欧拉主张：“坚守正义的人，在任何情况下，都不会僭越中庸之道的界限。他靠着明察秋毫的他的指引，看穿一切事物的真理。”⑤

由于奉行这样一种中庸之道，也就使巴哈伊信仰体系本身成为一种中庸之道的产物，它对其他宗教和世俗事务上采取的态度，是一种中庸的原则，即既不完全赞同和吸收，也不绝对否定和排斥，而是兼收并蓄。⑥ 这就使巴哈伊教带上了极为鲜明的融合性的特点。

---

① 阿布杜巴哈：《世界和平之传扬》，第11～12页。

② 《巴哈欧拉书简集》，马来西亚巴哈伊总灵体会1992年版，第51页。

③ 《巴哈欧拉书简集》，第84～85页。

④ 《巴哈欧拉书简集》，第87页。

⑤ 《巴哈欧拉书简集》，第87页。

⑥ 参见李绍白：《人类新曙光——巴哈伊信仰》，第1页。

## 七、务实性

巴哈伊教是一个务实性的宗教，注重经世致用，反对教条主义，轻言重行。巴哈欧拉在《隐言经》中告诫信徒说："给人引导一向通过语言，而现在却要通过行为。每个人都必须表现出纯正而圣洁的行为，因为语言是众人皆有的财富，但纯正而圣洁的行为只属于我们所宠爱者。那么，全心全意去努力吧，以你的行为令自己杰出超群。我们在这篇神圣而光辉的书简里，如此地劝勉你。"[①]他还劝导人们："要注重静，避免无益的言词，因为口舌是将燃的火，而多言是致命的毒液。实在的火能烧死人，但是口舌的火烧毁心灵。前者的效力在一小时内就消失，但是后者在百年之间犹不灭。"[②]巴哈伊教提倡天下一家，但绝不把它作为一个空洞的口号，而是把它纳入整个信仰体系的各个方面，发展成为一套完备的世界大同的实践规划和全球统一行政体系的架构蓝图，并竭尽所能孜孜不倦加以实践推广。[③] 巴哈伊较其他宗教更成功地将宗教事务和世俗生活结合在一起，创造出成功的巴哈伊社区的范例。在国际舞台上，巴哈伊积极参与各类国际性事务，于 1948 年成为联合国的一个国际非政府组织，从 1970 年起一直担任联合国经济与社会理事会及儿童基金会顾问，与世界卫生组织，联合国环境组织有密切的工作关系，还是国际非政府组织如"大自然网络全球基金会(资源保护与宗教)"、"共同未来中心"、"全网络教育"、"宗教与和平世界会议"、"促进非洲食物保障"等国际组织的成员。对于社会与经济发展，巴哈伊也积极参与，在第三世界推广了一套行动计划，设有社区学习中心、地方医疗诊所、卫生研习班、农务发展计划、树林再生计划、戒酒辅导和儿童宿舍，推动第三世界的福利开发活动。巴哈伊与其他国际组织携手推动的计划，以健康教育、营养问题、农业、扫盲运动，基础教育等为最常见。这些表现出该教务实性特点的活动，在第三世界国家越来越受到欢迎。

## 八、灵活性

巴哈伊教另一个比较明显的特点是它惊人的灵活性。

巴哈伊承认，所有的宗教都源自上帝，但却是上帝的意志在不同时期和不同地区的显现。因此，各宗教的真理是相对的，而不是绝对的，因为它们适应不同时代的不同需求，而且，对真理的认识也是一个渐进的过程，由于人类社会的演进，除了各宗教共同涵盖的一套基本的、永恒的真理外，各宗教的组织形式、礼仪律法等，均须随着时代的不同而更改，巴哈伊教就是要创立一个适应现代生活和未来社会的新型宗教。[④] 在根据时代和社会不同需要而作相应调整和变更上，巴哈伊较其他宗教更具灵活性，如其他宗教信徒，如果愿意接受巴哈伊信仰，不必放弃原有的宗教信仰，仍然可以保持犹太教、基督教、伊斯兰教、佛教、耆那教、锡克教、琐罗亚斯德教、道教等宗教背景，尊崇原来宗教的经典。信徒可以保护各宗教原有的教义，但要放弃人为的教条和偏见，在歧异中实现统一，而且，信徒还可以自愿地和独立地去追求真理，可以用自己的传统和语言去理解和实践巴哈伊信仰。

## 九、创造性

有些接触过巴哈伊教的非宗教人士，看到巴哈伊教对于各大宗教的基本教义都有所继承，且承

---

① 《隐言经》，澳门巴哈伊总灵体会 1994 年版，第 54 页。
② 《笃信之道》，马来西亚巴哈伊总灵体会出版，第 58 页。
③ 参见李绍白：《人类新曙光——巴哈伊信仰》，第Ⅳ页。
④ 参见周燮藩：《美国巴哈伊社团访谈》，《世界宗教文化》1995 年秋季号。

认世界各大宗教同源，均来自于绝对的唯一的上帝，因此就下断语，说巴哈伊教没有什么创造性，只不过是对各大宗教的综合。

事实上，巴哈伊教绝不是世界各大宗教的简单拼凑，而是在继承各大宗教的优秀成分的基础上，又有自己的创新，是继承中有创新。这就好像一架飞机的制造，在飞机制造以前，各种零部件都有了，发动机，螺旋桨，铝金属等各种物质材料，可这些材料并不等于就是飞机。但是，只有当用活塞式发动机驱动螺旋桨作为动力装置，而且配备上由螺旋桨推动的、由流过机翼的空气产生的力支承的、重于空气的固定翼，才算真正发明出飞机，所以螺旋桨飞机的出现本身就是一个创造。后来，人们又发明了喷气式发动机，创造出高速喷气飞机，而喷气飞机的出现，同样也是人类的一个创造，并不能说因为有螺旋桨飞机，喷气飞机就不是发明创造。与此类似，巴哈伊教虽然对各大宗教均有继承，但其创新性也是不可抹杀的。

巴哈伊教最突出的创造性，主要表现在：

其一，把宗教理性化。巴哈伊教可以说是一种理性化的宗教。巴哈伊教是一种信仰体系，信仰往往和理性相矛盾，这是人们通常的说法，这种说法对巴哈伊教就不合适。

宗教理性并非始自巴哈伊教，在它以前，基督教和伊斯兰教都提倡宗教理性。中世纪的基督教神学由于受理性本体化的影响，而使宗教与理性结盟。本体化的理性观念经新柏拉图主义和斯多葛派的发展，在中世纪又与希伯来文化相结合，形成了基督教的宗教神学。这种宗教神学吸收了古希腊传统理性精神，形成了一种有理性的宗教。古希腊哲学中的宇宙理性或理念世界，演变成一个人格化的上帝，理性的至上、至善、至美，已经由万能的上帝所代替。但是，“基于这样一种宗教理性，人类对自身的认识带有一种浓重的色彩：人是有原罪的，这种原罪源于人类灵魂因受肉体感性欲望的引诱而堕落这一事实；人必须甘心忍受现实苦难，向上帝忏悔，终生赎罪，死后才能进入天堂。在这种宗教理性的统治下，人们的社会生活和日常生活，精神生活与物质生活都渗透了一种神秘色彩，人类被自身设置的陷阱所迷惑。作为完整的人在这里发生了灵与肉、感性与理性、精神与物质的严重分裂，人类生活世界陷于矛盾和困境”①。

基督教的宗教理性对人性的限制，在某种程度上被伊斯兰教所解放。伊斯兰教更为重视理性，《古兰经》对人们加深理性是十分重视的，其中有很多经文表示了对理性的渴求。如“他们站着，坐着，躺着纪念真主，并思维天地的创造。[他们说]，‘我们的主啊！你没有徒然地创造这个世界。’”(3:191)“有眼光的人们啊！你们警惕吧！”(59:2)“有知识的与无知识的相等吗？唯有理智的人能觉悟。”(39:9)“天地的创造，昼夜的轮流，在有理智的人看来，此中确有许多迹象。”(3:190)出于理性思考，伊斯兰教坚决排斥和反对基督教的人有原罪说。认为人没有原罪，每一个人生下来都是自由的，每个人都直接对真主负责，而不需要任何中介，即使穆罕默德那样的圣先知，也是一个和别人一样有血有肉的人。就是说，人在本质上是一样的。但是，伊斯兰教的宗教理性同样有局限性，虽然承认人在本质上是一样的，却又提出了“异教徒”的概念，而且，为了对付异教徒，伊斯兰教徒提倡人人都有权力讨伐异教徒、捍卫真主的宗教而举行“圣战”。

巴哈伊教更为尊尚理性，把理性和智慧看做是尘世和天国中两盏最明亮的灯烛，赖此灯烛，存在

① 王勤：《理性精神的新发展与人类自我认识的新境界》，《文史哲》1999年第1期。

之殿堂闪耀出不断增强的光辉。[①] 在人类王国中，只有当理性之光释放出最大能量、发展得最完美时，人类才算真正成熟。[②] 出于理性思考，巴哈伊教提倡克服造成人类悲剧的四大偏见：种族偏见、国家偏见、宗教偏见、政治偏见。作为宗教，巴哈伊教特别提倡克服宗教偏见，认为现代那些不幸的战争就是因为人们之间狂热的宗教仇恨或种族间的偏见而引发的，往往正是教士们鼓励国家投入战争，而宗教的仇恨从来都是最为残忍的。巴哈伊教提倡人类应该谦逊，不抱任何偏见，要喜爱别人胜于自己，"决不要说：'我是个信徒，而他是个异教徒。''我是接近上帝的，而他是被遗弃者'"[③]。为此，巴哈伊教不仅废除了"异教徒"和"圣战"的概念，而且提出了一套用精神原则解决争端和战争的思想，认为精神原则或所谓价值观，是能够为任何社会问题提供解答的，"因为，从本质上来说，和平的信念发自一种基于精神或道德立场的心态，要找到长治久安的解决办法，首先就必须培养出这种心态"[④]。世界正义院的《人类之繁荣》、《世界和平的承诺》等文件，都阐述了这些思想。这正是巴哈伊教创新性的表现。

其二，不重教义的传播，而重用行为对人的感化。巴哈伊教从来不否认自己有一套严密的信仰体系，但该教从来不重强行去传播教义，不主张强迫别人改宗，放弃自己原有的信仰，该教提倡的是独立探求真理，不盲从任何教条或信仰。因此，巴哈伊教虽然提倡每一位巴哈伊信仰者都是自觉的传教士，但这种"传教"不侧重于简单的教义和信条的宣读或讲解，而是强调用高尚的品性和行为去感化人。因此，在联合国非政府机构组织里，在发展中国家最落后的地区，都可以看到巴哈伊人士积极投身于人类的教育、医疗卫生、环境保护和各项其他事业。该教用这样一句话来鼓励教徒们去投身有利于人类繁荣和发展的事业：信仰的精髓在于少说多做，凡言多于行者，其生等于死。阿布杜巴哈告诫说："仅是口头赞成博爱主义，空谈人类统一，究竟有什么益处？这些思想，若不能见诸实行，就毫无实用了。世界上的错误继续存在着，就是因为人们只知空谈理想，不去实行，假若行为能代替言语，世界上的愁苦，就会很快变为幸福了。"又说："有人以有高尚的思想为荣，然思想若不能实行，仍无用处，思想的权力，要靠行为表现……心灵的导师以身作则，言行一致，对于心灵的见解与理想，不尚空谈，注重实行。他们拿行为，向世界表现他们圣灵的理想。他的思想，就是他的为人，他的行为不与思想背道而驰。""心灵的导师总是用行为表示他们高尚宝贵的思想。"[⑤]所以，巴哈伊教没有职业传教士，人人都是实践家。这也是该教的创新之处。由于这种重行甚于重言的特点，使巴哈伊教徒所在的地方，都能获得人们的好感和尊敬，用行为感化人往往取得了比用语言传教更好的效果，因受巴哈伊教徒行为感化而入教的，大有人在。

正是由于这九个方面的特点，使仅有150多年历史的巴哈伊教在宗教界异军突起，独领风骚，成为巴哈伊教迅速传播的原因之一。当然，巴哈伊教得以迅速传播，还有其他原因，这正是下面所要讨论和分析的问题。

## 第二节　巴哈伊教迅速传播的其他原因

应该说，巴哈伊教在世界性独立宗教中是最年轻的，连其先驱巴布教算起，也仅有150多年的历

---

① 阿布杜巴哈：《神圣文明之奥秘》，第1～4页。

② 阿布杜巴哈：《世界团结之基础》，第5页。

③ 阿布杜巴哈：《巴黎片谈》，第146～151页。

④ 《毁灭或新世界秩序》，澳门新纪元国际出版社1997年版，第11～12页。

⑤ 阿布杜巴哈：《巴黎片谈》，第2～3页。

史。从 1957～1963 年，该教保持在 40 万教徒的规模。但 60 年代以后，到 1991 年，一下子猛增至 540 万人。简单地追溯一下该教的传播和发展史，是有意义的。

巴哈伊教从 1844 年到 1890 年，基本上是在伊朗和中东地区传播的，西方人知之者甚少。1890 年，英国剑桥大学东方学家爱德华・G・布朗教授拜会了巴哈欧拉，他成为最早向西方世界介绍巴哈伊的西方学者。1893 年，美国芝加哥世界商品交易会召开“宗教国会”大会，一位基督教发言人引用了巴哈欧拉 1890 年对布朗谈的一段话，这是美国最早提到巴哈伊的记录。稍后，一位在埃及开罗加入巴哈伊教的叙利亚商人伊布拉欣・赫雷拉移居美国，在他影响下，美国保险公司的一位董事桑顿・蔡斯，成为美国的第一位巴哈伊信徒，之后，露易莎・格辛尔也成为巴哈伊，并成为赫雷拉的妻子。之后是百万富翁菲尔毕・厄斯特太太入教。他们组织了 15 名巴哈伊信徒，于 1898 年 12 月 10 日到达以色列阿卡去朝圣，他们成为美国巴哈伊活动的开端者。之后，巴哈伊教在欧洲和北美洲缓慢地传播着。1906 年，阿布杜巴哈造访伦敦、巴黎、斯图加特等城市，1912 年又访问纽约、芝加哥等 40 余城市，又访问加拿大蒙特利尔等城市，扩大了巴哈伊教的影响。在这一阶段，传播巴哈伊教最力的是 1909 年入教的玛莎・路特女士，她是美国的名门望族，从 1915 年开始环球旅行。她的四次环球旅行长达 20 年，把巴哈伊传统带给了各国社会的不同层次：国王、王后、大臣、大学校长和普通百姓。罗马尼亚王后玛丽亚和中国清华大学校长曹云祥，都是经过她而加入巴哈伊教的(编者按：此处有误，据最新研究，曹云祥 1911 年以前入教)。但是，无论如何传播，还只是处于自发的无系统组织无计划传播的阶段，所以全部教徒也不过 10 万人，还未形成世界性大宗教。

对巴哈伊教传播贡献最大的是邵基・阿芬第。他本人出身于英国牛津大学，有西方文化的系统知识。他用娴熟的英语阐释了许多巴哈伊教著作，用极大精力来发展巴哈伊教务行政体系。从 1937 年开始，他开始推动一系列计划，系统地向世界大部分国家推介巴哈伊教义。1937 年 4 月开始的第一个七年计划实现了三个主要目标：在美国的每一个州和加拿大的每一个省至少建立了一个地方灵体会；确保拉丁美洲每一个国家，至少有一位巴哈伊导师；完成美国芝加哥第一个巴哈伊灵曦堂的设计。1946 年开始第二个七年计划，完成的主要任务是：在西欧各国建立地方灵体会、拉丁美洲各国建立地方灵体会，在加拿大建立国家级灵体会，并登记成为社团法人。1953 年又推行十年世界运动，虽然邵基・阿芬第于 1957 年逝世，但预定的目标均已实现，1963 年 4 月在以色列海法，56 个国家总灵体会的代表选出了由九名成员组成的第一届世界正义院，40 万教徒分布到世界绝大多数国家和地区。可以说，经过邵基・阿芬第的推动，巴哈伊信仰真正成为一个全球性宗教。

世界正义院成立以后，又开始推行新的全球性发展战略。从 1964 年开始，先后开始了九年计划、五年计划和七年计划，全都顺利完成，其结果是到 1991 年底，巴哈伊教成为分布范围仅次于基督教的拥有 540 多万教徒的新兴世界宗教。

60 年代以后，巴哈伊教为何发展得如此之快？除了巴哈伊教本身具有的特点以外，尚有以下几个原因：

## 一、巴哈伊教人士积极主动的传教

巴哈伊教没有神职人员，不设职业传教士，每一位信徒都有义务和责任向他人传播巴哈伊信仰。巴哈欧拉号召信徒，必须宣扬上帝之圣道，因为上帝已命定每个信徒宣扬巴哈伊教义，并且将此举视为至高至圣的善行。[①] 巴哈伊社团是一个俗人组织，其成员不论是职务和地位高低，都被要求广泛地参与圣道事务的管理。世界正义院成立伊始，就认识到，一个仅有40万教徒、规模如此小的社团，只有通过全体或至少是绝大多数成员们甘心乐意积极参与社团的计划，才有可能获得或扩大人力资源。正是出于这样一种考虑，世界正义院将"群体的共同参与"规定为第一个全球性传教计划的主要目标之一。1964年，世界正义院发表的声明说："每个信徒的参与是极为重要的，它乃为我们前所未知的力量与活力之源……如果每个信徒都履行这些神圣义务，那么我们就会惊喜地看到整体力量的增长，这一力量接着又将会进一步促进圣道之发展，使我们沐浴在上帝更大的恩惠之中。群体共同参与的真正秘诀是教长(即阿布杜巴哈)反复提及的心愿，即教友们应当互相友爱，互相鼓励，共同奋斗，团结为一个机体，一个灵魂，以便成为真正健康的有机体，为圣灵所明照而生机勃勃。"[②]巴哈伊教认为，传教是教诲别人，而在教诲别人之前须先教诲自己，通晓巴哈伊教的基本精神和原理，避免以其昏昏，使人昭昭。而且还应该在行为上做他人的榜样、生活上要严于律己。巴哈欧拉训导说："巴哈伊信仰的教友们必须以其智慧为主服务，以其生活施行身教，以其行为显示上帝的光辉。在真理的显示上，行为的效果比言词更有力……有的人会为言词所满足，可言词的真实性唯有靠生活行为的表现来验证。"[③]巴哈欧拉为信徒们制定了一套细微的行为规范和道德标准：富足时须慷慨，身陷逆境时须感恩。要值得他人的信任，待人接物时当和蔼可亲。对穷困的人，当有如一座宝库；对富裕的人，要时时劝勉；对无生计者的哭唤，当有求必应；对你所许下的诺言，当谨守不怠。你的见解要公正，说话时要三思而言。不可偏袒任何人，对待所有的人都要谦逊柔顺。当有如夜行者的明灯，悲伤者的欢乐，干渴者的海洋，受苦受难者的天堂，被压迫者的护卫。以诚实和正直作为你言行的准则。使异乡人无拘无束，做落难者的慰藉，逃亡者的寄所。当作盲人的双眼，迷途者的引导之光。当有如真理面容上的装饰，忠诚额头上的冠冕，正直庙堂中的栋梁，苏醒人类躯体的气息，正义万军的旗帜，品德地平线上的明星，滋润人心沃土的灵水，知识海洋上的方舟，恩惠天空中的朝阳，智慧冠冕上的宝石，当代苍穹中的灿烂光源，谦逊树上的果实。[④]

在这样的道德原则指引下，巴哈伊地方灵体会积极组织传教活动，成为制定和执行传教计划的主体。而具体的传教活动，则是由教徒以个人方式进行的，信徒们被鼓励作广泛的社交和旅行，到那些尚未有教徒的国家去传教，称之为"拓荒"，被视为一项特别光荣的事情。在这样的地区"拓荒"，教徒们被要求要尊重当地人民的风俗习惯，了解他们的文化传统，以便灵活地有针对性地传播教义。这样积极主动的传教活动，使巴哈伊赢得了大批新信徒，其中有一些是文化素养和社会地位较高的成员。而由于他们的积极参与，形成了一种"滚雪球"效应，进一步扩大了巴哈伊教徒人数。

## 二、欧美社会对精神力量的需求

欧美国家继承的是古希腊文化，欧洲工业革命之后，技术也跟了上来，使欧洲文化光照寰宇，普天之下，莫非欧风，欧美人昏昏然陶醉在自己的胜利之中，以"天之骄子"自命。到第一次世界大战爆发，基本上是欧洲人打欧洲人，这一打，惊醒了西方世界的有些有识之士。1917年，德国学者奥斯瓦

① 转引自李绍白：《人类新曙光——巴哈伊信仰》，第205页。

② 世界正义院：*Wellspring of guidance*，1964年，第38页。

③ 转引自李绍白：《人类新曙光——巴哈伊信仰》，第205～206页。

④ 《巴哈欧拉圣典选集》，第67～68页。

尔德·斯宾格勒开始写《西方的没落》一书，预言当时如日中天的西方文化会没落，语出惊人，书一出版，立即洛阳纸贵，之后在20年代，欧洲思想界开始反思，出版了一本风行一时的书《欧洲的沦亡》，说欧洲要垮台、要灭亡，要欧洲仰望东方。再后是英国学者汤因比，从1934年开始撰写《历史研究》，到1961年才完成，他继承斯宾格勒的意见，认为文化都有从生长一直到灭亡的过程，他反对"欧洲中心主义"，寄希望于东方文化。①

在西方世界，科技日益进步，物质文明日益丰富，人们的物质生活水平日益提高，但是社会的疾病也越来越严重。于是，随着越来越多的人对科技救世、财富的改变力量、甚至政治行动的功效失去了信心，许多地区的人们便越来越相信，根本性的社会改革依赖于某种形式的灵性和道德改革。也就是说，在许多思想家中形成了这样一种共识：科学与技术使"国际村"（地球村）的建立成为可能，但只有当某种普遍的价值系统，能够导致目标的统一性之时，地球村才能成为人类居住的地方。巴哈伊教向来注重人的精神力量的超升和灵性及道德的培养。阿布杜巴哈根据巴哈欧拉"地球乃一国，万众皆其民"即地球村的宣示，及时地概括出20世纪的"新时代精神"是：独立追求真理、人类一家、宗教同源、种族和谐、消除各种偏见、科学与宗教协调、男女平等、普及教育、消除极端贫富、工作的崇拜、社会公道、采用世界通用辅助语言、建立世界联邦、实现世界和平。他致力于将人类从转瞬即逝的物质世界提升至崇高永恒的精神王国，劝告世人不要只追逐世间的物欲，如拉磨的驴，劳累终生，却只是在平面的原地上打转，没有前进半步。人应有纵向的飞腾，人应该更卓越，而这卓越并非是财富上的卓越，而是精神上的卓越，因为除卑下者以外，以财富而自傲是与人格不相配的，仅有愚者方以财产自骄。他对美国批评说："如今，物质文明已经达到了一个先进的水平，但还缺少精神文明。仅仅物质文明是无法令人满意的，它不适合现阶段的情况与需要。物质文明所能带来的利益仅局限于物质世界之中，而人类的精神是不受限制的，因力精神本身是渐进发展的，如果神圣文明得以建立，那么人类精神将会得到提高。迄今为止，物质文明已得到扩展，现在应对神圣文明加以传播。除非两者步调一致，否则人类将不可能获得真正的幸福。仅仅依赖智力的发展和理性的力量，人类是不可能达至最高境界的。也就是说，仅是依靠有才智的人是不能完成由宗教所带来的发展的。诚然，当美国人民获得一种惊人的物质文明时，我希望，精神的力量将使这个伟大的国家更加生气勃勃。"②阿布杜巴哈对精神世界的追求获得美国人的赞许，斯坦福大学首任校长乔丹称他为一个以实际之足行走于灵性之途的伟人，著名阿拉伯旅美作家纪伯伦则将他视为"基督再临"，并以他为原形创作了著名散文诗篇《先知》。后来，许多社会科学家也都承认，调整人类的价值系统本身已成为生存问题，诸如阿尔文·托夫勒、马利林·福古森、弗利乔夫·卡普拉及约翰·耐斯比等人，在自己的著作中已将巴哈伊地球村的信息和玄奥的灵性方面的隐义传递给了广大读者。③ 于是也就此可知，巴哈伊推行"以精神征服全球"计划，满足了美国人对灵性世界的需求，因而也就容易在欧美广为流传了。

## 三、巴哈伊教的团结统一对教外人士的吸引

宗教的继承权是至关重要的问题，继承权解决不好，很容易引起宗教内部的分裂，引起宗派之

① 参见季羡林主编：《东西文化议论集》，经济日报出版社1997年版，第9、67页。

② Badi Shams, *Eiconomics of the Future*, Bahá'í Publshing Trust, New Delhi, India, 1989, p. 57.

③ 威廉·汉切尔、道格拉斯·马丁：《巴哈伊教——一个新崛起的世界宗教》，第193页。

争。世界各大宗教几乎都有教派分裂的状况出现,印度教、佛教、犹太教各大宗教的分派自不用说,基督教、伊斯兰教的分派简直令人吃惊,基督教今天已有2000多个教派,伊斯兰教也有1000多个教派。教派的产生,往往是由于争夺对圣典的最终解释权而造成的。但巴哈伊教是唯一的例外,是没有分裂的宗教。

巴哈伊教始终把团结当作神圣来源之标志,巴哈欧拉从一开始便以最强硬的言词,谴责任何有意将政党或教派活动引入其社团的企图,强调没有什么"自由主义的"、"正统的"或"改革派"的巴哈伊信徒,只有一种巴哈伊信徒,即一个有机地统一起来的巴哈伊社团。巴哈伊教的团结和统一最初来自于巴哈欧拉、阿布杜巴哈、邵基·阿芬第,后两位在成为巴哈伊教的指定继承人之后,维护了巴哈伊教的统一和团结,而在邵基·阿芬第之后,巴哈伊信仰的管理权则是由民主选举而产生的机构即世界正义院来掌握的。这一行政机构被赋予一种神圣权力,即可以取消任何经劝告或警告后仍企图制造分裂的个人或小团体的信徒资格。在一个高度多样化而又迅速成长壮大的宗教社团里,在一个社会如此广泛崩溃的时代,世界正义院对维护巴哈伊教的团结和统一起了关键的作用。

巴哈伊教十分重视团结的作用,阿布杜巴哈说:"宗教应团结人心,使战争和纠纷从地球上消失,创造灵性,将生命和光明输入每个人心中。假若宗教成了憎恶、仇恨和分歧的原因,那还不如没有宗教。而从这种宗教组织中退出来,反而是真正的宗教行为。因为很明显,药剂的功用是在诊病,假若药剂仅能使病人感受更大的痛苦,那就不如抛弃不用。无论哪一种宗教,假若不能成为爱和团结的原动力,就不能称之为宗教。所有圣名的显示者都是诊治心灵的大夫,他们教给诊治人类的药方。"①这种对团结的珍视,不仅能使教内人士团结一致,对教外人士也是一个极大的吸引。长期处于战乱和宗教纷争的中东地区,有不少人放弃原来的宗教信仰而加入巴哈伊教,正是被其团结和谐的精神所吸引。美国前总统布什说:"巴哈伊关于宗教相容,人类团结,消除偏见,男女平等和世界和平的教义,正体现了所有具良好愿望的人们所敬仰和支持的基本准则。"②对教外人士的吸引的原因,正在于此。

### 四、男女平等和消除极端贫富思想的吸引力

巴哈伊主张男女平等,阿布杜巴哈说:"人类有一双翅膀——一边是女性,一边是男性。只有当两翼均衡地成长,这鸟儿才能飞翔。假若一只翅膀仍然弱小,就不可能飞起来。只有当女性与男性在获取品德与善美方面并驾齐驱时,人类才能获得本当达到的成功与繁荣。"③然而几千年来,男女一直处于不平衡的状态,天平一直向男性倾斜,女性成为男性的附庸品,智慧和技能长期得不到有效地开发和利用,从而形成恶性循环。造成两性不平等的原因,并非天然本性造成,两性都是人,在体力与功能上两者相辅相成,而是由于人为和社会的原因而造成,其中最为重要的因素是教育,因为女性被剥夺了男性长久以来享有的机会,特别是受教育的权利。因此,巴哈伊教认为,教育不仅能改变这种状况,而且也是实现男女平等的根本途径。所以,一个家庭如果有一个男孩和一个女孩,而家庭的各方面条件又只能允许让一个孩子上学,那么应该让女孩去上学。因为母亲是婴儿的第一位教师,母亲受到良好教育,下一代也能受到良好教育和培养。

① 《生活的艺术》,澳门巴哈伊出版社1995年版,第57~58页。

② 《美国前总统布什的贺函》,美国巴哈伊《曙光》中文杂志,1993年6月号。

③ *Selections from the Writings of 'Abdu'l-Bahá*. Haifa,1978,p. 302.

巴哈伊教还将妇女的解放提高到实现世界和平的高度来认识，世界正义院发表的《世界和平的承诺》论述说："妇女的解放，男女完全平等的实现，是和平最重要的前提之一，尽管认知这点的人并不多，否认这种平等便是使世界上一半人口受到不公平待遇，并且使男性养成有害的态度和习惯，而影响到他们在家庭、工作场所、政治生活，以及国际间的人际关系。没有任何道德的、实际的和生理上的理由能支持否定男女平等的论点。只有当妇女能自由地参与人类各阶层与专业的活动时，才能在全人类道德和心理上创造出导向世界和平的风气。"①

男女不平等是社会不稳定因素之一，而贫富的两极分化，则是社会动乱的基本原因之一，因为经济上的不平等，也是社会其他不公平现象的温床，因此，巴哈伊教认为，贫富两极分化在本质上是不公平和不道德的，是全人类团结与和睦的根本障碍。巴哈欧拉告诫富人说："洗去财富之污秽，以平静舒坦地进入贫穷之境；如此你便能从那超脱之涌泉畅饮永生之甘醇。""财富乃一道巨大的藩篱，横隔在寻求者与其所寻、爱慕者与其所爱之间。富人，绝不可能到达他（上帝）尊前之天庭，也不可能进入那知足与顺命之城，只有极少数例外。"只有穷人才是上帝的信托，"你们当中的穷人是我的信托；你们要看护他们，别只顾着自己的安乐"②。由于经济和物质分配的严重不平衡，使极少一部分人拥有巨大的财富，而且基本上控制了生产和分配权，而大多数人则生活在极端贫困和苦难之财富中。国与国之间也是如此，一些高度工业化的国家拥有巨大的财富，而其他国家则仍然被剥夺了生活必需品，这表明现存经济制度是不公平的。巴哈伊建议用两条基本制度来消除这两个方面的贫富两极分化，一个是合作制，一个是调节制。

合作制是关于资源再分配的，是在企业之间和内部广泛建立合作的机制，以代替竞争的机制。企业用合伙关系取代雇佣关系，工人除了工资收入，还要占有企业一定比例的股份，可将企业资本的20%划归雇员占有，分红时，再按比例抽取红利，这样既能改善雇员的经济地位，又能不过分牺牲资本家利益。这种合伙制规定的是工人对资本20%的无偿占有，是生产资源的一种再分配形式，而与股份制由工人入股不同。

调节制是关于收入再分配的，实行个人收入调节税制，用累进税制对个人收入征税，税款构成公积金，从而实行收入再分配。如果一个人的收入不够他分内的需求，可以从公积金得到补偿。

根据这样的原则，"百万富翁"在巴哈伊社团是不会存在的，因为人不可能积累到如此巨大和不必要的财富。因为有些人的服务对社团的福利特别重要，如医生、农民、对他们要特别鼓励，因此工资上的差别是允许的。但巴哈伊的原则是工资差别将建立在规定适当的极限里，目的是要保证既没有人能积累过多的财富，也没有人会遭受被剥夺生活必需品的困苦。③ 这样的经济主张对发展中国家的人民是有极大诱惑力的。

总而言之，巴哈伊教适应现代化的需要应运而生，而且不断调整自己以适应现代化，可以说，巴哈伊教是宗教与现代化接轨成功的范例，这足以引起我们对宗教的作用进行重新审视，在现代化的条件下，宗教照样可以体现人类探索世界和自身的不懈努力，体现人类对灵性世界和精神的需求和终极关怀，所以西方学者预言 21 世纪将是宗教的世纪④，值得引起我们的高度重视。季羡林先生

① 《世界和平的承诺》，澳门巴哈伊总灵体会 1992 年版，第 18 页。

② 《隐言经》，第 46 页。

③ 参见威廉·汉切尔、道格拉斯·马丁：《巴哈伊教——一个新崛起的世界宗教》，第 90～92 页。

④ 杜红：《对宗教与现代化问题的思考》，《宁夏社会科学》1996 年第 4 期。

说，宗教是人的一种需要，宗教需要有多种含义：真正的需要、虚幻的需要、甚至麻醉的需要，虽性质不同，其需要则一。他认为宗教会适应社会的发展、生产力的发展而随时改造自己，改变自己。[①] 巴哈伊教的创生和迅速发展，已经证明季先生的结论是完全正确的，由此，我们也应该进一步加强对宗教现象的研究。

① 《人生絮语》，浙江人民出版社 1996 年版，第 6～7 页。

# 近现代社会的创生性宗教*

金　泽

1963年，时值巴哈欧拉宣布其教义的百周年纪念，巴哈伊教在伦敦举行了第一届巴哈伊教世界大会，代表来自56个国家和地区，教徒约40万人，1992年纽约第二届大会，代表来自170个国家和地区。如今全世界的巴哈伊信徒已达500多万人，分布在232个国家和地区，其教徒分布之广仅次于基督教。

* 原载金泽：《宗教人类学导论》，宗教文化出版社2001年版。

# 《O'Connor 关节镜外科学》中文版前言*

Heshmat Shahriaree

19 世纪末 20 世纪初，中国当时还处于比较贫穷、落后和软弱的状态，正在经历着社会、政治、经济、文化等各个领域的大动荡，一位波斯圣哲阿博都巴哈对中国作出了这样深刻而充满希望的评价：

"中国是未来的国家……中国人心灵最为纯朴，追求真理最为诚挚……中国人能免于任何狡诈和伪善，为崇高的理想而奋斗……在中国，一个人可以教育培养许多人士，他们中的每一个都将成为照亮人类世界的明亮灯烛。"

巴哈伊世界团体的思想文献当中还有以下对中国的崇高评价："中国……一个拥有自己的世界和文明的国家，其人民占世界人口的 1/4，无论在物质、文化和精神的资源及潜力方面，都在世界各民族中首屈一指，其前途必定光明无比。"

作为一位巴哈伊，对中国的以上特殊评价，使我一直对中国人民怀着敬意。我知道，这个伟大的民族与国家总有一天会大步前进，震惊整个世界。因此，我一直关注着中国人民振兴中华的种种努力，为最近 20 年来中国所发生的深刻变化和它融入世界的步伐感到由衷的欣喜，并一直尽己所能，为这个伟大民族的复兴效绵薄之力。

16 年前(1985 年)，在我的第 1 本《关节镜手术(Arthroscopic Surgery)》教材首次出版的两年后，我和一些医生被邀请到北京大学作有关关节镜手术的讲座。当时我参观了几所当地的医院，发现大多数中国的医生还在沿袭过去的医学传统，很少见到西方的医学设备和技术。那时我想也没想过中国会进步得这么迅速，中国的医学界在短时间内会发展到需要用使用像关节镜手术这样世界尖端而复杂的技术来治疗他们的病人。9 年以后(1994 年)，当我的第 2 本《O'Connor 关节镜外科学》教材出版时，我吃惊地发现中国的一些医院已经购买了关节镜设备，然而由于不知道如何使用它们，他们把设备保存了起来，以备将来使用。

这是我第一次感到自己有责任帮助中国的骨科医生学习和掌握这门最新的技术，我相信中国人追求真知的诚挚和能力，只要他们有机会接触到世界最新的知识和最先进的技术，无论是在哪一领域，他们都将卓越超凡。于是我在河南省郑州市安排了一场学术讲座，来自中国各个地区的有关医生参加了这次讲座。通过与中国医学界同仁的接触，我更加认识到要有一本关节镜手术中文教材的必要性与紧迫性，以便帮助更多的中国医生尽快地掌握这门新技术。从那以后，我一直与中国的几

* 原载[美]Heshmat Shahriaree:《O'Connor 关节镜外科学》，陈峥嵘主译，复旦大学出版社、上海医科大学出版社 2001 年版。

所医学机构保持着密切联系。终于复旦大学附属中山医院决定将我这套教材翻译成中文在中国出版。我无法用言辞表达我对这本教材所有翻译者与出版者由衷的感激之情。

希望通过这套中文教材,我尽到了自己向中国医学界同仁介绍世界最先进医学技术的一点义务,从而能帮助他们实现其为中国人民乃至世界人民服务的使命。正是怀着这样的希望,我将此书敬献给那些尽自己最大努力以减轻病人痛苦的中国医生们。

# 印度社会面面观[*]

[法]克莱芒著，蔡鸿滨译

就剩第三天了。泰奥来到印度有点晕头转向，他闭口不谈去贝拿勒斯的事。第三天这一天，他们去参观一个犹太教教堂，一座基督教教堂，还有一座巴哈教派[①]的圣堂。但是收获很有限。犹太教堂是一座混凝土建筑，而且小得可怜，远比不上耶路撒冷的教堂那样富丽堂皇。基督教教堂是传统形式，欧洲建筑风格，没有什么了不起的地方。至于宽敞的巴哈教派圣堂，几乎还是崭新的，呈白莲花形，非常洁净，由几个具有军人特征的民兵看守着，他们用手指和眼睛指引着朝圣者。在圣堂的中央，除了一块地毯和一个麦克风之外，什么也没有。

“这是一种什么宗教信仰啊?”泰奥问道。“我没看见神像啊!”

正是这样，巴哈教的神是看不见的。

巴哈教的创始人名叫“巴布”[②]，19 世纪生于伊朗。在年轻时期，他便鼓动群众起义，同时宣布自己是伊斯兰教新的使者。巴布性格温和；1850 年，他在大不里士被处决。他死后，他的门徒巴哈欧拉建立了巴哈教派。两年后，巴哈教派遭到闻所未闻的迫害：敌人撕裂他们的皮肤，在皮内插进点着的灯芯，还有的刽子手威胁一位父亲，如果他不放弃自己的信仰，就在他面前杀死他的两个儿子，他的大儿子伸出脖子，要求先把他处死。

“他们都干了些什么，会落到这样的结果啊?”感到恐怖的泰奥问道。

他们主张创立普世的宗教，认为任何现有的宗教都不享有特权。他们渴望建立一个国际同盟，能够在各国之间进行仲裁，用一种新的语言把所有的人团结起来。尤其是他们要求男女平等，而这是严格的伊斯兰教所不能容许的。这就是他们受苦受难的原因。直到伊斯兰共和国时期，他们在伊朗才得到承认，随后又受到威胁。于是移居到印度和以色列。他们聚会的场所——这种聚会不是宗教的礼拜——非常庄严朴素，毫无装饰。

“这倒不错，”泰奥承认说。“可怜的人们……”

* 原载[法]卡特琳·克莱芒:《神学旅行》，蔡鸿滨译，北京大学出版社 2001 年版。

① 伊斯兰教十叶派的教派之一，该教派认为人类一家，主张废除种族、阶级和宗教偏见，取消圣战，实现“世界和平”，建立“正义王国”。

② 赛义德·阿里·穆罕默德(1819～1850 年)自称“巴布”，原为伊朗伊斯兰教十叶派巴布教派创始人，因谋求社会改革，于 1850 年被伊朗当局处死。此后由巴布教派分化出的巴哈教派形成巴哈教，但仍尊巴布为该教先驱者。

# 伊斯兰教小辞典(节选)*

金宜久

## 巴布教派(阿拉伯文 Bábí)

近代波斯(今伊朗)伊斯兰教十叶派的教派之一。"巴布"(Báb)的原意为"门",意即获得安拉和伊玛目的知识之"门"。因创始人赛义德·阿里·穆罕默德自称"巴布",故名。其思想渊源于18世纪的谢赫学派。1844年巴布以先知马赫迪身份公布《默示录》,声称穆罕默德时代已过去,《古兰经》已陈旧,必须以新的"圣经"《默示录》代替,必须由安拉指派新的先知来完成,而"巴布"就是这样的新先知。1845年,他进而宣称他本人即人们盼望归来的"马赫迪",因而信徒日增。在社会问题上,宣传没有压迫、人人平等、过着幸福生活的世界;主张男女平等,妇女同样应有继承权;提出贸易自由,允许收取利息,废除苛捐和劳役,没收显贵者和统治者的不义之财并分配给贫民,统一币制等,宗教上,主张简化礼仪,规定每年为19个月,每月为19日;斋月亦为19天,在礼拜、净礼等仪式上亦进行相应改革。该派的社会、宗教主张不仅触犯了王室显贵的利益,而且背离了十叶派的律法规定,从而招致王室和教士的愤怒,宣布巴布为"异端"。1847年巴布被捕后,该派活动日益发展,并多次举行起义。1850年春在德黑兰遭到当局镇压,同年7月巴布受难。以穆罕默德·阿里·巴尔福鲁什(Mullá Muḥammad 'Alí Bárfurúsh)和侯赛因·波什鲁耶(Mullá Ḥusayn al-Bushrúyí)为代表的教徒深入群众传播巴布的教义,并发展成全国规模的武装起义。起义失败后,教派分裂,出现巴哈教派。

## 巴哈教派(阿拉伯文 Bahá'í)

伊斯兰教十叶派的教派之一。近代波斯(今伊朗)巴布教派起义失败后分化出来的一个新教派。因创始人侯赛因·阿里(Mírzá Ḥusayn-'Alí Núrí,1817～1892年)自称"巴哈乌拉",故名。该派在社会问题上主张所有的人,不分种族、民族和社会地位,都是兄弟,应互相真诚相爱,互相信任。要求宽容异教,废除圣战,实现"世界和平",建立"正义王国";取消国界,用世界语组织统一政府;取消或简

* 原载金宜久主编:《伊斯兰教小辞典》,上海辞书出版社2001年版。

化宗教仪式，强调个人对安拉的忠诚。该派强调做“主的奴隶”，绝对服从最高的宗教领导人和一切现存政权。在宗教礼仪上，沿袭巴布教派的改革主张，即规定每年分为 19 个月，每月分为 19 日；斋月仅为 19 天。在礼拜、净礼、天课等方面，亦有相应的简化，最初，该派成员仅在今伊朗境内活动；后该派创始人巴哈乌拉被逐出国，部分教徒随之迁出，即以海法（Haifa，今以色列境内）为活动中心。19 世纪末 20 世纪初已从波斯发展到世界各地并逐渐演变为独立的世界性宗教，通称“巴哈教”或“巴哈伊”。

## 巴布教派运动

亦称“巴布教徒起义”。19 世纪中叶波斯（今伊朗）巴布教派谋求社会改革的运动。1847 年赛义德·阿里·穆罕默德（即巴布）被捕后，著名信徒穆罕默德·阿里·巴尔福鲁什（Mullá Muḥammad 'Alí Bárfurúsh）和侯赛因·波什鲁耶（Mullá Ḥusayn al-Bushrúyí）等人深入群众，在别达什特镇（Badasht，今伊朗沙阿鲁德市以东）传教，宣称新先知已降临，《古兰经》与旧法典、旧制度都已失效，无须缴税和服役。宣布废除私有制，主张财产公有、人人平等，信徒颇众。由于统治阶级派兵镇压，该派遂于 1848 至 1849 年在马赞德兰（Mázindarán）、1850 年又在赞詹（Zanján）和波斯（今伊朗）西南的尼里士（Nayríz）等地先后举行武装起义，但均受到残酷镇压。1850 年 7 月巴布被处死，幸免屠戮的教徒转入隐蔽活动。1852 年该派谋杀国王未遂，随后发生分裂。1863 年，巴布门徒侯赛因·阿里（即巴哈欧拉）建立巴哈派。

# 上帝的葡萄园(节选)*

曲　韵

## 巴哈伊教

以色列的北部城市海法是以色列第三大城市。以色列有民谚称"在耶路撒冷祈祷,在特拉维夫游玩,在海法居住"。海法市是一个民族、信仰多元化的山城,整座城市倚卡梅尔山而建,面向地中海,是以色列最重要最繁忙的港口。

卡梅尔山(Mount Carmel)旧译"迦密山",历史悠久,名声远扬。山脉全长 35km,最高处为 546m。在希伯来语中"卡梅尔"意为"上帝的葡萄园",卡梅尔山是犹太教徒和天主教徒的圣地。1891 年,巴哈伊教的创始人巴哈欧拉来到卡梅山,当时的山上荒凉空旷。他宣布这座山上将会出现上帝之方舟,并指着一丛柏树告诉他的儿子阿博都・巴哈,先驱者巴孛的陵墓应建在这里。

巴哈伊信仰一个独立的一神论宗教,创立于 1844 年。该信仰认为曾存于世的九大宗教信仰都来源于同一上帝。因此"九"这个数字在巴哈伊信仰中有广泛的应用,例如现在世界上的七座巴哈伊灵曦堂都有九个入口。巴孛于 1819 年生于波斯席拉兹市。1844 年他宣布世人盼望多年的圣使即将到来,他是为这位圣使到来做准备的。他于 1850 年在波斯被当局处决。其遗体被信仰者秘密地辗转隐藏于波斯。巴哈欧拉即是这预言中的圣使,1863 年他于流放途中在巴格达宣布了自己的使命。

1892 年,巴哈欧拉去世。1909 年,其子克服了重重困难,在卡梅尔山上巴哈欧拉指定的地点修建了陵寝的最初部分,并将巴孛的遗体移葬于此。现在看到的巴孛陵寝是由加拿大建筑师威廉姆・麦克斯韦尔设计的,其风格是东方和西方的结合。

阿博都・巴哈于 1921 年去世后,巴哈伊教的圣护守基・阿芬第继续其未完成的事业。他最终建成了巴孛陵寝的金色穹顶(1949～1953)并在陵寝周围设计修建了美丽的花园和铺有红色碎瓦的小径,种植了苍翠的树木。守基・阿芬第作出了修建梯田花园的规划并亲自丈量了各层梯田的位置,可惜直到他 1957 年逝世时这个规划仍未能得以实现。今天,对平台花园的数目有 18 层和 19 层两种说法。19 层的说法是将陵寝所在的平台和花园也算了进去。许多海法市民也将陵寝及周围的

* 原载金磊主编:《〈建筑创作〉精品集》,天津大学出版社 2001 年版。

花园称为“旧花园”或“波斯花园”，将新建的18层平台花园称为“新花园”或“悬空花园”。

1987年，加拿大籍（原籍伊朗）建筑师法理博·萨巴完成了印度莲花形巴哈伊灵曦堂的建设。在新德里的工地上，他作为项目经理与所有工作人员共同工作了10年多（1976～1987年），终于将他亲自设计的这座“20世纪的泰姬玛哈”实现在印度这片古老的土地上。受巴哈伊世界中心委派，他接着承担了卡梅尔山梯田花园的设计建设工作。同时，他亦被任命为卡梅尔山上所有巴哈伊世界中心建筑工程的工程负责人，这项6万平方米的工程包括一个研究中心，一个国际顾问会议中心和一个图书馆。在巴孛陵寝平台偏东的山坡上，与巴哈伊世界中心的行政管理机构——世界正义院和建于1955年的历史文物馆组成一组弧形对称分布的建筑群。

萨巴1948年生于伊朗，1972年在德黑兰大学艺术系获建筑学硕士学位。作为伊朗几家建筑事务所设计队伍的领头人，萨巴参与设订了许多不同类型的卓有声誉的建筑，包括中国人熟知的北京伊朗大使馆。1976年，巴哈伊世界中心从来自世界各地的45名建筑，从中选择了萨巴设计的印度巴哈伊灵曦堂。该项目完成后引起了全世界的轰动，被加拿大著名建筑师阿瑟·爱瑞克森誉为“我们这个时代最卓越的成就，证明精神的动力和心灵的梦想确能造就奇迹”。

## 巴孛陵寝梯田平台花园

巴孛陵寝整个梯田花园从山顶到山脚延伸达一公里，垂直高度225m，最大坡度63度。其宽度为60m～400m。在陵寝平台上下各有九级梯田平台花园。萨巴解释说：“这些平台花园的设计要为巴孛陵寝创造一个最恰当的外围环境。陆寝被视为一颗宝石，平台花园作为其衬托，就像黄金的环饰中镶嵌着璀璨的钻石。平台花园设计为九个同心圆，从陵寝，即中央的金顶大厦，放射出来。在整个景区，互相平行的面与线为观者营造出最和谐舒适的环境氛围。”另外，18代表了最初追随巴孛并为之献身的18个门徒。

为使整个梯田平台花园从山顶到山脚能连续不断地步行而过，在花园与 Yefe Nof 街、Hatzionut 大道和 Abbas 街交叉的地方修建了宽阔的石桥或地下通道。尽管还有许多精美99装饰设计点缀着花园，自然的光与水仍是装点整个花园的主要元素。这些花园最显著的特色就是注意保持和保护山体环境和水资源。水流伴随着参观者从山顶到山脚，连绵于中央台阶的两边。水的流韵会带来安抚的效果，引人入静，令人欢悦并冥思。梯田平台规则的路径两侧都是由不规则的植物分布的地景花园，以当地99树种和野生花草为特征，再造了这一地区的自然景观。萨巴先生指出：“在地景设计中我们的基本理念不仅仅是为了增加巴孛陵寝的庄严壮美而创造的许多花园，还要有生态学和环境保护的考虑。设计中我们也采用了花园所在地——地中海地区的一些独特的特点，尤其是自然的生态特色。”

除了生态的考虑外，花园对色彩的重视亦极为突出。春末蓝花楹树、地牵牛、矢车菊等占王导地位的粉紫，夏天在大理石花盆中的大竺葵和轴线坡道两侧花床中的凤仙花盛开的火红。不同季节开放的花卉与不同颜色的小径、青草地和树木组合成一幅不断变换着色彩与美姿的织锦绣。当地气候干燥炎热，土壤呈碱性，经过向植物学家咨询并做实验检验，这些植物是从世界各地挑选出的适应干旱气候和碱性土壤的品种。因为在卡梅尔山上如此宽的范围内种植了多种植物，花园吸引了很多野生动物并为海法市的环境作出了引人注目的贡献，在喧闹嘈杂的市中心提供了一方安宁的净土。

综合考虑以色列的气候条件，卡梅尔山坡的斜度及项目的经济预算，最大效率地利用水资源（包括地下水和储存的雨水）成为设计的一个重点。灌溉系统采用了喷雾式、淋洒式和滴灌（地上系统和地下系统）等多种形式，并可选择是否在灌溉用水中加入肥料。整个花园被分割成 50 个灌溉小区，按实际情况采取措施减少水源的流失问题。草坪上草种的选择对水的有效应用也很重要。在特别陡峭的地方，英格兰常青藤被用来代替草坪。经过仔细的修剪，其视觉效果与草坪非常一致。

最上一层平台通过一个步行隧道与山顶已有的一个散步休闲大道——Louis Promenade 连在一起，第一层平台的入口广场将成为重建并发展了的德国坦普勒移民区的起点，向下直通大海。这些项目将成为地中海地区延伸最长也最富吸引力的城市发展规划之一。

梯田平台花园对海法市的环境所作的贡献表现在很多方面。

其一，在市中心拥有如此大面积的露天绿地和梯田花园的审美价值极大程度地美化了海法市的环境，无疑将成为一个极受欢迎的公共娱乐休闲场所。“为了美丽的以色列”委员会在其授奖赠言中贴切的描述道：“因为其辉煌，其独特，其与环境完美的结合，巴孛陵寝梯田式平台花园荣获 1999 年度美丽的以色列马各希姆（Magshim）奖。”

其二，巴哈伊世界中心的所有花园对全世界的巴哈伊教友具有最崇高的宗教意义，同时，这些花园也成为其他来访以色列游客们注意的焦点，甚至在这些巴哈伊产业发展到现在这最后阶段之前，陵寝及其花园已吸引了大约每年 25 万游客。1993 年的统计数字是 Beit Sheam 的游客数为 24 万，Meggido 的游客数为 19 万。当梯田花园于 2001 年 5 月正式对公众开放后，蜂拥而来的游客数目定会迅速增长，当地旅游服务业和零售业的需求的增加会极大推动当地的经济发展。

# 小孩和语言*

小 鸥

巴哈欧拉，巴哈伊信仰的创始人，呼吁人类进入一个世界大同的时代。他预见到不同文化、不同语言的人们将在这个时代面临的语言问题。为此他早在约一个半世纪以前就指出，各国应共同研究磋商，以确立一种通用的世界语，让世上所有的人都学习这种语言，同时每一个人也应学习他本身的民族语言，发扬各民族源远流长的文化。当语言的障碍被扫除以后，各民族的交往就会增加，他们之间的友谊发展起来，而偏见和误解也会随之消失。如此，一种通用的“世界普通话”将成为促进人类团结、建立世界和平的工具之一。

当我的女儿出世以后，我们也曾经经历过关于语言的困惑。到底应该让她学哪种语言呢？我自己的母语是广东话，读书时学的是普通话（海外华人称“华语”），我先生的母语是丹麦语，父语是波斯语，家庭语言是英语，国语是德语。我先生因为有自己的语言经验而认定女儿是可以同时学习多种语言的，但我就很有些信心不足。初时因住在广东的父母家，我就很自然地对女儿讲广东话了。后来搬到澳门与先生团聚后，家庭语言就转为了英语，我也就有意无意地开始对着几个月大的女儿讲起英语了。我先生则很坚定地仅仅用德语与女儿“交谈”。就这样，多种的语言似乎把年幼的女儿弄糊涂了，在同龄幼童都叽叽喳喳地开口讲话时，我们的女儿总也发不出多少个音节。

于是，在和一位巴哈伊朋友交谈时，我们就自己的女儿学习多种语言的问题提出了我们的担忧。这位朋友的儿子比我们的女儿大一岁左右，她本身跟儿子讲波斯语，先生同儿子说阿拉伯语，她和先生用英语交谈。他们两岁多的儿子已经开始讲三种语言了。至于多种语言的小孩不如单语小孩开口讲话那么早，这是普遍的情况，也是正常的，毕竟是“三门功课”啊！她的一席话让我们重新建立起信心。

* 原载真白等：《无言之约——我们的留学故事》，百花文艺出版社 2001 年版。

# 访美见闻*

黄夏年

太平洋彼岸的美国，从小就一直不断地闻说，但是一直没有机会到那里亲眼看看。直到这次随团参加"社会伦理与宗教良知的当代影响"学术会议，才第一次踏上了这块土地。沿途所见所闻，使我增长了不少的见识，当然也生发出不少感想。

## 一、巴哈伊信仰中心

经过十多个小时的长途飞行，飞机终于接触到美利坚的土地。驱车进入洛杉矶市区，沿途映入眼帘的是纵横交错的公路网，世界各种牌号的汽车川流不息地在公路上飞奔，坐落在道路两边的是各种不同形式的房屋，看不到我们在媒体上熟视目睹的摩天大楼。据前来接我们的美国友人介绍，因为洛杉矶多地震，所以没有很多高层建筑，少数高层大厦是日本人修建的。

邀请我们来美国的是美国太平洋地区教育与发展协会，这是一个有巴哈伊信仰者背景的民间社团。从机场出来坐了几十分钟的汽车，到了旅馆，尚未完全洗去旅途的疲劳，就被热情的主人再次带上了汽车，前往"洛杉矶巴哈伊信仰中心"参观。

在我未到美国之前，一直觉得巴哈伊的灵曦堂(教堂)应该非常高大壮观。我曾经见到过世界著名巴哈伊灵曦堂的图片介绍，如印度德里、巴拿马城、德国法兰克福等地的灵曦堂都是富丽恢弘的，而且在外表上也极富特色。但是"洛杉矶巴哈伊信仰中心"却非常一般，一眼看上去，它只是众多城市建筑中的一座极其普通的小庭院而已。它位于加油站的背后，紧邻公路，与各种其他建筑毗邻，没有自己的建筑特色。除了在房屋前面竖起巨大的蓝色油漆广告牌上书写的"Bahá'í Faith(巴哈伊信仰)"昭示了这是一座现代美国洛杉矶最大的巴哈伊教活动中心之外，我们很难将它与宗教建筑联系在一起。以至于想拍一张它的整体照片也无处下手。

这座貌不惊人的建筑，还是有着丰富内涵的。美国人非常注重整洁，整个城市见不到一点尘土，到处都是绿地，天空湛蓝，白云飘浮。在这座小院的天井里，同样是花香鸟语，绿树成荫。推开大门，走进去是一个多功能大厅，浅驼色的地毯在柔和的灯光照射下，让人感到温馨，好客主人的热情，将旅途的劳顿一扫而光。巴哈伊教是新兴宗教，至今只有百余年的历史。在"巴哈伊信仰中心"祈祷厅

* 原载《世界宗教文化》2002年第3期。

里，正面悬挂着创始人巴哈欧拉(编者按：应为阿博都·巴哈)的巨幅画像，使人感到它与伊斯兰教是有区别的，因为在伊斯兰教的教义里，偶像崇拜是被严格禁止的(编者按：巴哈伊教也是反对偶像崇拜的，因此从来不悬挂巴哈欧拉的像片)。一般来说，世界各个宗教都有自己的专职人员，如佛教的法师、道教的道士、伊斯兰教的阿訇、基督宗教的神父与牧师等等，但是在巴哈伊教的场所里我没有见到这种人物，在整个旅程中与巴哈伊教人士接触时，也从没有人专门介绍专职的神职人员。

## 二、做客教徒家庭

东道主为了让我们更多了解巴哈伊教徒的实际情况，专门安排我们去教徒家里参观做客。巴哈伊社团领导人夏里·阿利医生是伊朗人的后裔，他的家庭与东方模式的家庭一样，是由多子女组成的。夏里·阿利是位著名的美国骨关节专家，曾经撰写过这方面的学术专著，我们在夏里家还看见到了中文译本。这是一个非常典型的中产阶级家庭，除了客厅、卧室、书房等基本建筑外，院子里草坪齐整，室外有一个游泳池和一个网球场。夏里先生对中国文化特别爱好，一进大门，一眼就看到一尊树立的佛教观音像，在庭院旁边的山坡上，修整出几道阶梯的人工瀑布，跌流而下，真有一种"此水只从天上来"的意境，体现了东方的审美观。据介绍，美国凡是能看到海的地方地价很高，在圣地亚哥的另一位教徒的家就处在山顶，站在游泳池旁边，可以远眺大海。极目天舒，心旷神怡。美国巴哈伊教的中坚以伊朗裔美国人为主，这不奇怪，因为巴哈伊教的诞生地就在伊朗。它是由伊朗伊斯兰教的改革派——巴布教派转变而成的。也许这些伊朗裔美国人的前辈是为了逃避迫害而远走他乡，最后在美国取得了成功，同时也坚持了自己的信仰，并将其光大。

美国的巴哈伊教徒的热情是真挚实在的，中文"你好"与"谢谢"是他们经常挂在嘴边的口头语，一下拉近了我们之间的距离。据说教主巴哈欧哈曾经说过："去中国的路是敞开的……"一位美国教授(巴哈伊教徒)在会上讲了一个幽默动人的故事，他说几年前他随一个妇女代表团到中国旅行时，被杭州的湖光山色倾倒。在西子湖上泛舟荡漾，不小心在照相时掉到了水里，只觉得有一股力量将他往下拖，一看是"龙王"，就问"你为什么要拉住我？"

龙王说："我要吃你。"

他说："我这么小，你吃了没有用。"

龙王说："我就专吃西方人。"

他说："那你就饶了我吧！"

龙王说："饶你可以，但是有一个条件，你回去一定要宣传伟大的中国！"

他说："好吧。"

于是这位老美重新回到水面。回国之后，秉承龙王的旨意，一直致力于中美两国的友好，宣传伟大的中国。说到这时，这位教授得意地扬了扬手中撰写的关于未来中国研究的论文。

龙王"吃人"是子无虚有。但是这位美国教授对中国感情很深却是事实。像这种感人的事情，在我们的旅行途中经常见到。

# 三、修道院访"古"

我们在美国停留期间,正是美国国庆日即将来临的时刻。一共只有两百多年历史的美国与中国几千年的古老文明史当然不可相比。但是美国人还是挺爱国的。想方设法宣传他们的"古老",把我们安排到洋边市(City Oceanside)的一座修道院居住参观。这座在加州最大、名为"方济会圣路易士瑞"(Misson San Luis Rey de Francia)的修道院,于 1798 年落成。这片神奇的土地原本世世代代生活的是印第安人。西班牙殖民者来到这里后将它据为己有,接踵而来的天主教传教士安东尼神父(Father Antonio Peyri)管理修道院,使之成为当地重要的宗教文化与经济贸易中心。据说当时曾有3000 余印第安人居住于此,圈养牲畜 5 万余头。随着美国的扩张,修道院附近盖起了兵营,士兵们拆除教堂建筑,用于修建自己的住房,一时成为美军的基地;1850 年,加利福尼亚州被美国从墨西哥手中吞并;1865 年,美国总统林肯决定将它归还给天主教会;但是到 1892 年,这里已经荒芜了。以后一群墨西哥天主教修士来此居住,1912 年重新修复。1949 年又建了方济会学院。

今天的修道院,主体建筑仍然被保留下来,但昔日的辉煌早已不再。唯一健在的就是那棵开着红花的,枝叶繁茂的胡椒树。不要小看这棵胡椒树,它当年是墨西哥与美国的分界线与见证者,伴守着早已是遗址的破炮台,无声地诉说着过去的苦难与炮火纷飞的时光。在博物馆里,我们见到了当年修士们用过的生活器皿,锈迹斑斑,家具简简单单,笨笨重重,一群守着贫苦生活的修士们,为了来日的解脱,为了上帝的荣誉,甘于寂寞,默默地做着无私奉献……高大教堂顶上的白色的十字架在阳光下闪闪夺目,高高穹顶透过强烈的光环洒下天国的爱。幽深昏暗的堂内,不灭的长明油灯点燃信徒的希望,走出教堂,是一片空旷的墓地,墓碑上镌刻了活人的希望,守护着安息者的灵魂!

我们住在修道院的"避静中心"。这里曾是修士们起居生活的地方。但是现在改成了旅馆。房间设备很差,也没有卫生间,这在美国旅游业是不多见的。但是它的房价却很高。就是因为这里曾是美国古老的宗教文化遗址,又是一个取静的幽处,很多过惯现代快节奏生活的美国人到这里来就是为了放松一下,寻找那心灵幽静的感觉,金钱在这里是无法用来衡量价值了。

夜深了,窗外的那棵胡椒树叶在微风下发出沙沙声响,月光映照着她的倩影,蛐蛐叫鸣。我们已经远离了喧闹的尘世,进入了另一个世界。见惯了古老的文明。至美国来访"古"探幽,没有什么新鲜感。但是美国人与中国人一样,同样情系于古,他们将"古老"的修道院充分利用,改作寻"古"求静的幽处,开出了高价,对中国真正的古寺来说,这是不是一种借鉴呢?据我的猜测,在中国同样也会有很多过惯了城市生活的人,想到深山古刹里体验一下夜静钟声远的感觉呢。

# 四、洛杉矶直言

我们此次赴美国参会，原本应是9个月前的事情，但是由于“9.11”事件，推到今年才得以成行。这次会议是由中国社会科学院世界宗教研究所与美国太平洋地区发展与教育协会(PRIDE)共同举办的。把会议办到国外，这在当代中国宗教学界并不多见。中国代表团一行22人，代表了当代中国宗教研究的各分支学科，水平之高，受到了与会者的重视。正是由于改革开放使中国跃入大国的地位，学术界才在国际讲坛上得到了充分展示自己实力的机会！

20世纪的工业文明与现代高科技的发展，并没有让人们在精神上达到一个认同的全新的境界，反而滋生出更多的社会问题与道德问题。如今，人类一方面享受高度发达的物质生活，另一方面又陷于人性堕落的道德危机之中。与会者都是一些教界与学界的精英，大家坐在一起讨论全球道德伦理，旨在为当代社会与未来世界找出一个根本的解决办法，这无疑是一个重大的尝试。会上我注意到各国人士的不同看法，大致来说，来自条件优裕的发达国家的代表，往往注意伦理道德价值观的建立与开发以及教育等形而上的问题，而处在条件恶劣的发展中国家的人士，更关心社会公正与贫困以及经济发展等形而下的问题，两者之间的差异，充分说明了环境决定了认识的不同。但无论如何生存权应是第一位的；如果吃不饱，穿不暖，焉能谈得上提升道德之类形而上的问题？宗教不是万能的，它是形而上的，它不能根本解决人们的衣食住行的基本问题。只有在人们的生活水平不断地提高以后，人的精神面貌才会随之有一个大的改观。

但是认识不同，并不影响人们对当代社会道德价值观的强烈关注。本次会议取得的最终结果——《洛杉矶宣言》，代表了当今世界各国人士的普遍愿望。这篇“宣言”着墨不多。但指出了当代国际社会应该重视的重大问题，全文如下：

来自15个国家的150位著名国际领袖、学者、教育家和专家，以及巴哈伊教、佛教、儒教、基督教、印度教、伊斯兰教、犹太教和琐罗亚斯德教的发言人，于2002年6月27日至30日在加州大学洛杉矶分校实现历史性的聚会，进行多宗教间的对话，探讨“社会伦理与宗教良知的当代影响”。与会者讨论了许多问题，包括：道德、经济和社会正义、贫困、教育、卫生、宗教对话，以及太平洋地区发展与教育协会(PRIDE)青年大使和平项目的未来发展。

会议收到了来自各国官员、领袖和学者的致敬、支持和鼓励的信件，包括联合国副秘书长陈健与约旦王国哈桑亲王的致词。

与会者强调必须加强世界和平、经济和社会正义，必须消除贫困，必须以对话而不是对抗的形式来解决争端。他们研究了全球道德在多元世界架构中的作用，强调必须鼓励和发展从多样性中寻求一致和团结。他们谴责一切形式的恐怖主义，着重指出了各大主要宗教可以在促进和平及调解各国地区和地方冲突中起到的积极作用。与会者也着重指出青年可以在促进世界各国和各民族的联系方面发挥积极作用。这些全球性的价值观与联合国21世纪议程的精神是一致的，并呼吁在全世界的教育制度中推动和宣扬这些基本价值观。

与会者关切世界各地的孤儿和被遗弃儿童的特殊处境。为促进国际社会关注这些悲惨状况并解救这些无辜儿童的困苦，与会者呼吁联合国应考虑设立国际孤儿和弃儿日的可行性。

与会者在此对中国社会科学院世界宗教研究所;加州大学洛杉矶分校、公共卫生学院;以及太平洋地区发展与教育协会表示感谢,感谢他们为会议成功所作出的决定性贡献。

美国一行只有短短的一个星期,但是它给我的印象与收获是太深刻了。中国人常说:"读万卷书,走万里路",你只有亲自去实地了解之后,与对方文流之后,你才能感受到什么是真的。大洋彼岸的美利坚,物质生活肯定比我们优越,但在精神世界仍面对着各种各样的困惑,大家共同关心的仍是当下的自觉与觉他。当今的世界仍然充满了痛苦,人们不断地需要精神生活的提升与充实。为了美好的未来,我们更感到自己肩上的责任是那样的沉重!

美国洛杉矶巴哈伊信仰中心

# 世界新兴宗教的特征及其发展趋势(节选)*

罗伟虹

新宗教发展取得成功的典型有巴哈伊教、摩门教和创价学会等。巴哈伊教是19世纪中叶创立于伊朗的“巴布教”的一个支派,源于伊斯兰教十叶派。巴布教的创始人巴布(原名赛义德·阿里·穆罕默德),于1844年开始公开宣教,巴布教派以《默示录》取代《古兰经》,宣扬信徒通过巴布能直接获得真主的知识,简化宗教仪式,并提出一系列适合新兴资产阶级要求改革社会的主张。巴布因积极的传教活动和提出改革社会制度的主张,对伊朗官方教士的地位与国王的统治形成威胁,于1847年被捕,遂遭杀害。巴布教的信徒亦遭镇压,财产被没收,上万名信徒先后被杀,躲过劫难的信徒纷纷逃往国外。巴布死后,他的继任者巴哈欧拉(原名米尔札·侯赛因·阿里)继续领导教派活动,他自称是“真主应许要来的人”,是上帝的新使者,创立了巴哈伊教。但他的传教活动同样遭到伊朗政府的镇压,于1863年先后被遣送到奥斯曼帝国首都伊斯坦布尔和土耳其,最后又被囚禁在巴勒斯坦阿卡的监牢中。巴哈欧拉在狱中和以后10年的流放期间,写下了大量著作阐述巴哈伊教的主张,并不断给一些国家的君主和统治者写信,提出他的新宗教信仰和政治主张,如抛开宗教偏见,实现全人类的团结,建立和平与正义的社会秩序,等等。巴哈欧拉受到大部分巴布教徒的拥护,到了晚年,他的信徒有几十万人,大部分居住在中亚、北美等地,1892年巴哈欧拉去世后,他的儿子阿布都·巴哈被指定为巴哈伊教的领袖和巴哈伊思想的阐述者,他从小跟随父亲过流放的生活,深受巴哈欧拉的思想影响与宗教熏陶,他在被指定为继承人时还处在监禁中,直到1908年土耳其革命爆发时才获得自由。阿布都·巴哈熟悉各种宗教的典籍,思维敏捷,能言善辩。此时巴哈伊教虽在伊朗遭迫害,但在中亚、中东、南亚、北非等地已逐步得到发展。阿布都·巴哈进一步把巴哈伊教推向欧洲与北美,他不断到欧美各国旅行,向西方国家各不同宗教信仰的人宣传巴哈伊教教义、思想和社会主张,并广泛接触各阶层人士,这些人中有不少后来成为巴哈伊教的信徒。到1921年阿布都去世时,巴哈伊教已经在33个国家和地区有了信徒,许多地方还成立了巴哈伊社团,有了自己的实体,一个新的、独立的宗教开始出现。20世纪60年代以后,巴哈伊教信徒大量增加,其成员达100万之多,大部分居住在发展中国家,如印度、伊朗,还有非洲、拉丁美洲等地区。据统计,现在全球的巴哈伊信徒约有500多万,分布于205个国家与地区。

巴哈伊教在创立过程中,不断经历领导人被关押、杀害、遣送,以及教派的内讧、分裂,但最终还是得到发展,成为最为活跃的新兴宗教之一。究其发展的原因,有两方面是值得注意的:在教义方

* 原载《当代宗教研究》2002年第3期。

面,巴哈伊教的宗教思想主要来源于伊斯兰教和基督教,但表现出更强的包容性、开放性和普世性,其基本教义为:上帝独一、宗教同源、人类一家。从这一教义思想出发,巴哈伊教以建立大同社会为目标,提倡世界和平,种族平等;积极关心世俗社会问题,反对贫富两极分化,主张男女平等,重视教育。巴哈伊教教义简明,礼仪简化,关注社会,强调伦理,重视实际行动,对现代社会有较强的适应性,对各阶层的人士有一定的吸引力,它也能包容宗教的信徒,因此发展很快。在组织方面:巴哈伊教曾多次面临教内争夺领导权而产生分裂,巴哈欧拉去世前,指定其长子阿布都·巴哈为合法继承人,阿布都·巴哈又指定其长孙索基·爱芬迪为接班人,但爱芬迪于 1957 年突然逝世,家族中没有后裔可以继承。巴哈伊教突然中断了传统的家族继承制,只得由 27 位"圣辅"承担起管理巴哈伊教事务的责任。1963 年,圣辅们经过协商,决定召开第一届世界代表大会,在这次会议上,来自世界各国的 56 个代表投票选举出第一届"世界正义院"的 9 名成员,世界正义院成为巴哈伊教的最高权力机构,领导成员每 5 年选举一次。巴哈伊教的管理从教主统治、家族继承到民主选举,组织制度发生了根本变化,标志着其发展进入了一个新的时期。现在巴哈伊教有从地方、国家直至世界性的完备的组织体系,有一些专门的机构从事各种社会活动,在世界上的影响越来越大。

# 俄罗斯的宗教与现代化(节选)*

戴桂菊

产生于现代社会的多数新兴宗教都具有明显的世俗性。它们有的源自传统宗教,但是采取了抛弃正统信仰的新形式或者在信仰中增添了接近现实生活的新内容。如巴哈伊教摈弃了伊斯兰教的教阶和教规,它反对圣战,讲求博爱,提倡妇女解放和"地球乃一国,人类皆其民"的地球村思想。

* 原载《东欧中亚研究》2002年第3期。

# 巴哈伊教*

本书编委会

巴哈伊教是在 1844 年在伊朗的希拉展开的。创始者为萨叶德·阿里·穆罕默德,又名巴孛(The Báb)。在波斯文中,巴孛含有认识之门的意思。巴孛在 1844 年 5 月 23 日创教,当时称为巴哈伊运动。“巴哈伊”这个名词,在波斯的语言里,含有带光者的意思。巴哈伊运动即光明的运动。巴哈伊教传入澳门,始于 1935 年,当时的教主守基阿芬第(Shoghi Effendi)展开他策划的 10 年全球宣教运动,澳门亦成为其中一个被选中的传教地区。最早到澳门传教的巴哈伊教徒名法兰西斯·希拉太太(Mrs. Frances Heller),来自美国的加州。后来她认识了夏童容女士。1955 年 1 月夏女士成为澳门的第一位中国妇女巴哈伊教徒。1954 年 7 月 15 日,严沛峰成为第一位信奉巴哈伊教的澳门居民。澳门目前有澳门半岛、凼仔、路环和渔民社区的 4 个地方灵体会,都归澳门巴哈伊总灵体会管理。20 世纪 80 年代时,澳门约有巴哈伊教数十人,目前据说已发展至 3000 人。

* 原载本书编委会编:《WTO 成员国概览》第 2 卷,中国言实出版社 2002 年版。

# 沙皇政府“监督”下的伊斯兰教和伊斯兰宗教界(节选)*

[俄]扎巴罗夫等著,高永久等译

巴布教派与贝哈主义,是受几种新思想的影响、于上世纪中叶在波斯形成的商业资本思想。根据贝哈主义学说,每个人都应该有事可做:要有手艺、有职业、要经商。[①] 真主反对信徒懒惰,尤其是沿街乞讨。最好的职业应该是经商。后来,它在引用伊本·马斯乌德关于先知的传说时,采用了最后几句话:对于穆斯林来说,寻找副业(Kacó)如同寻求知识和学问,是必需的。因此,伊斯兰教从不反对科学知识和进步,相反,要促进它们的发展。这里所说的知识应指《古兰经》,按规定也被列入科学范畴。

* 原著[俄]N. 扎巴罗夫等:《中亚宗教概述》,高永久等译,兰州大学出版社 2002 年版。

① A. M. 阿尔沙鲁尼:《巴贝主义和贝哈主义》,载《伊斯兰教文集》,莫斯科,1931 年,第 93 页。

# 表达实例*

尹　青

新德里大同教礼拜堂(印度)。礼拜堂本身由 3 层共 27 片莲花瓣形的壳片组成,堂内直径 70m,有 1200 个座位。礼拜堂有 9 个出入口,周围有 9 个水池,建筑物像是浮在水面上的一朵巨大莲花。建筑的使用功能、结构与精神象征完善地融为一体。这是一个精品,其完美、新颖、独具一格的艺术造型又一次证明"创新是建筑创作的生命",又一次证明人的创造力是无限的,但要具有深厚的专业功力,敢于追求,善于思考,不懈努力。

新德里大同教礼拜堂(巴哈伊灵曦堂)

* 原载尹青:《建筑设计构思与创意》,天津大学出版社 2002 年版。

# 印度之旅（节选）*

李存修　吴荣水

莲花庙位于新德里东南部，是一座建于 1986 年的新庙。它由伊朗设计大师法里布兹·萨哈巴(Fariborz Sahba)设计，设计造型是一朵浮在水面、周围由荷叶衬托、含苞欲放的荷花，因此，人们叫它"莲花庙"。它高 34.27 米，底座直径 74 米，由三层花瓣组成，全部采用白色大理石建造。每层花瓣 9 朵，共 27 朵。第一层花瓣开放，第二层半开，最顶层欲放，富有立体动感。座边上有 6 个连环的水池，注满清水，像池塘一样正把荷花托起。

白色是莲花庙的最主要色调，庙外层用白色大理石贴面，通体雪白，纯洁无瑕。庙内部设置十分简单，只有一个高大空阔的圣殿，既无神像，也无雕刻、壁画等装饰性物件，唯有的是光滑的地板上安放着一排排白色大理石长凳。来此礼拜者无需烧香拜神，只需静思默想，便可净化心灵。莲花庙整个工程耗资 1 亿卢比(约 1 千万美元)，完全靠信徒们真诚的捐款建造的。在印度教和佛教中，莲花被奉为神物，在当代印度人心目中又贵为国花，所以，莲花庙一建成就备受印度人喜爱，称为"20 世纪的泰姬陵"和"第二个悉尼歌剧院"，每天有不少各种肤色的教徒来此参谒。

这座庙的中文名字叫"灵曦堂"。它是崇尚人类同源、世界同一的大同教(巴哈伊教)的教庙。大同教创立于 1844 年。它的教义目的是融合各种族、国家和宗教，并组成一个人类大家庭，建立持久的世界和平，强调科学的作用等。它不崇拜神，不崇拜偶像，不需教士，也无复杂的祭祀仪式。大同教现有教徒 1000 万人，在印度有 3 万多名教徒。

* 广东旅游出版社 2002 年版。

# 消除抑郁——自我解脱与有趣的东方故事(节选)[*]

[德]诺斯拉特·佩塞施基安　[德]乌多·波斯曼著,
张宁　明太　明谊译

## 恰当的祈祷

阿布杜尔·巴哈(巴哈教派的创立者巴哈欧拉之子)有一次在旅行时,被一家人请去做客。这家的主妇准备大显身手,好让客人看看自己做菜的手艺。可不久她哭丧着脸把饭菜端了上来,她抱歉地说她的菜烧煳了。当她烧菜时,她看着经文在祈祷,希望菜能做得非常可口。阿布杜尔-巴哈友好地笑着说:"祈祷固然很好,但下次你在厨房时,应该看着菜谱祈祷。"

这段故事描写了宗教与日常生活的紧密联系,这点,宗教信徒们显然是可以领会到的。这段故事还涉及宗教与日常生活的差别,并恰当地指出宗教的狭隘性以及与宗教教规不相符而造成的精神失调。

……

## 日晷上的影子

在东方有一个国家,那里的人们从来不知如何计时。有一次,他们的国王从国外带回一个日晷,这个日晷竟然改变了这个国家人民的生活。靠着这个日晷,人们学会了如何区分一天中的时间,人们就知道了遵守时间的重要性,就变得可以相互信赖,也就更加勤奋。这给人们带来了富裕,使大家生活得更好了。当国王驾崩时,臣民们不知该怎样纪念国王给国家带来的好处,最后经商议,决定给日晷盖一座辉煌的庙宇,里面再用一个黄金铸的亭子把日晷罩在里面。这样做是因为臣民们认为,日晷象征着国王的慷慨,是国家兴旺的起因。但是,当把日晷放进去后,太阳的光芒再也照不到日晷的表面上了,告诉人们时间的那一道影子再也不出现了。日晷因此成为了一个废物。这个国家的人民再也不能辨认时间了,人们也就不再遵守时间,渐渐变得不可信赖,也越来越懒惰,各行其是。最后,这个国家也就衰亡了。

---

* 社会科学文献出版社 2002 年版。

这一则东方的民间故事，是用“光”来作比喻。光，对于扎拉斯图拉（原注：扎拉斯图拉：公元前6世纪波斯拜火教的创始人。扎拉斯图拉的信徒即拜火教信徒。——译注）的信徒来说，是真理本质的再现，体现了人类的天才。而另一种不同的比喻，是将人类天才的对立物比作蒙在镜面上的灰尘，但在上则故事中是将其比作一座庙宇。在下一例子中，通过一种独特见解的表达，阿布杜尔·巴哈充实了人类天才闪光的概念。他将教师比作园丁，将受教育的人和孩子们比作花草树木。

## 教师·园丁

“教师的工作就像园丁一样，他照料着各种花草树木。有的植物喜爱阳光，有的喜欢阴凉，有的喜欢生长在小溪旁，有的则喜欢生长在荒凉的山巅。有些植物在沙子中能茁壮生长，有些则非要长在肥沃的土壤。照料各种植物有其各自之方，否则就无法生长。”

——阿布杜尔·巴哈

下一个要讲的是，要摆正灵魂与肉体之间的关系，摘自巴哈欧拉的著作。

## 灵魂与肉体的关系

“告诉你，一个人的灵魂会升天，脱离虚弱多病的躯体和头脑而独立存在。一个病人显示出虚弱的病态，那是因为灵魂与肉体之间有了障碍，但灵魂的存在并不受任何有病的躯体影响。这就像灯光一样，虽然可用东西遮住它的光芒，但只要灯不熄灭，它就仍在发光。同样，每种疾病都折磨人的肉体，它妨碍灵魂显示出它固有的威力。可当灵魂离开肉体时，它就会显示出一种力量并产生一种影响，那是大地上任何其他力量无法与之匹敌的。每一纯真、圣洁的灵魂，都将被赋予惊人的力量，充满无限的喜悦。”

“请想想那被扣在斗下的灯吧。虽然它仍在发光，但人们却看不见它的光芒。同样，就像太阳被乌云遮盖住一样，人们看不到太阳的光芒，但太阳本身并没有变化，它仍在发出万丈光芒。可将太阳比作人的灵魂，将世间一切事物比作人的躯体。只要没有外物档在它们之间，躯体就永远能映射着灵魂之光，从中吸取力量。但它们之间哪怕只挡上了一块面纱，灵魂之光也会变得暗淡。”

“再想想太阳完全被乌云遮蔽的时候吧。虽然大地仍有光明，可太阳再也不像以往那样明亮。不到乌云散尽，人们看不到太阳的光芒。但是太阳本身仍在发光，这并不受乌云聚散的影响。人的灵魂就像太阳，它照亮了人的躯体，它给躯体提供了营养。”

“请再想想水果吧！在它们没长成形状之前，它们隐藏在树叶下，人们不会注意它们。它们是那么渺小，当树被锯倒劈成柴后，人们谁也找不到它们了。可一旦水果长成呈现在你面前时，它们是如此的美丽诱人。有些水果确实是在它们离开果树之后才真正成熟的。”

——巴哈欧拉

# 紧要关头

“从前，有一位小伙子，他深深地爱着一位姑娘。但两人分别已很长时间，他每天都渴望同恋人见面，却始终无法实现愿望。日子一天天过去，小伙子忍受着爱情之火的煎熬，他的身体开始逐渐消瘦。多少个日日夜夜，他想着心上人，坐卧不安，心中充满了忧伤。他愿死一千次而换一次一睹恋人的倩影，可他却无法做到。医生见他一天天消瘦，却都束手无策，他们治不了相思病；就连伙伴们也不愿再劝他了。除了他的恋人来到身旁，谁也帮不上他的忙。”

“最后，他盼望的那棵结果的树消失了，他的希望之火化为灰烬。一天夜里，他感到自己再也无法活下去了，就离开了自己的住所走向市场。突然，他发现一名守夜的更夫跟随在他身后。小伙子不由自主地跑了起来，而更夫却紧追不舍。紧接着，小伙子发现，不论他跑上哪条路，都有许多更夫在紧追他。可怜的小伙子跑得精疲力尽，他从心里发出诅咒：‘这些更夫跑得这么快，一定是死神的使者伊滋瑞尔，或是一群恶魔，想要抓住我。’小伙子带着一颗被爱情之箭射中的流血的心在拼命地跑。当他跑到一座花园的高墙下时，再也找不到逃走之路了。他只好爬上了高墙，带着一死的决心，跳下了高墙。”

“当他的脚站在高墙下花园的地面上时，他突然看见了日夜思念的恋人。她手里举着一盏灯，正在花园里找她丢失的戒指。小伙子心中充满了无比的喜悦，他深深地吐出一口气，高举双手向上苍祈祷：‘主啊，祝福那些守夜的更夫吧！让他们富裕和长寿吧！这些更夫定是报喜天使加百利，指引着可怜的我；或者他们是伊斯拉菲来（伊斯拉菲来：伊斯兰教的大天使。——译注），给可怜的人带来生机。’”

“的确，他的话是真诚的，因为他发现了这些酷似恶魔的更夫身上带有许多神秘的公正，在帷幕后面隐藏了许多幸运。这些更夫引导他从爱情的沙漠来到恋人的爱情的海洋，在黑夜里点燃了指引亲人团聚的灯光，将远方的人驱赶到这个近处的花园，指导一个痛苦的灵魂找到心灵的医生。”

“如果这个小伙子能预见未来，那么他一开始就该为更夫们祈祷，把他们看做公正的使者而不是恶魔，但由于最终的结局蒙蔽了他，所以在一开始他诅咒和抱怨那些更夫。谁要是能在开始就看到最终，能从战争中看到和平，从愤怒中看到友好，谁就能在知识的花园中畅游。”

这就是这条山谷中的旅行者的情况；但山谷中的旅行者们认为“终”和“始”是一回事；他们既看不到开始，又看不到最终，证明他们既不知“首先”也不知“最后”。

——巴哈欧拉《七条山谷》

“旅行者从肮脏的地方到天堂般的家园去的标志据说有七个，有人称为‘七条山谷’，有人称为‘七座城’。他们说，旅行者除非忘却自己并完成这个旅行，否则他永远到不了融洽的海洋，喝不到无比甜美的酒。”

——巴哈欧拉《七条山谷》

……

巴布（Báb，1819～1850 年）：生于设拉子。早年受到《圣经》的启示，他声称自己是一位预言家和一位新先知的预告者。他是巴哈教派的先驱。由于他的教派的主张，他被关进监狱，并在塔布瑞兹被处死。此后，又有两万名左右巴布(巴布的信徒)被屠杀。

巴哈欧拉(Bahá'u'llâh,1817～1892 年):他是巴哈教派的创立者，而巴布是此教派的先驱。他曾被流放并监禁在阿卡城的监狱中。他被流放了 24 年。在此期间，他写下了他的教义。在他所写的上百部著作中，他阐述了他所创立教派的基本原理。

# 中外宗教概论（节选）*

卿希泰

巴哈伊信仰（The Bahá'í Faith），创立于 19 世纪中叶的伊朗。经过 100 多年的发展，巴哈伊教已成为一个拥有 500 多万信徒、分布在 200 多个国家和地区的独立的世界性宗教。其世界教务中心设在以色列的海法。巴哈伊教创始人密尔萨·胡赛因·阿里（Mírzá Ḥusayn-'Alí Núrí，1817～1892 年）被尊称为"巴哈欧拉"（Bahá'u'lláh，即"神的光辉"），宣称他创教的目的在于改造个人和社会，以达到人类的大团结，世界的大和平，实现"地球乃一国，万众皆其民"的宗旨。他声称巴哈伊教的产生不是在许多已相互冲突、分裂人类、蒙蔽世人的信念上，再添加一个全新的宗教制度，而是重申以往各宗教所宣称的永恒真理。他的目标也不是要贬损历史上的先知们的地位，或削弱他们的教义，而是重申他们教义的基本真理，使之配合我们这个时代的需要，符合人类的能力，适用于解决当前人类所面临的问题及困难。他也没有宣称他的启示乃是最终的启示。在人类的不断发展和进步中，在最要紧的关头，全能之主还会赐予人类更明澈的真理。

* 高等教育出版社 2002 年版。

# 宗教学小词典(节选)*

任继愈总主编,何光沪编

巴哈伊教(Bahá'í Faith)亦称"巴哈教"、"大同教"。国际性新兴宗教。19世纪中叶兴起于伊朗,初创时为巴布教派运动的一部分。巴布教派创始人赛义德·阿里·穆罕默德(Siyyid 'Alí Muḥammad,1819~1850年),又称"巴布"(即救世主"马赫迪"的代理人,原意为"门")。是该教的先驱。而直接创始人为米尔札·侯赛因·阿里(Mírzá Ḥusayn-'Alí Núrí,1817~1892年),又称"巴哈欧拉"(Bahá'u'lláh,意为"上帝的荣耀")。赛义德·阿里·穆罕默德于1844年自称巴布,并开始公开宣教。巴布教派遭到伊朗当局的镇压,巴布本人于1847年被捕,1850年遭杀害。米尔札·侯赛因·阿里出身名门望族。因积极投入并资助巴布教派在伊朗各地的传教活动而被当局迫害,其家产被全部没收,他本人则两次入狱,出狱后全家被逐出伊朗。在流放巴格达期间,他成为该教团领导人,并于1863年宣布他就是巴哈欧拉,即巴布所预言的"真主应许要来的人"或"上帝的显圣者"。该教自此得名。从巴哈欧拉到他指定的合法继承人其长子阿布都·巴哈(1844~1921年),再从第三代领导人阿布部·巴哈之外孙索基·爱芬迪(Shoghi Effendi, 1897~1957年)到1963年该教最高权力机构"世界正义院"的成立,领导权的顺利交接,标志着该教进入了成熟的发展阶段。该教奉巴哈欧拉的著作及阿布都·巴哈与索基·爱芬迪对圣典的释义为其经典。基本教旨可用十二个字简单概括:上帝独一、宗教同源、人类一家。按照该教的解释,各大传统宗教都是真理,是人类的灵性世界发展的不同阶段之代表,但巴哈伊教代表的是最新阶段;世界各大传统宗教的创始人都是上帝的显圣者,但巴哈欧拉是最新的一位显圣人。该教的社会理想是建立人类大同社会,为此提出了如下原则:(1)排除一切偏见;(2)建立世界联邦;(3)消除贫富悬殊;(4)确保女性拥有与男性完全平等的上进机会;(5)普及教育;(6)承认真宗教与理性思想及科学知识的追求是殊途同归;(7)独立寻求真理是每个人的责任。目前,该教有信徒约600万人,分布在190个国家与45个地区,地方灵体会有2万多个,国家或地区性总灵体会有165个,信徒居住中心则多达10万个。

* 上海辞书出版社2002年版。

# 伊斯兰法哲学（节选）*

张秉民

巴哈伊派的创立者是米尔札·侯赛因·阿里，尊号“巴哈乌拉”。他号召以博爱来消除社会的贫富差别，实现社会平等，并最终实现社会一体，世界大同。巴哈伊教义提倡普世宗教，认为宗教是一元的，人类是一体的，至高无上的上帝只有一个，但它有不同的名称，诸名天神，天主、真主、佛祖等等；上帝的旨意通过差遣的诸先知不断呈现，而亚伯拉罕（伊布拉欣）、克里希南（印度教）、摩西（犹太教）、琐罗亚斯德（波斯火袄教）、释迦牟尼（佛教）、耶稣（基督教）、穆罕默德、巴布、巴哈乌拉，皆是体现天神旨意的先知，而以在巴哈乌拉身上得到最充分的显现。巴哈伊教在创立之后得到了很快发展，成为一个有自己的经典、教义、礼仪和礼拜场所的新兴宗教。今天除在伊朗外，巴哈伊教在西欧、南北美洲、非洲和澳大利亚等地有众多的信徒。

代表传统观点的伊朗学者塔班迪在评论巴哈伊教时认为“那些希望伊斯兰教被消灭者，在伊斯兰教国家不享有政府所保证的宗教自由，也不能要求对其宗教的尊重”（Ann Elizabeth Mayer, *Islamic and Human Rights*: *Tradition and Polities*, Press, 1991, p. 171.）。伊朗司法部长的观点可以代表伊朗政府对待巴哈伊教的态度，他说：“假如巴哈伊信徒履行与其信仰一致的宗教仪式，这样的人，我们不会去打扰他。倘若他没有邀请别人参与巴哈伊，没有向其灌输其宗教思想，没有参与集会，没有反对政府，我们不仅不会处决这样的人，而且也不会将他投入监狱。他们可以参与社会工作。然而，假如他们决定在其（巴哈伊）内部参与工作，这是一种犯罪行为，是被禁止的，原因在于这个教派对伊斯兰怀有敌意和搞阴谋，这样的人我们称他为阴谋家。”

同时，巴哈伊教徒被认为导致了公权褫夺，所有巴哈伊信众的婚姻被政府视为无效婚姻，这种婚姻解除后夫妻的孩子被认为是私生子，从而剥夺父母对子女的任何要求。巴哈伊教徒因叛徒、卖国贼、间谍和阴谋家的罪名而被判刑，投入监狱。

* 宁夏人民出版社 2002 年版。

# 心力革命：极限成功的五大突破（节选）*

吴甘霖

## （三）准备不必要的资源，无价值地耗费精力

### 心力范例

伊斯兰教巴哈教派创始人巴哈安拉曾讲述过这样一个故事：

中世纪的波斯，有一个苦行僧似的流浪汉。他背着沉重的沙袋，腰上缠着根大水管，脚腕上拖着根有铁球的铁链，脖子上挂着块大石磨，两手各擎一个大石块，头上还顶着个已经腐烂的大南瓜，在赤日炎炎下，步履艰难地向前挪动。

一位农夫见了，惊奇地问："流浪汉啊，你走路那么艰难，为什么不扔掉石头和沙袋？你看，这一路上到处都有这些东西。"

流浪汉恍然大悟，扔掉了这两样东西，觉得轻松了许多，但不久，步履蹒跚如故。

走了不久，又有一个农夫奇怪地问："你头上的南瓜已经腐烂，为什么不扔掉？还有，拖着那沉重的铁链干吗？"

流浪汉感谢农夫的提醒，扔掉了这两样东西，走路更轻松了许多，但不久，又蹒跚如故。

流浪汉遇见的第三个农夫又提醒他说："这一路上的水很充足，也随处可弄到饭吃，那大水管和大石磨不必带在身上。"

流浪汉又醒悟了，他扔掉了这些东西，一身轻松，行动再也不受其累了。

* 中国青年出版社 2002 年版。

# 走遍全球　以色列　巴勒斯坦(节选)*

[日]地球の步き方编集室著,荣雪菲等译

## 以漂亮的建筑物和庭园而闻名的巴布神殿与巴哈园

海法是一座对犹太教以外的异教很宽容的城市。特别是由巴哈安拉创建的巴哈教以这儿为圣地。在四季鲜花盛开的庭园中坐落着甚至成为海法标志物的巴洛克式的豪华祠堂。这个祠堂原为巴哈安拉的儿子阿卜杜勒·巴哈所建。外部的建筑物于1953年完工。1844年巴布宣布自己就是救世主,就是通向神的大门(巴布),脱离伊斯兰教。当时在恺加王朝统治下的伊朗发生了所谓的"巴布教徒之乱",但被当局镇压下去,巴布本人也被处死。此后,巴布教在巴哈安拉的领导下发展成巴哈教,而巴布被供奉为先驱。仍在施工的庭园的一部分对外开放。

虽然以色列是一个以犹太教占绝对优势的宗教国家。但自然它也会有一些信仰其他宗教的国民,特别是在海法周围的社区。

## 巴哈教

产生于伊朗的巴布教为其前身,19世纪中期的伊朗在列强的攻势下经济开始瓦解,就在生活日益贫困的民众呼唤着在马夫提(救世主)的带领下改造世界时,1844年赛义德·马里·穆罕默德宣称自己是"巴布"(门),西阿派学者于是把他作为救世主而皈依他,期待着救世主出现的民众立刻狂热地接受了他。他提出了两性平等及社会重组的主张,但被群众的狂热情绪所吓坏了的波斯政府把他投入了监狱,但他的门徒并没就此停止活动。他们宣布脱离伊斯兰律法,不必遵从政府统治,女性领导也不再戴头巾,而以素面出现在信徒面前。巴布后被处决,信徒也皆惨遭屠戮,这就是所谓的巴布教之乱。

其后教团分裂,流亡国外的米尔札·侯赛因·阿里以巴哈安拉的名义聚集了一些信徒。他们放弃巴布教,改创巴哈新教,并把活动转移到巴勒斯坦,作为一种世界宗教再度出击。他们提倡绝对和

* 中国旅游出版社2002年版。

平、抛弃偏见、两性平等等。现在位于海法的巴布神殿和阿科的巴哈教的神殿同样是巴哈教最重要的圣地，朝圣者络绎不绝。

位于阿科和霍洛科斯的博物馆中间的这座神庙是巴哈教创始人巴哈安拉的安息之地。巴哈教庭院之美是早已有定论的，这里自然也非常美。

在巴布教之乱以后，波斯政府认为以巴哈欧拉为中心的巴布教是叛逆分子，他在伊朗就不必说了，在奥斯曼王朝也倍受冷遇，结果他被软禁在阿科直至去世，对于巴哈教徒来说这里是最重要的圣地，散布世界各地的教徒都来此地朝圣。

卡梅尔山上的巴孛灵殿

# 巴哈伊教迅速发展原因初探*

冯今源

19 世纪中叶，伊朗人米尔札·阿里·努里（Mírzá Ḥusayn-'Alí Núrí，1817～1892 年）公开宣布自己是伊斯兰教十叶派巴布教派领袖赛义德·阿里·穆罕默德（Siyyid 'Alí Muḥammad，1819～1850 年）所预言的救世主马赫迪，自称“巴哈欧拉”（Bahá'u'lláh，意为“安拉的荣耀”），创立了有别于伊斯兰教的新兴宗教——巴哈伊教。此后，经阿巴斯·阿芬迪（'Abbás Effendí，1844～1920，即阿布都·巴哈）、邵基·阿芬迪（Shoghi Effendi，1897～1957）两代领袖，在不足 150 年的时间内，迄今已经成为影响广泛、最为活跃的世界性宗教。据该教自称，至 1992 年初，全世界巴哈伊教信徒已达 750 万众，遍布于全球 340 个国家和地区；《1989 年大不列颠统计年鉴》称，巴哈伊教在全球拥有活动中心 118，000 多个，地方灵体会 20，000 多个，150 多个国家和地区性的总灵体会。①

巴哈伊教的发展速度及其影响令世人瞩目，更令世人思索。在数以千百计的宗教之林中，发端于以十叶派伊斯兰教为国教的伊朗之巴哈伊教，何以会在短短的时间内将其影响遍及全世界？戴康生先生在其主编的《当代新兴宗教》一书中写道：

> 巴哈伊教作为产生于 19 世纪，活跃于本世纪下半叶的新兴宗教，它的教义思想素材来自于以前的世界各大传统宗教，特别是受到伊斯兰教与基督教宗教思想与传统的影响较深，表现出巨大的包容性、开放性与普世性。由于教义简明，礼仪简化，组织灵活，关注社会，强调伦理，重视实际行动，对现代社会生活有较强的适应性，因此比较有活力，对社会各界人士有一定的吸引力。②

戴先生的意见是正确的，比较全面概括地揭开了巴哈伊教迅速发展之谜。其中，重视伦理道德，重视与当代社会相适应，特别是提出了独具特色的平等观，我以为尤其重要。

巴哈伊教的平等观是在继承伊斯兰教及其他宗教的基础上提出来的。巴哈伊教的基本主张是上帝独一、宗教同源、人类一家。按照这种主张，在同一的上帝面前，各种宗教平等，种族平等，民族平等，人人平等，男女平等。同一的上帝观是巴哈伊教平等观的伦理基础和理论基础，而这种上帝观恰恰是从伊斯兰教的真主观发展起来的。

---

* 原载冯今源：《三元集》（下册），宗教文化出版社 2002 年版。

这是作者应约为吴云贵同志主编的《巴哈伊教研究论文集》所写的文章，收入该论文集的第 1 集第 82～96 页，2001 年 12 月在北京印行。

① 宗教研究中心编：《世界宗教总览》，东方出版社 2004 年版，第 80 页。

② 戴康生主编：《当代新兴宗教》，东方出版社 1999 年版，第 141～142 页。

伊斯兰教是严格的一神教。其核心教义是“万物非主，惟有安拉；穆罕默德是主的使者”。它承认犹太教、基督教包括从亚当（阿丹）到耶稣（尔撒）的历代先知，承认他们都是真主派遣的人间使者。巴哈伊教继承了伊斯兰教的这种一神教义，并将它延伸扩大。巴哈伊教信仰的上帝是独一的、实有的，是宇宙万物的创造者，是超自然、超人类、超时空的精神实体，无所在又无所不在，伟大崇高，充满智慧，至知至能；上帝是仁慈的、公正的，是人类的创造者，慈爱人类，赋予人类智慧与自由意志，却无求于人类，绝无其“自我利益”，不苛求人类去做力所不逮之事，原谅一切对自己错误思想、言行有真切认识和真诚悔改的人们。

他（上帝）从虚无之中创造了万事万物……他将他的创造物从极其谦卑和濒临灭绝的危险中拯救出来，然后把它们带进不朽荣耀的天国。①

显然，这种上帝观与伊斯兰教的真主观基本上是一致的，或者说是从伊斯兰教那里继承下来的。但是，巴哈伊教的上帝观强调，他们所信仰的上帝是各种宗教共同的上帝；尽管各种宗教对其称谓不同，如安拉、胡大、真主、上帝、耶和华、主、佛、道等等，分别以不同的语言向他祈祷，对其本质有不同的看法，却不影响上帝本身是一个统一的、独特的本体，名异实同。也就是说，上帝是全世界、全宇宙所共同的，一切宗教信仰的是同一的上帝。

伊斯兰教对“使者”的信仰和圣人观，同样也得到巴哈伊教的继承和发展。该教认为，造物主在人类社会发展的不同时期会向每个民族派遣其特选的圣使或代言人（上帝的显圣者）来到人世间，通过他们给人类带来灵性的意识，以宗教教义和律法引领人们建立合理的社会制度。因此亚伯拉罕（易卜拉欣）、克里西那、摩西（穆萨）、琐罗亚斯德、释迦牟尼、耶稣（尔撒）、穆罕默德等众先知，均来自“同一根源与同一盏灯光”。他们都是上帝的传光者，是上帝“神圣的镜子”，向人们传达上帝的旨意、思想和不灭的光芒；他们是上帝与个人之间的中介，以上帝的圣言指导人类了解、认识、热爱、接近上帝。这种圣使观与伊斯兰教的先知观基本上是一致的。但巴哈伊教的圣使观又对伊斯兰教先知观进行了改造，强调穆罕默德并非是最后的一位“封印使者”，巴布、巴哈欧拉同样也是上帝的圣使；上帝派遣的所有圣使，其地位、性质、任务都是同等的，并无高低上下、贵贱大小之分，其区别仅在于他们所反映和传播的时代要求不同；巴哈欧拉是上帝派遣的最新一位圣使，但不是最后一位，其所负特殊使命是为当今这个时代和社会提供新的原动力，推动时代和社会进展到下一个阶段。也就是说，巴哈伊教认为，每个民族有每个民族的圣使，每个时代有每个时代的圣使；穆罕默德时代已经过去；鉴于当今时代人类的灵性低落，各种宗教的教义遭到曲解，各种宗教分裂成不同的教派，原本纯正的宗教真理难寻，各种经典的隐喻因咬文嚼字的学者争论不休而失去了神圣的原意，鉴于人们孜孜于物欲的追求，沾染上自私与贪婪的恶性，相互伤害或残杀，社会腐败，道德沦丧，所以上帝向人间派遣了新的使者——巴哈欧拉。巴哈欧拉的来临，巴哈伊教的创立，标志着人类宗教史发展到了一个新阶段，会给人类注入新的活力，推进社会的发展。在这种上帝观和圣使观的基础上，巴哈伊教提出了宗教同源、宗教平等的思想。既然所信奉的上帝是同一的，各种宗教都是“一洋之水”、“同树之叶”，因此是同源的、平等的，应该相互关爱与团结，而不应该相互敌对。邵基·阿芬迪说：

宗教的真理不是绝对的而是相对的，神圣启示是一个相继发展和逐渐演进的过程。全世界

① 《巴哈欧拉圣言选集》，第64～65页，转引自威廉·汉切尔、道格拉斯·马丁：《巴哈伊教》，新加坡巴哈伊总灵体会1993年版，第72页。

所有伟大宗教的起源(都)是神圣的,它们的基本原则完全和谐一致,它们的目标和意旨是一致和相同的,它们的教义是同一真理的不同角度,它们的作用是互补的,它们的差异是存在于教义中的次要方面,它们的使命代表人类社会灵性发展的连续阶段。①

所以巴哈欧拉说:

上帝的宗教系为了爱与团结,勿令它成为仇恨与分裂的原因。②

基于这种宗教同源、宗教平等的教义思想,巴哈伊教主张,其他宗教信仰者不须放弃原有的宗教信仰即可同时信奉巴哈伊教;而巴哈伊教信仰者也可以在其他宗教寺院教堂过宗教生活,不必拘泥于本教寺院。

在同一上帝观的基础上,巴哈伊教又提出了另一个核心教义:人类一家。“地球乃一国,人类皆其民。”全人类都是上帝的儿女,人类同源,种族平等,民族平等,国家平等,人人平等。巴哈伊教认为,人类是上帝创造的一切生命和意识中最高的形式,是“创造物的顶点”,其来源于上帝的人类基本能力和义务都是相同的,而其体形、肤色、毛发、语言等各方面的差异都是次要的、表面的、非本质的。因此,人类一家;所有国家、种族、民族都应和睦相处,亲如一家。当前,在上帝的关爱下,人类社会正处于集体成长的青春期,向集体成熟的方向发展。巴哈伊教的任务就是进一步推动这种发展,建立一个全球文明与全世界一致的社会制度。正如邵基·阿芬迪所说:

对巴哈伊来说,生命的目的就是促进人类的一致。我们生命的整个目的和全人类的生命息息相关。我们寻求的不是个人的拯救,而是全人类的拯救……我们的目的是建立一个世界文明,这个世界文明反过来也能影响个人的性格。③

邵基·阿芬迪所谓的“世界文明”,并不否认各种民族文化、宗教文化及个人的内在价值,而是主张在保持文化多样性和差异中求得和谐统一。他们认为,产生社会冲突的根本原因不是差异本身,而是人们对差异的偏见、不理解、不宽容等态度。只要依靠上帝的力量和影响就可以在广泛差异与多样化中,达到和谐统一。因此,巴哈伊教主张,应采取积极的态度消除那些容易引起他人反感及导致冲突的一切偏见与迷信,抛弃那些种族的、民族的、性别的、阶级的、宗教的一切偏见,共建没有人类冲突、社会动乱、战争、种族屠杀的人类文明和世界文明;强调“与人为善、富有同情心、宽容与同情”的伦理道德:

行为如同荒野中的野兽,为人所不齿。与人的高贵相称的美德乃是宽容、仁慈、同情,对地上的万民万族均以友善之心待之。④

要宽恕有罪的人,不要蔑视下等人,因为谁也不知结局如何。⑤

哦,人们哪!不要在人群里播撒纷争的种子,也不要与你的邻人争斗。⑥

你们爱的火光,必能熔融和解人间敌对的民众和种族,而敌意与憎恨的火焰只会产生争斗与毁灭。⑦

---

① 《世界秩序》(*World Order*),第 7 集,卷 2,第 7 页,转引自威廉·汉切尔、道格拉斯·马丁《巴哈伊教》,第 82 页。
② 转引自威廉·西尔斯:《释放太阳》,第 221 页,大同出版社,1984 年。
③ 威廉·汉切尔:《灵性的概念》,第 29 页,转引自威廉·汉切尔、道格拉斯·马丁:《巴哈伊教》,第 75 页。
④ 邵基·阿芬迪编译:《巴哈欧拉作品集萃》109 节,1935 年美国纽约巴哈伊出版委员会出版。
⑤ 邵基·阿芬迪编译:《巴哈欧拉作品集萃》126 节。
⑥ 邵基·阿芬迪编译:《巴哈欧拉作品集萃》131 节。
⑦ 邵基·阿芬迪编译:《巴哈欧拉作品集萃》43 节。

巴哈伊教还提出了男女平等的主张。实事求是地说，早在公元7世纪初穆罕默德就已经提出了这种主张。穆罕默德的许多“圣训”都主张，“生儿勿喜，生女勿忧”；“男女同养同育”；“天堂在母亲的脚下”；“优待妻室的人是最应该受尊重的人”；妇女应该享有与男人一样的各种权利和义务，如信仰宗教、学习知识、为人作证、恋爱婚姻、继承遗产、参加工作、受人尊重等等。在伊斯兰教妇女观的基础上，巴哈伊教进一步主张，男女平等，无优劣之分，在社会生活中应该享有平等的机会和权利。他们强调，女人具有男人的一切智能，不应该受到歧视；过去她们之所以受歧视，未能取得巨大成就，原因在于未能获得与男人一样的充分受教育的机会，未能得到社会提供发挥其才能的机会；在新时代，妇女将会得到和把握这种机会，在各方面充分显示其知识潜能和获得科学成就的能力，充分显示其女性特质和优点：

> 在过去，世界被强权统治，男人一贯以其身心较为强壮而支配女人，但是这种形势已在改变——武力正在失去其雄踞地位，而妇女超越男性之性质：心灵敏锐、直觉和爱心、服务精神则渐占优势……新时代将是一个男性与女性特质更为均衡的时代。[①]
>
> 巴哈伊教认为，男女平等是世界人类团结的关键，甚至把较强的温和女性视为消除战争、建立世界和平的重大因素，阿布都—巴哈称“女人将会废止人类间的战争”[②]。

平等是古往今来最富有魅力的口号。中国古代贤哲所谓的“不患寡，而患不均”，农民领袖提出的“均贫富”，现代京剧《杜鹃山》的“常恨人间路不平”等等，都充分反映出人们对平等的渴望。在当今世界，宗教不平等、种族不平等、民族不平等、国家不平等、官民不平等、男女不平等的现象事实上依然存在且愈演愈烈。特别是某些大国推行其霸权主义、强权政治、种族歧视，干涉别国主权，激起人们的普遍反感和不满。巴哈伊教高举“平等”的旗帜，积极参与各种社会公益事业，为逐渐消除社会不平等现象而努力，从而赢得了人们的青睐，影响逐步扩大，组织不断发展。它起源于以伊斯兰教为国教的伊朗，最高机构世界正义院（Universal House of Justice）院址设于以色列海法市，而发展最快、势力最大的地区却是北美，特别是在美国得到了广大群众的信仰，这是令人深思的。从一定意义上说，巴哈伊教适应了150年来世界发展的需要，以其“上帝独一、宗教同源、人类一家”的教义打动人，吸引人，感召人，大力宣传其平等观，从而获得了巨大的成功。我想，这可能是巴哈伊教得以迅速发展的重要原因之一罢？[③]

---

① 《巴哈欧拉与新纪元》，第165页；《天下一家》季刊，1995年7月号。
② 戴康生主编：《当代新兴宗教》，第148页。
③ 原载吴云贵主编：《巴哈伊教研究论文集》第1集，北京，2001年。

# 巴哈伊教*

高海林　赵永发　张喜舜

巴哈伊教是一个独立的世界性宗教。巴哈伊教是由伊朗的一个叫巴布的人在1844年5月23日宣布创立的。该教在伊朗原为伊斯兰教中的一个教派，名为“巴布教”，后来发展成为一个独立的宗教。当时他宣布他的使命是宣告一位新的精神领袖的到来，他是为这位新的精神领袖的出现而铺路的先锋。他的教义被保守教士视为异端，因而遭到迫害，于1850年殉道。

巴哈伊教教义的原则是：(1)世界和平，人类一家，设立一个国际仲裁机构以裁决各国间的纠纷，采用一种世界辅助语言；(2)男女权利平等，消除一切偏见，消除贫富悬殊；(3)服务人群等于崇拜上苍，个人必须忠于国家政府；(4)正义作为治理人类社会的准则，独立探究真理，普及义务教育；(5)一切宗教基础相同，科学与宗教和谐一致。

巴哈伊教认为，在每一天启时代，上帝通过它的先知们赐给人类具有创生力的话语。巴哈伊教信仰的三个中心人物是巴布（1819～1850年）、巴哈欧拉（1817～1892年）和阿博都巴哈（1844～1921年）。

巴哈欧拉（意思为“上帝的荣耀”）出身贵族家庭，幼年支持巴布的圣道，遭到迫害和监禁。1853年他在坐牢时，上天示意他是巴布预言的应允者。他先后被放逐到巴格达、君士坦丁堡，亚得利亚堡和巴勒斯坦的阿卡。1868年他逝世后葬在卡梅尔山的巴吉大厦。在巴哈欧拉时代，巴哈伊教已从波斯及奥斯曼帝国境内传到印度、缅甸、埃及和苏丹。

巴哈欧拉在他的圣约中委托其长子阿博都·巴哈（意为“上帝的仆人”）为巴哈伊教的领袖和教义的唯一解释者。在阿博都·巴哈时代，巴哈伊教已传至美国，加拿大、英国及欧洲。

1921年11月28日，阿博都·巴哈在海法市逝世，遗体葬在巴布陵墓里。在短短的150年里，巴哈伊教在世界360个国家得以传播，已成立1820种不同种族的世界团体，巴哈伊经典已译成740种语言。

巴哈伊教的国际性机构是世界正义院。各国有全国总灵体会，地方有地方灵体会，各层机构都是由九人组成的团体。全世界各国总灵体会委员每五年经选举组成九人管理机构。其办事处设在海法市，因为这里是巴哈伊教三个中心人物遗体葬地和宗教圣地。

巴哈伊教的教义是巴哈伊教圣文，据说是巴哈欧拉在囚禁过程中受到感应启示而写的论述以及巴布和阿博都·巴哈的著作。

* 原载高海林、赵永发、张喜舜主编：《当代印度》，河南大学出版社2002年版。

各地巴哈伊灵堂都是九边形的。这是它们的共同特征。九字是数字中的最高的一个。它象征完整、一致及团结。人们可以在灵堂内礼拜上帝，诵读巴哈伊教圣文，寻求慰藉与恩赐，反思个人的人生目的和对自己家庭与人类的责任，祈盼世界和平与人类幸福的实现。

印度国家灵体会是全球 155 个国家总会之一。印度境内有 40000 个地方灵体会。印度有超过 200 万名的巴哈伊教信徒，分布在各邦、各联区的 28000 个巴哈伊中心的辖区之内。

# 当代新兴宗教研究*

中共上海市委宣传部等

20 世纪世界曾经有过几次新兴宗教发展高潮，而且现在还处在第三次发展高潮的影响下。新兴宗教的发展势必会对面临改革开放的我国带来重大影响，因此对新兴宗教的产生和发展趋势，新兴宗教的特点以及当前世界新兴宗教状况等方面的研究已经引起了国内学术界的重视。

业露华在《关于新兴宗教的一些问题》中，论述自 19 世纪中叶以来，随着社会的发展和变化，宗教本身也产生了许多重大的变化。传统宗教不断改变着自己的教义学说，力图使自己的教义思想能够更加适应社会发展。与此同时，在世界各地陆续出现了许多新兴宗教教派，这些新的宗教教派与当代各种社会思潮相结合，形成了所谓的"新兴宗教思潮"。该文认为新兴宗教的出现，改变了原来宗教的发展轨迹，冲破了传统宗教的压制与反对，已经成为当今世界宗教发展的一种潮流。在欧洲、非洲以及美国、日本等国家和地区有新兴宗教团体和人数众多的信徒，它们中既有一些发展成为有一定规模和影响的宗教团体，主张与社会融合，参与世俗社会事务，与其他宗教信仰友好相处，也有一些走上与社会对抗，鄙视现实生活，进行一些危害社会的活动，从而被人们谴责为"邪教"。该文指出新兴宗教的不断出现，既有社会政治和经济发展方面的原因，也有伦理道德和精神需求方面的原因。因此，还应当从当代人的社会心理上进行分析寻找原因。

卢云枫的《新兴宗教析论》一文中，对新兴宗教概念的产生、特征、新兴宗教与社会的关系、新兴宗教兴起及衰落的原因等问题进行了探讨。作者认为，"新兴宗教"这个概念的出现本身就是一种无奈和权宜之计，从一开始就不具有明确的定义。在这个概念下聚集的既有各种传统宗教中分离出来的教派，也有许多新的膜拜团体，还有东方神秘主义与西方文化相结合的产物，等等。由于现实情况的复杂性，使人们无法很精确地对新兴宗教下一个定义。

业露华的《近代巴哈伊信仰发展概况》主要从巴哈伊信仰在其组织领导机构、人员的增加和分布及 50 到 80 年代的飞跃发展进行了全面的阐述。巴哈伊信仰源于 19 世纪伊朗穆斯林十叶派的一个分支，发展至今已有百年历史，成为一个充满生机和活力的新兴宗教，在当今世界上将近有 600 万左右的巴哈伊信徒，且主要集中于北美和第三世界国家。巴哈伊信仰于 1963 年组成世界性领导机构——"世界正义院"，在其属下成立了相应的辅助或直属机构，并且通过这些机构联系和传播巴哈伊信仰。近 30 年来，巴哈伊信仰在世界各地区迅速发展，得益于它的全球扩展计划，如世界性的组织"世界正义院"的建立、整理翻译和出版巴哈伊圣典、建立巴哈伊灵曦堂，建设巴哈伊电台等等。通过这些具体计划，向全世界宣传了巴哈伊信仰，增进了人们对它的了解。

* 原载中共上海市委宣传部等编：《上海哲学社会科学研究发展报告 1999～2000》，上海人民出版社 2002 年版。

# 社会思潮与社会运动蓬勃兴起*

金宜久　吴云贵

其次是以“异端”形式表现出来的宗教运动。其中，伊朗的巴布教派运动和印度的阿赫默底亚教派运动最具代表性。19世纪中叶兴起的以巴布为名的社会运动，是十叶派（十二伊玛目派）伊斯兰教义在伊朗社会环境的产物。这一被视为“异端”教义相结合的产物。它反映了处于社会中下层的小商人、小手工业者和城市贫民的利益、愿望和要求。按照传统的十二伊玛目派教义，在伊玛目马赫迪“隐遁”后，失去精神引导的一般信徒只能耐心等待他的复临。在此过程中，唯有通过某种中介——相继出现的四座“知识之门”（阿拉伯语中，“巴布”意即为“门”）——保持“隐遁“伊玛目与信徒之间的联系。该派一反传统教义，主张它的精神领袖巴布就是人们期待的“门”，人们通过他这座“门”完全可以了解伊玛目的旨意。后来更直接宣称巴布本人就是众人期待的“隐遁”伊玛目马赫迪。巴布教派提出带有神秘主义色彩的新教义，意在借助宗教精神领袖伊玛目的威望来发动群，以便建立一个没有压迫，人人过着平等、幸福美满生活的“正义之国”。巴布教派的说教不仅威胁到封建王朝的统治，而且受到十叶派乌里玛的严厉谴责，被视为“异端”，巴布本人则被处以极刑。该派发动的起义也遭到当局的残暴镇压。其教义思想后来演变为一种新兴宗教，称为巴哈教（巴哈伊）。巴布教派的兴起表明，传统的伊斯兰教义，经过改头换面，完全可以为不同的社会政治力量所利用，并在政治斗争中掀起惊涛骇浪。

近现代伊斯兰运动的第三种表现形式是泛伊斯兰运动。泛伊斯兰运动的思想基础是泛伊斯兰主义，这一实质上是宗教—政治思想的兴起，尽管与奥斯曼苏丹的鼓吹和利用不无关系，但它主要是与加马尔丁·阿富汗尼（1839～1897年）的名字相联系。阿富汗尼是19世纪伊斯兰世界最负盛名的哲学家、宗教思想家，具有渊博的知识、强烈的民族主义思想和政治远见，深知并同情东方被压迫民族的疾苦。他痛恨欧洲殖民主义，终生致力于东方被压迫民族的解放事业，受到世界各族穆斯林的敬仰和爱戴。他所宣扬的泛伊斯兰主义，企图以共同的宗教信仰、宗教感情、宗教文化为纽带来增强全世界穆斯林的团结，结成广泛的统一战线，以回击欧洲殖民主义的侵略扩张。可是它把实现这一宗教—政治主张完全寄托在腐败的奥斯曼帝国苏丹的身上，也就缺乏坚实的社会基础。阿富汗尼领导的泛伊斯兰运动，既未能挽救奥斯曼帝国日趋没落的命运，也未能把已经四分五裂的伊斯兰世界联合为一个整体，随之，它就无声无息了。作为一种宗教—政治思想的泛伊斯兰正义，主要是在19、20世纪之交的一段时间内产生过一定的社会影响。第一次世界大战后，随着土耳其资产阶级民主革命的胜利以及世俗民族主义思潮的蓬勃兴起，泛伊斯兰主义也就不再成为主流的宗教—政治思想，甚而成为阻碍伊斯兰世界民族主义发展的社会思潮了。

* 原载金宜久、吴云贵：《伊斯兰与国际热点》，东方出版社2002年版。

# 第二届巴哈伊教学术研讨会综述*

李维建

2003 年 10 月 14 日，由中国社会科学院世界宗教研究所巴哈伊研究中心主办的第二届巴哈伊教学术研讨会在世界宗教研究所大会议室隆重举行。来自中国社会科学院世界宗教研究所、美国太平洋地区发展与教育协会、山东大学等单位的 50 多位学者参加了这次研讨会，其中有 16 位学者在会议上宣读了论文并就有关的学术问题进行了热烈的研讨。

本次会议从教义、政治、法律、宗教经典、伦理道德等多个角度对巴哈伊教进行了多视角的分析。世界宗教研究所的冯今源教授在其题为《关于巴哈伊现象的几点思考》的发言中认为，在不足 150 年的时间内，巴哈伊教的迅速崛起和发展蔓延成为当今世界最为引人瞩目的现象之一。通过对这种现象的深层次分析，冯教授得出了与传统观念迥然不同的四点看法：第一，行政命令或暴力取缔手段不可能消灭宗教；第二，适应社会与时代发展需要的宗教才有生命力；第三，不宜把排他性看做是宗教的本质属性；第四，有关宗教与科学、理性的传统观念有待调整。中国社会科学院世界宗教研究所的周燮藩教授则把巴哈伊教的新世界秩序与布什政府的单边主义联系起来思考，巴哈乌拉传播启示的特定使命就是要建立世界大同和永久和平的太平盛世。在巴哈伊教经典称“新世界秩序”，对新世界秩序的企盼，是巴哈伊教信仰核心的自然延伸、逻辑发展和具体体现，也是为实现巴哈伊教所负神圣职责和历史使命所作的努力。

## 一、巴哈伊教的经典与教义

吴云贵教授的发言《从〈确信之书〉看巴哈伊教的根源》从四方面论述了《确信之书》产生的社会历史背景和这部圣典的基本内容，着重论述了巴哈伊信仰关于如何获得上帝及其先知的真知以及如何理解和认识上帝天命的统一性的问题。他认为，尽管巴布的《白阳经》和巴哈欧拉的《确信之书》都与十叶派教义信仰有关，但从它们成书之日起就已预示了一个全新的、独立的世界宗教在东方地平线上诞生。正确理解新兴宗教与传统宗教的联系与区别，有助于人们从历史和发展的观点来认识人类错综复杂、千变万化的宗教现象。王俊荣教授在题为《巴哈伊信仰中的上帝与人》的发言中认为，巴哈伊信仰包括它的宇宙观或存在论，其核心是对上帝的论证；也包括它的人生观或认识论，强调人

* 原载《世界宗教研究》2003 年第 4 期。

在物质与精神两种文明的建设中，更应注重人的心灵的纯洁和道德的高尚，认为人生的最高目标是追求神的完美，并为之不断地努力。存在论是认识论的基础，宇宙观是人生观的出发点。巴哈伊信仰同其他所有宗教信仰一样，其共同点都是谈论人与上帝，人与人之间的关系。

王宇洁博士的发言论述了巴哈伊信仰从一个末世论宗派发展到世界性宗教的过程，并探讨了这一过程背后的思想渊源。沙秋真女士则探讨了巴哈伊教的神秘主义方面，认为宗教神秘主义是巴哈伊教的重要思想，这表现在“巴哈乌拉”之名本身带有伊斯兰教神秘主义“神光”的痕迹、巴哈乌拉受启的神秘性、巴哈乌拉的神秘主义思想源于伊斯兰教苏非主义和十叶派三个方面，饶宇安博士（美国）和爱德华·迪里伯托教授（美国）在他们题为《绍基·阿芬第与孔子思想》的联合发言中认为，世界 和平不仅是可能的，而且是必然的。即将到来的历史阶段会代表东方和西方共同的理想。通过对绍基·阿芬第（1897～1957 年）和孔子（551～479 年，）作品的研究，他们发现孔子和绍基·阿芬第具有共同的理想——天下大同。在绍基·阿芬第对巴哈乌拉作品的阐释中，统一首先从个人开始，然后扩展到家庭、部落、城邦、国家，最后达到认识的顶峰：在追求世界和平的过程中全人类的统一是首要的基本前提。这一原则也是孔子思想中国泰民安式的社会制度的一部分。孔子指出，系统的教育通过自律从个人扩展到家庭、州县、全国，最终达到世界和平。绍基·阿芬第强调：“重在人的心灵、思想和行为，要从他们自身开始。”追求世界和平的基础是改变每个人的心灵，这是多次强调的原则。绍基·阿芬第言简意赅地解释了当代世界的巨大力量将会如何把这一过程推进到其最终成果并实现古代中国“天下大同”的目标的。基于对中国文化传统和现代中国发展的研究，可以看出中国显然会在世界和平的发展过程中起重要作用。泰伦特·马赫尼博士（美国）探讨了巴哈伊著述中法律方面的问题，分析了巴哈乌拉和阿卜杜·巴哈的教导中关于现代社会法律的治理、作用、范围和限制等方面，然后把这些与巴哈乌拉所揭示的巴哈伊信仰的法律目标进行对比。认为现阶段法律的目的在于其有助于一个统一的全球社会的创建，在这个全球社会中每个人都有机会充分发展他的天赐潜能，从而有助于不断前进的精神文明和物质文明的建设。

## 二、巴哈伊教的伦理道德

安·鲍丽丝博士（美国）在发言中从多个方面考察了关于如何正确理解巴哈伊信仰中男女平等主张的问题，讨论了未来巴哈伊信仰能够促进两性平等的一些特殊的活动领域。她强调巴哈伊成员所说的男女平等，其含义是“补充性的”而非“男女完全一样”。所以妇女未必要严格按照男人的标准来争取平等；应该平等地珍视她们特殊的品性和贡献。马叟·温伯格教授（美国）在名为《道德秩序的复兴：巴哈伊的视角》的发言中认为，现存的混乱、人际关系的疏远和社会反常状态可以直接归因于对生活超验理解的取代。在这一关键时刻，发展全球架构的道德和精神革新变得尤为迫切。巴哈乌拉在生活的各个方面对全球统一的召唤开启了全球的道德秩序。巴哈伊信仰构想了全人类的道德革新——一个包括个人行为和体制结构的根本革新过程。这一过程促使精神观念产生内化，因此有关社会事务的理论、评价和调整能够反映出均等、正义、服务别人和爱的理想。当社会从人们内心深处的意识和目的汲取精神动力之源时，真正的集体转变建设模式就能够实现。这种道德重构中的三种参与者包括个人、社区和制度。对这三者的挑战就是学会运用物质资源和智力及精神资源推进人类的幸福。

罗兰·诺古奇博士(美国)在题为《巴哈伊信仰的发展观》演讲中讨论了巴哈乌拉作品中对人的本质所作的某些论述,以及这些观点在社会和经济发展的方面的含义。巴哈伊作品中对人类本质方面所固有的认识是每一个人都拥有个人精神发展的无限潜能。与这种潜能相伴而来的是对社会做贡献的责任。只有通过教育和个人努力对精神原则的理解与运用,个人的潜能才能发挥出来,因此,服务于别人是使自身潜能得以实现的必不可少的方式。一旦个人和社会共同学会如何应用精神原则和科学知识释放人的潜能并处理社会问题时,事实上的发展也就产生了。

## 三、巴哈伊教的世俗性、世界主义和现代性

金宜久教授在题为《如何认识巴哈教的世俗性》的演讲中,通过对"人类一体"的世俗性质问题探讨,以它的基本主张和社会活动说明了其世俗性质的真实含义。认为,从本质上来说巴哈教仍然是个宗教社团,而不是一般的文化团体、学术团体或社会团体;这是它的教义主张所决定的。蔡德贵教授(山东大学)发表了题为《巴哈伊教的世界主义》演讲,阐述了巴哈伊教世界主义的教义基础和它形成的历史过程,并分析了巴哈伊教的世界性管理秩序。认为巴哈伊的世界主义并不是空想主义的。李维建(宗教所)在题为《巴哈伊信仰与现代性》的发言中认为巴哈伊教是一种新兴的现代性宗教,现代性特征几乎浸透到它信仰的各个方面。它的现代性主要表现在宗教灵性的弱化和世俗性的增强、宗教仪式简化、宗教组织的民主化等方面。但是巴哈伊教本质上的宗教性特征并没有发生根本改变,它只是涂上了一层比传统宗教更为浓厚的现代性色彩。所以巴哈伊教的现代性又存在着尖锐的矛盾,它的现代性是不彻底的。这表现在它所提倡的宗教与科学有限度的和谐、妥协性的现代政治观、宗教经济制度的空想色彩等方面。巴哈伊教现代性的矛盾恰恰说明它是一种宗教而不是其他。它的现代性和宗教性二者存在着在量的选择上如何适当把握的问题。这种选择将决定着巴哈伊教未来的发展。

会议就巴哈伊教应该作为一个独立宗教的问题达成共识,认为巴哈伊教虽然源于伊斯兰教的巴布教派,但它在以后的发展中逐渐形成自己独特的教义、礼仪,有自己的宗教经典等宗教构成要件,显然应该被看做一个独立的宗教。会议取得了圆满的成功。

# 巴孛陵寝，梦中的波斯花园（节选）*

曲　韵

当地人把陵寝及周围的花园称为“旧花园”或“波斯花园”，因为他们相信这里是人类最美好的栖居地。

当宗教与圣墓联系在一起，圣墓所在地必被世人赋予超凡的地位。例如以色列的耶路撒冷，那里既有耶稣的墓和建于其上的圣墓大教堂，也有据传是穆罕默德升天时站在上面的石头和盖在这块石头上的清真寺。

还不太广为人知的是，在以色列，还有另一处为全世界的教友所景仰的神圣的宗教墓地，那就是位于海法市的巴孛陵寝梯田花园。以色列的北部城市海法是以色列第三大城市。以色列有民谚称："在耶路撒冷祈祷，在特拉维夫游玩，在海法居住。"（In Jerusalem to pray, in Tel Aviv to play, in Haifa to stay）海法市是一个多民族，信仰多元化的山城，整座城市倚卡梅尔山而建，面向地中海，是以色列最重要最繁忙的港口。

卡梅尔山（Mount Carmel）旧译“迦密山”，历史悠久，名声远扬。山脉全长35公里，最高处为546米。在希伯来语中，“卡梅尔”意为“上帝的葡萄园”；在《圣经·雅歌》第七章中有这样的诗句：“你的头颅俊美像卡梅尔山”。

卡梅尔山最早是巴哈伊教的圣使巴孛的陵墓。巴哈伊信仰是一个独立的一神论宗教，创立于1844年。据1992年的大英百科全书记载，巴哈伊教当时已遍布全世界205个主权国家和独立领土。现在看到的巴孛陵寝是由加拿大建筑师威廉姆·麦克斯韦尔（William Maxwell）设计的，其风格是东方和西方的结合。大理石柱体现了古典罗马建筑风格，科林斯式雕花柱冠令人回想起古希腊时尚，而庄严高贵的圆拱穹顶又融入了东方味道。基座处的大理石柱都是整块大理石雕出的。穹顶上贴的1.2万片金色的瓦片是在荷兰制造的。金碧辉煌的巴孛陵寝熠熠闪耀在卡梅尔山间。经过历代人的努力，这座陵寝看来更像一个缔造人类梦想的园林。许多海法市民将陵寝及周围的花园称为“旧花园”或“波斯花园”，将新建的18层平台花园称为“新花园”或“悬空花园”。整个园地的梯田平台花园从山顶到山脚能连续不断地步行而过，在花园与Yefe Nof街，Hatzionut大道和Abbas街交叉的地方修建了宽阔的石桥或地下通道。尽管还有许多精美的装饰设计点缀着花园，自然的光与水仍是装点整个花园的主要元素。在翠绿的植物和优良的水环境下，让人根本不能觉察是行走在古圣人永远安息的地方，倒像是天堂坠入尘世的一角。梯田平台规则的路径两侧都是由不规则的植物分

* 原载《时尚旅游》2003年第4期。

布的地景花园,再造了这一地区的自然景观,以当地的树种和野生花草为特征。波斯风格和阿拉伯风格的墓园讲究苍翠欲滴,大量种植松柏类植物。而巴孛陵寝梯田花园对色彩极为重视,春末是兰花楹树、地牵牛、矢车菊等占主导地位的粉紫,夏天则是在大理石花盆中的天竺葵和轴线坡道两侧花床中的凤仙花盛开的火红。不同季节开放的花卉与不同颜色的小径,青草地和树木组合成一幅一年中不断变换着色彩与美姿的织锦绣。花园还吸引了很多野生动物,在喧闹嘈杂的市中心提供了一方安宁的净土。最上一层平台通过一个步行隧道与山顶已有的一个散步休闲大道——Louis Promenade 连在一起。在山脚,第一层平台的入口广场将成为重建并发展了的德国坦普勒移民区的起点向下直通大海。因为其辉煌,其独特,其与环境完美的结合,巴孛陵寝梯田式平台花园荣获 1999 年度美丽的以色列马各希姆(Magshim)奖。巴哈伊世界中心的所有花园成为其他来访以色列的游客们注意的焦点。现在陵寝及其花园已吸引了大约每年 25 万游客。巴孛陵寝梯田花园于 2001 年 5 月正式对公众开放,不需要任何参观费用,但因每天允许进入的人数有限,需要提前预约。

# 宗教的历史(节选)*

[英]凯伦·法林顿著,秦学信等译

## 巴布教派

伊斯兰教中温和的巴哈教派迅速发展繁荣,是近代宗教世界一个成功的故事。它的历史分为两个阶段:波斯青年赛义德·阿里·穆罕默德自称是真主应许的使者,将真主的旨意传于伊斯兰教十叶派信徒。他自称巴布(阿拉伯语意为“门”),是独立使者,准备迎接一位先知的降临。那一天是5月23日,是巴哈教派的节日。

## 巴布们

巴布吸引了大批的追随者,也招来波斯统治者的敌意。统治阶级将其监禁,1850年7月被处死。教徒遭到残酷镇压,有15万人遭屠戮。巴哈教派历史上的第一个关键阶段随之结束。

这一教派称所有的皈依者为“巴比”。1817年出生的密尔扎·侯赛因·阿里是其中的一位。1863年,他得到真主的启示,宣布自己是“应许的先知”,更名为巴哈欧拉,意思是“安拉的光辉”。所以,这一教派信奉者后来便被称为“巴哈依”。

但是,这一教派内部仍有争执,尤其是巴哈欧拉和自己弟弟之间的分歧。这两位不和睦的兄弟,先后在德黑兰、巴格达、君士坦丁堡、阿德里安堡遭流放,巴哈欧拉最后在巴勒斯坦的阿克城入狱。他后来获得释放,在阿克城度过了后半生。阿克城附近的海发市是今天巴哈教派的根据地.

## 阿布杜的影响

巴哈欧拉于1892年去世之后,他的长子阿布杜·巴哈成为这个日渐深入人心的教派的新继承

---

* 原载[英]凯伦·法林顿:《宗教的历史》,秦学信等译,希望出版社2003年版。

人。虽然他并没有像父亲那样被认为是真主在人间的体现,但教徒仍然认为他的思想来自于神的启示。阿布杜曾经说过一段著名的话:"我们看到的所有纷争、分歧和互相对立均源于人们一味追求外在的宗教仪式而忘却内在朴素的真理。外在的宗教仪式千差万别,导致意见不同,招致敌意——而内在的真理历来都是相同的,而且只有一个。事实即为真理,真理没有分歧。真理是真主的指引,是人世之光,是爱和怜悯。真理的这些方面也是圣灵启发人类应有的美德。"巴布、巴哈乌拉和他的著作共同构成了巴哈教派的教义。

阿布杜·巴哈临终前指定其孙子沙基·爱芬迪为继承人。巴哈教派名扬世界,也是当初爱芬迪曾预言的。

今天的巴哈依是不折不扣的民主主义者。全世界每个有巴哈教活动的地区都设有九人组成的地区灵体会,每年都要选举会员处理宗教事务。上一层是全国总灵体会,每年由这个国家的巴哈依选举产生。权利的最高层是位于以色列海法市的世界正义院,几位成员由所有的全国总灵体会每隔五年选举产生。

## 正义的逻辑

巴哈教派思想的正义感魅力无穷。教徒们认为,倘若宗教是战争之源,最好不要有宗教。巴哈教的教义认为,真主在不同的时期先后向人类派遣不同的先知,以帮助宗教在世界上演绎发展。意见不同受到鼓励,但应该通过讨论解决,不允许贬低他人的信仰。人无论男女贫富,一律平等。巴哈教和歧视的观念格格不入。

巴哈教派坚信人人探索真理的价值,所以没有牧师向人们灌输教义。巴哈教派在科学和宗教之间筑起一座桥梁,期望各种信仰从此不再失足。

# 美术*

孙士海　葛维钧

1986年在新德里建成的印度巴哈依教(即大同教)灵曦堂是一座非常引人注目的现代宗教建筑。它由当代建筑师法里布尔兹·沙(Fariborz Sahba)设计,系世界七座巴哈依教寺庙中最新的一座,主要建材为白色大理石,造型为巴哈依教寺庙的典型样式,外观犹如一朵正在绽放的硕大无朋的白色莲花。因此,这座举世知名的现代建筑又名莲花庙。该庙从圆形大厅的地面到顶部高达34米,大厅本身直径70米,未采用支柱,显得十分宽敞,能同时容纳1300名信众。穹隆底部的9面墙壁开设9门,象征着所有的道路都可将世人导向神的殿堂。45朵莲花瓣分为三个层次:最外层的已经展开,中层的半开半阖,内层的顶尖部分含苞欲放,花蕊若隐若现。莲花庙的周围是9个水池,象征簇拥着莲花的绿叶。造型新颖,富于动感。莲花庙共占地10.5公顷,周围绿草如茵,花木繁茂。被誉为现代建筑奇迹的莲花庙是新德里最壮观的建筑之一,同时也是新德里的标志性建筑之一。

* 原载孙士海、葛维钧编著:《印度》,社会科学文献出版社2003年版。

# 什叶温和宗教*

王家瑛

## 谢黑耶

谢黑耶，又称“谢赫学派”，什叶宗派之一，19 世纪传播于伊朗。宗师谢赫・艾哈迈德・伊本・栽因・丁・艾赫萨伊(1753～1826 年)，阿拉伯人后裔，生于巴林，在那里接受宗教启蒙教育。20 岁时，朝拜了伊拉克十叶派圣地，受那里的穆杰塔希德之命，从事传播宗教学术事业，后移居巴士拉。1806 年，赴伊朗马什哈德，朝拜十叶派第八任伊玛目阿里・里哲(765～818 年)之墓。其后定居亚兹德，并在那里设帐授徒。由于声誉卓著，他在德黑兰受到嘎贾尔王朝君主法塔赫・阿里・沙赫・嘎贾尔的隆重接待。由于谢赫的名声远扬以及对十叶派教义个别信条的非传统性解释招致伊玛米耶教义学家们的猛烈攻击，指责他神化阿里，曲解“委托”，并批评他的末世论思想。1814 年迁居克尔曼(伊朗)。约 1824 年于噶兹温发生的一场宗教问题的辩论导致与穆杰塔希德最终决裂。谢赫的精神继承者是其门弟子赛义德・卡资姆・里什提(1798～1843 年)、贺季、穆罕默德・凯里姆—汗・克尔曼尼和穆拉・穆罕默德・麦麦坎尼，皆为伊朗人。

谢赫学派的思想体系与十叶派艾荷巴里耶学派思想倾向有较大差异，他们对大多数圣训，尤其是对缺乏充分检验、考证的传承圣训持异议态度。据谢赫学派教义，12 位伊玛目是真主的意志的化身，是真主意欲的解说者，从这种意义上说，他们是创造的终极原因。他们再现真主的一切行为，而自身却不拥有能力。伊玛目们以最高存在的身份出现，所以，反对他们的罪恶无异于反对主的罪恶；只有通过伊玛目的“中保”才能理解真主；他们是被造物中最先被创造的，所以先于其他一切。伊玛目是一座“门”(巴卜)，通过它，可保证达到理解可被认知的真主的本质的佳境。谢赫学派的末世沦，因否定人死后复活而遭受批评。据谢赫学派，人有两体：一由易朽材料构成，个体死后化为灰尘；一由非物质材料构成，属于不可见世界，它们在此岸世界复活，其后，或升入天国，或堕入火狱。晚期的谢赫学派末世论更为精致，运用人体中精神本原与物质本原相互作用的理论加以解说。人的乃至伊玛目的物质性身体死后腐坏的思想普遍地为谢赫学派所接受。

谢赫学派有关所期待的马赫迪复临的思想，伊玛目是通向理解可被认知的主的本质之“门”的思

---

* 原载王家瑛等：《伊斯兰宗教哲学史》(中册)，民族出版社 2003 年版。

想，被宣布为“巴卜”(门)的赛义德·阿里·穆罕默德·设拉子具有先知使命的思想，所有这一切为伊朗巴比耶教徒的宗教—社会运动的兴起奠定了思想基础。但谢赫学派是否参与巴比耶运动尚不得而知。不过，倒是有一位谢赫·艾哈迈德的门弟子进入了 1847 年大不里士“巴卜”委员会工作。19 世纪中叶，官方对巴比耶教徒进行大肆搜捕。谢赫学派因响应反政府行动，作为“叛教者”被追捕至今。

## 巴比耶

巴比耶，或称“巴卜教派”，系指“巴卜”宗教—政治学说的追随者，该学说成为伊朗的一场人民民主运动(1848～1852 年)的指导思想。运动主旨意在反对国家政权与宗教统治势力，抵抗外国列强的侵略。学说渊源于谢赫学派，经发展逐渐具有宗教改革特点，最终在人民起义过程中形成了完整的理论学说。

巴卜教派学说的哲学方面基于十叶派的马赫迪降临思想，其中某些观点又借自伊斯玛仪派、努赛里耶和德鲁齐耶。巴卜学说的奠基者还引进了招魂术和犹太教神秘哲学因素，并对宗教仪礼、功修进行了改革。

巴卜教派奠基者赛义德·阿里·穆罕默德·设拉子(1820～1847 年)于 1819 年 10 月 20 日(或 1820 年 10 月 9 日)生于伊朗南方城市设拉子一商人家庭。青年时代，曾去伊拉克卡尔巴拉和纳贾夫朝拜十叶派圣地，前者系侯赛因、后者为阿里的陵墓所在地。在那里，受到谢赫学派理论的熏陶，从而决定了他的世界观。1844 年 5 月 23 日，他宣布自己为“巴卜”(门)，提出：第十二伊玛目(隐遁的伊玛目)和他的信徒之间存有“中保”，这“中保”就是四道“巴卜”，隐遁期间，第十二伊玛目就是通过“巴卜”与其信众联系的。三年之后，宣称自己为新的先知以替代穆罕默德，声言其著作《示知录》为新的圣典以代替《古兰经》。1847 年被逮捕下狱。当大不里士爆发巴比教徒起义时，阿里·穆罕默德于 1847 年 7 月 9 日被处决。

阿里·穆罕默德所倡导的社会—宗教改革主张不但未被伊朗嘎贾尔王朝统治者接受，反遭迫害；官方十叶派学者则视其教义为“异端”，予以抨击。

巴卜教派教义声言，社会通过时代交替而发展，因而是周期性的；每一时代真主都通过当代的先知以建立其时的法律与秩序。这一切都基于启示相继更迭的结果。摩西及《旧约全书》，耶稣及《新约全书》，穆罕默德及《古兰经》都曾代表一个时代，但都以相继被取代而成为过去，因为没有任何一部启示经典的作用是“永恒的”。一部启示经典仅代表相对真理，为其时的社会发展阶段所认同。巴卜教派宣称，新先知的时代已经到来，他将在圣典中阐述新的律法代替伊斯兰教法，以改善人民的命运，在地上建立全面的正义王国。“巴卜”所肩负的就是这一先知使命。“巴卜”宣布，沙里亚教法已然失效，在未来的王国将人人平等。这一王国将首先在伊朗创立，然后推及全世界。巴卜教派要求保护人身自由，取消穷人债务，没收大庄园主的部分财产，一切财富平均分配，等等。巴卜教派所提种种要求主要代表了商人的利益，其纲领中有关劳动者利益的要求则含糊不清。“巴卜”原指望所宣传的本派的观点会使世俗与上层代表人物感兴趣，不曾想，统治集团为“巴卜”教派思想的反封建主义倾向所吓倒，于是采取了严厉的镇压措施，大肆搜捕该教派社团的领导人。

"巴卜"学说原本不包含武装斗争理论，其所表现形式不过是一场提出某些共同性口号的思想运动，这是巴卜教派与人民运动的初衷；但是，由于著名的巴卜教派活动家穆拉·穆罕默—阿里·伯尔福鲁锡、声望卓著的女传教师古腊特·爱因及其支持者的努力，发展了"巴卜"学说的民主性。于是，数万城乡居民、手工业者、小商人在"巴卜"的宗教旗帜下爆发了起义。1848～1850 年间，武装暴动遍布于伊朗北方，在一些居民点建立了政权。起义者力图将"巴卜"思想化为现实，建立一个公正的社会。至 1850 年夏，起义的主要策源地已被扫荡平息。其后，巴卜教派同伊斯玛仪派一样，走上个人政治恐怖道路。

巴卜教派运动本质上是一场以宗教思想为指导的封建主义社会的农民起义运动，其缺陷在于组织涣散，缺乏统一领导，地域分散，彼此隔绝。纵然如此，这一运动仍有其进步意义，它反对外国资本对伊朗的奴役，震撼了封建社会基础，从而有利于建立资本主义关系。

# 伯哈伊耶

伯哈伊耶，又称"比哈伊耶"和"伯哈教派"，系指由伊朗迁居至伊拉克的一批巴卜教派移民信徒创立的一种学说的追随者，传教于西亚、欧洲、俄罗斯、美国等地。伯哈伊耶教派及其宗教社团的奠基者是米尔札·侯赛因·阿里·努里，别号"伯哈·乌拉"(1817～1892 年)，1817 年 11 月 12 日生于伊朗北部马赞达兰省，1892 年歿于巴勒斯坦的阿克。1858 年，他在巴格达撰著了《坚信书》，其中阐述了他对"巴卜"学说的信仰和与其关系；1873 年在巴勒斯坦撰著了《至圣书》，内容是有关比哈伊主义基本信条与定制。伯哈·乌拉将其精神遗产传给其长子厄拔苏·艾芬迪，别号"厄卜德·伯哈"(？～1929 年)。其后裔至今领导该派宗教社团。伯哈伊耶教义特征是，否定宗教仪式及其从属于崇拜的各种组织。该派学说与巴卜教派学说的差异是，每一继任先知并不废除前任先知制定的法令与建立的秩序，并对现在的群众与最高神灵的关系予以增进和改善。该派在宣传"世界主义"的掩护下，作为犹太复国主义者的工具，企图从内部瓦解伊斯兰的团结，受到广大穆斯林的抵制。1981 年(编者按：此处有误，1920 年代已经脱离伊斯兰教，被埃及宗教法庭承认为一种新宗教)，该派宣布脱离伊斯兰教，成为一新的宗教。

自该派宗教社团存在伊始，其领导阶层便从事国际贸易，在制定其教义理论时就已顾及到本国资本家与国际资本家的利益。形式上，伯哈伊耶是巴卜教派的继续。但伯哈伊耶宣传社会的进化与发展、忠实于现政权和向世界广泛传教的必要性，保护私有财产，废除国界，创建一个统一的世界性政权，实施共同经济，通行共同语言。

在发源地伊朗，伯哈伊耶尽管遭受来自十叶派上层领导的有组织的破坏，在内陆腹地的传道仍然获得了成功。

# 当代新兴宗教问题研究浅析*

贺　韬

“巴哈伊教”创立于19世纪中叶的伊朗，由伊斯兰教派生出的巴卜教分离而成，创始者为侯赛因·阿里（1817～1892年），被信徒们称为“巴哈欧拉”（Bahá'u'lláh，意为“安拉的光辉”），“巴哈伊教”由此而得名。“巴哈伊教”的创立和发展过程充满坎坷，侯赛因曾屡遭迫害，后期被逐出伊朗，于是在土耳其、伊拉克等国家游动传教，晚年定居于巴基斯坦的阿卡城，后来在那里病逝。“巴哈伊教”主张，主宰世界的至高无上的神（上帝、真主、佛）是统一的，不同的宗教实质上是同源的，而分为不同民族、居住在不同地区的人类实属一家，主张宽容异教，废除圣战，建立统一的“正义国家”，实现全世界和平。“巴哈伊教”在20世纪发展得很快，到20世纪60年代时在全世界的信徒已达到了40万；到90年代时有500多万名信徒分布在世界各地的230多个国家和地区。“巴哈伊教”的最高管理机构叫“世界正义院”（Universal House of Justice），本部设在以色列的海法市。“巴哈伊教”还在160多个国家和地区设有“总灵体会”，并在全世界设有2万多个“分灵体会”，并专门建立有10万多个信徒团体的聚居中心。

* 原载许涛、何希泉主编：《世界宗教问题大聚焦》，时事出版社2003年版。

# 巴亥教*

韦　红

巴亥教，19 世纪创立于波斯，在新加坡约有 1000 多名巴亥教徒，其组织有新加坡巴亥教总灵体会。下辖 8 个地方灵体会；天理教，1838 年由日本人创立。新加坡的天理教中心成立于 1971 年 5 月 5 日，该中心经常举行插花艺术、制造瓷器以及书法研究等文化活动。

* 原载韦红：《东南亚五国民族问题研究》，民族出版社 2003 年版。

# 再访海法*

彭龄　章谊

当我死去变成隐形迦密山，
它是我的幸福之本；
因为我的肌肤都已化作
那里的松针、松果、鲜花、彩云……

——泽达尔·米什考斯基《隐形的迦密山》

这是我们第二次来海法了。

第一次是为参观巴哈伊教(大同教)先驱与殉道者巴孛的陵墓，由于还要赶赴阿卡，没有更多时间在海法停留。不像这一次时间充裕，可以好好看一看《圣经》上多次提到的这美丽的"果木园"。

海法坐落在以色列北部突入地中海海法湾的卡尔梅勒山(《圣经》旧译迦密山)岬角上，是以色列第三大城市。它的历史可以追溯到公元前14世纪，那时它便是地中海东岸的古渔港。卡尔梅勒意为"果木园"，由于山上林木葱郁，盛产嘉果秀木，很早便得了这样一个名字。它最早见诸文字记载是在犹太智慧法典《塔木德》中。记述犹太人用海法附近的海中捕捞的贝壳中，提炼的紫色染料染制祈祷用的头巾。大约就在同一时期，居住在北部黎巴嫩沿海苏尔一带的腓尼基人，也掌握了同样的技术，他们用提炼出的紫色染料染制的锦缎、布匹用于出口，深受希腊、罗马王宫贵族的欢迎。据说一匹上等的"苏尔紫"的价值，超过等重的黄金。腓尼基(古希腊语，意为"紫色的")人也由此得名。

卡尔梅勒山还有另外一个名字：以利亚山。以利亚是深受犹太人尊崇的先知，公元前9世纪亚哈王时代，由于亚哈王立了异族女子耶洗别为王后，在她的推动下，犹太部族中崇拜异族神巴力之风盛行，几乎胜过对耶和华的崇拜。而且，耶洗别还利用、杀掉了犹太其余的先知，仅剩下以利亚一人。在这种情况下，以利亚为了让犹太人认清究竟谁才是真正的神，便约定同450名巴力的先知在迦密山上比试。他与他们商定，双方各宰杀一只牛犊放在柴堆上，然后各自祈求自己的神，谁能降下天火焚烧柴堆和牛犊的，便是真神。巴力神的先知们一遍遍地向他们的巴力神祈祷，又叫又跳，从早晨折腾到中午，却连一点火星子也没看见。以利亚取笑他们说："你们再叫响一些，或许巴力神在睡觉，得把他叫醒……"这450个假先知不单提高了嗓门儿，而且还按照他们的习惯，用棒用刀往自己身上乱打乱刺，弄得浑身是血，以表示诚心，他们一直折腾到晚祭的时候，还是一点动静也没有。轮到以利亚了，他首先将被假先知们毁坏的祭坛重新修好，依照雅各子孙支派的数目，取了12块石头，放在祭

* 原载彭龄、章谊：《走进迦南地》，中国旅游出版社2003年版。

坛上，又在祭坛的四周挖了一道水沟，架上木柴，把剐成几块的牛犊放在上面，吩咐众人将4桶水倒在祭坛上，水从祭坛上流下，注满了水沟。这一切做好之后，他开始祈祷耶和华。耶和华随即降下天火，焚尽了整个祭坛，连同木柴、石头、泥土，还烧干了沟中的水。犹太人见了，立即俯身在地，连连说：不再信别的神了，耶和华才是天主！《圣经·列王纪(上)》第十八章《以利亚与假先知比试》一节，详细记述了这件事……

往事逾千年。如今，无论是海法湾的古港口，或是以利亚与巴力的假先知们比试时，在迦密山上设的祭坛，都早已无踪可寻。只剩下一个"圣家庭"——年幼的耶稣及其双亲逃避希律王追杀时，曾在里面避过风雨的以利亚山洞，或可勾起人们怀古的幽思。但这郁郁葱葱，林木葳蕤的卡尔梅勒山，倒是足可以让人们领略《圣经》中描述的"果木园"的意境。

我们从海法港仰望卡尔梅勒山，只见一层楼房一层碧树，像一幅巨大的题作《果木园》的画屏，悬于海天之间，烟润(编者按：原文如此)辽阔，意趣横生。又像是一位长者，端坐于海法湾头，颇有些"行到水穷处，坐看云起时"的韵味。

早听说人们把海法比为美国的旧金山和南非的开普敦，说它是以色列开放型的多元化城市。当我们乘车从海法港边的盘山公路，攀援而上时，同陪同我们北来的布朗博士谈起，布朗博士没有正面回答，却说起当代犹太复兴思想的先驱和犹太复国主义倡导者西奥多·赫茨尔，在构想并着手写作《犹太国》一书时，曾想最好能写一部小说，来描绘上帝赐给犹太先祖的迦南地——巴勒斯坦，如何随着犹太复国主义运动的发展，在不久的将来发生的巨大变化。他在1898年10月，实际访问和考察了巴勒斯坦之后，更坚定了这种想法。次年，他把小说定名《古老的新国家》，并开始动笔，1902年完成并出版。他在这部小说中，描述了主人公1923年重访巴勒斯坦时，看到耶路撒冷、海法都已经变成"具有20世纪精神的世界城市——有现代化的郊区、林阴大道和公园、高等学府、娱乐场所、市场……在这片新土地上，阿拉伯人和犹太人和睦相处……"尽管小说出版后，赫茨尔的许多朋友曾对小说中没有着意描写"犹太精神"提出批评。但在今天看来，这位19世纪伟大的犹太思想家的预言，有不少已成为现实……

"譬如海法"，当我们登上海拔550米的卡尔梅勒山最高处，可以俯瞰整个海法湾的观景台时，布朗先生指着脚下的海法港接着说："由于海法港港阔水深，是天然良港，从20世纪30年代深水码头竣工之后，便取代了古城阿卡，成了以色列北部行政中心。如今，海法港已经是以色列最繁忙的港口之一，是地中海最大的集装箱货物集散地，吞吐量占以色列进出口贸易总额的半数以上。以色列建国后，海法成为犹太移民移居以色列的重要港口，人口从赫茨尔访问时不足两万，增加到30万。人口的增长带来了经济的发展，除海运外，陆路与空中交通也十分便利。它不仅是石油化工、电力、机械制造等工业中心，海法大学、以色列工程技术学院等高等学府及许多高科技研究中心也都设在海法……"

"更主要，是海法兼收并蓄的包容精神"，在我们观赏观景台附近，一座由拉美犹太人捐资修建的教堂前一尊圣母怀抱圣婴的青铜像时，布朗先生说："刚才我们说到有人把海法比作旧金山或开普敦，但我以为海法就是海法，它不同于耶路撒冷，也不同于特拉维夫。在这里，不论是阿拉伯人、犹太人；不论是信奉犹太教、基督教、伊斯兰教或巴哈伊教；也不论是传统派或世俗派，都彼此宽容，和睦相处，而不是矛盾重重，相互排斥。从这个意义上讲，可以说它既是多元化的城市，也是赫茨尔远在100年前所期望、所预言的'未来新土地'上的"'世界城市'……"

一直没有言语的戴维先生补充说："海法是以色列国内公共汽车在安息日唯一照常行驶的城

市。”这在这个严格奉行犹太律法的国家,确实是罕见的,这大约也体现了海法的包容。

后来,我们了解到海法几大宗教共存及犹太人、阿拉伯人和睦相处的包容性,也有其特殊的历史、社会环境等方面的原因。海法是一座有三四千年历史的古老的城市,不像特拉维夫,只是在20世纪初由一批犹太移民在荒地上建的小移民点的基础上,随着新移民的加入而逐渐扩建成的单一的犹太人的城市。在特拉维夫城南,靠近雅法老城区,有一座19世纪初建的哈桑·帕克清真寺。它曾是特拉维夫的犹太移民与阿拉伯人聚居的旧雅法市的分界线。1948年独立战争爆发前夕,阿拉伯人与犹太人之间的冲突,遍及巴勒斯坦各地。阿拉伯人在雅法炮击特拉维夫的同时,也曾从清真寺的宣礼塔上,向犹太人开枪射击,在各自心中都埋下仇恨的种子。当犹太人反击后,雅法的阿拉伯居民害怕报复,携家带口,弃城而逃。如今,这座清真寺已成为特拉维夫城南一道独特的风景。但是,对于巴勒斯坦人和以色列的阿拉伯人来说,他们永远抹不去被逐出家门时的惨痛记忆。而且,从那时起,特拉维夫便一直是他们无论是心理上,还是现实中都难以融入的他乡异地。而海法,早在一批批犹太移民移居巴勒斯坦之前,阿拉伯人与犹太人便在海法市中毗邻而居了。100多年前,赫茨尔考察海法时,看到的是阿拉伯籍市长和犹太籍助手之间的亲密合作,有力地推动了两个民族的和睦相处。

海法又是一个海港城市,门窗洞开迎八面来风的同时,也培育和养成自己宽容博大的胸怀。不像耶路撒冷,位居内陆犹地亚山巅,自古以来,“到访者”不是十字军式的明火执仗的红眼强盗,就是诚惶诚恐,连“圣城”的一块石头都恨不能跪下参拜的朝圣者。这种环境大约也造成了耶路撒冷也像它那饱经忧患的石头城墙一般孤傲与冷漠。

布朗博士告诉我们,目前,在海法大学中,设有一个专门致力于增进以色列犹太人和阿拉伯人之间理解与合作的研究与咨询中心。这恐怕和海法两个民族的居民之间友好和睦的传统不无关系。

我们从卡尔梅勒山顶的观景台,经过绿树掩映、芳草如茵的大学校园、宾馆和自然保护区,弯到位于山腰的旧城区。虽说这里街道狭窄,衢巷纵横,无论是住宅还是临街的店铺,多是两三层的陈旧的小楼,缺少大城市那种高楼大厦或花园别墅的豪华气派,却不乏小家小户,安逸闲适的人气与温馨。犹太人居住区和阿拉伯人居住区紧紧相邻,居民们自由自在来来往往,看不到耶路撒旧城区两个民族聚居区之间的铁丝网、高石墙和墙后面那一双双充满疑虑与仇恨的眼睛。布朗博士告诉我们,在海法,不仅是市政府,而且各宗教的领袖们——拉比、阿訇、神父,也常常聚会,呼吁教徒们相互理解、尊重,和睦相处,共存共荣。这不正是赫茨尔在他的《理想国》的专著中所倡导、所期望的精神吗?这种精神在今天的巴勒斯坦和今天的中东,尤为重要。

经过海法市犹太阿拉伯文化中心,我们看到临街的墙上,有一幅用蓝色瓷砖镶嵌的壁画,还有几句诗,像一座“诗碑”:

边界两边
有太多的苦难
愿上苍降下雨水
洗净伤痕与仇恨
让边界消失

这诗句引自法国诗人布托尔的《边界的雨》

我们想,这“诗碑”若能立在特拉维夫、耶路撒冷,立在生活在古老“迦南地”——巴勒斯坦的阿拉伯人、犹太人的心中该多好!

# 巴布派革命席卷伊朗 白哈派邪教出异端*

张文建

巴布教派，产生于 19 世纪中期的伊朗。

当时，伊朗十叶派的卡札尔王朝政治极端黑暗腐败。以俄国为首的外国列强，不断发动对伊朗的侵略战争，给伊朗人民带来了空前惨重的民族灾难。伊朗封建主统治阶级内外勾结，加重了对国内广大劳动人民的剥削和掠夺。阶级矛盾同民族矛盾交织在一起，造成了社会激烈的动荡。

伊朗社会下层宗教教职人员，生活状况十分窘迫。他们同广大劳动人民接触广泛，体察民情和了解民意，痛恨封建统治阶级的残暴和腐败。于是他们高举宗教改革的大旗，发动了 1848～1852 年反帝反封建的伊朗巴布教徒武装大起义。

巴布教派的创始人是密尔札·阿里·穆罕默德。1819 年，他生于设拉子市的一个小商人家。青年时代，曾经前去伊拉克南部十叶派圣地卡尔巴拉朝圣。其间，他与那里十叶派中的一个小支派"赛希特"派建立了联系，接受了他们关于救世主"麦赫迪即将出现"的信念。他一回到家乡，便以这种信念为指导，建立了一个名叫"萨伊格"(意即"霹雳")的宗教社团，在十叶派下层教徒中积极宣传"麦赫迪即将出现"的观念，并对这种观念作出进一步的发展，形成了他的宗教学说。

1844 年，密尔札对他的信徒们郑重宣布，他是"通往认识真主之道的门"，这"门"的波斯文音译为"巴布"。因此，他所创立的教派被称为巴布教，其信徒被称为巴布教徒。

巴布教的教义集中在密尔札于 1847 年写成的一本《默示录》中。他在这部被尊奉为巴布教徒的"圣经"的书中提出了他的观点。他认为，人类社会的各个时代依次嬗变发展，后来居上。旧的一切一定要被新的取代。他声称，穆圣先知的时代已经过去，《古兰经》已经陈旧，必须由新的圣经所取代。他以"麦赫迪"的身份宣称，他是真主所差遣到人间的一位"新先知"，他的《默示录》就是新的《圣经》，用以取代《古兰经》和《新约旧约》，一切法律均应按照《默示录》重新制定。

巴布教派的宣传不仅是一种宗教改革，而且是一种社会革命。其政治锋芒直接指向伊朗封建统治阶级和外国殖民主义。巴布派积极宣传建立一种朦胧的"理想世界"。在这个世界里，没有人压迫人的现象，实行人人平等。他们提出了保障人身自由、保护私有财产继承权的主张和许多符合小商人利益的要求，如用法律限制贷款利息等。结果，广大贫苦的农民、手工业者和小商人积极响应，聚集在巴布教派的旗帜下，形成了一股强大的反封建反殖民主义的革命力量。

1848 年初，巴布教派的革命运动在伊朗北部地区蓬勃发展，势不可挡。卡札尔王朝统治者吓破

* 原载张文建：《新编宗教史话》，江西人民出版社 2003 年版。

了胆，视巴布教派为“险恶的异端”，并下令将“巴布”密尔札逮捕入狱。他在狱中同外界人民群众保持联系，号召人民为铲除黑暗暴政，建立神圣的“正义王国”而英勇战斗。巴布从狱中发出的这一战斗号召，产生出一种巨大的精神力量。于是社会上的巴布教徒和所追随的人民群众揭竿而起，掀起一场声势浩大的革命运动。

这一年9月，巴布教徒3万之众，首先在伊朗北部的马赞德省举行了武装大起义。他们筑起了有13座塔楼的城堡，与政府军对战，将前来执行讨伐任务的政府军击败。尔后，政府当局改用欺骗手段，企图诱使起义者放下武器，但起义军首领不从。伊朗政府遂又对起义军恢复镇压和屠杀政策，使北部的起义失败，但巴布教徒的起义在全国其他地区继续高涨，到1849年，全国巴布教徒起义大军已超过10万人。

1850年5月，巴布教徒在赞詹地区发动起义。起义者在城内构筑街垒工事，同政府军进行了激烈战斗，就连许多妇女也参加了这场街垒战斗。女教徒鲁斯腾·阿莉指挥一支别动队，挺身而出防守最危险的地段，英勇拼杀。最后，政府军用大炮将这个城区夷平。

伊朗封建统治者为了扑灭巴布教徒的起义烈火，于1850年7月19日，在大不里士城将“巴布”密尔札处以死刑，砍死在马刀之下。

巴布殉难后，他的两个忠实门徒拜福鲁什和波什卢耶继续领导巴布教徒在伊朗其他地区坚持斗争。直到1851年底，巴布教徒大规模的起义全部被镇压下去。残存下来的起义教徒转入地下，进行隐蔽的反抗活动。

1852年8月，巴布派的3名刺客谋杀国王未遂。于是王国政府对分散隐蔽在全国各地的巴布教徒进行了一场恐怖性的大搜捕和血腥屠杀。成千上万的巴布教徒被绞死、砍死，并以火焚尸。

伊朗人民群众在巴布教的宗教改革旗帜下所进行的这场轰轰烈烈的大起义，是伊朗近代史上发生的一场伟大的反封建、反殖民主义的革命运动，沉重打击了伊朗封建王朝统治。

巴布教派大起义失败后，从这个教派中分化出来一个新的支派，即“白哈派”。

1852年，巴布殉难两年后，他的一位名叫密尔札·叶海亚的忠实信徒被拥立为巴布教派的新领袖。此人的尊号为“苏卜赫·埃杰勒”，意即“永恒的曙光”，他长期在巴格达隐居。

1862年，叶海亚的同父异母兄弟密尔札·侯赛因，通过玩弄一种玄妙的“幻变术”，废黜掉他哥哥的教首职位，宣布他自己为“白哈安拉”，意即“真主的光辉”，因此他的追随者被称为“白哈派”。

密尔札·侯赛因宣称他是“真主旨意最完美的体现者”。但他却从根本上否定伊斯兰教，鼓吹建立一个囊括一切宗教的“世界主义”的新教。他主张废除伊斯兰教的一切教规和教律，但他仍自称伊斯兰教的“先知”。

白哈派由于存在着否定伊斯兰教的严重倾向而被穆斯林社会视为“异端”邪教，受到攻击和排斥。后来，密尔札·侯赛因被迫流亡到以色列占领下的巴勒斯坦西部的古城阿卡。他在那里杜撰出一本所谓的新圣经《至圣书》。他在这本书中称：作为“白哈安拉”的他，不仅是真主旨意完美的体现者，而且已经超过了真主本身。他无视世界上一切现存的宗教，认为它们都有缺陷，全靠他所创立的新教予以修补使之完善。他主张所有的人，不分种族和政治地位高低，都是兄弟，应真诚相爱和宽恕。号召废除战争，实现世界和平，建立“正义王国”，取消宗教仪式，要求人们绝对服从最高的宗教领导人和一切现存的世俗政权。因此，白哈派的主张被犹太复国主义所利用。

这样，自第二次世界大战后，白哈派就发生蜕化，被纳入犹太复国主义运动的政治轨道。美国犹太人纳尔逊推选为白哈派的“精神领袖”。

现代以色列成为白哈派活动的大本营。在今天的阿卡城，仍然建有白哈派的中心教堂。1893年，白哈派的“先知”密尔札·侯赛因死后被埋葬在这里。他的陵墓成了白哈派教徒朝拜的“圣地”。

今天，真正的白哈派教徒为数已很少。其中的大部分人住在伊朗和以色列，少数人流散在欧美。

# 巴哈伊教的人学思想*

蔡德贵

巴哈伊教在我国旧称“大同教”，又译作“巴哈教”、“白哈教”、“巴海教”、“比哈教”、“巴哈依教”等。该教创始于1844年5月，是由三个中心人物相继完善的一种新兴宗教，他们是：巴卜、巴哈·欧拉、阿布杜巴哈。该教是一种新兴宗教，它源于伊斯兰教，但又不是伊斯兰教，因为不仅该教公开宣存彻底脱离伊斯兰教，其教义中有些内容与伊斯兰教有本质的不同，而且伊斯兰世界也不承认它是伊斯兰教中的一个教派，它完全是一个独立的新宗教，有它自己一套完整的信仰、原则及宗教法规。该教经过150多年的发展，其分布范围仅次于基督教，成为一个有600多万教徒的世界性宗教。巴哈伊教在人学领域提出了许多有价值的观点。

作为巴哈伊教的重要代表人物，阿布杜巴哈将巴哈伊教的基本教义归纳为以下各主要观点：自由地追求真理；人类一家；宗教乃爱与和谐之因；宗教与科学携手；世界和平；使用一种世界性语言；普及教育；男女机会均等；公正待人；为大众服务；消除极端之富裕与贫困；使神圣的精神成为生活中的主要动力。从这个概括不难看出，巴哈伊教的基本思想涉及的几乎全是人类本身的问题，虽也有宗教、上帝等核心概念，但这些概念也逐渐失去宗教的神秘性，而越来越多地带有世俗性和现代性。甚至可以说，巴哈伊教是一种由神本论向人本论过渡的宗教，其人本论思想的核心，就是人类一体观。

巴哈伊教的人类一体观涉及的人学思想异常丰富，这里主要探讨的是其相互联系紧密的几个方面：人类一家的基础、人的本质、人与社会、两个文明、宗教的本质、人的认识标准、教育之重要等。

## 一、人类一家的基础

巴哈伊教的人类一家思想，是建立在这样的理论基础之上的：所有人类都是上帝的子民，人类即是一体的又是多样的，人类的产生是为了推进不断演进的文明。

在巴哈伊教看来，人类都是上帝的子民，起源是完全相同的。巴哈欧拉在《隐言经》中以上帝的口吻说：

你们是否知道我为何由同样的尘土创造了你们？谁都不应该自以为比别人更优越。时时

* 原载孙鼎国主编：《世界人学史》（第4卷），河北人民出版社2003年版。

在你们心中反省你们是如何被创造的。既然我由同一种物质造生了你们，你们必须如同一个灵魂，以同一双脚走路，用同一张嘴进食，并在同一片土地上居住。如此，通过你们的品性行为，由你们的内在生命显现出团结之征象以及超脱之精神，此乃是我对你们的劝诫，光之众民啊！不要忽视此训言，你们才能从奇妙的荣耀之树上摘取神圣之果实。①

上帝如何以尘土造人？巴哈伊教继承了基督教有关上帝根据自己的影像造人的观点，但赋予自己的新意。

长期以来，人们以为上帝用尘土造人的说法是神话，认为生命起源于海洋，但美国科学家在20世纪90年代用实验证明"生命起源于黏土之中"。这项研究成果是20世纪60年代英国桥拉斯哥大学研究人员开始的，他们最先提出了导致生命产生的化学演变是在黏土中进行的"生命黏土生成说"。美国国家航天局的科学家们为了验证这一理论，进行了长达20多年的一系列实验，结果发现，普通黏土具有储存和输送能量的功能，而这两种功能对生成生命来说是必不可少的。根据这一结果，推论大约在40亿年以前，黏土像一座化工厂，利用这种能量将一些无机原料加工为合成分子，这些合成分子又演变成第一个生命。这项成果当然只是初步的，但至少为进一步研究提供了合理的依据。对于各种生命起源的状况，阿布杜巴哈论述说：

无疑，万物源于一：一切数字都起源于一而不是二。因此很明显地在起源时只有一种物质，同一物质以不同的面貌出现于每种元素中，于是产生了不同的形态。这些不同的形态在产生时渐渐固定下来，每个元素开始独具特性。但是这种固定并非凝固不变的，要经过相当长时间后才达到圆满和完美的存在。然后这些元素被组合、组织并结合成无数的形式，或者说，从这些元素的组织与结合中产生了无数的生命。

……

人类在地球上的存在，从起始到现在，其中必也经历了漫长的岁月，度过了许多不同的阶段，但从生存之初，人类就是一个独特的种类。如同胎儿在母体中。起初是一种很奇怪的形状，然后这胚胎从一种形状变成另一种形状，一种模样变为另一种模样，直至以一种最优美完善的形态诞生于世。但(人类)胎儿即使是在母体中形态奇异，与现在完全不同时，也仍是一种高级生命的胚胎，而非动物之胚胎，其种类及本质并未改变。②

人与动物的区别，就在于人是上帝按自己的影像造出来的。巴哈欧拉说："隐蔽于我远古的存在里，于我本质的亘古永恒里，我知道我对你的爱；因此我创造了你，把我的形象镌印于你，并把我的圣美启示于你。"③阿布杜巴哈进一步论证说：

根据《旧约》之言，上帝说过，"让我们按自己的形象创造人，像我们一样。"这意味着人是上帝之影像，也就是说，上帝之种种完美与神圣美德，都反映和启示于人之真谛里。就像太阳之光芒照射在一个光洁的镜子上被完全璀璨地反射。因此同样地，圣美之品质与特征也从一颗纯洁的心灵深处闪耀出来。这就是人乃上帝最高贵之创造物的一个证据……

让我们现在更具体地探讨人如何是上帝之影像，以及什么才是量度和评价人的标准或准绳。这个标准不可能是其他，只能是启示于他的神圣美德。因此，每一个赋予神圣品质的人，反

① 《隐言经》第1卷，第68节，澳门巴哈伊总灵体会1994年版。

② 《已答之问题》，美国威而米特巴哈伊国际出版社1982年版，第180～184页。

③ 《隐言经》第1卷，第3节。

映着上天之道德与完美的人，体现理想的与值得称赞的品性的人，真正是上帝之影像。①

值得注意的是，在巴哈伊的概念中，“上帝”并不是一种有形的、男性化的偶像，而是不可知之本质，万物之精髓，神圣之本体，是宇宙的原动力和终极目的，具有完全超越人的一切属性。在巴哈伊看来，存在之世界，即这辽阔无际的宇宙，是没有始点的。在这一宇宙之中，不可能有创造者而无创造物，也不能想象有供养者而无受供养者。因为神的一切称号与属性都要求造物的存在。如果假设有一 段时间里只有造物主而无创造物，这一假设也就否认了造物主的存在，绝对的无不能变为存在，如果万物在开始不存在，那么现在也就不会有任何存在。上帝之存在作为本原之精，是亘古永存的，无始无终，因此这个存在之世界，这个无边无际的宇宙，也就既无始点也无终点。宇宙既不会陷于无序又不会毁灭，整个存在之宇宙是永恒不灭的。②

既然人类出自于完美的上帝之创造，所以人就被赋予上帝的影像。这种影像不是具体的，并非指外貌，因为巴哈伊教的上帝的本质并不局限于任何形式的外观，而是指上帝的本质特性，如公正、仁爱、忠贞诚实、对万物慈悲为怀。因此上帝的影像指上帝的美德，人理应成为接受神性荣光的容器，从而形成上帝的影像，所谓“上帝之影像”是指人具有上帝完满之美德。所以，所有人类的起源都是一体的，“你们是同一棵树上的果实，同一树枝上的叶子，用最虔诚的爱、和谐及友情与大家相处吧。”③这就是巴哈伊人类一体的原则。这一原则被当做巴哈伊教的核心原则，邵基·阿芬第把“人类一体”称之为巴哈欧拉的教义所环绕的轴心。④

这种人类一体观告诉人们，人类原先出自一个种族，后来也始终是一个种族，所有“种族优越感”的理论都是巴哈伊教所坚决反对的。身体上的差异，如肤色、毛发只是表面的，与种族优越感毫无关系。一个人可能是白种人、黑种人、棕种人、黄种人、红种人，但这都不影响所有的人都是上帝的子民，“肤色不是判断估量之标准，并且它是毫不重要的，因为肤色在本质上是偶然性的。人的灵魂与智慧才是根本性的……因此，让大家都知道肤色或种族是毫不重要的。凡是上帝之影像者，是上帝种种恩典之显示者，就能在上帝的门槛前被接受——不论他的肤色是白是黑还是棕色，这毫无关系。人不是仅仅因为身体之特征而成其为人的，神圣度量与判断之标准是他的智慧与灵魂。”⑤

但是，同时巴哈伊教又认为 ，人类一体的原则并不否认人类之间的差别，因此人类一体是多样性的一体，而不是单一性的一体，肤色、性格甚至思想观点方面存在差异是正常的。为此，阿布杜巴哈指出：

如果有人争论在这世界上无法实现真正的和永久的团结，是因为全世界的人民在风俗习惯、口味、气质、性格、思想和观点方面存在着广泛的差异，我们对这个问题的回答是，差异有两种：正如争论和不和的精神所说明的那样，一种是造成破坏的原因，它怂恿敌对的民族和国家相互冲突；而另一种是多样化的标志，是完美的象征和秘密，是上帝恩惠的揭示者。

想一想花园中的花朵，不管种类、颜色和形状有所不同，但是，由于它们受到同一泉水的浇

---

① 阿布杜巴哈1912年4月30日在伊利诺斯州芝加哥亨得尔大厅“促进有色人种全国协会”第四届年全上的讲演，《巴哈伊》，澳门巴哈伊国际出版社1992年版，第51页。

② 阿布杜巴哈：《已答之问题》，第180～184页。

③ 《巴哈欧拉圣言选集》，第288页，第109～110页。转引自威廉·汉切尔、道各拉斯·马丁：《巴哈伊教——一个新崛起的世界宗教》，第76页。

④ 邵基·阿芬第：《巴哈欧拉之天启——新世界体制之目的》，澳门巴哈伊出版社1995年版，第86页。

⑤ 《巴哈伊》，第51页。

灌而清新，受到同一和风的吹拂而复活，受到同一阳光的照耀而成长，这一多样性便增添了它们的美和魅力。如果花园里所有的花草、树叶、果实、树枝和树都是同一种形状和颜色，这将是多么的不悦目！不同的颜色和形状，丰富并装饰了花园，而且还增进了它的艳丽。同样的，当不同的思想、气质和性格在同一媒介的力量和影响下结合在一起时，人类无上的美和荣耀将会被揭示和显现出来。无他，仅有统治和超越所有事物本质的圣言之神力能协调人类的人民不同的思想、情感、观念和信仰。①

同样，人类被分为男人和女人也不影响人类一体的原则，因为“人类有双翼——一翼是女人，另一翼是男人。只有这两翼都同等地成长，人类之鸟才能飞翔。如其中一翼弱小无力，就不可能飞得起来”②。

巴哈伊教这种人类一体的原则，已被许多思想家和科学家所接受，如美国古生物学家理查德·利基就用下列语言对此作了认同：“我们是同一个种类，同一个民族。地球上每一个人都是现代人的一分子。我们所看到的各民族间地理学上的差异，只不过是同一个基调中生物学上的细微差别而已。人类在文化方面的才智使得它能以多种多样而又迥然不同的方式创造和发展。这些文化常常千差万别，但不可视为人类的分野所在。相反，文化的真正含义应该是：它们是专属于人类的最高宣言。”③

整体的人类从远古发展进化到今天，经历了不同的发展演化阶段，正如个体的人要经历婴儿期、童年期、青春期，然后会经历影响一切的变化走向成熟一样，整体的人类也已走过了它的童年期，现在已经进入青春期，处在成熟期的门槛上。邵基·阿芬第指出：“人类必须经历的漫长婴儿期和童年期已成为过去。现在人类正体验到种种的动乱，是人类进展最骚乱的青春期的时期。当此青春的鲁莽和激烈的感情达到高潮，随后必须是被成年期所特有的冷静、智慧和成熟的意识所逐渐取代。然后人类才达到成熟期，并将使人类获得最终发展之必须依赖的所有力量和能力。”④最终人类必将进入成熟期，人类社会会发生本质的变化：

那个神秘的、渗透一切的、然后又难以确定的变化，我们把它当作是个人生命中必然会有的成熟阶段。这些变化必定会在人类社会组织的延展中，以同等形式体现出来。在人类的集体生活中迟早会到达类似的阶段，在世界关系中产生更加惊人的奇迹，将这样富裕的潜力赋予全人类。这些潜力通过以后的几个阶段，将提供最终完成人类崇高使命所需要的主要推动力。⑤

随着全人类的团结一致和全球文明的形成，一个新的社会结构将会出现。在这一社会结构中，合作与互惠将占主导地位，会减少或消除利益冲突，创造出一个新层次的人类意识，即人类基本一致的意识，就是“地球乃一国，万众皆其民”的“地球村”意识，那时，人类的成熟期也就真的到来了。所以，阿布杜巴哈的结论是：人类起源同一，所有成员源自同一家庭，因此，实质上人类同居一家。上帝并未创造任何差别，他创生人类如一体，使得这个家庭可能在完美的幸福与安宁中生活。⑥

① 阿布杜巴哈：《生活之神圣艺术》，转引自威廉·汉切尔、道各拉斯·马丁：《马哈伊教——一个新崛起的世界宗教》，新加坡巴哈伊总灵体会1993年版，第76～77页。

② 《阿布杜巴哈选集》，世界正义院1978年版，第302页。

③ 转引自巴哈伊国际社团：《所有国家的转折点》，澳门新纪元国际出版社1997年，第30页。

④ 《巴哈欧拉之天启》，第202页。

⑤ 转引自威廉·汉切尔、道格拉斯·马丁：《巴哈伊教——一个新崛起的世界宗教》，第78页。

⑥ 《世界团结之基础》，马来西亚巴哈伊总灵体会1993年版，第42页。

# 二、人的本质

有关人的本质，巴哈伊教涉及的领域主要是人之区别于动物的本质属性和人性善恶的问题。

在巴哈伊教看来，偌大一个宇宙，所有的存在物一共可分为四大类：矿物、植物、动物和人类。矿物领域是存在领域最低级、最基本的领域，包括以原子、分子、以太或更为细小的物质单位组成的有空间有形式的物质之存在领域。植物领域是原子、分子按照一种特殊的规律和完美的秩序组合而形成的生命，并按照一种自然而有秩序的规律生长生殖和新陈代谢的存在领域。动物领域也是由原子、分子按照一种特殊的规律和完美的秩序组合而成的生命，但动物除了有生长、生殖和新陈代谢的功能外，还有一种感觉的功能，但其感官可以感觉到的东西有极大的局限性，而且只有同类才能对之有一种知觉。人类则是存在物中最高级的特殊生物体，具有用智慧探索外部世界奥秘的能力。阿布杜巴哈论述说：

> 假如我们以洞察一切的双眼去看这个物质世界时，我们发现众生万物可分类为：第一是矿物，就是说，以不同形态的组合而出现的东西或物质。第二，是植物，具备矿物的优点，加上增长或生长的能力。第三，是动物，具有矿物与植物的性质，加上感官感觉的能力。第四，是人类，在可见的造物中，最高级的特殊生物体，包含了矿物、植物和动物的品质，加上一种在较下界中绝对没有的理想的天赋，以智慧探索外部世界之奥秘的能力。这种天赋智慧的结晶就是科学，这是人类独有的特征。这种科学的力量可以探索并理解造物及其遵循的法则，此天赋能够发现物质世界的奥秘，是唯有人类才有的能力。因此，人类最高贵最值得称颂的成就就是科学知识和成果。①

很明显，在上帝所创造的四种存在物中，人类是最高级的。之所以是最高级，是因为人的本质含有三个层次：第一个层次是躯体，这是人类被赋予的一种外在的或自然的本质，这一层次属于物质性或动物性的层次，它是从物质世界产生出来的。从躯体的角度地，人也隶属于动物界，人与动物的身体都是由各种元素所组成，为引力定律所结合，服从于自然律。这一层次既有人与动物共有的，又有人所特有的。共有的部分是人与动物一样，也拥有感觉器官，会感受到冷、热、饥、渴等，是这一层次本质中低级的一方面，会使人转向物质的一面，转向人的本性中肉体的一面。人受这种物性品质的误导，会从崇高的地位坠下，变得比本来低于人的动物还要野蛮，还要不公，还要卑鄙，还要恶毒得多。人与动物的区别则是，动物的感官功能是强于人类的，但是动物只是感官的奴隶，受感官的约束，任何在感官功能之外的、它们所不能控制的事物，是它们永远也不能明白的，而人却能超越感官。之所以能超越感官，是由于人的本质的第二个层次，即理性的或智慧的本质。人类智慧的本质支配着自然，人类所享用着的科学发现和成果，曾是自然中深奥的隐秘，人类能够揭示这些奥秘，变不可见为可见。人赖此能从已知的事物推论出未知的事物，并发现以前未知的真理。第三个层次，是人具有一种发现隐蔽之奥秘的功能，正是此功能使人与动物区别开来，这就是人的灵魂。

根据巴哈伊教义，人的真正本质是灵魂。灵魂又叫精神。在人的肉体以外，有一个由上帝创造

---

① 《世界团结之基础》，第55页。

的理性灵魂，它不是物质的实体，不依赖于肉体。灵魂在人的肉体形成时就产生了，但肉体死亡以后，灵魂继续存在。灵魂才是人的本质所在和意识的所在地。对此，巴哈欧拉论述说：

> 须知，人的灵魂是超凡的，它不受肉体与心智的弱点的影响。一个生病的人，表现出衰弱的表征，是由于肉体与灵魂之间的联络有了障碍，因为灵魂是不受任何肉体的病痛所影响的。……当灵魂脱离了肉体以后，它将表现得那么高超，它表现的力量那么伟大，没有任何世俗的力量能够跟它匹比……试想那被云层遮掩的太阳，你可见到它灿烂的光辉被减弱，然而，实际上它的光源是保持不变的。人的灵魂可比喻作太阳，世界上的物质则应比喻作人的肉体，只要两者之间没有外在的障碍物，肉体将完全地继续反射着灵魂的光，而且受它的力量支持。但当一块布阻塞在它们两者之间时，那光的强度便显得微弱了……人体的灵魂便是照耀其肉体的太阳，靠着这灵魂的照耀，肉体便得到扶持，应该这样解释……当灵魂脱离了肉体以后，它将继续进展到亲临上帝的境界。其状态不受任何岁月及世态变迁的影响，它将与上帝的天国，他的主权，他的统治与威力量同垂万古。①

灵魂之所以不灭，是因为“灵魂不是由元素组合成的，也不是由许多矿物结合成的，它是一个不可分割的东西，因而它是永存的，它完全在物质创造体系之外，它是不灭的”②。这是阿布杜巴哈对灵魂不灭作出的补充说明。

对于灵魂能够离开肉体而独立存在和灵魂的永存，巴哈伊教的代表人物都试图作出逻辑上的证明，其中一个最重要的证明便是梦境。巴哈欧拉证明说：一个人沉睡在住所中，门户紧闭，但突然间会发现自己已身处远方的城市中，而人却又不曾移动自己的身体。在梦境中，人不用眼睛，可以看见；不用耳朵，可以听见；不用舌头，可以说话。这种梦中所出现的一切实景，或许会在十年之后的外部世界新眼见到。③ 阿布杜巴哈进一步分析证明说，人类灵魂的力量及其理解力属于两种类型，以两种不同的方式理解、行动；一种是通过工具和器官的，灵魂用眼看，用耳听，用舌讲，灵魂经由器官和工具，通过眼睛在观察，通过耳朵在倾听，通过嘴巴在演说。另一种则不借助工具和器官，如在梦境中，不用眼睛，也能看见，不用耳朵，也能听见，不用舌头，也能说话；不用脚，也能走路。灵魂常常在睡梦中看见的情境，却能在几年后相继发生的事件中显现出来。清醒中不能解决的问题，却能在睡梦中解决。人在清醒时，两眼所见只是很短的距离，两腿所行也只是很短的距离；而在睡梦中，人在东方甚至能看到西方，一眨眼的工夫，人已横跨东、西方。因为灵魂游历的方式有两种，一种是不借助工具的灵性的游历，另一种是借助工具的实体的游历。④ 既然灵魂可以离开肉体而行动。那么灵魂自然可以脱离肉体而存在，即使肉体不存在，灵魂也可以存在，灵魂是可以永存的。

正是由于灵魂的存在，将人与动物区别开来。在发明与洞悉事物方面，在感官功能方面，动物比人类在某些方面都要强。以记忆力为例，一只鸽子飞到一个遥远的国度，它会再飞回原地，因为它记住了路途。狗也有很强的记忆力。其他功能，如听觉、视觉、嗅觉、味觉、触觉等方面，动物也可能比人类强。但动物却不能洞悉理性的事物，动物只能看见它视力范围内的东西，在视力范围以外的就不可能觉察，也不可能想象到。而人却能从已知的事物证明出未知的事物，并发现以前未知的真理。

① 《巴哈欧拉圣言选集》，美国伊利诺伊威而米特巴哈伊出版社1983版，第153～156页。
② 《巴黎片谈》，台湾大同教出版社1984年版，第91页。
③ 《七谷书简》，《透视》，国际文化出版公司1995年版，第18页。
④ 《已答之问题》，第225～229页。

动物是感官的奴隶，受感官的约束；任何在感官功能以外的、不能控制的事物，动物是永远也不能明白的。而人则具有一种发现隐藏之奥秘的功能，把人与动物区分开来，这就是人的灵魂。①

灵魂何以能成为人与动物区别的根本所在？阿布杜巴哈指出：人有两种本性。一种是精神的、高尚的，另一种则是物质的、低劣的。在一种天性中，人接近上帝，而在另一种本性中则只为尘世而活着，在人身上可随时发现这两种本性的迹象。在物质的本性上，人表现出虚伪、残酷与不公，这都是低级本性的流露。而在人神圣的本性中，则表现出友爱、仁慈、善良、真知与公正，这都是高尚本性的表现。每一个良好的习惯、每一种高尚的品质，都来自于人的精神本性，而一切不完美与罪恶的行为都出自于物质本性。所以，人既能行善，也能作恶。倘若人行善的意志占主导地位，克服了作恶的倾向，那么此人就可称为一个圣洁者；如果人弃绝上天的完美品质，屈服于自己的邪恶欲望，就与禽兽无异。②

在人的灵魂与身体之间有一种媒介，这种媒介，阿布杜巴哈有时把它称之为思智，有时把它称之为"魂"。当人让灵魂经由它启发其领悟力时，人就包容了一切创造物。因为人作为万物之灵与进化之顶峰，在人之中蕴涵了一切低于人的界域。经由这种媒介，在灵光之照耀下，人闪烁的思智使之成为造物之冠。另一方面，如果人不开启思智朝向灵魂之恩赐，而是转向物质的一面，转向本性中肉体的一面，就将从崇高的地位坠下，变得比本来低于人的动物还要低贱。受圣灵之气息滋养的魂或思智的灵性品质，如果从未被使用过，就会逐渐衰退、萎缩，直至无能；而其物性品质若被一再运用时，就会使人变得比本来低于他的动物还要野蛮，还要卑鄙，还要残酷，还要恶毒得多。如果思智或魂的灵性品德得到强化，以至于控制了其物质性的一面，那么人就会变得圣洁，其人性变得如此荣耀，以至天庭之美德都显现于他身上，闪耀着上帝的仁慈，激励着人类的精神进步，因为他已成为照亮人们道路的明灯。③

就这样，巴哈伊教极力证明灵魂是人的本质所在，灵魂即人类所具有的一切精神与意识特质的总和，有时也指这种特质所显示的力量，或者指人的智慧和思维。灵魂有一定的神秘性，巴哈欧拉有时把它叫做上帝的表征，天堂的宝石，认为其真质连最有学问的人也不能了解，其奥秘没有任何敏锐的心智能够揭示出来。④ 但是，透过这种神秘的一面，我们应该看到巴哈伊教是追求精神灵性的，人不仅要过物质生活，而且更要过精神生活，精神生活比物质生活更为重要，这对于在现代化过程中过于追求物质生活的人来说，无疑是一种清醒剂。

## 三、人与社会

巴哈伊教没有明确提倡人的本质属性是社会性，但对人与社会的关系进行了许多有益的探讨。

巴哈伊教认为，人是必须在社会中生活的，人与人之间应该互相帮助。阿布杜巴哈指出：人类的最高需求是合作与互助。人们亲善与同盟之纽带愈坚强，在一切人类活动的领域建设性与成就性的

① 《已答之问题》，第 185～190 页。
② 《人之本质》，第 24～25 页。
③ 《人之本质》，第 12～15 页。
④ 李绍白：《人类新曙光——巴哈伊信仰》，澳门巴哈伊出版社 1995 年版，第 74 页。

力量就愈强大。[①] 在自然界中，有一些生命能够独自生存，譬如一棵树，可以不需要别的树提供帮助和合作而生存下去。有一些动物也是离群索居，但对人来说这都是不可能的，合作与相互联系对他的生活与存在来说是必不可少的。通过联系与相聚，人类才会得到个人和群体的幸福与发展。比方说，如果两个村落之间相互进行交流与合作，那么可以肯定，每一方都可以获得发展。同样，两个城市之间互相交流，两方都会获益并取得进步。如果两个国家之间达成一个相互合作的基本识见，则它们各自与相互的利益都会取得巨大的进展。[②]

当今的世界已进入巴哈伊教所主张的青春期，正在向成年期转化，逐步走向成熟，而今天世界到处出现的动荡与改变正是这种转化所具有的特征。在这一新时期中，人与社会的各种基本关系，必须发生相应的变化。在这一新时期中，人与社会的各种基本关系，必须发生相应的变化。这些基本关系涉及人与自然、个人与集体、家庭、个人与社会机构诸方面。在人与自然的关系方面，人类再也不能对大自然持掠夺性的态度，历史已经证明，个人和团体的贪婪、不断积累财富只会加重对环境的破坏。人们只注意自己的利益，就会忽视大自然的一体性。必须选择与自然和谐的态度，清醒地认识到资源的开放与利用，要基于对生态的动力性平衡和宇宙一切有机生命之间的无限关系网的了解。在个人与集体方面，要改变人与人之间是一种社会统治关系的观点，要使个人与集体之间的关系达到更成熟的状态，要注意社会秩序的精神特性，每个人都应该认识到，个人的满足不在于统治别人，而在于为他人做出贡献，这样创造出一个能使每一个成员都发挥他的潜力的社会。[③] 在家庭中，既不能有重男轻女的观念，又不能有过分强调忠实于家庭而使个人不能对社会负责任的那种家庭观念。[④] 在个人与社会机构方面，应该改变历史上个人对自由的欲望和社会机构对服从的要求之间长期处于一种紧张状态的事实，建立起一种新观念，这就是承认真正的自由基于自制，而不顾他人的自由必然导致过分，而社会机构必须保证不成为少数人自私愿望的工具或统治人民的方法，而是成为使群众的才能、能力和集体力量能顺利贡献于社会的渠道。[⑤]

为了使个人和社会之间的关系保持团结与和谐，巴哈伊教特别提倡一种磋商的原则，因为“磋商使人获得更清醒的认识，将猜想转变为确定性，它是在黑暗的世界中给人指引的一束亮光。对于任何事情来说，都有并将继续有一个完善与成熟的阶段。领悟这一天赋的成熟通过磋商而显露出来”[⑥]。共同磋商的目的是探求真理：“表达意见的人不应把自己的观点当做是正确无误的，而应作为对团体意见达到一致的贡献，因为当两种意见恰巧一致时，真实之光就显露出来了，正如火在产生于燧石与火镰碰撞之时。人们应当以安祥、平静和坦然的态度来衡量自己的见解，在提出自己的意见之前，应该仔细考虑别人已经提出过的意见。如果发现已经提出的意见更接近真理和更有价值，就应当立即加以接受，而不是有意固执己见。”“真正的磋商是在友爱的态度和气氛下的精神聚会，参加磋商的成员应以和睦亲善的精神相互友爱，以取得圆满的成果，爱和友情是根本所在。”[⑦]这种磋商的原则，显然基于人类一家的基本理论。

① 阿布杜巴哈：《世界和平之传扬》，第 338 页。
② 阿布杜巴哈：《世界和平之传扬》，第 35 页。
③ 阿布杜巴哈：《世界和平之传扬》，第 18～20 页。澳门巴哈伊总灵体会 1994 年版。
④ 罗兰：《道德教育》，澳门巴哈伊总灵体会 1994 年版，第 19～20 页。
⑤ 罗兰：《道德教育》，第 20 页，澳门巴哈伊总灵体会 1994 年版。
⑥ 巴哈欧拉，参见《共同磋商》，第 2 页，马来西亚巴哈伊出版委员会 1988 年版。
⑦ 《共同磋商》，第 9 页。

在人类社会中，有两种文明是必须并存的，一种是物质文明，一种是精神文明，两者步调一致，才能真正使人类得到幸福。阿布杜巴哈在20世纪初就指出，当时物质文明已经达到了一个先进的水平，但还缺乏精神文明。仅仅有物质文明是无法令人满意的，它不适应现阶段的情况与需要。物质文明所能带来的利益仅局限于物质世界之中，而精神是不受限制的。他针对当时东西方世界的现状，指出："如今东方需要物质进步，而西方渴求精神思想。如果西方为获取精神的启迪，以其科学知识与东方相交换，那就是再好也没有了。这必是一种赠礼的交换。东西方必须相互团结，各补所缺。这种团结将促使一种真正文明之实现，这种文明将是精神与物质方面共同发展的文明。"①巴哈伊教把物质文明看做玻璃球，精神文明是光，没有光的玻璃球还是黑暗；物质文明像人体一样，无论它多么美，多么优雅，还是个死体，精神文明像人的心灵，人体从心灵得到活力，没有心灵就变成死体。对于整个人类也一样，如果没有精神文明，只有物质文明，人类也就没有生命。② 只有将物质和精神的完美结合在一起的文明才是真正的文明，或称神圣文明。③

宗教是神圣文明中不可忽视的重要因素，起着举足轻重的作用。宗教的本质是爱，是团结，因此真正的宗教是人间爱与和谐之源。"宗教是世界之光。人类的进步、成就与幸福源自对圣典所制定之律法的遵从。""在现实生活中，无论内在或外在，宗教都是一座内外结构最为宏大的堡垒，它最牢固可靠，最坚韧持久，护卫着人类世界。它确保人类精神和物质上的完美，并保卫着社会文明与人类幸福。"④但是，可惜的是，尽管神圣宗教的真理始终如一，世界各大宗教均来自于同一个上帝，但现今人类却深陷于模仿与幻觉中不能自拔。迷信掩盖了根本的真理，世界一片黑暗，宗教之光被淹没不见了。这种黑暗助长了差距与分歧，出现了众多的仪式和教条，由此导致了宗教派系之间纷争的出现，忽视了统一的本质，因而无法接受宗教的荣光。"宗教本意要带来生命，却导致了死亡；本应是知识的证据，如今却成了人性堕落之源。因此，宗教信仰者的国土日益缩小黯淡，而拜物主义者的疆域却不断扩展。"⑤为此，阿布杜巴哈主张宗教革新，"宗教是神圣本质的外在表现，因此必须富有生命与活力，且需要不断运动发展。假如宗教停滞不前，它就缺乏神圣的生命，就是死的。神圣原则总是充满活力、不断进化的，因此启示这原则的宗教也必须是持续发展的"⑥。巴哈伊教根据时势的发展和需要，及时地废除了"圣战"、"异教徒"等概念。这正是革新思想的具体贯彻。

和一般宗教不一样，巴哈伊教主张人不应盲从和模仿，而应独立去探讨真理。阿布杜巴哈说："上帝赐予人用来探寻的双目，人借此可以发现真理；他赐予人双耳使他可以听到本质的信息；他赋予人理性思维，他因此能够为自己发现事物。这是人的天赋，是他用来寻求本质的工具。人不应借他人之目来看，不该以他人之耳来听，也不应用他人的大脑来思考。上帝设计人的时候令每个人都有其天赋能力与责任。那么，依靠你自己的思维来判断、遵从自己寻求的结果吧！"又说："每个人都有责任去寻求本质，别人的探索代替不了自己的追求。""因此人人都必须独立地去追求。世代相传的思想信仰是不够的，因为拘泥于此仅会产生形而上学，而形而上学总是错误的向导及失望之根源，

① 《巴黎片谈》，第6页，台湾大同教出版社1984年版。

② 罗兰：《道德教育》，第18页。

③ 阿布杜巴哈：《已答之问题》，第271～272页。

④ 阿布杜巴哈：《神圣文明之奥秘》，第71～73页。

⑤ 阿布杜巴哈：《世界团结之基础》，马来西亚巴哈伊总灵体会1993年版，第73页。

⑥ 《世界团结之基础》，第86页。

去追求本质吧，那么你会摘取真理与生命之果。”①

巴哈伊教之所以提倡人应该独立去探求真理，是因为通常人们所宣称的真理的四个标准都是有缺陷的，这四个标准是：感性认识、理性、传统、灵感。阿布杜巴哈指出，感性标准是不可靠的，看一面镜子以及镜子中所反映的影像，这些影像并非物质形态之存在，感官时常受骗，人无法区别实质和假象。理性标准同样不可靠，理性就是思维，人类理性在本质上是有限的，它经常会导致错误的结论，不可能全部地了解真理之本原。传统也不值得信赖，因为宗教的传统无非是对经典的理解和阐释的记录，而这些阐释和理解都是通过人类理性的分析，而理性分析已被证明是不可靠的。灵感之不可靠是因为它就是人类心灵的冲动，但邪念也是人类心灵的冲动。所以所有人类的判别标准都是有缺陷的，受限制的。② 人要通过独立地追求，去获得圣灵，圣灵本身就是光明，就是知识，通过圣灵，人类的思想得到了激发，被赋予正确的结论和完美的知识。③

但是，提倡人独立地去探求真理，并不是否认人应该接受教育，相反，巴哈伊教十分重视教育。巴哈欧拉指出：“人是至上法宝，但缺少教育一直剥夺了人的潜能。人是一座含无价之宝的富矿，唯教育能使它显露珍藏，使人类从中受益。”④阿布杜巴哈则进一步说明：“自然的世界是不完美的，经过教化的世界才完美。也就是说，训练和文明将人类从自然界的危难之中解救出来。因此，教育是必要的和义务的。然而，教育的类型很多。如身体锻炼，使人强壮和健康发育。还有学校和大学提供的理解力和心智的教育。第三类教育是精神教育。人若吸入圣灵的气息，便会升华到道德的境界，为圣恩之光所指引。而只有通过那‘永在之太阳’的光芒和灵性的生机勃发才能达到这道德的境界。”⑤由此可见要想取得圣灵，必须通过精神教育。

至此，我们粗浅地探讨了巴哈伊教有关人学思想的基本轮廓。对于当代人来说，巴哈伊教的人学思想最值得珍视的是人类一体观和对人的精神灵性的高扬及对教育的高度重视，认真地继承这种思想，将使人类获得极大的利益。

① 《世界团结之基础》，第78～80页。
② 《世界团结之基础》，第51～53页。
③ 《世界团结之基础》，第53页。
④ 《巴哈欧拉拾穗集》，第260页。
⑤ 《世界和平之传扬》，第329～330页。

# 沙法维时代和再次进入欧洲*

霍马允·塞帕斯一德黑拉尼　珍妮·弗雷希

十叶派在16世纪的国教化,使伊斯兰神学论争多了一个独特的波斯新视野。"十二伊玛目派"声称隐遁的伊玛目马赫迪依然活着,拥有领导伊斯兰教的唯一权威。故此,十叶派试图设定这位伊玛目所信托的使者——一个具有"真正见解"的人——让他来替代马赫迪施行统治,一个叫作"穆基塔赫德"(Mujtahid)或"宗教学者"的神职权威集团,已经在波斯神学院中占据了地位。他们认为自己是最有资格阐释律法的人物,他们传道的哲学方法,叫作乌苏尔(Usul),得名于他们的认识论学派"乌苏利"(Usuli)乌苏尔方法结合"伊斯兰法的推理"和宗教学者们的"一致意见",故此他们声称拥有的神学权威、是建立在理性和职业的基础之上。

不消说,乌苏利学派面临着反对派,不光是来自欧洲的世俗政治影响,同样也来自更多主张平等的十叶派思想家。乌苏利学派的主要反对意见,来自一个十叶派神学团体,叫"阿克巴利斯"(A<u>kh</u>barís)或者说"传统派":传统派认为乌苏尔方法与伊玛目的权威互不相容,所以此一权威是给"宗教学者们"非法篡夺了。他们说,隐遁第十二伊玛目的消失,使得十叶派只能来勉力应付《古兰经》和圣训了。

乌苏利和阿克巴利斯之争,延续了3个世纪,聚集于伊玛目,特别是最后一个隐遁伊玛目的神学重心,系从阿克巴利斯派拘泥字义的阐释发展而来。乌苏利派,则为与日俱增的穆基塔赫德的权威,提供了哲学辩护。最终是乌苏利学派的立场,主导了伊朗的知识界。对"宗教学者"们势头益衰的反对意见,主要见于沙克(<u>Sh</u>ay<u>kh</u>)学派。该派不再强调咬文嚼字的经文阐释方法,而偏爱一种高层次的形而上学研究。他们认为,伊玛目的存在,要高于真主所创造的一切其他事物。沙克·艾什依(<u>Sh</u>ay<u>kh</u> Aḥmad-i-Ahsá'í,1756～1825年),沙克学派的创始人,就声称隐遁伊玛目存在于一个非物质超越王国之中,关于这位伊玛目真正见解的知识,只有进入此一王国,才能把握。

从伊朗当代政治学的角度来看,对"宗教学者"最重要的反对立场,是19世纪的巴卜教(Babism)及其后裔巴哈派(Bahá'ís)提供的。巴卜教的创始人自称"巴卜"(Báb),或者说进入伊玛目之"门"。他的学生巴哈(Bahá'í)后来声称他本人就是马赫迪。白哈派认为,弥赛亚的回归,带来了截然不同的神学权威的概念。

虽然沙克派和巴哈派今日依然香火不绝,总的来说是"宗教学者"的理性主义和组织占了上风。与日俱增的世俗化在巴列维时代达到顶峰,对它冲锋陷阵的最坚固的大本营,就是乌苏利派建立起

* 原载[美]罗伯特·索罗门等主编:《从非洲到禅——不同样式的哲学》,俞宣孟、马迅等译,上海人民出版社2003年版。

来的。熟悉伊朗历史的人,没有谁会认为霍梅尼——一个身居高位的“宗教学者”,是莫名其妙被偶然选出,来领导了导致1979年王国倒台的教派合作。尽管这个伊斯兰共和国失败之处不少,它却是伊朗人10个世纪孜孜不倦以求建立本土权威的一个实实在在的结果。

这些问题在今天牵涉到主权和多元主义的概念,较之它们在萨珊时代远要复杂得多。我们只能猜想这个伊斯兰共和国是不是会促生一个有兴趣于鼓吹平等主义的反对派,就像在萨珊人中诞生了玛兹德克派和摩尼教那样。但是我们相信,在今天这个政治、哲学以及道德上一片混乱的世界中,研究伊朗思想有助于将四面八方思想家们的目光引向这个地区。伊朗很可能为同一性和多元性问题提供不屈不挠、适为其时的及时的洞见。

上面我们将9世纪以来的波斯思想史概括为一个不断发展的辩证过程,一边是力图从其他文化中脱身出来的一种反权威趋向,一边是努力建立自己的文化的一种权威建树趋向。波斯是今日世界上最古老的文明之一;因此人们会以为波斯人的性格,当属于最是清楚明白地被界定出来的那种类型。但是恰恰相反,波斯作为一种文化,在漫长岁月中幸存下来,是有赖于其思想家和领袖们的世界主义兴趣,有赖于其边界的开放性。波斯向来与非波斯的世界保持着关系,无论是这个国家政治边界的内部还是外部。唯有这一交互作用的进程,反复斡旋在友谊和敌意之间。在过去的两个世纪里,政治的衰落导致伊朗一定程度上削弱了与其邻国的思想交往,而有意重建一种与它们截然相反的身份特征。

# 以人间佛学建人间净土

## ——佛光山的宗教理论与实践(节选)*

麻天祥

近代社会,宗教组织世俗化已成不可阻挡之势。尤其是只有百余年历史,号称"大同教"的巴哈伊信仰,其致力方向实不在超越的终极关怀,而在于建设一个非西方,亦非东方,"全体种族、信念、阶级和国家融合"的全球新文明。与其说它是宗教,不如说它是一个跨越国家、阶级、种族的社会群体。

* 原载佛源主编:《大乘佛教与当代社会》,东方出版社 2003 年版。

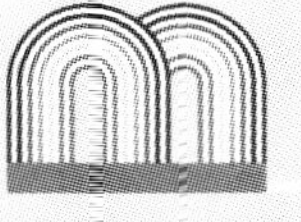

## 每个孩子都是学习的主人


### 《配套练习册》编委会

丛 书 策 划：陈　晨　李建红　左海芳　熊作勇

丛 书 主 编：陈　晨　郑长利　李　琪

丛书副主编：熊作勇　彭玉国　王新梅

编　　　委：（以姓氏笔画为序）

王春红　王晶元　王新梅　牛曼漪　邓剑波

左海芳　石　星　付忠杰　白成友　刘大同

刘宗立　孙　尧　孙　艳　孙丽敏　杜铁明

李　琪　李建红　李晗锦　李葆重　杨俊峰

何　山　邹　璇　张　军　张立国　张鸿伟

陈　晨　陈志辉　苗胜男　郑长利　孟玲娜

赵　亮　赵　颖　赵丽华　郝春野　荆育梅

娄　爽　彭玉国　熊作勇　颜其鹏　霍　炜

本 册 主 编：徐名印

本册副主编：隋树山　王　娟

编　　　者：徐名印　隋树山　王　娟　葛洪波　张传杰

责 任 编 辑：李　婷　付忠杰

义务教育课程标准实验教科书

# 配套练习册

## 语文　八年级　下册

经山东省中小学教材审定委员会
2009年审查通过

配人教版

人民教育出版社教学资源编辑室
组编

人民教育出版社
山东出版传媒股份有限公司

义务教育课程标准实验教科书
配套练习册
语文　八年级　下册
人民教育出版社

PEITAO LIANXICE
YUWEN

ISBN 978-7-107-21472-1
9 787107 214721 >
定价：6.50元

色印刷产品
格批准文号：鲁价格一审［2017］201014
报电话：12358